墨菲定律

世界上最有趣最有用的定律

李原 编著

中國華僑出版社

图书在版编目(CIP)数据

墨菲定律：世界上最有趣最有用的定律/李原编著. —北京：中国华侨出版社，2013.5（2021.6重印）

ISBN 978-7-5113-3577-7

I.①墨… Ⅱ.①李… Ⅲ.①成功心理—通俗读物 Ⅳ.①B848.4-49

中国版本图书馆CIP数据核字（2013）第094346号

墨菲定律：世界上最有趣最有用的定律

编　　著：李　原
出 版 人：方　鸣
责任编辑：姜　婷
封面设计：凌　云
文字编辑：李　鹏
美术编辑：宇　枫
经　　销：新华书店
开　　本：1020mm×1200mm　1/10　印张：36　字数：671千字
印　　刷：北京德富泰印务有限公司
版　　次：2013年7月第1版　2021年6月第6次印刷
书　　号：ISBN 978-7-5113-3577-7
定　　价：59.80元

中国华侨出版社　北京市朝阳区静安里26号通成达大厦三层　邮编：100028
法律顾问：陈鹰律师事务所
发 行 部：（010）88866079　传　真：（010）88877396
网　　址：www.oveaschin.com
E-mail：oveaschin@sina.com

前言

世界是纷繁复杂的，很多事情我们虽然习以为常，但并不了解其真相，我们需要用一些理论来揭示事物运行的逻辑规律，推演命运发展的因果关系。我们更需要用一些理论来指导我们的生活和工作，以使我们的生活更加美好，工作更加顺利。

世界上有许多神奇的人生定律、法则、效应，运用这些神奇的理论，我们能洞悉世事，解释人生的诸多现象，更重要的是，这些理论能指导我们如何去做，如何去改变我们的命运。不管你是否知道这些定律法则，这些法则和定律都在起着决定性的作用——只是我们很少去关注它们。古今中外，那些伟大的成功者，都深谙这些法则与定律的奥妙所在。无论我们是谁，无论我们从事什么职业，我们都需要知道这些法则和定律。

为什么很多人感觉自己工作很尽力，却没有达到预期的效果或者收效甚微？这个问题可以用“二八法则”来解释：通常我们所做的工作 80% 都是无用功，只有 20% 是产生收效的。如何避免这种情况的发生？“二八法则”告诉我们，要把主要精力放在 20% 的工作上，让其产生 80% 的收效。

此外，我们还可以用奥卡姆剃刀定律来分析和解决这个问题。奥卡姆剃刀定律认为，在我们做过的事情中，可能绝大部分是毫无意义的，真正有效的活动只是其中的一小部分，而它们通常隐含于繁杂的事物中。找到关键的部分，去掉多余的活动，成功就由复杂变得简单了。

为什么很多人情绪低迷，毫无斗志，乃至平庸一生？这个问题可以用马蝇效应来解释和解决。马蝇效应认为，没有马蝇叮咬，马就会慢慢腾腾，走走停停；如果有马蝇叮咬，马就不敢怠慢，跑得飞快。也就是说，人是需要一根鞭子的，只有被不停地抽打，才不会松懈，才会努力拼搏，不断进步。这根鞭子是压力，是挫折和困难，是危机意识。这一解释不仅适用于个人，同样也适用于企业管理。

为什么同样的两件商品放在一起，一件标价 100 元，另一件标价 1000 元，反而 1000 元的那件商品畅销？这个问题可以用凡勃伦效应来解释。凡勃伦效应认为，一件商品的价格定得越高，就越能受到消费者的注意与青睐。其实，消费者购买这类商品的目的，并不仅仅是为了获得直接的物质满足和享受，更大程度上是为了获得心理上的满足。凡勃伦效应同时告诉我们：不要被事物的外表所蒙蔽，要警惕事物的华而不实，防止花费与收益出现严重偏差。

为什么算命先生有时说得那么准？难道他们真的有未卜先知的能力吗？当然不是。这个问题可以用巴纳姆效应来解释：人常常迷失在自我当中，很容易受到周围信息的暗示，并把他人的言行作为自己行动的参照，常常认为一种笼统的、一般性的人格描述十分准确地揭示了自己的特点。也就是说，算命先生所说的话一般是共性的，即这些话对谁说都能有一定的准确性。人在那种特殊的情况下，就会在无形中把被说中的部分扩大了，所以会感觉很准。对此，巴纳姆效应告诉我们：要认识你自己，要相信你自己，树立科学的人生观，才不会被一些骗子所迷惑。

……

本书中共介绍了破窗效应、彼得原理、羊群效应、二八法则、木桶定律、凡勃伦效应、蝴蝶效应等近二百个最经典的人生定律、法则、效应。在简单地介绍了每个法则或定律的来源和基本理论后，就如何运用其解释人生中的现象并指导我们的工作和生活等进行了重点阐述，是一部可以启迪智慧、改变命运的人生枕边书。

这些定律、法则、效应风靡全世界，无论是做人还是做事，都是成功人士所必知的。只要认真阅读此书，相信你一定会有所收获。你也可以利用这些神奇的法则、定理来驾驭你的一生，它将助你改变命运。

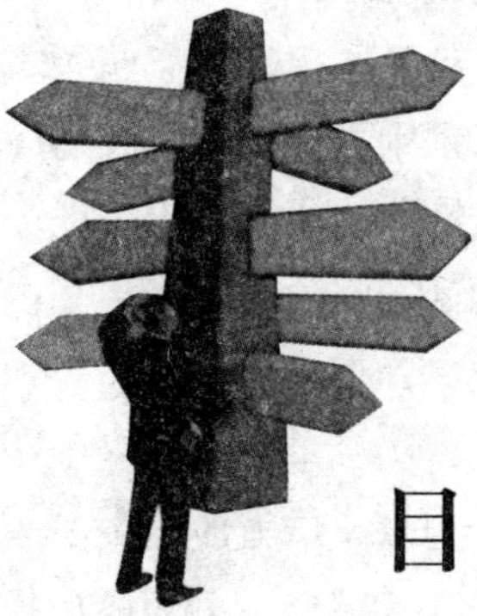

目录

第一章 人性的弱点和优点

皮尔斯定理：意识到无知，是知道的开始……1
晕轮效应：不要像看“日晕”一样看世界……2
控制错觉定律：我们总是会“自信地犯错”……4
不值得定律：别样的心态，别样的选择……6
权威效应：人微则言轻，人贵则言重……7
情绪定律：情绪影响一切……9
心理摆效应：人心也会像钟摆一样……11
情感宣泄定律：请给情感一个宣泄的窗口……12
禁果效应：越“禁”越“禁不掉”的心理……14
情绪转移定律：小心，坏情绪会传染……16
眼不见为净定律：只要看不见，就是干净的……17
自我宽恕定律：自己的错误总是可以原谅的……19
虚假同感偏差：“以己度人”未必可靠……21
周哈里窗理论：人心是一扇“窗”……23
补偿作用：弱点也是一种力量源……25
马斯洛理论：人是一种有欲求的动物……26

第二章 成功学的秘密

王安论断：成功，始于果敢的决策……29
洛克定律：确定目标，专注行动……31
瓦拉赫效应：成功，要懂得经营自己的长处……33
木桶定律：抓最“长”的，不如抓最“短”的……35
艾森豪威尔法则：分清主次，高效成事……37
相关定律：条条大路通罗马，万事万物皆联系……39

奥卡姆剃刀定律：把握关键，化繁为简……41
墨菲定律：与错误共生，迎接成功……43
酝酿效应：灵感来自偶然，有时不期而至……45
基利定理：失败是成功之母……47
韦特莱法则：先有超人之想，才有超人之举……49
布利斯定理：凡事预则立，不预则废……50
吉格勒定理：有雄心才能成就梦想……52
保龄球效应：成功始于定位……54
培哥效应：高效记忆，事半功倍……55
杰奎斯法则：不要试图一口气吃成胖子……57
登门槛效应：步步为营，借力使力……58
借口定律：不为失败找借口，只为成功找方法……60

第三章　职场行为学准则

蘑菇定律：新人，想成蝶先破茧……64
自信心定律：出色工作，先点亮心中的自信明灯……66
青蛙法则：居安思危，让你的职场永远精彩……67
鸟笼效应：埋头苦干要远离引人联想的“鸟笼”……69
鲁尼恩定律：戒骄戒躁，做笑到最后的大赢家……72
链状效应：想叹气时就微笑……75
反馈效应：你的沉默，会让他人很不安……78
拆屋效应：不要拒绝自以为不可能完成的任务……80

第四章　生存竞争法则

零和游戏定律：“大家好才是真的好”……83
马蝇效应：激励自己，跑得更快……85
波特法则：有独特的定位，才会有独特的成功……87
权变理论：随具体情境而变，依具体情况而定……89
达维多定律：及时淘汰，不断创新……90
儒佛尔定律：有效预测，才能英明决策……93
费斯法则：步步为营，方可百战百胜……96
史密斯原则：竞争中前进，合作中获利……98
卡贝定律：放弃是创新的钥匙……100
罗杰斯论断：未雨绸缪，主宰命运……103

第五章　人际关系学定律

首因效应：先入为主的第一印象……105
刺猬法则：与人相处，距离产生美……107

投射效应：人心各不同，不要以己度人…………………………………… 109
自我暴露定律：适当暴露，让你们的关系更加亲密…………………………… 111
刻板效应：别让记忆中的刻板挡住你的人脉………………………………… 113
互惠定律：你来我往，人情互惠……………………………………………… 114
换位思考定律：将心比心，换位思考………………………………………… 116
古德曼定律：没有沉默，就没有沟通………………………………………… 118
需求定律：欲取先予，以退为进……………………………………………… 120
相悦定律：喜欢是一个互逆的过程…………………………………………… 122
钥匙理论：真心交往才有共鸣………………………………………………… 123
沉默的螺旋：如何有效表达自己不离群……………………………………… 125
海格力斯效应：冤冤相报不如以德报怨……………………………………… 127
完美笑话公式：笑话是种救世主式的力量…………………………………… 128

第六章 经济学效应

公地悲剧：都是“公共”惹的祸……………………………………………… 132
马太效应：富者越来越富，穷者越来越穷…………………………………… 134
经济过热理论：繁荣背后藏隐患……………………………………………… 136
泡沫经济：上帝欲使其灭亡，必先使其疯狂………………………………… 138
集聚效应：集群发展，经济更上一层楼……………………………………… 141
测不准定律：越是“测不准”越有创造性…………………………………… 143
口红效应：经济危机中逆势上扬的商机……………………………………… 145
乘数效应：一次投入，拉动一系列反应……………………………………… 147
拉动效应：经济在于“拉动”………………………………………………… 148
外部效应：政府为什么发补贴………………………………………………… 151
阿罗定理：少数服从多数不一定是民主……………………………………… 153
政府干预理论：“挖坑”可以带动经济发展………………………………… 156
金融管制理论：管制是预防风险的重要途径………………………………… 157
挤出效应：“挤进”“挤出”由财政政策决定……………………………… 159

第七章 决策中的学问

机会成本：鱼和熊掌不能兼得………………………………………………… 162
羊群效应：别被潮流牵着鼻子走……………………………………………… 164
沉没成本：难以割舍已经失去的，只会失去更多…………………………… 167
最大笨蛋理论：你会成为那个最大的傻瓜吗………………………………… 170
消费者剩余效应：在花钱中学会省钱………………………………………… 172
前景理论：“患得患失”是一种纠结………………………………………… 174
棘轮效应：由俭入奢易，由奢入俭难………………………………………… 177
配套效应：有一种“和谐”叫“配套”……………………………………… 179
长尾理论：今天的“冷门”将是明天的“热门”…………………………… 182

小数法则：以“小”见“大”需理性…… 184

第八章　创造财富的秘诀

内卷化效应：不断创新，避免原地踏步…… 186
比较优势原理：把优势发挥到极致…… 188
蜕皮效应：勇于挑战，不断超越…… 191
尼伦伯格原则：谈判，“损人利己”不如“利人利己”…… 195
72 法则：找对时机，让资产翻倍…… 198
多米诺骨牌效应：莫让一次失败套走你所有的财富…… 201
250 定律：每一位顾客都是上帝…… 205
王永庆法则：富翁是省出来的…… 207
雅格布斯定理：质量过硬，脚跟才站得稳…… 208
布里特定律：要推而广之，先广而告之…… 210
阿尔巴德定理：抓住顾客需求，才能赚到钱…… 212

第九章　管理学原理

二八法则：抓住起主宰作用的“关键”…… 214
分粥规则：利己并不妨碍公平…… 217
犯人船理论：制度比人治更有效…… 219
公平理论：绝对公平是乌托邦…… 220
鲇鱼效应：让外来“鲇鱼”助你越游越快…… 222
X 效率理论：总有一份难以言说的“X”在发挥效力…… 224
艾奇布恩定理：不要把摊子铺得过大…… 226
格乌司原理：在竞争中找准自己的“生态位”…… 229
诚信法则：人无信不立…… 232
古狄逊定理：聪明主管和笨主管的距离…… 234
拜伦法则：塑造“罗文”，把信送给“加西亚”…… 236

第十章　经营学法则

破窗效应：千里之堤，溃于蚁穴…… 240
华盛顿合作定律：团队合作不是简单的人力相加…… 242
彼得原理：晋级升迁，不是爬不完的梯子…… 243
帕金森定律：组织机构的死敌…… 246
酒与污水定律：莫让“害群之马”影响团队发展…… 248
雷尼尔效应：用“心”留人，胜过用“薪”留人…… 250
赫勒法则：有监督才有动力…… 253
例外定律：该放手时放手，该授权时授权…… 254
乔治定理：杰出的团队离不开顺畅的沟通…… 256

奥格威法则：善用强人，成就伟业………………………………………………………259
苛希纳定律：用人之妙不在多，而在精………………………………………………260
南风法则：管理，温暖胜于严寒…………………………………………………………262
横山法则：触发个人内在的自发控制，才是最有效的管理……………………263
表率效应：以身作则，一呼百应…………………………………………………………265
吉尔伯特定律：人们喜欢为他们喜欢的人做事………………………………………267
参与定律：参与是支持的前提……………………………………………………………269
鲦鱼效应：火车跑得快，全靠车头带……………………………………………………271

第十一章　两性关系的秘密

吸引力法则：指引丘比特之箭的神奇力量………………………………………………273
互补定律：各有所长，互相吸引……………………………………………………………275
布里丹毛驴效应：真爱一个人，就不要优柔寡断……………………………………277
视觉定律：女人远看才美，男人近看才识………………………………………………279
麦穗理论：不求最好的他（她），但求最适合的他（她）…………………………281
虚入效应：爱就要勇敢地“乘虚而入”……………………………………………………282

第十二章　家庭教育定律

期望定律：寄予什么样的期望，培养什么样的孩子……………………………………285
自尊定律：孩子也有自尊心…………………………………………………………………287
超限效应：再美妙的赞扬，久了也会腻……………………………………………………288
热炉法则：惩罚是孩子进步的阶梯…………………………………………………………292
蔡加尼克效应：调动孩子渴求度，让孩子念念不忘……………………………………294
心理疲劳定理：孩子有时也会“心累”……………………………………………………296
跨栏定理：不经历风雨，怎能见彩虹………………………………………………………298
动机适度定律：给角色压力一个出口………………………………………………………301
詹森效应：教会孩子用平常心对待得失……………………………………………………303
情绪判断优先原则：“打是亲，骂是爱”是最大的谎言…………………………………306
角色效应：孩子，应扮演他自己的角色……………………………………………………308
德西效应：可以用奖励，但不可滥用奖励…………………………………………………310

第十三章　消费与价格的规律

钻石与水悖论：商品价值与稀缺有关………………………………………………………312
凡勃伦效应：只买贵的，不买对的…………………………………………………………314
价格战理论：价格竞争是一把双刃剑………………………………………………………317
供需定律：游走于短缺与过剩之间…………………………………………………………319
偏好理论：不同的偏好，不同的选择………………………………………………………321
替代效应：“稀缺”才能“稀罕”…………………………………………………………………323

价值规律：价值支配着价格的波动…………………………………………………… 325
首位效应："首位"具有决定权……………………………………………………………… 327
吉芬反论：越是涨价，越是需求…………………………………………………………… 329
蛛网理论：跳不出的旋涡…………………………………………………………………… 331
收入效应：别让降价成为你购买的理由…………………………………………………… 334
折扣效应：低折扣背后，藏着高门槛……………………………………………………… 337
选择性供给效应："最低消费"未必消费最低…………………………………………… 340
价格歧视效应：价格"因人而异"………………………………………………………… 342
买单诡计论：理性消费，才是明智消费…………………………………………………… 344
奢侈品效应：享受有差别的生活…………………………………………………………… 346

第一章
人性的弱点和优点

皮尔斯定理：意识到无知，是知道的开始

最大的智慧是看到自己的无知

在古希腊雅典的一个神庙里，有一道神谕，说世界上最聪明的人是苏格拉底。而苏格拉底却说："我唯一知道的事，就是我什么也不知道。"之所以说苏格拉底是世界上最聪明的人，是因为他意识到了自己的无知。天下最大的智慧就是能意识到自己的无知。

这个世界上从不缺少妄自尊大的人，却缺少那些真正意识到自己无知的人。越是有智慧的人，越能看到自己的无知。一个自以为无所不知的人，却往往是个真正一无所知的人。

我国古代大思想家孔子曾说："三人行，必有我师焉。"想想看，孔子本身就是一位老师，是一位智者，但他却并不认为自己无所不知，反而谦虚地认为自己还有很多不知道的东西，遇到的人中肯定会有自己的老师。不仅如此，孔子还说要"不耻下问"，意识到自己的无知是进步的起点，要真正取得进步就要靠不耻下问来填补自己的无知。大家都知道孔子一生收了不少徒弟，却不知他也拜了不少老师，只要他有不懂的问题就立刻向别人请教。也许，正是意识到自己的无知和拥有不耻下问的精神成就了孔子。

美国历史上颇有作为的总统——林肯也是如此。林肯的父亲是一个目不识丁的木匠，母亲是一位平庸的家庭主妇。而林肯却有着超凡的文笔、极强的处理事务和管理的能力。更让人吃惊的是，他一生中进学校的时间还不满一年。那他是如何获得那些学识和能力的呢？原来，林肯从小就能看到自己的无知，无论是农夫、商人、律师还是村儒学究，他都能从其身上学到很多知识和道理。他说："每个人都可能做我的教师。"正是这种态度，让他不断积累知识，让他不断增强能力，最终成为美国的总统。

为人应谦虚。真正的谦虚，是在对自我进行清晰剖析后，意识到自己的无知而流露出来的真实态度，而不是表面上做做样子。只有真正谦虚的人，才会得到别人真诚的建议，促进自己改正不足。

学海无涯，没有人是无所不知的。意识到自己的无知，并没有什么好丢脸的，反而是促进自己弥补无知的前提。无论你的人生追求是什么，雄心壮志是什么，在达成这些之前，首

先要把自己做好了。换句话说，只有先把自己做好了，才能达成你的人生追求、雄心壮志。

古语云："修身、齐家、治国、平天下。"把修身放在最前面，就是因为这是以下几项的前提和根本。只有先修好身，才可达到齐家、治国、平天下的目标。修身修什么？首要的就是要意识到自己的不足，然后不断地去完善自己；意识到自己的无知，然后不断地去填补空白。如何修？就是要不断地自省。只有不断地进行自我反省，才能意识到自己的无知与不足。慎独，讲的也是这个道理。

人常说，活到老学到老，学无止境。不要让自大阻挡你前进的步伐。又有言曰："大智若愚。"那些真正有大智慧的人，从不自以为是，而是处处都以"无知"的面目示人，能意识到自己的无知，谦虚待人，不耻下问。

人贵有自知之明

老子云："知人者智，自知者明。"《孙子兵法》中有："知己知彼，百战不殆。"说的都是一个道理：人要懂得看清自己，人贵有自知之明。那些有所作为的人，大多是有自知之明的人。如果你不想虚度自己的人生，就先从看清自己做起吧。

春秋时期，有一段时间越国政治混乱，兵力疲弱。作为"五霸"之一的楚庄王认为，这正是攻打越国的好机会，于是就要出兵讨伐越国。这时，有一个名叫杜子的人前来劝阻。他问楚庄王："大王要攻打越国，为的是什么？"楚庄王答："因为越国现在政治混乱，兵力疲弱！"杜子听后，意味深长地说道："一个人的智慧就好比人的眼睛，能够看清楚很远的地方，却始终无法看见自己的眼睫毛。自从大王的军队被秦国打败，楚国已经丧失了许多的国土，这是兵力疲弱；有人在国内造反，官吏却无法制止，这是政治混乱。目前，楚国兵弱政乱的情况与越国不相上下，而您还要出兵攻打越国，难道您就看不到自己的不足吗？"听了这一席话后，楚庄王立即取消了攻打越国的计划。

有很多人都像楚庄王一样，只看到别人的不足，却看不到自己的缺点。这样是很危险的，不自知的人很可能在战争中送命，在生活工作中失败。所以，无论何时都要谨记中国的那句古训：人贵有自知之明。

有一只乌鸦，看到老鹰总是能抓到羊吃，而自己也一样长着翅膀、尖嘴和爪子，于是它就想自己肯定也能抓到羊吃。可是，当它扑向羊的时候，不但没有抓到羊，还被羊角给扎死了。

不难看出，这只乌鸦犯的就是不自知的错，它并没有清楚地认识到自己和鹰的差别，只是想当然地认为鹰能做到的它也能做到，结果白白地送掉了性命。

其实，人无论在何时，处于何等的高位，都要做到有自知之明。应该说，越是处于高位，越要有自知之明，不要被别人的恭维蒙蔽了神志。

晕轮效应：不要像看"日晕"一样看世界

为什么我们会"爱屋及乌"

中国有句古话叫"爱屋及乌"，意思是如果爱一个人，连他家屋上的乌鸦都会喜爱。要知道，依我国传统文化，乌鸦是“不祥之鸟”，那么，为什么还会有“爱屋及乌”的现象呢？

其实，这就是晕轮效应的典型表现。无论在人际交往，还是认识事物时，人们常从对方所具有的某个特性而泛化到其他有关的一系列特性上，从局部信息形成一个完整的印象，即根据最少量的情况对别人或其他事物做出全面的结论。这实际上是个人主观推断泛化和扩张的结果。在晕轮效应影响下，一个人或事物的优点或缺点一旦变为光圈被扩大，其缺点或优点也就隐退到光圈的背后，被别人视而不见了。

下面，我们来看看博达列夫实验，亦证明同样的道理。

苏联学者博达列夫曾做过一个有趣的实验：在课堂上，他向两批学生出示同一张照片，告诉第一批学生这是一名罪犯，因杀人而入狱；告诉另一批学生这是一个物理学家，曾得过诺贝尔物理学奖。然后，他要求学生根据其形象描述其可能具有的性格。结果，第一批学生的评价都是贬义的，而第二批几乎全是赞美的。

再有，中国民间有句俗语：“情人眼里出西施”，说的是为爱慕之情所迷惑，觉得所爱女子无处不美。黄庭坚的诗“草茅多奇士，蓬荜有秀色。西施逐人眼，称心最相得”，便是由这句古话而来的。情人在相恋的时候，很难找到对方的缺点，认为他（她）的一切都是好的，做的事都是对的，就连别人认为是缺点的地方，在双方看来也是无所谓的。这也是晕轮效应的表现。

心理学家认为，这种效应是由知觉者的情感引起的、对他人的一种主观倾向。由于我们在知觉他人时有一种情感效应，我们对他人的评价就容易出现偏差。这一偏差表现为当某人或某物被我们赋予了一个肯定的、令我们喜欢的特征之后，那么这个人就可能被我们赋予许多其他好的特征。反之，如果某人或某物存在某些不良的特征，那么，我们就会认为他其他的一切都是坏的。后者被称为“坏光环效应”，也被形象地叫做“扫帚星效应”。正所谓“一好百好，一恶百恶”，在生活中，“晕轮效应”与“扫帚星效应”经常发生，这些都是人类一种奇妙的内心反应。

理性人生，辩证对待心中的“光环”

客观上讲，晕轮效应是一把双刃剑，在实际应用中，我们要辩证地对待这顶“光环”。

既然我们知道晕轮效应是一种以偏概全的评价倾向，是个人主观推断泛化和扩张的结果。那么，在实际生活中，我们就要注意在评价自己的时候，要实事求是，考虑全面。当别人称赞你的时候，要保持头脑冷静，知道自己还有不足之处；当别人贬低你的时候，也不要自暴自弃，要知道自己还有可取之处，真实客观地看待自己，避免出现以偏概全而导致的错误。

同时，我们可以利用晕轮效应为自己创造有利条件。下面，我们先来看一下麦哲伦是如何利用晕轮效应成功地获得西班牙国王卡洛尔罗斯的帮助的。

在哥伦布航海成功后，为表明自己与投机者或骗子不同，麦哲伦在觐见国王时特地邀请了当时著名的地理学家路易·帕雷伊洛同往。帕雷伊洛将地球仪摆在国王面前，历数了麦哲伦航海的必要性及种种好处。结果，卡洛尔罗斯国王果然被说服了，麦哲伦成功地得到资助，进行了环绕地球一周的航行。然而，在麦哲伦等人结束航海后，人们发现了他对世界地理的认识及他所计算的经纬度有诸多偏差。

可见，卡洛尔罗斯国王之所以资助麦哲伦，并不是因为麦哲伦本人或帕雷伊洛的劝说内容，只是因为他认为帕雷伊洛作为专家，其建议一定值得信赖。所以，适当地运用晕轮效应，有助于我们积极地发展。

此外，在认识或接触其他人和事物的时候，晕轮效应的负面影响会给人的心理带来很大的障碍。

普希金是俄国著名诗人，当他遇到被公认为“莫斯科第一美人”的娜坦丽时，为她的美丽而心动，以至于疯狂地爱上了她。在普希金眼里，一个漂亮的女人也必然有非凡的智慧和高贵的品格。然而，事实并非如此。他们结婚后，普希金每次把自己的诗读给娜坦丽听时，她总是不耐烦地捂着耳朵说：“不听！不听！”相反，她总是要普希金陪她游玩，参加晚会、舞会。普希金为了她放弃了诗歌创作，弄得债台高筑，甚至还为了她与别人决斗而牺牲了生命。

通过普希金的故事，我们要明白，在现实生活中，千万不能让“一俊遮百丑”蒙蔽了我们的双眼和理智。对一个人或事物，不要急于下判断，不要以偏概全，要做全面的了解，避免“晕轮效应”的偏差。

正如著名文学家陀思妥耶夫斯基所言：“倘若你想征服全世界，你就得先征服自己。”请辩证地对待我们心中的“光环”，理性地走出精彩的人生！

控制错觉定律：我们总是会“自信地犯错”

彩票真的是自己选就容易中吗

日本有一家保险公司，发了一批头奖500万美元的彩票。然后，每张彩票以1美元的价格卖给自己的职工。其中，一半彩票是买主自己挑选的，另一半彩票则是卖票人挑选的。到了抽奖那天的早晨，公司专门派调查人员找那些买彩票的人，并对他们说自己的朋友想买彩票，希望他们能转让出来。那么，他们会以多高的价格来出售自己的彩票呢？

关于前面的彩票问题，很多朋友会觉得两者的售价肯定不一样。没错，最后的结果是：不是自己挑选彩票的人平均每张彩票的售价是1.96美元，而自己挑选彩票的人平均每张彩票的售价则是8.16美元。原因就在于，自己选彩票的人相信自己的中奖率一定较高。

其实，这就涉及心理学上的控制错觉定律，即对于彩票等非常偶然的事件，人们也以为自己的能力可以支配。但客观上来讲，偶然性的事件是受到概率支配的。比如，你扔硬币1000次，正面和反面的概率一定都非常接近500。但是哪一次是正面，哪一次是背面，是偶然的、不可预测的。

那么，回到最前面买彩票那个例子。实际上，别人给你买和你自己买，从概率上看，中奖的可能性是完全一样的。尽管从理论上人们都应该知道这个道理，可是到了实际操作中，大家往往还是认为自己“精心挑选”的彩票中奖的可能性更高一些。这可能是由于日常生活中的主要行为都能靠我们的努力和训练加以控制，所以就将这种意识错误地推及所有事，包括那些偶然性事件。

再如，我们掷骰子时，胜负完全是偶然的，与自己的技术和能力毫无关系。当有人想掷出“双六”的时候，心中就在想“六、六、六”，随之口中也小声地唠叨出来，甚至不知不觉地用手逐渐加力捏骰子。可事实上，结果完全是偶然的，与这些附加的动作毫无关系。只是人们潜意识里觉得自己越努力，结果越容易如愿。

心理学家曾做过这样一个实验：他们给大学生一些钱，让他们来做掷骰子的赌博。结果发现，大多数学生都是在掷骰子之前下的赌注大。这是为什么呢？因为学生们都觉得靠自己的努力能使骰子按自己的意愿转动。不过，这根本没有任何逻辑上的依据，只是人们的错觉而已。

了解了控制错觉定律，我们便不难理解：为何赌博游戏会吸引很多人，甚至不少人为此倾家荡产也难以自拔。这些，都需要我们在日常生活中提高警惕。

错觉：该克服时要克服，该运用时要运用

实际生活中，人们很容易产生各种各样的错觉。我国古书《列子》中曾有这样一个有趣的记载：

孔子东游，见两儿辩斗，问其故。一儿曰：“我以日始出时去人近，而日中时远也。一儿以日初出远，而日中时近也。”一儿曰：“日初出时大如车盖，及日中则如盘盂，此不为远者小而近者大乎？”一儿曰：“日初出沧沧凉凉，及其日中如探汤，此不为近者热而远者凉乎？”孔子不能决也。两小儿笑曰：“孰谓汝多知乎？”

这里所讲的近如“车盖”，远似“盘盂”，就是错觉现象。简单地说，错觉是指不符合刺激本身特征的错误的知觉经验。它与幻觉或想象不一样，因为它是对应于客观的和可靠的物理刺激的，只是似乎我们的感觉器官在捉弄我们，尽管这样的捉弄自有其道理。再如，飞行员在海上飞行时，海天一色，找不到地标，经验不够丰富者往往因分不清上下方位，产生“倒飞错觉”，造成飞入海中的事故，亦是同理。此外，在一定心理状态下也会产生错觉，如惶恐不安时的“杯弓蛇影”、惊慌失措时的“草木皆兵”等。

关于错觉产生的原因虽有多种解释，但迄今都没有完全令人满意的答案。客观上，错觉的产生大多是在知觉对象所处的客观环境有了某种变化的情况下发生的；主观上，错觉的产生可能与过去经验、情绪以及各种感觉相互作用等因素有关。

同时，外在因素也会引起我们的错觉。曾有一个实验，有人分别从富裕家庭和贫困家庭挑选 10 个孩子，让他们估计从 1 分到 50 分（美元）硬币的大小。实验发现，来自贫困家庭的孩子比来自富裕家庭的孩子要高估硬币的大小，尤其是 5 分、10 分和 25 分值硬币。而当硬币不在眼前只靠记忆估测或者把硬币换成相同大小的硬纸板时，则高估情况会急速降低。这个实验形象地证实了在不同家庭环境中形成的态度和价值观对知觉有不可忽略的影响力。

不过，错觉虽然奇怪，但不神秘，研究错觉的成因有助于揭示客观世界的规律。

一方面，可以通过控制消除错觉对人类实践活动的不利影响。例如前述的“倒飞错觉”，研究其成因，在训练飞行员时增加相关的训练，便可有助于消除错觉，避免事故的发生。

另一方面，我们还可以利用某些错觉为人类服务。人们能够通过控制错觉来获得期望的效果。建筑师和室内设计师常利用人们的错觉来创造空间中比其自身看起来更大或更小的物体。例如一个较小的房间，如果墙壁涂上浅颜色，在屋中央使用一些较低的沙发、椅子和桌子，房间会看起来更宽敞。美国宇航局为航天项目工作的心理学家们设计的太空舱内部的环境，使之在知觉上产生一种愉快的感觉。电影院和剧场中的布景和光线方向也常被有意地设计，以产生电影和舞台上的错觉。

不值得定律：别样的心态，别样的选择

“值得”与“不值得”，都是心的距离

世界著名指挥家伦纳德·伯恩斯坦，年轻时向美国最有名的作曲家、音乐理论家柯普兰学习作曲，附带学习指挥技巧。可就在作曲方面的造诣炉火纯青的时候，他的指挥才能被当时纽约爱乐乐团指挥发现，他被力荐担任纽约爱乐乐团常任指挥。结果，他一举成名，在近30年的指挥生涯中，几乎成了爱乐乐团的名片。然而，他并不认为自己非常成功，始终受着“我喜欢创作，却在做指挥”矛盾的折磨……

从伯恩斯坦的事例可以看出，在人们的眼中，他是出色的，成功的；但在自己的眼里，他并不是成功的。因为他的大半辈子都活在苦恼和矛盾之中，甚至最后还带着深深的遗憾告别了人世。

这就给予我们一个深深的启示：“值得”与“不值得”，距离有多远，就在于我们的内心如何衡量。正如心理学中不值得定律所阐述的那样，一个人如果在做一件自认为不值得做的事情，即使成功，也不觉得有多大的成就感；如果在做自认为值得做的事情，则会认为每一个进展都很有意义。

如今，不少年轻人得到一份工作后，都渴望证实自己的优秀，但因认为简单小事不值得做，从而失去了很多展示自己价值和走向成功的契机。

美国通用电气公司前总裁杰克·韦尔奇曾说：一旦你产生了一个简单而坚定的想法，只要你不停地重复它，终会将之变为现实。年轻人本来就心高气盛，认为自己一开始工作就应该得到重用，就应该得到丰厚的报酬，因此往往会对手头上的琐碎工作不满，动不动就兴起“拂袖而去”的念头。一位先知说过：“无知和好高骛远是年轻人最容易犯的错误，也是导致频繁失败的主要原因。”其实，小事也好，大事也好，都是我们内心价值观的一种判断，我们不妨听听比尔·盖茨的劝告：“年轻人，从小事做起吧，不要在日复一日的幻想中浪费年华。”

还有，李嘉诚当初为了开创自己的大事业，离开舅舅的钟表公司独自闯荡。然而，他并不像如今很多年轻人那样浮躁，而是从小事做起，在打工中循序渐进，一点一点地开创事业的新局面，终于，成就了一代富豪的庞大产业。

那么，究竟哪些事值得做呢？通常，这要取决于3个因素。

第一，价值观。一般来说，只有符合我们价值观的事，我们才会满怀热情去做。

第二，现实的处境。同样一份工作，在不同的处境下去做，给我们的感受也是不同的。例如，在一家大公司，如果你最初做的是打杂跑腿的工作，你很可能认为是不值得的。可是，一旦你被提升为领班或部门经理，你就不会这样认为了。

第三，个性和气质。比如，在企业中，让成就欲较强的员工单独或牵头完成具有一定风险和难度的工作，并在其完成时给予及时的肯定和赞扬；让依附欲较强的员工更多地参加到某个团体中共同工作；让权力欲较强的员工担任一个与之能力相适应的主管。同时要加强员工对企业目标的认同感，让员工感觉到自己所做的工作是值得的，这样才能激发员工的热情。

明白了这个道理，做事或作选择时，我们就会理性地对待内心的“值得”与“不值得”。

选择要理性，面对要积极

不值得定律让我们明白：智者，应理性地对待心里的那把尺子，在众多选择中，要认清

哪些事情是最重要的、值得做的，然后竭尽全力，把这些值得做的事情做好；反之，那些没有意义、不值得做的事情，干脆不要做。

世界著名编剧家贝尔西蒙的每部剧作都堪称经典，很多人都认为他有着过人的才能或智慧。其实，在写每一个剧本之前，他都会先问自己：若能将这个剧本中每一个角色都表现得淋漓尽致，又保持故事的原则性，那这个剧本究竟会有多好呢？说白了，答案只有3种：一是“很好”，值得花费2年的心血去深入构思创作；二是“还行吧”，但是像鸡肋，没太大意思，不值得耗费太多的精力；最后则是“垃圾、俗套”，根本不值得一写。也正是因为这种做事前认真考虑是否值得做的习惯，贝尔西蒙才能不为不值得做的事浪费时间，从而将有限的精力全部投入值得做的事业中，最终取得成功。

还有，20世纪著名的探险家约翰·戈达德的传奇经历，也是来自一幅他认为值得实践的世界地图。

在约翰8岁生日那天，慈爱的爷爷送给了他一生中最宝贵的财富：一幅被翻得卷了边的世界地图。正是因为这张地图，他的灵魂找到了归宿。

在15岁时，少年约翰·戈达德写了一本励志的自勉书《一生的志愿》。他宏大的愿望令人叹为观止：要去尼罗河、亚马逊河与刚果河探险；驾驭骆驼、野马、大象与鸵鸟；读完柏拉图、亚里士多德与莎士比亚的所有著作；写一本书；谱一首乐曲；为非洲的孩子们筹集100万美元的捐款；拥有一项发明专利……

这本包含了作者127项目标的书，让大部分人看得热血沸腾，可真要说到实践，人们往往会望而却步。可约翰·戈达德不同，他一生的宏愿也像少年时的誓言一样笃定不变。随着这本书的出版，他开始了把梦想变成现实的漫长旅途。尼罗河、乞力马扎罗山……这些梦想的地方一次次在他脚下展开。40年后，年老的他完成了《一生的志愿》中的106个愿望。这本《一生的志愿》成了他“一生的成就”。

所以，在生活中，我们要明确自己的人生目标和价值观，找到我们在社会中的坐标，当遇到了真正值得做的事，就应该坚持下去，尽全力去实现它，只有这样才能取得伟大的成功。

权威效应：人微则言轻，人贵则言重

南朝的刘勰写出《文心雕龙》却无人重视，他请当时的大文学家沈约审阅，沈约不予理睬。后来他装扮成卖书人，将作品送给沈约。沈约阅后评价极高，于是《文心雕龙》成了中国文学评论的经典名著。在我们赞赏刘勰聪慧的同时，也不得不折服于心理学中强大的权威效应。

掀开“机长综合征”的心理学面纱

在航空工业界，有一个现象叫“机长综合征”。说的是在很多事故中，机长所犯的错误都十分明显，但飞行员们没有针对这个错误采取任何行动，最终导致飞行事故。下面这个故事，就是“机长综合征”的一个典型。

一次，著名空军将领乌托尔·恩特要执行一次飞行任务，但他的副驾驶员在飞机起飞前生病了，于是总部临时给他派了一名副驾驶员做替补。和这位传奇的将军同飞，这名替补觉得非常荣幸。在起飞过程中，恩特哼起歌来，并把头一点一点地随着歌曲的节奏打拍子。这个副驾驶员以为恩特是要他把飞机升起来，虽然当时飞机还远远没有达到可以起飞的速度，他还是把操纵杆推了上去。结果飞机的腹部撞到了地上，螺旋桨的一个叶片飞入了恩特的背部，导致他终生截瘫。

事后有人问这位副驾驶员："既然你知道飞机还不能起飞，为什么要把操纵杆推起来呢？"他的回答是："我以为将军要我这么做。"

从心理学角度讲，这个故事反映了社会中普遍存在的一种心理现象——权威效应。也就是说，尽管我们每个人都对身边的人或者对社会有一定的影响力，但影响力的大小有所不同。一般来说，权威人士容易对其他人产生更大的影响。

例如，某天你眼部不适，到医院就诊，如果其他条件相同，有一位眼科专家和一位刚从医学院毕业的年轻大夫供你选择，相信你一定会选择专家。还有，一篇医学论文是被推荐到联合国的某个组织去报告，还是刊登在普通杂志上，这种反映医学成就的信息，其影响肯定是不同的。

权威对我们的影响力要超出常人，崇尚权威，迷信权威人士成了社会大众的一个普遍特征。社会中大多数处于中下层地位的人，学识有限，心理脆弱，对超出自身生活经验的问题不甚了解，不辨真伪，因而盲目相信所谓权威的意见。他们甚至不在乎"说什么"，只在乎说者本身的权威地位。古往今来的君主枭雄、教主领袖，乃至市井中有号召力之人，他们的号召力往往正是来源于对大众心理的这种控制。

在现实生活中，无论是做人，还是做事，我们都要擦亮双眼，理智思考，不要让权威成为遮盖事实真相的心理面纱。

自信是突围负面"权威效应"的利器

不可否认，"权威效应"有它积极的一面，在日常生活中，积极、上进的"权威效应"是值得提倡的。

例如，树立权威人士做群众的好榜样，有助于形成良好的社会风尚；请权威人士担任形象大使，负责环保、节能、关爱生命、如何急救等有意义的公益宣传，将会在大众心中留下更深刻的印象，从而起到更好的促进作用。

然而，"权威效应"也有其消极、颓废一面。例如，某些虚假、误导的广告，由于聘请了一些权威人士进行代言，造成诸多消费者受骗上当。特别是那些涉及医药用品与医疗服务方面的广告，造成的危害及恶劣影响更大。要知道，从心理学层面讲，对于大众而言，权威人士代言广告的性质属于"证言广告"，大家虽然没有切身去体验，但因为对代言者的推崇和信任，往往会对产品热心追捧，甚至深信不疑。这也是为何人们再三强调，权威人士或名人在代言广告方面，要强化一种责任感和守法意识。

作为普通人，我们应该明白，其实"权威"也是凡人，他们或多或少都会受到时代和自身条件的局限。如果我们不能认识到这一点，而总是跪倒在"权威"的面前，那么我们就永远不会进步。

我们具体应该如何破除"权威效应"的消极圈套呢？

洛德·卢瑟福是英国著名核物理学家，因对元素裂变的研究获得了1908年诺贝尔化学奖。他曾断言："由分裂原子而产生能量，是一种无意义的事情。任何企图从原子蜕变中获取能源的人，都是在空谈妄想。"但数年后，用于发电的原子能就问世了。目前原子能已经成为主要的发电新能源。在法国，原子能的利用率甚至已占各种能源的40%。

在科学大发现的时代——19世纪，当牛顿发现万有引力定律，伦琴发现X射线后，有科学家曾断言：科学的路已走到头了，以后的科学家的任务就是尽量使实验做得更精确一些。但不久，爱因斯坦就发现了“相对论”，为科学界打开了新视野。

与之类似，下面是一个令人深思的真实故事：

一位导师，每天晚饭后都要出去散步，在散步之前，他都要给他的一位学生留三道题，放在桌子上，等学生来解答。

这天这位学生发现老师只给他留了两道题，他很快做完了，又在老师的书中发现了一个折着的小字条，上面写着一道题，题目是：“如何用一支圆规和一把没有刻度的尺子来画一个正十七边形？”他开始苦思冥想，到深夜的时候，终于找到了答案。于是次日来见他的导师，导师看到答案后异常地惊讶，因为那道夹在书里的题目是他打算花大力气解决的，是当时数学界的一道难题。这位学生就是高斯。

试想，如果当时高斯知道那是一道当时数学界的难题，也许根本不会那么快找到答案。

所以，我们不要被问题吓倒，不要惧怕权威，更不能盲目地迷信权威。我们应该学会独立思考，用自信心作为突围那些权威名义下的种种圈套的利器。

情绪定律：情绪影响一切

情绪的惊人力量

有个岛上生活着一个未开化的部落。一天，村里发生了一桩杀人案。为了查出罪犯，人们请来了一名巫师。巫师让所有嫌疑分子都喝了“法液”——一种有一定毒性但不致毒死人的液体，并告诉他们，这种“法液”只对杀人凶手起作用，清白的人不会有事。结果，喝了法液的所有嫌疑人，几乎都安然无恙，唯独一人，终日绝望，没过多久便死了。究其原因，我们就要到情绪上找答案了。

你一定有过这样的经历：兴高采烈的时候，看什么都顺眼，做什么都顺手；情绪一落千丈的时候，觉得自己做什么事都不顺心，什么都做得不好。其实，这就是情绪的强大影响力。前面法液缉凶的例子亦是如此，清白的人坚信“法液”不会伤害自己，情绪安然，身体也就无恙；而真正的凶手却由于心存恐惧，认为“法液”对身体伤害很大，情绪低落，终日绝望，自然容易走向死亡。

人常说“世界之大，无奇不有”。没错，德国著名的化学家奥斯特瓦尔德曾因自己的情绪变化，差点儿造成他人与诺贝尔奖擦肩而过的后果。

有一天，德国著名的化学家奥斯特瓦尔德由于牙病，疼痛难忍，情绪很坏。他拿起一位不知名的青年寄来的稿件粗粗看了一下，觉得满纸都是奇谈怪论，顺手就把这篇论文丢进了纸篓。

几天以后，他的牙痛好了，情绪也好多了，那篇论文中的一些奇谈怪论又在他的脑海中闪现。于是，他急忙从纸篓里把它拣出来重读一遍，结果发现这篇论文很有科学价值。他马上给一份科学杂志写信，加以推荐。

后来，这篇论文发表了，并且轰动了学术界。该论文的作者也因此而获得了诺贝尔奖。

想想看，如果奥斯特瓦尔德的情绪没有很快好转，结果恐怕就不言而喻了。

事实上，情绪的好坏与我们自己的心态及想法密不可分，这就是心理学中的情绪定律。一件事，在别人眼中看着是悲哀的，在你眼中也许就是喜乐的，关键是自己怎么想。下面就是一个非常有趣的例子：

有两个秀才一起去赶考，路上他们遇到了一支出殡的队伍。看到那口黑乎乎的棺材，其中一个秀才心里立即“咯噔”一下，凉了半截，心想：完了，真触霉头，赶考的日子居然碰到这个倒霉的棺材。于是，心情一落千丈，走进考场，那个“黑乎乎的棺材”一直挥之不去，结果，文思枯竭，名落孙山。

另一个秀才也同时看到了这个棺材，一开始心里也“咯噔”了一下，但转念一想：棺材，棺材，噢！那不就是有“官”又有“财”吗？好，好兆头，看来今天我要红运当头了，一定高中。于是十分兴奋，情绪高涨，走进考场，文思如泉涌，果然一举高中。

可见，面对同一口棺材，两个秀才产生了不同的情绪，进而造成了两种不同的结果。这就是情绪对一个人的巨大影响。

身处世事，人类拥有数百种情绪，它们或泾渭分明，如爱恨对立；或相互渗透，如悲愤、悲痛中有愤恨或愤怒夹杂；或大同小异的情绪彼此混杂，十分微妙。在这些纷繁复杂的情绪面前，语言确实有些苍白无力。不过，只要我们了解了这些情绪，在日常生活中，就可以学着理性地去控制情绪。

不做情绪的奴隶，命运掌握在自己手中

漫漫人生路上，要么是我们驾驭生命，要么是生命驾驭我们，而决定谁是坐骑、谁是骑手的，就是我们的情绪。它就像一把双刃剑，消极不良的情绪可以像敌人一样袭击我们，积极健康的情绪可以像朋友一样帮助我们。

其实，如果能够从根本上改变对一件事的看法，我们的情绪也就会受到很大的影响。

有位老人，她有两个儿子，大儿子是卖雨伞的，小儿子是卖草鞋的。晴天时，她心想：真糟糕，大儿子的雨伞卖不出去了；雨天时，她又想：真糟糕，小儿子的草鞋卖不出去了。所以，老人每天都愁容满面、忧心忡忡。

有一天，邻居告诉她：“你换过来想一下不好吗？晴天时，你就想小儿子的草鞋可以卖出去了，不是很开心吗？雨天时，你就想大儿子的雨伞可以卖出去了，是不是也很开心呀？”老人听了这番话，就照着做了。

从此以后，老人每天都很开心，常常笑容满面。

许多时候，我们也和那位老人一样，对于同一现实或情境，从一个角度去看，可能引起消极的情绪体验，陷入心理困境；如果从另一角度看，就可能发现积极意义，从而使消极情绪转化为积极情绪。

要知道，使自己快乐的钥匙不是掌握在别人手中，而是掌握在自己手中。我们郁闷也好，快乐也好，其实都不是由外界原因造成的，而是由我们自己的情绪造成的。所以，我们要做情绪的主人，而不能被情绪左右。正如心理学家所证明的：人不仅仅是消极情绪的放大镜，而且也是积极情绪的制造者，生气郁闷只能是折磨自己。我们应该学会自我调整，这样就可以时常保持积极情绪。

保持积极情绪状态的方法有很多种，包括宽容别人，保持积极乐观的心态，能接纳自己的情绪变化，善于及时调整自己的不良心态，掌握有效的自我调节的方法等。如果你不慎掉进了河沟，不妨想想也许有一条鱼会游进你的口袋；当你参加一些重要的考试或活动，感到非常紧张时，可以在心里暗暗提醒自己“沉住气，别紧张，胜利一定是属于自己的”，这样自然就会令情绪冷静，信心百倍；当遭遇困难或身陷逆境时，想想“失败乃成功之母”，振作精神，那么，下一步就会走向成功。

心理摆效应：人心也会像钟摆一样

解惑“乐极生悲”

如果直接告诉你，你的心里有个钟摆，你一定不会相信。那么，请你回想，自己的心情是否曾如大海的波涛一样，大起大落？例如，同朋友聚会时热闹得快快乐乐，自己单独一人时又孤寂得冷冷清清；出去玩一场觉得很开心，可回来后又为日常生活的单调枯燥而心烦……这些，都是我们内心向两个极端摆动的现象。

事实就是这样，我们的心理都有十分明显的两极性。有肯定与否定、积极与消极、紧张与轻松、激动与平静、爱与恨、乐与悲、祸与福、赞成与反对等等。

在日常生活中，人们的心理会随着特定背景的心理活动而产生在这些两极之间摆动的现象。范进中举是《儒林外史》中最为精彩、最振聋发聩的篇章，范进的乐极生悲就是典型的心理摆效应的例子。

乡试出榜那天，家里断炊，范进抱着一只母鸡到集上去卖。报喜人来了，邻居寻范进回去打发报喜人，范进不信，被邻居一把拖了回来。范进三两步走进屋里来，见中间报帖已经升挂起来，上写道：“捷报贵府老爷范讳进高中广东乡试第七名亚元。京报连登黄甲（金榜）。”范进不看便罢，看了一遍，又念了一遍，自己把两手拍了一下，笑了一声说道：“噫！好了！我中了！”说着，往后一跤跌倒，牙关紧咬，不省人事。范进被人唤醒后，哭笑无常，满街疯癫。后来，经他的岳父胡屠户扇了一记耳光，惊醒过来，疯病才见好。

多数人都不解，一个正常的人为什么会产生心理摆效应呢？这主要有如下几个原因：

第一，心理存在着一种起伏现象。这是说，人的心理变化犹如大海的波涛，潮起潮落，经常按照一定的规律变化。而这种变化总是在心理的两极来回摆动，从而产生心理摆效应。

第二，心理摆效应的产生与个人的两极循环人格密切相关。有些人的人格特征总是两极心理状态很明显，一会儿狂喜，一会儿宁静；一会儿激情万丈，一会儿心灰意冷；一会儿快快乐乐，一会儿哭哭啼啼；一会儿爱，一会儿恨，等等。这些人特别容易产生心理摆效应。

第三，与环境、角色反差较大有关系。一般来说，环境与角色反差较大的人，心理摆效应易产生；反之，不太容易产生。心理学家认为，人的感情在外界刺激的影响下，具有多度性和两极性的特点。每一种感情具有不同的等级，还有着与之相对立的情感状态，如爱与恨、欢乐与忧愁等。在特定背景的心理活动过程中，感情的等级越高，那么在这种情形下出现的“心理斜坡”就越大，因此也就越容易向相反的情绪状态进行转化。

顺其自然，让心不再摇摆

面对“心理摆效应”给我们带来的不良反应，我们应该如何应对呢？难道就让情绪无情地操控着我们，使心成为一个无休止的钟摆吗？

当然不是！我们应懂得顺其自然，要知道，人生不能总是高潮，生活也不可能永远是低谷。

在现实生活中，我们难免会遇到一些可怕的不幸、灾难或不愿意接受的事实，但是，这些往往是我们无法选择、也不可避免的。对此，明智的应对方案就是默默地接受，从而避免心情陷于低潮。还有另一种方法，也可以帮助你减弱不幸的伤害，那就是，当不幸降临时，不要将其放在心里，予以忽略，予以蔑视，以此来调整心态。

面对不可避免的事实，我们就应该学着做到诗人惠特曼所说的那样：“让我们学着像树木一样顺其自然，面对黑夜、风暴、饥饿、意外与挫折。”因为，环境不能决定你是否快乐，你对事情的反应才决定你的心情。

请记住这样一句话：要驱除生命中的黑暗，最好的办法就是使生命充满阳光；要避免混乱，就得追求和谐；要使头脑戒绝错误，就得使头脑充满真知；要远离邪恶，就得多多思索美好可爱的事物；要摆脱一切讨厌和不健康的东西，就必须深思一切怡人和有益健康的事情。因为截然相反的思想不可能同时占据一个人的头脑。做到这一点，你就真正成为了自己情绪的主人。

我们一定要懂得消除一些思想上的偏差。人生有聚也有散，生活有乐也有苦。有些人由于希望永远生活在激情、浪漫、刺激等理想的境界之中，因而对缺乏上述因素的平凡生活状态总是心存排斥，他们的心情自然就会因生活场景的变化而大起大落。

我们应该学会体验各种生活状态的不同乐趣。既能在激荡人心的活动中体验激情的热烈奔放，又能在平淡如水的日常生活中享受悠然自得的生活情趣。唯有此，自己才能在生活场景发生较大转换时，避免心理上产生巨大的失落感和消极的情绪。

此外，避免心理的极性摇摆，我们还要做到加强理智对情绪的调控作用。让自己快乐兴奋的生活时空中，保持适度的冷静和清醒。而当自己转入情绪的低谷时，要尽量避免不停地对比和回顾自己情绪高潮时的“激动画面”，隔绝有关刺激源，把注意力转入一些能平和自己心境或振奋自己精神的事情和活动当中去。

情感宣泄定律：请给情感一个宣泄的窗口

由祥林嫂的喋喋不休说开去

鲁迅笔下的祥林嫂，作为《祝福》的主人公，以“喋喋不休地讲述阿毛事件”而为人们所熟知。由于第二个丈夫的死，特别是儿子阿毛的死，祥林嫂的心理处于极度的紊乱状态，正常的精神发展在屡次的灾祸中严重受阻，只有依赖倾诉——反复絮叨她的“阿毛的故事”，来宣泄她那被压抑且痛苦的情感。祥林嫂也是人，这种倾诉，更确切地说是宣泄，完全是创伤心理求得安慰的需要。

仔细想想，我们生活中一反常态的絮叨、歇斯底里，乃至许多失去理智的疯狂举动，不就是因为遭遇灾祸或不顺，对情绪的发泄吗？我们每个人在一生中都会产生数不清的意愿、情绪，但最终能实现、能满足的却并不多，因此也就需要情绪的宣泄。

有人认为，对那些未能实现的意愿、未能满足的情绪，应该千方百计地压抑、克制，不能发泄出来。殊不知，这种做法会产生一种心理上的能量，若不通过其他的途径进行释放，它自身丝毫不会减少，就好像物理学上的“能量守恒定律”。

还有，即使你在压抑、克制阶段意识不到它的存在，但实际上它对你的影响仍然存在，而且一直在找机会真正发泄出去。

王先生是某公司的职员，有段时间经理总是批评他这不对、那不对。自己已经很努力了，可还是被扣上“效率低”的帽子。不过，谁叫人家是领导呢？王先生有怒不敢言，在公司竭力压抑自己，并在心里自我慰藉说“能忍的人情商高”。

可是，每次下班回到家后，王先生总觉得心里堵得慌。于是，他就拿起笔练练字，想通过这种方式平静一下自己。谁料，等他写满一张纸才发现，纸上写的，除了经理的名字外，就是“龌龊”“王八蛋”等一类不满和愤恨的话，连他自己都不敢相信。

通过上面王先生的例子，我们可以看出，情绪需要宣泄的时候，光靠自己的克制是解决不了问题的，即使不经意间，它也会向外流露，方式不仅仅局限于祥林嫂的“说”，王先生的“写”也可以，这就像人类的本能一样。

及时疏导，别让坏情绪“决堤”

生活中，难免会发生失败等不顺我们心意的事情。由此所产生的情绪，如同洪水一样，若不及时把它泄出去，就会给我们心理的堤坝造成强大压力。对此，我们不能采用堵的方法，因为随着水位的升高，堵塞只能是暂时的，到一定程度就会造成“决堤”，那时情况就更严重了。

也许你会问：“在心理上筑高堤坝不行吗？”要知道，如果这样做，势必使人在心理上与外界日益隔绝，造成精神的忧郁、孤独、苦闷及窒息等不良后果。同时，这股暗流达到一定程度，还是要冲破心理的堤坝，甚至导致精神失常。

从科学上来讲，对于这样的情绪，最好的办法是疏导。

美国芝加哥市郊外的霍桑工厂是一个生产电话交换机的工厂，薪资待遇等各方面条件都相当不错，但工人们仍然愤愤不平，生产状况也不理想。为探求原因，美国国家研究委员会组织了一个由心理学家等多方面专家参与的研究小组，对工厂生产效率与工作物质条件之间的关系进行了研究。

在这一系列试验研究中，有一个是谈话试验。在大约 2 年多的时间里，心理专家们找工人个别谈话 2 万余次。在谈话中，专家耐心地听取工人对管理的意见和抱怨，不做任何反驳和训斥，让工人们把不满情绪尽情地宣泄出来。出乎意料的是，这一谈话试验收到了非常好的效果：工厂的工作效率大大提高。

关于这个试验，心理学家分析，工人长期以来对工厂各种管理制度有诸多不满而无处发泄，而专家们通过谈话恰好能让他们将这些不满发泄出来，对情绪起到疏导的作用，从而心情舒畅，干劲倍增，工作效率自然也会大大提高。

再如，中国一些小学为学生开设“情感宣泄”课，让学生走上讲台，讲述自己心中的苦闷、遇到的困惑或者想发泄的事情。这样不仅对学生进行了情绪疏导，为他们提供宣泄的机会，其他同学还可以帮忙想办法、出点子，使学生们在互相帮助中学会如何摆脱苦恼，增进相互间的了解，从而形成融洽的人际关系。

需要注意的是，虽然情绪需要宣泄，但要注意合理性。这就好比我们用高压锅做饭，一方面要将气适当地放掉，另一方面也要保证把饭做好。如果只知道将气泄掉，那么，拿掉整个锅盖就可以达到目的了。然而，这样做却使饭夹生了。因此，情绪宣泄不仅要有建设性，还应该是无害的。

在宣泄的过程中，尽量不要指责别人，而用诉苦的方式，更容易博得别人的理解。也可以找个不影响他人的适当场合，自己大哭一场，或者听音乐，做运动，自言自语，写写日记，养育鱼鸟，种植花木，找心理医生等，都是很好的宣泄方式。

禁果效应：越“禁”越“禁不掉”的心理

“禁果”真的格外甜吗

在古希腊神话中，万神之首宙斯有位侍女叫潘多拉。一次，宙斯派她去传递一个魔盒，并千叮咛万嘱咐不能打开盒子。然而，正是宙斯的告诫，反倒激起她不可遏制的好奇和探究欲望，于是，她不顾一切地打开魔盒，结果，盒子里装有的所有罪恶都跑到了人间。

其实，正是宙斯“禁止打开”的命令促使潘多拉将盒子打开，这就是心理学上所说的“禁果效应”。

俄罗斯有句著名的谚语说：“禁果格外甜。”谈到这个话题，我们就要先从“禁果”说起。它源自《圣经》，指伊甸园“知善恶树”上结的果实。

《圣经·创世记》载，上帝为人类始祖亚当和夏娃建了一个乐园，也就是众所周知的伊甸园。上帝让他们两人住在园中，并负责修葺与看管。同时，上帝还特意嘱咐道：“园内各样树上的果子你们都能吃，唯独知善恶树上的果子你们不能吃，因为吃了它你们就会死。”亚当和夏娃谨记着上帝的教诲。

突然有一天，夏娃没禁得住蛇的诱惑，被神秘的知善恶树上的“禁果”吸引，于是摘下树上的果子，吃了下去。而且，她把果子也给了亚当，亚当也吃了。

后来，上帝得知此事，将他们赶出了伊甸园。同时，上帝惩罚了罪魁祸首——蛇，让它用肚子走路；责罚了夏娃，增加她怀胎的痛苦；责罚了亚当，让他终身劳作才能从地里获得粮食。

夏娃和亚当为什么要违背上帝的旨意偷吃“禁果”？是因为他们饥饿呢，还是因为他们嘴馋？当然都不是。这个关于人类远祖的故事，暗示了人类的本性中具有根深蒂固的“禁果效应”倾向。

在现实生活中，我们常常会遇到这样的情况：越是被禁止的东西或事情，越会引发人们更大的兴趣和关注，使人们充满窥探和尝试的欲望，千方百计通过各种渠道获得或尝试它，即上面所说的“禁果效应”。其实，这种做法与东西本身没有太大的关系，主要是因为“禁”激起了人们情绪中的好奇心理和逆反心理。

这种效应存在的心理学依据在于：无法知晓的“神秘”事物，比能接触到的事物对人们有更大的诱惑力，也更能促进和强化人们渴望接近和了解的需求。我们常说的“吊胃口”“卖关子”，就是因为人们对信息的完整传达有着一种期待心理，一旦关键信息在接受者心里形成接受空白，这种空白就会对被遮蔽的信息产生强烈的召唤。这种“期待—召唤”结构就是“禁果效应”存在的心理基础。“禁果格外甜”，不过是人们的一种心理表现。

巧妙播种“禁果”，品其甜、避其苦

虽然生活中禁果效应无处不在，但它也是一把双刃剑，既有积极的作用，又有消极的作用。

你也许不知道吧，今天我们生活中司空见惯的蔬菜——土豆，在刚刚被发现时，就是因为被当做禁果，才得到了广泛的推广。

土豆从美洲引进到法国时，很长时间没有得到认可。迷信者把它叫作“鬼苹果”，医生们认为它对健康有害，而农学家则告诉人们，土豆会使土壤变得贫瘠。这些“权威人士”的断言，使土豆成了不受欢迎、稀奇古怪的东西。

著名的法国农学家安端·帕尔曼切在德国当俘虏时，亲自吃过土豆。他尝到了土豆的“甜头”，就想回到法国后，在自己的故乡培植它。可是因为那些“权威人士”的断言，谁也不敢种土豆。

后来他灵机一动，想出了一个办法。他得到国王的许可，在一块出了名的低产田上开始栽培土豆。根据他的要求，要由一支身穿仪仗服装、全副武装的卫队看守这块土地。但只是白天看守，到了晚上，卫队就撤了。

这使人们非常好奇，是什么好东西需要卫队这样煞有介事地看守呢？一定是好东西，才怕别人偷啊。人们这样一想，就猜测土豆一定是非常美味或很有好处的食品，就禁不住想要知道个究竟。于是，他们商量好，到晚上就到那块土地上偷挖土豆，然后种到自己的菜园里去。

结果，土豆得到了很好的推广，而且人们发现这是一种风味独特的食品，没有任何可怕的地方。

正是巧妙运用了禁果效应，激发人们与生俱来的好奇心，帕尔曼切推广土豆的目的才得以实现。

除了像帕尔曼切那样利用禁果效应得到积极效果外，生活中还有不少因“禁果效应”适得其反的例子。

比如，历代统治者经常把他们认为是“诲淫诲盗”的书列入“禁书”之列，如我国的《金瓶梅》和西方的萨特、王尔德、劳伦斯等人的作品。但是，被禁不但没有使这些书销声匿迹，反而使它们名声大噪，使更多的人挖空心思要读到它们，反而扩大了它们的影响。再有，一些家长总是喜欢禁止孩子做这做那，如禁止读不健康的书，不让早恋，不允许玩游戏、网络聊天等。但一味地严厉禁止，反而增加了孩子的好奇心、逆反心理，使他们在两种心态的驱使下甘冒风险去尝试那些也许并不甜的“禁果”，最终使教育走向了反面。

可见，透过禁果效应，一方面，我们可以把某些人们不喜欢而又有价值的事物人为地变成禁果，以提高其吸引力；另一方面，我们不要轻易把某些不喜欢或不赞成的事物当成禁果，以免人为地增加其吸引力，适得其反。

情绪转移定律：小心，坏情绪会传染

一场坏情绪的心灵“流感”

生活中，我们的坏心情就像流感一样，如果不加以控制，就会不断蔓延。下面这个有趣的故事，就是很好的证明。

王先生是某私企的总经理，对公司管理非常严格，而且能以身作则，每天都早到迟退。不料，有一天早晨，王先生看报太入迷了，结果出门晚了。他匆匆忙忙地开车，闯了一个红灯，正巧被警察逮到，还被扣了驾驶执照。

本来上班就迟到了，没想到还被扣了驾照，王先生顿时气急败坏。回到办公室，正好碰到项目经理来向他汇报工作。他不带好气地问：“上周那个项目敲定没有？”项目经理告诉他还没有。他突然吼道：“我已经付给你7年薪水了。现在我们终于有一次机会做笔大生意，你却把它弄吹了！如果你不把那个项目争回来，你就别想再踏进公司半步！”

项目经理怀着一肚子不满回到自己的办公室，心想：“我为公司卖了7年力，你王经理不过是个傀儡。现在，就因为我丢掉了一个项目，就恐吓要解雇我，太过分了！”正巧秘书来找他签字，他马上问秘书：“今天早上我给你的那5封信打好了没有？”秘书回答说：“还没。我……”他立刻冒起火来，指责说：“不要找任何借口，我要你赶快打好这些信件。虽然你在这干了3年，不表示你会一直被雇佣！”

秘书很愤怒地回到自己的座位，心想：“有病啊！3年来，我一直很努力工作，经常加班，现在就因为我无法同时做两件事，就恐吓要辞退我。太欺负人了！”

秘书下班回家，看到9岁的儿子正悠闲地打着游戏，立刻叫起来：“我告诉你多少次，要好好学习，赶快给我回到房里去看书！”

儿子回到自己房间，心想：“妈妈刚到家就冲我发这么大的火，真过分！”这时，平时他最喜欢的小狗走了过来，可他二话没说就狠狠地踢了小狗一脚：“给我滚出去！”

小狗疼得乱窜，发疯似的冲出门，还咬了一个人——那个人正好是从这里路过的王总经理。

不可思议吧，王先生的消极情绪通过漫长的链条，经过不同人物的传导，最后又回来殃及了自己。在心理学中，这种现象被概括为情绪转移定律，指人的不好情绪如果没有得到适当的宣泄，就会转移到其他人和事上，是一种情绪的蔓延现象。

其实，这样的情绪转移现象在生活中并不少见。一个人的不良情绪一旦无法正当发泄和排解，往往会找一个出气筒，把情绪转移到别人的身上，有时甚至是无意识的，自己也很难控制。但无论如何，拿别人撒气是不对的，对别人是不公平的。

中国有句古话叫“己所不欲，勿施于人”，就像我们不希望别人把自己当出气筒一样，我们也应该适当克制自己的情绪，不要把别人当成自己的出气筒。

掌控自己，别把坏心情传染给别人

既然人人都不希望被当做出气筒，那么，遇到不良情绪时，我们该怎么办呢？

答案很简单，我们要学会调整情绪的方法，及时扭转不良情绪，避免它的蔓延。下面，我们看看这样一个例子：

有一天，一位富有的女士开着车来到一家珠宝店，走近柜台，开始挑选钻石项链。这时，一位男士推门走进珠宝店，也过来选珠宝。可是，男士不小心，正好踩到了女士的脚。见男士没有任何道歉的表示，女士愤怒地指责道："长那么大，难道没学过'礼貌'二字吗？"男士见女士发火，便漫不经心地说"对不起行了吧"，随后还喃喃自语道"真无聊"。女士觉得自己受到了侮辱，就摔门而去，临走还说："没素质！"

莫名其妙地被人踩了一脚，还被人说三道四，女士很生气。谁料，开车回家的路上，又碰巧遇上堵车，女士更加烦躁。"哪来这么多的破车；这些臭司机简直不会开车；那家伙开得那么快，不要命啦；这家伙水平太臭了，怎么学的车？……"女士开始喃喃自语。

刚开动车子没多久，又到了一个交叉路口。她遇上一辆大型卡车，那辆卡车先慢了下来，随后司机伸出头向她示意，让她先过，脸上还带着友好的微笑。

不知怎么，女士一肚子的不快，一下子烟消云散了……

没想到吧，仅仅一次小小的谦让、一个真诚的微笑，就可以给别人带来愉快，让不良的情绪结束蔓延。

生活中，我们要懂得原谅别人。而且，当别人对我们不友好时，不一定是真的对我们有恶意，也许是因为他遇上了生气的事，不知不觉就把气撒到了我们身上。对这样的人，我们也没必要斤斤计较，宽容为怀往往更容易解决问题。

同时，如方岳在诗中所言"不如意事常八九，可与人言无二三"，人在社会中，难免会遇到一些不如意的事情，我们要学会排解不良情绪。

一方面，可以有意识地转移注意焦点。当你遇到挫折，感到苦闷、烦恼，情绪处于低潮时，就暂时抛开眼前的麻烦，不要再去想引起苦闷、烦恼的事，而把注意力转移到自己较感兴趣的活动和话题中去。多回忆自己感到最幸福、最愉快的事，以此来冲淡或忘却烦恼，从而把消极情绪转化为积极情绪。

另一方面，可以自觉地转换环境。如外出散步、旅游参观、调换居住地点等。这样通过新的环境，冲淡、缓解消极的心理情绪。

可见，明智人生需要"不以物喜，不以己悲"的平和。要做到处颓势不倒，处逆境不躁，心静若止水。还要守住一份寂寞，忍耐一份孤独，不随波逐流。自己的情绪，还是要自己做主。

眼不见为净定律：只要看不见，就是干净的

眼不见为净，心不想不烦

俗话说得好："眼不见为净。"当你讨厌的东西没有在你视力范围内时，这些东西所带给你的不快就会消失。

例如，你的饭里有条虫子，如果你没看到的话，你不会认为它不干净；但当你发现时，你会再也吃不下去，而且还会想把已经吃进去的吐出来。有时候，衣服上溅了油渍，没看到的时候，你会认为它是干净的；而如果偶然看到了，就非得把它洗了才行。每个城市里都有污浊的地方，而如果你没有看到过这些地方，你会认为城市的每个地方都很干净；但一旦你看到了，就再也不会这样认为了。

其实，关于“眼不见为净”这句俗语的由来，还有个相当有趣的故事。

从前，有两个秀才喝酒后在一起抬杠。一个说天下万物水洗为净，另一个却说眼不见才为净。两人争得面红耳赤的，实在是相持不下，便一起去请乡绅判断，并且压了赌注，谁要是输了，就得把自己的一半财产和妻子输给对方。乡绅也认为天下万物水洗为净，因此那位说“眼不见为净”的秀才输了。

那位输了的秀才，愁眉苦脸地回到家里。妻子王氏赶忙来问出了什么事，听了秀才描述的事情经过之后，妻子大哭起来。可王氏是位聪明人，哭过之后，立即就想到了一个解救的办法。于是，她就劝秀才说：“相公，你虽把我输给别人，但我走也要走得像个样子。你明天中午去把众乡绅请来吃一顿饭吧！”秀才知道自己对不住妻子，对于妻子的要求半点也不敢马虎。

第二天中午，乡绅一行人都准时出现在那位输了的秀才家里，其中还包括打赌取胜的那位秀才。

入席后，酒过三巡，王氏突然从屋里出来，手里还端着一个马桶。只见她把马桶放在门口，用清水把马桶刷了三遍，又用热水把马桶擦了三遍，最后又用清水把马桶冲了三遍。看到这些，众人皱起了眉头，吃饭的心情霎时低落了许多。但王氏不慌不忙，又用抹布把马桶里外擦了个净，然后带着马桶进了厨房。过了一段时间，该上饭了。只见王氏端着她刚才刷的那个马桶，大摇大摆地出来了，并把马桶放在桌上，打开马桶盖，说：“大家请用饭吧！”在座的人都面面相觑，目瞪口呆。不过，往马桶里一瞧，里面竟是热气腾腾的白米饭。那个获胜的秀才突然恍然大悟，说：“是我输了。不是水洗为净，而是眼不见为净！”

于是，这个俗语便传开了。

试想，假如王氏不把马桶端出来让大家看到的话，只是用碗盛饭出来给客人们，那么他们也不会认为那米饭是不干净的，肯定也会像往常一样吃起饭来。人们就是这样过于相信自己眼睛看到的，而不是去分析事情的真相，而且人们也习惯于自我欺骗。

在生活中，常常会听到有人说：“管他呢，眼不见为净！”每当听到这句话的时候，一般都是讲这话的人遇到了什么难办或烦心的事。对于不好处理或难以接受的事，我们的第一选择一般都是“眼不见为净”。只要那些让我们不快的人或事不被我们看到，那些难办的或烦心的事好像就不存在了。

然而，这却是一种自我欺骗，事实没有半点改变。如果将来你再看到那些事和人时，你将会受到更严重的打击，承受更巨大的痛苦。所以，对于自己，一时的自我安慰是可以的，但是经常性的自我欺骗却是要不得的。

与其自我欺骗，不如大胆面对

当不好的事情发生时，我们的第一反应是：这不是真的。先否定这一事件的真实性，然后再慢慢接受它。比如说，钱包不小心丢了，我们就是不愿相信这个事实，总认为它还在某个地方等着我们把它找到。可事实上，它是真的丢了。为什么我们在遇到坏事情时，总是会先否定这个事件的真实性呢？

因为我们的内心无法接受这一事件，否定是一种自我保护。我们身体里存在着一种心理保护机制，当我们遇到令我们不快或痛苦的事情时，就会自觉地采取一种完全否定的态度，以减轻心理上的痛苦。而当我们做了不该做的事情时，我们也会用否定的态度来减轻负罪感。比如，年幼的儿童不慎将花瓶或杯子摔破后，知道自己闯了大祸而用双手把眼睛蒙起来，不敢再看已被打破的东西，就如同掩耳盗铃一般。鸵鸟当被敌人追赶而难以逃脱时，就把头埋进沙里。因为危险在眼前，情感上难以承受，把眼睛蒙起来，抹杀已发生的事实，以免除心理上的负罪或痛苦。这种否定存在或已发生的事实的潜意识，正是用自我欺骗的方法来减轻痛苦，以达到自我保护的目的的。

在生活中，我们会遇到很多让我们难以忍受的事情。比如自己心爱的人离开了自己，与向往已久的大学失之交臂，努力了许久的工作不被肯定，房子突然发生了火灾，朋友突然出了车祸，自己莫名奇妙得了重病等。这样的例子，真是不胜枚举。当这些事情刚发生的时候，为了自我保护，我们的心理机制会自动地采取一种否定的态度，让我们认为这一切都不是真的，都是一场梦，等梦醒了，一切都会好起来的。但是，事实就是事实，不是你告诉自己没发生过，它就不存在了。最终，你还是要去面对。越早地面对，才会使痛苦越小；越是逃避，受到的伤害越大。自我欺骗最终还是解决不了问题的，虽然有时会缓解一些疼痛，但那都是幻象，等到清醒的时候疼痛会加倍。躲在沙子里，敌人也不会放过你，只会让敌人更轻易地抓到你。所以，学会面对吧，不要再沉醉在自己编织的梦里。

虽说“眼不见为净，耳不听为清，心不想不烦”，但这都是一种缓解之法，不是真正的解决之道。那如果看见了，听到了，想起了，怎么办？这种打击是双重的。当坏事发生的时候，当危险降临的时刻，首先要接受现实。没有什么是不可接受的，一切痛苦当你真的敢于接受时，它的疼痛度就会减轻很多，因为你已经做好了心理准备。而如果你只想着逃避，不愿或不敢面对现实，那么现实会对你更加残酷。一切对手都是吃软怕硬的角色，现实也不例外。只要你拿出勇气，敢于面对，那么这世界上就不存在过不去的坎儿。

能获得成功的人，是敢于面对自己惨淡人生的人，是敢于接受一切打击磨难的人，是敢于挑战各种艰难困苦的人。所以，从今天起，不要再骗自己，努力去面对现实吧！

自我宽恕定律：自己的错误总是可以原谅的

我的错误都是别人造成的

曾经很流行这样一个观念——“我的错误都是别人造成的”。其实，很少有人会认为自己是坏人，看到自己的缺点，承认自己的错误。虽说知错能改，善莫大焉，但是在现实生活中，却很少有人敢于承认自己的错误，或从来都不认为是自己犯了错。

例如，在公交车上，一男人踩了一女人的脚，女人很生气地质问他：“你干什么呢？踩我脚了，你知不知道？”那男人却说：“谁让你把脚放我脚底下的。”从来都不是他的错，都是别人的错。当然这个例子举得有点夸张，但是实际上类似的事真是数不胜数。

当别人指出你的问题时，人们一般不是承认，而是狡辩。先来证明这不是我的错，就怕承担责任和后果。对于自己的行为，自己的过失，人们总能找到解释的理由，而这理由往往又和他人有关，也就是说人们惯于推卸责任而不是承担责任。

在人们的心目中，犯了错就要接受惩罚，为了避免惩罚就先把责任推一边去，或者干脆不承认，也不推诿。有些人，让他认个错，比杀了他还难。这是自尊心太强的缘故，他不容许自己犯错。对自己要求比较高的人，都不会轻易承认自己的错误，因为这样会有损他的形象和自我评价；自卑的人，也不容易承认自己的错误，越是自卑，就越害怕自己犯错，不敢承认自己犯错，因为这样会被别人看不起，自己也会更自卑。人类的这个天性，真是可笑至极。

一个杀了别人全家的犯人，被抓获后，不仅毫无悔改之意，还说：“是他们逼我的。都是他们逼我的。如果他们不逼我，我也不会这么做。”一个专抢富人的劫匪，在被抓获时，说：“他的钱来路也不干净，我抢他是应该的！”一个盗窃犯被抓后，说：“谁愿意当小偷，如果不是这个社会不公平，不给我一条活路，我也不至于走到今天。”总之，一切罪行都是有原因的，都是别人造成的，不是我们故意犯的。

还有，自己起晚了迟到了，却说：“路上碰着个熟人，非拉我说话。”不小心把别人的杯子撞到了地上，却说：“你怎么把杯子放在这么不安全的地方啊？”泼水泼到了人，却说：“谁让你站那儿的？”反正，自己总是对的，别人总是错的。也正因如此，才会出现不可开交的争吵，无法解决的矛盾。公说公有理，婆说婆有理，各人都认为自己有理，都看不到别人的理。不懂得互相体谅和宽容，关系只能越闹越僵。

如果说自我保护是人类的天性，自恋是人类的秉性，那么人类就应该在后天多多学习宽容和体谅他人的能力。

错了就是错了，承认也没什么大不了的。只有认识到自己的错误，才能看到自己的不足。只有敢于承认错误，才能获得进步。金无足赤，人无完人。犯了错误不可怕，可怕的是不知错、不认错、不改错。每个人都有自己的优缺点，在看到自己优点的同时也要清楚地认识到自己的缺点，在看到别人缺点的时候也要懂得欣赏别人的优点。

严于律己，宽以待人

人性有个根深蒂固的特点，就是容易发现别人的缺点和错误，却不容易看到自己的不足。比如，上学的时候，考试结束后，老师让自己改自己的错题，往往会少算一两道；而如果让你去挑别人的错误，那么你会连最小的错误都看到。这就是“自己行，别人不行”的态度在作怪。

中国有句古话叫“只许州官放火，不许百姓点灯”，说的正是这个定律。自己犯多大的错都是可以原谅的，而别人犯一丁点儿错就应该受到重重的处罚。对自己和对别人的态度，截然不同。我们往往对自己放纵，对别人严苛。

胡小梅认为自己是个很高尚善良的人，很讨厌那些背地里说人坏话和向领导打小报告的人。但是，她的消息又是最灵通的。每次工作休息之余，她都会向大家爆很多领导和同事的料，当然是在当事人不在场的情况下。而同事们议论领导的话，她有时候也会不小心透露出一些给领导。久而久之，大家发现一直号称最讨厌背地说人坏话和打小报告的人，却是最经常做这两样事情的人。

人就是这样，不喜欢别人背地里议论自己，却喜欢在背地里议论别人。正所谓：“见人之过易，见己之过难。”所以，古人倡导“一日三省吾身”。及时地发现自己的错误，并即时改正。这本来是件简单的事情，但因为能做到的人太少了，所以才显得难能可贵。

现实生活中，很多纷争都是由于我们不肯承认自己的错误，却非得让对方承认错误而引起的。古人云：“律己宜带秋风，处事宜带东风。”如果人人能做到这样，那么这世间将少许多纷争。所以，我们要懂得严于律己，宽以待人。这也是中华民族的传统美德。

我们平时不要太与他人计较，也不能太放纵自己。这样我们才能更好地进步，完善自我，与他人的关系也会变得更加和谐融洽。正所谓：“以责人之心责己，以恕己之心恕人。”如果能以这样的态度对人对事，那么就能化隔阂为理解，化矛盾为情谊，变错误为机遇，变不足为优势。

《菜根谭》里说：“人之过误宜恕，而在己则不可恕；己之困辱宜忍，而在人则不可忍。”“责人者，原无过于有过之中，则情平；责己者，求有过于无过之内，则德进。”讲的就是这个道理。对待自己要严苛，对待别人要宽容。对自己过于放纵，只能让自己的惰性越来越大，错误越犯越多；而对别人过于苛刻，只能给自己徒增麻烦和烦恼，让自己越来越不招别人喜欢。所以，面对自我时，要戴上眼镜仔细瞧毛病；而面对别人时，要摘掉眼镜使劲想优点。

自我是一本书，是一个谜，是一个孩子。我们要翻阅它，要猜透它，要教育它。更好地塑造自我，就要看到自己的不足和错误，然后弥补不足改正错误。

虚假同感偏差：“以己度人”未必可靠

我们为何会自信地“以己度人”

有这样一则寓言故事，虽然沉重却发人深省：

古时候，在一个寒冷的冬天，有一个木匠一边带着孩子，一边在地主家干活。木匠很卖力，干活干得大汗淋漓，就把自己的衣服一件一件地脱了下来。这时，他突然想到了身边的孩子，生怕孩子也热，也同样把孩子的衣服都给脱掉了。结果，孩子被冻死了。

看罢此故事，有的朋友可能会觉得这个木匠很愚蠢，但是，这种“愚蠢”正是虚假同感偏差的典型表现。人们总是会在不经意间夸大自己意见的正确性，甚至把自己的特性也赋予在他人身上，想象着每个人与自己都是相同的，这样一来，如果自己有疑心，就会认为周围的其他人都是疑心重重。这种虚假同感偏差可以使你通过坚信自己的信念和判断，从而获得自尊和优越感，但是，与此同时，它也可能会像那个愚蠢的木匠一样，给你带来决策和选择的错误。

那么，是什么因素在影响着一个人的虚假同感偏差呢？我们可以从以下五个方面加以考虑：

1. 当前的行为或事件对你非常重要的时候

生活中，你或许听到过这样的言论：“爱有多深，恨便有多浓。”当一对情侣分手之后，之前的爱意都将转化为瞬时的愤怒或者长久的积怨。如果你作为他们的朋友，其中一方总会在你面前抱怨：“那家伙是个狼心狗肺的混蛋！是不是？”他们会坚定地认为你也会和她站在同一个阵营里，并一起和他们同仇敌忾，尽管你心里并不是那么想的。

2. 当你非常确信并坚定自己的观点或意见的时候

对一个问题相当确定的人，自然会倾向于认为别人也持有相同意见，即使受到反驳，也不会轻易悔改。比如，一个高中生特别擅长某类数学应用题，在其他同学看来是困难的题目，他总是能快速形成解题的思路。而如果有哪一次他自己也遇到难题无能为力时，他就会认为其他人肯定也做不出来。即使有的同学解答出来了，他也会认为是错误的。

3. 当你的地位和正常生活受到某种威胁的时候

如果你面临一个重大事件，比如说你的家乡发生了一起重大刑事案件，或者你所在的单位要进行一次大规模的人员调动，你肯定会在心里格外关注这些事件，同时，认为别人也会觉得这事很重要，而且会持有和你一样的观点。其实，无论是家乡，还是单位，那都是“你的”，别人或许只会关心，但不会像你那样如此在乎。

4. 当涉及某种积极的品质或个性的时候

平时，我们总会说“以小人之心度君子之腹”，但是，虚假同感偏差正好相反，是“君子之心度小人之腹”。例如，在公司公开竞聘时，很多人总会在心理暗示：“我认为自己入职以来的工作态度和业绩都很优秀，领导和同事们也看在眼里，所以不会有人不选择我的。”其实，我们都知道，无论身处何种环境中，由于性格等原因的差异，不可能每个人都喜欢你，我们也没有理由让每个人都赞同自己。

5. 当你将其他人看成与自己是相似的时候

无论身处何时何地，当人们习惯了自身的生活方式之后，便会把这种习惯看作是理所应当的事情。例如，在科技发达的现代社会，人们在办理公务、生活学习方面越来越依赖于电脑。相隔异地召开视频会议，通过信息平台发布通知，使用电子邮件上交作业，等等。当人们越来越习惯于这种沟通交流方式的时候，如果偶然发现身边还有人没有电子邮箱，写文章的时候还用钢笔和稿纸，便会瞠目结舌。殊不知，只是他们忽略了，并不是每个人都和他们是一样的。

让虚假同感偏差回归原点

有的时候，在确定的场合和事件中，由于虚假理论偏差在起作用，可能会在人际交往中带来一些小小的困扰，但这并不是意味着虚假理论偏差就是一种自私狭隘的坏品质。归根结底，它属于人的一种本能。

既然是本能，就是中性的，没有好坏之分，人类自身也无法避免。但是，人们可以通过认识这种理论，从而正确利用这种定律，使它服务于人，造福于人。

首先，不要先入为主地对他人的观点进行主观臆断。当遇到某些事情需要大家说出观点或想法的时候，尽量先从自身的角度出发，经过深思熟虑，说出最适合自己，也最能代表自己心声的观点。而不要削尖了脑袋去做别人肚子里的蛔虫，猜测他人的想法。试想，如果猜对了，短时间内可能会增加个人的成就感，但其长远结果是，这样的人会因为热衷于追求这种所谓的成就感而变得猜忌他人。而如果猜错了，则会产生心理落差，影响情绪，从而影响到工作学习的效率，得不偿失。更为重要的是，虚假同感偏差只是一种与生俱来的本能，而主观臆断则会使这种本能偏离原先的轨道，将其夸大化。

其次，客观对待并尊重他人的不同观点。我们应该清醒地意识到，每个人的想法都是不同的，你有坚持自己观点的权利，但别人没有认同你所有的观点的义务。了解了虚假同感偏差理论，我们就应该客观地看待自己的观点，宽容地尊重他人的观点。如果能真正做到这一点，那么，即使是战场上的敌我双方也可以成为好兄弟。在战场相遇，只是因为各为其主，但战场上的成败不影响个人的交情。这样，就有助于人们建立沟通和对话渠道，增进相互间的了解，加深彼此的情谊。

最后，要敢于接受他人的反驳。在自然界，存在着生物多样性的现象；在人类这个大群体中，自然也要有思想多元化的现象。无论在什么场合，当两个人甚至几个人的观点针锋相对的时候，要敢于接受，就事论事，不要认为这是所谓的人身攻击，从而产生不必要的冲突。其实，有的时候，出现观点上的反驳反倒是一件好事，一个好的策划方案、一个优秀的电视节目、一个新颖大胆的科学设想，往往是在参与者争论得面红耳赤之后产生的。正所谓“集思广益”，要想出位，就必须允许百家争鸣的局面，一家之言通常情况下都是站不住脚的。所以，正视虚假同感偏差，将他人的反驳看作是对问题的切磋。在工作和学习中，人们需要这种“切磋”。

当人们真正理解了虚假同感偏差，并能够学以致用的时候，这个定律中的“偏差”也就回归到原点了。

周哈里窗理论：人心是一扇“窗”

认识自我的那扇“窗”

人们总会得意地说：“世界上最了解我的人，就是我自己！”而实际上呢，我们并非那么了解自己。也许你身边总是有人夸奖你说：“你太有趣、太幽默了！”“你的头脑太灵活了，总是想到一些新奇有趣的事情！”或者还会有对我们的批评，如：“你真的有一点懒惰。”“你的脾气有时候不是很好。”当然，这些一定是我们自己不曾发现的问题，我们甚至会觉得朋友们是在说谎，可说的人多了，你就需要仔细想一想，他们说的究竟是对是错？

其实，认识自我应该是一个科学的过程，周哈里窗理论就为我们提供了一个非常好的借鉴。该理论用窗户比喻一个人的心，并将这扇窗户分成四个部分，即分别位于一个窗户的左上部分、右上部分、左下部分、右下部分。它们对人类自我的认知范围和认知程度也各不相同，共同构成了一个完整的“我”。

开放我：左上角那部分窗称为“开放我”，也叫“公共我”，这一部分属于自由活动领域。也就是说，这是自己清楚别人也知道的部分。比如，一个人的性别、外貌、婚否、职业、工作单位、居住地点、能力、爱好、特长、成就，等等。这是自我认知的基础部分，自己能够很清楚地意识到，同时，对他人也无需隐瞒。

“开放我”的大小取决于自我心灵开放的程度、个性张扬的程度、人际交往的广度、他人的关注度、开放信息的利害关系等等。“开放我”是自我最基本的信息，也是了解自我、评价自我的基本依据。

盲目我：右上角那部分窗称为“盲目我”，也称“脊背我”，属于盲目领域。这是自己不知道而别人却知道的部分。可以是一些很突出的心理特征，比如有人轻易承诺却转眼间忘得干干净净；也可以是不经意的一些小动作或行为习惯，比如一个得意的或者不耐烦的神态和情绪的流露——自我常常觉察不到这些关于自我的信息，但是别人却心知肚明。

盲目点可能是一个人的优点，也可能是一个人的缺点。由于本人对这个认知领域毫不知觉，当别人将这些盲目点告诉自己时，一般会产生惊讶、怀疑或辩解的情绪反应，尤其当听到的信息与自我认知不相符时。所以，我们有时会听到一些人满脸惊讶地说：“啊？是吗？难道我这种性格真的很受大家喜欢吗？我还一直以为大家都喜欢像小华那样的性格类型呢！”

隐藏我：左下角那部分窗称为“隐藏我”，也称为“隐私我”，属于逃避或隐藏领域。这是自己知道而别人不知道的部分。也就是我们经常说的隐私，不愿意透露或不能让人知道的事实或心理。隐藏的内容不一定都是缺点，像身份、往事、疾患、痛苦、窃喜、愧疚、尴尬、欲望、意念，等等，都可能成为隐藏我的内容，具体视一个人的性格和心理而定。相比较而言，心理承受能力强的人、隐忍的人、自闭的人、自卑的人、胆怯的人，隐藏我会更多一些。因为他们不愿意让别人把自己看得太透明，或者不敢把自己完全地展示在他人面前。

未知我：右下角那部分窗称为“未知我”，又叫“潜在我”，属于处女领域。这是自己和别人都不知道的地方，有待挖掘和发现。也就是我们通常说的潜能。一般指一个人经过训练和学习后，可能获得的知识和技能，或者在特定的机会里展示出来的才干。潜意识仿佛隐藏在海水下面的冰山，力量巨大却又容易被忽视。充分探索和开发未知我，才能全面深入地认识自我、激励自我、发展自我、超越自我。

总之，了解了周哈里窗的具体内容，我们便可以更客观、更准确地认清自己。

如何客观认识自我

我们经常会说：“人贵有自知之明。”但事实上，真正能做到自知的人却寥寥无几。这是由于盲目我和未知我的存在，导致人们虽然每天都与自己相处，但是其实并不是十分了解自己，这便需要借助一些外在的力量来完全认知自己。下面的故事或许会给朋友们一些启示。

一个冬日的午后，小猫咪和妈妈在院子里晒太阳。

小猫咪好奇地问妈妈：“人们说的幸福到底是什么呢？”

妈妈说：“孩子，幸福就是你的尾巴啊！”

小猫咪听了，马上兴高采烈地转动身子，想要抓住自己的尾巴，却怎么也捉不到。小猫咪满脸沮丧地说道：“妈妈，我怎么捉不到幸福呢？”

妈妈笑了：“傻孩子，只要你一直往前走，幸福自然就跟着你了！”

原来，幸福从未离开，只是常常被我们忽略了。我们每个人身上都有或多或少的存在一些不能自知的盲点，只有不断地去挖掘未知领域的自我，才能真正拥有“自知之明”。

那么，该从哪些方面入手，去客观地认识自己呢？

第一，从自己与他人的关系认识自己。

与他人的交往，是个人获得自我认识的重要来源。从幼年到成年，我们从简单的家庭关系扩展到外面的友爱关系，进入社会又体验到复杂的人际关系。聪明而善于思考的人能从这些关系中用心向别人学习，获得足够的经验，然后按照自己的需要去规划自己的前途。

第二，从我与事的关系认识自己。

从做事的经验中了解自己。我们可以通过自己所做的事，所取得的成果、成就看到自己身上的优点和缺点。养成反思的习惯，每天反思自己所做的事情，哪里做得比较好，以后要继续保持；哪里做得有欠缺，下次再遇到同样的事情要引以为戒。在反思的过程中，对自己的优点与缺点也有了明确的认识。

第三，从我与自己的关系中认识自我。

这一点很容易，只是做起来有点难。可以从以下几个角度尝试认识自己：首先，自己眼中的我。指自己可以观察到的客观的我，包括身体、容貌、性别、年龄、职业、性格、气质、能力等。其次，别人眼中的我。与别人交往时，从别人对我们的态度、情感反应而感觉到的我。不同关系的人，不同类型的人对自己的反应和评价是不同的，它是个人从多数人对自己的反应中归纳出的认识。最后，自己心中的我。自己对自己的期待，即理想中的我。

补偿作用：弱点也是一种力量源

弱点让我们更努力

优点和弱点都是相对而言的，没有绝对的优点，也没有绝对的弱点。之所以这么说，并不是为了安慰那些正在经受挫折的人们，而是有着科学的依据。

在一系列医学的临床实验中，医生们发现了一个有趣的现象：如果肾病患者摘去了左肾，那么他的右肾往往更具有生命力。在眼睛、肺、心脏等手术中，也都有类似的现象出现。

这种生理上的现象吸引了很多有兴趣的心理学家，阿德勒这是在这一基础上提出了“补偿作用”的理论学说。

所谓补偿，就是发挥一个人的最大优势，激发其自信心，抵消其弱点。一个缺乏自信心的人会使其天赋在挫折面前遭到灭顶之灾，从此变得畏缩不前，无数事实说明，补偿措施能给自卑意识强烈的人提供成功的精神力量。成千上万个自卑感强的人通过补偿途径获得了自尊、自信、自爱。但凡在某一领域获得诸多成就的人，探索他们的成功史，会惊奇地发现，这些人中有大多数在童年时有着诸如家境贫寒、父母离异、身体残废、体弱多病、相貌丑陋、精神障碍等弱点。补偿其缺陷和不足的需要，是这些人奋发图强的主要因素，甚至是他们获得成功的决定性因素。

在文化的历史长河中，贝多芬、海伦·凯勒、霍金分别是在音乐、文学、科学领域独树一帜的人物。当人们景仰他们所取得的伟大成就时，却少有人会想到，贝多芬是个聋子，这对一个搞音乐创造的人来说是多么大的打击和障碍，但是生理的缺陷没有影响贝多芬对音乐的热爱，反而更加努力，留下了传世经典的交响乐。海伦·凯勒是盲聋哑人，却能掌握英、德、法等五种语言，并创作出了《假如给我三天光明》《我的生活》《我的老师》等著作。而霍金因为肌肉萎缩而只能被禁锢在轮椅上生活，却并没有因此而向命运妥协，反而在科学领域有诸多建树，并有像《时间简史》这样的科学论著问世。这样看来，弱点并不必定导致失败，只要正确看待弱点，将弱点转化为优点，人们反而能取得更大的成功。

其实，金无足赤，人无完人，每个人都有着或多或少的弱点。面对弱点，与其每天怨天尤人，抱怨上帝的不公平，还不如自己想办法弥补弱点，增长自己的学识、才干。当积攒了足够多的资本以后，你就会发现，即使别人想把你看成是懦夫，也很困难了。

合理补偿弱点，完善自我

从成功人士的过往经历来看，补偿作用这一心理机制，并不是抓住弱点，让其变为优点，而是有策略性地进行安排和取舍，使其不能成为前进路上的绊脚石，并进一步成为自己独有的优势。

要做到这一点，以下几种方法非常值得借鉴：

第一，用直接补偿的方法。所谓直接补偿，是指个体在失败或不足的部分重新获得成功。通过对自身的全面认识和巧妙布局，把弱点直接转化为自己的优势。

中学课本里的《为学》这篇文章中记载了两个和尚由四川去南海朝圣的故事，如果从客观条件方面考虑，先完成朝圣这件事的肯定应该是富和尚。因为他有穷和尚所无法比的优势：衣食无缺，财力雄厚。相比之下，穷和尚有什么呢：一个化缘的钵，来解决吃饭的问题；一个喝水的瓶，用以解决喝水的问题。但他有补偿自己弱点的优势，那就是把这一目标付之于行动和在这一过程中百折不挠的毅力，以及战胜困难的勇气。同样是一件事，不同的人去做，其中必定有许多具体的情况，不同的人所体现出的优劣势不同。但这决不是你能否完成任务的决定因素，关键在于你如何对待和运用你所拥有的。如果运用得当，劣势同样可以转化为优势。

较之物质上的优势，精神上的优势更易于让人获得成功，前面的穷和尚不正是这样吗？在物质上他没有优势，但是在旅行的过程中，正是这种物质上的无所依赖才让他时时提醒自己事在人为，终于成功。

生活中，过分的依赖于自己的优势反而会把自己置于不利境地。

第二，用间接补偿的方法。这种方法是指个体希望借由某领域的成功，来补偿其他领域的失败。

齐国的大将田忌，很喜欢赛马，有一回，他和齐威王约定，要进行一场比赛。他们商量好，把各自的马分成上，中，下三等。比赛的时候，要上马对上马，中马对中马，下马对下马。由于齐威王每个等级的马都比田忌的马强得多，所以比赛了几次，田忌都失败了。

有一次，田忌又失败了，觉得很扫兴，比赛还没有结束，就垂头丧气地离开赛马场，这时，田忌抬头一看，人群中有个人，原来是自己的好朋友孙膑。孙膑招呼田忌过来，拍着他的肩膀说："我刚才看了赛马，威王的马比你的马快不了多少呀。"孙膑还没有说完，田忌瞪了他一眼："想不到你也来挖苦我！"孙膑说："我不是挖苦你，我是说你再同他赛一次，我有办法准能让你赢了他。"田忌疑惑地看着孙膑："你是说另换一匹马来？"孙膑摇摇头说："一匹马也不需要更换。"田忌毫无信心地说："那还不是照样地输！"孙膑胸有成竹地说："你就按照我的安排办事吧。"齐威王屡战屡胜，正在得意洋洋地夸耀自己马匹的时候，看见田忌陪着孙膑迎面走来，便站起来讥讽地说："怎么，莫非你还不服气？"田忌说："当然不服气，咱们再赛一次！"说着，"哗啦"一声，把一大堆银子倒在桌子上，作为他下的赌注。齐威王一看，心里暗暗好笑，于是吩咐手下，把前几次赢得的银子全部抬来，另外又加了一千两黄金，也放在桌子上。齐威王轻蔑地说："那就开始吧！"一声锣响，比赛开始了。孙膑先以下等马对齐威王的上等马，第一局田忌输了。齐威王站起来说："想不到赫赫有名的孙膑先生，竟然想出这样拙劣的对策。"孙膑不去理他。接着进行第二场比赛。孙膑拿上等马对齐威王的中等马，获胜了一局。齐威王有点慌乱了。第三局比赛，孙膑拿中等马对齐威王的下等马，又战胜了一局。这下，齐威王目瞪口呆了。比赛的结果是三局两胜，田忌赢了齐威王。

还是同样的马匹，只不过由于调换一下比赛的出场顺序，就得到转败为胜的结果。马匹本身的优点和弱点并没有发生改变，改变的只是策略者对全局的统筹。在生活中，通过扬长避短的简单方法，就可以把弱点变成自己的优势。

马斯洛理论：人是一种有欲求的动物

人类的五大需求

有人说：生，容易；活，容易；生活，却不容易。也有人说：我们吃饭是为了活着，但是活着却不仅仅是为了吃饭。很简单地两句话，却给我们揭示了一个很深刻的道理：单纯的生存只要满足基本的生理需求就可以了，但是生活不一样，在满足了吃穿住行这些基本的生活需求之后，我们还需要更多的东西？我们还会有梦想，有追求，渴望成功，渴望被尊重。

究竟人类需要的是什么？马斯洛是这样告诉我们的：

第一，生理需要。我们首先要安排好自己的衣食住行，满足自己的温饱，并不是因为我们喜欢，而是因为我们需要，因为这些基本的生理需要能保证我们继续作为一个健康的个体存活下来。这类需求的级别较低，但是生理需要对于人的作用，就相当于地基对于高楼大厦，没有这些基本需要做依托，其他的需要都是空中楼阁。因此，它对于一个人的生存发展起着决定性的基础作用。

第二，安全需要。安全需要是指一个人对自身的人身安全、生活稳定有一定的需要。同时，也希望免遭痛苦、远离威胁或者摆脱疾病。同生理需求一样，在安全需求没有得到满足之前，人们最关心的就是这种需求。成语中所说的“安居乐业”所要表达的就是这层含义。只有保证一个安全的生存环境，才有心情去考虑其他事情，创造属于自己的事业。

第三，归属和爱的需要。在前面两个需要得到满足之后，归属和爱的需要就显现出来了。它是指一个人希望有和睦的家庭，有来自父母和其他亲人的关爱，有心灵的归属感。年龄越小，这种需要就越强烈。随着年龄的增长，这种需要的对象将会逐渐扩大到朋友、伴侣身上。这一需要是与前面两个层次截然不同的另一层次。

第四，尊重需要。尊重需要既包括自己对自己的认同，也包括他人对自己的尊重与认可。有这种需要的人希望别人能接受他们，并认为他们有能力，他们关心的是成就、名声、地位和晋升机会。当他们得到这些时，不仅赢得了人们的尊重，同时也会因对自己价值的满足而充满自信。这种需要应该把持一定的限度，如果任其泛滥，将会由正常的需要而变为可怕的自负。

第五，自我实现的需要。自我实现的需要，想要达到这一层次的人，主要表现在工作学习和生活的追求。随着前四种需求的满足，人们开始寻找生活的乐趣，开始学习更多的知识，尽量地享受工作外的精神生活。例如，各种技能培训，以及旅游、疗养等各类休闲娱乐活动。

这就是马斯洛给我们归纳的人类的需要层次理论。掌握这个理论，将有助于我们更清晰地认清自我，更融洽地与周围的人交往，拓宽自己的交往范围，融合自己的人际关系。

如何有效利用需求层次

马斯洛理论包含了人类由低级到高级的各种需求，因此，它与我们现阶段的每个人都息息相关。那么，如何有效利用这些需要层次，为我们的生活锦上添花，真正让理论为我们所用呢？

首先，要学会尊重他人。推己及人，想要得到别人的尊重，就必须先尊重别人：尊重父母，感谢他们多年来的养育之恩，在未来的日子里，也要用同样的尊重与敬爱去回报父母；尊重朋友，让彼此在平等和谐的环境中交流，就可以增进相互间的了解，加深彼此的感情；尊重员工，消除等级制度，实行弹性工作制，调动员工的积极性，真正以企业为家，做企业的主人。尊重身边的每一个人，一点一滴积累起来的友善资源，将是人生路上最宝贵的财富。给予别人这些肯定，满足他们的精神需求，就可以获得更好的人际关系，获得更多的回报。

其次，在生活中科学合理地安排各个层次的需要。在现代的许多家庭教育中，都背离了这个层次理论。孩子正值童年，正是天真烂漫，无忧无虑的年龄，但是大多数孩子在这个年龄段却没有享受到他应有的那份童真，而是整天奔波于学校和各个补习班之间。周末如此，寒暑假也是如此。书法、英语、游泳、声乐也许家长看着自己孩子取得的成绩会觉得欣慰，但是这些所谓的成绩都不是孩子真正想要的。从马斯洛理论的角度来看，正值童年的孩子，物质生活无忧，家庭生活相对稳定，父母双亲都视为掌上明珠，已经满足了基本的生理需要、安全需要、归属和爱的需要。那么接下来就应该满足尊重需要，但是孩子们的想法和需要并没有得到应有的尊重，而是将这一需要直接跨越过去，直接到达了自我实现的需要层次。这中间就出现了一个需要层次上的断层。而要让孩子自己来适应这个断层，自然是难上加难的，因此，才会导致现在的孩子们童年不开心。如果每一位家长都能熟知马斯洛理论，并将其精髓充分领会，那么就会尊重孩子的喜好，遵循孩子的成长规律，而不是在他们这个可以自由玩耍的年龄就要把他们打造成各个行业的大师。

最后，要适度追求各个层次的需要。马斯洛理论所提出的五个需要层次都是人类生理上和心理上所必需的。缺少了其中任何一个，生活都会显得黯然失色。同样，过犹不及，对每一个层次的需要都有强烈的欲求，也不是人们应该持有的态度。坚持适度原则，才是最明智的选择。对生理需要的欲求过盛，将会缩小自己身上的人性，而夸大了其动物性。对心理需要的欲求过盛，将会影响个人的道德品质，使个体迷失在欲望的沟壑里而无法自拔。因此，对各个层次的需要保持适度的追求，才能让美妙的生活之花开得绚烂、长久。

第二章
成功学的秘密

王安论断：成功，始于果敢的决策

当机立断才能抓住机遇

机遇往往是可遇而不可求的，当你面对它的时候，当机立断抓住了，那是你的运气；如果你犹豫不决错过了，那是你的悲哀。生活中，经常会听到那些失意的人说："如果曾经我……""如果我那时候……"如果那时候把握住了机会，也许就会取得成功，但是不是每个人都有当机立断的勇气和决心的，所以这个世界上能取得成功的人还是少数。

美籍华裔企业家王安曾在一次演讲中说道："犹豫不决固然可以免去一些做错事的机会，但也会失去成功的机遇。"这就是"王安论断"。他之所以会有这样的论断，全得益于他6岁时的一个经历。

王安6岁时，有一天他去外面玩，走到大树下时，一个鸟窝正巧掉在了他头上，那鸟窝里还有一只嗷嗷待哺的小鸟。他看小鸟可怜，就打算把它带回家养。可当他走到家门口时，突然想起他妈妈不许在家养宠物的规定，这可怎么办好呢？他犹豫了一下，觉得还是先问一下妈妈为好。于是，他就把小鸟连带鸟窝放在了门口，进屋去向母亲请示了。经过他的苦苦哀求，妈妈破例答应了。可正当他兴高采烈地跑到门口准备把小鸟带回屋里的时候，却意外地发现鸟窝里的小鸟不见了，而一只不知哪来的黑猫正在意犹未尽地咀嚼着什么。他伤心极了，从那一刻起，他明白了一个道理，或者说汲取了一个教训：凡事要当机立断，不能瞻前顾后，犹豫不决。只要自己认定的事，就绝不能优柔寡断。

不难看出，王安由于自己的犹豫不决，导致了小鸟的丧命。在管理上，如果管理者优柔寡断，那失去的就不只是小鸟了。时间就是生命，时间就是金钱。在商界，谁能最先看到商机，并能当机立断，谁就会成为当之无愧的赢家。

王光英就是一位能够当机立断的管理者。1983年，在他任中国光大实业公司董事长的时候，在一份报告中他看到了一个巨大的商机：智利一家铜矿倒闭，为了还债该铜矿急于处理1500辆刚购买不久的为了加快工程进度的名牌矿车。看到这个消息，王光英眼睛一下亮了，他知道机会来了。于是，他当机立断，火速派人与矿山老板取得了联系，表示了买车的意愿，并立即组织专家和工作人员前往智利与矿主谈判。在谈判小组出发前，王光英还特地下了一个指示，让他们不要事事请示，相信自己的判断力，要有勇气，只要他们认为车好价格好，就果敢拍板成交。那矿主虽说已经破产，却对那要出手的1500辆矿车保护有加，不仅租了个体育场专门摆放这些矿车，还让工人把每辆车都仔细地涂抹了防锈油。谈判小组看到这种情况欣喜不已，立即让专家开始验车，当得知矿车的各种指标都非常令人满意时，又马上开始与矿主讨价还价。虽然车是好车，但矿主还债心切，因此双方最终以原价八折的价格成交。就在协议刚刚达成的时候，一位美国商人也抱着同样的目的来到了铜矿。

试想，如果王光英慢一步或者谈判小组稍有犹豫的话，那这1500辆矿车就很有可能成为那位美国商人的了。

因此，当你面对机会时，当你自己认定了某事时，就当机立断，立刻去做，那么你离成功就不远了。

果敢决策才能获得成功

“花开堪折直须折，莫待无花空折枝。”机会是上帝赐予的“金苹果”，一不小心就会溜走。所以，当你感觉那是个机会的时候，就要果敢决策，这样才能获得成功。

从前，在一个山林里住着一只神鸟，传说如果谁抓到它，谁就会有好运。一个想要改变自己命运的年轻人听说了这件事后，决定上山去捉那只神鸟。他想到山上肯定有不少荆棘，就拿出斧头花了不少时间把它磨快。斧头磨好后，他又想到中午的时候肯定会很热，还是带些水为好，于是又花了很长时间洗净水壶的污渍，灌了水带上。拿着斧头和水壶走到半山腰的时候，他又想到，如果捉到了神鸟还没有东西可以装它。为此，他又跑回家用藤萝编了个笼子，笼子编完了，太阳也下山了。当他带着笼子爬上山时，神鸟早已飞走了。而这只神鸟只会在同一个地方待一天，日落之前就会飞到另一个地方去。这个年轻人再也没有遇到过那神鸟。

所以，当你要做一件事时，就要果敢决策，不要前怕狼后怕虎的，在你犹豫的时候，难得一见的神鸟说不定就飞走了。

“罗非鱼大王”——周勤富的创业史，就是一部果敢决策史。他的每一次致富经历，都是他敢于果敢决策的结果。

20世纪80年代，我国的海南岛还只是个以农业种植为主的“南国荒岛”，养殖业可以说是一片空白。1985年，“开发海南岛”的口号刚刚喊响，年仅20岁、在家乡学了两年养殖的周勤富觉得这是个机会，就果敢地与海南的一家事业单位合作投资养殖业。他带着自己的12000只鸭子挺进荒岛，不仅促进了海南养殖业的发展，更为自己赚得了第一桶金。可市场说变就变，1988年鸭蛋的价格一下就跌下来了，合作方要求取消合作，周勤富一人根本抵挡不住市场的压力。最终，他不得不含泪卖了自己带到海南去的12000只鸭子。但他相信，禽蛋市场还会“回暖”的。于是，1989年他又果敢地向人借钱重新办起了养鸭场。事实证明，他的预测和决策都是正确的，他的养鸭场不仅很快使他还清了债务，而且还持续盈利。1990年，鸭蛋市场几乎达到饱和，周勤富又开始为自己寻找更好的发展途径。

一个偶然的机会，他从一个台湾商人那里听到了关于罗非鱼的信息。根据海南的气候和自己的养鱼经验，他又果敢地做出了转行养殖罗非鱼的决策。那个时候，罗非鱼的市场尚待开发，而海南正好具备养殖条件，周勤富再一次靠着自己果敢的性格开创了属于自己的“罗非鱼时代”。

周勤富的成功，可以说是上天的眷顾，是机会的垂怜，但没有他的果敢决策，任何眷顾和垂怜都会变得没有一点意义，因此正是他的果敢决策成就了他，创造了他的财富。

其实，这样的例子在商界数不胜数。在金融业，更是如此。无论是股票、基金、期货还是外汇，只要你看准机会，果敢决策，当抛则抛，当买则买，那肯定会大赚。如果你看到机会，却始终不敢出手，犹豫再三，那么只能一失再失赚钱的良机。

总之，无论是在生活中，还是在工作上，都要做一个干脆利落、当机立断的人。至于领导、管理者，在面对机遇或灾难时，更应该当机立断，果敢决策。只有这样，才能使成功的概率大大增加，而损失降至最低。所以，从今天起，做一个当机立断、果敢决策的人吧。

洛克定律：确定目标，专注行动

有目标才会成功

目标，是赛跑的终点线，是跳高的最高点，是篮圈，是球门，是一个人要做一件事所要达成的自己，是奋斗的方向。没有目标，人就会变成没头的苍蝇，盲目而不知所措。没有目标，你终会因碌碌无为而悔恨；没有目标，你就很难与成功相见。

人要有一个奋斗目标，这样活起来才有精神，有奔头。那些整天无所事事、无聊至极的人，就是因为没有目标。从小就要为自己的人生制定一个目标，然后不断地向它靠近，终有一天你会达到这个目标。如果从小就糊里糊涂，对自己的人生不负责任，没有目标没有方向，那这一生也难有作为。每个人出门，都会有自己的目的地，如果不知道自己要去哪里，漫无目的地闲逛，那速度就会很慢；但当你清楚你自己要去的地方，你的步履就会情不自禁地加快。如果你分辨不清自己所在的方位，你会茫然若失；一旦你弄清了自己要去的方向，你会精神抖擞。这就是目标的力量。所以说，一个人有了目标，才会成功。

美国哈佛大学曾经做过一项关于“目标”的跟踪调查，调查的对象是一群智力、学历和环境等都差不多的年轻人。调查结果显示：90% 的人没有目标，6% 的人有目标，但目标模糊，只有 4% 的人有非常清晰明确的目标。20 年后，研究人员回访发现，那 4% 有明确目标的人，生活、工作、事业都远远超过了另外 96% 的人。更不可思议的是，4% 的人拥有的财富，超过了 96% 的人所拥有财富的总和。由此可见目标的重要性。

一位哲人曾经说过，除非你清楚自己要到哪里去，否则你永远也到不了自己想去的地方。要成为职场中的强者，我们首先就要培养自己的目标意识。古希腊彼得斯说：“须有人生的目标，否则精力全属浪费。”古罗马小塞涅卡说：“有些人活着没有任何目标，他们在世间行走，就像河中的一棵小草，他们不是行走，而是随波逐流。”

在这个世界上有这样一种现象，那就是“没有目标的人在为有目标的人达到目标”。因为有明确、具体的目标的人就好像有罗盘的船只一样，有明确的方向。在茫茫大海上，没有方向的船只能跟随着有方向的船走。

有目标未必能够成功，但没有目标的人一定不能成功。博恩·崔西说："成功就是目标的达成，其他都是这句话的注解。"顶尖的成功人士不是成功了才设定目标，而是设定了目标才成功。

目标是灯塔，可以指引你走向成功。有了目标，就会有动力；有了目标，就会有方向；有了目标，就会有属于自己的未来。

目标要"跳一跳，够得着"

目标不是越大越好，越高越棒，而是要根据自己的实际情况，制定出切实可行的目标才最有效。这个目标不能太容易就能达到，也不能高到永远也碰不着，"跳一跳，够得着"最好。

这个目标既要有未来指向，又要富有挑战性。比如那篮圈，定在那个高度是有道理的，它不会让你轻易就进球，也不会让你永远也进不了球，它正好是你努努力就能进球的高度。试想，如果把篮圈定在1.5米的高度，那进球还有意义吗？如果把篮圈定在15米的高度，还有人会去打篮球吗？所以，制定目标就像这篮圈一样，要不高不低，通过努力能达到才有效。

曾经有一个年轻人，很有才能，得到了美国汽车工业巨头福特的赏识。福特想要帮这个年轻人完成他的梦想，可是当福特听到这位年轻人的目标时，不禁吓了一跳。原来这个年轻人一生最大的愿望就是要赚到1000亿美元，超过福特当时所有资产的100倍。这个目标实在是太大了，福特不禁问道："你要那么多钱做什么？"年轻人迟疑了一会儿，说："老实讲，我也不知道，但我觉得只有那样才算是成功。"福特看看他，意味深长地说："假如一个人果真拥有了那么多钱，将会威胁整个世界，我看你还是先别考虑这件事，想些切实可行的吧。"5年后的一天，那位年轻人再次找到福特，说他想要创办一所大学，自己有10万美元，还差10万美元，希望福特可以帮他。福特听了这个计划，觉得可行，就决定帮助这位年轻人。又过了8年，年轻人如愿以偿地成功创办了自己的大学——伊利诺斯大学。

所以说，如果一个人的目标定得过大，听起来很空洞，没有一点可行性，那这个目标只是一个空谈，永远没有可以兑现的一天。

千里之行始于足下，汪洋大海积于滴水。成功都是一步一步走出来的。当然也有人一夜暴富，一下成名，但是谁又能看到他们之前的努力与艰辛。在俄国著名生物学家巴甫洛夫临终前，有人向他请教成功的秘诀。巴甫洛夫只说了八个字："要热诚而且慢慢来。""热诚"，有持久的兴趣才能坚持到成功。"慢慢来"，不要急于求成，做自己力所能及的事情，然后不断提高自己；不要妄想一步登天，要为自己定一个切实可行的目标，有挑战又能达到，不断追求，走向成功。

拿破仑·希尔说过："一个人能够想到一件事并抱有信心，那么他就能实现它。"换句话说，一个人如果有坚定明确的目标，他就能达成这一目标。坚定是说态度，明确是讲对自我的认识程度。每个人都有自己的优点和缺点，有自己的爱好与厌恶，所以每个人所制定的目标也是不一样的。

要根据自己的实际情况，制定自己"跳一跳，够得着"的目标。首先要对自己的实际情况有一个清晰的认识。对自己的能力，潜力，自己的各方面条件都有一个明确的把握，经过仔细考虑定出属于自己的奋斗目标。有些人之所以一生都碌碌无为，是因为他的人生没有目标；有些人之所以总是失败，是由于他的目标总是太大太空，不切实际。因此，想要成功，就要先为自己制订一个奋斗目标，属于自己的"跳一跳，够得着"的奋斗目标。

瓦拉赫效应：成功，要懂得经营自己的长处

经营自己的长处，让人生增值

曾有一个叫奥托·瓦拉赫的人，中学时，父母为他选了文学之路，可一学期下来，老师给他的评语竟为："瓦拉赫很用功，但过分拘泥，这样的人即使有着完美的品德，也绝不可能在文学上发挥出来。"无奈，他又改学油画，但这次得到的评语更令人难以接受："你是绘画艺术方面的不可造就之才。"面对如此"笨拙"的学生，大多数老师认为他已成才无望，只有化学老师觉得他做事一丝不苟，这是做好化学实验应有的品格，建议他试学化学。谁料，瓦拉赫的智慧火花一下子被点燃了，并最终成了诺贝尔化学奖的得主……

这就是人们广为传颂的"瓦拉赫效应"。

比尔·盖茨，这位赫赫有名的世界级成功典范，令无数的人仰慕不已。他的成功，与他把握住未来的大趋势，尤其是懂得经营自己的强项密不可分。

事实上，盖茨一开始就与伙伴保罗·艾伦看到了个人电脑将改变整个世界的趋势，他们两个人经常通宵达旦地探讨个人电脑世界将会是什么样子，对这场革命的到来深信不疑。对于初出茅庐的微软来说，"它将到来"是他们的坚定信念，而他们为这将要到来的计算机时代开发软件。虽然他们没想到他们的公司能迅速跻身于世界舞台的前列，并发挥着超凡的作用，但当时他们至少窥见了IBM或数字设备公司这样的主板生产公司已陷入他们自身无法意识到的困境了。"我记得从一开始我们就纳闷，像数字设备公司这样的微机生产商生产出的机器功能强大而价格低廉，那么他们的发展前景在哪里呢？""IBM的前景又在哪里呢？在我们看来，他们好像把一切都弄糟了，而且他们的未来也将是一团糟。我们对上帝说，天啊，这些人怎么能不警觉呢？他们怎么能不震惊害怕呢？"

盖茨的技术知识是微软所向披靡的成功秘诀中最重要的一条，而这也正是他的核心强项，他始终保持着对这一领域的决定权。在许多时候，他比他的对手更清楚地看到了未来科技的走势。

微软公司的同事们都盛赞盖茨的技术知识让他独具优势。他总是能提出正确的问题，他对程序的复杂细节几乎了如指掌。"你会纳闷，他怎么知道的呢？"布莱德·斯利夫伯格这位参加了视窗开发设计的人这么说过。

和盖茨个人以强项打天下的套路几乎如出一辙，微软公司把开发新产品作为全部事业的中心，根据市场需求推陈出新，发挥自身优势，力求变弱为强，深谋远虑，未雨绸缪，牢牢把握住了世界信息产业市场的未来。

微软与任何公司一样，实际上类似于一个动态的人体系统。它之所以能够有效运行，是因为微软人将竞争所需的各种技术能力和市场知识结合起来，并且把它们付诸行动。产品开发是微软所有事业的中心，公司的存亡和盛衰关键在于新产品。

微软还必须源源不断地增添有用功能来说服其成百万的现有顾客购买产品的新版本，虽然旧版本对于绝大多数人已经够用。为了保持市场份额在未来持续增长，微软计划创建种类繁多的、结合先进的多媒体及网络通信技术的消费性产品。显然，微软面临的一个关键问题是公司是否能够继续增进其开发能力，并且建立更大、更复杂的软件产品和以软件为基础的信息服务。就像我们已经指出的那样，微软还必须极大地简化这些中间产品，从而将它们成

功地推销给世界上数十亿的新兴家庭消费者。

不言而喻，微软公司今日的成功，很大程度上得益于盖茨准确的市场定位和产品的推陈出新。人们公认微软公司的成功是由于“不停地创新”，而盖茨对未来形势精确的分析和其独有的战略眼光，以及对自己强项的经营程度，不仅为微软公司的员工，也为其对手所称道。

这一切，也正是“瓦拉赫效应”的典型体现，幸运之神就是那样垂青于忠于自己个性长处的人。正如松下幸之助所言：人生成功的诀窍在于经营自己的个性长处，经营长处能使自己的人生增值，否则，必将使自己的人生贬值。

承认缺憾，弥补缺陷

在美国某个学校的一间教室里，坐着一个8岁的小孩，他胆小而脆弱，脸上经常带着一种惊恐的表情。他呼吸时就好像别人喘气一样。

一旦被老师叫起来背诵课文或者回答问题，他就会惴惴不安，而且双腿抖个不停，嘴唇也颤动不安。自然，他的回答时常含糊而不连贯，最后，他只好颓废地坐到座位上。如果他能有副好看的面孔，也许给人的感觉会好一点。但是，当你向他同情地望过去时，你一眼就能看到他那一副实在无法恭维的龅牙！通常，像他这种小孩，自然很敏感，他们会主动地回避多姿多彩的生活，不喜欢交朋友，宁愿让自己成为一个沉默寡言的人。但是，这个小孩却不如此，他虽然有许多的缺憾，然而同时，在他身上也有一种坚韧的奋斗精神，一种无论什么人都可具有的奋斗精神。事实上，对他而言，正是他的缺憾增强了他去奋斗的热忱。他并没有因为同伴的嘲笑而使自己奋斗的勇气有丝毫减弱。相反，他使经常喘气的习惯变成了一种坚定的声响；他用坚强的意志，咬紧牙根使嘴唇不再颤动；他挺直腰杆使自己的双腿不再战栗，以此来克服他与生俱来的胆小和众多的缺陷。

这个小孩就是西奥多·罗斯福。

他并没有因为自己的缺憾而气馁。相反，他还千方百计把它们转化为自己可以利用的资本，并以它们为扶梯爬到了荣誉的顶峰。他用一种方法战胜了自己的缺憾，这种方法是大家都可以用得上的。到他晚年时，已经很少有人知道他曾经有过严重的缺憾，他自己又曾经如何地惧怕过它。美国人民都爱戴他，他成了美国有史以来最得人心的总统之一。

盖茨说：“我们尊敬罗斯福，同时，也希望我们能像他一样，为改变自己的命运做些努力。如果我们尝试着去做一件还有点价值的事，假如失败了，我们便借故来掩饰自己，那么我们就是在以自己的缺憾为借口了。”缺憾应当成为一种促使自己向上的激励机制，而不是一种自甘沉沦的理由，它暗示你在它上面应当做一点努力。

重要的并不在于你所做的是什么事，而在于你应当采取某种行动。最不可取的态度是一点事情都不去做，一味让自己躲藏在困难的后面，动不动就被困难吓倒，这很容易让自己滋生一种自卑感，久而久之，就什么事情都不敢去做了。那么，一个人什么时候应当坦然承认自己的缺陷，什么时候又应当去和困难斗争呢？

不言而喻，真正懂得经营自己强项的人是十分明智的，但同时，我们也要学会承认缺憾，弥补缺陷。

【定律链接】经营强项要有条理性

你最大的敌人是你自己。要巧妙经营自己的强项，就要善于管理自我。而要想成功，必须有条理地安排自己的活动，否则你不可能有什么过人的强项，甚至生活会变得一团糟。

某杂志刊载了这样一个故事：有一位老商人在小市镇做了几十年生意，到后来竟然完全失败。当一位债主跑来要债时，那位老商人正在紧皱双眉，思索他失败的原因。

他说："我为什么会失败呢？难道我对顾客不热情、不客气吗？"而债主却劝他从头干起。

"什么？要从头干起？"

"是啊！你应该把你目前的经营情况列在一张资产负债表上，好好清算一下，然后从头做起。"

"你的意思是要我把所有的资产和负债项目详细核算一下，列出一张表格吗？要把门面、地板、桌斤、茶几、橱柜都重新洗刷油漆一番，弄成新开张一样吗？"

"是的！"

"这些事我早在15年前就想去做了，但后来因为我没有下定决心，所以一直没有去做。"

无论你是在大都市里还是小城镇里经营生意，你都应该把物资管理得井井有条，把账目记得清清楚楚——这是最重要的一件事。那些把什么东西都弄得乱七八糟的人，终有一天是要失败的。

经营任何事业千万不要做做停停、停停做做。有许多人往往今天说得头头是道，但明天还是毫无改善。对这种人也可以毫不客气地称之为"莽汉"或"懒猪"。他们哪里知道：没有一样事业仅靠喊口号就能成功的，要成就事业，非得集中心思，有条有理，持之以恒，不断地奋斗不可！

所以，要经营自己的强项，使之达到成功，就要做到有条有理。

木桶定律：抓最"长"的，不如抓最"短"的

克服人性"短板"，避开成事"暗礁"

一位老国王给他的两个儿子一些长短不同的木板，让他们各做一个木桶，并承诺：谁做的木桶装下的水多，谁就可以继承王位。大儿子为把自己的木桶做大，每块挡板都削得很长，可做到最后一条挡板时没有木材了；小儿子则平均地使用了木板，做了一个并不是很高的木桶。结果，小儿子的木桶装的水多，最终继承了王位。

与此类似，遇到问题时，我们若能先解决导致问题的"短板"，便可大大缩短解决问题的时间。

俗话说"人无完人"，确实，人性是存在许多弱点的，如恶习、自卑、犯错、忧虑、嫉妒，等等。根据木桶定律，这些短处往往是限制我们能力的关键。就像木桶一样，一个木桶能装多少水，并不是用最长的木板来衡量的，而是要靠最短的木板来衡量，木桶装水的容量受到最短木板的限制，所以，要想让木桶装更多的水，我们必须加长自己最短的木板。

1. 恶习

我们时时刻刻都在无意识地培养着习惯，这令我们在很多情况下都要臣服于习惯。然而，好的习惯可为我们效力，不好的习惯，尤其是恶习（如果拖沓、酗酒等），会在做事时严重拖我们的后腿。所以，我们要学会对自己的习惯分类，对不好的习惯进行改正、完善，以免将成功毁在自己的恶习之中。

2. 自卑

自卑，可以说是一种性格上的缺陷，表现为对自己的能力、品质评价过低。它往往会抹杀我们的自信心，本来有足够的能力去完成学业或工作任务，却因怀疑自己而失败，显得处处不行，处处不如别人。所以，做事情要相信自己的能力，要告诉自己“我能行”“我是最棒的”，那样，才能把事情办好，走向成功。

3. 犯错

人们通常不把犯错误看成是一种缺陷，甚至把“失败是成功之母”当成自己的至理名言。殊不知，有两种情况下犯错误就是一种缺陷。一种是不断地在同一个问题上犯错误，另一种是犯错误的频率比别人高。这些错误，或许是因他们态度问题，或许是因他们做事不够细心，没有责任心导致的，但无论哪种，都是成功的绊脚石。因此，平时要学会控制自己，改掉马虎大意等不良习惯；犯错后不要找托辞和借口，懂得正视错误，并加以改正。

4. 忧虑

有位作家曾写道：给人们造成精神压力的，并不是今天的现实，而是对昨天所发生事情的悔恨，以及对明天将要发生事情的忧虑。没错，忧虑不仅会影响我们的心情，而且会给我们的工作和学习带来更大的压力。更重要的是，无休止的忧虑并不能解决问题。所以，我们要学会控制自己的情绪，客观地去看问题，在现实中磨炼自己的性格。

5. 妒忌

妒忌是人类最普遍、最根深蒂固的感情之一。它的存在，总是令我们不能理智地、积极地做事，于是，常导致事倍功半，甚至劳而无功的结果。因此，无论在生活中，还是在工作中，我们都应平和、宽容地对待他人，客观地看待自己。

6. 虚荣

每一个人都有一点虚荣心，但是过强的虚荣心，使人很容易被赞美之词迷惑，甚至不能自持，很容易被对手打败。所以，我们要控制虚荣，摆脱虚荣，正确地认识自己。

7. 贪婪

由于太看重眼前的利益，该放弃时不能放弃，结果铸成大错，甚至悔恨终生。众所周知，很多人因太贪钱财等身外之物而毁了大好前程，有时明知是圈套，却因为抵御不住诱惑而落入陷阱。说到底，不是人不聪明，而是败给了自己的贪欲。可见，要成事，先要找对心态，知足才能常乐。

一位伟人曾经说过：“轻率和疏忽所造成的祸患将超乎人们的想象。”许多人之所以失败，往往是因为他们没有注意到自己成功路上的那块短板，如车祸、建筑工程质量、行贿受贿等。所以，我们要想做好事情，应先学会做人，找到自己成功路上的短板，取长补短，从而摆脱弱点对我们的控制。

找到“阿喀琉斯之踵”，让问题迎刃而解

在古希腊神话中，有这样一个意义深刻的故事：

阿喀琉斯是古希腊神话中最伟大的英雄之一。他的母亲是一位女神，在他降生之初，女

神为了使他长生不死，将他浸入冥河洗礼。阿喀琉斯从此刀枪不入，百毒不侵，只有一点除外——他的脚踵被提在女神手里，未能浸入冥河，于是脚踵就成了这位英雄的唯一弱点。

在漫长的特洛伊战争中，阿喀琉斯一直是古希腊人最勇敢的将领。他所向披靡，任何敌人见了他都会望风而逃。

但是，在十年战争快结束时，敌方的将领帕里斯在众神的示意下，抓住了阿喀琉斯的弱点，一箭射中他的脚踵，阿喀琉斯最终不治而亡。

与“阿喀琉斯之踵”类似，任何事情或组织都有它的最薄弱之处，而问题又往往由这里产生。那么，如果我们把这个最薄弱处解决，问题往往就迎刃而解了。

曾有一家刚起步的电子商务公司，采购与销售是两个独立的部门，公司规定两个部门的资料每周沟通 2 次。然而，由于平时业务繁忙，再加上两个部门的员工不能及时交流沟通，总是造成销售人员在认为商品有货源的情况下接受了顾客的订单，但采购部实际上并不能在短时间内找到相应的货源。于是，顾客不能按时收到商品，公司经常接到投诉和顾客的抱怨，严重影响了业绩和公司的形象。

总经理发现了两个部门缺少沟通这一关键而又薄弱的环节后，为全公司所有员工电脑安装了及时沟通软件，让两个部门的员工能及时沟通。同时，还在公司建立了库存与近期货源一览表。从而避免了原来有单无货的不良现象，既提高了公司的业绩，又提升了公司的形象。

通过这个例子可以看出，如果不能及时解决采销两个部门沟通的这块“短板”，无论销售人员如何努力接订单，对解决问题仍没有实质性的收效。因此，抓住导致问题的短板，并从根本上予以解决，才能使问题迎刃而解。

与此类似的例子还很多，例如，你和竞争对手同时争取一个项目，那么，你就需要了解对方的薄弱之处在哪儿，如何用你的强势攻克对手的薄弱环节；家庭因家电超负荷导致停电，检查电线和电器往往不起丝毫作用，而真正的解决方法应该是修好脆弱的保险丝；孩子成绩不好，解决的方法不是帮他们做题、写作业，也不是用训斥来打击他们幼小的心灵，而是要找到孩子在学习上的薄弱之处，从这里着手，才能从根本上提高孩子的成绩……

木桶定律让我们明白，遇到问题，不要蛮干，要找到导致问题的短板，科学地予以解决，从而达到事半功倍的效果。

艾森豪威尔法则：分清主次，高效成事

做事分等级，先抓牛鼻子

一天，动物园管理员发现袋鼠从笼子里跑出来了，于是开会讨论，大家一致认为是笼子的高度过低。所以他们将笼子由原来的 10 米加高到 30 米。第二天，袋鼠又跑到外面来，他们便将笼子的高度加到 50 米。这时，隔壁的长颈鹿问笼子里的袋鼠：“他们会不会继续加高你们的笼子？”袋鼠答道：“很难说。如果他们再继续忘记关门的话！”

事有“本末”“轻重”“缓急”，关门是本，加高笼子是末，舍本而逐末，当然不见成效了。与之类似，我们常常会看到这样的现象，一个人忙得团团转，可是当你问他忙些什么时，他却说不出个具体来，只说自己忙死了。这样的人，就是做事没有条理性，一会儿做这一会儿做那，结果没一件事情能做好，不仅浪费时间与精力，更没见什么成效。

其实，无论在哪个行业，做哪些事情，要见成效，做事过程的安排与进行次序非常关键。

有一次，苏格拉底给学生们上课。他在桌子上放了一个装水的罐子，然后从桌子下面拿出一些正好可以从罐口放进罐子里的鹅卵石。当着学生的面，他把石块全部放到了罐子里。

接着，苏格拉底向全体同学问道："你们说这个罐子是满的吗？"

学生们异口同声地回答说："是的。"

苏格拉底又从桌子下面拿出一袋碎石子，把碎石子从罐口倒下去，然后问学生："你们说，这罐子现在是满的吗？"

这次，所有学生都不做声了。

过了一会，班上有一位学生低声回答说："也许没满。"

苏格拉底会心地一笑，又从桌下拿出一袋沙子，慢慢地倒进罐子里。倒完后，再问班上的学生："现在再告诉我，这个罐子是满的吗？"

"是的！"全班同学很有信心地回答说。

不料，苏格拉底又从桌子旁边拿出一大瓶水，把水倒在看起来已经被鹅卵石、小碎石、沙子填满了的罐子里。然后又问："同学们，你们从我做的这个实验得到了什么启示？"

话音刚落，一位向来以聪明著称的学生抢答道："我明白，无论我们的工作多忙，行程排得多满，如果要逼一下的话，还是可以多做些事的。"

苏格拉底微微笑了笑，说："你的答案也并不错，但我还要告诉你们另一个重要经验，而且这个经验比你说的可能还重要，它就是：如果你不先将大的鹅卵石放进罐子里去，你也许以后永远没机会再把它们放进去了。"

通过这个故事，我们发现，做事前的规划非常重要。在行动之前，一定要懂得思考，把问题和工作按照性质、情况等分成不同等级，然后巧妙地安排完成和解决的顺序。这样才能收到事半功倍的成效。

这就是艾森豪威尔原则的明智之处。它告诉我们，做事前需要科学地安排，要事第一，先抓住牛鼻子，然后再依照轻重缓急逐步执行，一串串、一层层地把所有的事情拎起来，条理清晰，成效才能显著，不要眉毛胡子一把抓。再如最前面动物园的例子，凡事都有本与末、轻与重的区别，千万不能做本末倒置、轻重颠倒的事情。

艾森豪威尔原则分类法

我们知道了做任何事情，只有事前理清事情的条理，排定具体操作的先后顺序，一切才能流畅地进行，并得到良好的收效。

在这方面，艾森豪威尔原则给出了一些具体的方法，可以帮助我们根据自己的目标，确定事情的顺序。

这一原则将工作区分为5个类别：

A：必须做的事情；

B：应该做的事情；

C：量力而为的事情；

D：可委托他人去做的事情；

E：应该删除的工作。

每天把要做的事情写在纸上，按以上 5 个类别将事情归类：

A：需要做；

B：应该做；

C：做了也不会错；

D：可以授权别人去做；

E：可以省略不做。

然后，根据上面归类，在每天大部分的时间里做 A 类和 B 类的事情，即使一天不能完成所有的事情，只要将最值得做的事情做完就好。

同样的道理，把自己 1~5 年内想要做的事情列出来，然后分为 ABC 三类：

A：最想做的事情；

B：愿意做的事情；

C：无所谓的事情。

接着，从 A 类目标中挑出 A1、A2、A3，代表最重要、次重要和第三重要的事情。

再针对这些 A 类目标，抄在另外一张纸上，列出你想要达成这些目标需要做的工作，接着将这份清单再分出 ABC 等级：

A：最想做的事情；

B：愿意做的事情；

C：做了也不会错的事情。

把这些工作放回原来的目标底下，重新调整结构，规划步骤，接着执行。

这些又被称为六步走方法，即挑选目标、设定优先次序、挑选工作、设定优先次序、安排行程、执行。把这些培养成每天的习惯，长期坚持并贯彻下去，相信，无数个条理性的成功慢慢累积，将会使你拥有非常成功的人生。

现实生活中，很多时候，我们总觉得自己身边有“时间盗贼”，没做多少事情，一天就匆匆过去。忙忙碌碌，年复一年，成绩、业绩却寥寥无几。

有句老话说得好：“自知是自善的第一步。”要想改善现状，首先要找出问题的根源。此刻，请你仔细地考虑一下，到底是什么偷走了你的时间？是什么让你日复一日地感到时间的压力？想明白这些问题，拿起笔和纸，按照艾森豪威尔原则，开始规划你的每一天，让时间不再像以往那样在不知不觉中被偷走。

相关定律：条条大路通罗马，万事万物皆联系

源自“万事万物皆有联系”的“以此释彼”智慧

哲学认为，万事万物皆有联系，世界上没有孤立存在着的事物。例如，水涨船高，说的是水与船的联系；积云成雨，说的是云与雨的联系；冬去春来，说的是冬季与春季之间的联系……

正是由于事物之间存在这种普遍联系，它们才会相互作用，相互影响。因此，一个问题的解决，往往影响到其周围与之相连的众多事物。这就为我们解决问题带来了很好的启发：在进行创造性思维、寻找最佳思维结论时，可根据其他事物的已知特性，联想到与自己正在寻求的思维结论相似和相关的东西，从而把两者结合起来，达到“以此释彼”的目的。即运用心理学中的相关定律。

在这方面，美国铁路两条铁轨之间标准距离的由来就是最好的例证。

美国的铁路两条铁轨之间的标准距离是4.85英尺。人们对于这个很奇怪的标准非常好奇。美国的铁路原先是由英国人建造的，所以采用了英国的铁路标准4.85英尺。

人们又问："英国人又为什么要用这个标准呢？"原来英国的铁路是由建电车的人所设计的，而4.85英尺是电车轨道所用的标准。

那电车的铁轨标准又是从哪里来的呢？原来最先造电车的人以前是造马车的，而他们则是沿用了马车的轮宽标准。

可马车为什么一定要用这个轮距标准呢？因为如果那时候的马车用任何其他轮距的话，马车的轮子很快会在英国的老路上撞坏的。这又是为什么呢？因为这些路上的辙迹的宽度都是4.85英尺。

那么，这些辙迹又是从何而来的呢？答案是古罗马人所制定的，而4.85英尺正是罗马战车的宽度。

于是又会有人问："为什么会选择罗马战车的宽度呢？"因为在欧洲，包括英国的长途老路，都是由罗马人的军队所铺的，所以，如果任何人用不同的轮宽在这些路上行车的话，轮子的寿命都不会长。

最后，人们还会问："罗马人为什么以4.85英尺为战车的轮距宽度呢？"

原因很简单，这是两匹拉战车的马的屁股的宽度……

通过这个经典的实例，我们可以看出，人们想知道美国铁路两条铁轨之间的标准距离是根据什么设计出来的，并不是一下子就在马屁股上找到答案的，而是通过英国铁路、英国电车、马车、老路辙迹、罗马战车、罗马老路等一系列与该问题相关的事物，顺藤摸瓜，最终找到了想要的答案。

其实，由于万事万物无不处于联系之中，我们遇到问题，应学会发散思维，不要总揪住一个点不放，想不通时，不妨找些与问题相关联的事物，从这些相关处着手，利用"以此释彼"的智慧，往往会令你恍然大悟。

做人不要一根筋，做事不要一条路跑到黑

生活中，我们常用"一条路跑到黑"来形容那些一根筋或钻牛角尖的人。然而，在遇到难题的时候，人们又往往不自觉地成为"一条路跑到黑"的傻瓜。那么，我们如何在难题面前不当傻瓜呢？先看一看下面这个例子：

加拿大伯塔省有一名叫斯考吉的高中女生。为了实现自己到25岁成为百万富翁的誓言，斯考吉从小就喜欢看比尔·盖茨的书，并研究《财富》杂志每年所列全球最富有的100个人。她发现：那些人中，有95%以上的人从小就有发财的欲望，57%的全球巨富在16岁之前就想到了开自己的公司，3%的全球巨富在未成年之前至少做过一桩生意。于是，她得出结论，要致富，就必须从小有赚钱的意识。

在赚钱方面，小斯考吉选择了投资股票。很多投资股票的人，不是盯着电视就是盯着报纸，因为这些媒体都对股市作直接报道。然而，小斯考吉并没有选择这种直接的途径，而是根据证券营业部门口的摩托车数量决定该股是抛售还是买进。

例如，她专盯一家钢铁企业的股票。当这家企业股票下跌到4美元以下时，某证券营业部门口的摩托车便多起来，过一段时间，股价又涨了回去；当这只股票涨到8美元左右时，该证券营业部门口的摩托车又会开始多起来，接下去，该股必跌。期间，她经过调查发现，该企业的工人们不愿意看到工厂的股票下跌，每次股价太低时，他们就自发地去买进一些股

票，从而带动股价上升；当上升到一定高位后，工人们便抛售股票，致使该股下跌。

就是这样，小斯考吉借助工人们往返证券营业部的摩托车的数量的变化，采取抛售或买进的举措，取得了不小的收获。

通过这个事例我们可以看出，小斯考吉巧妙利用相关定律，从与股市相关的抛买人群的行动变化下手，反而比那些只知道盯着直接报道股市的媒体的人们更有收效。

与此类似，我们在日常生活中会遇到很多棘手的问题，这些问题往往让人不知如何处理。于是，有的人在困难面前驻足不前，绞尽脑汁也想不出什么好方法；而有的人转换思维，从与之相关的事情着手，很快使问题迎刃而解。

所以，我们平时要大力培养自己洞察事物间相关性的能力，抓住事物和问题的关键，合理利用相关定律寻求解决方法，不做“一条路跑到黑”的傻瓜。其中，培养自己的洞察能力，一方面要虚心，绝不视任何主意为无用，倾听跟你不同的观点，任何人都有东西值得你学习；另一方面，训练你的思想来为你工作，让你的脑子做你要它做的事，而且当你要它做的时候才做。此外，还要培养自己的好奇心，对不懂的事提出问题来，训练你的想象力。

奥卡姆剃刀定律：把握关键，化繁为简

“简单”，真正的大智慧

近几年，随着人们认识水平的不断提高，“精兵简政”“精简机构”“删繁就简”等一系列追求简单化的观念在整个社会不断深入和普及。根据奥卡姆剃刀定律，这正是一种大智慧的体现。

如今，科技日新月异，社会分工越来越精细，管理组织越来越完善化、体系化和制度化，随之而来的，还有不容忽视的机械化和官僚化。于是，文山会海和繁文缛节便不断滋生。可是，国内外的竞争都日趋激烈，无论是企业还是个人，快与慢已经决定其生死。如同在竞技场上赛跑，穿着水泥做的靴子却想跑赢比赛，肯定是不可能的。因此，我们别无选择，只有脱掉水泥靴子，比别人更快、更有效率，领先一步，才能生存。换言之，就是凡事要简单化。

很多人会问：“简单能为我们带来什么呢？”看了下面的例子，我们自然就会明白。

有人曾经请教马克·吐温：“演说词是长篇大论好呢？还是短小精悍好？”他没有正面回答，只讲了一件亲身感受的事：“有个礼拜天，我到教堂去，适逢一位传教士在那里用令人动容的语言讲述非洲传教士的苦难生活。当他讲了5分钟后，我马上决定对这件有意义的事捐助50元；他接着讲了10分钟，此时我就决定将捐款减到25元；最后，当他讲了1个小时后，拿起钵子向听众请求捐款时，我已经厌烦之极，1分钱也没有捐。”

在上面马克·吐温的例子中，我们发现，他通过自身的经历，向求教者说明：短小精悍的语言，其效果事半功倍；而冗长空泛的语言，不仅于事无益，反而有碍。

事实上，不仅语言如此，现实生活亦同样如此。这就要求我们要学会简化，剔除不必要的生活内容。这种简化的过程，就如同冬天给植物剪枝，把繁盛的枝叶剪去，植物才能更好地生长。每个园丁都知道不进行这样的修剪，来年花园里的植物就不能枝繁叶茂。每个心理学家都知道如果生活匆忙凌乱，为毫无裨益的工作所累，一个人很难充分认识自我。

为了发现你的天性，亦需要简化生活，这样才能有时间考虑什么对你才是重要的。否则，就会损害你的部分天资，而且极有可能是最重要的一部分。

那么，我们如何来实现这种简化呢？很简单，就是重新审视你所做的一切事情和所拥有的一切东西，然后运用奥卡姆剃刀，舍弃不必要的生活内容。

博恩·崔西是美国著名的激励和营销大师，他曾与一家大型公司合作。该公司设定了一个目标：在推出新产品的第一年里实现100万件的销售量。该公司的营销精英们开了8个小时的群策会后，得出了几十种实现100万件销售量的不同方案。每一种方案的复杂程度都不同。这时，博恩·崔西建议他们在这个问题上应用奥卡姆剃刀原理。

他说："为什么你们只想着通过这么多不同的渠道，向这么多不同的客户销售数目不等的新产品，却不选择通过一次交易向一家大公司或买主销售100万件新产品呢？"

当时整个房间内鸦雀无声，有些人看着博恩·崔西的表情就像在看一个疯子。然后有一名管理人员开口说话了："我知道一家公司，这种产品可以成为他们送给客户的非常好的礼物或奖励，而他们有几百万客户。"

最后，根据这一想法，他们得到了一笔100万件产品的订单。他们的目标实现了。

可见，不论你正面临什么问题或困难，都应当思考这样一个问题："什么是解决这个问题或实现这个目标的最简单、最直接的方法？"记住苏格拉底的话："任何问题最可能的解决办法是步骤最少的办法。"正如奥卡姆剃刀定律所阐释的，我们不需要人为地把事情复杂化，要保持事情的简单性，这样我们才能更快更有效率地将事情处理好。

与此相关的，还有一个非常有趣的故事：

日本最大的化妆品公司收到客户抱怨，买来的肥皂盒里面是空的。他们为了预防生产线再次发生这样的事情，工程师想尽办法发明了一台X光监视器去透视每一台出货的肥皂盒。同样的问题也发生在另一家小公司，他们的解决方法是买一台强力工业用电扇去吹每个肥皂盒，被吹走的便是没放肥皂的空盒。

面对同样的问题，两家公司采用的是两种截然不同的办法。无论从经济成本方面，还是资源消耗角度，相信第二种方案的优势都是不言而喻的。这个例子给了我们一个深刻的启示：如果有多个类似的解决方案，最简单的选择，就是最智慧的选择。

所以，在现实生活中，当遇到问题时，我们要勇敢地拿起"奥卡姆剃刀"，把复杂事情简单化，以选择最智慧的解决方案。

剃掉复杂，切勿乱删

相传，有位科学家带着自己的一个研究成果请教爱因斯坦。爱因斯坦随意地看了一眼最后的结论方程式，就说："这个结果不对，你的计算有问题。"科学家很不高兴："你过程都不看，怎么就说结果不对？"爱因斯坦笑了："如果是对的，那一定是简单的，是美的，因为自然界的本来面目就是这样的。你这个结果太复杂了，肯定是哪里出了问题。"

这个科学家将信将疑地检查自己的推导，果然如爱因斯坦所言，结果不对。

也许你认为奥卡姆剃刀只存在于天才的身边，其实，它无处不在，只是有待人们把它拿起。当我们绞尽脑汁为一些问题烦恼时，试着摒弃那些复杂的想法，也许会立刻看到简单的解决方法。人生的任何问题，我们都可以运用奥卡姆剃刀。奥卡姆剃刀是最公平的，无论科学家还是普通人，谁能有勇气拿起它，谁就是成功的人。

越复杂越容易拼凑，越简单就越难设计。在服装界有“简洁女王”之称的简·桑德说：“加上一个扣子或设计一套粉色的裙子是简单的，因为这一目了然。但是，对简约主义来说，品质需要从内部来体现。”她认为，简单不仅仅是摈除多余的、花哨的部分，避免喧嚣的色彩和烦琐的花纹，更重要的是体现清纯、质朴、毫不造作。

但需要注意的是，这里所谓的“简单”，不是乱砍一气，而是在对事物的规律有深刻的认识和把握之后的去粗取精，去伪存真。

正如一个雕刻家，能把一块不规则的石头变成栩栩如生的人物雕像，因为他胸中有丘壑。如果你抓不住重点，找不到要害，不知道什么最能体现内在品质，运用剃刀的结果只能是将不该删除的删除了。

那么，我们要合理地使用奥卡姆剃刀，不能盲目。例如，IBM在电脑产品营销中具有得天独厚的优势，如其前CEO郭士纳所指，他们具有非常有优势的集成能力。然而，其广告宣传语却将这一点删掉了，留下推广小型电脑的“小行星问题的解决方法”。结果，IBM自然未能凭这则广告获得区别于其他电脑的地位。可见，没有什么比删掉自己的优势更可悲了。

所以，在我们使用奥卡姆剃刀时，要将其用在恰当的位置上，而不是盲目乱删。

墨菲定律：与错误共生，迎接成功

不存侥幸心理，从失败中汲取教训

众所周知，人类即使再聪明也不可能把所有事情都做到完美无缺。正如所有的程序员都不敢保证自己在写程序时不会出现错误一样，容易犯错误是人类与生俱来的弱点。这也是墨菲定律一个很重要的体现。

想取得成功，我们不能存有侥幸心理，想方设法回避错误，而是要正视错误，从错误中汲取经验教训，让错误成为我们成功的垫脚石。关于这一点，丹麦物理学家雅各布·博尔就是最好的证明。

一次，雅各布·博尔不小心打碎了一个花瓶，但他没有像一般人那样一味地悲伤叹惋，而是俯身精心地收集起了满地的碎片。

他把这些碎片按大小分类称出重量，结果发现：10~100克的最少，1~10克的稍多，0~1克和0~1克以下的最多；同时，这些碎片的重量之间表现为统一的倍数关系，即较大块的重量是次大块重量的16倍，次大块的重量是小块重量的16倍，小块的重量是小碎片重量的16倍……

于是，他开始利用这个“碎花瓶理论”来恢复文物、陨石等不知其原貌的物体，给考古学和天体研究带来意想不到的效果。

事实上，我们主要是从尝试和失败中学习，而不是从正确中学习。例如，超级油轮卡迪兹号在法国西北部的布列塔尼沿岸爆炸后，成千上万吨的油污染了整个海面及沿岸，于是石油公司才对石油运输的许多安全设施重加考虑。还有，在三里岛核反应堆发生意外后，许多核反应过程和安全设施都改变了。

可见，错误具有冲击性，可以引导人想出更多细节上的事情，只有多犯错，人们才会多进步。假如你工作的例行性极高，你犯的错误就可能很少。但是如果你从未做过此事，或正在做新的尝试，那么发生错误在所难免。发明家不仅不会被成千的错误击倒，而且会从中得到新创意。在创意萌芽阶段，错误是创造性思考必要的副产品。正如耶垂斯基所言："假如你想打中，先要有打不中的准备。"

现实生活中，每当出现错误时，我们通常的反应都是："真是的，又错了，真是倒霉啊！"这就是因为我们以为自己可以逃避"倒霉""失败"等，总是心存侥幸。殊不知，错误的潜在价值对创造性思考具有很大的作用。

人类社会的发明史上，就有许多利用错误假设和失败观念来产生新创意的人。哥伦布以为他发现了一条到印度的捷径，结果却发现了新大陆；开普勒发现了行星间引力的概念，却是偶然间由错误的理由得到的；爱迪生也是知道了上万种不能做灯丝的材料后，才找到了钨丝……

所以，想迎接成功，先放下侥幸心理，加强你的"冒险"力量。遇到失败，从中汲取经验，尝试寻找新的思路、新的方法。

从哪里跌倒，就从哪里爬起来

英国小说家、剧作家柯鲁德·史密斯曾说过："对于我们来说，最大的荣幸就是每个人都失败过。而且每当我们跌倒时都能爬起来。"成功者之所以成功，只不过是他不被失败左右而已。

1927年，美国阿肯色州的密西西比河大堤被洪水冲垮，一个9岁的黑人小男孩的家被冲毁，在洪水即将吞噬他的一刹那，母亲用力把他拉上了堤坡。

1932年，男孩8年级毕业了，因为阿肯色的中学不招收黑人，他只能到芝加哥就读，但家里没有那么多钱。那时，母亲做出了一个惊人的决定——让男孩复读一年，她给50名工人洗衣、熨衣和做饭，为孩子攒钱上学。

1933年夏天，家里凑足了那笔费用，母亲带着男孩踏上火车，奔向陌生的芝加哥。在芝加哥，母亲靠当佣人谋生。男孩以优异的成绩读完中学，后来又顺利地读完大学。1942年，他开始创办一份杂志，但最后一道障碍是缺少500美元的邮费，不能给订户发函。一家信贷公司愿借贷，但有个条件，得有一笔财产作抵押。母亲曾分期付款好长时间买了一批新家具，这是她一生最心爱的东西，但她最后还是同意将家具作为抵押。

1943年，那份杂志获得巨大成功。男孩终于能做自己梦想多年的事了：将母亲列入他的工资花名册，并告诉她她算是退休工人，再不用工作了。母亲哭了，那个男孩也哭了。

后来，在一段反常的日子里，男孩经营的一切仿佛都坠入谷底，面对巨大的困难和障碍，男孩感到已无力回天。他心情忧郁地告诉母亲："妈妈，看来这次我真要失败了。"

"儿子，"她说，"你努力试过了吗？"

"试过。"

"非常努力吗？"

"是的。"

"很好。"母亲果断地结束了谈话，"无论何时，只要你努力尝试，就不会失败。"

果然，男孩渡过了难关，攀上了事业新的巅峰。这个男孩就是驰名世界的美国《黑人文摘》杂志创始人、约翰森出版公司总裁、拥有3家无线电台的约翰·H. 约翰森。

事实上，得失本来就不是永恒的，是可以相互转化的矛盾共同体。记得有一本杂志曾归纳出关于失败的优胜可能：

失败并不意味着你是一位失败者——失败只是表明你尚未成功。

失败并不意味着你一事无成——失败表明你得到了经验。

失败并不意味着你是一个不知灵活性的人——失败表明你有非常坚定的信念。

失败并不意味着你要一直受到压抑——失败表明你愿意尝试。

失败并不意味着你不可能成功——失败表明你也许要改变一下方法。

失败并不意味着你比别人差——失败只表明你还有缺点。

失败并不意味着你浪费了时间和生命——失败表明你有理由重新开始。

失败并不意味着你必须放弃——失败表明你还要继续努力。

失败并不意味着你永远无法成功——失败表明你还需要一些时间。

失败并不意味着命运对你不公——失败表明命运还有更好的给予。

那么，期待成功的你，不要再被一时的失败左右了，在哪里跌倒，就在哪里爬起来吧！

酝酿效应：灵感来自偶然，有时不期而至

为何遇到难题会“百思不得其解”

现在，你面前有4条小链子，每条链子有三个环（下图左侧所示）。打开一个环要花2分钱，封合一个环要花3分钱。开始时所有的环都是封合的。你的任务是要把这12个环全部连接成一个大链子（下图右侧所示），但花钱不能超过15分钱。请问，你该怎么办？

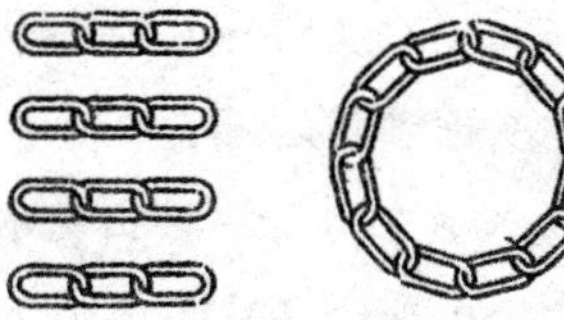

上面的“项链问题”你想到答案了吗？客观而言，虽然这看似一道有些难度的问题，但如果你找到了正确的解法，就会发现它并不复杂。先把一条小链子的三个环都打开，花4分钱；再用这3个环把剩下的3条小链都连在一起，再花9分钱，项链不就在限定不超过15分钱的条件下做成了吗？

事实上，这是美国的女心理学家西尔维拉在1971年设计的一个实验，专门演示酝酿效应的现象。

西尔维拉选了3组人作为被试者，每组成员的性别、年龄和智力水平等都大致相同。实验要求第一组用半个小时来思考，中间不休息；第二组先用15分钟想问题，无论解出与否都要休息半小时，打球、玩牌什么的，然后再回来思考15分钟；第三组与第二组类似，仍用前后各15分钟思考问题，只不过把中间休息的时间延长到4个小时。

结果，第一组有55%的人解决了问题，第二组有64%的人解决了问题，第三组有85%的人解决了问题。

实验结束后，当西尔维拉要求被试者大声说出解决问题的过程，结果发现：第二、三组

被试者回头来解决项链问题时，并不是接着原来的思路去做，而是从头做起。

你一定很好奇，同样的思考时间，只是安排有些不同，竟会造成3组成绩如此大的差别？正如成功的被试者自己所言，当他们休息回来以后，并不是接着原来的思路去做，而是仍然像刚开始那样从头想起。这，才是真正的原因。

生活中，我们都会有类似的体验：遇到某个难题，冥思苦想不得其解，花了几个小时仍一无所获。不过，暂时忘掉它休息一会儿，可能就会突然茅塞顿开，问题迎刃而解了。

很显然，这种把难题暂时放一放穿插一些其他事情的做法，使人们不会陷入某一种固定的思维模式，而且能够采取新的步骤，从而使问题更容易被解决。心理学上把这种现象叫做“酝酿效应”。

不仅是前面那些普通的被试者，就连一些伟大的科学家，在解决问题过程中，同样会运用到“把难题放在一边，放上一段时间，才能得到满意的答案”的“酝酿效应”。阿基米德发现浮力定律就是其中一个经典的故事。

在古希腊，国王让人做了一顶纯金的王冠，但他又怀疑工匠在王冠中掺了银子。于是将阿基米德找来，要他在不损坏王冠的条件下，想法测定出王冠是否掺了假。

阿基米德为了解决这个难题冥思苦想，尝试了很多想法，但都失败了。有一天他去洗澡，当他的身体在浴盆里沉下去的时候，就有一部分水从浴盆边溢出来；而且，他觉得入水愈深，体重就愈轻。他恍然大悟，然后便进宫去面见国王。

在国王面前，阿基米德将与王冠一样重的一块金子、一块银子和王冠，分别放在水盆里，只见金块排出的水量比银块排出的水量少，而王冠排出的水量比金块排出的水量多。阿基米德对国王说：“王冠里确实掺了银子！”

国王不解，阿基米德解释说：“一公斤的木头和一公斤的铁相比，木头的体积大。如果分别把它们放入水中，体积大的木头排出的水量比体积小的铁排出的水量多。可以将这个道理用在金子、银子和王冠上。因为金子的密度大，银子的密度小，故同样重量的金子和银子，必然是银子体积大于金子的体积，放入水中，金块排出的水量就比银块少。刚才王冠排出的水量比金子多，说明王冠的密度比金块密度小，从而证明王冠不是用纯金制造的。”

事情往往就是这样，当我们对一个难题束手无策时，思维就进入了“酝酿阶段”。当我们抛开面前的问题去做其他的事情时，突然某一刻，百思不得其解的答案却出现在我们面前。正如南宋诗人陆游那句脍炙人口的诗句所言：“山重水复疑无路，柳暗花明又一村。”

劳逸结合，让你的灵感迸发

心理学家认为，人们在酝酿过程中，存在潜意识层面推理，储存在记忆里的相关信息是在潜意识里组合，而在穿插其他事情的时候突然找到答案，是因为个体消除了前期的心理紧张，忘记了个体前面不正确的、导致僵局的思路，从而具有了创造性的思维状态。

那么，遇到难题的时候，我们应学会劳逸结合，先把它放在一边，小憩一会儿或去喝杯茶，时隔几小时、几天，甚至更长时间之后再来解决它，往往能收到“踏破铁鞋无觅处，得来全不费工夫”的效果。

在化学界里，苯在1825年就被发现了，可是之后几十年间，人们一直没有弄清它的结构。尽管很多证据都表明苯分子由6个碳原子和6个氢原子构成，结构是对称的，但大家怎么也想不出这些原子是如何排列、形成整个稳定的分子的。德国化学家凯库勒长期研究这一问题，但同样找不到答案。

1864年冬天的某个晚上，凯库勒在火炉边看书时，不知不觉进入半睡眠状态。他梦见一条蛇咬住了自己的尾巴，形成了旋转的环状。

他如同受了电击一样，突然惊醒。那晚他为这个假设的结果工作了整夜，这个环形结构被证实是苯的分子结构。

这是一个化学史上最著名的梦，苯分子结构的秘密也由此解开。

凯库勒在这个研究的过程中所运用的，正是我们所讲的酝酿效应。他自己也曾说过："当事情进行得不顺利时，我的心就想着别的事了。"没错，被难题卡住、怎么都想不通的时候，我们就应该想想别的事情，让大脑劳逸结合。

从心理学角度讲，人的这种酝酿来自想象，是人脑对于对象中隐含的整体性、次序性、和谐性的某种迅速而直接的洞察和领悟。长期不间歇地思考一个问题，会造成精神紧张，于是一时间什么都想不出来。然而，我们头脑中收集到的资料不会消极地储存在那里，一旦让大脑合理地休息，它就能按照一种我们所不知道的或很少意识到的方式进行加工和重组原来存储的那些资料，进而产生新的想法。也就是说，直觉可以引导我们绕过不可逾越的高山，曲径通幽，达到柳暗花明的境界。

所以，我们一定要明白，当对一个问题进行研究，在收集了充分的资料并且经过深入探索仍难以找到答案时，不应一条道跑到黑，而应做到劳逸结合，把对该问题的思考抛开，转而想别的事情，这样才会给新想法和好想法自然酝酿、成熟并迸发出来的机会。

基利定理：失败是成功之母

坦然面对失败就是成功

失败是我们人生经历最多的课题，怎么逃也逃不过的仇敌。但如果你坦然地面对了这个课题，你会发现这不是个无解的方程式；如果你直面了这个仇敌，你会发现它可以让你学到很多东西。失败，就像黎明前的黑暗，与成功只差那一瞬间，只要你挺过去了，那么你就能够看到属于你的光辉黎明。

奥城良治，一个连续16年荣获日本汽车销售冠军的伟大推销员，他之所以能取得如此骄人的成绩，只源于小时候的一次偶遇。在奥城良治还是个小孩的时候，有一次在田埂间看到一只瞪眼的青蛙，就调皮地向青蛙的眼脸撒了一泡尿。之后，却发现青蛙的眼睑非但没有闭起来，而是一直张着眼瞪着他。他很惊讶，这奇特的一幕给他留下了深刻的印象。但没想到，这一幕竟成了他成功的秘诀。若干年后，他做了一名推销员。每当遭到客户拒绝时，他就会想起童年时那只被尿浇也不闭眼的青蛙。于是，他就像那只青蛙一样，面对客户的拒绝，总是逆来顺受，张眼面对客户，从不惊慌失措。

客户的拒绝，对于推销员来说，就是最大的失败。而奥城良治从不逃避，而是坦然面对，这是他从青蛙那儿学来的，我们也应该从他那里学来。

男子100米和200米两项世界纪录的保持者尤塞因·博尔特，在国际田联钻石联赛斯德哥尔摩站的 100 米比赛中却败给了盖伊。这是他两个赛季以来的首次败绩，但博尔特认为，这次失败并没有给他造成什么震动。他谈道：“我（对比赛失利）并不惊奇，这只是一场失败而已。我早说过，如果有谁想战胜我，最好就是赶在今年。”这种坦然面对失败的态度，让人相信尤塞因·博尔特在以后的比赛中，还会再创佳绩。因为，这种坦然面对，就是下一次成功的征兆。

一个人是否活得丰富不能看他的年龄，而是要看他生命的过程是否多彩，还要看他在体验生命的过程中是否能把握住机会。人生的机会通常是有伪装的，它们穿着可怕的外衣来到你的身边，大多数人会避之不及，但那些具有独特素质的人却能看到其本质并抓住它们。这些素质中最重要的就是承受失败的能力和勇气。

在你成长的过程中，会遭遇很多的失败，但最好的机会也往往就藏在这些失败背后。懂得坦然面对挫折和失败，并把它变成你的一种常态，这样你就离成功不远了，或者说这本身就是一种心理的成功。一个人可以从生命的磨难和失败中成长，正像腐朽的土壤可以生长鲜活的植物一样。土壤也许腐朽，但它可以为植物提供营养。失败固然可惜，但它可以磨炼我们的心智和勇气，进而创造更多的机会。只有当我们能够以平和的心态面对失败和考验时，我们才能收获成功。而那些失败和挫折，都将成为生命中的无价之宝，值得我们在记忆深处永远收藏。

经过失败才能走向成功

当今最具影响力的激励演讲家安东尼·罗宾曾说过：“成功很难，但不成功更难，因为你要承受一辈子的失败。”“这世界没有失败，只有暂时停止成功，因为过去并不等于未来。”所以，失败只是暂时的，只是走向成功的一条必经之路，或者说是成功之路上的一段过程。走过它，你就会拥有成功。

人生的 99% 都是失败，所以每当你干一件事的时候，失败可能随时伴随着你。如果你害怕失败，那么你就将一事无成。每一个做父母的都知道，孩子不摔几跤是学不会走和跑的。所有人都是这样摔着长大的，你也不例外。人生就逃不开失败，只有在失败中，你才能真正学到本领。想长大成人，想实现梦想，那么就必须记住：“失败是成功之母！”有这样一个故事：

有一个人在走路的时候，因为路不平而摔了一跤，他爬了起来。可是没走几步，一不小心又摔了一跤，于是他便趴在地上不再起来了。有人问他：“你怎么不爬起来继续走呢？”那人说：“既然爬起来还会跌倒，我干吗还要起来，不如就这样趴着，就不会再被摔了。”这样的人，摔两次就怕得不敢再起来继续往前走了，那么他肯定永远也无法到达他的目的地了。

如果我们都像这个趴在地上不起来的人一样，在一两次失败后就选择放弃，那么我们也就永远不会得到成功的眷顾。对于“成功”和“失败”，我们应该客观看待。它们不是一对不可调和的矛盾体，而是可以互相依存的，我们只有经历过“失败”才能体会到“成功”的珍贵，也只有在“成功”后才会知道“失败”的意义。“成功”的背后是用“失败”砌成的台阶，如果没有这一层一层的台阶，我们可能永远待在原地，无法迈出任何一步。“成功”是“失败”永远的灯塔，只有在历经艰难困苦后，才能找到正确的方向去接近灯塔，获得光明。正如歌里所唱的那样：“不经历风雨，怎么见彩虹，没有人能随随便便成功。”失败过后，只要我们永不放弃，最终会见到美丽的彩虹。失败不要紧，重要的是不要失去信心，这一次失败，可以换来下一次的成功。

数学上有名的平行公理，从它问世以来，一直遭到人们的怀疑。几千年来，无数数学家致力于求证平行公理，但都失败了。数学家波里埃虽终身从事对平行公理的求证，最终也不得不成为那失败者中的一员。似乎平行公理根本无法证明。但罗巴切夫斯基在经过7年求证而毫无结果后，潜心思考找到了失败的原因，从而取得了成功。虽说“失败是成功之母”，但是要把失败转化为成功，还必须经过不断的探索和分析，找到失败的原因，吸取其中的教训，指导今后的工作，这样才会让失败成为成功之母。

应该说，失败不可怕，它是通向成功的桥梁；失败不可悲，它意味着你又有了重新开始的理由。因此，当一切可能的失败都尝试过之后，拥抱你的一定是成功。成功者之所以成功，只不过是他不被失败左右而已。不允许失败，无异于拒绝成功。

韦特莱法则：先有超人之想，才有超人之举

敢于想象，才能有惊人之举

有这样一句话：“思想有多远，你就能走多远。”其中的道理很简单——先要敢想，才能做大事。换而言之，先有超人之想，才有超人之举。

生活中，大人都喜欢问小孩一个问题：长大后想要做什么？这是一个关于梦想的问题，更是测试志向的问题。如果小孩回答以后想要做国家主席、科学家或富豪之类的，大人会说他有志气、有出息。敢于为自己设计远大的理想，才能成就大事业。像周恩来总理，从小就有“为中华崛起而读书”的远大志向，最终也为中华的崛起做出了巨大的贡献。一个人要想成功，就要敢于想象。

这个想象，不是空想，是一种自信，是一种勇敢。每个人都想成功，但很多人都缺少这种自信和勇气。而那些成功的人往往多的也就是这点自信和勇气，就像在美国历史上颇有作为的林肯总统，在被记者问到他之前的两届总统之所以没有签署《解放黑奴宣言》是不是要留给他来成就英名时，他说道：“可能有这个意思吧。不过，如果他们知道拿起笔需要的仅是一点勇气，我想他们一定非常懊丧。”一个人之所以没有成功，缺少的往往不是机会，而是敢于把握机会的勇气。林肯敢于把握机会，最终名扬天下，而他之前的两任总统却因缺乏勇气而“错失了良机”。

“敢想敢干”，是在成功者的评语中出现频率最高的词之一，没有想法就不会有作为。人生就好比一个“梦工厂”，没有大胆的想象，就不可能有惊人的举动。激烈的竞争，从来不容许懦夫成功。那些取得成功的人，与你没什么两样，如果说有区别的话，那就是他们想了你们不敢想的事，做了你们不敢做的事。

20世纪初期，美国的汽车大王亨利·福特为了使汽车具有更好的性能，决定生产一种有8只汽缸的引擎，而这在当时的技术环境下几乎是不可能的。但是，亨利·福特却不这么认为，他给工程师们下达了完成“不可能任务”的死命令——无论如何也要生产这种引擎，去做，直到你们成功为止，不管需要多长时间。结果，8只汽缸的引擎真的被工程师们给制造出来了，福特的想法得到了实现。

可见，只要你敢想，就有可能会成功；如果你连想都不敢想，那今生肯定与成功无缘。

勇于做别人不愿意做的事

孟子曰："故天将降大任于斯人也，必先苦其心志，劳其筋骨，饿其体肤，空乏其身，行拂乱其所为，所以动心忍性，曾益其所不能。"就是说，能成就大业的人，都要经历一个痛苦的过程，出乎意外，才能得乎意外。就像美国管理学家韦特莱提出的韦特莱法则：成功者所从事的工作，是绝大多数的人不愿意去做的。所以许多时候，他们的成功只是因为他们做了许多人不以为然的、不愿意去做的事情而已。

小李中专毕业，找到一份在影楼做销售的工作。他知道自己的学历低，比不上那些大学生、研究生，所以他就尽量做些别人不愿意做的事。比如，提前来上班，往饮水机里加水，主动打扫卫生，帮同事订盒饭，等等，没想到连续这样做了几周后，他不但和同事都成了好朋友，连平时没怎么注意过他的老板，也开始夸他勤快能干了。他很高兴，干起这些来更加起劲了。两个月后，影楼分店要选拔店长，小李意外地被选中，成为了影楼最年轻的店长。

老子云："天下难事，必作于易。"意思是说天底下最难的事，都是从最容易的事开始做起的。所以，想要成功，就从别人不愿意做的事做起吧。

因在细菌研究方面的卓越成就而获得了1905年诺贝尔生理学与医学奖的科学家科赫，也正是因为做了别人不愿意做的事才获得了如此大的成就。在他刚刚入读德国哥丁根大学医学院时，他的教授亨利为他们同级的新生们布置了一个很简单也很无聊的作业——抄写亨利教授多年积累下来的论文手稿，而且要求他们务必要工整和仔细。当同学们翻开亨利教授的论文手稿时，发现这些手稿已经非常工整了。于是，他们得出了一个结论：只有傻子才会坐在那里当抄写员。其他人都去实验室做实验、搞研究去了，只有科赫一个人将信将疑地把论文手稿完完整整地抄写了一遍。结果，这件事让他受益匪浅。当他拿着抄好的手稿去找亨利教授时，亨利教授对他说了这么一席话："孩子，我向你表示由衷的敬意！因为只有你完成了这项抄写工作，而那些我认为很聪明的学生，竟然都不愿做这种繁重、乏味的工作。我们从事医学研究的人，不光需要聪明的头脑和勤奋的干劲，更重要的是，一定要具备一种一丝不苟的精神。作为年轻人，往往急于求成，这样很容易忽略细节。要知道，医学上走错任何一步，都是人命关天的大事！我让你们做那些抄写手稿的工作，既是让你们学习医学知识，也是让你们进行一种心性的修炼。"

正是亨利教授的那席话，让科赫明白了自己所从事的研究的真谛和自己应该抱有的研究态度。也正是因为他牢记了这席话，敢于做别人不愿意做的事，使他日后在医学界有了那么大的作为。

如果你现在有追求成功的念头，那么，就从身边最简单的别人不愿意做的事做起吧。

布利斯定理：凡事预则立，不预则废

事前想清楚，事中不折腾

"凡事豫则立，不豫则废"，是《礼记·中庸》里的一句话，这里的"豫"，是预先的意思。讲的是：不论做什么事，事先做好准备，就能成功，不然就会失败。原文后面还有四句："言前定则不跲，事前定则不困，行前定则不疚，道前定则不穷。"这是对"凡事豫则立，不豫则废"的展开，讲的是：说话先有准备，就不会理屈词穷站不住脚；做事先有准备，就不会遇到困难挫折；行事前计划先有定夺，就不会发生错误后悔的事。

这是我国先哲在几千年前说的道理，而这个道理在今天依然很受用。俗话说得好：不打无准备之仗。无论做什么，都要提前做好准备，这样才有可能达到期望的目的。如果总想着"临场发挥"，很可能会发生现场"抓瞎"的局面。所谓胸有成竹，方能妙笔生花，道理亦是如此。

美国著名的成功学大师安东尼·罗宾斯曾经提出过一个成功的万能公式：

成功＝明确目标＋详细计划＋马上行动＋检查修正＋坚持到底

从这个公式我们可以看出明确目标和详细计划的重要性。明确目标和详细计划都属于事前的计划，而事前的计划可以帮我们对自己的设想进行科学的分析，预见一下我们的设想是否可以实现。同时，在做计划的过程中，也是在梳理自己实现设想的思路和方法，这可以大大节省我们的宝贵时间，同时减轻压力。

美国的几个心理学家曾做过这样一个实验：

组织3组学生分别进行不同方式的投篮技巧训练。第一组在20天内每天练习实际投篮，并把第一天和最后一天的成绩记录下来。第二组学生也记录下第一天和最后一天的成绩，但在此期间不做任何练习。第三组将第一天的成绩记录下来，然后每天花20分钟做想象中的投篮，如果投篮不中时，他们便在教练的指导下在想象中做出相应的纠正。

实验结果表明：第二组的投篮技巧在20天里没有丝毫长进，第一组进球率上涨了24%，第三组进球率上涨了26%。心理学家们由此得出结论：行动前进行头脑热身，构思要做之事的每个细节，梳理心路，然后把它深深铭刻在脑海中，当你做这件事的时候就会得心应手。

这个实验要讲的其实还是计划的重要性。一个人做事如果没有计划，行动起来就会像一只迷途的羔羊，到处乱撞以致伤痕累累。一个人做事如果事前拟订好了行动的计划，梳理通畅了做事的步骤，做起事来就会应付自如，迅速高效。

计划，是指引我们前进的明灯，是我们赢得成功的时间表。万事有计划，方向才会明确，目标才不会落空，学习、工作、生活，都要有计划。计划很重要，制订合理的计划更重要。无论是制订哪方面的计划，都要从个人的实际情况出发，从现实的环境基础入手，切忌"空大高"。目标定的很高，计划要求很严，但是都是一些自己完不成的任务，这样的计划订了也是白订。

所以，在人生的漫漫长路上，你走的每一步都要有计划有准备，这个计划和准备也必须从自己的实际出发。

成功属于有计划的人

有一个关于毛毛虫吃苹果的故事：

有4只毛毛虫，都在为吃到大苹果而各显神通。为了能够吃到大苹果，第一只毛毛虫跟随着大众的足迹，辛苦一生，却并不知道自己在做什么；第二只毛毛虫以吃到大苹果为"虫生目标"，为此它不懈努力，但它最终也只找到了一个酸酸的小苹果；第三只毛毛虫拥有一个望远镜，但大苹果却因为它的犹豫而被其他虫捷足先登；第四只毛毛虫，因为有详尽的计划，最终吃到了属于它的大苹果！

人生在世，成功很难，而且成功往往眷顾那些有计划有准备的人。很多人认为花那么长的时间做计划，简直就是浪费时间，立马投入工作会有更好的效果。所谓“知己知彼，百战百胜”，做计划就是个自我剖析和形势分析的过程。没有这个过程，那么你在行动中肯定会浪费更多的时间。做一个清晰的计划，就是为了能在行动中节约更多的时间，减少更多的错误，让自己的人生不虚度，时间不白流。明白这个道理的人，懂得为自己的生活做规划的人，往往离成功就不远了。有句话说的很对：“成功往往属于有计划的人！”

现在越来越多的人开始炒股，在股市你会有一种感觉，那就是赚钱时慢，而赔钱时快。细想想道理也很简单，假如有 1 万元资金，要把 1 万变成 2 万，股票必须有 100% 的升幅，但从 2 万到 1 万却只需要跌 50%。因此在炒股中账要细算，操作要有计划，而且切实可行的计划很重要。全球著名的投资商巴菲特说：“如果我们知道自己目前置身何处，并且事先知道自己将往何处去，我们可以更明确地判断做哪些工作，以及如何着手。”言浅意深，正说明了一只船在茫茫大海中不能失去灯塔的指引，否则就迷航了。同理，人也需要一座指引的灯塔，然而这座灯塔必须自己建造，那就是我们要制订计划。

一个人要对自己负责，每一天都应该活得充实和精彩。只有这样，才能不枉此生。怎样才能让我们的人生充实又精彩呢？首要的就是为自己的人生做一个整体的安排和规划。有了人生的目标，我们就会朝着这个目标奋斗，一直坚持不懈地走下去。这样我们就会离自己的目标越来越近，总有一天会到达成功的彼岸。人生规划既是一个实现你终生目标的时间表，也是一个实现那些影响你日常生活的无数更小目标的时间表。人生规划的设计是要使你的注意力集中起来，在一个特定的时间范围里充分地利用你的脑力和体力。事实上，注意力越集中，脑力和体力的使用就越有效。人生规划可以合理地分配你的精力和时间，让你的人生不虚度，每一天都会有满满的精彩。

正如高尔基所说：“不知道明天做什么的人是可悲的。”我们不应该做这种可悲的人，对于自己的人生、工作、学习都应该有一套切实可行的计划，要有每天的计划、每月的计划、每年的计划、10 年的计划、一生的计划。

吉格勒定理：有雄心才能成就梦想

起点高才能至高

古语云“欲求其上上，而得其上；欲求其上，而得其中；欲求其中，而得其下”，说的就是“起点高才能至高”的道理。制定一个远大的目标，即使你达不到，只要不断地向它努力，最终肯定也会有所作为。定的目标很低，对于一点小小的成绩就心满意足，这种人肯定干不了什么大事。高尔基说：“目标愈高远，人的进步愈大。”有志向，才能谋大事。

有一首诗写道：“我向人生索价，似乎多一分也不肯给。当我已没有富余，到黄昏就不得不去乞讨。人生是一个正直的雇主，你所求的他都会给。一旦你决定了多高报酬，你就必须肩负多少工作。我的工作是贱役，但我又惊奇地发现了一个事实：倘若我向人生索取高价，人生也会乐于付给。”

它旨在告诉我们：你向人生开多高的价码，你就会收获多高的报酬。人生就是这样，你为自己定了多高的目标，你会达到多高的位置。当然，你要付出相应的努力。

美国有一位志向高远的青年，即使穷困潦倒也不忘自己的梦想。当他全身上下的钱加起来还不够买一件像样的衣服时，他依然在为达成自己那看似“高不可攀”的目标而奔走。这个人就是席维斯·史泰龙。

在他一文不名的时候，在他落魄无助的时候，他从未放弃过自己的目标——把自己的剧本拍成电影，由自己来当主演。当时的好莱坞有500家电影公司，他根据自己的路线与排列好的名单顺序，带着自己写好的剧本，一一前去拜访。第一次，全军覆没，500家电影公司全部拒绝。但是，史泰龙并没有灰心。他紧接着开始第二轮的拜访，又一次的全部拒绝。他又开始第三轮拜访，第四轮拜访。终于在第四轮拜访中，他拜访的第350家电影公司的老板同意了他的要求。他的剧本拍成了电影，那就是获得1976年奥斯卡最佳影片奖和导演奖的《洛奇》；他也作为主演，成了日后无人不知的大明星。

试想，如果当时席维斯·史泰龙对自己有一点怀疑，认为自己不配拥有如此“空洞”的梦想，那么他永远也不可能会成为明星，他的剧本也永无面世之日。

因此，无论你身在何处，你地位如何，都要有远大的目标、高远的志向，然后不顾一切地为之努力，那么你终有一天会守得云开见月明。

做人要有雄心壮志

“燕雀安知鸿鹄之志哉？”“王侯将相宁有种乎？”这两句话，是推翻秦朝的呐喊，更是雄心壮志的彰显。两千多年前，陈胜，一个将死之人，竟能说出如此鼓舞人心的话语，可见此人并非等闲之辈。果真，陈胜所领导的起义，最终颠覆了强大的秦王朝。虽然不是他一人之力，虽然他没有亲眼看到最终的胜利，但是如果没有他的号召，他的雄心，那么也不可能有秦朝的迅速灭亡。一个人，要有雄心壮志，只有这样才能成就大事。

西楚霸王项羽，就是个从小就有雄心壮志的人。小时候，他不好好学习，叔父项梁骂他，他竟回道：“学文不过能记住姓名，学武不过能以一抵百，籍要学便学万人敌！”这是何等的壮志！一次秦始皇出巡，在渡浙江（钱塘江）时被项羽看到，他见其车马仪仗威风凛凛，便对项梁说：“彼可取而代之。”这又是何等的雄心！虽然由于他性格的原因，他没有取得最后的胜利，但是他终究灭了秦朝，成了名传千古的西楚霸王。

秦始皇雄心勃勃，要统一六国，经过不懈努力，终成大业。曹操虽出身卑微，但立志一统天下，坐领江山，最终达成宏愿。成吉思汗立下雄心要统一蒙古草原，结果不仅统一了草原，还马踏欧亚大陆，成为了当时世界上最强大的统治者。孔子推崇“以仁治国，有教无类”，虽历尽磨难，却从未放弃，最终成为中国历史上最有影响力的思想家和教育家。陈景润立志要攀上数学的高峰，终以“哥德巴赫猜想”的卓越贡献受到世界的敬仰。鲁迅弃医从文，立志要用手中的笔与敌人战斗，于是他成了我国近现代影响最大的文学家之一。古往今来，各行各业有所成就的人，哪个不是拥有雄心壮志的人？

曾经有个叫做潘兹的年轻人，过着流浪汉一样的生活，但是他胸怀大志，想要成为大发明家爱迪生的合伙人。经过不懈努力，他果真进入了爱迪生研究所。在最初工作的5年里，他一直属于不起眼的小角色，但他从未怀疑过自己的能力和自己的志向。成为爱迪生的合伙人，这个雄心一直在激励着他前进。为此，他制订了详细的计划，忘我地工作，付出了自己全部的精力。10年后，他的一切努力都没有白费，他成功地成为了爱迪生的合伙人。

现在的卑微不代表你就不能拥有成功的光辉，只要你有雄心壮志，并为之付出努力，皇天是不负有心人的。

中国有句古话叫：人人皆可为尧舜。土耳其有句谚语说：每个人的心中都隐伏着一头雄狮。曾"征服世界"的拿破仑道：不想当将军的士兵就不是好士兵。这些名言都讲了一个道理：做人要有雄心壮志，没有雄心壮志就很难有大作为。

每个人都可以取得成功，只是看你想不想，愿意不愿意。只要你立志要取得某方面的成功，并为之不懈地努力，那么你肯定会收获胜利的果实。总之，人无论身在何处，生在何时，都要胸怀雄心壮志。

保龄球效应：成功始于定位

找准位置是成功的关键

有一个公司，由于经营不善，破产倒闭，被另一家公司兼并整合。年轻的张经理和他刚刚招收进公司的一名大学生同时被整合到新公司的一个部门，干起了同样的工作。

张经理因为干过领导，颐指气使惯了，不论是对待一同过来的大学生员工，还是对待新公司中的其他同事，总是一副领导的口气和表情，这使他的人际关系越来越差，许多同事都是敬而远之，不愿看他那副依然盛气凌人的样子。时间一长，张经理就成为孤家寡人，因别人不愿意接近他、帮助他，使得他的工作业绩也是越来越差。

那位大学生员工由于刚刚进入企业，表现得特别谦虚好学，也特别平易近人和乐于助人，很快这位大学生员工就和新公司的同事们打成了一片，业务技能不断提升，业绩也越来越好。

一年后，张经理因业绩下降、群众关系不好，在年度考评中未能通过考核，被新公司领导按规定调整待岗培训。那位大学生员工因为表现出色、业绩突出，群众关系好，考核为优，被新公司破格晋升为部门经理。

一日，张经理和那位大学生员工走到了一起，张经理不解地对那位大学生员工说："你只是一名刚刚出道的大学生，论经验、论阅历、论关系、论职务、论素质，你都比不上我，可为什么我们俩一同进入这个公司，一年后，你却提升了，我反倒下岗了呢？！"那位大学生沉思了一下，意味深长地说了一句话："也许，主要是因为我找准了自己的位置。"

张经理因为习惯了高高在上，在突如其来的工作变动后，没有给自己进行很好的定位。而那位大学生刚从大学校园里走出来，能够从基础工作做起，扎实肯干，毫无怨言，自然在新公司做得得心应手。两个职场人不同的经历，可以说是"保龄球效应"的典型事例。

在打保龄球的时候，只有在合适的位置上，才能够顺利将所有的瓶击倒。生活中也一样，人们要选择最适合自己的位置，因为位置的选择是成功的关键。

保龄球效应中的成功启示

保龄球效应虽然来源于一项运动，但是它却给人们如何成功带来很多启示。要想打好人生中的"保龄球"，走向成功，人们可以注意以下两个方面：

一方面，一个人要想使自己的才干得到充分的发挥，就要善于选择有利于自己发展的位置。最好的位置不一定就是适合自己的，要坚信适合自己的位置才是最好的。

雄鹰注定要与蓝天为伴。它虽为猛禽，有着锋利的爪和喙，但不能与狮子对抗，它属于天空，只有在天空才找到它生存的位置，才找到它的价值。

世间万物都有自己的位置，它们需要适合自己的位置。就连垃圾也不例外，环保学家反复对世人说，垃圾是放错了地方的资源。

千里马本身的素质固然重要，然而如若缺乏英明的伯乐，千里马也只能和普通马一样，老死厩中，背负名将驰骋沙场，建立赫赫战功，那只能是遥远的幻想。毛遂自荐是为了实现自己的人生价值。

鲁迅如果当初从了医，那太可惜了——他能救治一个个肉体上有病的国人，却不能救治精神上病魔缠身的国人。他的弃医从文唤醒和激励了一个又一个革命者，更为后人留下了无法估量的精神财富和文化遗产。可以说，正确选择自己的位置造就了鲁迅。

另一方面，如果无法改变自己的位置，那么就应该根据不同的位置调整自己的策略。

传说商朝末期，有个叫姜太公的有识之土，因不满于当时的黑暗政治，隐居在渭水边上，但又很想有朝一日能实现自己的政治抱负。他常常在渭水边钓鱼，钓法很奇特，鱼钩是直的，放在离水面三尺以上的地方，钩上没有鱼饵。过路人看到他这样垂钓都暗暗发笑，他却一本正经地说："愿者上钩来"。后来周文王打猎来到渭水边，与姜太公谈得很投机，就请他做了国师。姜太公辅佐周文王、周武王消灭了商朝。姜太公在不得志的时候，没有怨天尤人，而是适时调整策略，韬光养晦，积蓄实力，耐心等待时机的到来。

没有人因为平凡而注定平庸，只要找准自己的位置，平凡的岗位一样会有生命的亮色，平凡的付出一样可以汇聚成江海。每个人都是自己的英雄，找准位置你会像蛟龙掠过浅滩小河，到浩瀚的海洋上击水三千；你会像大鹏飞越平地低空，在苍茫的天宇中扶摇直上。找准位置，绽放光彩。

培哥效应：高效记忆，事半功倍

好记忆力助成功一臂之力

古希腊的雄辩家们在进行演讲的时候，常常采用一种叫做"场所记忆"的方法。他们把自己家的每一部分与要讲演的主要内容结合起来。比如，把要讲演的第一重点与正门相联系，第二重点与接待室相联系，第三重点与接待室中的椅子联系记忆。在进行演说时，按自己家中的物品顺序想下去，就能把演说的重点回忆出来。无独有偶。在一次中央电视台举办的春节联欢晚会上，锦州记忆研究所一位记忆术表演者，向观众展示出惊人的记忆力，就像魔术一样神奇，获得了观众的喝彩。他的表演过程是这样的：在舞台中央立一块黑板，写好阿拉伯数字，让观众随便说一些词句、人名、地名，诗歌、以及刚表演过的节目、数字、公式、外语单词、少数民族语言。说出的每项内容依数字顺序写下来，在整个过程中表演者不看黑板，但他能把这些全记下来。不管是观众要求他讲出的任意一个数字号码的内容，还是要求他讲出内容的数字号码，他都能迅速地回忆出来，而且还能倒背出来。

人们或许都会觉得这是一位记忆高人，必须要拥有某种特异功能才可以如此出众，一举成名。其实，这其中并没有什么玄妙的魔力，他所运用的，就是学习中的培哥效应。

培哥记忆术很简单，它只要求把一系列名称编成号码记下，比如对自己喜欢的城市名称进行编号。如（1）北京（2）杭州（3）上海（4）大连（5）深圳（6）苏州（7）南京，熟练地记下来，做到一说（6）就很快地联想到苏州；一说（2）就联想到杭州。把这些编码固定下来，然后通过联想与需要记忆的材料相连接。

又比如要求你记住这样几个词：（1）鲤鱼（2）围巾（3）睡觉（4）彩电（5）汽车（6）书包（7）电脑。这样你就可以把鲤鱼与固定编码的第一号“北京”联结起来，联想到北京公园里的鲤鱼很漂亮。要记第五个词“汽车”时，把它与“深圳”产生联想，想象我家的汽车是从深圳买的。

通过这些联想、编码，记忆材料就不会变成沉重的负担。因为，在想象的时候，人们会有意识地将想象的事物放大，在头脑中形成清晰的表象，从而提高记忆的效率。而且，培哥记忆是每个人都可以学到的一种记忆能力与方法，并不是属于少数的“天才”或者“幸运儿”。只要运用一些简单的联想编码的方式，就可以用这把钥匙轻松打开记忆宝库的大门。

轻松记忆不是梦

培哥效应的运用之所以能有效提高人们的记忆效率，是因为其方法的简单易行，并符合人们记忆的模式。当遇到一种事物和另一种事物相类似时，往往会从这一事物引起对另一事物的联想。把记忆的材料与自己体验过的事物连结起来，记忆效果就好。具体实施的过程中，要注意以下几个方面：

第一，设置固定编码。培哥记忆的固定编码有很多种，你可以按照自己的喜好来设定。如，按照自己的朋友的名字编号，按公交车站点的名字编号，按水果的名称编号，等等。总之，选择你最易于联想到的东西作为固定编码的内容。

第二，进行编码联想。例如，要将“吃饭”和“上海”发生联想时，如果用“一个上海人在吃饭”，就很普通，没有什么特色，但如果想成“所有上海人都在吃饭”，就非常奇特，而且让自己也感到惊讶。又如，淝水之战发生于公元 383 年，通过“淝”可联想到“肥胖”，由“肥胖”想到“胖娃娃”，而“8”字的两个圆正好是胖娃娃的头和身体，两个 3 则是两个耳朵。这样一想就记牢了。通过这样一对一的联想，就能记住这些词，而且也比较深刻。

第三，经常锻炼。要想产生培哥效应，就必须经常锻炼，锻炼的次数越多，你的联想内容越丰富、生动、奇特，联想记忆效果就越好。而且，锻炼的时间也可以灵活进行，不必拿出特定的时间段来练习，在上学的路上，在下课的休息时间，在睡前的几分钟，等等，都是适于进行培哥记忆的良好时段。

第四，灵活使用编码。当逐渐掌握了这种记忆技巧后，不仅在讲话中能用编码记忆，听别人谈话时也同样可以用编码记忆。听讲时有必要详细记住重点。这时，使用的编码要比讲演时多一倍左右。但熟练以后，只需少量的重点号码就行了，不需要逐句把学习内容都记忆下来，只要按顺序仔细记住要点就可以了。先把重点记住，再用自己的话去叙述效果会更好。重点用编码记忆下来。回忆时就很有把握，不至于半途短路。最后你发现自己不过只利用一些数字编码而已。

在学习的过程中我们掌握了这种方法，就可以告别枯燥单调的记忆生活，使记忆的材料轻松过关。当然，任何方法的学习都不是即时生效的，必须经过天长日久的坚持练习才可以看到成效。而且，也需要人们拥有发散思维的能力，尽可能地使记忆奇特、非凡、与众不同。

使用培哥记忆术，记起来就会觉得妙趣横生，因为在记忆时，有趣的联想会使人们增加对学习的兴趣，促使我们主动去记忆，而主观上愿意去做的事情，就是一件轻松快乐的事。

杰奎斯法则：不要试图一口气吃成胖子

没有答案的问题

有一位学者，去一所大学的文学院讲课，很多年轻的学子向他询问一个问题：自己的专业是文学，自己也爱好文学，但是，在这个一切讲究金钱的时代，文学还有多少市场？文学还有前途吗？文学能够养家糊口吗？学者这样告诉青年学生们：我不知道这个问题的答案在哪里，但是，有一点是我能够确定的。我坚信，不论你从事什么职业，只要你不是所在行业中的翘楚和精英，只要你不能够在你所在的领域有所成就，你都是没有什么前途的。

一个正处在人生困惑中的青年人，曾经这样问他：人活着有什么意义？人为什么活着？学者回答说："你问的问题太大了，这个问题你本来不需要费神考虑，你只需要考虑你现在遇到的问题就可以了。你的女朋友离开了你，你应该想到的是你们肯定是不合适在一起的，你考虑的问题是如何再找一个合适的。你现在的工作你不满意，你考虑的应该是如何努力改变自己的处境，找一个自己喜欢的工作。至于人活着有什么意义，那是哲学家们的事情，与你无关。"

这位学者的孩子问他一个关于时间的问题：时间有始终吗？时间是怎么来的？他告诉孩子："这个问题没有答案，你不需要考虑这个问题，你只是考虑自己如何利用好每一天光阴，如何不虚度每一天时光就可以了。"

原来，我们身边有很多人每天都在关注着一些没有答案的问题，并为那些没有答案的问题而困扰着。看似蕴含着很高深的学问，实际上对自己没有什么意义可言。当一个人每天在考虑与自己无关的问题并试图找到答案的时候，其本身就无异于在浪费时间和生命。其实，有的问题本身就像是一个死结，根本没有办法将其顺利打开。所以，出现问题时，要先看问题的性质，没有必要作出决策时，就搁置问题

在生活中，很多人擅长解决各种各样的问题，这是让人佩服的，但不是最聪明的。因为有的时候，有的问题是没有答案的。如果一碰到问题就想也不想地马上下手解决，没有进行深思熟虑，那么很有可能到最后才发现是一个解不开的死结。这样，不仅浪费了时间和精力，也可能错过了解决其他事情的最佳时机。

第一时间无法解决，另辟蹊径更智慧

有一句老话叫"一把钥匙开一把锁"，似乎所有的问题都会有相应的方法去解决。但实际上，有的时候往往并非所有的问题都能够在第一时间内解决，想从最开始就把一切存在的问题都解决是不可能的。

那么，面对这种情形，我们除了苦恼于找不到解开的办法之外，还有更好的选择吗？以下几个选择可以作为借鉴与参考。

第一，不要固执地想要解开问题的"死结"，可以寻求别的方法来"解决"。

有一个人，特别随和，心肠很好，表面上很好欺负，但其实具有惊人的身手。一次很晚的时候，他坐在电车上，车上有一伙极具侵略性的爱闹事的人。他们人很多，并觉得自己很了不起，一副胆大包天的样子。这一伙人总想去招惹别人。他们开始纠缠那个性格随和的人，因为他脸上好心肠和爱好和平的表情，不像会带来任何危险。他们这样或那样地企图以嘲笑和侮辱来挖苦他，但是他静静地坐着并不回应他们的挑衅。最后，他忍不住了，走向了出口，

立即抓住蛮横无理者的衣领，并狠狠地打了他一顿。被打的人的脸立刻变得一团糟，剩下的几个人因为惊奇和恐惧而呆住了。他转过身并抓住了下一个，但是那个人用颤抖的声音求饶着，而追随者们往旁边猛窜、倒退，从电车里一涌而出。

能够和平相处，大家都相安无事，这是每个人都希望的。但如果有人企图打破这种和谐的局面，而另一方也无法用忍耐解决这个问题的时候，那么，忍无可忍，也就无须再忍，可以借助其他的方法来把问题解决。

第二，学会果断地放弃。这种方法不仅充满了智慧，而且还能提高解决问题的效率。

不仅不准备把问题解决掉，连存在问题的事情本身也决定彻底放弃。陶渊明生性淡泊，由于看不惯官场上的那一套恶劣作风而辞职，毅然决定放弃在官场上有所作为，回家过清静高洁的生活，而成为流芳百世的“隐士”。释迦牟尼在年轻的时候就有感于人世生、老、病、死等诸多苦恼，舍弃王族生活，出家修行，他不惜放弃家庭，放弃一切亲情、友情，最终创立了影响人类社会数千年的佛教。

杰奎斯法则可以有效地指导我们在日常生活中遇到的一些问题。最聪明的成功者的习惯是，当问题来临时，不必急于作出决策，并马上着手解决。相反，让头脑冷静一下，想一想问题出现的前因后果，并预测解决这个问题所需要的时间和资源，以及应该从哪里入手，这样将更有利于事态的发展。如果发现一时无法解决或者代价过高，那么就暂时搁置，另觅他径。有时候，没有结果的结果就是最好的结果，不采取措施的措施就是最好的措施。我们只有学会具体问题具体分析，这样才能少走弯路，所有的问题也才能够迎刃而解。

登门槛效应：步步为营，借力使力

“得寸”才能“进尺”

有这样一则寓言：

有主仆二人在野外露宿。一天晚上，主人搭起了帐篷，在其中安静地看书，忽然他的仆人伸进头来说：“主人啊，外面好冷啊，您能不能允许我将头伸进帐篷里暖和一下？”主人是很善良的，欣然同意了他的请求。

过了一会，仆人说道：“主人啊，我的头暖和了，可是脖子还冷得要命，您能不能允许我把上半身也伸进来呢？”主人又同意了，可是帐篷太小，主人只好把自己的桌子向外挪了挪。

又过了一会，仆人又说：“主人啊，您能不能允许我把脚伸进来呢？我这样一部分冷，一部分热，又倾斜着身子，实在很难受啊。”主人又同意了，可是帐篷太小，两个人实在太挤，他只好搬到了帐篷外面。

仆人没有直接向主人提出要进到帐篷里取暖，那样，多半不会得到主人的同意。而是将目标划分成一个个小的阶段，步步为营，不仅主人会答应一个一个小小的要求，而且自己也在一步步地靠近目标。最后，实现了自己的愿望。

与之类似，在《战国策》中记载了这样一个史实：

齐国有个人叫冯谖，家里贫穷，不能解决温饱，便寄食到孟尝君门下。当时的孟尝君收留了许多有才能的门客。根据特长的不同，一般的门客饭食中有鱼，高一级的门客出行可以配车。冯谖初来乍到，孟尝君的仆人都没有太高看他。过了几天，冯谖就击剑而歌：“我们还是回去吧，吃的食物中都没有鱼！”仆人告知孟尝君后，孟尝君便答应了他的要求。又过了几天，冯谖又击剑高歌：“我们还是回去吧，出行的时候都没有车可以坐！”仆人又耐着性子转告了孟尝君，孟尝君想了想，又答应了他委婉的请求。所有人都以为这下该满意了，谁知过了几天，冯谖又击剑高歌：“我们还是回去吧，我不能养活自己的家！”仆人便生气地把孟尝君叫了过来，孟尝君问道：“你的家中还有什么人吗？”冯谖答道：“有年迈的母亲。”于是，孟尝君派人将其母亲接来，供给衣食，安排住宿。这下，冯谖再也不击剑高歌了。

冯谖也是巧妙地利用了登门槛效应，不是一步到位，而是将要求按照从低到高的顺序依次提出，步步为营，最终达到了自己的目的。当然，冯谖也并不只是一味索取，后来的事实也证明，冯谖的确是位人才，孟尝君地位的稳固，与他有着密不可分的关系。

从历史的故事中回到现实中来，这种效应在生活中的应用也很多。每个人都希望自己能够获得成功，但是，要想达到成功的彼岸，只靠自己一个人的力量是远远不够的。必要的时候，还要借助他人的力量助自己一臂之力。在这个过程中，就免不了要向一些人求助。于是，能否有效获得他人的帮助，就成了一个人走向成功的很关键的一步。想请别人做一件事，如果一下子提出全部请求，往往会让人家觉得太唐突，从而拒绝你的请求。而如果化整为零，先请他做开头的一小部分，再一点一点请他做接下来的部分，别人往往会想，既然都开始做了，就善始善终吧，于是就会帮忙到底。

当销售人员想要推销一件新产品时，他在展开他的销售策略的时候，也不会直接要求消费者买下，而是先介绍产品的用途以及性能，然后说出该产品的特点，再说该产品为什么特别适合你，如果消费者依然没有买下的意思，他就会先送你免费的试用装，一般人都不会拒绝免费得来的东西。而如果用得得心应手，以后就会源源不断地购买。

当顾客选购衣服时，有经验的售货员一般不会直接劝说消费者买下，而是不怕麻烦地让顾客反复试穿。当顾客将衣服穿在身上时，他又会不断地称赞。顾客顿时笑逐颜开之后，就会很高兴地买下衣服。这都是利用了登门槛效应。

求人先把握对方兴趣与心情的“门槛”

生活中，我们常会遇到这样的情况：在等公交车时，一些乞丐手里拿着一个很破的碗，在等车的人群中乞讨，但是很少有人给钱。每当那个乞丐走近的时候，人们的反应几乎是一致的，要不就是跟同伴聊天，假装没看见，要不就是转过身去。那个乞丐转了一圈之后，发现没有人给钱，便无趣地走开了。

人们通常会自动地忽视陌生人的请求。不过，研究发现，对陌生人提出请求时，若能引起对方的兴趣，就很有可能会获得帮助。

有心理学家曾经做过一个有趣的实验：让一些女助手扮演乞丐，到大街上乞讨。在不打算引起路人注意的情况下，女助手提出的请求是：“您能给我一些零钱吗？”或者是：“您能给我一个25美分的硬币吗？”为了引起路人的注意，并且不至于让路人一下子就拒绝，另一组助手提出了不同寻常的请求：“您能给我17美分吗？”或者是：“您能给我37美分吗？”

结果表明，第二组助手的请求引起了许多路人的兴趣，大约有75%的路人将助手所需要数目的钱给了她们；而在前一种情况下，只有一半的路人给了她们一些钱。

通过上面的实验，人们发现，可以通过引起他人注意的方法来改变他人的行为。与此类似的还有美国校园里的一些慈善活动。有人想出了一些别出心裁或引人注意的请求来增加他们集资的数目。比如，有一些教员会被“拘留”，这些教员只有得到了一定的来自他自己或其他人的担保金额才可以被释放。结果，这种做法非常成功。

事实上，要想得到他人的帮助，除了引起对方的兴趣外，还可以在提出请求之前，让他人有一个好心情。

心理学家在美国旧金山最大的购物中心进行了一次有趣的实验。

试验分两种情况进行，一种是实验人员在使用电话之前放入10美分硬币，另一种是电话亭里没有放钱。在电话亭打电话的人并不知道有什么实验，只是当他们打完电话后，从电话亭里出来的时候，实验人员抱着一堆书之类的东西从他们跟前走过，故意让书落到地上。

结果显示，没有捡到钱的人当中，只有5%的人帮忙捡起了落下的书本，而捡到钱的人当中却有90%以上的人伸出了援助之手。

由此可见，心情好的确使人更容易帮助别人。这正如当你遇见一个好人，顿时觉得生活特别美好，觉得自己非常幸运。在这种情况下，为什么不去帮助那些不如你幸运的人呢？为什么不能让世界有更多的美好呢？似乎好心情有一种惯性，日常生活中，很多人总是在别人喜事临门、有意外收获的时候，让别人请客，或帮忙做一些事，结果就是被求的人要比平时更容易同意。这一切，都是登门槛效应的种种表现。

借口定律：不为失败找借口，只为成功找方法

借口是滋生问题的根源

生活、工作和学习中，你是否常常看到这样一些借口？

如果上班迟到了，会有“路上堵车”“手表慢了”的借口；考试不及格，又会有“出题太偏”“题量太大”的借口；工作完不成，则有“工作太繁重”的借口。

只要细心去找，借口总是有的，而且以各种各样的形式存在着。许多人的失败，就是因为借口太多。当我们碰到困难和问题时，只要去找，也总是能找到的。不可否认，许多借口也是很有道理的，但是恰恰就是因为这些合理的借口，人们心理上的内疚感才会减轻，汲取的教训也就不会那么深刻，争取成功的愿望就变得不那么强烈，成功当然与我们擦肩而过了。

仔细想想，很多时候我们的失败不就是与找借口有关吗？不愿意承担责任，处处为自己开脱，或是大肆抱怨、责怪，认为一切都是别人的问题，自己才是受害者。

这样找借口的人往往把所有问题都归结在别人身上——“为什么我没有成功？那是因为工作不好，环境不好，体制不好。”“为什么我生活得不好？那是因为家庭不好，朋友不好，同事不好。”“为什么我会迟到？那是因为交通拥挤，睡眠不好，闹钟出了问题。”可以想到，一旦有了“借口”，似乎就可以掩饰所有的过失和错误，就可以逃避一切惩罚。

但是，这样不断地找无谓的借口，你永远也不可能改进自己。相反地，你不断地找借口，糟糕的结果也就不断地发生，你的生命也就会不断地出现恶性循环。

所以，你首先要改变的是自己的态度，由此才能实现良性循环，如果你是一个富有责任感的人，你就不会轻易便为自己找借口，因为你知道借口不能解决任何问题。

你改变不了天气，但是你可以调整自己的着装；你改变不了风向，却能调整你的风帆；你改变不了他人，却可以改变你自己。所以，面对困难你可以调整内在的态度和信念，通过积极的行动，消除一切想要寻找借口的想法和心理，成为一个勇于承担责任的人，不抱怨、不责怪、不为失败找借口的人。

你应当对自己说：“所有的问题都是我的问题，学习不好—我的问题，工作不好—我的

问题，生活不好—我的问题。你是生活的主人—你必须有这样的认知，并以此来激励自己。

要知道，成功也是一种态度，常常找借口的人是很难获得成功的。你尽可以悲伤、沮丧、失望、满腹牢骚，尽可以每天为自己的失意找到一千一万个借口，但结果是你自己毫无幸福的感受可言。你需要找到方法走向成功，而不要总把失败归于别人或外在的条件。因为成功的人永远在寻找方法，失败的人永远在寻找借口。

“没有任何借口”，让你没有退路，没有选择，让你的心灵时刻承载着巨大的压力去拼搏，去奋斗，置之死地而后生；只有这时，你内在的潜能才会最大限度地发挥出来，成功也会在不远的地方向你招手！

成功的人不会随便寻找任何借口，他们会坚毅地完成每一项简单或复杂的任务。一个成功的人就是要确立目标，然后不顾一切地去追求目标，并且充分发挥集体的智慧力量，最终完成目标，取得成功。

所以我们应该拒绝借口。用决心、热心、责任心去对待生活。永远坚持百折不挠的挑战精神和没有任何借口的心态：奋斗，失败，再奋斗，再失败，再奋斗……直至最终的成功，这也是成功的一项法则。

借口是拖延的温床

现实中，是什么让你远离成功的彼岸？你搁置了多少想法、多少梦想、多少计划。其实，这一切都源于你没有坚决地付诸行动。而你又为自己的拖延找到了借口这张温床。所以，要想获得成功，我们就要不找借口地活着。不找借口，就意味着拒绝拖延，今天的事今天做。

借口是拖延的温床，当你告诉自己“这件事可以缓一缓”“我今天已经做了很多事，可以奖励自己放松一下了”“明天什么事也没有，不如明天做”“今天天气很难得，不能待在屋里”的时候，要注意了，你已经滋生了拖延的习惯。

如果你是个办事拖拉的人，你就在浪费宝贵时间。这种人花许多时间思考要做的事，担心这个担心那个，找借口推迟行动，又为没有完成任务而悔恨。在这段时间里，他们本来能完成任务而且早应转入下一个环节了。

所以，一定要找到可以有效对付拖拉作风的方法：

1. 确定一项任务是否非做不可

当我们感觉一项任务不重要，做起来自然会拖拖拉拉，若是这项任务真的不重要，就立刻取消它，而不是既拖延又后悔。有效分配时间的重要一环，是取消可有可无的任务。应该从你的日程表中把乱糟糟的东西清除。

2. 把任务委托给其他人

有时候，任务是能完成的，但是你不喜欢做。你不愿意做可能与你的兴趣或专长有关，这时如果你把任分委托给一个比你更适合做、更乐意做的人，你和他就都成了赢家。

3. 确定好处与优势，立即行动起来

我们往往因为看不到完成一项任务有什么好处而拖拖拉拉。也就是说，我们做这项任务时付出的代价似乎高于做完之后得到的好处。解决这个问题的最佳办法是从你的目标与理想的角度来分析这个任务。如果你有一个重大目标，那你就比较容易拿出干劲去完成有助于你达到目标的任务。

4. 养成好习惯

许多人的拖延已经成了习惯。对于这些人，一切理由都不足以使他们放弃这个消极的工作模式去完成一项任务。如果你有这个毛病，你就要重新训练自己，用好习惯来取代拖延的坏习惯。每当你发现自己有拖沓的倾向时，静下心来想一想，确定你的行动方向，然后给自己提一个问题："我最快能在什么时候完成这个任务？"定出一个最后期限，然后努力遵守。渐渐地，你的工作模式会发生变化。

"快！快！快！为了生命加快步伐！"这句话常常出现在英国亨利八世统治时代的留言条上，警示人们，旁边往往还附有一幅图画，上面是没有准时把信送到的信差在绞刑架上挣扎。当时还没有邮政事业，信件都是自政府派出的信差发送的，如果在路上延误就会被处以绞刑。

"明天"是魔鬼的座右铭。整个历史长河中不乏这样的例子，很多本来智慧超群的人，留下的仅仅是没有实现的计划和半途而废的方案。对懒散的人来说，明天是他们最好的搪塞之词。

有两句充满智慧的俗语说得好：一句是"趁热打铁"，另一句是"趁阳光灿烂的时候晒干草"。

很少有人注意到自己通常在什么时候比较懒散倦怠。有的人是在晚饭后，有的人是午饭后，还有的在晚上 7 点钟以后就什么都不想干了。每个人一天的生活往往都有一个关键时刻，如果这一天不想白过的话，一定不要浪费这个时刻。对大多数人而言，早晨的几小时往往是这一天会不会过得充实的关键时刻。

拖延是一种疾病，对那些深受拖延之苦的人来说，唯一的办法就是作出果断的决定。否则，这一疾病将成为摧毁胜利和成就的致命武器。通常来说，爱拖延的人就是失败的人。

我们始终要牢记，今天才是你最有可能把握的；总是给自己的拖延找借口，寄希望于明天的人，永远只是一事无成的人，到了明天，后天也就成了明天，一而再，再而三，事情永远没有完结的一天。

如果你总是把问题留到明天，那么，明天就是你的失败之日，同样，如果你计划一切从明天开始，你也将失去成为行动者的所有机会。请记住，明天只是你愚弄自己的借口。

所以，你还在等什么呢？今天就付诸实际行动吧！永远不要做现实中的寒号鸟，赶快在寒冬未来临之前给自己垒一个温暖舒适的窝。

不找借口，是一种成功理念

任何一个社会似乎都可以找出两种人：成功者和失败者。根据"二八法则"，20% 的人掌握着社会中 80% 的财富。什么原因让少数人比多数人更有力量？因为多数人都在找借口。20 和 80 的区别在于：一种是不找任何借口做事情的人；另一种是光说不练，还整天找借口为自己开脱的人。

"我本来可以，但是……"

"我也不想，可是……"

"是我做的，但这不是我的错……"

"我本来以为……"

在现实生活中，我们经常会听到这一类的借口，生活中缺少的正是想尽办法去完成任务，不找借口的人。

美国人常常讥笑那些随便找借口的人说，"狗吃了你的作业"。借口是拖延的温床，习惯性的拖延者通常也是制造借口的专家，他们每当要付出劳动或作出抉择时，总会找出一些借口来安慰自己，总想让自己轻松一些、舒服一些。借口是推卸责任的表现，也是转嫁责任的方式，可以为自己制造一个安全的角落。习惯找借口的人，不可能成为企业称职的员工，在社会上也不会是值得大家信赖和尊重的人。

一个社会越推崇某种精神，就说明这个社会越缺少某种精神。把信送给加西亚的罗文在中国受到追捧，正说明敬业精神的缺失。然而敬业并非只是一个简单的技巧问题，它首先是一个如何做人的问题。真正的敬业精神是基于对自我和他人的尊重、对事业和生活的热爱、对梦想和成功的渴望。对一个企业来说，只要员工具有敬业、负责的工作态度，用心做事，扎扎实实、积极主动、不找任何借口地去做事，员工就能实现最大的个人价值，企业就拥有最完美、最坚强的执行力，就有实力在市场竞争中迎风激浪、无往不胜。

“没有任何借口”是美国西点军校200年来奉行的最重要的行为准则，是西点军校传授给每一位新生的第一理念。它强化的是每一位学员想办法去完成任何一项任务，而不是为没有完成任务去寻找借口，哪怕是看似合理的借口。秉承这一理念，无数西点毕业生在人生的各个领域都取得了非凡的成就。西点军校在培养大批军事家的同时，它还为美国培养和造就了众多的政治家。不仅在美国军政两界，而且已经有越来越多的西点毕业生开始在美国商界崭露头角。这些成功的商界人士都一致肯定，在西点军校培训的经历对他们担任商界领导者有着莫大的助益，虽然当时所学的知识主要是军事项目，但西点军校对人的性格、毅力的塑造是十分成功的。任何商学院都没有培养出这么多优秀的经营管理者。

事业的成功说到底来自于人的能力（尤其是创造力）的真正的发挥，而所有的工作归根到底也无非是对他人的服务，对自我生命价值的体现。因此，不找借口并不仅仅是一种工作态度，更重要的是，它是一种生活理念。在你人生的方方面面，你都应该信守这一理念，唯有如此，你才可能获得一种成功而又幸福的生活。

第三章 职场行为学准则

蘑菇定律：新人，想成蝶先破茧

职场起步，切勿过早锋芒毕露

众所周知，蘑菇长在阴暗的角落，得不到阳光，也没有肥料，自生自灭，只有长到足够高的时候才开始被人关注。

这种经历，对于成长中的职场年轻人来说，就像蛹，是化蝶前必须经历的一步。只有承受这些磨难，才能成为展翅的蝴蝶。初涉职场的新人，不仅要承受住“蘑菇”阶段的历练，还要注意不能过早地锋芒毕露。

有一位图书情报专业毕业的硕士研究生被分到上海的一家研究所，从事标准化文献的分类编目工作。

他认为自己是学这个专业的，比其他人懂得多，而且刚上班时领导也以“请提意见”的态度对他。于是工作伊始，他便提出了不少意见，上至单位领导的工作作风与方法，下至单位的工作程序、机制与发展规划，都一一列举了现存的问题与弊端，提出了周详的改进意见。对此领导表面点头称是，其他人也不反驳，可结果呢，不但现状没有一点儿改变，他反倒成了一个处处惹人嫌的主儿，还被单位掌握实权的某个领导视为狂妄、骄傲，一年多竟没有安排他做什么具体活儿。

后来，一位同情他的老太太悄悄对他说：“小王啊，你还是换个单位吧，在这儿你把所有的人都得罪了，别想有出息。”

于是，这位研究生闭上了嘴。一段时间后，他发觉所有的人都在有意无意地为难他，连正常的工作都没有人支持他，他只好“炒领导的鱿鱼”，离开了。

临走时，领导拍着他的肩头：“太可惜了！我真不想让你走，我还准备培养你当我的接班人哩！”

那位研究生一边玩味着“太可惜”三个字，一边苦笑着离去。

在现实社会中，与这位研究生一样的年轻人并不少见。他们处世往往不留余地，锋芒毕露，有十分的才能与聪慧，就要表露出十二分。殊不知，职场有职场的游戏规则，你如果想在职场有所作为，就要先适应这里的游戏规则，实力壮大、羽翼丰满之后，再通过你的能力来制定新的游戏规则，否则，你一定会被碰得头破血流，留下“壮志未酬身先死”的怨叹。

小说《一地鸡毛》中描写道，主人公小林夫妇都是大学生，很有事业心，努力、奋发，有远大的理想。二人志向高得连单位的处长、局长，社会上的大小机关都不放在眼里，刚刚工作就锋芒毕露。于是，两人初到单位，各方面关系都没处理好，而且因为一开始就留下了“伤疤”，后来的日子也经常是磕磕碰碰。说到底，夫妇俩都败给了自己的职场第一步。

中国有一个成语叫“大智若愚”，行走职场，必要的时候，你一定要学会做一个“愚人”来保全自己，这往往能让你以不变应万变。

做“蘑菇”该做的事，以智慧突破“蘑菇”境遇

曾有人说过这样一番话：“一个人既然已经经历‘蘑菇’的痛苦，哭也好，骂也好，对克服困难毫无帮助，只能是挺住，你没有资格去悲观。因为，此时假如你自己不帮助自己，还有谁能帮助你呢？”

这句话说明了一个很重要的道理：正因身处“蘑菇”境遇，你得比别人更加积极。谁都知道，想做一个好“蘑菇”很难，但那又能怎样呢？如果只是一味地强调自己是“灵芝”，起不了多大作用，结果往往是“灵芝”未当成，连“蘑菇”也没资格做了。

所以，你想要突破“蘑菇”的境遇，使自己从“蘑菇堆”里脱颖而出，在最开始就要做好“蘑菇”该做的事，用智慧去突破“蘑菇”境遇。

你要学会从工作中获得乐趣，而不仅仅是按照命令被动地工作。确立自己的人生观，根据你自己的做事原则，恰如其分地把精力投入工作中。要想让企业成为一个对你来说有乐趣的地方，只有靠你自己努力去创造、去体验。

身为新人，工作中你要注意礼貌问题。也许你觉得这样是在走形式，但正因为它已经形式化了，所以你更需要做到，从而建立良好的人际关系。记得有这样一句话：礼貌这东西就像旅途使用的充气垫子，虽然里面什么也没有，却令人感觉舒适。记住：有礼貌不一定是智慧的标志，可是不礼貌会被人认为愚蠢。

常言道：少说话，多做事，这对新人更是适用。每一个刚开始工作的年轻人都要从最简单的工作做起。如果你在开始的工作中就满腹牢骚、怨气冲天，那么你就会对工作草率行事，从而有可能导致错误的发生；或者本可以做得更好，却没有做到，这会使你在以后的职务分配中很难得到你本可以争取到的工作。

还有，毕业后一旦走向社会，会发现梦想与现实总是存在很大的差距。当你到了一个并不满意的公司，或者在某个不理想的岗位，做着也许很没劲甚至很无聊的工作时，肯定会产生前途茫然的感觉，如果收入又不理想，你肯定会郁闷万分，此时实际上就是蘑菇定律在考验你的适应能力。达尔文的话是最好的忠告：要想改变环境，必须先适应环境，别等环境来适应你。

时刻记住，人可以通过工作来学习，可以通过工作来获取经验、知识和信心。你对工作投入的热情越多，决心越大，工作效率就越高。当你抱有这样的热情时，上班就不再是一件苦差事，工作就会变成一种乐趣，就会有许多人聘请你做你喜欢做的事。

正如罗斯·金所言：“只有通过工作，你才能保证精神的健康，在工作中进行思考，工作才是件愉快的事情。两者密不可分。”处于“蘑菇”阶段的年轻人，快沉下心来，以你的智慧与能力在职场破茧成蝶吧！

自信心定律：出色工作，先点亮心中的自信明灯

丢掉第6份工作引发的职场思考

“难道我真的一无是处，是个没用的人？”刚刚失去第6份工作的李磊（化名）想起3年来在工作中的点点滴滴，对自己彻底失去了信心。

他说，前几天刚被老板辞退，这已经是他毕业3年来的第6份工作了。他自己觉得，不自信是丢掉工作的主要原因。原来，1周前李磊到一家牙科诊所应聘，老板问他是什么学历，因为害怕老板嫌弃自己的学历低，李磊便谎称是本科学历，而实际上他是大专学历。本以为老板只是问问学历，没想到上班之后，老板天天要他拿出学历证书。再也瞒不过去的李磊只得向老板吐露了实情，结果第2天老板就以“为人不诚实”将他辞退了。

“一家私人诊所可能也不会太在乎学历，我毕业3年了，有实践经验，这对老板来说可能比学历更为重要。”李磊很后悔当初不自信，没有对老板说实话。

李磊的经历给我们带来了深刻的思考：职场上，自信心对于一个人很重要。要想老板看重你，首先要自己看重自己。

客观上来说，一个人有没有自信，来源于对自己能力的认识。充满自信就意味着对自己“信任”、欣赏和尊重，意味着对工作胸有成竹、很有把握。

未来学家弗里德曼在《世界是平的》一书中预言：“21世纪的核心竞争力是态度。”这就是在告诉我们，积极的心态是个人决胜未来最为根本的心理资本，是纵横职场最核心的竞争力。

所谓的积极心态，自信心当然是非常重要的一部分。一个失去自信的人，就是在否定自我的价值，这时思维很容易走向极端，并把一个在别人看来不值一提的问题放大，甚至坚定地相信这就是阻碍自己进步的唯一障碍，自然就很难有出类拔萃的成就了。

事实上，工作中若能时刻保持一种积极向上的自信心态，即使遇到自己一时无法解决的困难，也会保持一种主动学习的精神，而这种内在的、自发的主动进取，往往会让我们把事情做得更好。

美国成功学院对1000名世界知名成功人士的研究结果表明，积极的心态决定了成功的85%！对比一下身边的人和事，我们不难发现，很多自信的人工作起来都非常积极、有把握，并且取得了出色的工作业绩；而那些总认为“我不行”“做不了”“我就这水平了”的人，尽管有过多年的工作经历，但工作始终没有什么起色。

所以，在职业生涯中，必须充满自信。自信心是源自内心深处、让你不断超越自己的强大力量，它会让你产生毫无畏惧、战无不胜的感觉，这将使你工作起来更加积极。

自信飞扬，做职场冠军

在工作中，我们常会遇到这样的情况：挫折袭来，有的人始终不能产生足够的自信心，从而一蹶不振；有的人却能在焦虑和绝望后迅速产生强大的自信心，从而拼劲十足地实现目标。

其实，产生这种差异并不完全是由先天因素决定的，往往是因为前者平时不注重自信心的树立；后者却懂得经过长期的自我训练，增强自信心。

无论从事什么职业，自信都能给人以勇气，使你敢于战胜工作中的一切困难。工作上，

谁都愿意自己出类拔萃，这就要求我们必须挑战人生，要挑战就必须以充满自信为前提，如果我们连自信心都没有，能做好什么事呢？

大家都知道毛遂自荐的故事，正因为毛遂有极强的自信心，所以才敢向平原君推荐自己，并最终出色地完成了任务。

美国思想家爱默生说：“自信是煤，成功就是熊熊燃烧的烈火。”对于成功人士来说，自信心是必不可少的。据说，今日资本集团总裁徐新当初之所以选择投资网易，正是因为网易创始人丁磊的自信。

丁磊毕业于电子科技大学，毕业后被分配到宁波市电信局。这是一份稳定的工作，但丁磊无法接受那里的工作模式和评价标准，自信的他从电信局辞职：“这是我第一次开除自己。有没有勇气迈出这一步，将是人生成败的一个分水岭。”

因为自信，丁磊在两年内3次跳槽，最终在1997年决定自立门户。后来，丁磊和徐新在广州一家狭小的办公室见面。徐新主动问他一些问题：“网易在行业内的情况怎么样？”

“我们会是第一。”丁磊毫不犹豫地这么回答。客观上讲，1999年初，网易刚向门户网站迈进，与新浪、搜狐相比，还只是一个刚刚崭露头角的小网站。

徐新当然知道当时的网易不是门户网的第一，但觉得丁磊很有上进心，而不是吹牛—是有实质的自信。“我觉得企业家有这种精神是很重要的，你有这么一个理想跟雄心去做行业排头兵。我投的就是你的这个自信。”

通过丁磊的经历，我们可以肯定地说：充分的自信是创立事业、成就价值的重要素质。

既然自信心如此重要，那么，我们要怎样做才能树立自信心呢？

首先，在平时的工作中要不断地学习，不断地提升自己。阿基米德说过：“给我一个支点和一根足够长的杠杆，我就能撬动整个地球。”有如此的自信，那是因为他深入掌握科学的原理。关羽之所以敢独自一人去东吴赴会，是因为他深知自己的本领……正所谓“有了金刚钻，才敢揽瓷器活”。

其次，要有一定的耐心和毅力。有些事情不是一朝一夕就能做好的，需要我们持之以恒地努力。要用长远的目光看待目前遇到的困境，相信我们有能力去解决它，相信自己，最后的成功必定是我们的。

最后，不要总想着自己的缺点，要时刻告诉自己“我是最棒的”“我是优秀的”。每个人都有缺点，完美无缺的人是不存在的，对自身的缺点不要念念不忘。要知道，别人往往并不那么在意你的缺点。要相信自己，相信自己是最棒的、最优秀的。

青蛙法则：居安思危，让你的职场永远精彩

生于忧患，死于安乐

19世纪末，美国康奈尔大学进行了一个有趣的实验：他们将一只青蛙扔进一个沸腾的大锅里，青蛙一接触到沸水，便立即触电般地跳到锅外，死里逃生。实验者又把这只青蛙丢进一个装满凉水的大锅，任其自由游动，然后用小火慢慢加热。随着温度慢慢升高，青蛙并没有跳出锅去，而是被活活煮死。

前面“蛙未死于沸水而灭顶于温水”的结局，很是耐人寻味。若是锅中之蛙能时刻保持警觉，在水温刚热之时迅速跃出，也为时不晚，就不至于落得被煮死的结局。这就让我们想起了孟子曾说过的一句话：“生于忧患，死于安乐。”

一个人如果丧失了忧患意识，那么，就会像被水煮的青蛙一样，在麻木中“死亡”。所以，在从初涉职场到工作干练的渐变过程中，我们要保持清醒的头脑和敏锐的感知，对新变化做出快速的反应。不要贪图享受，安于现状，否则当你意识到环境已经使自己不得不有所行动的时候，你也许会发现，自己早已错过了行动的最佳时机，等待你的只是悲哀、遗憾和无法估计的损失。

漫漫职场路，我们都希望自己能一帆风顺，不希望遇到忧患与危机。但客观上讲，忧患与危机并不是什么可怕的魔鬼，当它们出现在我们面前时，往往能激发潜伏在我们生命深处的种种能力，并促使我们以非凡的意志做成平时不能做的大事。所以，与其在平庸中浑浑噩噩地生活，不如勇敢地承受外界的压力，过一种更有创造力的生活。

拿破仑在谈到他手下的一员大将马塞纳时曾说：“平时，他的真面目是不会显现出来的，可当他在战场上看到遍地的伤兵和尸体时，那种潜伏在他体内的‘狮性’就会在瞬间爆发，他打起仗来就会勇敢得像恶魔一样。”

再如拿破仑本人，如果年轻时没有经历过窘迫而绝望的生活，也就不可能造就他多谋刚毅的性格，他也就不会成为至今为人们所景仰的英雄人物。贫穷低微的出身、艰难困顿的生活、失望悲惨的境遇，不仅造就了拿破仑，还造就了历史上的许多伟人。例如，林肯若出生在一个富人家的庄园里，顺理成章地接受了大学教育，他也许永远不会成为美国总统，也永远不会成为历史上的伟人。正是有了那种与困境作斗争的经历，使他们的潜能得以完全爆发，从而发现自己的真正力量。而那些生活在安逸舒适中的人，他们往往不需要付出太多努力，也不需要个人奋斗就能达到目的，所以，潜伏在他们身上的能量就会被“遗忘”“湮没”。

当今世界上，有许多人都把自己的成功归功于某种障碍或缺陷带来的困境。如果没有障碍或缺陷的刺激，也许他们只能挖掘出自己 20% 的才能，正因为有了这种强烈的刺激，他们另外 80%的才能才得以发挥。

所以，身处今天快节奏、不断变幻的职场，我们要懂得居安思危。要知道，危机并不代表灭亡，而恰恰可能是一种契机。我们经由这些危机，往往会发现自己真正的价值所在，激发出深藏于心的巨大力量，从而使人生更加精彩。

在自危意识中前进

我们都知道，未来是不可预测的，人也不可能天天走好运。正因为这样，我们更要有危机意识，在心理上及实际行为上有所准备，以应付突如其来的变化。有了这种意识，或许不能让问题消弭，却可把损害降低，为自己打开生路。

常言道，一个国家如果没有危机意识，迟早会出问题；一个企业如果没有危机意识，迟早会垮掉；一个人如果没有危机意识，也肯定无法取得新的进步。

那么，我们具体该如何在竞争激烈的职场中提升自己的危机意识呢？下面，来看看闻名于世的波音公司的一个有趣做法。

波音公司以飞机制造闻名于世。为了提升员工的忧患意识，一次，公司别出心裁地摄制了一部模拟倒闭的电视片让员工观看：

在一个天空灰暗的日子，公司高高挂着“厂房出售”的招牌，扩音器传来“今天是波音公司时代的终结，波音公司关闭了最后一个车间”的通知，全体员工一个个垂头丧气地离开工厂……

这个电视片使员工受到了巨大震撼，强烈的危机感使员工们意识到：只有全身心投入生产和革新中，公司才能生存，否则，今天的模拟倒闭将成为明天无法避免的事实。

看完模拟电视片，员工们都以主人翁的姿态，努力工作，不断创新，使波音公司始终保持着强大的发展后劲。

事实上，波音公司的这种做法不仅对企业有深刻启示，对于行走职场的个人来说，同样具有一定的借鉴作用。

在工作中，我们也应该像波音公司的员工那样，时刻提醒自己：只有全身心投入生产和革新中，公司才能生存，我们才有机会发展，否则，终将难逃被淘汰的事实。

当今社会的快节奏和激烈的竞争，令很多人在35岁时遇到这样一个困惑：为什么多年来我一事无成？接下来的岁月我应该做些什么？在机会面前，许多人不敢贸然决定。因为他们从心理上理解了人生的有限，而自己也开始重新衡量事业和家庭生活的价值，于是产生了职业生涯危机。这就是著名的“35岁危机论”。

罗伯特先生35岁，自言感觉过去对工作、对自己的认识似乎有错误，而自己长期养成的行为习惯好像变成了事业的绊脚石。想改变自己，又不忍心否定过去；想改变生活方式，又担心选择的并不是最适合自己的。两年前，他终于下定决心放弃了某公司副经理的职位，参加MBA考试并重回校园深造。

现在，完成学业的罗伯特先生在找工作时却犯了难。罗伯特先生业已投出上百份简历，但有回音者寥寥无几。罗伯特先生说，自己并不要求高起点的薪金，而只要求一个管理类的工作职位。然而他发现，“社会上已经人满为患”。

罗伯特先生曾读过一篇题目为《35岁，你还会换工作吗》的文章，文中专家说：“社会对35岁以上的求职者提出了较高的要求，必须通过不断学习和更新知识，提高自身竞争力。”对此罗伯特先生很纳闷：我正是为了完善自己才去学习，为什么反而让社会把自己挤了出去呢？

其实，像罗伯特先生这种工作以后又重返课堂充电，充电后再找工作重新迎接社会的挑战，已不仅仅是35岁的人才会面临的境况。有人甚至感叹：“不充电是等死，怎么充了电变成找死啦？”

最关键的一点是：我们要明白，人生的经历是积累的，不要以为学习充电后就无须面临社会“物竞天择，适者生存”的自然选择。以前的经历是你的宝贵财富，但这并不能让你在职场上永操胜券。千万不要有一劳永逸的期待，要时刻保持危机意识，告诉自己“一定要快跑，不够优秀在什么时候都会被淘汰”。

鸟笼效应：埋头苦干要远离引人联想的“鸟笼”

远离让人欲罢不能的“鸟笼”，不让老板怀疑你

心理学家詹姆斯有天与好友卡尔森打赌，说：“我敢保证，不久后你会养一只小鸟！”

卡尔森一听，觉得很荒唐，就笑着说："你在开玩笑吧？我从来就没有过这种想法。"

几天后，卡尔森过生日，朋友们都来为他庆祝。詹姆斯也来了，还带了一只精致的鸟笼作为生日礼物。

卡尔森接过鸟笼，想起几天前詹姆斯说的话，就会意地笑笑说："好你个詹姆斯，你还真想让我养鸟啊？可惜，最后你肯定会失望的。不过，还是要谢谢你的鸟笼，我很喜欢它。"说完便将鸟笼挂在了自己的书桌旁。

从此以后，来拜访卡尔森的客人，都会问他同一个问题："教授，您养的鸟死了吗？"而且每位客人与他谈话的时候，都会提一些与鸟相关的话题，比如告诉他养鸟的知识，委婉地规劝他养鸟需要责任心和爱心，还有养鸟时的一些注意事项等。每当此时，卡尔森就一遍一遍地向客人解释——他从未养过鸟，不过客人们都不相信，反而认为他心理出现了问题。

卡尔森百口莫辩，有苦难言。想扔了这鸟笼，又不舍得，它那么漂亮而且还是别人送的礼物；不扔这鸟笼，又惹出那么多恼人的猜测，莫须有的事端。想来想去，万般无奈之下，他只好沿着詹姆斯的预测走，买了一只鸟儿放在笼子里，这总比整天解释和被人误解好多了。

这就是著名的"鸟笼效应"，詹姆斯用他的心理学知识涮了好友一把。

其实，"鸟笼效应"在我们的生活、工作中会常常遇到。人们总是不自觉地在自己的心里先挂上一只"鸟笼"，再不由自主地往笼子里放"小鸟儿"。

人们大部分情况下很难亲眼看到事情的真相，所以很多事情，都会靠着常规思路进行推理。你认为努力工作的人就应该天天加班，而更多的人却觉得工作量正常还每天加班那就是为了占用公司的资源。如果你给同事、老板留下这样的印象，那你可就惨了。

刘季是从一家小公司转过来的。在小公司的时候，公司的老板每天都加班到很晚，所以作为老板得力助手的刘季自然也就养成了每天加班的习惯。到了新公司后，刚刚熟悉业务，为了能更好地胜任自己的工作，他依然坚持着每天加班到很晚的习惯。可是这家公司的风气与以前的小公司不同，这里的员工和老板没有加班的习惯。所以，同事们发现刘季每天加班到很晚后，都感到很奇怪。每天的工作量也不大，上班时间完全可以完成，为什么他还要每天加班到很晚呢？同事们开始议论纷纷。"他是不是为了给自己家省点电，或者省点网费？""可能是为了晚上用公司的电话打私人电话。""也有可能是利用公司的资源干私活。"……很快，老板也知道了这件事。他的第一直觉也是：这个人到底每天晚上加班到很晚是在搞什么"阴谋"？是不是为了占用公司的资源？通常情况下，在工作量正常的时候，依然每天加班到很晚，很容易让人联想到这些，老板也不例外。刘季发觉了同事的议论后，还不以为然，但当他知道老板也在怀疑他时，他就再也不敢加班了。

不要给老板怀疑你的机会，不要给同事议论你的可能。要学会遵循所在公司的"规则"，这样你的职场生活才会一帆风顺。

加班和加薪升迁没关系

职场规则：加班和加薪没关系。决定加薪的因素是你的能力。能力是最好的语言，业绩是最好的证明。只有具有扎实的本领，你才有发言权。否则无论你说再多，也是无用的。

职场，是用本领说话的地方。下面，我们来看一则关于本领的寓言：

有一次，在一场比赛上，鼯鼠夸耀说自己会很多本领。比赛开始了，最先比的是飞行。

一声哨响，老鹰、燕子、鸽子一下就飞得没影了，鼯鼠扑腾着飞了几丈远就落了下来，着地时还没站稳，摔了个嘴啃泥。赛跑比赛，兔子得了第一后，躺在树下睡了一觉醒来，鼯鼠才跌跌撞撞地跑到终点。游泳比赛，鼯鼠游到一半就游不动了，大声喊起救命来，多亏了好心的乌龟把它驮回岸上。比赛爬树时，鼯鼠还没爬到树顶就抱着树枝不敢再爬，顽皮的猴子爬到树顶后摘了果子往它头上扔，明知道它不敢用手去接，还故意说请它吃水果。和穿山甲比赛打洞，穿山甲一会儿就钻进土里不见了，鼯鼠吃力地刨啊刨，半天才钻进半个身子。观众见它撅着屁股怎么也进不去，都哄笑起来。

在工作中，如果没有真才实学，即便终日卖力地加班，也会像鼯鼠一样遭到大家的嘲笑。我们说得再好听，吹嘘得再花哨，没有能力，没有业绩，无论在领导面前，还是在同事面前，甚至在下属面前，仍然很难挺起腰杆儿。

14 岁就到煤矿做工的斯蒂芬逊，在煤矿中从事的工作就是擦拭矿上抽水的蒸汽机。后来，他当上了煤矿的保管员，这使他有机会接触到更多的机器。

他感到，当时落后的运输工具已经不能适应正在迅速发展的煤矿业，于是他就想发明一种“强有力的运输工具”。

于是，他下决心努力学习文化。他都 17 岁了，却是个文盲，“既然基础等于零，那就从零开始吧！”他与启蒙的儿童一起在夜校的一年级就读。

为了更好地进行蒸汽机的研究，他步行了 1500 多里来到了蒸汽机发明者瓦特的家乡做了长达一年的工。他在工作之余，就对蒸汽机构造的原理进行钻研，并运用自己所学的知识，开始进行“强有力的运输工具”的发明。

他经过一番呕心沥血的钻研，在 1814 年造出了第一台蒸汽机车。但是试车却失败了，他受到了诽谤和责难。他并没有因此而灰心，继续研究并对其加以改进。他于 1825 年 9 月 27 日在英国斯多克敦至达林敦的铁路上，对世界上第一台客货运蒸汽机车“旅行号”进行了成功的试车。人们热烈地庆贺火车的诞生。他于 1829 年 10 月驾驶着新制的“火箭号”参加了在利物浦附近举行的一次火车功率大赛，并获取了胜利。

斯蒂芬逊成功了，多年的努力与坚持不懈，自己的能力和本领在不断的实践中提升、完善。他的经历让我们更加清楚地看到——用本领说话才是最有力的。无独有偶，下面故事中的马克亦是如此。

马克起初只是德国一家汽车公司下属的一个制造厂的杂工，他是在做好每一件小事中获得了成长，并在他 32 岁时成为该公司最年轻的总领班。

马克是在 20 岁时进入工厂的。工作一开始，他就对工厂的生产情形做了一次全盘的了解。他知道一部汽车由零件到装配出厂，大约要经过 13 个部门的合作，而每一个部门的工作性质都不相同。他主动要求从最基层的杂工做起。杂工不属于正式工人，也没有固定的工作场所，哪里有零活就要到哪里去。因为这项工作，马克才有机会和工厂的各部门接触，因此对各部门的工作性质有了初步的了解。在当了一年半的杂工之后，马克申请调到汽车椅垫部工作。不久，他就把制椅垫的手艺学会了。后来他又申请调到点焊部、车身部、喷漆部、车床部等部门去工作。在不到 5 年的时间里，他几乎把这个厂的各部门工作都做过了。最后，他又决定申请到装配线上去工作。马克的父亲对儿子的举动十分不解，他问马克：“你工作已经 5 年了，总是做些焊接、刷漆、制造零件的小事，恐怕会耽误前途吧？”

马克笑着说，“我并不急于当某一部门的小工头。我以能胜任领导整个工厂为工作目标，所以必须花点时间了解整个工作流程。我正在用现有的时间做最有价值的利用，我要学的，不仅仅是一个汽车椅垫如何做，而是整辆汽车是如何制造的。”当马克确认自己已经具备管理者的素质时，他决定在装配线上崭露头角。马克在其他部门干过，懂得各种零件的制造情况，也能分辨零件的优劣，这为他的装配工作提供了不少便利。没有多久，他就成了装配线上最出色的人物。很快，他就晋升为领班，并逐步成为统管15位领班的总领班。如果一切顺利，他将在几年之内升到经理的职位。

故事中，马克说得很对，要“用现有的时间做最有价值的利用”，加班与否都不重要，那只是形式，真正能托起你业绩的，不是你工作多少个小时，而是你的能力有多强，是否强到以高效率完成应该完成的工作。这是实力，也是本领。

做任何事情，不下一番功夫，就不会有所收获。每个人都希望自己在职场上占据优势地位，都希望自己能够加薪升迁。然而，仅仅有这种上进的思想是远远不够的，因为理想与现实之间的距离需要努力去弥补。只有掌握了扎实的本领，才能在工作中游刃有余。

鲁尼恩定律：戒骄戒躁，做笑到最后的大赢家

气怕盛心怕满，工作中要戒骄戒躁

有一天，孔子带着自己的学生去参观鲁桓公的宗庙。在宗庙里，他看到了一个形体倾斜可用来装水的器皿。就向守庙的人询问：“请告诉我，这是什么器皿？”守庙的人告诉他：“这是欹器，是放在座位右边，用来警戒自己，如‘座右铭’一般用来伴坐的器皿。”孔子一听，接着说：“我听说这种器皿，在没有装水或装水少时就会歪倒；水装得适中，不多不少的时候就会是端正的；而水装得过多或装满了，它也会翻倒。”说完，扭头让学生们往里面倒水试试。学生们听后舀水来试，果然如孔子所说的。水装得适中时，它就是端正的；水装得过多或装满了，它就会翻倒；而等水流尽了，里面空了，它就倾斜了。这时候，孔子长长地叹了口气说道：“唉！世界上哪里会有太满而不倾覆翻倒的事物啊！”

我们的心也像这欹器，自我评价太低就会抬不起头做人，自我评价适中就会积极面对人生，自我评价过高就会四处碰壁。水满则溢，月满则亏。做人要有长远眼光，不能被一点小小的成就绊住了前进的脚步，而导致最后的失败。

张军和李静是大学同班同学，两个人一起应聘到一家公司。论实力，李静根本不是张军的对手。本来理工科就是男强女弱，张军在计算机方面又有超强的天赋，而李静恰巧又长了个“不开窍”的脑瓜，所以他们俩之间的差距就更大了。可是进公司半年后，李静却意外地比张军先升了职。

其实，这也不奇怪，正如“龟兔赛跑”一样，实力强的不一定最后就会赢。张军自恃能力很高，在这样的公司根本不需要再学习和进修，他的聪明才智完全可以应付一切工作。不仅如此，他对待工作也是马马虎虎，觉得交给自己的工作有辱自己的智商。而李静则知道自己实力不行，所以工作后依然不断地继续学习深造，对于上级交下来的每一项任务都认真对

待，还乐于向身边的人请教。所以，出现李静先升职的现象是必然的。如果张军再不反省，还是那样的工作态度，那么最后可能会遭遇辞退的命运。哪个公司都不需要这种眼高手低、骄傲自大的员工。

气怕盛，心怕满。这是因为气盛就会凌人，心满就会不求上进。真正成功的人都极力做到虚怀若谷，谦恭自守。一个人成功的时候，还能保持清醒的头脑，不趾高气扬，那么他往往会取得更大的成功。

当迪普把议长之职让出来，以拥护林肯政府的时候，在一般人看来，由于他对党的贡献，不知该受到多么热烈的欢呼、称赞才好。他说："傍晚我当选为纽约州州长，一小时之后又被推选为上议院议员。不到第二天早晨，好像美国大总统的位置，便等不及让我的年纪足够后就落到我头上了。"他用这种调侃，善意地批评了别人对他的夸大赞扬。虽然迪普那时很年轻，但是头脑却很清醒，并不因为别人对他的那种夸张的称赞而自高自大。即使在那时，他还是能保持他那种真正的伟大的特性——不因为别人的称赞而趾高气扬。

你能够承受得住突然的飞黄腾达么？要衡量一个人是否真正能有所成就，就要看他能否有这种承受能力。福特说："那些自以为做了很多事的人，便不会再有什么奋斗的决心。有许多人之所以失败，不是因为他的能力不够，而是因为他觉得自己已经非常成功了。"他们努力过，奋斗过，战胜过不知多少的艰难困苦、凭着自己的意志和努力，使许多看起来不可能的事情都成了现实。然而他们取得了一点小小的成功，便经受不住考验了。他们懒惰起来，放松了对自己的要求，慢慢地下滑，最后跌倒了。在历史上，被荣誉和奖赏冲昏了头脑，而从此懈怠懒散下去，终至一无所成的人，真不知有多少……

如果你的计划很远大，很难一下子达到。那么，在别人称赞你的时候，你就把现在的成功与你那远大的计划比较一下，相比将来的宏伟蓝图，你现在的成功还只是万里长征的第一步，根本不值得去夸耀。这样一想，你就不会对眼前的一点小成就沾沾自喜了。所以，在可能实现的前提下，你的计划要大得连群众都来不及称赞。你的计划是如此之大，以致在刚刚开始的时候，一般人对于你的称赞，都表明他们还没有窥见你的宏伟计划。

洛克菲勒在谈到他早年从事煤油业时，曾这样说道："在我的事业渐渐有些起色的时候，我每晚把头放在枕上睡觉时，总是这样对自己说：'现在你有了一点点成就，你一定不要因此自高自大，否则，你就会站不住，就会跌倒的。因为你有了一点开始，便俨然以为是一个大商人了。你要当心，要坚持着前进，否则你便会神志不清了。'我觉得我对自己进行这样亲切的谈话，对于我的一生都有很大的影响。我恐怕我受不住我成功的冲击，便训练我自己不要为一些蠢思想所蛊惑，觉得自己有多么了不起。"

我们开始成功的时候，能够在成功面前保持平常心态，能够不因此而自大起来，这实在是我们的幸运。对于每次的成功，我们只能视其为一种新努力的开始。我们要在将来的光荣上生活，而不要在过去的冠冕上生活，否则终有一天会付出代价的。

执行到位，笑在最后

现代职场中，有很多企业的员工凡事得过且过，做事不到位，在他们的工作中经常会出现这样的现象：

——5%的人不是在工作，而是在制造矛盾，无事必生非 = 破坏性地做；

——10%的人正在等待着什么＝不想做；

——20%的人正在为增加库存而工作＝"蛮做""盲做""胡做"；

——10%的人没有为公司作出贡献＝在做，但是负效劳动；

——40%的人正在按照低效的标准或方法工作＝想做，而不会正确有效地做；

——只有15%的人属于正常范围，但绩效仍然不高 = 做不好，做事不到位。

……

大多数人正在按照低效的标准或方法工作，缺乏灵动的思维和智慧，永远忙乱，却永远到最后才完成任务。

越来越多的员工只管上班，不问贡献；只管接受指令，却不顾结果。他们沉不住气，得过且过，应付了事，将把事情做得“差不多”作为自己的最高准则；他们能拖就拖，无法在规定的时间内完成任务；他们马马虎虎、粗心大意、敷衍塞责……这些统统都是做事不到位的具体表现。

沉不住气，做事不到位，就会造成成本的增加，成本的增加意味着利润的降低。做事不到位的危害不仅仅在于此，在市场竞争空前激烈的今天，执行一旦不到位，就会让对手赢得先机，使自己处于被动的地位。

2002年，华为接受俄罗斯一家运营商的邀请，派遣几名技术员到莫斯科，要他们在短短的两个月内，在莫斯科开通华为第一个3G海外试验局。

但是受邀请的不只华为一家，第一个被邀请的是一家比华为实力更强的公司，也就是说，华为的员工是受邀前去调试的第二批技术人员。于是，他们就和第一批技术人员形成了一种“一对一”的竞争关系。

由于对手实力很强，一开始莫斯科运营商对华为的技术人员并不是很重视，不仅没有为他们提供核心网机房，甚至不同意他们使用运营商内部的传输网。缺乏这些必要的基础设施，华为的技术员开展工作时受到了很大的阻碍。因此，华为的员工压力很大，他们一直在思考怎样才能做得更好，以赢得运营商的信任。但眼看到了业务演示的环节，华为的技术员以为已经没有希望了。

不料，恰好这时候，对方的技术人员在业务演示中出现了一些小漏洞，引起了运营商的不满。为了弥补这些小漏洞，运营商决定将华为的设备作为后备。

于是，华为的几位员工紧紧抓住这个机会，夜以继日地投入工作中，最终向运营商完美地演示了他们的3G业务。

看完演示之后，运营商竖起了大拇指，立刻决定将华为的3G设备从备用升级为主用。

可见，执行到位关系到成败。执行到位，能够技压群雄；执行不到位，则可能前功尽弃、功亏一篑。

有一天，刘墉和女儿一起浇花。女儿很快就浇完了，准备出去玩，刘墉叫住了她，问：“你看看爸爸浇的花和你浇的花有什么不一样？”

女儿看了看，觉得没有什么不一样。

于是，刘墉将女儿浇的花和自己浇的花都连根拔了起来。女儿一看，脸就红了，原来爸爸浇的水都浸透到根上，而自己浇的水只是将表面的土淋湿了。

刘墉语重心长地教育女儿，做事不能做表面功夫，一定要做彻底，做到“根”上。

其实，执行就和浇花一样，如果沉不住气，只是简单地做事，不用心、不细致，不看结果，敷衍了事，那就等于在浪费时间，做了跟没做一样。

在工作中，要有一个长远的规划，不能为达成一个小目标，或一时得到了上级的认可，就骄傲自满，停滞不前，这样你很快就会被别人甩在后面，被职场淘汰。现在的职场，是个时刻充满着竞争的地方。你不进步，就是在退步；你停滞不前，别人就会赶超过你。所以，不要满足于一时的成绩，要有一个大的方向，大的目标，不断前进。但也不要为一时的失败而气馁，要知道笑到最后才最美。

赢得成功，应当自觉戒除糊弄工作的错误态度，沉住气，为自己的工作结果树立标准，严格地落实到最后一个环节，不要认为事情快完成了就掉以轻心、马虎了事，而要确保每一环节都能严格落实到位。只有静下心来，以细致、认真的态度，戒骄戒躁，踏实做好每一项任务，我们才能保证执行的效果，才能为企业交上满意的答卷。

所以，无论你天资如何，无论你有多大的缺陷，决定你输赢的都不是这些，而是你是否能永远清醒地认识自己，是否能做到戒骄戒躁。在跑步时，跑得快的不一定赢；在打架时，实力弱的不一定输。只有笑到最后的人，才是真正的赢家。所以，不懈地努力吧！

链状效应：想叹气时就微笑

离职场抱怨远一点

有些人心胸不够宽大，对一些事情总是放不开，喜欢怨天尤人。如果你总和这样的人在一起的话，那么久而久之，你也会变成一个爱抱怨的人。这就是链状效应。所以，如果你不想变成一个“唠叨鬼”、一个“抱怨精”的话，那么就离那些爱抱怨的人远一点。

在职场上，更是如此。如果有爱抱怨的同事，你千万要躲他远一些。因为你不能为他解决任何问题，听他抱怨除了自找麻烦外，只能让自己的心情也变得很糟。而你本人，也千万不要对你的同事抱怨，特别是工作上的事情。如果你抱怨多了，除了自失尊严外，还会让同事对你避之唯恐不及。谁也不希望别人的消极情绪影响自己的好心情，所以想抱怨的时候，就微笑；有同事向你抱怨的时候，就一笑而过。

身在职场，就应该懂得职场内部的一些规则。不要把自己糟糕的形象暴露在同事面前，这样只会让他们觉得你很无能。不要抱怨工作辛苦，不要抱怨自己多干了活，更不要抱怨老板苛刻。办公室就是用来办公的地方，不是用来让你诉苦的场所。心中的委屈，留着给密友说，或者干脆把它变成一种前进的动力，督促自己更加努力工作。化干戈为玉帛，化戾气为祥和。你也要化抱怨为动力，微笑面对自己的工作。

娄小明是公司刚从一家大企业挖来的人才。到公司后，很受部门领导的器重。他学识渊博、才思敏捷，让同事们也很佩服。有一次，总公司有一个出国深造的机会，让有资格去的人每人写份申请并附带一份深造计划交到总部。娄小明的部门只有他和张小军符合资格，于是他俩就提交了申请和计划。可是每个部门只有一个出国深造的名额，两个人的实力都很强，资格也都够，领导就开会讨论让谁去比较合适。最后，讨论的结果是让张小军去。这让娄小明很不甘心，自己一点也不比张小军差，如果有差别的话，就是张小军是老总的亲戚，而自己不是。于是，他一有机会就向同事抱怨这件事，抱怨公司的领导如何的不公正，自己的遭遇如何的令人气愤等等。他每次抱怨完都觉得心情很舒畅，而且认为同事们会和自己站在同一条战线上，替自己打抱不平。结果却不像他想的那样。张小军比他来公司的时间长，为人也很平易近人，与其他同事的关系都搞得不错。娄小明越是抱怨，同事们就越觉得张小军比娄小明的气量大，比他能担当。娄小明的抱怨直接地损害了自己的形象，却间接地提升了张小军的人气。而且知道张小军是老总的亲戚后，同事们更是对张小军敬畏三分，不敢轻易得罪。

于是，同事们对待娄小明的态度越来越冷淡，再没人觉得他是什么人才。娄小明自己也发现了这一变化，细想后才发现，这都是自己爱抱怨惹的祸，把自己原来的光环和神秘全都打破了，还给同事留下一个心胸狭窄的印象，而自己不能出国的事实一点也没有改变。

怨天尤人，一点益处也没有。对你的工作不会有任何帮助，还会让别人看低你。所以，潜伏办公室，就要把自己消极的情绪锁起来，永远呈现出积极阳光、精明能干的一面，这才会赢得别人的尊重，领导的器重，工作的顺利。

耐心听你的抱怨，只是公司的假象

无论是老板还是同事，与你合作是希望你来解决问题，而不是听你抱怨。做好工作是你的本职，抱怨只能让人讨厌。如果你不能认识到这一点，你就离“死期”不远了。

“烦死了，烦死了！”一大早就听王宁不停地抱怨，一位同事皱皱眉头，不高兴地嘀咕着：“本来心情好好的，被你一吵也烦了。”王宁现在是公司的行政助理，事务繁杂，是有些烦，可谁叫她是公司的管家呢，事无巨细，不找她找谁？

其实，王宁性格开朗外向，工作起来认真负责。虽说牢骚满腹，该做的事情，一点也不曾怠慢。设备维护，办公用品购买，交通讯费，买机票，订客房……王宁整天忙得晕头转向，恨不得长出 8 只手来。再加上为人热情，中午懒得下楼吃饭的人还请她帮忙叫外卖。

刚交完电话费，财务部的小李来领胶水，王宁不高兴地说：“昨天不是刚来过吗？怎么就你事情多，今儿这个、明儿那个的？”抽屉开得噼里啪啦，翻出一个胶棒，往桌子上一扔，“以后东西一起领！”小李有些尴尬，又不好说什么，忙赔笑脸说：“你看你，每次找人家报销都叫亲爱的，一有点事求你，脸马上就长了。”

大家正笑着呢，销售部的王娜风风火火地冲进来，原来复印机卡纸了。王宁脸上立刻晴转多云，不耐烦地挥挥手：“知道了。烦死了！和你说一百遍了，先填保修单。”单子一甩，“填一下，我去看看。”王宁边往外走边嘟囔：“综合部的人都死光了，什么事情都找我！”对桌的小张气坏了：“这叫什么话啊？我招你惹你了？”

态度虽然不好，可整个公司的正常运转真是离不开王宁。虽然有时候被她抢白得下不来台，也没有人说什么。怎么说呢？她不是应该做的都尽心尽力做好了吗？可是，那些“讨厌”“烦死了”“不是说过了吗”……实在是让人不舒服。特别是同办公室的人，王宁一叫，他们头都大了。“拜托，你不知道什么叫情绪污染吗？”这是大家的一致反应。

年末的时候公司民意选举先进工作者，大家虽然都觉得这种活动老套可笑，暗地里却都希望自己能榜上有名。奖金倒是小事，谁不希望自己的工作得到肯定呢？领导们认为先进非王宁莫属，可一看投票，50 多份选票，王宁只得 12 张。

有人私下说：“王宁是不错，就是嘴巴太厉害了。”

王宁很委屈：“我累死累活的，却没有人体谅……”

抱怨的人不见得不善良，但常常不受欢迎。抱怨就像用烟头烫破一个气球一样，让别人和自己泄气。谁都恐惧牢骚满腹的人，怕自己也受到传染。抱怨除了让你丧失勇气和朋友，对解决问题也毫无帮助。其实，抱怨别人不如反思自己。

小王刚出来打工时，和公司其他的业务员一样，拿很低很低的底薪和很不稳定的提成，每天的工作都非常辛苦。当他拿着第一个月的工资回到家，向父亲抱怨说：“公司老板太抠门了，给我们这么低的薪水。”慈祥的父亲并没有问具体薪水，而是问：“这个月你为公司创造了多少财富？你拿到的与你给公司创造的是不是相称呢？”

从此，他再也没有抱怨过，既不抱怨别人，也不抱怨自己。更多的时候只是感觉自己这个月做的成绩太少，对不起公司给的工资，进而更加勤奋地工作。两年后，他被提升为公司主管业务的副总经理，工资待遇提高了很多，他时常考虑的仍然是“今年我为公司创造了多少”。

有一天，他手下的几个业务员向他抱怨：“这个月在外面风吹日晒，吃不好，睡不好，辛辛苦苦，大老板才给我们1500元！你能不能跟大老板建议给增加一些。”他问业务员：“我知道你们吃了不少苦，应该得到回报，可你们想过没有，你们这个月每人给公司只赚回了2000元，公司给了你们1500元，公司得到的并不比你们多。”

业务员都不再说话。以后的几个月，他手下的业务员成了全公司业绩最优秀的业务员，他也被老总提拔为常务副总经理，这时他才27岁。去人才市场招聘时，凡是抱怨以前的老板没有水平、给的待遇太低的人他一律不要。他说，持这种心态的人，不懂得反思自己，只会抱怨别人。

没有任何一家公司希望招进爱抱怨的员工，也没有任何一个人愿意同爱抱怨的人打交道。抱怨只能使人讨厌。即使别人看上去无动于衷，其实内心深处早已将抱怨的人列为不受欢迎的对象。作为职场人士，要想避免成为爱抱怨的人，就必须清醒地认识到下面这些现实：

（1）抱怨解决不了任何问题。

分内的事情你可以逃过不做么？既然不管心情如何，工作迟早还是要做，那何苦叫别人心生芥蒂呢？太不聪明了。有发牢骚的工夫，还不如动脑筋想想：事情为什么会这样？我所面对的可恶现实与我所预期的愉快工作有多大的差距？怎样才能如愿以偿？

（2）发牢骚的人没人缘。

没有人喜欢和一个絮絮叨叨、满腹牢骚的人在一起相处。再说，太多的牢骚只能证明你缺乏能力，无法解决问题，才会将一切不顺利归于种种客观因素。若是你的上司见你整天发牢骚，他恐怕会认为你做事太被动，不足以托付重任。

（3）冷语伤人。

同事只是你的工作伙伴，而不是你的兄弟姐妹，就算你句句有理，谁愿意洗耳恭听你的指责？每个人都有貌似坚强实则脆弱的自尊心，凭什么对你的冷言冷语一再宽容？很多人会介意你的态度：“你以为你是谁？”何况很多人不会把你的好放在心上，一件事造成的摩擦就可能使你一无是处。小心翼翼都来不及，何况是恶语相加？

（4）重要的是行动。

把所有不满意的事情罗列一下，看看是制度不够完善，还是管理存在漏洞。公司在运转过程中，不可能百分之百地没有问题。那么，快找出来，解决它。如果是职权范围之外的，最好与其他部门协调，或是上报公司领导。请相信，只要你有诚意，没有解决不了的问题。当然，如果你尽力了，还是无法力挽狂澜，那么也尽快停止抱怨吧，不妨换个工作。

反馈效应：你的沉默，会让他人很不安

有反馈才有动力

心理学家 C.C. 罗西与 L.K. 亨利曾经做过一个心理实验。他们随机在一所学校里抽出一个班，把这个班的学生分为三组，每天学习后就对他们进行测验。第一组学生每天都告诉他们测验的成绩，第二组学生每周告诉他们一次测验的成绩，第三组学生则从来不告诉他们测验的成绩。8 周后，改变做法。第一组的待遇与第三组的待遇对换，第二组待遇不变。这样过了 8 周以后，结果发现第二组的成绩保持常态，依然是稳步地前进，而第一组与第三组的情况发生了极大的转变：第一组的学习成绩逐步下降，第三组的成绩突然上升。这个结果说明及时告知学生的学习成果有助于促进学生取得更好的成绩。反馈比不反馈要好得多，而即时反馈又比远时反馈效果更好。

心理学家赫洛克也做过一个类似的实验。他把被试者分成 4 个组，分别为激励组、受训组、被忽视组和控制组。第一组每次完成任务后，都会给予鼓励和表扬。第二组每次完成任务后，都要接受严厉的批评和训斥。第三组每次完成任务后，不给予任何评价，只让其静静地听其他两组受表扬和挨批评。第四组不仅每次完成任务后不给予任何评价，而且还把它与其他三组隔离开。实验结果发现，第一组和第二组的成绩明显优于第三组、第四组，而第四组的成绩是其中最差的，第二组的成绩有所波动。这个结果表明，及时对工作的结果进行评价，能强化工作动机，增强工作动力，对工作起到促进作用。有反馈就会有动力，激励的反馈又比批评的反馈效果好得多。

后来，心理学家布朗又做了一个更深入的实验。他以小学高年级学生作为自己的实验对象，把他们分成两组来做算术练习。这两组学生的演算能力均等，所做的练习题目也完全一样。第一组学生做完后，由老师来对他们的答案进行评定改正。而第二组学生做完后，他们的答案则由他们自己来加以改正，并把改正之后每天的正确数和错误数分列成表，以了解自己的进步情况。一个学期之后，两个小组同时接受测验。结果发现，后者的成绩比前者优异很多。这个实验表明，反馈主体与反馈方式的不同，效果也会有所不同。主动自我反馈比被动接受反馈效果好得多。

这一系列心理实验表明：反馈比不反馈好得多，积极的反馈比消极的反馈好得多，主动反馈比被动接受反馈效果好得多。所以，平时我们要对别人的行为、活动给予及时的反馈，这样不仅有助于他人更好地完成工作，也有助于自己获取更多的信息。同时，我们也要对自己的工作、学习进行及时的自我反馈，这样才能更好地进步，取得更好的成绩。

有反馈才有动力，有反馈才能发现问题，有反馈才能进步，有反馈才能加深了解。对于领导布置的任务，要及时地给予反馈，更要主动地进行反馈，这样领导才会及时地知道你的工作进度和工作能力，对你产生信任和给予支持。所以，平时要养成主动向领导汇报工作的习惯。

要学会与领导互动

在职场上，尊重领导，是非常必要的。但是一味地只知道听领导的话，而不懂得及时地给予领导反馈，就不会成为领导眼中的好员工。一个真正的好员工，要懂得听领导的话，更要懂得与领导形成互动。积极主动的员工，不仅能更好地完成自己的任务，还会增进领导对你的信任和好感。

领导“日理万机”，需要考虑的事情太多，百密难免会有一疏。如果员工能做到经常主动向上司汇报工作进度，这样既能提醒领导，又能获得及时的信息，促进自己更好更快地完成工作，也帮助领导省了不少心。会替领导想的员工才是领导眼中的好员工。定期主动向领导汇报工作进度，让领导看到你的努力和能力，使领导对你放心。有时候，工作方案制订得不太科学或有些问题，如果你定期主动向领导汇报工作进度，那么领导就会及时发现问题，以调整工作方案和你的工作内容，这样就避免了做无用功。总之，对于领导布置的任务，不能只是听从和等待领导来问，而要主动地向领导汇报，向领导说出你需要的帮助和遇到的困难，向领导反映工作中出现的问题和提出更好的方案。

如果你总是沉默，老板会很不安。交给你的任务，老板需要知道你的进度，这样才好给你安排其他的工作，或者进行下一步的规划，给别人分配任务。公司里员工的分工都很明确，你的工作任务一般与其他人的工作都是环环相扣的，只有明确地知道你的进度，才不会影响公司的整体运作。不要总是等着老板来问你：“××，某某工作做得怎么样了？明天下午能不能完成？”这样老板心里会很不高兴，并认为你工作不积极、不是个能担当大任的员工。而如果反过来，你不等他来问，主动向他汇报你的工作进度和自己对工作的想法、看法以及意见，那他会很欣慰，认为自己招到了一个很能干很聪明的职员。主动性往往代表着积极性和努力程度，所以在工作中一定要表现得主动一些。主动一些不会吃亏，而过于被动才会使自己陷入更被动的局面。你有困难一直不说，自己扛着，到最后仍然完不成任务，自己累得够呛还给公司造成了损失，这个时候领导会把责任都归咎到你的沉默上，你再委屈也无处诉苦。所以，有什么事就及时与领导沟通，这样你的工作会进行得更顺利，与领导的关系也会更亲密，有问题也找不到你身上。何乐而不为呢？

丁小莫在毕业后找到了自己的第一份工作，决定要好好表现一下，决不让领导失望。他的工作经验尚浅，对于很多任务还无法胜任。可他自己从来没表现出有困难的样子，无论领导交给他什么样的工作，他都咬着牙关把它给完成了。可没想到，领导交给他的任务量越来越大，工作难度越来越高。他有点撑不住了，越来越不能让领导称心，领导对此很不满意，经常批评指责他。他心想：我一直任劳任怨，为什么还要刁难我？可他又想自己是新来的，忍了吧。于是，又硬着头皮去做如山的工作。终于，丁小莫生病了，高烧 39 度，但他还是硬挺着到了公司，因为那天有个重要的会是由他负责的。可头实在是太疼了，他一点也坚持不住了，就趴在桌子上睡着了。结果，他这一睡使公司失信于一个大客户，给公司造成了不可挽回的巨大损失。领导气坏了，直接找到他一顿臭骂，丁小莫再也受不住了，就把自己的委屈统统吼给了领导。领导听了不但不同情他，反而更加气愤地说：“你为什么不早跟我说？我一直等着你来找我，谈你的工作情况，没想到你一直什么也不说，让我以为你有更大的潜力可挖，可以完成更高难度的工作。现在，你生病了，完全可以打个电话请假，我好安排其他人来接替你的工作，这样就不会发生今天的事情了！”

可见，硬撑不是英雄，如果你耽误了工作，谁也不会为你求情。所以，以后工作中有任何问题都要记得及时向领导汇报，有互动才能更好地完成工作。

拆屋效应：不要拒绝自以为不可能完成的任务

困难面前，勇于挑战

拆屋效应的由来，与鲁迅先生的一篇文章有关。1927年，鲁迅先生作了篇名为《无声的中国》的文章，其中有段话写道："中国人的性情，总是喜欢调和、折中的，譬如你说，这屋子太暗，说在这里开一个天窗，大家一定是不允许的，但如果你主张拆掉屋顶，他们就会来调和，愿意开天窗了。"因此，这种为了使较小或较少的要求得以满足而先提出较大或较多要求的现象，在心理学上就被称之为"拆屋效应"。

其实不光中国人这样，这是人类的共性。人们在面临不希望发生的事时，会不自觉地启动两种心理机制，一种是设法采取一些措施避免事情的发生；另一种是调整内在的心理矛盾，准备接纳这一不可改变的事实。如果在心理调整进入平衡状态时，出现了一个新的选择，而这个选择又正好与内在平衡状态相近时，就很容易被内化接纳。

在难题面前，人们往往会退而求其次。对于不能完成的任务，很少人会愿意去接受，而且很多困难，容易在人的心理上被放大。人们在听到比较困难的问题或被人提出难以接受的要求时，一般都会先拒绝。但是如果别人降低问题的难度或要求时，人们就会犹豫。如果再次降低，人们一般就会答应了。一方面是不好意思再拒绝，另一方面是感觉这问题与要求自己也能解决或满足。

在工作中，人们也常常会有这种心理。当老板布置个难度比较大的任务时，一般大家都会打退堂鼓。"难度那么大，很难完成的，根本就是费力不讨好的苦差。"大多数员工都会这么想。而如果老板把工作的难度降低一些，就会有人接受了。但是，虽然现在的老板大多都听过这个效应，明白这个道理。相比之下，他们还是会更加欣赏那些敢于接受难题，敢于挑战自我的员工。

何楠刚进公司不久，对工作时刻保持着极大的热情，而且还任劳任怨。她的工作态度得到了公司上下的肯定。这一年，欧洲总部的领导要来公司视察，于是公司高层决定重新装修办公室。何楠正好负责协助策划这个装修方案。由于以前在小公司里负责过装修事宜，所以她提出了一个又省钱又可行的方案，领导很满意。但是要真正实施起来，却不像纸上写的那么简单。要为公司省钱，就不得不节省各个员工的办公空间，这肯定会得罪不少人，而且要在不影响公司各项工作的前提下来完成装修任务，这简直是不可能的。即使完成了，也是出力不讨好。所以，同事们都用各种理由搪塞过去了。只有何楠，当经理问她愿不愿意接受这个任务时，她一口就答应了。别的同事都笑她傻，说她真是年少无知、天真烂漫。装修项目开始实施了，与各部门协调时的确碰到了很多麻烦，也听到了很多抱怨，但是最终何楠还是成功地完成了任务。本来经理布置这个任务的时候，也没抱太大的希望，没想到何楠竟如此漂亮地完成了，于是他立马对何楠刮目相看。没多久，就升了何楠的职。其他同事们再也不敢小瞧何楠了。总经理也开始关注这个有胆有识的新人，决定好好栽培以备后用。

只因为接受和完成了一个别人看起来不可能完成的任务，就使何楠的职场生活发生了如此大的变化。所以说，有些时候要敢于挑战困难。

当领导分配下来特别难以完成的任务时，他可能已经利用了"拆屋效应"，他的要求看起来很高，可心理期望值并不高，这样的任务其实才是责任风险很小的任务。你这时敢于接受这个任务，已经让领导对你产生好感，认为你是有胆量的人。而如果你只知道一味退缩，那么领导和同事都会觉得你是个怯懦不敢担当的人。如果你接受了这个难以完成的任务，即使到最后真的没有完成，领导也不会太苛责你，因为他在下达任务时已经有了心理准备。如果你有幸完成了，那么你肯定会获得领导的信任和器重。

在职场上，要想比别人职位高，要想比别人升得快，就得敢于挑战别人不敢碰的“烫手山芋”。狭路相逢勇者胜，这是亘古不变的真理。所以，当领导分配下来看似无法完成的任务时，你要敢于接受，但说话时也应注意分寸，不要说得过于肯定。要这样说：“这个工作对我来说有点难度，不过我会尽全力的。”这样即使你不能完成，领导也不好说什么。当任务执行过程中，一旦发现以自己目前的能力实在是无法完成，就要及时与领导沟通，让领导知道你的情况，以便调整工作要求或更改执行方案。这样既不影响工作进度，也不会给公司造成损失，而且也能锻炼自己的工作能力。

勇于担当的人最受欢迎

职场规则：公司将你招进来不是为了摆设，不是为了凑数，而是为了解决问题，尤其在关键时候更需要你勇于担当。无数事实证明，勇于担当的人更容易在职场获得成功。

面对工作中的任务，无论大小、难易，在公司需要的时候如果你能够挺身而出，那么每一个任务都可能成为你脱颖而出的机会。

不要在心里说：反正不是我的事，再说了还有别人，我干嘛出头，做吃力不讨好的事。不要以为自己现在还处于公司最底层就人微言轻，就不敢去做，犹豫徘徊。任务面前每个人都是英雄。如果你能够发扬舍我其谁、勇于担当的主人翁精神，那么你很快就能够脱颖而出，为自己赢得发展的机遇。在这里，古人毛遂为我们树立了一个很好的榜样。

战国时期，一次秦国攻打赵国，把赵国的都城邯郸围困起来。在这危急关头，赵王决定派自己的弟弟平原君赵胜，代替自己到楚国去，请求楚国出兵抗秦，并和楚国签订联合抗秦的盟约。

到了楚国，平原君献上礼物，和楚王商谈出兵抗秦的事。可是谈了一天，楚王还是犹豫不决，没有答应。这时，站在台下的毛遂手按剑柄，快步登上会谈的大殿，对平原君说：“两国联合抗秦的事，道理是十分清楚的。为什么从日出谈到日落，还没有个结果呢？”

楚王听了毛遂的话很不高兴，就斥责他退下去。毛遂不但不害怕，反而威严地走近楚王，大声地说：“你们楚国是个大国，理应称霸天下，可是在秦军面前，你们竟胆小如鼠。想从前，秦军的兵马曾攻占你们的都城，并且烧掉了你们的祖坟。这奇耻大辱，连我们赵国人都感到羞耻，难道大王您忘了吗？再说，楚国和赵国联合抗秦，也不只是为了赵国。我们赵国灭亡了，楚国还能长久吗？”

毛遂这一番话义正词严，楚王点头称是，于是就签订了联合抗秦的盟约，并出兵解救赵国。平原君回到赵国后，把毛遂尊为宾客，并且很重用他。

同样，在公司发展的关键时刻，你也一定要像毛遂那样敢于挺身而出，该出手时就出手，为老板分担风险，帮助老板渡过难关。公司经营难免会遇到一些始料不及的问题，这时如果你能够主动担起责任，为公司解决难题，你将赢得其他同事的尊敬，更能得到老板的信任和器重。

罗萍是一家连锁餐饮集团公司的普通营业员，因为平时工作表现好，曾多次被评为最佳店员。有一次，这家连锁店里突然发生了一起意外事件，一位食客在进餐时突然倒地，四肢抽搐，口吐白沫，众人一时纷纷怀疑是食品中毒，甚至有人拿出电话通知报社和电视台。在这关键时刻，罗萍镇定自若，一面指挥其他店员打急救电话，一面竭力安抚顾客，保证不是食物中毒。她告诉大家，食物绝对没有毒，并冒险当场吃下很多饭菜。为了防止谣言扩散，她还请求大家等待急救车的到来，由医生评判。

不久，急救车过来了，经验丰富的医生告诉大家，“中毒”的顾客实际上是典型的“羊角风”发作，不过凑巧赶在进餐时罢了，大家尽可放心。一场危机就这样过去了。

由于罗萍勇敢而机智地避免了一场危机的上演，受到公司领导的高度赞扬，不久，她就被升为店长。

一个年轻人要想成功，在关键时刻必须要像罗萍那样能够挺身而出，这样才能抓住发展的机遇。勇于担当可以让一个职务低微、毫无背景的员工成为老板眼中的“重磅人物”。

职场中每一个任务都是一次机遇。如果你能够认清自己的使命，勇于负责，在公司和老板需要的时候挺身而出，承担起重任，那么随着工作中一个个任务的完成，你也必定能够一步步地接近成功。

第四章
生存竞争法则

零和游戏定律："大家好才是真的好"

化敌为友，与对手双赢

在大多数情况下，博弈总会有一个赢，一个输，如果我们把获胜计算为 1 分，而输棋为 –1 分，那么，这两人得分之和就是：1+（–1）=0，即所谓的"零和游戏定律"。

在当今这个战略制胜的时代，双赢的理念和意识，在竞争中发挥着非常积极的作用。

很多时候，竞争中你若能化敌为友，这样得到的朋友，比你先前的朋友更能帮助你。因为你先前的朋友所占有的资源，你可能已经占有；所掌握的技能，你可能也已经掌握。化敌为友产生的新朋友，所占有的资源，所掌握的技能，可能正是你一直想拥有而未能拥有的，反之，对手从你那里也有所需，这样就促成了与对手双赢的结局。

1997 年 8 月 6 日，IT 界传出一个惊人的消息，微软总裁比尔·盖茨宣布，他将向微软的竞争对手——陷入困境的苹果电脑公司注入 1.5 亿美元的资金！

此语一出，IT 界为之哗然。比尔·盖茨大发善心了吗？

作为当时世界的首富，比尔·盖茨在世界各地捐资。但这一回，他却不是捐资，更不是行善，他向苹果注入资金是出于商业目的。

苹果电脑公司诞生于一个旧车库里，它的创始人之一是乔布斯。苹果的成功，在于乔布斯是世界上第一个将电脑定位为个人可以拥有的工具，即"个人电脑"，它就像汽车一样，普通人也可以操作。这是一个划时代的产品定位概念，因为在那之前，电脑是普通人无缘摆弄的庞然大物，不仅需要艰深的专业知识，还得花大价钱才能买到手。

乔布斯很快推出了供个人使用的电脑，引起了电脑迷的广泛关注。更为重要的是，苹果公司还开发出了麦金塔软件，这也是一个划时代的、软件业的革命性突破，开创了在屏幕上以图案和符号呈现操作系统的先河，大大方便了电脑操作，使非专业人员也可以利用电脑为自己工作。

苹果公司靠着这些核心竞争力，诞生不久就一鸣惊人，市场占有率曾经一度超过 IT 老大 IBM。

然而，在进入 20 世纪 90 年代，网络经济突飞猛进之际，苹果公司却慢了一拍，未能抓住网络化这一先机，市场占有率急剧萎缩，财务状况日益恶化，1995~1996 年连续亏损，亏损额高达数亿美元，苹果公司使出了浑身解数，但种种努力都没有产生太大的效果。

就在苹果公司上上下下愁眉苦脸之际，微软突然伸出援助之手。难道天下真的有救世主吗？当然没有。

比尔·盖茨自有他的如意算盘。他知道，苹果作为一家辉煌一时的电脑霸主，尽管元气大伤，但它潜在的实力却非常巨大。

在这个时候，很多电脑公司包括微软的一些竞争对手如 IBM、网景等，都想利用苹果乏力之机，提出与苹果合作，来达到和微软竞争的目的。显然，如果微软不与苹果合作，对手的力量就会更强大。

更为重要的是，美国《反垄断法》有规定，如果某个企业的市场占有率超过规定标准，市场又无对应的制衡商品，那么这个企业就应当接受垄断调查。如果苹果公司垮了，微软公司推出的操作系统软件市场占有率就会达到 92%，必然会面临垄断调查，那么仅仅是诉讼费就将超过从苹果公司让出的市场中赚取的利润。而和苹果合作，则可以把苹果拉到自己这一边，苹果和微软的操作软件相加，就基本上占领了整个计算机市场，微软和苹果的软件标准就成了事实上的行业标准，其他竞争对手就只好跟着走了。当然，微软实力比苹果强大，不会在合作中受制于苹果。

谁都看得出来，拉苹果一把，有百利而无一害，比尔·盖茨扮演一回救世主绝对不吃亏。

可见，与其付出代价而消灭对手，不如化敌为友，与其双赢更为划算。

NBA 比赛中的赢家学问

NBA（美国男篮职业联赛）比赛被认为是当今世界上发展最完备、职业化程度最高的篮球联赛，公平、公正、公开是它一贯的处事原则，它的很多项规章制度都自觉或不自觉地打破了“零和游戏定律”。

比如 NBA 的选秀制度。为了使 NBA 各队的实力水平不至于太悬殊，从而增加比赛的精彩和激烈程度，NBA 都要在每年度的总决赛之后，在 6 月下旬举行一年一度的“选秀大会”。参加选秀的一般是全美各大学的学生，均为 NCAA 全美大学生篮球联赛中的佼佼者。当然，最近几年里，高中生和国际球员有增多的趋势。NBA 根据他们的综合实力给他们打分排名，然后，各球队依照该年度在常规赛中的优胜率排名，按由弱到强的顺序依次挑选。为了公平起见，NBA 从前两年开始，在选秀前，先分发 1000 个乒乓球，上面注明挑选的顺序号，常规赛成绩最差的球队可挑 250 个号，他们挑中首选权的概率是 25%。以下依次类推。

这种制度是制衡各队强弱的杠杆，弱队每年总能得到一些能量补充，而强队得到好球员的几率则相对较小，这样就使得 NBA 各队之间的实力差距不至于太悬殊，这既保证了比赛的水平和质量，也保证了 NBA 的活力。这项制度实质上是 NBA 的经营手段，它的最终目的是使联盟能获得最大的利益。它不仅仅要求联盟获利，而且是力争使所有的球队（无论强弱）都获利，只是获利的多少有所区别而已。这是一种“多赢”的局面，而这种“多赢”正是“双赢”的延伸和发展，是“双赢”的最大化体现。相反，如果只是湖人、公牛、马刺这样的超级强队获利，而快艇、骑士、猛龙等弱队一直赔钱的话，NBA 恐怕早已经萎缩，也不会从当初的 11 支球队，发展到如今的 30 支球队了。

NBA 球队之间的球员交换，也表明了参与球队希望“双赢”或者“多赢”的愿望。像勇士队与小牛队完成的 9 人大交易，其出发点就是为了共同提高两队的实力。在这场交易中，两队的明星球员贾米森和范埃克塞尔作了互换。在小牛队中，虽然范埃克塞尔实力一流，充满激情，但由于纳什的稳定发挥，使得他的作用大多是锦上添花，很少能雪中送炭；而由于内线实力的欠缺，使他们在和湖人、马刺那样内线实力强大的球队的对抗中处于劣势。因此，得到贾米森这样的明星球员，既能提高得分能力，又能增加内线高度，对球队大有裨益。

同样，贾米森虽是勇士队的头号球星，但和他司职同样位置的墨菲上个赛季进步神速，况且比他更高更壮，似乎已能替代他的角色。倒是勇士队的后卫阿瑞纳斯虽然获得了上个赛季的“进步最快奖”，但由于年轻尚欠稳定，常常无法帮助球队在关键的比赛中力战到底，他们曾看上了马刺队的克拉克斯顿，还将“袖珍后卫”博伊金斯招至麾下，但这些人和范埃克塞尔相比，显然不在一个档次。因此，勇士队才会放走头号球星，迎来小牛队的替补后卫。这种思维和行为方式，正是期待“双赢”的表现。

当然，在NBA中也存在不和谐。森林狼队的“乔·史密斯事件”，就公然违反了公平、公开、公正的原则，暗箱操作，侵犯了群体的利益。NBA官方发现之后，对森林狼队进行了严厉的处罚——处以巨额罚款，剥夺其3年的首轮选秀权，球队老板以及副总裁被禁赛数月，球队和史密斯签订的合同无效，史密斯还被迫为活塞队效力1年。缺乏真诚合作的精神和勇气，不遵守游戏规则……森林狼队为此吃尽了苦头。

马蝇效应：激励自己，跑得更快

背负压力，你会跑得更快

1860年大选结束后几个星期，有位叫做巴恩的大银行家看见参议员萨蒙·蔡思从林肯的办公室走出来，就对林肯说：“你不要将此人选入你的内阁。”林肯问：“你为什么这样说？”巴恩答：“因为他认为他比你伟大得多。”“哦，”林肯说，“你还知道有谁认为自己比我要伟大的？”“不知道了。”巴恩说，“不过，你为什么这样问？”林肯回答：“因为我要把他们全都收入我的内阁。”林肯为什么要这样做呢？

很多人都对林肯的决定感到困惑。如巴恩所说，蔡思确实是个狂态十足、极其自大的人，他妒忌心很重，而且一直希望谋求总统职位。至于林肯为何仍旧重用蔡思，用他自己的话来解释为：“现在正好有一只名叫‘总统欲’的马蝇叮着蔡思先生，那么，只要它能使蔡思那个部门不停地跑，我还不想打落它。”

现实生活中，不仅是蔡思先生，我们任何一个人，找只马蝇给自己点压力，都会使自己向目标的方向前进得更快。曾有这样一个有趣的故事：

勒斯里为了领略山间的野趣，一个人来到一片陌生的山林，左转右转迷失了方向。正当他一筹莫展的时候，迎面走来了一个挑山货的美丽少女。

少女嫣然一笑，问道：“先生是从景点那边走迷失的吧？请跟我来吧，我带你抄小路往山下赶，那里有旅游公司的汽车等着你。”

勒斯里跟着少女穿越丛林，正当他陶醉于美妙的景致时，少女说：“先生，往前一点就是我们这儿的鬼谷，是这片山林中最危险的路段，一不小心就会摔进万丈深渊。我们这儿的规矩是路过此地，一定要挑点或者扛点什么东西。”

勒斯里惊问：“这么危险的地方，再负重前行，那不是更危险吗？”

少女笑了，解释道："只有你意识到危险了，才会更加集中精力，那样反而会更安全。这儿发生过好几起坠谷事件，都是迷路的游客在毫无压力的情况下一不小心摔下去的。我们每天都挑着东西来来去去，却从来没人出事。"

勒斯里不禁冒出一身冷汗。没有办法，他只好扛着两根沉沉的木条，小心翼翼地走过这段"鬼谷"路。

两根沉木条在危险面前竟成了人们的"护身符"。其实，许多时候，如果我们学会在肩上压上两根"沉木条"，给自己一些压力，确实会让我们走得更好。下面看看这个非常贴近我们自己的例子：

小王是学管理的，因为爱好设计，进了某私企的企划部。刚工作不久，接手了一个公司的圣诞节网站广告设计项目，期限是 4 天。

由于这次广告需要设计一个非常有创意的网页，而小王和其他同事都不懂网页设计软件，老总便在出差前给他推荐了一位做网页不错的外援。谁料，小王拿着老总给的手机号码联系对方，人家也到外地出差了，根本抽不出时间。

当时，小王面前只有两条路：一是放弃，直接找老总告诉做不了；二是迎难而上，完成项目。选择前者，会失去很好的表现机会，晋升的梦想也可能泡汤；选择后者，自己需要再想别的办法做出一个有创意的网页，既要符合活动广告的要求，又要体现公司的内涵和优势，但若成功了会大大提升自己在老总心中的地位。一直梦想做出成绩的小王，最终选择了后者。

决定后，他想：如果再找别人，要让对方了解公司的企业文化、优势及活动意义等，至少也要 1 天左右，而整个项目只有 4 天，还不如自己上，毕竟自己对公司和这次活动主旨都比较了解，何况大学期间也学过 FOXPRO、VB 等计算机课程。

于是，他买了两本网页制作的书，把自己关在办公室，连续 3 天废寝忘食地学习。第四天，老总出差回来，小王交上了一个自己精心设计的网页。当老总问他，是那个外援的杰作吗，他便把事情原原本本地说了一下，老总立刻对他竖起了大拇指，还夸他是一个很有发展前途的年轻人。

可见，我们不应总是惧怕压力，适当的压力反而会让我们更好地发挥潜力。如果每天都给自己一点压力，你就会感觉到自己的重要性，发挥出更多的潜力。正如一位哲人说过，你要求得越少，那么你得到的也越少。

利用敌手"叮"上自己，让你变得更加强大

马由慢跑到快跑是由于马蝇的叮咬，那么，我们个人的发展由弱到强需要什么来"叮咬"呢？事实证明，在有竞争对手"叮咬"的时候，人往往能保持旺盛的势头，最终让自己壮大起来，加速前进。

在北方某大城市里，诸多电器经销商经过明争暗斗的激烈市场较量，在彼此付出了很大的代价后，有赵、王两大商家脱颖而出，他们彼此又成为最强硬的竞争对手。

这一年，赵为了增强市场竞争力，采取了极度扩张的经营策略，大量地收购、兼并各类小企业，并在各市县发展连锁店，但由于实际操作中有所失误，造成信贷资金比例过大，经营包袱过重，其市场销售业绩反倒直线下降。

这时，许多业内外人士纷纷提醒王说，这是主动出击，一举彻底击败对手赵，进而独占

该市电器市场的最好商机。王却微微一笑，始终不采纳众人提出的建议。

在赵最危难的时机，王却出人意料地主动伸出援手，拆借资金帮助赵涉险过关。最终，赵的经营状况日趋好转，并一直给王的经营施加着压力，迫使王时刻面对着这一强有力的竞争对手。

有很多人曾嘲笑王的心慈手软，说他是养虎为患。可王却丝毫没有后悔之意，只是殚精竭虑，四处招纳人才，并以多种方式调动手下的人拼搏进取，一刻也不敢懈怠。

就这样，王和赵在激烈的市场竞争中，既是朋友又是对手，彼此绞尽脑汁地较量，双方各有损失，但各自的收获也都很大。多年后，王和赵都成了当地赫赫有名的商业巨子。

面对事业如日中天的王，当记者提及他当年的“非常之举”时，王一脸的平淡：击倒一个对手有时候很简单，但没有对手的竞争又是乏味的。企业能够发展壮大，应该感谢对手时时施加的压力，正是这些压力化为想方设法战胜困难的动力，进而让我们在残酷的市场竞争中，始终保持着一种危机感。

没错，人生需要一定的“激发”，就好比著名的钱塘大潮，至柔至弱的水，一经激发，便能产生“白马千群浪涌，银山万迭天高”的蔚蔚壮观的景象。

事实上，人皆有惰性，如果没有外力的刺激或震荡，许多人都会四平八稳、舒舒服服、得过且过、无声无息地走完平庸的人生之旅，可是偏偏人生多蹇，世事难料，给人带来种种困窘，也带来种种激励。朋友反目，爱人变心，事业上不顺心，都可能成为一种精神动力源，激发人们调动潜能，干出一番事业，改变自己的人生轨迹。

例如，苏秦一事无成时，屡受父母、妻、嫂的白眼，于是发愤图强，悬梁刺股，夜以继日，废寝忘食，终成一代名士，挂六国相印，显赫一时，威震天下。蒲松龄虽满腹经纶，却屡试不中，穷困潦倒，愤而激励自己著书立说，以毕生心血学识凝成《聊斋志异》，自己也跻身文学巨匠行列，成为千古名人。

所以，想成功，我们就要学会主动接受外在的激励，化压力为动力，以使我们的心智力量得到最大限度的发挥，使我们的人生变得更加瑰丽雄奇。

波特法则：有独特的定位，才会有独特的成功

不求第一，但求独特

被誉为“竞争战略之父”的哈佛商学院教授迈克尔·波特曾说：“不要把竞争仅仅看做是争夺行业的第一名，完美的竞争战略是创造出企业的独特性——让它在这一行业内无法被复制。”

由其提出的波特法则指出，防止完全竞争最为有效的途径之一，就是要从根本上阻止战斗的发生。要做到这一点，对自己的产品就必须有独特的定位，自己的竞争策略就要有独到之处。这方面，比尔·盖茨为我们做了一个非常成功的例子。

几年前的某一天，比尔·盖茨从其西雅图总部附近的一家餐馆走出来，一个无家可归者拦住他要钱。给点钱自然是小事一桩，但接下来的事却令见多识广的比尔·盖茨也目瞪口呆——流浪汉主动提供了自己的网址，那是西雅图一个庇护所在互联网上建立的地址，以帮助无家可归者。

“简直难以置信，”事后盖茨感慨道，“Internet是很大，但没想到无家可归者也能找到那里。”

今天，比尔·盖茨的微软给互联网带来了统一的标准，也带来了前所未有的垄断。其视窗（Windows）操作系统几乎已成为进入互联网的必由之路，全世界各地的个人电脑中，92%在运用Windows软件系统。更值得一提的是，过去两年来，微软共投资及收购了37家公司，表面看起来好像是一种随心所欲的资本扩张行为，但只要把这37家公司排在一起分门别类，立刻就会令人大惊失色！因为这37家公司所代表的竟然是网络经济的3大命脉：互联网络信息基础平台，互联网络商业服务，互联网络信息终端。微软不仅统治了现在的个人电脑时代，而且已经开始着手统治未来的网络时代！难怪美国司法部要引用反垄断法控告微软。

但比尔·盖茨从容地说：“微软只占整个软件业的4%，怎么能算垄断呢？”

盖茨的话也自有他的道理，因为软件的形态与工业时代的规模和产品建立的垄断已有明显区别。实际上，微软已不仅仅是单纯的垄断，只有“霸权”才能更确切地描述微软的真实。因为操作系统是整个电脑业的基础，微软以核心产品的垄断获得了对整个软件行业的霸权，使得垄断操作“稀释”和掩饰在更大范围的霸权之中，与单纯的数量份额和比例等有关垄断的硬性指标已无明显关系。

这种软件业的霸权是一种独特的霸权，是知识的霸权，创新的霸权，更是盖茨在竞争中的独特的定位。

所以，要想在激烈的竞争中立于不败之地，你可以不求领域中的第一，但你一定要求独特。

一只脚不能同时踏入两条河流

哲学上有一个公认的观点是“一只脚不能同时踏入两条河流”，其实，竞争中所采取的决策亦是如此，如果有真正的决策，就不能同时选择两条道路。在战略上面，决策就像岔路，你选择了一条路，那就意味着你不可能同时选择另外一条路。

下面，我们就以美国奋进汽车租赁公司为例来谈谈这个问题：

奋进是美国赫赫有名的汽车租赁公司，然而，你若去有一定规模的机场租车区，一定能够看到赫斯汽车租赁公司和爱维斯汽车租赁公司的柜台，也可以看到很多小汽车租赁公司的柜台，却看不到奋进公司的柜台。更令人费解的是，奋进公司的租金要比对手低30%左右，但总是比其他更有名气的竞争对手获得更多利润。

原来，与爱维斯汽车租赁公司和赫斯汽车租赁公司将自己的客户定位于飞行旅游者不同，奋进汽车租赁公司将服务对象定位于那些还没有买到自己汽车的人。对于这些客户来说，如果需要自己支付租金，价格就是一个重要的考虑因素，而且他们肯定还要考虑保险公司是否会理赔。奋进汽车租赁公司就有意识地裁减各种客户不愿意付费的项目和可能增加的成本，包括做广告的费用。

就这样，奋进汽车租赁公司始终如一地坚持这一策略，尽管客户付费较少，但他们节省的开支大大超过了收费低廉而造成的损失，而且在业内总能成为赢家。

可见，在竞争中选择一个独特的策略，并始终坚持这一个方向，才能成为行业真正的、持久的赢家。

与之类似，戴尔电脑公司在1989年的经营模式改革中也体会到了这一点。当时，戴尔感到自己的直销模式发展得不够快，就试图通过代理商来销售。可是，当他们发现这种转变给公司业绩带来损害的时候，就马上取消了这种做法。问题在于，如果你同时选择两条道路，别人也会这么做。所以，你要选择一条自己最擅长的、具有独特定位的方式坚持下去。这样，你的差异化道路就会具有持续的力量，使对手无法打败你。否则，你只会表现平平。

学会了这些，你在具体制作竞争策略的时候，就应该懂得不能让自己的"一只脚同时踏入两条河"的简单道理了。

权变理论：随具体情境而变，依具体情况而定

计划没有变化快

在竞争中，我们总喜欢说不要打无准备之仗，事前一定要做好计划和安排。计划代表了目标，代表了充实，代表了憧憬，代表了一种对自己的承诺，因为"计划"会让我们知道下一步该做什么。

然而，"一切尽在掌握之中"固然是好，但我们也无法排除"计划外"的可能，正所谓计划没有变化快。

东汉末年，曹操征伐张绣。有一天，曹军突然退兵而去。张绣非常高兴，立刻带兵追击曹操。这时，他的谋士贾诩建议道："不要去追，追的话肯定要吃败仗。"张绣觉得贾诩的意见很好笑，根本不予采纳，便领兵去与曹军交战，结果大败而归。

谁料，贾诩见张绣败仗回来，反而劝张绣说赶快再去追击。张绣心有余悸又满脸疑惑地问："先前没有采用您的意见，以至于到这种地步。如今已经失败，怎么又要追呢？""战斗形势起了变化，赶紧追击必能得胜。"贾诩答道。由于一开始败仗的教训，张绣这次听从了贾诩的意见，连忙聚集败兵前去追击。果然如贾诩所言，这次张绣大胜而归。

回来后，张绣好奇地问贾诩："我先用精兵追赶撤退的曹军，而您说肯定要失败；我败退后用败兵去袭击刚打了胜仗的曹军，而您说必定取胜。事实完全像您所预言的，为什么会精兵失败，败兵得胜呢？"

贾诩立刻答道："很简单，您虽然善于用兵，但不是曹操的对手。曹军刚撤退时，曹操必亲自压阵，我们追兵即使精锐，但仍不是曹军的对手，故被打败。曹操先前在进攻您的时候没有发生任何差错，却突然退兵了，肯定是国内发生了什么事，打败您的追兵后，必然是轻装快速前进，仅留下一些将领在后面掩护，但他们根本不是您的对手，所以您用败兵也能打胜他们。"

张绣听了，十分佩服贾诩的智慧。

在这次战役中，局势变幻无常，而这些无常，却决定了最终的胜与败。现实的竞争世界中，亦是如此，没有谁能在今天就断定明天一定会怎么样，事情的发展都具有一定的未知因素。

贾诩那番充满智慧的话，实际就是论述了一种"因机而立胜"的权变战略思想。这种理论告诉我们，组织是社会大系统中的一个开放型的子系统，是受环境影响的，我们必须根据组织的处境和作用，采取相应的措施，才能保持对环境的最佳适应。

那么，在激烈的竞争中，不要执着于某种外在的形式，不要完全拘泥于事先的精心计划，

在事情发展过程中的计划外因素往往更加具有影响力。

以变应变，才能赢得精彩

毫不夸张地说，我们已经进入了竞争时代，一切都充满了变数。就拿大家熟悉的股市来说，几秒钟内的上下颠覆，可能把你送上云端，也可能把你推入地狱。对此，一定要树立权变的思想，善变才能赢。

《猫和老鼠》的经典动画片大家应该记忆犹新，为什么每次小杰瑞总能逃过汤姆的厉爪，还让汤姆吃尽了苦头？汤姆即使绞尽脑汁、费尽力气，为何最终仍然一无所获？这一切都是因为，小杰瑞对汤姆的一举一动，甚至一个呼吸、一个喷嚏、一个微笑的变化，都有不同的应对手段。

在商业竞争中，善变的思想同样必要。

中国布鞋曾一度在秘鲁打开销售大门，当地一家公司每月可销售中国布鞋6万多双。

不料，秘鲁当局颁布了一项法令：禁止纺织品和鞋子进口。这一突如其来的变化，使中国布鞋在秘鲁的销售大门被关闭了。

陷入困境的中国商人并没有坐以待毙，经过分析，他们发现秘鲁并没有禁止进口制鞋设备及布鞋面。于是，他们转变策略，决定出口制鞋设备和布鞋面，在秘鲁当地加工布鞋。布鞋面既不算成品布鞋，也不属于纺织品，不受禁令制约。

后来，中国布鞋又重新在秘鲁占有了一定的市场份额。

正如《孙子兵法》所言：“夫兵形象水，水之形避高而趋下，兵之形避实而击虚。水因地而制流，兵因敌而制胜。故兵无常势，水无常形，能因敌变化而取胜者谓之神。”意思是用兵打仗，好像地下的流水那样没有固定刻板的规律，没有一成不变的打法，能采取敌变我变而取胜的，就叫用兵如神了。

某省一家出售冷冻鸡肉的食品公司，由于竞争激烈，冷冻鸡肉销售一直不太景气。后来，该公司经过市场调研，发现顾客喜欢吃新鲜鸡肉，于是实施相应策略，改为凌晨3:00开始杀鸡，待去毛分割完毕恰好接近黎明。新鲜的鸡肉送到市场，生意一下子红火起来，公司利润持续上升，顾客也非常满意。

由此观之，善变之道在于灵敏地作出应变决策，抢占先机。没有这种能力，一个公司就会陷于故步自封的境地，一个人就会陷入墨守成规的套子。

竞争世界如同一只变色龙，变化的发生有时是没有什么明显的先兆的，我们往往也无法预知，“翻手为云，覆手为雨”，常常让我们措手不及。因此，每走一步棋，我们既要紧跟时机，又要学会思考，以变应变，才能赢得精彩。

达维多定律：及时淘汰，不断创新

做第一个吃螃蟹的人

不难看出，达维多定律为我们揭示了如何在竞争中取得成功的真谛。这也正是诸多成功实例所验证的——要做第一个吃螃蟹的人。

日本企业界知名人士曾提出过这样一个口号："做别人不做的事情。"瑞典有位精明的商人开办了一家"填空档公司"，专门生产、销售在市场上断档脱销的商品，做独门生意。德国有一个"怪缺商店"，经营的商品在市场上很难买到，例如大个手指头的手套，缺一只袖子的上衣，驼背者需要的睡衣等等。因为是填空档，一段时间内就不会有竞争对手。

其实，即使在人们熟知的行业里，仍然会有许多的创新点，关键是你要能够察觉得到。

有段时间，国外很多啤酒商发现，要想打开比利时首都布鲁塞尔的市场非常困难。于是就有人向畅销于比利时国内的某名牌酒厂家取经。这家叫"哈罗"的啤酒厂位于布鲁塞尔东郊，无论是厂房建筑还是车间生产设备都没有很特别的地方。但该厂的销售总监林达是轰动欧洲的策划人员，由他策划的啤酒文化节曾经在欧洲多个国家盛行。当有人问林达是怎么做"哈罗"啤酒的销售时，他显得非常得意且自信。林达说，自己和哈罗啤酒的成长经历一样，从默默无闻开始到轰动半个世界。

林达刚到这个厂时是个还不满 25 岁的小伙子，那时候他有些发愁自己找不到对象，因为他相貌平平且贫穷。但他还是看上厂里一个很优秀的女孩，当他在情人节给她偷偷地送花时，那个女孩伤害了他，她说："我不会看上一个普通得像你这样的男人。"于是林达决定做些不普通的事情，但什么是不普通的事情呢？林达还没有仔细想过。

那时的哈罗啤酒厂正一年一年地减产，因为销售不景气而没有钱在电视或者报纸上做广告，这样便开始恶性循环。做销售员的林达多次建议厂长到电视台做一次演讲或者广告，都被厂长拒绝。林达决定冒险做自己"想要做的事情"，于是他贷款承包了厂里的销售工作，正当他为怎样去做一个最省钱的广告而发愁时，他徘徊到了布鲁塞尔市中心的于连广场。这天正是感恩节，虽然已是深夜了，广场上还有很多狂欢的人们，广场中心撒尿的男孩铜像就是因挽救城市而闻名于世的小英雄于连。当然铜像撒出的"尿"是自来水。广场上一群调皮的孩子用自己喝空的矿泉水瓶子去接铜像里"尿"出的自来水来泼洒对方，他们的调皮启发了林达的灵感。

第二天，路过广场的人们发现于连的尿变成了色泽金黄、泡沫泛起的"哈罗"啤酒。铜像旁边的大广告牌子上写着"哈罗啤酒免费品尝"的字样。一传十，十传百，全市老百姓都从家里拿自己的瓶子、杯子排成长队去接啤酒喝。电视台、报纸、广播电台争相报道，林达不掏一分钱就把哈罗啤酒的广告成功地做上了电视和报纸。该年度"哈罗"啤酒的销售量跃升为去年的 1.8 倍。

林达成了闻名布鲁塞尔的销售专家，这就是他的经验：做别人没有做过的事情。

不得不承认，如果只懂得沿着别人的路走，即使能取得一点进步，也不易超越他人；只有做别人没有做过的事情，创造一条属于自己的路，才有可能把他人甩在你身后。

万事源于想，创新从转变思维开始

一个犹太商人用价值 50 万美元的股票和债券做抵押向纽约一家银行申请 1 美元的贷款。乍一看，似乎让人不可思议。但看完之后才发现，原来那位犹太商人申请 1 美元贷款的真正目的是为了让银行替他保存巨额的股票与债券。按照常规，像有价证券等贵重物品应存放在银行金库的保险柜中，但是犹太商人却悖于常理通过抵押贷款的办法轻松地解决了问题，为此他省去了昂贵的保险柜租金而每年只需要付出 6 美分的贷款利息。

这位犹太商人的聪明才智实在令人折服。其实，我们身上也蕴藏着创新的禀赋，但我们总是漠视自己的潜能。你的思维已经习惯了循规蹈矩，只要你愿意改变一下自己的思维方式，多进行一些发散思维和逆向思维，激活自己的创新因子，你周围的一切，都有可能成为你创新思维的对象。

众所周知，闹钟在传统上的作用只是“催醒”。然而，英国一家钟表公司在此基础上，又增添了一种与此矛盾的“催眠”功能。这种“催眠闹钟”既能发出悦耳动听的圣诗合唱和鸟语声，催人醒来；又能发出柔和舒适的海浪轻轻拍岩声和江河缓缓流水声，催人入眠。使用者可以“各取所需”，这种新颖独特的闹钟深得失眠者的宠爱。

再有，某大城市的市场上曾出现过一种具有特殊功能的拖鞋。这种居室内穿的拖鞋底上装有圆圈状的纱线，能牢牢抓住地板或地砖上的灰尘、头发等污染物。人们穿上这种特殊拖鞋，边走路，边擦地，走到哪里，就清洁到哪里，既走出了“实惠”，又轻松自如。而且，这种拖鞋的洗涤也很方便，穿脏了放入洗衣机内便可清洗干净。这种“擦地拖鞋”卖疯了，其成功之处在于它体现了一种创新思维，也正是这种思维，为创新者带来了巨大的收益。

在竞争过程中，很多人被对手“吃掉”，其重要原因往往是遇事先考虑大家都怎么干、大家都怎么说，不敢突破人云亦云的求同思维方式。讨论一件事情时，总喜欢“一致同意”“全体通过”，这种观念的后面常常隐藏着“从众定式”的盲目性，不利于个人独立思考，不利于独辟蹊径，常常会约束人的创新意识，如果一味地考虑多数，个人就不愿开动脑筋，事业也就不可能获得成功。

一位成功的企业家说：“一项新事业，在10个人当中，有一两个人赞成就可以开始了；有5个人赞成时，就已经迟了一步；如果有七八个人赞成，那就太晚了。”

【定律链接】切勿得不偿失

在这个变革的时代，怕的就是你不变。然而，这里的变不是乱变，不是无原则的变，而是有方向地变；不是倒退的变，也不是“30年河东、30年河西”的转圈变，而是向前发展的变。否则，你的创新之路走错时，结果只会得不偿失。

1978年，可口可乐公司起用布莱恩·戴森为其美国分公司经理，戴森试图突破传统，尝试一种新的软饮料——节食可口可乐。

1981年春，为了迎战自己的强劲对手百事可乐，在新任少壮派领导人戈伊祖艾塔的支持下，戴森开始组织实施节食可口可乐的研究。这项计划被称为“哈佛计划”。次年8月份，节食可口可乐在全国推出，并以较大的销售额迅速占领了市场，百事可乐受到极大的冲击。

然而就在这个时候，公司出现了重大失误。

1985年4月，戈伊祖艾塔向媒体宣布，公司决定对可乐配方进行修改，生产一种新可口可乐，以挽回因甜度不够而失去的市场。

新可口可乐上市，在饮料市场上引起轩然大波。来自老顾客的抗议电报和信件像雪片一样飞往可口可乐总部。亚特兰大总部的接线员们每天要记录1500个电话，几乎都是要求恢复老可口可乐配方的。修改还是恢复“7X”配方的论战成为报纸的头条新闻和电视新闻报道的新话题。包装商们声称，如果这种不利的宣传继续下去，可口可乐无论以何种名称出现，都会面临失去市场份额的危险，有可能在一夜之间就被百事可乐夺去市场，再想收复失地将会非常困难。

可口可乐咬着牙支持了3个月后，不得不再次宣布公司将恢复原配方，命名为经典可口可乐，新可口可乐也将继续销售。在重新问世之后6个月，经典可口可乐又成为全国第一位的软饮料，以将近3∶1的优势超过了新可口可乐。

任何产品不可能一成不变，都会在不断改进中适应市场。问题在于该不该公开宣布这种改进，这其中有很大的技巧。顾客的心理都有一种信任惯性，尽管各种试验都表明新可乐的口味并不错，但消费者只想维持正宗真品的信誉，抗拒接受新可乐。

尽管可口可乐公司迅速挽回了因修改配方的失误所造成的损失，但在新产品的开发中又出现了失误。

可口可乐在不到一年的时间内连续推出4种新产品：3种含咖啡因型可乐和节食可口可乐，再加上经典可口可乐、新可口可乐等，共有8种不同口味的新产品，同时出现在市场上。消费者们几乎被弄晕了头，就连可口可乐的一些老顾客对它也不耐烦。

有这样一段对话，颇耐人寻味：

"给我一杯可口可乐。"

"您要经典可口可乐、新可口可乐、樱桃可口可乐，还是要健怡可口可乐？"

"请给我来杯健怡可口可乐。"

"您要普通健怡可口可乐还是要不含咖啡因的健怡可口可乐？"

"去他妈的！给我一杯七喜。"

虽然我们不能老是守着传统思想，但革新的步伐也要三思而后行，切勿得不偿失。创新是为了迎合新观念、新社会，而不是强行改变人们固有的生活方式。

儒佛尔定律：有效预测，才能英明决策

预测有效才能决策英明

在做任何事之前，你都要面对选择和判断。人生就是在不断地选择和判断中度过的，如果你选择了正确的道路，那么你的人生可能会一帆风顺、飞黄腾达；如果你判断失误而入了歧途，那么你这一生可能就只能与噩梦相伴。选择和判断，对于你的人生就是这么重要。

如何才能做好选择和判断呢？特别是在这个"信息爆炸"的时代，各种各样的道路、方向、方式、经历、指导放在你的面前，经常让人不知所措，只有选择好了，判断好了，才会好的结果。所以，在众多信息中抽出适合自己的信息，这个环节就显得非常重要。如何才能众里寻他一下命中呢？这就需要极强的预测能力。在这个极具机遇性的商业社会里，预测能力尤为重要。往往一个不起眼的信息，就能给你带来极大的灵感，抓住了这个商机，你就可能一夜暴富。所以，有效的预测对于一个竞争者来说，是最重要的能力。

市场变化多端，信息浩渺如洋，如何从这信息的汪洋大海中捞出属于自己的商机？只有靠预测！一个成功的企业家能从繁复的信息中预测出未来市场的走向，并马上将其转化为决策的行动。信息也有价值，只要你利用得好，转眼间就能将其变成大把的钞票。竞争者在做决策前，都要对市场的形势做一下评估和预测，运筹帷幄才能旗开得胜。如果对市场的一切都不熟悉，不提前做出一个精确的预测就妄下决定，那么你肯定会在商战中死得很惨。商场如战场，竞争的残酷性让决策者一步也不能走错。

精明的预测是成功决策的前提，所以一个企业要发展，要提高经济效益，决策者就必须对国内外经济态势和市场要求有所了解，对与生产流通有关的各个环节非常熟悉，掌握各方面的最新最可靠的信息，找出最有利于企业发展的信息加以利用，这样才能使企业时刻走在时代的前沿，跟得上时代的发展。

1973年，爆发了全球性石油危机。美国通用、福特，日本丰田等汽车公司，由于决策者提前预测到汽车市场的变化趋势，就见机设计生产了大批油耗量低的小型汽车，以备市场骤变之需。果然，1978年全球性石油危机再次爆发时，这几个汽车公司的营业额都未受影响甚至还有所增加。而美国的K公司，却因为没有预测到市场的变化，在第一次全球性石油危机时，没有做出任何反应和举措，继续生产耗油量高的大型车。结果导致石油危机再次爆发时，无以应对，公司销量锐减，积货如山，每日损失高达200万美元，最后濒临破产。这就是有预测能力和无预测能力的差别。

在这个竞争如此激烈的市场中，决策者必须要有敏锐的眼光，做到审时度势，这样才能在企业之林中立于不败之地。

与之类似，诸葛亮火烧赤壁靠的是什么，靠的就是预测；一个智囊、军师、元帅靠的不是勇而是智，这智就是预测，就是判断。

当然，预测也离不开知识和经验，预测是在知识、经验的基础上作出来的。而决策又是在预测的基础上作出来的。所以，竞争者不能没有知识、没有经验，更不能没有预测能力。

对自己的未来，对形势的发展，对市场的变化，都要有先见之明，这样才能成为一个容易获得胜算的竞争者。没有有效的预测，就不会有英明的决策，这个道理放在哪里都适用。

善于预测，成就霸业

只有善于预测的人，才能做出成功的决策，决策的成功便预示着事业的辉煌。无论是在历史中还是在现实中，都有很多这样的例子。

春秋时期的范蠡，可以说是历史上一位很强的预测家。他对战机，对自己的命运，对商机，对儿子的命运都有很精确的预测。当吴王阖闾为越军所伤致死后，阖闾之子夫差谨记父仇，三年日夜练兵以报越仇，勾践欲提前下手先攻吴。范蠡认为不可，奈何勾践不听，结果越军大败，几近为吴所灭。后来，勾践卧薪尝胆以俟时机灭吴自强，每次有点机会的苗头时，他都会先问范蠡，直到范蠡说可以才动手伐吴。结果，果真胜了。后来，勾践灭了吴。范蠡深知勾践的为人，已料到自己今后的命运，遂留书一封于文种，自己离开了越国。信上写着的正是现在非常知名的“飞鸟尽，良弓藏；狡兔死，走狗烹”。范蠡走了，成了流芳百世的陶朱公；而文种未走，则成了勾践剑下的冤死鬼。

这就是有无预测能力的差别。范蠡的预测力，还体现在“居无几何，致产数十万”上，体现在“久受尊名，不详”上，体现在“吾固知必杀其弟也”上。他因为对人、对事的洞察，所以能够精确地预测到事态的发展方向，因而总能做出正确的决定。这也是为什么他到哪里都能很出名，做什么都很成功的原因。

作为当今的竞争者，更要有洞察古今、预测未来的能力，要不然你只能等待着失败向你招手。现今香港的首富李嘉诚就是个很有预测能力的人。可以说，他能发家和他当年对市场做出正确的判断是分不开的。

20世纪50年代，初次创业的李嘉诚创办了名为“长江塑胶厂”的塑料玩具生产工厂。结果当时玩具市场已经饱和，工厂面临倒闭。就在李嘉诚一筹莫展的时候，他偶然在一份报纸上看到了一条消息，说当地一家小塑料厂将要制作塑料花销向欧洲。看到这个消息，李嘉诚骤然眼前一亮，马上想到了“二战”以来，欧美生活水平虽有所提高，但经济上却还没有种植草皮和鲜花的实力，因此塑料花必定会成为很好的替代品，被他们大量使用于装饰各种场合。这是个很大的需求市场，也是个很好的商机，于是李嘉诚马上决定企业转产生产塑料花，而正是这些塑料花，成就了今天的李嘉诚。

试想，如果当时李嘉诚没有看到这条信息，或者看到后也没有意识到信息背后隐藏的巨大商机，那还会有今天的李嘉诚吗？这确实很难说。只能说是这条信息造就了他，而他自己的预测能力成就了他。

李强和张勇同时受雇于一家超市，一样从底层干起。可不久后，两人的身份地位就大不一样了。李强由于受老总器重，职位是一升再升，直到部门经理；而张勇却像“被遗忘的角落”，仍然处于底层。为什么会有这么巨大的差别呢？原来正是因为李强每次做事时都有很强的预测能力，老板交代一件事，他能想到老板接下来会交代的一切可能的事情，因此把每件事都做得非常完美，让老板对他另眼相看，十分喜欢。而张勇，就没有什么预测能力，老板交代什么就做什么，只做老板交代的，根本不懂得灵活变通、思考老板交代的事情的深层含义，因此他只能处在底层。

所以说，我们不要羡慕别人的成功，要看到别人的优点，学习别人的优点。预测能力，是成功者必备的能力，无论是对生活还是对事业。只有拥有很强的预测能力，才能干出一番事业，成就你的霸业。

【定律链接】如何提高你的预测力

明天是未知的深渊，但对于明天我们不是手足无措，我们可以预知未来。因为这世界存在着规律和趋势，未来是在现在基础上的发展，所以它不可能脱离现在而存在，在今天的身上能看到明天的影子。对于未来我们不是一无所知，我们可以通过预测略知一二。但这种预测能力不是每个人都有的，只有通过不断地学习、总结、观察、实践，才能练就一双穿越时空的慧眼。

知识是一切行动的基石，你有了知识才能真正地了解和参与这个世界；没有知识，就谈不上审时度势，预测未来。

所以，如果你想提高自己的预测能力，首先要具备那个行业所要求的基础知识。有了专业的知识，你才能真正了解这个行业的内情，才能知道行业大体的走势。当然，光有基础知识是不行的，你还得时常关注各种信息，比如时政、金融、科技、民生、娱乐等各方面相关的信息你都要知道，不然你就会跟不上时代的发展，错过一些好的商机。

其次，你就要时刻关注各方面与行业相关的信息。有了知识和信息，还是不够的，你还得知道怎么利用它们。这就需要你多看一些行业成功人士的传记、语录和历史人物的传记等，从他们的人生中总结经验教训，择其优而学，被证明是错误的事情，就没必要再去经历一次，只做对的就好。

最后，还有一个非常重要的方面，就是要具备长远的思想，从一个事情看到它背后可能发生的第二、三、四件事情。只顾眼前，是没有出路的，要想在商业丛林中站稳脚跟，必须要具备走一步看五步、十步的能力。所以，如果你现在还只是做一天和尚撞一天钟的工作态度，那么要想提高预测能力就必须先得把这态度改了，做一件事情要想到这之后的一系列结果，久而久之你就会拥有不错的预测力了。

说白了，想要提高自己的预测力，平时做事的时候就要多想、多思考。商界成功人士大多有这样的共识：一个成功的企业家、一个成功的领导者，每天至多只用20%的时间处理日常事物，而另外80%的时间则用来思考企业的未来。

竞争者要生存，要具有市场竞争力，应付瞬息万变的市场竞争，就必须能够进行科学的预测，并在此基础上做出正确的判断和假设，采取有利的战略行动计划，否则企业就会在竞争中贻误商机，难逃失败的命运。

科学的预测，可以带来巨大的财富，也可以带来顺利的人生，所以，提高自己的预测能力是非常有必要的。从今天起，补充知识、关注信息、总结经验、思考未来吧！

费斯法则：步步为营，方可百战百胜

不放弃，抓紧到手的利益

在生活中，有很多人为了那虚无的下一站幸福，而抛弃了已经拥有的快乐；或为了更上一层楼，而赌上现有的身家性命，结果最终落得个身败名裂。所以，老人常说，拿到手里的才是自己的，守好了再去找别的。不要为了那不可预测的未来，赌上你现在所拥有的，不值得，也不明智。

作为一位竞争者，千万不要急功近利、好高骛远，以为前方是天上掉下的馅饼，拼了命也要抢了来，却不知那往往是天大的陷阱；没有看到自己已经拥有的东西和自己的优势，一味地以为别人拥有的更好，却不知会输得更惨。这就像一个女人，不知道自己的魅力在哪里，为了和别人争抢同一个男人，而一味地改变自己，到最后既失去了那个男人也失去了自己和喜欢自己的人。无论是做人还是做事，都要求稳，不要轻易地做决定，要三思而后行；更不要为了还未到手的东西放弃自己已经拥有的。

现在似乎有一种流行病，就是浮躁。许多人总想一夜成名、一夜暴富。比如投资赚钱，不是先从小生意做起，慢慢积累资金和经验，再把生意做大，而是如赌徒一般，借钱做大投资、大生意，结果往往惨败。网络经济一度充满了泡沫，有人并没有认真研究市场，也没有认真考虑它的巨大风险性，只觉得这是一个发财成名的“大馅饼”，一口吞下去，最后没撑多久，草草倒闭，白白“烧”掉了许多钞票。

俗话说得好：滚石不生苔，坚持不懈的乌龟能快过灵巧敏捷的野兔。如果能每天学习1小时，并坚持12年，所学到的东西，一定远比坐在教室里接受4年高等教育所学到的多。正如布尔沃所说的：“恒心与忍耐力是征服者的灵魂，它是人类反抗命运、个人反抗世界、灵魂反抗物质的最有力支持，它也是福音书的精髓。从社会的角度看，考虑到它对种族问题和社会制度的影响，其重要性无论怎样强调也不为过。”

凡事不能持之以恒，正是很多人失败的根源。所以，培养不放弃的习惯对于一个竞争者尤为重要。下面的一些步骤应该对培养你的恒心有一定的帮助。

第一，合理的计划是你坚持下去的动力。如果没计划，东一榔头西一锤子，是做不好工作的。设计合理的计划表，不仅可以理顺工作的轻重缓急，提高效率，而且可以在无形之中督促自己努力工作，按时或超额完成计划。

制订可行的工作计划和执行计划时要注意，也许你愿意用硬性的东西约束自己，或希望有充分的灵活性，甚至等自己有了灵感的时候才动工。可是万一你正好没有灵感，整个礼拜都没兴致工作的话，怎么办呢？这样下去，你就可能失去坚持下去的耐心，对自己的创造能力产生怀疑。

至少开始的时候，你可以为自己安排一段单独的时间，试验自己的专长。按照进度，循序渐进，将使你做更多的工作——如果你想出类拔萃的话；如果你给自己安排的进度并不过分，可是你还是抗拒它的话，譬如，找借口拖延工作进度，那么你就得研究一下自己的动机了。

计划的制订，将迫使你自问这个严酷的问题：我真的想做这件事吗？即使进行得不太顺利，我还是按部就班地做吗？如果答案是“是”，那么你是真的想得到成功，合理的计划表可以帮助你坚持下去。

第二，拥有越挫越勇的劲头。有的失败会转眼被我们忘记，有些挫折却会给我们留下深深的伤痛。但是，无论如何，我们都不应该因为挫折而停止前进的步伐，每个人都必须为目标奋斗。如果你不继续为一个目标奋斗，你不仅会失去信心，还会逐渐忘记自己有个目标；如果你不再继续坚持的话，就会开始怀疑自己是否能成功地实现计划所定的目标。

有时你也许会因为目前完不成一个小的目标，而改做其他的尝试，这种随便的做法是一种变相的放弃。千万不要拿困难做借口，改做另一个计划。

第三，既然有计划，就要实现它。当你坚持完成计划的要求，实现成功的目标后，你会更加坚定地做完以后的工作，这对培养你的不轻言放弃的习惯会有很大的帮助。不把事情做完的话，你会觉得自己像个没有志气的懒虫；以后如果你不敢肯定是不是能把工作完成的话，就很难再开始做一件新的事情。这是非常重要的一点。因为从事的工作可以只花几个小时，也可能花许多年工夫，不管花多少时间，你都得面临这个问题：完成这件工作呢，还是放弃它？你最好从开始就搞清楚，自己是不是真的想完成它，如果不是，你何必花这些心力呢？

如果你是某一领域的专业人员，你的成功目标就是成为这一领域的翘楚，那么就不能单是把计划完成，你必须把作品展示出来，接受别人的批评。不要把你的小说只给一家出版社看，如果这一家不接受的话，就全盘放弃；你必须再接再厉，给很多家出版社看，一定要给自己的作品充分的展示机会。

如果你为了完成这个计划已经付出了很多，那就坚持下去，也许最艰难的时候，就是离成功最近的时候。

作为竞争者，一定要先巩固到手的利益，再开拓新的市场。不能像狗熊掰棒子一样，掰一个扔一个，到最后什么也没得到；也不要在对手的攻击下就乱了分寸，慌了手脚，做出一些贸然的举措和决策。无论何时，无论何种情形之下，抓紧到手的利益才是上策。

切莫怜新弃旧

怜新弃旧，出自《东周列国志》，讲的是为了新欢抛弃旧爱。放到商场上，就是指为了新的利益而放弃已经拥有的利益，或者为了开拓新的市场而放弃原有的客户。这些都是不明智的行为，都不是一个精明的决策者应该有的想法。如果想把企业越做越大，就要一步一步来，在原有的基础上发展，而不是为了捉天上的蝴蝶就放弃到手的鲜鱼。

俗话说：“饭要一口一口吃，路要一步一步走，钱要一点一点赚。”一口吃不出个胖子来，一步也登不了天，不要想一夜暴富，而要稳扎稳打，在竞争起步阶段是这样，在竞争发展阶段也是这样。要一个项目一个项目地做，一个单子一个单子地签，不要好高骛远，只想着要去摘那天上的星星，而忘了拿在手里的馍馍。先把手头的工作做好，再做下一步；先把到手的买卖做好，再去接下一个。先巩固已经占有的市场，再去开发新的。没有绝对的把握，千万不要丢掉手里的，去追求那未知的。

高锋是个聪明且踏实的人，大学毕业后到一家大公司做销售。没几年的时间，他就当上了销售部的经理。朋友问他为什么升职升得这么快，有没有什么秘诀之类的。他微微一笑，秘诀就是："步步为营，稳扎稳打。尊重每一个客户，绝不放过任何一个有可能的客户。但最重要的是，不要为了追逐新客户而忽视已经谈妥的客户。"接着他就讲了一件他所经历的事情。几年前，当他还是个毛头小伙子的时候，每天的工作就是不断地约客户、见面、发名片、宣传产品。有一次，同时有好几家公司给了他回复。他非常高兴，就一一去拜访。一家小公司很快就与他达成了协议，有九成的把握要签下订单；另一家大公司也有一些意向，但把握没有那家小公司大。在一天中午，两家公司代表同时约他见面。他一下为难了，去哪个为好呢？他知道那个小公司会签的概率比较大，但大公司的单子更大些。思考良久，他决定先与小公司的代表见面，先拿下一个再说，不要为了那个没把握的单子丢了到手的生意。结果证明他是正确的，当天中午那家小公司的代表就与他签了合同，而那家大公司的代表不过是找他看一下方案，离签单还远得很呢。因为这个小公司的单子，他的事业打开了场面，慢慢地，单子签得越来越多，事业也越做越大。现在，他依然秉着当初的想法，一步一步地说服客户，先拿下把握大的再去找第二家。

可见，明智的竞争者要懂得坚守，就是不要随便放弃已有的利益。市场在不断地变化之中，竞争对手的行为也不是都能预测，消费者的行为也充满了不确定性和非逻辑性。要想在竞争中立于不败之地，就要做到在拿到新的东西之前，千万别放掉你手中的东西，尤其是手中的东西对你来说很重要时更应该如此。要知道有很多聪明人正在等着机会打败你，等着捡你手中的宝呢。

要珍惜自己拥有的，不要轻易地为了看似更美好的东西就放弃了手里的东西。最愚蠢的人莫过于还没有拿到新东西，就放弃已到手的宝贝。

史密斯原则：竞争中前进，合作中获利

学会与敌人合作

竞争，不单单意味着"你死我活"的争斗，也存在着"你为我用，我为你用"的合作。螳臂不能挡车，鸟卵不能击石，如果不能战胜对手，与其自寻死路，不如加入到他们之中去，学会与你的对手合作，达到一种双赢的效果。

从前，有一个农夫靠种地为生。一日，他见自己的农田旁边长有三丛灌木，越看越不顺眼。他认为这些灌木毫无用处，而且还耽误他种地。于是，他决定把这些灌木砍掉当柴烧。可他并不知道，每丛灌木中都住着一群蜜蜂。如果他把灌木砍了，蜜蜂们就无家可归了。因此，在农夫砍第一丛灌木时，里面的蜜蜂出来苦苦哀求："亲爱的农夫，您把灌木砍了也得不到多少柴火，请您行行好，就看在我们为您传播花粉的份上，不要砍这丛灌木了！"农夫看看这些令他讨厌的灌木，摇摇头说："即使没有你们，也会有别的蜜蜂为我传播花粉的。"说着，抡起手中的斧头把第一丛灌木砍掉了。

第二天，农夫又来到农田边要砍第二丛灌木。突然，一大群蜜蜂飞了出来，对农夫嗡嗡叫道："可恶的农夫，你胆敢破坏我们的家园，我们就蜇死你！"说着，就朝农夫脸上蜇去。农夫的脸上立即出现了几个大包，又疼又痒。农夫一下怒不可遏，一把火烧了第二丛灌木。

第三天，当农夫正要砍第三丛灌木的时候，住在里面的那群蜜蜂的蜂王飞了出来，对农夫说："睿智的农夫啊，您难道真的要砍掉这些灌木吗？难道您没有意识到它会给您带来多少好处吗？我们蜂窝每年产出的蜂蜜和蜂王浆够您一年的吃喝；而这丛灌木质地细腻，养大了也准能卖个好价钱。"听了蜂王的话，农夫举着斧头的手慢慢放了下来。他觉得蜂王言之有理，决定和蜜蜂合作，做蜂蜜的生意。

就这样，第三群蜜蜂保住了自己的家园，靠的不是恳求和对抗，而是与对手合作。天下熙熙皆为利来，天下攘攘皆为利往，没有永远的敌人，只有永远的利益。农夫砍灌木是为了自己的利益，蜜蜂用更大的利益打动了农夫，用合作的方式留住了自己的家园。

当你的力量比对手弱时，恳求是不能引起同情的，反而会让对手更加瞧不起你，更想早些把你除掉；硬碰硬地对抗，敌我悬殊太大，只能是自取灭亡；这时只有智取，与对手合作，用利益打动他，达到双赢的目的。当然，要想让强大的对手与不起眼的你合作，你就必须让对手看到与你合作的利益会大大超过不合作，这样才能让对手下定决心与你合作，而不是与你为敌；而对于力量相对弱小的你来说，与强大的对手合作只有利而没有弊。不要以为是对手，就一定要摆出势不两立的派头，其实在利益的追逐中，今天的敌人也许就是明天的伙伴。

还有这样一个故事：

在一个产柿子的地方，每年的秋天等柿子熟后，当地的农民都不会把每棵的柿子都摘完，而是留着树顶上的柿子不摘。外地人到那儿看到后都不明白，就问这些农民为什么不把那些柿子都摘去卖了。当地的农民给了一个让他们很讶异的答案："这些柿子是留给乌鸦的。"乌鸦？为什么会留给乌鸦呢？他们想不明白。那些农民就说："树上有柿子，乌鸦才会来，乌鸦来吃柿子，也会吃树上的虫子，这样柿子树就不会生病，就能保证明年柿子大丰收。"

这些农民也是在与敌人合作，乌鸦喜欢吃柿子，有时趁农民不备就会偷吃，既然如此，农民就主动地给乌鸦留柿子，让它们帮忙捉虫，这就是双赢。

在商场上，也是如此，要学会与自己的对手合作，在竞争中求进步，在合作中获利益。

竞争合作求双赢

竞争与合作从来都不是对立的，它们是相互依存的，与竞争对手合作，与合作伙伴良性竞争，在竞争、合作中互相学习、共同进步。一切以更好的发展为目的，无所谓敌人朋友，只要存在共同的利益，都可以一起合作达到共赢。

你可能不敢相信，为了能养出更好的羊，牧场主甚至可以和狼合作。

有一个牧场主养了许多羊。因为他的牧场所在的地方有狼，所以他的羊群总是受到狼的袭击。今天死两只，明天死两只，渐渐地羊群的数量越来越少。牧场主为此非常生气，对狼更是恨之入骨。有一天，又有几只羊被狼咬死了。牧场主再也忍受不了了，就花钱请了几位厉害的猎人把附近的狼全都消灭了。他想，这下可以高枕无忧了。结果，却让他大吃一惊。没有狼后，羊变得很懒散，吃吃睡睡生活很舒适，可它们的肉质变差了，当羊出栏时，销路大大不如以前。牧场主想不通这是为什么，现在他的羊越来越多了，却因为羊肉卖不上价，赚的钱还不如以前有狼的时候多。带着疑问，他去咨询了专家。原来，都是他自己闯的祸。他把狼给消灭了，羊没有了天敌追赶也懒得跑动，这样羊肉的质量就会下降，自然影响价格；而且没有了狼，羊的繁殖越来越快，对当地的草场也不好，如果草场破坏过大，牧场主还得花大价钱修复草场，这更不划算。专家的建议是，请狼回来，与狼共处。牧场主没有办法，只好从别的地方买了几只狼回来，将信将疑地等待结果。不出专家所料，狼回来后，羊的肉质上去了，草场也得到了应有的保护。牧场主终于明白了，狼不只是他的敌人，还可以是他的朋友，他的合作伙伴。

无独有偶，还有一个类似的故事。讲的是牧场主与猎户做朋友的故事。

一个养了许多羊的牧场主，和一个养了一群凶猛猎狗的猎户成了邻居。结果，那些猎狗经常跳过两家之间的栅栏，袭击牧场里的小羊羔。每次遇到这种事情，牧场主都只好去请猎户把猎狗关好，但猎户从来不以为意，只是口头上答应，从未有过行动。猎狗咬死、咬伤小羊的事依然经常发生。终于，牧场主忍无可忍，到镇上去找法官评理。法官听了他的控诉后，说了这么一段话："我可以处罚那个猎户，也可以发布法令让他把猎狗锁起来，但这样一来你就失去了一个朋友，多了一个敌人。你是愿意和敌人做邻居，还是愿意和朋友做邻居？"牧场主想也没想就说："当然是愿意和朋友做邻居了。"听了他的话，法官接着说："那好，我给你出个主意，按我说的去做，不但可以保证你的羊群不再受骚扰，还会为你赢得一个友好的邻居。"仔细听了法官的主意，牧场主回到家中就照着做了。他从自己的羊群中挑了三只最可爱的小羊羔，送给猎户的三个儿子。猎户的儿子们看到洁白温顺的小羊羔如获至宝，每天放学都要在院子里和小羊羔玩耍嬉戏。为了防止猎狗伤害儿子们的小羊，猎户专门做了一个大铁笼，把狗结结实实地锁了起来。为了答谢牧场主的好意，猎户开始经常送些野味给他，而牧场主也不时用羊肉和奶酪回赠猎户；而且因为这些猎狗的存在，从没有人敢来偷牧场主的羊，也没有其他动物敢来他的牧场捣乱。从此，牧场主的羊再也没有受到骚扰，他与猎户还成了朋友。

足见，化敌为友，不是对立而是合作，用友好的方式达到最终的目的是再好不过了。下过跳棋的人都知道，6个人各霸一方，互相是竞争对手，又必须是合作伙伴。因为如果你想到达你的目的地，就必须得利用别人搭的桥，只有大家互相搭桥合作，才能最快地到达目的地。

如果我们只讲求合作，放弃竞争，一味地为别人搭桥铺路，那别人就会先到达目的地，而自己只有等待失败收场；相反，如果我们只注意竞争，而忽视合作，一心只想拆别人的路，反而会延误自己的正事，自己依然无法获胜。所以，要在竞争中合作，在合作中竞争，求得双赢。

卡贝定律：放弃是创新的钥匙

走不通就要另辟蹊径

不是所有的事情都是坚持才会有好的结果，有的时候懂得放弃才是上策。人生有限，机会有限，选择最有利于自己的，放弃那些不适合的，这样你才能用最短的时间，付出最少的成本，获得最大的利益。不要固执，走不通就另辟蹊径，不要在没有结果的事情上投入太多的精力。

在印度的热带丛林里，流传着一种奇特的捕猴法。这里的人们在捉猴子时，会先拿出一个小木盒，在木盒里装上猴子爱吃的坚果，然后把盒子固定起来。再在盒了上开一个刚好够猴子的前爪伸进去的小口，这样猴子一旦抓住坚果，爪子就抽不出来了。用这种方法，常常能捉到猴子。这全因为猴子的一种习性：不肯放下已到手的东西。这时，人们总是嘲笑猴子的愚蠢：为什么不松开爪子放下坚果逃命呢？但在现实生活中，又有多少像这些猴子一样的人在犯着同样的错误呢。

懂得放弃，是放弃错误，收获光明。不要像这猴子一样，为了一点蝇头小利而丢了性命，也不要不撞南墙不回头，发现此路不通，就要赶快另取他路。人生有很多个选择，不要以为放掉了一个就失去了所有，有时候只有放弃了才能获得。

瑞士军事理论家菲米尼有句名言："一次良好的撤退，应与一次伟大的胜利一样受到奖赏。"该放弃的时候，要勇于放弃，放弃需要更多的勇气与智慧。

在生活中，当我们努力争取的东西与目标无关，或者目前拥有的东西已成为负累，或者劣势大于优势时，那么坚持还不如放弃。当你放弃了不该追求的东西后，你可能会突然发现，你已经拥有了你曾争取过而又未得到的东西。就像电影《卧虎藏龙》里那句经典台词说的一样："当你紧握双手，里面什么也没有；当你打开双手，世界就在你手中。"你越是拼命想抓住的东西，就越是得不到；相反，如果你学会了放弃，你会发现幸福就在身边。

人的时间和精力都是有限的，不可能得到所有你想要的东西，你只能挑最想要的来为之奋斗。想要拥有一切的人，往往最终什么也得不到。在未学会放弃之前，你将很难懂得什么是争取。如果不懂得放弃，就无法做出决策。

以个人或企业的发展为例，我们不可能在竞争中做到万无一失，只能放弃一些不利于发展或者对个人、企业帮助较小的东西，来谋取更大的收获。过去的成就，不代表将来的辉煌，决策者要懂得放弃光环。

大多数人都很难拒绝过去那些效果很好的技术和战略对我们的诱惑，也很难看到采用新战略和新技术的必要性。不伸开拳头，就很难抓到更多更新的东西，所以不要固守过去，也不要坚持错误，懂得放弃，才能开创更美好的天地。

长期居于世界手表行业销售榜首位的日本钟表企业精工舍，之所以会有这样的成就，就是因为该企业的第三任总经理服部正次的放弃战略。作为钟表企业，都会把瑞士这个钟表王国作为对手，来努力提高自己的质量，服部正次也不例外。在他上任初期，他一直把企业的发展方向定为质量赶超瑞士，可结果却很不理想，10多年的努力几乎是白费力气。就是在这时，服部正次清楚地认识到与瑞士比质量是行不通了，于是他迅速地带领精工舍另走新路，不再在机械表上比质量，而是研发出比机械表更好的新产品。有这个思路后，服部正次就带领自己的科研人员刻苦钻研，终于在几年后，开发出了比机械表走时更准确的石英电子表。产品一推出，就大获全胜，甚至赢得世界手表销售首位的荣誉。

这就是懂得放弃的回报，那条路被堵死了，没必要非得把它闯开，走另一条路也能看到柳暗花明，说不定景色更加秀丽。在竞争中，我们一定不要犯固执己见的错误，也不要贪得无厌，要懂得适时地放弃，才是成功的保证。

适时放弃收获更多

上帝在关上一扇窗的时候，会打开另一扇窗，或者打开一扇门。所以，不要害怕失去，失去的同时你可能会得到更多。

在选择中要懂得放弃，只有放弃了错误才能走向正确。比尔·盖茨曾说过："人生是一场大火，我们每个人唯一可做的，就是从这场大火中多抢一点东西出来。"在火中抢东西，一定要注意主次，没有多少时间供我们考虑，尽可能挑最重要的拿，而放弃那些相比之下次要的东西。

竞争中，我们不可能每个机会都去尝试，也不可能每个领域都获得成功，放弃自己不擅长的，放弃没有结果的尝试，放弃过多的欲望，放弃错误的坚持。这样，才能成为真正的赢家。

松下幸之助就是一位敢于放弃，懂得适时放弃的精明人。他领导松下集团走过了风风雨雨，创下了一个又一个商业奇迹。上世纪五六十年代，很多世界性的大公司都纷纷投入到大型电子计算机的研发和生产中来，以为这种高新科技会带来新的收益奇迹，松下通信工业公司也不例外地投入其中。可是1964年，在松下花费了5年时间，投入了高达10亿日元的研究开发资金，研发也很快要进入最后阶段的时候，松下公司突然决定全盘放弃，不再做大型电子计算机。这是松下幸之助的决定，他考虑到大型计算机的市场竞争太激烈，如果一着不慎，很可能使整个公司陷入危机。到那时再撤退，可能就为时已晚了，还是趁还没有陷入泥潭前，先拔出脚为好。结果，事实证明松下幸之助的决定是完全正确的。之后的市场正像松下预测的那样，而西门子、RCA等这种世界性的公司也陆续放弃了大型计算机的生产。

松下幸之助的成功，当然与他非凡的预测力是分不开的，但是更重要的是他懂得适时放弃的品质。做决策靠的就是果断，知道这条路是错的，就要立即调转头回到正确的路上去，不要为过去的付出斤斤计较，在错误的路上走得越远，只能失去得更多。

赌徒就是因为不懂得放弃，才会倾家荡产，总是不甘心过去输掉的钱，总是想着把本钱捞回来，而结果往往是输得更惨。

有些骗子，也是利用人们不懂得放弃的弱点来到处行骗。当你特别想得到某件东西时，你就会迷失自己；当你付出了成本时，你就总想着得到回报。网上有很多这样的诈骗者，利用你想要购买某物的急切心理，告诉你先交定金，到时把货邮给你；结果一般是定金打了水漂，有去无回。这时懂得放弃，损失的也就是那些定金。可有些人依然执迷不悟，明知道是骗局还是一个劲地往里钻，主动自愿地把剩下的金额都打过去，结果只能是赔得更惨。在现实中，还有很多这样的例子。

一个青年去向一位富翁请教成功之道。富翁什么话也没说，从冰箱里拿出三块大小不等的西瓜放在青年面前。问道："如果这里的每块西瓜代表一定程度的利益，你会选哪块？"青年人不假思索，直接答道："当然是最大的那块！"富翁笑了："那好，请用吧！"说着，富翁把最大的那块西瓜递给了青年，而自己却拿起最小的那块吃了起来。很快，富翁就把手里那块最小的西瓜吃完了，然后得意洋洋地拿起剩下的那块西瓜在青年面前晃了晃，大口吃了起来。青年顿时明白了富翁的意思：这些西瓜都代表着一定程度的利益，谁吃得最多谁拥有的利益就最大。虽然自己挑了最大的，可富翁却比自己吃得多，那么富翁占的利益自然也比自己多。

想在竞争中取胜，其实就像吃西瓜一样，要想使自己有大的发展，成为最后的赢家，就要有战略的眼光，要学会放弃，只有懂得适时地放弃，才能收获更多的利益。

罗杰斯论断：未雨绸缪，主宰命运

未雨绸缪，有备无患

对待问题的态度应该像对待疾病的态度一样，在身体有些不适的时候，就要及时治疗以免病情发展得更为严重，甚至无法医治，对问题也是这样，及早地预见问题，将其消灭于萌芽状态，才能有效地解决问题。

真正精明的人对自己所处的环境总是富有洞察力，一旦察觉到对自己不利的势力，在刚看出端倪时就会出手打压，将其扼杀在摇篮之中。否则，坐视其发展壮大到和自己旗鼓相当，甚至强于自己时，就会养虎为患，一切都来不及了。

在生活中，学会未雨绸缪、防微杜渐，将一切不利的因素消除在萌芽状态，将自己的危险降到最低，无疑是明智之举。

未雨绸缪、防微杜渐是人生智慧。竞争之中，常常强调"冬天"的人，日子未必艰难；一直浸润在"春天"里的人，"冬天"或许会提前到来。

微软公司创始人比尔·盖茨常说："微软离破产只有18个月。"居安思危是审时度势的理性思考，是在超前意识前提下的反思，是不敢懈怠、兢兢业业、勇于进取的积极心志。

世界著名的信息产业巨子，英特尔公司的前总裁安迪·葛罗夫，在功成身退之后回顾自己创业的历史，曾深有感触地说："只有那些危机感强烈，恐惧感强烈的人，才能够生存下去。"

英特尔成立时葛罗夫在研发部门工作。1979年，葛罗夫出任公司总裁，刚一上任他立即发动攻势，声称在一年内从摩托罗拉公司手中抢夺2000个客户，结果英特尔最后共赢得2500个客户，超额完成任务。此项攻势源于其强烈的危机意识，他总担心英特尔的市场会被其他企业占领。1982年，由于美国经济形势恶化，公司发展趋缓，他推出了"125%的解决方案"，要求雇员必须发挥更高的效率，以战胜咄咄逼人的日本企业。他时刻担心，日本已经超过了美国。在销售会议上，身材矮小、其貌不扬的葛罗夫，用拖长的声调说："英特尔是美国电子业迎战日本电子业的最后希望所在。"

危机意识渗透到安迪·葛罗夫经营管理的每一个细节中。1985年的一天，葛罗夫与公司董事长兼CEO摩尔讨论公司目前的困境。他问："假如我们下台了，另选一位新总裁，你认为他会采取什么行动？"摩尔犹豫了一下，答道："他会放弃存储器业务。"葛罗夫说："那我们为什么不自己动手？"1986年，葛罗夫为公司提出了新的口号——"英特尔，微处理器公司"，帮助英特尔顺利地走出了这一困境。其实，这皆源于他的危机意识。

1992年，英特尔成为世界上最大的半导体企业。此时英特尔已不仅仅是微处理器厂商，而是整个计算机产业的领导者。1994年，一个小小的芯片缺陷，将葛罗夫再次置于生死关头。12月12日，IBM宣布停止发售所有奔腾芯片的计算机。预期的成功变成泡影，一切变得不可捉摸，雇员心神不宁。12月19日，葛罗夫决定改变方针，更换所有芯片，并改进芯片设计。最终，公司耗费相当于奔腾5年广告费用的巨资完成了这一工作。英特尔活了下来，而且更加生气勃勃，是葛罗夫的性格和他的危机意识再次挽救了公司。

在葛罗夫的带领下，英特尔把利润中非常大的部分花在研发上。葛罗夫那句"只有恐惧、危机感强烈的人，才能生存下去"的名言已成为英特尔企业文化的象征。

居安思危方可安身，贪图逸豫则会亡身。只有如葛罗夫那样充满危机意识，我们才能在激烈的竞争中保持不败的境地。每一个竞争者都要把葛罗夫的例子装在心中，将“永远让自己处于危机与恐惧中”的话记在心中。只有时时提醒自己不断进步，才能在竞争激烈的环境中生存下来，开创出属于自己的艳阳天。

在实践探索中培养预见力

未来是不确定的，计划在不确定因素面前无能为力，所以你必须随机应变，前提是你必须拥有确定的目标和长远的计划。

我们很容易被眼前的利益蒙蔽了双眼，从而忽视潜伏于远方的危险，在不知不觉中失败。因此，我们一定要高瞻远瞩，培养自己预见未来的能力。

公元前 415 年，雅典人准备攻击西西里岛，他们以为战争会给他们带来财富和权力，但是他们没有考虑到战争的危险性和西西里人抵抗战争的顽强性。由于求胜心切，战线拉得太长，他们的力量被分散了，再加上西西里人团结一致，他们更难以应付了。雅典的远征导致了自身的覆灭。

胜利的果实的确诱人，但远方隐约浮现的灾难更加可怕。因此，不要只想着胜利，还要想到潜在的危险，这种危险有可能是致命的。不要因为眼前的利益而毁了自己。被欲望蒙蔽了双眼的人，他们的目标往往不切实际，会随着周围状况的改变而改变。

我们应时刻保持清醒的头脑，根据变化随时调整自己的计划。世事变幻莫测，我们必须具有一定的预见未来的能力，过分苛求一项计划是不明智的，实现目标可以有多种途径，不要抓住一个不放。

预见未来的能力是可以通过实践探索慢慢培养的。要有明确的目标，但必须实事求是地对客观现状进行分析评估；计划要周密，模糊的计划只能让你在麻烦中越陷越深。

第五章
人际关系学定律

首因效应：先入为主的第一印象

从破格录用想到的

《三国演义》中，凤雏庞统起初准备效力东吴，于是去面见孙权。孙权见庞统相貌丑陋、傲慢不羁，无论鲁肃怎样苦言相劝，最后，还是将这位与诸葛亮比肩齐名的奇才拒于门外。为什么会这样呢？是庞统无能，还是孙权根本不需要帮手呢？其实，造成这样的后果仅仅是因为庞统没能给孙权留下良好的“第一印象”。

如今，大家都认为工作不好找，尤其是刚毕业的人。其实，如果把握好求职时的第一印象，效果往往会出乎意料。

一个新闻系的毕业生正急于找工作。一天，他到某报社对总编说：“你们需要一个编辑吗？”

“不需要！”

“那么记者呢？”

“不需要！”

“那么排版人员、校对呢？”

“不，我们现在什么空缺也没有了。”

“那么，你们一定需要这个东西。”说着他从公文包中拿出一块精致的小牌子，上面写着“额满，暂不雇用”。总编看了看牌子，微笑着点了点头，说：“如果你愿意，可以到我们广告部工作。”

这个大学生通过自己制作的牌子，表现了自己的机智和乐观，给总编留下了良好的“第一印象”，引起对方极大的兴趣，从而为自己赢得了一份满意的工作。这也是为什么当我们进入一个新环境，参加面试，或与某人第一次打交道的时候，常常会听到这样的忠告：“要注意你给别人的第一印象噢！”

也许你会好奇，第一印象真的有那么重要，以至于在今后很长时间内都会影响别人对你的看法吗？心理学家曾做了这样一个实验：

心理学家设计了两段文字，描写一个叫吉姆的男孩一天的活动。其中，一段将吉姆描写成一个活泼外向的人：他与朋友一起上学，与熟人聊天，与刚认识不久的女孩打招呼等；另一段则将他描写成一个内向的人。

研究者让一些人先阅读描写吉姆外向的文字，再阅读描写他内向的文字；而让另一些人先阅读描写吉姆内向的文字，后阅读描写他外向的文字，然后请所有的人都来评价吉姆的性格特征。

结果，先阅读外向文字的人中，有78%的人评价吉姆热情外向；而先阅读内向文字的人中，则只有18%的人认为吉姆热情外向。

由此可见，第一印象真的很重要！事实上，人们对你形成的某种第一印象，往往日后也很难改变。而且，人们还会寻找更多的理由去支持这种印象。有的时候，尽管你的表现并不符合原先留给别人的印象，但人们在很长一段时间里仍然要坚持对你的最初评价。例如，一对结婚多年的夫妻，最清晰难忘的，是初次相逢的情景，在什么地方，什么情景，站的姿势，开口说的第一句话，甚至窘态和可笑的样子都记得清清楚楚，终生难忘。

成功打造第一印象，占据他人心中有利地形

了解了第一印象的重要性，现在我们来谈谈应该怎样给人留下良好的第一印象。

通常，第一印象包括谈吐、相貌、服饰、举止、神态，对于感知者来说都是新的信息，它对感官的刺激也比较强烈，有一种新鲜感。这好比在一张白纸上，第一笔抹上的色彩总是十分清晰、深刻一样。随着后来接触的增加，各种基本相同的信息的刺激，也往往盖不住初次印象的鲜明性。所以，第一印象的客观重要性还是显而易见的，并在以后交往中起了“心理定式”作用。

如果你与人初次见面就不言不语、反应缓慢，给人的第一印象基本就是呆板、虚伪、不热情，对方就可能不愿意继续了解你，即使你尚有许多优点，也不会被人接受；而如果你给人留下的第一印象是风趣、直率、热情，即使你身上尚有一些缺点，对方也会用自己最初捕捉的印象帮你掩饰短处。

一般来说，想给他人留下良好的第一印象，必须要牢记以下5点：

1. 显露自信和朝气蓬勃的精神面貌

自信是人们对自己的才干、能力、个人修养、文化水平、健康状况、相貌等的一种自我认同和自我肯定。一个人要是走路时步伐坚定，与人交谈时谈吐得体，说话时双目有神，目光正视对方，善于运用眼神交流，就会给人以自信、可靠、积极向上的感觉。

2. 讲信用，守时间

现代社会，人们对时间愈来愈重视，往往把不守时和不守信用联系在一起。若你第一次与人见面就迟到，可能会造成难以弥补的损失，最好避免。

3. 仪表、举止得体

脱俗的仪表、高雅的举止、和蔼可亲的态度等是个人品格修养的重要部分。在一个新环境里，别人对你还不完全了解，过分随便有可能引起误解，产生不良的第一印象。当然，仪表得体并不是非要用名牌服饰包装自己，更不是过分地修饰，因为这样反而会给人一种轻浮

浅薄的印象。

4. 微笑待人，不卑不亢

第一次见面，热情地握手、微笑、点头问好，都是人们把友好的情意传递给对方的途径。在社会生活中，微笑已成为典型的人性特征，有助于人们之间的交往和友谊。但与别人第一次见面，笑要有度，不停地笑有失庄重；言行举止也要注意交际的场合，过度的亲昵举动，难免有轻浮油滑之嫌，尤其是对有一定社会地位的朋友，不应表露巴结讨好的意思。趋炎附势的行为不仅会引起当事人的蔑视，连在场的其他人也会瞧不起你。

5. 言行举止讲究文明礼貌

语言表达要简明扼要，不乱用词语；别人讲话时，要专心地倾听，态度谦虚，不随便打断；在听的过程中，要善于通过身体语言和话语给对方以必要的反馈；不追问自己不必知道或别人不想回答的事情，以免给人留下不好的印象。

刺猬法则：与人相处，距离产生美

我们都需要一定的“距离”

生物学家曾做过一个实验：冬季的一天，把十几只刺猬放到户外空地上。这些刺猬被冻得浑身发抖，为了取暖紧紧地靠在一起，而相互靠拢后，它们身上的长刺又把同伴刺疼，很快就分开了。但寒冷又迫使大家再次围拢，疼痛又迫使大家再次分离。如此反复多次，它们终于找到了一个较佳的位置——保持一个忍受最轻微疼痛又能最大程度取暖御寒的距离。其实，人与人之间亦是如此，良好交际需要保持适当的距离。

下面，我们先来做一个小小的选择题：

你要坐公交车出去玩，上车后你发现只有最后一排还有5个座位，走在你前面的两个人，一个选了正中间的座位，一个选了最右侧靠窗子的座位。剩下3个座位中，一个在前两个人之间，两个在中间人与最左侧的窗户之间。这时，你会坐在哪里呢？

想必，你多半会选择最左侧窗户的座位，而不是紧挨着两个人中的任何一位坐下。不要好奇，这是因为人与人之间，也像前面讲的刺猬那样，彼此需要一定的距离。

这种距离，有时是环绕在人体四周的一个抽象范围，用眼睛没法看清它的界限，但它确确实实存在，而且不容他人侵犯。

例如，无论在拥挤的车厢里，还是电梯内，你都会在意他人与自己的距离。当别人过于接近你时，你可以通过调整自己的位置来逃避这种接近的不快感；但是空间里挤满了人无法改变时，你只好以对其他乘客漠不关心的态度来忍受心中的不快，所以看上去神态木然。

关于这方面，一位心理学家曾做过这样一个实验：

在一个刚刚开门的阅览室，当里面只有一位读者时，心理学家进去拿了把椅子，坐在那位读者的旁边。实验进行了整整80个人次。结果证明，在一个只有两位读者的空旷的阅览室里，没有一个被试者能够忍受一个陌生人紧挨自己坐下。当他坐在那些读者身边后，被试者不知道这是在做实验，很多人选择默默地远离到别处坐下，甚至还有人干脆明确表示："你想干什么？"

这个实验向我们证明了，任何一个人，都需要在自己的周围有一个自己可以把握的自我空间，如果这个自我空间被人触犯，就会感到不舒服、不安全，甚至恼怒起来。

所以，我们在现实生活中，在人际交往中，一定要把握适当的交往距离，就像前面互相取暖的刺猬那样，既互相关心，又有各自独立的空间。

交际中的距离学问

既然距离在人际交往中如此重要，那么，究竟保持多远的距离才合适呢？一般而言，交往双方的人际关系以及所处情境决定着相互间自我空间的范围。

美国人类学家爱德华·霍尔博士划分了4种区域或距离，各种距离都与双方的关系相称。

1. 亲密距离

所谓"亲密距离"，即我们常说的"亲密无间"，是人际交往中的最小间隔，其近范围在6英寸（约15厘米）之内，彼此间可能肌肤相触、耳鬓厮磨，以至相互能感受到对方的体温、气味和气息；其远范围是6~18英寸（15~44厘米），身体上的接触可能表现为挽臂执手，或促膝谈心，仍体现出亲密友好的人际关系。

这种亲密距离属于私下情境，只限于在情感联系上高度密切的人之间使用。在社交场合，大庭广众之下，两个人（尤其是异性）如此贴近，就不太雅观。在同性之间，往往只限于贴心朋友，彼此十分熟识而随和，可以不拘小节，无话不谈；在异性之间，只限于夫妻和恋人之间。因此，在人际交往中，一个不属于这个亲密距离圈子内的人随意闯入这一空间，不管他的用心如何，都是不礼貌的，会引起对方的反感，也会自讨没趣。

2. 个人距离

这是人际间隔上稍有分寸感的距离，较少有直接的身体接触。个人距离的近范围为1.5~2.5英尺（46~76厘米），正好能相互亲切握手，友好交谈。这是与熟人交往的空间，陌生人进入这个范围会构成对别人的侵犯。个人距离的远范围是2.5~4英尺（76~122厘米），任何朋友和熟人都可以自由地进入这个空间。不过，在通常情况下，较为融洽的熟人之间交往时保持的距离更靠近远范围的近距离（2.5英尺）一端，而陌生人之间谈话则更靠近远范围的远距离（4英尺）一端。

人际交往中，亲密距离与个人距离通常都是在非正式社交情境中使用，在正式社交场合则使用社交距离。

3. 社交距离

这个距离已超出了亲密或熟人的人际关系，而是体现出一种社交性或礼节上的较正式关系。其近范围为4~7英尺（1.2~2.1米），一般在工作环境和社交聚会上，人们都保持这种程度的距离；社交距离的远范围为7~12英尺（2.1~3.7米），表现为一种更加正式的交往关系。

例如，公司的经理们常用一个大而宽阔的办公桌，并将来访者的座位放在离桌子一段距离的地方，这就是为了与来访者谈话时能保持一定的距离。还有，企业或国家领导人之间的谈判、工作招聘时的面谈、教授和大学生的论文答辩等，往往都要隔一张桌子或保持一定距离，这样就增加了一种庄重的气氛。

4. 公众距离

通常，这个距离指公开演说时演说者与听众所保持的距离。其近范围为 12~25 英尺（约 3.7~7.6 米），远范围在 25 英尺之外。这是一个几乎能容纳一切人的“门户开放”的空间，人们完全可以对处于空间内的其他人“视而不见”、不予交往，因为相互之间未必发生一定联系。因此，这个空间的活动，大多是当众演讲之类，当演讲者试图与一个特定的听众谈话时，他必须走下讲台，使两个人的距离缩短为个人距离或社交距离，才能够实现有效沟通。

当然了，人际交往的空间距离不是固定不变的，它具有一定的伸缩性，这依赖于具体情境、交谈双方的关系、社会地位、文化背景、性格特征、心境等。

了解了交往中人们所需的自我空间及适当的交往距离，我们就能够有意识地选择与人交往的最佳距离；而且，通过空间距离的信息，还可以很好地了解一个人的实际社会地位、性格以及人们之间的相互关系，更好地进行人际交往。

投射效应：人心各不同，不要以己度人

为何会有“以小人之心，度君子之腹”的心结

宋代著名学者苏东坡和佛印和尚是好朋友，一天，苏东坡去拜访佛印，与佛印相对而坐，苏东坡对佛印开玩笑说：“我看你是一堆狗屎。”而佛印则微笑着说：“我看你是一尊金佛。”苏东坡觉得自己占了便宜，很是得意。回家以后，苏东坡得意地向妹妹提起这件事，苏小妹说：“哥哥你错了。佛家说‘佛心自现’，你看别人是什么，就表示你看自己是什么。”

也许你会一笑而过，但苏小妹的话确实是有道理的。

你可能要问苏小妹的话为何有道理。从心理学角度，她正好指出了人喜欢把自己的想法投射到他人身上的投射效应。俗语说的“以小人之心，度君子之腹”心结，讲的就是小人总喜欢用自己卑劣的心意去猜测品行高尚的人。

与之类似，曾有这样一个有趣的笑话：

一天晚上，在漆黑偏僻的公路上，一个年轻人的汽车抛了锚——汽车轮胎爆炸了。

年轻人下来翻遍了工具箱，也没有找到千斤顶。怎么办？这条路很长时间都不会有车子经过。他远远望见一座亮灯的房子，决定去那户人家借千斤顶。可是他又有许多担心，在路上，他不停地想：

“要是没有人来开门怎么办？”

“要是没有千斤顶怎么办？”

“要是那家伙有千斤顶，却不肯借给我，该怎么办？”

……

顺着这种思路想下去，他越想越生气。当走到那间房子前，敲开门，主人一出来，他冲着人家劈头就是一句：“你那千斤顶有什么稀罕的！”

主人一下子被弄得丈二和尚摸不着头脑，以为来的是个精神病人，就“砰”的一声把门关上了。

笑声中我们不难发现，这个年轻人，错就错在把自己的想法投射到了主人的身上。

在人际交往中，认识和评价别人的时候，我们常常免不了要受自身特点的影响，我们总

会不由自主地以自己的想法去推测别人的想法，觉得既然我们这么想，别人肯定也这么想。例如，贪婪的人，总是认为别人也都嗜钱如命；自己经常说谎，就认为别人也总是在骗自己；自己自我感觉良好，就认为别人也都认为自己很出色……

1974 年，心理学家希芬鲍尔曾做了这样一个实验：

他邀请一些大学生作为被试者，将他们分为两组。给其中一组学生放映喜剧电影，让他们心情愉快；而给另外一组学生放映恐怖电影，让他们产生害怕的情绪。然后，他又给这两组学生看相同的一组照片，让他们判断照片上人的面部表情。

结果，看了喜剧电影心情愉快的那组大学生判断照片上的人也是开心的表情，而看了恐怖电影心情紧张的那组大学生则判断照片上的人是紧张害怕的表情。

这个实验说明，被试的大部分学生将照片上人物的面部表情视为自己的情绪体验，即将自己的情绪投射到他人身上。

其实，投射效应的表现形式除了将自己的情况投射到别人身上外，还有另一种表现一感情投射。即对自己喜欢的人或事物越看越喜欢，越看优点越多；对自己不喜欢的人或事物越看越讨厌，越看缺点越多。这种情况多发生在恋爱期间，如在热恋时人们喜欢在周围人面前吹嘘自己的另一半如何完美无缺；一旦失恋，对对方的憎恨之情溢于言表，并言过其实。

所以，知道了投射效应在人际交往的过程中会造成我们对其他人的知觉失真，我们这就要在与人交往的过程中保持理性，避免受这种效应的不良影响。

辩证走出“投射效应”的误区

哲学上曾讲过，对任何事物我们都应辩证地去看。没错，投射效应也不例外。

一方面，这种效应会使我们拿自己的感受去揣度别人，缺少了人际沟通中认知的客观性，从而造成主观臆断并陷入偏见的深渊，这是需要我们克服的。

《庄子·天地》中记载了这样一个故事：

尧到华山视察，华封人祝他“长寿、富贵、多男子”，尧都辞谢了。华封人说：“寿、富、多男子，人之所欲也。汝独能不欲，何邪？”尧说：“多男子则多惧，富则多事，寿则多辱。是三者，非所以养德也，故辞。”

透过这个故事，我们发现，人的心理特征各不相同，即使是“富、寿”等基本的目标，也不能随意“投射”给任何人。

由于产生投射效应是主观意识在作祟，所以我们可以通过时刻保持理性，克服潜意识和惯性思维，让事物的发展规律还原它本来的面目，从而消除这种效应带来的不良影响。

首先，我们要客观地认清别人与自己的差异，不断完善自己，不能总是以己之心度人之腹。其次，我们要承认和尊重差异，多角度、全方位地去认识别人。最后，为了避免投射效应，我们需要学会换位思考，也就是设身处地地站在对方的立场上去看别人。与人交往时，如果我们能站在对方的立场上，为对方着想，理解对方的需要和情感，就能与他人进行很好的交流和沟通，也更容易达成谅解和共识。

另一方面，我们也不可否认，因为人性有相通之处，有时不同的人的确会产生相同的感受。那么，我们就可以利用一个人对别人的看法来推测这个人的真正意图或心理特征。正如钱钟书说“自传其实是他传，他传往往却是自传”，要了解某人，看他的自传，不如看他为别人做的传。因为作者恨不得化身千千万万来讲述不方便言及或者即便说了别人也不能相信的发生在作者身上的真实故事。

例如，你在帮公司招聘人员的时候，想了解求职者真实的应聘目的，就可以设计这样的问题：

你应聘本公司的主要原因是什么？

A. 工作轻松　B. 有住房　C. 公司理念符合个人个性　D. 有发展前途　E. 收入高

你认为跟你一起到本公司应聘的其他人的主要原因是什么？

A. 工作轻松　B. 有住房　C. 公司理念符合个人个性　D. 有发展前途　E. 收入高

显然，第一个题目并没有多大意义，大部分求职者都会选择C或D；第二个题目，则可以考察求职者的心理投射，求职者一般会根据自己内心的真实想法来推测别人，其答案往往也就是求职者内心的想法。

那么，在干部谈话或招聘等过程中，我们就可以利用投射效应了解交际对象的态度和动机，为我们带来积极的意义。

所以，对待交际中的投射效应，我们要学会辩证地看待其影响，用理智避开它不利的一面，用智慧运用好它有利的一面。

自我暴露定律：适当暴露，让你们的关系更加亲密

适当的“自我暴露”有助加深亲密度

你有秘密吗？你是否发现自己与身边最亲密的人往往共同分享着彼此的许多秘密，而对于那些交情一般的人，你们之间几乎任何秘密都没有？你还可以回想一下，与最好的朋友的友谊，是不是从那一次你们两人互诉真心开始建立的？想必，你对上述几个问题的答案基本都是“是”。无需奇怪，这就是人际交往中的自我暴露定律。

研究交际心理学的人士曾指出，让人家看到自己的缺点或弱点，人家才会觉得你真实可信，不存虚假，从而产生亲近感；反之，完全把自己“藏起来”，就会使人感觉造作、虚伪、有压力。

小敏是宿舍中最擅长交际的一个，并且人也长得漂亮。但同宿舍甚至同班的其他女孩都找到了自己的男朋友，唯独漂亮、擅长交际的小敏仍是独自一人。

为什么呢？她身边的同学都表示，她太神秘，别人很难了解她。和她有过接触的男同学也说，刚开始和她交往时，感觉她是个活泼开朗的女孩，但时间一长，就发现她其实很封闭。

原来，小敏一直对自己的私生活讳莫如深，也从不和别人谈论自己，每当别人问起时，她就把话题岔开，怪不得同学们都觉得她神秘呢！

生活中有一些人是相当封闭的，当对方向他们说出心事时，他们却总是对自己的事情闭口不谈。但这种人不一定都是内向的人，有的人话虽然不少，但是从不触及自己的私生活，也不谈自己内心的感受。

人之相识，贵在相知；人之相知，贵在知心。要想与别人成为知心朋友，就必须表露自

己的真实感情和真实想法，向别人讲心里话，坦率地表白自己、陈述自己、推销自己，这就是自我暴露。

当自己处于明处，对方处于暗处，你一定不会感到舒服。自己表露情感，对方却讳莫如深，不和你交心，你一定不会对他产生亲切感和信赖感。当一个人向你表白内心深处的感受，你可以感到对方信任你，想和你进行情感的沟通，这就会一下子拉近你们的距离。

在生活中，有的人知心朋友比较多，虽然他（她）看起来不是很擅长社交。如果你仔细观察，会发现这样的人一般都有一个特点，就是为人真诚，渴望情感沟通。他们说的话也许不多，但都是真诚的。他们有困难的时候，总会有人来帮助，而且很慷慨。

而有的人，虽然很擅长社交，甚至在交际场合中如鱼得水，但是他们却少有知心朋友。因为他们习惯于说场面话，做表面功夫，交朋友又多又快，感情却都不是很深；因为他们虽然说很多话，却很少暴露自己的真实感情。

要知道，人和人在情感上总会有相通之处。如果你愿意向对方适度袒露，就会发现相互的共同之处，从而和对方建立某种感情的联系。向可以信任的人吐露秘密，有时会一下子赢得对方的心，赢得一生的友谊。

如果希望结交知心朋友，你不妨先对他们敞开自己的心扉！

过犹不及，暴露自己要有度

人常说："凡事要有度，凡事不能过度。"一点儿也没错，在交际中，自我暴露是赢得他人好感的有效方式，但这种暴露同样要做到"适度"。

小鱼是某大学的研究生，刚入学不久，她就把同班同学"雷"到了。一天早上上课，课间，坐在前排的她转过身和一位同学借笔记，还回来时笔记里竟然夹了一张男生的照片，于是小鱼打开了话匣子，跟后面的同学聊了起来，说那是她在火车上认识的新男友，正热恋。她从她和男友在哪儿租了房子、昨天买了什么菜、谁做的晚饭，说到她如何如何幸福，甚至说到二人世界里亲密的小细节……

这样的事情有很多，而且她经常不分时间场合随便就跟别人讲自己的一些私事。到后来，同学们一见到她就躲开了，大家都受不了她了。

由上面的这个例子我们可以看出，在人际交往的过程中，自我暴露要有一个度，过度的自我暴露反而会惹人厌。

在人际交往中，自我暴露应注意以下几个问题：

自我暴露应遵循对等原则，即当一个人的自我暴露与对方相当时，才能使对方产生好感。比对方暴露得多，则给对方以很大的威胁和压力，对方会采取避而远之的防卫态度；比对方暴露得少，又显得缺乏交流的诚意，交不到知心朋友。

自我暴露应循序渐进。自我暴露必须缓慢到相当温和的程度，缓慢到足以使双方都不感到惊讶的速度。如果过早地涉及太多的个人亲密关系，反而会引起对方的忧虑和不信任感，认为你不稳重、不敢托付，从而拉大了双方的心理距离。

真正的亲密关系是建立得很慢的，它的建立要靠信任和与别人相处的不断体验。因而，你的"自我暴露"必须以逐步深入为基本原则，这样，你才会讨人喜欢，才能交到知心朋友。

刻板效应：别让记忆中的刻板挡住你的人脉

偏见的认知源于记忆中的刻板

偏见源于何处呢?

一些社会心理学家认为，偏见的认知来源于刻板印象。

刻板印象指的是人们对某一类人或事物产生的比较固定、概括而笼统的看法，是我们在认识他人时经常出现的一种相当普遍的现象。

刻板印象的形成，主要是由于我们在人际交往的过程中，没有时间和精力去和某个群体中的每一成员都进行深入的交往，而只能与其中的一部分成员交往。因此，我们只能“由部分推知全部”，由我们所接触到的部分，去推知这个群体的全部。

人们一旦对某个事物形成某种印象，就很难改变。

美国一些心理学家分别于 1932 年、1951 年和 1967 年对普林斯顿大学生进行了 3 次有关民族性格的刻板印象调查。他们让学生选择 5 个他们认为某个民族最典型的性格特征。3 次研究的结果大致相同，如下表所示：

民族	性格特征
美国人	勤奋、聪明、实利主义、有雄心、进取
英国人	爱好运动、聪明、沿袭常规、传统、保守
德国人	有科学头脑、勤奋、不易激动、聪明、有条理
犹太人	精明、吝啬、勤奋、贪婪、聪明
意大利人	爱艺术、冲动、感情丰富、急性子、爱好音乐
日本人	聪明、勤奋、进取、精明、狡猾

雷兹兰（1950 年）、西森斯（1978 年）、休德费尔（1971 年）等人的研究也充分证实了这种刻板效应对人知觉的严重曲解。

生活中，人们都会不自觉地把人按年龄、性别、外貌、衣着、言谈、职业等外部特征归为各种类型，并认为每一类型的人有共同特点。在交往观察中，凡对象属一类，便用这一类人的共同特点去理解他们。比如，人们一般认为工人豪爽，军人雷厉风行，商人大多较为精明，知识分子是戴着眼镜、面色苍白的“白面书生”形象，农民是粗手大脚、质朴安分的形象等。诸如此类看法都是类化的看法，都是人脑中形成的刻板、固定的印象。

如何移去记忆中的刻板

刻板效应的产生，一是来自直接交往印象，二是通过别人介绍或传播媒介的宣传。刻板效应既有积极作用，也有消极作用。居住在同一个地区、从事同一种职业、属于同一个种族的人总会有一些共同的特征。刻板印象建立在对某类成员个性品质抽象概括认识的基础上，反映了这类成员的共性，有一定的合理性和可信度，所以它可以简化人们的认知过程，有助于对人迅速做出判断，帮助人们迅速有效地适应环境。但是，刻板印象毕竟只是一种概括而笼统的看法，并不能代替活生生的个体，因而“以偏概全”的错误总是在所难免。如果不明白这一点，在与人交往时，唯刻板印象是瞻，像“削足适履”的郑人，宁可相信作为“尺寸”的刻板印象，也不相信自己的切身经验，就会出现错误，导致人际交往的失败，自然也就无助于我们获得成功。因此，刻板效应容易使人认识僵化、保守，人们一旦形成不正确的刻板效应，用这种定型观念去衡量一切，就会造成认知上的偏差，如同戴上“有色眼镜”去看人一样。

在不同人的头脑中刻板效应的作用、特点是不相同的。文化水平高、思维方式好、有正确世界观的人，其刻板效应是不“刻板”的，是可以改变的。

刻板效应具有浅尝性，往往对个体或者某一群体的分类过于简单和机械，有的只依靠停留在表面上的认识就加以定性；刻板效应同时具有部落共性，在同一社会、同一群体中，由于同一文化、价值观念、信息来源影响，刻板印象有惊人的一致性；刻板效应还具有强烈的主观性，往往凭着偶然的经验加以评判或分类，大多是以偏概全，甚至是颠倒是非。假如最初我们认定日本人勤劳、有抱负而且聪明，美国人讲求实际、爱玩而又入乡随俗，犹太人有野心、勤奋而又精明，女人比男人更会养育子女、照料他人而且温柔顺从，戴眼镜的人都聪明，教授都有点古怪而且平日里都是一副漫不经心的样子等，当我们初次与以上人群相遇时，就会不自觉地用已有的概念去套用，而结果往往也会陷入啼笑皆非的尴尬局面。

作为教师或者学生家长或者社会其他人员，在评价学生的人格时首先要有大系统思维观，切忌单线条或者直线思维，要考虑事情原因和结果的多样性、复杂性，而不是“一个事物、一种现象、一个结果”，要建立多原因、多结果论。其次要用发展的眼光来看问题，世界是时时刻刻在发展变化中的，如果用刻舟求剑的办法处理问题，只能是落后的、要闹笑话的、最终会导致严重错误的。再次要多方位、多角度观察学生，“横看成岭侧成峰，远近高低各不同”。只有观察多了，才有可能比较全面地认识一个人。

克服刻板效应的关键：

一是要善于用“眼见之实”去核对“偏听之辞”，有意识地重视和寻求与刻板印象不一致的信息。

二是深入到群体中去，与群体中的成员广泛接触，并重点加强与群体中典型化、代表性的成员的沟通，不断地检索验证原来刻板印象中与现实相悖的信息，最终克服刻板印象的负面影响而获得准确的认识。

因此，我们要纠正刻板效应的消极作用，努力学习新知识，不断扩大视野，开拓思路，更新观念，养成良好的思维方式。

互惠定律：你来我往，人情互惠

投桃报李，学会感恩

爱默生说过：“人生最美丽的补偿之一，就是人们真诚地帮助别人之后，同时也帮助了自己。帮助别人也就是帮助你自己。”你送出什么就收回什么，你播种什么就收获什么。你帮助的愈多，你得到的也就愈多；而你愈吝啬，也就愈可能一无所得。“爱别人就是爱自己”，这句很经典的话，其实已说出了人际关系的“核心秘密”——你付出别人所需要的，他们也会给予你所需要的。

古语有云：“投我以桃，报之以李。”对于别人的恩惠，我们不能无动于衷，而要以另一种好处来报答他人。

在第一次世界大战中，为了刺探对方敌情，各国专门培训了一批特种兵，其任务是深入敌后去抓俘虏回来审讯。

当时的战争是堑壕战，大队人马要想穿过两军对垒前沿的无人区是十分困难的，如果一个士兵悄悄爬过去，溜进敌人的战壕，相对来说就比较容易了。

有一个德军特种兵以前曾多次成功地完成这样的任务，这次他又接到任务出发了。他很熟练地穿过两军之间的地带，悄无声息地出现在敌军战壕中。

一个落单的士兵正在吃东西，毫无戒备，一下子就被德国兵缴了械。他手中还举着刚才正在吃的面包，这时，他本能地把一块面包递给对面突袭的敌人。

面前的德国兵忽然被这个举动打动了，他做出了不可思议的行为——他没有俘虏这个敌军士兵，而是将其放了，自己空着手回去，虽然他知道回去后上司会大发雷霆。

这个德国兵为什么这么容易就被一块面包打动呢？其实，人的心理是很微妙的，在得到别人的好处或好意后，就想要回报对方。虽然德国兵从对手那里得到的只是一块面包，或者他根本没有想要那块面包，但是他感受到了对方对他的一种善意。即使这善意中包含着一种恳求，但这毕竟是一种善意，是很自然地表达出来的，在一瞬间打动了他。他在心里觉得，无论如何不能把一个对自己好的人当俘虏抓回去，更别说要了这个人的命。

其实这个德国兵不知不觉地受到了心理学上互惠定律的左右。得到对方的恩惠就一定要报答的心理，是人类社会中根深蒂固的一个行为准则。

一位心理学教授做过一个小小的实验，证明了这个定律：

他在一群素不相识的人中随机抽样，给挑选出来的人寄去了圣诞卡片。但没有想到，大部分收到卡片的人都给他回寄了一张，而实际上他们都不认识他。

给他回赠卡片的人，根本就没有想过打听一下这个陌生的教授到底是谁，他们收到卡片，自动就回赠了一张。也许他们想，可能自己忘了这个教授是谁了，或者这个教授有什么原因才给自己寄卡片。不管怎样，自己不能欠人家的情，给人家回寄一张总是没有错的。

这个实验虽小，却证明了互惠定律的作用。当然，你也可以使用这个原理来提升自己的影响力。如果从别人那里得到了好处，我们应该回报对方；如果一个人帮了我们，我们也会帮他，或者给他送礼品，或请他吃饭；如果别人记住了我们的生日，并送我们礼品，我们对他也会这么做。

人与人的相处其实是很简单的，你想要别人把你当作朋友，那你必须先把别人当作朋友。

播种爱心，赢得朋友

中国历来讲究礼尚往来，这似乎也是人类行为不成文的规则。与人交往讲究互惠互利，双方需要保持利益平衡，如果利益平衡被打破，就会导致关系破裂。互相帮助，有来有往，用真心换取真心，这样才能使我们赢得更多的人心，也能使友谊更加稳固。

人与人之间的互动，就像坐跷跷板一样，要高低交替。一个永远不肯吃亏、不肯让步的人，即使真正得到好处，也是暂时的，他迟早要被别人讨厌和疏远。得到别人的好处或好意，及时回报，这能够表明自己是一个知恩图报的人，有利于相互交往的发展。

在不是很熟悉的朋友之间，你求别人办事，如果没有及时回报，下一次又求人家，就显得不太自然，因为人家会怀疑你是否有回报的意识，是否感激他对你的付出。如果对方突然有一件事反过来求你，你即使觉得不太好办的话，也难以拒绝。俗话说："受人一饭，听人使唤。"为了保持一定的自由，最好不要欠人情。当然，在关系很密切的朋友之间，就不一定要马上回报，那样反而可能显得生疏。但也不等于不回报，有机会的时候还是应该回报的。

在人生的旅途中，我们一直在播种，也许我们不经意的一次善意，就会获得意想不到的感激。当然，我们付出的时候并不是为了得到回报，可生活就是这样，有播种就会有收获，对我们来说也许只是绵薄之力，对需要帮助的人来说则可能会是新的人生起点。

在尼泊尔白雪覆盖的山路上，刺骨的寒气伴随着暴风雪，让人很难睁开双眼。有个男子走了很久，好不容易碰到一个旅行家，两个人自然而然地成了旅途上的同伴。半路上他们看到一个老人倒在雪地里，如果置之不理，老人一定会被冻死。"我们带他一起走吧，先生！请你帮帮忙。"男子提议。旅行家听了很生气地说："这么大的风雪，咱们照顾自己都难，还顾得了谁呀！"说完便独自离去了。

这个男子只好背起老人继续往前走。不知过了多久，他全身被汗水浸湿，这股热气竟然温暖了老人冻僵的身体，老人慢慢恢复了知觉。两人将彼此的体温当成暖炉相互取暖，忘却了寒冷的天气。

"得救了，老爷爷，我们终于到了！"看到远处的村庄，男子高兴地对背上的老人说。当他们来到村口时，发现一群人聚在一起议论纷纷。男子挤进人群中一看，原来是有个男人僵硬地倒卧在雪地上。当他仔细观看尸首时，吓了一大跳——冻死在距离村子咫尺之遥的雪地上的男人，竟然就是当初为了自己活命而先行离开的那个旅行家。

行路的男子并不知道帮助老人会为自己赢得生机，他只是出于悲悯之心才背着老人行进的。救人一命，胜造七级浮屠，男子的善心不但救了老人的性命，更让自己成功走出困境，而旅行家则为他的自私付出了代价。

面对需要帮助的人，千万不要吝惜自己的爱心，善待他人，把你的爱心奉献出来。在你不经意地付出以后，也许会有意想不到的惊喜。播种你的爱心，让它在你的周围生根发芽，当你迎来硕果累累的金秋时，你就是拥有最多财富的富翁。

换位思考定律：将心比心，换位思考

己所不欲，勿施于人

曾经有位因不会与人交往而处处遭人白眼的年轻人，非常苦恼地去找智者，希望智者能告诉他与人交往的秘诀。结果，那智者只送了他4句话："把自己当成别人，把别人当成自己，把别人当成别人，把自己当成自己。"年轻人当时不明白，以为智者不想告诉他秘诀，所以随便说了几句来敷衍他。而智者却说："你回去吧，这就是秘诀。你会明白的。"后来，这位年轻人反复琢磨，经过实践后，终于明白了智者的话。与人交往的秘诀其实就是换位思考。

中国自古就有"己所不欲，勿施于人"的古训，而西方的《圣经》里也有这样的教诲："你们愿意别人怎样待你，你们就怎样对待别人。"人与人的交往，都是将心比心的。只有懂得为别人考虑的人，才能获得别人的真情。生活中，每个人所处的环境、地位、角色不同，所以每个人对同一个事物的想法也会有所不同，不要只从自己的立场出发来想事情，要懂得从别人的立场上看问题，这样你的观点才会更客观，你的胸怀才会更宽广，你的朋友才会更多，你的事业也会更成功。

这世上有很多争吵，都是因为我们不会从别人的立场上看问题而导致的。如果我们每个人都能站在别人的立场上为别人考虑，那么这个世界将变成爱的海洋，和谐美满的天堂。妻子总觉得丈夫不体贴，丈夫总觉得妻子不温柔；老师总觉得学生不听话，学生总觉得老师不讲道理；家长总觉得孩子不可救药，孩子则认为家长专治独裁；老板总认为员工爱偷懒，员工总觉得老板是吸血鬼……大家都只从自己的立场出发想问题，那将无法进行沟通和获得理解。

从前，有一个男人厌倦了天天忙碌的工作，每天回家看到妻子总是羡慕她的悠闲舒适。于是有一天，他向上帝祈祷，希望上帝把他变成女人，让他和妻子互换角色。结果，第二天祈祷灵验了：他变成妻子的模样，妻子变成了他的模样。他高兴极了，想这以后我就能享受美好的悠闲生活了。可还没等他想完，妻子就抗议道："你怎么还不去做早餐，我上班要迟到了。"于是，他赶紧起床去做早餐。做完早餐，又去叫孩子们起床，给孩子们穿衣服，喂早餐，装好午餐，送孩子们上学。回到家后，又开始打扫卫生，洗衣服，到超市买菜，准备晚餐……只一天，他就受不了了，太累了，比他上班还累。第二天一醒来，他就祷告，请求上帝再把他变回去。而上帝却对他说："把你变回去，可以。但是，要再等10个月，因为你昨天晚上怀孕了。"

这个有意思的故事，说的还是换位思考的问题。不要以为别人的工作就比你轻松，别人就比你活得容易。

每个人都有每个人的责任，每个人都有每个人的忧喜。只有设身处地为他人考虑，你才能真正地了解他的想法，理解他的行为。

换位思考是一种态度，更是一种品德。懂得换位思考的人，才值得别人尊敬。如果你不想别人剥夺你的生命，那就别当着别人的面抽烟；如果你不想别人啐你的脸，那你就不要随地吐痰；如果你不想别人用污秽的字眼说你，那你也不要随便辱骂别人；如果你不想自己被人瞧不起，那你也不要戴着"有色眼镜"看人。

总之，己所不欲，勿施于人，懂得站在别人的立场上考虑问题，希望别人怎么对你，你就怎么对别人。

设身处地为他人考虑

其实，设身处地为他人考虑，也是为自己考虑。在这个世界上，没有哪个人是不依赖他人而孤立存在的。社会就是人与人合作互助的结构，不懂得为他人考虑的人，也没有人会为你考虑。只想着自己，自私自利的人，以为没有吃亏，却也难有收获，而且还会失去很多，比如尊重、理解、爱戴、朋友，甚至更多。

曾经看过一个非常悲惨的故事，讲的正是不懂得设身处地为他人考虑而导致的悲剧。

一个参军的年轻人，由于在战场上误踩了地雷，致使他失去了一只胳膊和一条腿。他痛苦万分，但想到爱他的父母，他的心底又燃起了活下去的希望。可他现在这个样子，父母会如何看待他呢？他决定还是打个电话给父母，再做打算。于是，他拨通了父母家里的电话："爸爸，妈妈，我要回家了。但我想请你们帮我一个忙，我想带一位朋友回去。"父母听后，很高兴："当然可以，我们也很高兴能见到他。"年轻人接着说："但是这位朋友不是一般的人，他在这次战争中失去了一只胳膊和一条腿。他无处可去，我希望他能来我们家和我们一起生活。"年轻人这话一出口，电话中就传来父母的声音："我们很遗憾听到这件事，但是这样一个残疾人将会给我们带来沉重的负担，我们不能让这种事干扰我们的生活。我想你还是快点回家来，把这个人给忘掉，他自己会找到活路的。"听到这些，年轻人挂上了电话。几天后，他的父母接到了警察局的电话，说他的儿子从高楼上坠地而死，调查结果认定是自杀。当悲痛欲绝的父母，赶到陈尸间，看到儿子的尸体时，他们惊呆了：他们的儿子只剩一只胳膊和一条腿。

这就是只想到自己的结果。生活中，这样的悲剧还有很多。灾难发生在别人身上是故事，发生在自己身上才是事故。而这世界是公平的，风水轮流转，那发生在别人身上的不幸，也可能发生在自己身上。你怎么对待别人的，别人就会怎么对待你。所以，要处处为别人考虑。

在别人有难时，不要幸灾乐祸，而是想着帮助别人。无论何时都要为别人考虑，这样你的人生会不断地发现惊喜。

圣诞节那天，妈妈带着女儿在街上玩。妈妈一个劲地说："宝贝，你看多美啊！"可女儿却回答："我什么美也看不到！"妈妈很生气："你看那漂亮的五彩灯、圣诞树，还有琳琅满目的各式礼品，你怎么会看不到呢？"女儿很委屈："可我真的什么也没有看到。"这时，女儿的鞋带开了，妈妈蹲下来为她系鞋带。就在这时，妈妈发现她蹲下来的时候，除了前方一个女人的格子裙以外，什么也看不到。原来，那些东西都放得太高了。

所以，当别人给的答案不是你想要的时候，要想想为什么会这样。真正设身处地为他人着想，是每个人都应该明白的道理和应该学习的人生法则。

古德曼定律：没有沉默，就没有沟通

沉默是金

沉默是一种力量，是一种态度，是一种智慧。沉默不是一语不发的怯懦，而是鼓励他人畅谈的谦虚；沉默不是脑中空空的愚蠢，而是为自己积蓄力量的隐忍；沉默不是理屈词穷的失败，而是不屑一顾的威严；沉默不是任人摆布的屈从，而是待时而动的冷静。古语云：沉默是金。正说明了沉默的价值，沉默的可贵。如果两个人在交谈，没有一方的沉默，那肯定是进行不下去的。这个世界需要呼唤的声音，更需要沉默的安静。

总爱夸夸其谈的人，不一定有真本事。平时沉默不语的人，不一定没有出息。

春秋五霸之一的楚庄王，在继位的前三年，从未发过一道法令。他手下的大臣都看不下去了，但又不敢明着问他。因为他有令："敢谏者杀无赦！"但大夫伍举聪明，变个方法问道："一只大鸟落在山上三年，不飞不叫，沉默无声，这是为什么？"楚庄王也是个聪明人，一听就明白了伍举的意思，答道："这只鸟三年不展翅，是为了让翅膀长大；三年不发声，是为了观察、思考和准备。虽然三年不飞，但一飞必定冲天；虽然三年不叫，但一叫势必惊人！"果然，在第四年，楚庄王共发布九条法令，废除了十项措施，处死了五个贪官，选拔了六个进士。待机而动，一举成功。

沉默不是无所事事，而是想一招制敌。这是力量的积累，是时机的等待。

每年高考都会冒出不少“黑马”，那些平时看起来不怎么出众的学生，却能“金榜题名”；而那些平时出尽风头，看起来大有希望的学生，却往往“名落孙山”。那些平时看起来默默无闻的学生，其实就是在一点一滴地积累力量，他们“不鸣则已，一鸣惊人”！越王勾践卧薪尝胆，任劳任怨，最终却一举歼灭了强大的吴国。这里的沉默，就是在等待时机。所以，真正有大志向的人，往往是看起来比较沉默的人。不语则已，语必惊人。

适时的沉默，会让你获得很多。

大发明家爱迪生，一生发明了3000多件物品。有一次，他想卖掉自己的一项发明，来建一个实验室。但由于他不太熟悉市场行情，不知道自己的发明值多少钱，该向购买者开多高的价位。于是，他便与妻子商量。妻子也不懂行情，但她觉得肯定值不少钱，起码要也应该要高些。便对爱迪生说：“你就要两万美元吧。”爱迪生听了，心想：“两万美元，怎么可能呢？”第二天，一个商人上门来找爱迪生，并表示出对那项发明的浓厚兴趣，希望爱迪生能卖给他。商人让爱迪生出个价，爱迪生为难了，说多少好呢，他自己也不知道，所以他就沉默不语。商人一再地问他，他却坚持一言不发。最后，商人终于按捺不住了，就说：“我先出个价吧。您看10万美元，怎么样？”爱迪生一听，喜出望外，立马同意了这笔交易。

所以说，沉默是金。沉默是在积蓄力量，是在等待时机，更是一种威严和智慧，一种冷静和沉着。

俗话说，“祸从口出”“言多必失”。该沉默的时候，就要懂得沉默。买东西的时候，讨价还价，你千万不要先开口出价，要像爱迪生一样，等着别人出价。在谈判的时候，也是一样。不要先露出把柄，贸然行动，而是先观察、思考、准备，向楚庄王一样，不鸣则已，一鸣惊人！但沉默不是一直无言，而是适时沉默，该出口的时候，还是要出口的。不然，你就真的要“在沉默中灭亡”了！

善于倾听

沟通是需要说出来和听进去的，双方缺一不可。说出来是一种交流，听进去是一种领会。这个世界需要说出来的勇气，更需要听进去的耐心。

懂得倾听，是一种能力，更是一种品德。倾听是一种沉默，更是一种付出。认真地听别人讲话，是一种尊重，更是一种修养。很多人知道高谈阔论的魅力，却忽视了倾听的力量。科学家曾经对一批推销员进行过追踪调查，调查的对象分为业绩最好和业绩最差两类。经过调查，科学家发现，他们的业绩之所以有这么大的差别，不是因为说得好坏，而是因为听得多少。那些业绩最好的推销员，每次推销的时候平均只说12分钟话，而那些最差的平均却要说上30分钟。说得多，就听得少，听得少，就不容易对顾客有透彻的了解，而且说得多，还容易使顾客厌烦。而听得多则相反，不仅会对顾客有个清晰的了解，知道顾客最需要什么，而且还会使顾客觉得贴心。所以说，懂得倾听，是一种智慧。

一个好的谈话节目主持人，是一个好的倾听者；一个好的领导，也是一个好的倾听者；一个好的朋友，更是一个好的倾听者。倾听，让对方满足，让自己受益。懂得倾听，才能使说话更有效。在社交过程中，懂得倾听是一种很吸引人的品质。如果你是一个善于倾听的人，你的身边总会围绕着很多愿意与你交往的人。善于倾听，才能更好地沟通。如果双方各抒己见，都不把对方的观点听到心里去，那么最终只能是以争吵而收场。真正愉快的沟通，是互相倾听；真正的朋友，就是能够与你沟通的人，这个沟通指的就是能够互相倾听。只有能够互相倾听，才能互相理解，彼此知心。作为领导，更要具备善于倾听的能力。听到不同的声音，才能不断地改进。官员要听到百姓的疾苦，老板要听到员工的意见，老师要听到学生的要求，家长要听到孩子的心声。在很多时候，听比说更重要。

很久以前，有个不知名的小国想刁难一下它的邻国，因为它的邻国太大太强，让这个小国感到威胁。有一天，这个小国的使者带着三个一模一样的金人，来向大国进贡。大国的国王，看着这几个金人，心里非常高兴。但是，没想到那个小国的使者，竟向国王出了个难题："请问陛下，您说这三个金人哪个最有价值？"国王一下答不上来了，但国王不能说自己不知道，这样会失了尊严。于是，他想了很多办法，请金匠来看做工，称重量，验材质，但无论如何查，得出的结果都是：这三个金人价值都一样。正在国王急得火烧眉毛的时候，一位已告老还乡的老臣来到王宫的大殿上说他知道如何区分。国王十分高兴，把小国的使者也请到了大殿上。这时，只见老臣从袖子里拿出三根稻草，一根一根地分别插入三个金人的耳朵里。结果发现：第一个金人的稻草从另一边耳朵里掉了出来，第二个金人的稻草从嘴巴里掉了出来，而第三个金人的稻草掉进了肚子，再也没有出来。于是，老臣对使者和国王说："第三个金人最有价值。"使者这时也不得不承认，老臣的答案是正确的。

为什么第三个金人最有价值呢？因为它懂得倾听，善于倾听。人长了一张嘴两只耳朵，就是要让我们多听少说。善于倾听，是社交中一种非常有用的技能，是领导者必须具备的能力，是每个人都应该拥有的美德。

需求定律：欲取先予，以退为进

满足他人，成就自己

最会经商的犹太人在用自己的劳动成果进行食品交易时，会背诵一段著名的祷告：人们通过这些言语来感谢上帝创造出这些不完善和拥有众多需求的人。这些祷告让犹太人意识到，帮助别人满足需要或克服别人身上的不足，是一种值得尊敬的生活方式。当你满足了顾客、消费者和老板的需求，无论你是一名拉比还是一名宗教组织者，接受报酬是理所当然的事，因为这些钱是你满足别人需求的见证。

其实，无论是在商业行为还是在日常生活中，你只要尊重和满足他人的需求，同时你的需求也会得到满足。或者换句话说，如果你有某种个人的需求，那么就要去先满足别人的需求。

在激烈的商业竞争中，懂得满足消费者需求的企业才能立于不败之地。中国海尔是世界白色家电第一品牌，1984 年创立于中国青岛。它以满足消费者的需求为第一的宗旨。无论是城市还是乡村，无论是中国还是欧美，海尔始终根据不同的消费需求研发相应的产品，让消费者用上适合的产品，自己才能获得丰硕的收入，这就是"欲取先予"的真谛。

在日常生活中，无论是与人相处还是要获得成功，都要明白欲取先予这个道理。有些人总是打着自己的小算盘，不想付出，只想回报，他们不懂"天下没有免费的午餐"。有些人总是处心积虑地计划着占别人的便宜，这种人迟早会被现实教训，贪小便宜，吃大亏。有些人总是处处替别人着想，先人后己，这样的人往往会得到很多，不仅是尊重、名望，还有财富。

这就是大智若愚的吃亏学。看起来你是吃亏了，其实你的需求也得到了满足，并且对方还很高兴地自愿让你满足。

每当你给别人一个微笑的时候，别人也会还你一个微笑。你想别人怎么对你，你就得先怎么样对别人。

满足是相互的，有付出才会有回报

欲取先予说起来容易做起来难，人天生都是有些自私的，而且往往还伴随着一些虚荣，谁会甘心先为别人付出，谁会愿意先满足别人呢？如果我满足了别人，别人不来满足我，那我岂不是很吃亏吗？一般的人都会有这种顾虑，但是那些能成就大业者或生活中的强者，却从来不会计较这些，因为他们明白：有付出才会有回报。

如果不付出，虽然没有失去，但也没有得到，没有得到就是失去。无论你付出了什么，你总会有所收获。当然这里的收获也许不是你所期望的，但是可能会比你期望的带来更多。投之以桃，才能报之以李，不投自然无报。所以，要懂得为他人着想，懂得为别人付出。

很早以前读过这样一个关于天堂和地狱的故事：

在大家心里，天堂和地狱总是有着天壤之别，其实不然。

有一天，一个使者也是抱着这样的想法，去考察了天堂和地狱。他看到在天堂每一个人都是红光满面，精神焕发；地狱里的人个个面黄肌瘦，像饿死鬼一样，每天非常痛苦。这更加坚定了他的信念：天堂与地狱差别真是太大了。可是细问之下才知道，天堂和地狱的人吃的东西是一样的，用的工具也是一样的。原来他们用的是1米长的大勺子，天堂的人用长把勺子互相喂别人食物，所以人人都可以吃到食物；地狱的人只想把装满食物的勺子往自己嘴里送，可是越想吃到东西，却越是吃不到，内心备受煎熬，所以面容枯槁。

天堂和地狱的真实差别就在于，天堂的人懂得互相付出，而地狱的人只想到自己罢了。所以，你如果想过天堂的生活，就要懂得先予后取的道理，这样你内心真正想要达到的目标才会得以实现。如果你只信奉“人不为己，天诛地灭”的信条，那么你就只能像地狱中的饿鬼一样，面容枯槁，事与愿违。只有设身处地地替别人考虑，想他人所想，急他人所急，大家才会互相扶助，各得所求，自然其乐融融。这就是所谓的“欲要取之，必先予之”。

我们在做事情的时候，不仅要有“双赢”的思想，而且要有“让对方先赢”的思想。不仅要有思想，而且要落实在行动上。这样我们才能获得我们想要的成就，才能满足我们内心的需求。就像钓鱼一样，我们必须要先给鱼下饵，才能钓到鱼，而鱼饵越好，你钓的鱼也越大。

《三国演义》里有这么个故事：

魏军准备攻打葭萌关，葭萌关告急。刘备派黄忠去支援。黄忠见魏军将领夏侯尚、韩浩头脑简单，便使了一招骄兵之计，主动出关迎战，然后一连几天都假装打败仗，后退数十里，丢了许多营寨、器械，然后退到葭萌关里，坚守不出。夏侯尚、韩浩自以为得胜，得意洋洋地开始攻打葭萌关。没料到被黄忠迎头痛击，打得落花流水，连韩浩都被黄忠斩杀于马前。黄忠不仅夺回了所有丢失的营寨阵地，还夺取了魏军的粮草重地天荡山，直逼汉中。

“以退为进”，是兵家常用之计，其实这中间运用的也是先予后取的道理。自己佯败，让敌人先获胜，这是予；然后借敌人大意之机再转败为胜，这是取。我们的人生也是这样，你只有先给了别人甜头，你才能满足自己的需求。

相悦定律：喜欢是一个互逆的过程

想让别人喜欢你，先要喜欢上对方

看看你身边的人，你想过你喜欢的人通常具有哪些特征吗？你喜欢他们，是因为他们漂亮呢，还是因为他们聪明，或者是因为他们有社会地位？

心理学研究表明，通常我们喜欢的人，是那些也喜欢我们的人。他们不一定很漂亮，或很聪明，或者有社会地位，仅仅是因为他们很喜欢我们，我们也就很喜欢他们。

那么，我们为什么会喜欢那些喜欢我们的人呢？这是因为喜欢我们的人使我们体验到了愉快的情绪，一想起他们，就会想起和他们交往时所拥有的快乐，使我们看到他们时，自然就有了好心情。

而且，那些喜欢我们的人使我们受尊重的需要得到了满足。因为他人对自己的喜欢，是对自己的肯定、赏识，表明自己对他人或者对社会是有价值的。

有心理学家曾做过这样一个实验：让被试“无意中”听到一个刚与他说过话的伙伴告诉主试喜欢或不喜欢他。接着，当这些同伴和被试在一起工作时，被试的面部表情会因他们听到的内容而异。当被试听到同伴喜欢他们时，他们会比在听到同伴不喜欢他们时在非言语表现上更积极。另外，后来的书面评定显示，被喜欢的被试比不被喜欢的被试更被同伴吸引。

其他的研究也证明了相似的结果：人们对那些他们认为喜欢他们的人持更积极的态度。这就是喜欢的互逆现象。

对于喜欢的互逆现象，Dale Carnegie 很久以前就在著作《如何赢得朋友和影响他人》中提到，人们获得友谊的最好方式是“热情友善地称赞他人”。但是，在我们为赢得他人友谊而不遗余力地去赞美他人之前，我们需考虑一下情境，有时赞美并不一定能导致喜欢。

喜欢的互逆性规律也有例外发生，其中之一就是当我们怀疑他人说好话是为了他们自己时，别人的赞美并不会导致我们去喜欢他。

此外，对那些自我评价很低的人来说，喜欢的互逆性也不会发生。因为他们可能认为喜欢他的人没有眼光，并且因此而不去喜欢那些人。

在生活中，有很多这样的情况，就是两个人的相互喜欢是由一个人对另一个人单方面喜欢开始的。比如一个女孩开始时对一个追求她的男孩并没有多少好感，但是这个男孩子表现出了对她特别喜欢的态度，久而久之这个女孩也对这个男孩动心了，最后接受了他的追求。

当然，这个规律也不是绝对的。有时我们会喜欢某个并不喜欢我们的人，相反，我们不喜欢的人有时却很喜欢我们。我们只能说在其他一切方面都相同的情况下，人有一种很强的倾向，喜欢那些喜欢我们的人，即使他们的价值观、人生观都与我们不同。

喜欢是相互的，学着让别人喜欢你

喜欢是一种相互的行为。你喜欢的人，往往也会喜欢你；你讨厌的人，往往也都讨厌你。

一个班主任曾经做过一个实验，让全班同学把自己讨厌的人的名字统统写在字条上交给他。结果发现，在字条上写名字最多的人，也是被别人写的最多的人；而写名字最少的人，也是被别人写的最少的人。也就是说，在班上有许多讨厌对象的人，也是其他人最讨厌的人；在班上没有什么讨厌对象的人，也是全班人缘最好的人。

所以说，喜欢和讨厌都是相互的。那种感觉和表现，双方都能体会得到。

在人际交往中，有一种自然的吸引力，那就是人们都喜欢与喜欢自己的人交往。而决定一个人是否喜欢另一个人的强有力的因素就是：另一个人是否喜欢他。人们都不喜欢碰壁，也不喜欢自讨没趣。所以，他们往往会选择那些喜欢他们的人作为朋友和伴侣。

让别人喜欢你，是社交中非常重要的技能。只有让别人喜欢你，别人才会愿意与你交往。其实，让别人喜欢你，并不是一件很难的事。你只要懂得尊重别人，认可别人，赞扬别人，也就是说，你只要让别人明白你喜欢他，那他就自然会喜欢你。

善于发现别人身上的优点，找到别人感兴趣的话题，让对方感觉到你对他的关注和喜欢。这些都是社交中的制胜法宝。

著名销售专家伍奇先生就曾说过："推销员必须了解自己公司的产品，并且对产品有信心，工作勤奋，富有热情。但是，其中最重要的一点是他一定要喜欢别人。"要想获得别人的喜欢，就要先表现出喜欢别人，推销产品也是在推销自己，只有让顾客喜欢你，才能让顾客对你的产品产生兴趣。

在社交中，更是在推销自己，只有让别人喜欢你，别人才会愿意与你来往。人与人在感情上的融洽和相互喜欢，可以强化人际间的相互吸引。这种吸引就像一种魔力，人们很难挣脱开。所以，在日常交际中，不要轻易说出别人不喜欢听的话，批评或指责别人，更不能嘲笑或轻视别人，也不要表现得太过冷漠；要积极、热情、友善地对待别人，多看到别人的优点，适时地称赞别人，并向别人学习；但也不要一味地奉承，这也会让别人厌恶，只要适当地表达出你喜欢对方的意思就可以了。

每个人都希望自己能够得到别人的认可、尊重、欣赏和称赞。就像成功学大师卡耐基说的那样："不管是屠夫，或是面包师，乃至宝座上的皇帝，统统都喜欢别人对他们表示好意。"人们对美言是没有抗拒力的。这个心理学家已经证明过了。所以，在人际交往中，要尽量地说些别人喜欢听的话，但这也不是让我们去为了一些私利而刻意恭维，而是要用我们的真心去发现别人的优点，真诚地表达出欣赏和爱慕之情。相悦定律起效的重要原因是回报心理，俗话说：伸手不打笑脸人。在爱情上，女孩子很难抵挡得住男孩子不断的甜言蜜语，即使她起初对他并不感兴趣。

相悦定律的痕迹在生活中比比皆是，但是能真正体会到其中含义、很好地运用的人并不是很多。其实，要让别人喜欢你，就要先学会喜欢别人，喜欢是相互的，是有付出的，你只有付出了才会有回报。一个只想到自己的人，很难受到别人的喜欢。因此，从学会喜欢别人开始吧。

钥匙理论：真心交往才有共鸣

交往贵在交心

人与人的交往，有很多种，最让人向往的要数"莫逆之交"。每个人都希望别人能理解自己，生活中有知心的朋友。而要得到这些都有一个前提，那便是你要真心对待他人，把你的真心交给别人，你才能换来别人的真心，别人的理解。

曾经有个郁郁寡欢的青年去找智者抱怨："为什么这个世界上就没有人能懂我？为什么

大家都对我如此冷漠？”

智者看了看青年，说道：“没有人会理解一个没有真心的人，也没有人会愿意与虚情假意的人做朋友。你回去，用心与人交往，便会找到答案。”

青年听了智者的话，不懂，以为智者在故弄玄虚，就垂头丧气地回去了。在回家的路上，他看到了一位美丽的姑娘，十分喜欢。心想：这位姑娘正配做我的夫人，凭我的聪明才智肯定能把她娶到手。

于是，他就开始采取行动，用尽各种讨好的方法，可结果却为别人做了嫁衣裳——那位姑娘选了别人。

他非常生气地去问那位姑娘：“为什么选他不选我？”

姑娘只说了一句话：“因为他是真心喜欢我。”

又是真心？他想，我又何曾不是真心喜欢你？此事作罢，还是事业为重。这位青年放下了结婚的念头，决定先找份工作。在铺天盖地的招聘广告中，他选中了一家很有实力又能施展他才华的公司。他是个聪明人，知道这社会的“规矩”，事情都不是那么简单就能办成的。

于是，他买了公司老板最喜欢的茶叶，送给老板娘一套名贵的化妆品，更找到老板最信任的主管为他说好话。可是结果，他没有被录取。而是那个平日里看起来傻呵呵的，总让别人占便宜的小马被录取了。他愤愤不平，找老板理论。

老板眼皮都没抬，说道：“我看不到你的真心，我们公司不需要你这种太有心机的员工。”无奈，他只好另找活路。为了生存，他做了推销员。一个月过去了，他作为全公司成绩最差的推销员，面临被辞退的危机。他的上级找他谈话：“你知道你为什么卖不出去产品吗？”他摇摇头，说：“不知道。”“因为顾客感觉不到你的真心。”上级说道。

真心到底是什么？他想去问别人，可是他没有可以问的人。与父母从不深入交谈，朋友都是点头之交，同事更是利益关系。他一下感到他的人生很失败。他再次去找智者，希望智者能告诉他真心是什么。智者没有说话，而是站起来给了他一个拥抱，并轻轻地抚摸他的头发。在那一瞬间，他突然情不自禁地痛哭流涕，满腹委屈都化作泪水流了出来。也就在那一瞬间，他明白了什么是真心。真心就是发自内心地，没有半点虚假，没有半点伪装，心甘情愿地对一个人好，充满尊重与理解。

其实，人与人交往，不需要太多的技巧，太多的手段，只要付出真心就足够了。

真心能攻破铜墙铁壁，能抵过千军万马。人与人的交流，贵在交心。心与心的碰撞，才能产生共鸣，彼此知心。不要抱怨别人不理解你，你要先为别人打开你的心门；不要抱怨别人不和你做朋友，你要先学会用心与人交往；不要抱怨这个世道太坏好人太少，无论是谁你都真心对待，你会看到另一片蓝天。

人际交往中，与他人心与心地交往，我们才不会感到孤单寂寞。

真情实感最动人

最能打动人心的美文，是有真情流露的文章；最动人心弦的表演，是充满真情的演示；最让人不能忘怀的形象，是充斥着真情实感的人物。普天之下，最能打动人心的非“真情实感”莫属。真情实感是一种态度，是一种表现，是一种品性。只有充满真情实感的人，才能打动别人的心。

在森林深处有一座城堡，据说里面塞满了宝物。住在城里的三兄弟决定去寻宝。老大拿了一把力大无比的铁锤，老二选了一把聪明无敌的钢锯，老三挑了一把不起眼的钥匙。他们花了三天三夜，终于找到了那个城堡。城堡很高，城门很结实，城门上的锁很沉重。三个人商量了一下，达成共识：要想进城堡唯一的方法就是打开城门上的锁。可如何打开呢？这时力大无比的铁锤毛遂自荐，对他的主人说："主人，我力大无比，定能敲碎这城门上的锁。"老大想了想，觉得有道理。就让两个兄弟后退，自己拿着铁锤开始砸锁。可是任凭老大如何用力，那锁还是纹丝不动。最后，他不得不放弃。这时，聪明无敌的钢锯说话了："这样硬砸是不行的，得用巧劲，主人，你拿着，我试试！"老二听后，就拿着钢锯上前。找出最容易锯断的地方，最省力的方法，开始拉锯。可是无论老二如何取巧，那锁还是没有一点变化。这时，那把被人遗忘的钥匙突然说话了："主人，你用我试试！"老三还没有任何表示呢，那铁锤和钢锯就叫嚣起来了："就凭你？我们这般强壮、聪明都不行，看你那弱不禁风、呆头呆脑的样子，怎么可能行？"老大、老二也觉得这钥匙不靠谱。可老三认为，还是试一试为好。结果，没想到老三把钥匙插进锁眼里，轻轻一扭，那锁竟开了。大家都很惊讶，只有钥匙很平静地说："这没有什么，只因我懂它的心。"

这一句"我懂它的心"，透出多少真情来。打动那"无坚不摧"之锁的竟是一把小小的钥匙。在生活中，有很多这样的情况。即使冷若冰霜的人，只要你对他流露出真情实感，他也是会被你融化的。这世间最动听的歌，是有感情内涵的歌。在人际交往中，不要把自己包得太严，藏得太深，这样你永远也交不到知心的朋友。在与人交往时，更要懂得付出真情，用你的真情实感去打动别人，这是最容易被人忽视却又最有效的武器。

有一部电影叫《律政俏佳人》，讲的是一位非常可爱的小姑娘，在最严肃的法律界和政界取得成功的故事。而她之所以能取得成功就是因为她从来没有忘记人类最根本的东西，用她的真情打动了与她交往的每一个人。律师往往为了案件的胜利不择手段，官员往往为了个人的利益不顾一切，而女主角却给他们上了一课，用自己的真情实感打动了他们，唤醒了他们的良知。

这个世界有很多规则，有很多限制，有很多危险。因此，这个世界更需要真情实感。永远不要让一些外在的东西蒙蔽了你的心智，用你的真心来面对这个世界，用你的真情实感来打动你身边的每一个人。这就是最简单也最有效的生活、社交法则。

沉默的螺旋：如何有效表达自己不离群

人际交往中"沉默的螺旋"

"沉默的螺旋"来源于这样一个事实：1965 年德国阿兰斯拔研究所对即将到来的德国大选进行了研究。在研究过程中，两个政党在竞选中总是处于并驾齐驱的状况，第一次估计的结果出来，两党均有获胜的机会。然而 6 个月后，即在大选前的两个月，基督教民主党与另一个党获胜的可能性是 4 ∶ 1，这对基督教民主党在政治上的胜利期望升高有很大的帮助。在大选前的最后两周，基督教民主党赢得了 4% 的选票，社会民主党失去了 5% 的选票。在 1965 年的大选中，基督教民主党以领先 9% 的优势赢得了大选。

从这个事实中我们可以看到这样一个现象：人们在表达自己想法和观点的时候，如果看到自己赞同的观点，受到广泛欢迎，就会积极参与进来，这类观点越发大胆地发表和扩散；而发觉某一观点无人或很少有人理会，即使自己赞同它，也会保持沉默。竞争一方的沉默造成另一方的增势，如此循环往复，便形成一方的声势越来越强大，另一方越来越沉默下去的发展过程。

这样一来，就会导致出现一个问题：团队意见的最后决定可能不是团队成员经过理性思考之后的结果，而可能是对团队中的主流思想意见的趋同后的结果。然而，有时候，主流思想所强调的东西，却不一定就是正确的东西。当团队中的少数意见与多数意见不同的时候，少数有可能屈于“主流”的压力，表面上采取认同，但实际上内心仍然坚持自己的观点，这就可能出现某些团队成员心口不一的现象。

可以特立，但不要独行

我们在生活中，总是会与各种各样的人打交道，有熟悉的，也有陌生的；有和善的，也有刁蛮的。而一个人不可能与所有性格的人相处得非常融洽。那么，究竟该如何与人相处呢？既要融到大家的队伍中去，又要保持自己的独特性，不在人群中迷失自我。

透过我们身边的一些“沉默的螺旋”现象，我们可以更好地审视我们的生活，让我们学会更多为人处世的方法。让“螺旋”在“沉默”中上升，使自己在人际交往中特立但不独行。

第一，要尽量融入到积极的环境中。

如果身边的人都勤奋好学、朴实稳重，那么，自己作为一个随性的人，就要尽量融入到这样的氛围当中。因为，这种主流的行为会给你带来积极的影响。其实，这就是典型的沉默的螺旋。生活在这样的环境中，周围人的行为将极大的影响到自身。看到周围的人都在努力，自己也不甘居人后；看到大家都在玩耍，自己也不愿意孤单独处。长此以往，沉默的螺旋就会带动你成为一个团队中不可或缺的组成成员。

第二，要勇于在消极的环境中保持自身独特性。

每个人都在不同的环境中扮演着不同的角色，有的环境会带来积极的影响，有的环容易把人引向歧途。面对身边的不良的环境氛围，要勇于说出自己的想法，从中挣脱出来。例如，有的学生家庭条件一般，但是周围的同学却花钱大手大脚，经常在吃、穿、玩上面有大笔的开销，甚至荒废了学业。当意识到身处的环境对自己有消极影响的时候，就不要一味地迁就所谓的“主流思想”了，从小的范围内走出来，你会发现，还有更大的更好的环境可以去融入，并赞成你明智的做法。

第三，有的时候要顺其自然，不必刻意地进入某个环境中。

每个人的思想和心智都会随着年龄的增长而日渐成熟。对于有些问题，就要有自己的判断能力，要正确地进行取舍。也有一些问题，无关紧要，自然也就没有必要为了迁就某一方而委屈了自己的心意。比如，身边的人可能在奋斗了多年之后都成为了有房有车一族，而自己却还在奋斗的路上缓步前进着，这时，不可能因为要进入所谓的“主流社会”而背负大笔的贷款去买房买车。每个人都有自己的人生规划，等到资金积攒够了，为了方便生活，自然可以购置，还没达到那个经济水平，也同样可以生活得轻松愉快。面对物质财富，顺其自然最好，不要过于计较。

生活中的沉默螺旋随处可见，有积极的方面，也有消极的方面。其实，沉默的螺旋这个效应本身并无好坏之分，关键要看懂得它的人如何利用，从而让它在适当的场合发挥出应有的效力。如果只是盲目地人云亦云，那就将使自己变得平庸无奇，失去自身的独特性。因此，要跳出沉默的螺旋，唯一的出路就是接受百家争鸣的局面，聆听反对者的声音，让真理越辩越明。所以，在与周围的人建立良好的人际关系并融洽相处的基础上，我们也要有自己的主见，培养自己判断是非对错的能力，凡事三思而后行，不要被别人的言行左右了自己前进的方向。正所谓“有主见才有魅力，有决断才有魄力”。坚持自己的原则和方向，宁做独树一帜的雄鹰，勿做人云亦云的鹦鹉。

海格力斯效应：冤冤相报不如以德报怨

冤冤相报何时了

海格力斯效应源于古希腊的一则神话故事：

有位名叫海格力斯的大英雄，一天，他在回家的路上看到路边有一个像鼓起的袋子一样的东西，海格力斯感到很好奇，就踩了那个东西一脚，没想到那东西不但没有踩破，反而越踩越大，并成倍膨胀，把海格力斯彻底激怒了。他顺手操起一根碗口粗的木棒狠狠砸向那个怪东西。那个东西丝毫不屈服，膨胀到最后，竟然堵住了海格力斯的去路。

正在海格力斯纳闷之际，一位智者出现在他的眼前，对他说：“朋友，这个东西叫仇恨，不要惹它，快别动它了，忘了它，离他远去吧。只要你不惹他，它便会小如当初；如果你侵犯它，它就会膨胀起来与你对抗到底。”

是啊，仇恨就像一个会膨胀的袋子一样，开始的时候很小，很不起眼，如果你忽视它，忘掉它，它就等于不存在，慢慢也就消失了。如果你跟它过不去，对其耿耿于怀，想报复它，它会加倍地报复你，与你死死对抗。

人生在世，人际间或群体间的摩擦、误解，乃至纠葛恩怨总是在所难免，如果肩上扛着“仇恨袋子”，心里装着“仇恨袋子”，生活只会是如负重登山，举步维艰了。最后，只会堵死自己的路。海格力斯效应会使人陷入无休止的烦恼之中，错过人生中许多美丽的风景，再没有真正的快乐，再没有生活的乐趣了。

神话故事中所描述的事情并非子虚乌有，在我们的现实生活中，类似的现象也比比皆是。比如，两个人因为一件鸡毛蒜皮的小事情发生了一点摩擦，闹了一点矛盾，便互相怨恨对方，互相指责，导致矛盾进一步升级。两个人即使见面了也形同陌路。在“冷战”期间，可能其中一个人的某句话就会成为双方发生战争的导火索，最终演变成武力斗争，彼此间的不快由最初的矛盾演变成了最终的仇恨。最后双方都感到不快，恶语相加，挖空心思寻机报复，结果弄得两败俱伤。为了一点所谓面子上的胜利而大动干戈，实在是得不偿失。

冤冤相报何时了，冤家宜解不宜结。这些都是先哲们给我们后人留下的生活真理。如果不去遵循，反其道而行之，那么，等待我们的，就是无尽的烦恼与悲剧。

用宽容创造和谐人际

发生矛盾或者争吵时，要先从自己的角度找原因，不要一味地怪罪对方。的确，如果我们学会谦让，懂得向别人传递宽容、谅解、关爱，在感动别人的同时，也会收获一种欣慰和幸福。当别人得到我们的宽容、谅解、关爱后，同样会回报我们宽容、谅解和关爱。这样就会将美好的感情发展下去，使大家和谐共处，其乐融融。

有这样一则故事：

清朝时期，山东济阳县的董笃行在京城做官。一天，老家人给他寄来了一封信，信中说老家盖房子，为地基划界与邻居发生了纠纷，希望凭借他的威望赢回面子。董笃行看完信后，挥笔回了一封信："千里捎书只为墙，不禁使我笑断肠。你仁我义结近邻，让墙三尺又何妨？"家人接到回信后，觉得董笃行言之有理，在盖房子的时候主动提出让出三尺地面。邻居见他们如此礼让，心有愧意，也主动让出三尺地面。就这样，两家共让出了六尺地面。房子建好后，两家之间就形成了一条胡同，当地人称之为"六尺仁义巷"。

仁义巷的出现不仅意味着一桩矛盾的圆满解决，更让我们看到了人性光辉的一面。如果双方都不礼让，争执下去，可能最后的结果就是对簿公堂，把关系闹得越来越僵。所以，当人际关系出现矛盾时，多一点礼让，多一点宽容，双方就可以化解矛盾，和谐共处。

人非圣贤，多有不足，人必须度量大，对他人要宽容。古人云："得饶人处且饶人。"这就是一种宽容，一种博大的胸怀，一种不拘小节的潇洒，一种伟大的仁慈。宽容是一种豁达的风范，宽容也是一种幸福，我们宽恕了别人，不但给了别人机会，也取得了别人的信任与尊敬，我们也能够与他人和睦相处。宽容更是一种财富。拥有宽容，就拥有了一颗善良、真诚的心。

对于别人的过失，必要的指责无可厚非，但如果能以博大的胸襟去宽容别人，就会让自己的世界变得更精彩。

完美笑话公式：笑话是种救世主式的力量

神奇的笑话公式

有这样一则笑话：

两个猎人进森林里打猎，其中一个猎人不慎跌倒，两眼翻白，似已停止呼吸。另一猎人赶紧拿出手机拨通紧急求助电话。接线员沉着地说："第一步，要先确定你的朋友已经死亡。"于是接线员在电话里听到一声枪响，然后听到那猎人接着问："第二步怎么办？"

这则笑话看起来似乎和众多笑话一样，没有什么特别之处，但是，这则笑话却曾被评为英国科学促进协会所公布的"世界最有趣"的笑话。据了解，这个笑话是由一位 31 岁的精神科医生加索尔提供的。他认为该笑话得奖的原因是它迎合了大众的一个心理，即让人觉得还有人比自己更笨、能做出更愚蠢的事情。

其实，提到笑话，对于大部分人来说，只是生活劳累时的调剂品，不会过多地关注或者收集。但是，美国科学家对笑话进行了深入的研究，并煞有介事地总结出了一个完美笑话的数学公式：$x=(fl+no)/p$。其中，x 表示笑话的完美程度，f 代表笑料的有趣程度，l 表示笑话的长度，n 表示听笑话者笑得前仰后合的次数，o 表示引起尴尬的程度，p 表示双关语的数量。x 的值在 0 到 200 之间，当 x 的值达到 200 的时候，这个笑话就可以称得上是完美的笑话了。这个笑话公式是由一些心理学家和喜剧表演艺术家共同切磋后得出的。据说他们进行这项研究的动机是想证明"看似严肃的科学家其实也很有幽默感"。

为了这个研究结果，英国科学促进协会曾经开展了大量的工作，用心地寻找这个问题的答案。英国科学促进协会自 2001 年开始，开展了一项号称"有史以来最大的幽默研究工作"。他们邀请国际互联网用户提供最喜欢的笑话，并对这些笑话进行打分。经过一年的努力，该协会共收集了来自全世界 70 多个国家的 4 万多个笑话和近 200 万条评论。最终，他们评选出了世界上最有趣的笑话，并在伦敦予以了公布。就是上面所提到的那则笑话。

科学家认为，笑话成功并不是单纯的通过公式的数值体现出来的，关键在于是否能让人真正感觉到开心和放松，而且还适合特定的场合。与此同时，笑话的长度也很有讲究，不能太长，这样人们会产生听觉疲劳，也不能太短，让人们没有时间领会笑话的内容和含义。完美笑话公式的提出，使很多人关注到了笑话在人们日常生活中所起到的作用，同时，不再提倡用双关语的方式构思出来的笑话。在公式提出者看来，使用双关语的笑话只是低级的让人发笑的笑料，不能称之为真正意义上的笑话。

英国科学促进协会的研究人员还发现，不同国家的人对幽默的理解有很大不同。例如，英国、爱尔兰、澳大利亚和新西兰人喜欢插科打诨；美国人和加拿大人爱拿愚人蠢事来逗乐；而欧洲大陆人则喜欢在如疾病、死亡和婚姻等一些严肃的领域寻找幽默的素材，有时还将动物作为笑话的题材。为此，他们还根据各国人不同的品味，评选出了每个国家的最佳笑话。

心理学家海伦·皮彻，作为这个笑话公式的作者之一，认为人们可以以这个公式为衡量标准，构思出大量的并符合人们审美口味的笑话。但是笑话的创作不是像流水线生产产品那样简单，笑话的创作也需要作者具备多方面的能力，其中，是否有喜剧天分，是笑话作品成功与否的关键。

遭遇尴尬时可以说说笑话

日常生活中，甚至正式场合下，我们都难免会遭遇一些尴尬场面，此时自己就好像站在悬崖边上，前面是深渊，后面是追兵。这时，幽默语言引发的笑声，就像突然长出的翅膀，能把人带出这个进退维谷的地方。

因此，如果想从尴尬的窘境中快速脱身，你不妨试试幽默的方式。

有一次，英国上院议员基尔在进行演讲，听众都很认真地望着他，都在侧耳倾听着每一个字，但就在演讲即将结束时，突然有一个人的椅子腿断了，那个人跌倒在地上。如果这时做演讲的不是像基尔这样机智的人，恐怕当时的局面会对演讲产生一种破坏性的影响。但是聪明的基尔马上说："各位现在一定可以相信，我提出的理由足以压倒别人。"就这样，他立刻恢复了听众的注意力，而那个跌倒的人也在别人善意的笑声中，找到了一个新座位。一个玩笑使双方都从窘迫的境地中脱身而出了。

如果我们面临不好回答的问题，而又不能以"无可奉告"进行简单的说明时，不妨幽默一下，一笑了之。

1988年，美国第41届总统竞选。民意测验表明：8月前，民主党总统候选人杜卡基斯，比共和党总统候选人布什多出十多个百分点。当布什与杜卡基斯进行最后一次电视辩论，布什巧辩的策略是，抓住对方的弱点，揭其要害，戳在痛处，从而让对方陷入窘境。杜卡基斯嘲笑布什不过是里根的影子，用嘲弄的方式发问："布什在哪里？"

布什诙谐、轻松地回答了他的发问："噢，布什在家里，同夫人巴巴拉在一起，这有什么错吗？"平淡一句，却语意双关，既表现了布什的道德品质，又讥讽了杜卡基斯的风流癖好，置杜卡基斯于极尴尬的境地。

另外布什还抓住杜卡基斯习惯于眨眼睛的弱点，共和党利用电视屏幕则创造了一个外交方面富有经验、刚强果断的形象，炮制了一个布什与戈尔巴乔夫握手的镜头，旁白说布什能与戈尔巴乔夫抗衡，两眼直瞪着，坚定不移。同时挖苦眨眼睛的杜氏，并问怎能相信总是眨眼的人，能推行坚定的外交呢？最后布什的选票由落后转向优势。

美国一位心理学家说："幽默是一种最有趣、最有感染力、最具有普遍意义的传递艺术。"得体的笑话在人际交往中的是一种不可低估的力量，尤其是当自己身陷尴尬的境地时，它可以将利剑化为花朵，轻松化解紧张的人际关系。

2010 年最完美的经典笑话

各国人，不论种族、肤色如何，都喜欢充满诙谐与智慧的笑话。但不同国家对幽默又有着不同的理解。以下是 2010 年评选出的一些国家的最佳笑话。我们可以用完美笑话公式来验证一下，以证明这些笑话是否名副其实。

1. 瑞典最佳笑话

有个衣着光鲜的斯德哥尔摩人到乡下打猎，只见他举起枪，瞄准一只鸭子，一发命中。可是鸭子却掉在一个农夫的地里，农夫声称鸭子是自己的。既然双方都要这只鸭子，农夫就想了个解决争端的办法，也就是农村人常用的老办法。只听农夫说："我踢一下你的裤裆，有多大力踢多大力，你也这么踢我。谁的惨叫声最小，鸭子归谁。怎样？"

城里人同意了，于是农夫高高抬起一脚，朝城里人那要命的地方狠命地踢了一脚，城里人一下子瘫倒地上。20 分钟后，城里人好不容易才站起来，样子痛苦无比，喘息着说道："轮到我了！"只听农夫在远远的地方转过头来喊道："哎，鸭子归你啦！"

2. 阿根廷最佳笑话

一对老夫妇去金汉堡餐厅吃饭，只见他们把一个汉堡包和一份炸鸡分成两半一人一份。一个卡车司机看着，心里很过意不去，就凑上去说，干脆由他出钱，帮老婆子买一份算了。老头子一听，说："太好了，谢谢了，不过我们什么都是一起享用的。"

几分钟后，卡车司机发现老太太一口都没吃，就忍不住对老头子说："我真的心甘情愿给你老婆子买这一份的，你就让她吃吧。"老头子很肯定地说："她会吃的。我们什么都是一起用的。"

卡车司机不相信，就恳求老婆子说："你干嘛不吃呀？"

只听老婆子突然大声说道："我得等着用这死老头子的牙啊！"

3. 巴西最佳笑话

所有的生灵都在排队等着上诺亚方舟，一只母跳蚤实在等得不耐烦了，就在动物的背上跳来跳去，想尽量跳到最前面去。她跳着跳着，终于跳到一头大象背上。只听那头庞然大物一语双关地对他的配偶说："我明白了。大家都是这么干的，都是拼命往里塞，使劲往里挤！"

4. 中国最佳笑话

我侄女总爱"借"她哥哥放在钱猪猪里的那点钱，把哥哥逼得快疯了。有一天，侄女到处找那个钱猪猪，什么地方都找遍了，就是没找到。最后终于在冰箱里找到了，只见猪罐罐里面放着一张字条，写道："好妹妹，我希望你能明白，哥的资本全被冻结了。"

5. 墨西哥最佳笑话

印度人问新上任的气象局长，今年冬天是很冷呢，还是没那么冷。局长还年轻，根本不懂前辈所用的预报方法，于是告诉他们多拾些柴火，然后一走了之，回家打电话问国家气象台："今年冬天天气会不会很糟？"得到的答复是："差不多那样吧。"

于是局长回去告诉那些父老：还是要多拾些柴火。一星期后，他又打电话问国家气象台："你能否肯定地告诉我，今年冬天是不是很冷？"对方答曰："那是百分百的！"

局长于是告诉父老：赶紧多准备点柴火，越多越好。然后再问国家气象台："你能肯定吗？"答曰："告诉你吧，今年一定是有史以来最寒冷的一年！"

"你们怎么能这么肯定，到底是怎么知道的啊？"答曰："你不看看，今年全印度的人都在囤积柴火，都疯了一样！"

6. 荷兰最佳笑话

有个成天梦想成星的小姑娘，长途飞行期间，身边坐着一个律师。小姑娘困死了，好想睡觉，可是那个律师总是不停地叫醒她，要玩个小游戏解闷。"这样吧"，律师说，"我们互相提问，我答不上来的话，给你 50 美元，你要是答不上来，只要给我 5 美元，怎样？"小姑娘想了想，觉得很划算，就同意了。律师先问道："地球到月球的距离是多少？"小姑娘直接拿出 5 美元交给了律师。

现在轮到小姑娘了，她问："什么东西上山的时候用的是三条腿，下山的时候用的却是四条腿？"律师想了想，答不上来。他上网查找，没有答案；使劲翻阅随身携带的百科全书，还是没有答案，又给认识的所有科学家发短信求问答案，白搭。过了几个小时，他只好叫醒睡得很香的女孩，乖乖递给她 50 美元，同时问道："快告诉我答案吧！"小女孩什么话也不说，直接给他 5 美元，又继续睡。

以上几则笑话，可以在一些合适的社交场合为人们的人际交往增色不少。恰当地选择，合适地运用，将是关键。但是，在让人忍俊不禁的同时，也许也会引发人们的思考：在科学越来越进步的时代，也许什么事物都可以清晰到公式化，不过要是真的到了什么事物都可用公式进行计算，那就会使人们缺乏去继续探索的热情。因为未知，因为好奇，所以才会加快前进的脚步。其实，完美的笑话本身也终究只是个笑话。

第六章
经济学效应

公地悲剧：都是“公共”惹的祸

为什么“公共”会惹祸

红红的樱桃不仅样子可爱，而且味道鲜美、营养丰富，自然成了不少人的喜爱之物。婺州公园的樱桃一熟，就被大家“追捧”。有人称：“今天早上和家人一起到公园玩，发现那里的一片樱桃熟了，很多人都在摘。有折树枝的，有爬上树的，还有人竟然搬来梯子，一起动手，可热闹了。看了半天都弄不懂了，这样子怎么就没人管呢？是不是谁都可以摘啊？”

和所有水果一样，樱桃有着一个自然的成熟周期。还没成熟的时候，它们味道很酸，但随着时间的推移，樱桃的含糖量提高了，吃起来也就可口了。专门种植樱桃的农户到了收获时节才采摘樱桃，所以，超市里的樱桃都是到了成熟期才上架的。然而，长在公园里的樱桃，总是在尚未成熟、味道还酸的时候就被人摘下吃了。如果人们能等久点再采摘，樱桃的味道会更好。可为什么人们等不得呢？

这是因为，公园的樱桃是一种公共物品。人们知道，对公共物品而言，你不从中获得收益，他人也会从中获得收益，最后损失的是大家的利益。所以人们只期望从公共物品中捞取收益，但是没有人关心公共物品本身的结果。正因为如此，才最终酿成“公地悲剧”。

“公地悲剧”最初由英国人哈定于1968年提出，因此“公地悲剧”也被称为哈定悲剧。哈定说：“在共享公有物的社会中，每个人，也就是所有人都追求各自的最大利益，这就是悲剧的所在。每个人都被锁定在一个迫使他在有限范围内无节制地增加牲畜的制度中，毁灭是所有人都奔向的目的地。因为在信奉公有物自由的社会当中，每个人均追求自己的最大利益。公有物自由给所有人带来了毁灭。”他提出了一个“公地悲剧”的模型。

一群牧民在共同的一块公共草场放牧。其中，有一个牧民想多养一头牛，因为多养一头牛增加的收益大于其成本，是有利润的。虽然他明知草场上牛的数量已经太多了，再增加牛的数目，将使草场的质量下降。但对他自己来说，增加一头牛是有利的，因为草场退化的代价可以由大家负担。于是，他增加了一头牛。当然，其他的牧民都认识到了这一点，都增加了一头牛。人人都增加了一头牛，整个牧场多了N头牛，结果过度放牧导致草场退化。于是，牛群数目开始大量减少。所有聪明牧民的如意算盘都落空了，大家都受到了严重的损失。

可见，“公地悲剧”展现的是一幅私人利用免费午餐时的狼狈景象——无休止地掠夺，“悲剧”的意义，也就在于此。

走出“公地悲剧”的旋涡

现实生活中，公地悲剧多发生在人们对公共产品或无主产权物品的无序开发及破坏上，如近海过度捕鱼造成近海生态系统严重退化等。

英国解决这种悲剧的办法是“圈地运动”。一些贵族通过暴力手段非法获得土地，开始用围栏将公共用地圈起来，据为己有，这就是我们历史书中学到的臭名昭著的“圈地运动”。但是由于土地产权的确立，土地由公地变为私人领地的同时，拥有者对土地的管理更高效了，为了长远利益，土地所有者会尽力保持草场的质量。同时，土地兼并后以户为单位的生产单元演化为大规模流水线生产，劳动效率大为提高。英国正是从“圈地运动”开始，逐渐发展为日不落帝国。

土地属于公有产权，零成本使用，而且排斥他人使用的成本很高，这样就导致了“牧民”的过度放牧。我们当然不能再采用简单的“圈地运动”来解决“公地悲剧”，我们可以将“公地”作为公共财产保留，但准许进入，这种准许可以以多种方式来进行。比如有两家石油或天然气生产商的油井钻到了同一片地下油田，两家都有提高自己的开采速度、抢先夺取更大份额的激励。如果两家都这么做，过度开采会减少他们可以从这片油田收获的利益。在实践中，两家都意识到了这个问题，达成了分享产量的协议，使从一片油田的所有油井开采出来的总数量保持在适当的水平，这样才能达到双赢的目的。

有人可能会说，避免“公地悲剧”的发生，就必须不断减少“公地”。但是，让“公地”完全消失是不可能的。“公地”依然存在，这就要求政府制定严格的制度，将管理的责任落实到具体的人，这样，在“公地”里过度“放牧”的人才会收敛自己的行为，才会在政府干预下合理“放牧”。

在市场经济中，政府规定和市场机制两者有机结合，才能更好地解决经济发展中的“公地悲剧”。

【定律链接】从“公地悲剧”到“反公地悲剧”

1998年，迈克尔·赫勒在《哈佛法律评论》上发表《反公地悲剧：从马克思到市场转型中的产权》一文，正式提出“反公地悲剧”的理论模型。他认为，生态学家加勒特·哈定之前创造的“公地悲剧”虽然很好地说明了公共资源被过度利用的恶果，但他却忽视了资源未被充分利用（或称“使用不足”）的可能性，而这导致的资源浪费、效率低下、收益减少的情况更为严重。于是，便提出了“反公地悲剧”。

2003年，复旦大学中国社会主义市场经济研究中心报道了新加坡南洋理工大学应用经济学系主任陈抗博士题为“从公地悲剧到反公地悲剧”的学术讲座。陈博士在讲座中也清晰地解释了“公地悲剧”和“反公地悲剧”的概念。当资源或财产被许多人拥有时，这些拥有者每一个人都有权使用资源，但没有人有权阻止他人使用，于是便导致资源的过度使用。这就是“公地悲剧”。例如，现实中的草地的过度放牧、海洋资源的过度捕捞、空气的严重污染等。与之相反，当资源或财产被许多人拥有时，这些拥有者每一个人都有权阻止其他人使用资源，但没有人拥有有效的使用权，资源或财产的使用效率和收益就会大大降低，甚至出现资源浪费。这就是“反公地悲剧”。如某些发明所导致的专利问题，由于专利权利太多，使后面的研发难以为继。

总之，一味地困守于资源或财产的完全“公共”或完全“反公共”，都会导致相应的悲剧。我们只有懂得采取相应的措施，有效平衡资源或财产的“共有”和“私有”，才能从根本上避免悲剧的发生。

马太效应：富者越来越富，穷者越来越穷

学会让自己的收益增值

假如你手里有一张足够大的白纸，请你把它折叠51次。想象一下，它会有多高？1米？2米？其实，这个厚度超过了地球和太阳之间的距离！财富与之类似，不用心去投资，它不过是将51张白纸简单叠在一起而已；但我们用心智去规划投资，它就像被不断折叠51次的那张白纸，越积越高，高到超乎我们的想象。

其实，根据马太效应，我们的收益是具有倍增效应的。你的收益越高，就越有机会获得更高的收益。

一位著名的成功学讲师应邀去某培训中心演讲，双方商定讲师的酬金是300美元。在那个时候，这笔数目并不算少。

这是一场规模盛大的演讲会，参加的人员很多。这位讲师的演讲非常成功，受到了大家的热烈欢迎。同时，他也因此结交了更多的成功学人士，感觉受益匪浅。

演讲结束后，他谢绝了培训中心给他的报酬，高兴地说：“在这几天中，我的受益绝不是这几百美元所能买到的，我得到的东西，早已远远超出了报酬的价值。”

培训中心的领导很受感动，把这个讲师拒收酬金的事告诉了培训中心的所有学员。他说：“这个讲师能够深深体会到他在其他方面的收获远远大于他的酬金，这说明了他对成功学的研究达到了很高水平，像他这样的讲师，才称得上是真正意义上的成功学大师，因为他已经深刻领会了成功的要素和成功的意义，那么他宣传的成功学一定很具实用性，也是可行的。阅读他所著的成功学书籍，一定会得到真实的成功启迪。”

于是，培训中心的学员们纷纷购买了讲师所著的成功学书籍和录像带等产品。

后来，培训中心又把这个讲师拒收酬金的事，写成激励短文挂在培训中心的阅览室里，参加培训的各期学员也都纷纷购买他的书籍和产品，使他的书籍再版了几次，总数超过了百万册。这样，仅在售书方面，讲师的收入就不是一个小数目了。

通过这个故事，我们不难发现，领悟了马太效应，对于我们获得更高的收益非常重要。

现实生活中，人人都希望自己富裕起来。那么，我们不能只看眼前的既得利益，应该把目光放得更远一些，看到马太效应的增值效果，让眼前的收益不断增值。这就好比前面将一张纸折叠51次那样，通过不断累加，你的收益便会越来越多。

【定律链接】投资，让金钱流动起来

据《犹太人五千年智慧》记载：

在古代的巴比伦城里，有位名叫亚凯德的犹太人，因为金钱太多闻名遐迩，而使他成为一位知名之士的另一原因，就是他慷慨好施，对慈善捐款毫不吝啬；他对家人宽大为怀，自己用钱也很大度。可是，他每年的收入仍大大超过支出。

有一些童年时代的老朋友常来看他，他们说："亚凯德，你比我们幸运多啦。我们大伙勉强糊口的时候，你已成为巴比伦的第一富翁，你能穿着最精致的服装，享用最珍贵的食物。如果我们能让家人穿着可以见人的衣服，吃着可口的食品，我们就心满意足了。

"然而，幼年时代，我们大家都是平等的，我们都向同一老师求学，我们玩相同的游戏，那时无论在读书方面或在游戏方面，你都和我们一样，毫无才华出众之处。幼年时代过去以后，你依然和我们一样，大家都是同等的诚实公民，然而现在，你成了亿万富翁，我们却终日不得不为了家人的温饱而四处奔走。

"根据我们的观察，你并不比我们辛苦，你做工的忠实程度也未超过我们。那么，为什么多变的命运之神偏偏让你享尽一切荣华富贵，却不给我们丝毫的福气呢？"

亚凯德于是规劝他们说道："童年以后，你们之所以没有得到优裕的生活，是因为要么你们没有学到发财原则，要么没有实行发财原则。你们忘记了：财富好像一棵大树，它是从一粒小小的种子发育而成的。金钱就是种子，你越勤奋栽培，它就长得越快。"

钱是可以生钱的，你只有懂得了马太效应，大胆地使用你的金钱去投资，才能成为一个真正富有的人。

布拉德和克里斯是一对非常要好的同学，他们毕业后到同一家公司上班，在公司里担任的职位、领取的薪水也都一样。此外，两个人都非常节俭，因此每个人每年都能攒下一笔钱。

但是，两人的理财方式完全不同。布拉德将每年攒下来的钱存入银行，而克里斯则把攒下来的钱分散地投资于股票。两人还有一个共同的特点，那就是都不爱管钱，钱放到银行或股市之后，两人就再也没去管过它们了。

如此这般过了40年，克里斯成为拥有数百万美元的富翁，而布拉德存折上却只有区区十几万。

布拉德亲眼看着昔日的同学兼同事，40年来薪水收入相同，节俭程度相同，而克里斯却能成为百万富翁，反观一下自己，40年下来只有十几万。理财方式的不同造成了如今如此之大的差距。

投资决定收入。一般来说，每一次正确的投资，都是在助长现金流动，一段时间之后，现金流动会带着更多的金钱回来。乔·史派勒曾写过这样一本书，叫《动手来种钱》。他在书中提到一个只剩下1美分的人，这个人开始用仅有的1美分进行投资，他先将钱兑换成铜币，他心里告诉自己每次花掉的钱，他都要以10倍或更多倍的数量使它们再回到自己手上。这个人最后依靠这种方法获得了更多的财富，最终成了一个富翁。

所以，让金钱流动起来，它就是你的摇钱树！

经济过热理论：繁荣背后藏隐患

经济，不是越热越好

经济扩张的合理限度，是指投资、消费与出口增长的特定约束条件。这些约束条件包括：资源约束、需求约束和效率约束。

所谓资源约束，是指经济扩张会受人、财、物的限制，主要原因在于，任何经济扩张都必须以一定的资源供给为支撑，而在特定时间与空间内资源供给是有限的，因此，一旦经济扩张超过资源供给限度就会造成"瓶颈制约"。例如，投资扩张会受原材料、能源、劳动力与资金投入等要素供给的限制，居民消费会受支付能力和消费品供给等因素限制，而出口则会受国内货源供给限制等等。

所谓需求约束，是指供给扩张会受市场需求的限制。在市场经济条件下，投资与生产活动通常以利润最大化为目标。唯利是图或尽可能获利是供给扩张的出发点，但是，只有在投资品或消费品供给能够满足社会需求并以合理价格销售出去后，经营者才有可能获利或实现利润最大化。

所谓效率约束，是指经济扩张会受单位产品的销售所带来的收益递减规律的制约。由于这种规律的作用，当经济扩张超过合理限度后，就会产生规模不经济的现象，也就是随着经济规模不断扩大，边际收益不断下降的现象。

经济过度扩张既有可能是投资过度造成的，也有可能是由消费膨胀和过度出口所致，甚至有可能是三者共同作用的结果。所以根据实际情况我们可以把经济过热大致区分为 4 种类型，即投资型经济过热、消费型经济过热、出口型经济过热与整体经济过热。但在实际经济生活中投资、消费与出口既有可能同时扩张，也有可能单独冒进，甚至有可能逆向发展。

应当注意的是，我们不能把经济过热等同于物价上涨。这是因为，经济过热的本质是经济扩张过度，或者说是投资、消费与出口超过特定限度；物价上涨则既有可能是由投资、消费与出口过度扩张引发的，也有可能是供给急剧下降、外部冲击（如国际油价或原材料价格大幅度上涨等）、政府调控政策（扩张性财政金融政策），以及成本推动（如工资成本增加与电、水、气等公共产品的人为提价）的产物。

很明显，前一种情况是主动性物价上涨，后一种情况下的物价上涨具有被动性。由于被动性物价上涨与经济过度扩张无关，并有可能在经济没有扩张或经济衰退情况下发生，所以不能把这种物价上涨视为经济过热引起的。因此，经济过热虽然会引起物价大幅度上涨，但并不是任何一种物价上涨都是经济过热引起的，只有那些由经济过度扩张所引起的物价大幅度上涨才真正是由经济过热引起的。

综上所述，经济过热的本质是超过资源供给以及需求或效率限度的投资、消费或出口扩张。由于经济过热会导致资源配置错位或降低资源配置效率，所以必须进行预防与控制。

关于中国经济是否过热的问题

2010 年 10 月《国际财经时报》报道：

10 月 22 日消息，中国第三季度经济增长稳健，但与今年早些时候相比有所放缓。中国政府关注的首要问题——通货膨胀率小幅上涨，表明这个世界第二大经济体形势依然稳健，并未出现过热趋势。

中国的经济增长率从第二季度的10.3%下降到第三季度的9.6%。

中国国家统计局发言人盛来运说："经过测算，前三季度国内生产总值为268660亿元。按可比价格计算，同比增长10.6%，比上年同期加快2.5个百分点。分季度看，一季度增长11.9%，二季度增长10.3%，三季度增长9.6%。"

这些数字表明中国经济发展保持强劲，离经济过热还很远，并不像很多经济学家所担忧的那样。

全国居民消费价格指数9月同比上涨3.6%，略高于8月的3.5%，远远超过今年3%的通胀目标。

星期二，中国人民银行宣布提高利率，很多经济学家认为，这一举措的目的是给经济逐渐降温，并牢牢控制住通货膨胀。

中国经济今年第一季度增长幅度最大，折合成年率为11.9%，在随后的两个季度逐步放缓。

渣打银行经济学家严瑾说，她很高兴看到中国并没有出现经济过热。她说："在我们看来，9.6%是一个相对来说更可持续的增长率，我们认为这与今年第一季度相比是一个更加健康的增长幅度。这意味着经济已经稳定下来，并且开始恢复。现在更重要的是把目光集中在其他风险上，比如通货膨胀和资产价格暴涨。"

经济学认为，实际增长率超过了潜在增长率叫作经济过热，它的基本特征表现为经济要素总需求超过总供给，由此引发物价指数的全面持续上涨。

通过对经济过热的界定，我们可以看出，社会总需求的过量增长往往意味着经济发展的过热倾向。我们所说的需求是指有购买能力的需求，总需求的增长通常用货币供应量，特别是广义货币（M2）的增长来表示，因此，经济运行中是否存在超量的货币供给也成为衡量经济是否过热的标准。此外，一国货币的超量供应通常会引起该国一般物价水平的持续上涨，出现通货膨胀，所以通货膨胀是否出现也成为判断一国经济是否过热的标准。

根据以上标准，我们可以从以下几个特征判断经济发展是否处于过热状态：

（1）固定资产投资增长速度连续几年明显快于GDP的增长，这是判断经济过热重要标准。

（2）能源原材料需求供应紧张加剧，价格上涨过快。

（3）生产能力过剩，产品积压。

（4）资源环境压力增大，时常发生生产事故。

经济增长所带来的资源消耗高、浪费大等问题，加剧了环境保护的压力，也是经济过热的一个重要表现。

经济过热可以分为消费推动型经济过热和投资推动型经济过热。由于居民消费旺盛而导致的经济过热称为消费推动型经济过热。投资推动型经济过热，亦即过度投资，包含两个方面：

第一，在一个投资项目完工后，由于没有出现预期的市场需求，生产出来的产品大量堆积，资金无法收回，导致生产资料的严重浪费。这个层面上的"过度"指的是投资相对市场需求过度。

第二，投资规模过度展开，超过了财力负担能力，使得投资不能按预定计划完成，无法形成预期的生产能力。这个层面上的"过度"是投资规模相对于财力负担的过度。

【定律链接】相关常识解释

经济软着陆：指国民经济的运行经过一段时期的过度扩张之后，平稳地回落到适度增长区间。国民经济的运行是一个动态的过程，各年度间经济增长率的运动轨迹不是一条直线，而是围绕潜在增长能力上下波动，形成扩张与回落相交替的一条曲线。国民经济的扩张，在部门之间、地区之间、企业之间具有连锁扩散效应，在投资与生产之间具有累积放大效应。当国民经济的运行经过一段过度扩张之后，超出了其潜在增长能力，打破了正常的均衡状况，于是经济增长率将回落。“软着陆”即是一种回落方式，是相对于“硬着陆”即“大起大落”的方式而言的。

总供给：是国民经济各部门在一定时期内所生产的产品和服务的总和。总供给可以用社会在一定时期内所供给的生产要素的总和或者生产要素所得到的报酬总和来表示。

总需求：指一个国家或地区在一定时期内（通常是一年）由社会可用于投资和消费的支出所实际形成的对产品的劳务和购买力总量。它取决于总的价格水平，并受到国内投资、净出口、政府开支、消费水平和货币供应等因素的影响。

产能过剩：一般认为，产能即生产能力的简称，即为成本最低产量与长期均衡中的实际产量之差。对于什么是过剩，学者有不同的观点。有人认为供大于求即为过剩。也有人认为，供大于求有两种状态，第一种是供给略大于需求，第二种是总供给不正常地超过总需求的状态。“略大于”是指除满足有效需求外，还包括必要的库存和预防不测事故的需要。这种过剩本身并不是什么祸害，而是利益。后一种状态才是过剩状态，包括两方面内容：一方面是总供给为一定时间里总需求相对不足，另一方面是总需求为一定时间里总供给相对过剩。

泡沫经济：上帝欲使其灭亡，必先使其疯狂

上帝欲使其灭亡，必先使其疯狂

西方谚语说：“上帝欲使人灭亡，必先使其疯狂。”

20 世纪 80 年代后期，日本的股票市场和土地市场热得发狂。从 1985 年年底到 1989 年年底的 4 年里，日本股票总市值涨了 3 倍，土地价格也是接连翻番。到 1990 年，日本土地总市值是美国土地总市值的 5 倍，而美国国土面积是日本的 25 倍！日本的股票和土地市场不断上演着一夜暴富的神话，眼红的人们不断涌进市场，许多企业也无心做实业，纷纷干起了炒股和炒地的行当——整个日本都为之疯狂。

灾难与幸福是如此靠近。正当人们还在陶醉之时，从 1990 年开始，股票价格和土地价格像自由落体一般猛跌，许多人的财富一转眼间就成了过眼云烟，上万家企业关门倒闭。土地和股票市场的暴跌带来数千亿美元的坏账，仅 1995 年 1 月 ~11 月就有 36 家银行和非银行金融机构倒闭，爆发了剧烈的挤兑风潮。极度繁荣的市场轰然崩塌，人们形象地称其为“泡沫经济”。

20 世纪 90 年代，日本经济完全是在苦苦挣扎中度过的，不少日本人哀叹那是“失去的十年”。

泡沫经济，是虚拟资本过度增长与相关交易持续膨胀，日益脱离实物资本的增长和实业

部门的成长，金融证券、地产价格飞涨，投机交易极为活跃的经济现象。泡沫经济寓于金融投机，造成社会经济的虚假繁荣，最后必定泡沫破灭，导致社会震荡，甚至经济崩溃。

最早的泡沫经济可追溯至1720年发生在英国的“南海泡沫公司事件”。当时南海公司在英国政府的授权下垄断了对西班牙的贸易权，对外鼓吹其利润的高速增长，从而引发了对南海股票的空前热潮。由于没有实体经济的支持，经过一段时间，其股价迅速下跌，犹如泡沫那样迅速膨胀又迅速破灭。

泡沫经济源于金融投机。正常情况下，资金的运动应当反映实体资本和实业部门的运动状况。只要金融存在，金融投机就必然存在。但如果金融投机交易过度膨胀，同实体资本和实业部门的成长脱离得越来越远，便会形成泡沫经济。

在现代经济条件下，各种金融工具和金融衍生工具的出现，以及金融市场日益自由化、国际化，使得泡沫经济的发生更为频繁，波及范围更加广泛，危害程度更加严重，处理对策更加复杂。泡沫经济的根源在于虚拟经济对实体经济的偏离，即虚拟资本超过现实资本所产生的虚拟价值部分。

泡沫经济得以形成具有以下两个重要原因：

第一，宏观环境宽松，有炒作的资金来源。

泡沫经济都是发生在国家对银根放得比较松、经济发展速度比较快的阶段，社会经济表面上呈现一片繁荣，为泡沫经济提供了炒作的资金来源。一些手中拥有资金的企业和个人首先想到的是把这些资金投到有保值增值潜力的资源上，这就是泡沫经济成长的社会基础。

第二，社会对泡沫经济的形成和发展缺乏约束机制。

对泡沫经济的形成和发展进行约束，关键是对促进经济泡沫成长的各种投机活动进行监督和控制，但到目前为止，还缺乏这种监控的手段。这种投机活动发生在投机当事人之间，是两两交易活动，没有一个中介机构能去监控它。作为投机过程中的最关键的一步——货款支付活动，更没有一个监控机制。

此外，很多人将泡沫经济与经济泡沫相混淆，其实泡沫经济与经济泡沫既有区别，又有一定联系。经济泡沫是市场中普遍存在的一种经济现象，是指经济成长过程中出现的一些非实体经济因素，如金融证券、债券、地价和金融投机交易等，只要控制在适度的范围内，对活跃市场经济有利。

只有当经济泡沫过多，过度膨胀，严重脱离实体资本和实业发展需要的时候，才会演变成虚假繁荣的泡沫经济。可见，泡沫经济是个贬义词，而经济泡沫则属于中性范畴。所以，不能把经济泡沫与泡沫经济简单地画等号，既要承认经济泡沫存在的客观必然性，又要防止经济泡沫过度膨胀演变成泡沫经济。

在现代市场经济中，经济泡沫会长期存在。一方面，经济泡沫的存在有利于资本集中，促进竞争，活跃市场，繁荣经济；另一方面，也应清醒地看到经济泡沫中的不实因素和投机因素，这些都是经济泡沫的消极成分。

辨别虚假繁荣背后的泡沫

据英国媒体报道，2008年2月，津巴布韦物价飞涨，通货膨胀率已达到令人吃惊的100500%，当地货币的纸面价值已经低于纸的价值。大街上经常看到人们费力地抱着一摞纸币出门采购日用品。初看，外来人士会以为到处都是刚中了彩票的幸运儿或是亿万富豪，但不幸的是，这一大摞货币的价值都不及制造这些货币的纸的价值。此时，2500万津巴布韦元只相当于1美元。

这就是近在眼前的恶性通货膨胀，经济可以活跃社会，同样也可以覆灭一个社会。

人们的需求是无穷无尽的，经济社会中，我们的财产迅速积累，获得无数的幸福。中国人常说“祸福相依”，我们离不开它的收益，自然也拒绝不了它带来的毁灭。经济市场自始至终都是个充满各种诱惑和陷阱的大染缸，为了利益，人们总是展开不可避免的博弈争斗，各种价值冲突愈演愈烈，货币就是人类利益驱使下的产物，恶性通货膨胀也是由此产生的。

一般情况下通货膨胀都比较温和，只有在特殊时候，才如同洪水猛兽，将人们的财产一夜吞噬。

温和的通货膨胀，是一种价格上涨缓慢且可以预测的通货膨胀。世界上许多通货膨胀都是温和的通货膨胀，物价稳定上涨，人们对货币较有信心。

急剧的通货膨胀，是指总体价格以20%、100%、200%，甚至是1000%、10000%的速度增长。发生这种通货膨胀的地区，在价格被竭力稳定后，会出现严重的经济扭曲现象，并且人们会对本国货币失去信心，运用一些价格指数或外币作为衡量物品价值的标准。

恶性通货膨胀被称为经济的癌症，这种致命的通货膨胀以百分之一百万，甚至是百分之万亿的速度上涨，可以在短时间内摧毁市场经济。

所有泡沫形成的过程都大致相似：在狂热中上涨，似乎所有人都疯狂投入其中，直到发现荒谬，于是开始恐慌，最后噩耗此起彼伏……所有这一切，源头皆为利。

【定律链接】泡沫经济如同猴子捞月

“猴子捞月”的故事大家耳熟能详。故事里，树上的猴子们一只只地拉着前面一只猴子的尾巴，形成一条链子，把最后一只猴子送到水面，让它到水中捞月。

很多人看了这个故事都觉得好笑，现在看来，这些猴子的探索精神还是不错的，通过自身实践最终明白，水中的月亮不过是天上月亮的影子，从而增长知识。倒是人类不止一次地把投影当做实体，把实体抛在脑后。归根结底，不过一个“贪”字。这比捞月的猴子高明多少呢？

猴子认为月亮在水中，可它们真正去打捞时，月亮却破了，碎了，水中的月亮只是一个美丽的影像。在经济学中，泡沫经济如同水中的月亮一样，人们对它的希望如同一种投机，人们争先恐后地进入，给社会经济带来严重危害，甚至造成经济崩溃。

西方最早出现的泡沫经济，是以投资郁金香开始的。

在16世纪中期，荷兰人开发出郁金香的很多新品种，被无数的欧洲民众喜欢。于是，荷兰的郁金香种植者们开始搜寻“变异”“整形”过的花朵，以此卖高价。逐渐地，这种狂热扩散到整个荷兰。所有的荷兰家庭都建起自己的花圃，郁金香几乎布满了荷兰每一寸可利用的土地。

1636年，一枝郁金香已与一辆马车、几匹马等值，至1637年，郁金香球茎的总涨幅已高达5900%!

终于，郁金香的价格开始崩溃，暴跌不止。整个荷兰的经济都崩溃了，债务诉讼数不胜数，法庭无力审理，很多大家族衰败，老字号倒闭。荷兰的经济也在很多年之后才得以恢复。

自此之后，接二连三的泡沫经济出现在世界的各个角落。归根结底，非理性的贪欲让人们丧失了判断标准，最后自食恶果。

集聚效应：集群发展，经济更上一层楼

产业集群带动经济发展

自然界里有许多“集聚现象”，如沙漠里的灌木，科学研究表明它们的分布跟降水量和地下水系的分布有很大关系，一般呈现出成群聚集的状态，这样才能更好地存活。在现实的经济领域中，也能找到许多“集聚效应”的例子。

例如，在我国浙江，诸如小家电、制鞋、制衣、制扣、打火机等行业都各自聚集在特定的地区，形成一种地区集中化的制造业布局。上世纪90年代以来，江苏省利用外商直接投资，取得突飞猛进的发展，截至2001年底其累计利用外资额位居全国第二，仅次于广东。外商直接投资大规模进入，让集聚效应的优势明显地发挥出来，有力地促进了江苏省经济的快速增长，因此成为了近年来我国经济增长最快的省份之一。此外，股市中中小盘股走势的确火爆，锂电池概念、稀土永磁概念、装修装饰以及园林建筑工程等股票不断上涨，而且很多以短期之内连续涨停的极具刺激性的形式来表现，令人叹为观止。因此，深成指突破前期高点的意义比不上对中小板指数创年内新高更能吸引投资者的眼球。这些都是资金在市场上形成的集聚效应。

集聚效应出现在工业领域，能产生很好的效果，比如生产成本的降低，物流成本的降低，能源消耗的降低，等等。对于地方区域来说，集聚效应的积极作用也是很明显的，它几乎聚集了全国的顶尖的人才、科研机构、知名外企等一系列优势，

在我国，最能体现集聚效应的就是一线大城市了，这种优势主要体现在产业集聚、人力资本集聚和创新活动集聚这三个方面。

中关村的发展实践，突显了人才的“集聚效应”。越来越多的人才荟萃中关村科技园，实现理想成就事业。到2009年年底，中关村会聚各类人才106万人，其中，博士及以上学历1.1万人，硕士学历9.8万人；具有高级职称的5.5万人，具有中级职称的11.5万人。这些集聚到中关村的高科技人才，提升了我国的自主创新能力，极大地推动了北京新兴产业的发展，一个具有全球影响力的科技创新中心相信在不久的未来就能成形。

同时，自从北京提出发展文化创意产业以来，北京的文化创意产业也明显呈现出集聚效应。2006年，北京市文化创意产业从业人员89.5万人，资产总计6161亿元，业务收入3614.8亿元，创造增加值812.1亿元，占全市GDP的10.3%，比2005年增长15.9%。

经过不断的发展，北京文化创意产业不仅稳步发展，而且文化创意产业集聚效应日益明显。据不完全统计，北京市2006年12月挂牌的10个文化创意产业集聚区入驻企业4687家，其中，挂牌后新入驻企业1101家。集聚区企业2006年营业收入478.5亿元，利润48.8亿元，上缴税金18.5亿元。

上海是长三角地区的中心城市，集聚效应是它与其他城市之间关系的最主要特征。自改革开放以来，上海经济发展表现出雄厚的实力，已经连续许多年保持了两位数的GDP增长率。上海世博会是全球创意人和创意产业的“奥运会”，世博会上各种创新思想、新理念、新文化、新产品的交流碰撞也将激发创意人才思维模式的转变与创新，从而推动创意产业、创意经济

迈上新台阶，创意经济的发展将进一步推动国内相关产业的升级。

据不完全统计显示，截至2009年底，江苏共有64家各类文化产业园区，4个国家级动漫产业基地，7个国家级、18个省级文化产业示范基地；浙江省围绕杭州、宁波、温州等中心城市形成数个文化创意产业集聚地，全省已有18个创意园区，3个国家级人才培训基地。

据统计，截至2009年10月，上海市正式注册的创意产业园区达到81家，入驻企业超过4000家，总建筑面积250万平方米左右，相关从业人员已达8万余人，累计吸引了近70亿元社会资本参与集聚区建设。创意产业增加值从2004年的493亿元增至2008年的1048.75亿元，年均增幅20%以上，占全市GDP比重从5.8%提高到7.66%。

足见，在当前由上至下力推创新型经济发展的中国，以文化产业为龙头的创意经济正在成为地方发展的“加速器”。

坚持集中发展，发挥集中优势

按照优势产业集聚发展的原则，我们要注重推动优势产业、优势资源、优势企业和要素保障集聚，把握市场需求，充分发挥主导产品的优势，推进同业集聚和产业协作，发挥其带动功能，加大整合力度，从而走上一条节约、集约的资源可持续利用之路。

实践证明，工业集中发展不仅可以结合增长方式的转变，把服务、土地、劳动力等优势聚集在一起，形成规模效益，产生集聚效应，成为加速工业化和城镇化进程的有效途径，而且成为经济发展的带动平台，体制和科技创新的试验平台。

近年来，全球的跨国公司纷纷采取“集聚生存”这种生存战略。“集聚生存”是指各个跨国公司基于各自核心竞争优势，为了获取合作伙伴的互补性资产，以扩大企业利用外部资源的边界，增强彼此的市场竞争地位，形成了一种事实上的相互依赖和互为客户或以联盟为发展的基础。跨国公司的集聚生存既是市场激烈竞争的结果，也是市场竞争的反映。随着社会分工的深化和竞争的加剧，任何一个公司都无法仅依靠自己的力量在价值链的每个环节都取得优势地位。相反，竞争促使各跨国公司将自身的资源逐渐集中于其最具优势的环节或能力，而将其不具竞争优势或优势较小的业务部分外包给其他公司。这种业务调整的结果是：各跨国公司只专注于自己最擅长的领域，而通过协议或客户网络获得公司生存所必需的外部资源支持。跨国公司这种业务整合是随着科技进步、分工细化以及市场结构的变迁持续进行的。跨国公司持续的业务分化组合的结果在客观上促进了价值链上相关公司的发展，这些公司的发展反过来更有利于跨国公司集中自身优势于全球竞争——这是一种相互依赖的网络化生存关系。集体化生存使各公司均获得了一种仅靠自身力量无法得到的市场竞争优势地位，形成了一种集聚效应。

纽约这座国际大都市是世界最大跨国公司总部最为集中之地，它可谓是全球总部经济成功典范。在财富500强公司中有46家公司总部选在纽约，并发展形成了与之配套的新型服务业。在纽约，有法律服务机构5346个，管理和公关机构4297个，计算机数据加工机构3120个，财会机构1874个，广告服务机构1351个，研究机构757个。纽约有制造业公司1.2万家，许多全球制造企业都在这里设立了总部机构（如洛克菲勒中心），同时纽约还是名副其实的国际金融经济中心。

香港总部经济助推国际化大都市转型。香港已经吸引数千家跨国公司在港设立亚太总部，地区总部，香港的中环区便是总部聚集的区域。目前，这一地区集中了大量的金融、保险、地产及商用服务行、中国银行新总部等，已发展为成熟而标准的CBD，成为香港经济的“心脏”。

对我国来说，跨国公司来中国集聚产生的效应，有利有弊。跨国公司和国际资本集聚中国，促进了中国的资本形成和资本积累，中国产业结构调整与升级，先进技术和人才的引进，国内就业水平的提高和当地政府的赋税收入的增加。不过中国企业也因此将面临越来越多的具有国际竞争优势的跨国公司的挑战。

测不准定律：越是“测不准”越有创造性

我们生活在一个“测不准”的世界

德国物理学家海森堡的量子力学的测不准定律，带来了物理学上的革命，他也因此获得诺贝尔奖。这一定律冲破了牛顿力学中的死角，表明人类观测事物的精准程度是有限的，或者说错误难免，任何事皆有可能。

而对于经济学来说，索罗斯则发现了“经济学的测不准定律”。这个创造了许多金融奇迹的人，依然在创造着惊涛骇浪般的奇迹。索罗斯号称“金融天才”，从1969年启动的“量子基金”，以平均每年35%的增长率令华尔街的同行目瞪口呆。他似乎在用一种超常的力量左右着世界金融市场，创下了许多令人难以置信的业绩。

传统的经济学理论总是宣扬市场如何有规律如何有理性，而在多年的经商过程中，索罗斯却发现那些经济理论是那么地不切实际。他对华尔街进行深入分析，察觉金融市场的现实其实就是混乱无序。市场中买入卖出决策并不是建立在理想的假设基础之上，而是基于投资者的预期，数学公式是不能控制金融市场的。人们对任何事物能实际获得的认知都并不是非常完美的，投资者对某一股票的偏见，不论其肯定或否定，都将导致股票价格的上升或下跌，因此市场价格也并非总是正确的，总能反映市场未来的发展趋势的，它常常因投资者以偏概全的推测而忽略某些未来因素可能产生的影响。

实际上，并非目前的预测与未来的事件吻合，而是目前的预测造就了未来的事件。所谓金融市场的理性，其实全依赖于人的理性，赢得市场的关键在于如何把握群体心理。投资者的狂热会导致市场的跟风行为，而不理性的跟风行为会导致市场崩溃。这就是他所提出的经济学“测不准定律”。所以，投资者在获得相关信息之后作出的决定，与其说是根据客观数据作出的预期，还不如说是根据他们自己心里的感觉作出的预期。

同时，索罗斯还认为，由于市场的运作是从事实到观念，再从观念到事实，一旦投资者的观念与事实之间的差距太大，无法得到自我纠正，市场就会处于剧烈的波动和不稳定的状态，这时市场就易出现“盛—衰”序列。投资者的赢利之道就在于推断出即将发生的预料之外的情况，判断盛衰过程的出现，逆潮流而动。但同时，索罗斯也提出，投资者的偏见会导致市场跟风行为，而盲目从众的跟风行为会让人们过度投机，最终的结果就是市场崩溃。

当然，在“测不准”当中，他又有“测得准”的由盛而衰的波动定律，投资者的赢利之道就在于及时地推断出即将发生的新情况，逆流而动。可究竟何时动何时不动，又完全取决于投资者本人的悟性。他说：“股市通常是不可信赖的，因而，如果在华尔街你跟着别人赶时髦，那么，你的股票经营注定是十分惨淡的。”

股市的测不准现象比比皆是。在2008年的经济背景下，国际金融危机、国内经济压力重重，分析师们存忧患意识，看空市场理所当然。但市场却否极泰来，反而杀出了一条血路，正应了这句名言：这是最坏的时候，这也是最好的时候。但过去的毕竟已经过去，股市着眼于今天和明天。在2010年之前，连续5年相关机构对股市的预测都看走了眼，大多数机构在年末对来年股市的走势都判断失误。其中2009年的股市报告，大家都可以当笑话来读，大多数专业人士的判断是2009年股市上半年没有行情，下半年有小行情，房市可能会崩盘。可是最后结果证明，2009年房市、股市走出了大牛市。

机构的预测报告本来就是顺应媒体和股民的需求而产生的，那些企图预测股市的人，天天在预测，而股市的结局跟足球赛的结果一样，是不可预测的。从科学的角度看，本来就“测不准”的，点位测市行为本身是错的，却偏要作个正确的预测结果出来，自然是难以做得准了。

近年来，另一个遵循“测不准”原理的就是国际原油价格。许多人热衷于预测油价，对油价走势进行判断，但油价预测已经无异于猜谜游戏。因为影响油价的因素实在太多：影响油价的基本原理应该是市场供求关系，但地缘政治冲突、自然灾害影响、恐怖活动威胁以及基金投机炒作等因素扭曲了国际石油市场供需的真相，国际油价随之大起大落，上涨之高甚至大大超出一般预期。

从经济学视窗看“测不准”

经济学中常用的马歇尔局部均衡“供给—需求”模型，这一模型包含相当多的“其余条件”，如偏好稳定、市场出清、不考虑其他商品等，可是在现实经济生活中，这一点是无法办到的，我们无法构筑这样一个定律能够完全发挥作用的环境。

1974年，美国政府为清理翻新自由女神像扔弃的废料，向社会广泛招标。由于美国政府出价太低，好几个月没人应标。正在法国旅行的一个得克萨斯人听说了这件事，立即乘飞机赶往纽约，看过自由女神像下堆积如山的钢块、螺丝和木料，他喜出望外，未提任何条件。当即就签字包揽了下来。纽约的许多运输公司为他的这一愚蠢举动暗自发笑，因为在纽约州，对垃圾的处理有严格的规定，弄不好就要受到环保组织的起诉。就在一些人要看这个得克萨斯人的笑话时，他开始组织工人对废料进行分类。他让人把废铜熔化，铸成小自由女神像，用废水泥块和木头块加工成底座，把废铅、废铝做成纽约广场型的钥匙挂，最后他甚至把从自由女神像上扫下的灰尘都包装起来，出售给花店。不到3个月的时间他让这堆废料变成了350万美元现金，使每磅铜的价格整整翻了1000倍。

不得不承认，生活中有时候一个创意带来的实际成效，抵得上100个人缺乏创新的千篇一律的劳动。实现这种大幅度的飞跃，不仅需要主动性，还需要发挥创造力。在新的未知领域，有很多难以准确估计、精确测量的不确定性，但这些地方也正是提供跳跃的最好平台。比如，资金是制约企业初期创业发展的一个重要因素，这就为企业的前途增加了不确定性。但是，有的时候，越缺少资金，企业对市场的适应性也会因此越强。因为过分依赖资本本身就会使得公司面临风险。所以企业轻装上阵，反而能没有负担地发挥创造性。

【定律链接】创意经济发展七模式

政府驱动型：以国际战略形态由政府积极推动创意产业发展的类型。该类型以美国、英国、日本、新加坡、韩国和中国香港地区为代表，尤以英国政府1997年后大力推动的“创意工业”成效最为显著。

艺术家驱动型：原生态的创意经济形态。其主要代表是闻名于世的美国纽约市的SOHO

区。近几年在中国出现的北京 798 厂大山子艺术区、上海苏州河仓库艺术区、昆明上河创库区等，是创意产业在中国开始起步的先声。

社区合作型：指政府在公共发展的区域政策指导下，在调动财政、税收、金融、补贴、科研、规划等政府力量的同时，充分发挥市场、社会、企业不同的创新力量，吸引各国各地创意阶层共同参与，形成复合性的区域创新商业模式创意产业新社区。这种发展形态以 20 世纪 90 年代以来东柏林旧城区的成功改造最具代表性。

传统保护型与旅游泛化型：依据本地城镇与街区的传统文化、建筑、工艺与人文资源，或利用专项基金进行传统艺术或遗产文明的保护性移植、复制与传承，均可以列为创意经济的范围；而旅游泛化型则多依靠旅游经济带动，在以旅游为主的同时，由创意艺术家与商家相互促动形成新的创意工业。

企业推动型：企业推动型是指企业依靠自身的资源与优势，在发现、识别并选择创意经济作为企业投资的产品方向后，整合社会创意与中介人群，与其他街区社区的发展定位形成互动与差异，成为当地创意产业的主力推动者这一创意经济发展类型。其成功案例有深圳华侨城的旅游地产双主题开发模式，成都置信地产古城再造与旅游地产模式，北京红石地产“长城公社”试验性建筑俱乐部模式，上海证大地产现代艺术馆与商业地产一体模式，等等。

口红效应：经济危机中逆势上扬的商机

“口红”为何走俏

韩国经济不景气的时候，服装流行的是鲜艳的色彩，并且短小和夸张的款式订单比较多；日本现在的服装产业正处于低谷，但是修鞋补衣服之类的铺子，生意却出现了一片繁荣的景象；美国 20 世纪二三十年代的大萧条时期，几乎所有的行业都沉寂趋冷，然而好莱坞的电影业却乘势腾飞，热闹非凡，尤其是场面火爆的歌舞片大受欢迎，给观众带来欢乐和希望，也让美国人在秀兰邓波儿等家喻户晓的电影明星的歌声舞蹈中暂时忘却痛苦。

以上这些都是“口红效应”的作用表现。经济不景气的时候，生活压力会增加，人们的收入和对未来的预期都会降低，这时候首先削减的是那些大宗商品的消费，如买房、买车、出国旅游等，这样一来，反而可能会比正常时期有更多的“闲钱”，正好需要轻松的东西来让自己放松一下，所以会去购买一些“廉价的非必要之物”，从而刺激这些廉价商品的消费上升。

金融危机的寒流，并不会让所有的行业都陷入低迷的境遇，经济政策制定者和企业决策者可以利用“口红效应”这一规律，适时调整自己的政策和经营策略，就能最大限度地降低危机的负面影响。所以，危机到来的时候，商家所要做的就是打造危机下的口红商品，只要人人都努力了，都在想方设法地卖出自己的那支“口红”，“口红效应”就有可能发生意想不到的作用。

要想利用“口红效应”来拉动销售，需要满足以下三个条件：

首先，是所售商品本身除了实用价值外，要有附加意义。同样花几十元钱，比起喝咖啡和坐出租车来，还是看电影更有吸引力，可以带来两个小时或者更长时间的持续满足感。危机时期令人绝望的境况，让人们黯然神伤，信心与快乐成为最稀缺的商品。而此时，文化娱乐产业将成为“口红效应”中的获益者。

其次，商品本身的价格要相对低廉。在经济不景气的时期，人们的收入会较之以前有不同幅度的下降，从而导致对消费品的购买力也会下降。对于大型投资或者奢侈品的购买在这一阶段不会赢得消费者青睐，反倒是一些价格低廉的商品，在此时会迎来销售的“春天”。

再次，商家要适当引导消费者，带动间接消费的欲望。20世纪二三十年代经济危机时期却成为了好莱坞腾飞的关键时期。在经济最黑暗的1929年，美国各大媒体就纷纷开辟专版，向公众推荐适合危机时期观看的疗伤影片。而且，不仅如此，好莱坞还就着这种经济不景气的现状，顺势举行了第一届奥斯卡颁奖礼，每张门票售价10美元，引来了众多观众的捧场。1930年的梅兰芳远渡重洋，在纽约唱响他的《汾河湾》，大萧条中的美国人一边在街上排队领救济面包，一边疯狂抢购他的戏票，5美元的票价被炒到十五六美元，创下萧条年代百老汇的天价。

经济危机中常见的生机产业

经济发展有其自身的规律，金融危机的爆发也是经济发展过程中出现的不可避免的问题。当出现这种现象时，商家不可坐以待毙，要学会从低潮中寻找新的商机，迅速实现产业的转型，从而让经济危机的劣势转化为产业发展的优势。就“口红效应”而言，它的受益产业主要有以下几个：

第一，化妆品行业

据有关统计显示，美国1929年至1933年工业产值减半，但化妆品销售增加；1990年至2001年经济衰退时化妆品行业工人数量增加；2001年遭受9.11袭击后，口红销售额翻倍。我们可以发现，化妆品行业出现繁荣的时期都是对民众产生较大影响的时期。在人们心灵受伤的时候，格外需要一些低廉的非必要品来给自己疗伤，从而给商家带来商机。

第二，电影产业

美国电影一直是“口红效应”的受益者之一，20世纪二三十年代经济危机时期正是好莱坞的腾飞期，而2008年的经济衰退也都伴随着电影票房的攀升。有人预测，中国的文化产业也许要借着“口红效应”实现一个新的跨越。12月公映的冯小刚电影《非诚勿扰》首周票房就超过了8000万元。 12月17日，国家广电总局电影局副局长张宏森透露，2008年主流院线票房已经超过了40亿，比去年增长30%。其中，票房过亿的国产电影数量也历史性地超过了好莱坞大片，预计将达到9部之多。和几年前一些偏冷门的类型题材的电影在市场上没有生存空间不同，今天的观众走进影院，既能看到传统功夫片《叶问》，也可以选择结合了艺术和商业的《梅兰芳》以及《爱情呼叫转移2》《桃花运》等影片。观众审美需要不断增加，电影创作也应以多类型、多品种、多样化的电影产品结构来支撑市场。也许这正是“口红效应”在中国的一种反映。

第三，动漫游戏行业

日本市场调研机构近日发布的消费统计数据显示，虽然其他行业走冷，游戏机行业中的任天堂和索尼PSP，却销量大增，其中很大一部分将作为圣诞节和新年的礼物，成为日本玩家迎接新年的伴侣。看来，无论其他行业的形势如何严峻，游戏会一直都是人们放松和疗伤的最优选择。

经济危机不会长久地存在于人们的生活中，终究还是会有回暖的时候。其实，经济增长的步伐偶尔慢下来，也未必不是一件好事。人们可以从繁忙的工作与生活中走出来，谈谈情，唱唱歌，跳跳舞，回归一下家庭，一箪食，一瓢饮，不改其乐。而企业则可以在这其中寻找商机，创造一支能让人们心仪的“口红”，推广开来。如此看来，“口红效应”也会实现双赢。

乘数效应：一次投入，拉动一系列反应

一场暴风雨引发的乘数效应

一场暴风雨过后，一家百货公司的玻璃被刮破了。

百货公司拿出5000元将玻璃修好。装修公司把玻璃重新装好后，得到了5000元，拿出了4000元为公司添置了一台电脑，其余1000元作为流动资金存入了银行。电脑公司卖出这台电脑后得到4000元，他们用3200元买了一辆摩托车，剩下800元存入银行。摩托车行的老板得到3200元后，用2650元买了一套时装，将640元存入银行。最后，各个公司得到的收入之和远远超出5000元这个数字。百货公司玻璃被刮坏而引发的一系列投资增长就是乘数效应。

在经济学中，乘数效应更完整地说是支出/收入乘数效应，是指一个变量的变化以乘数加速度方式引起最终量的增加。在宏观经济学中，指的是支出的变化导致经济总需求不成比例的变化，即最初投资的增加所引起的一系列连锁反应会带来国民收入的成倍增加。所谓乘数是指这样一个系数，用这个系数乘以投资的变动量，就可得到此投资变动量所引起的国民收入的变动量。假设投资增加了100亿元，若这个增加导致国民收入增加300亿元，那么乘数就是3；如果所引起的国民收入增加量是400亿元，那么乘数就是4。

为什么乘数会大于1呢？比如某政府增加100亿元用来购买投资品，那么此100亿元就会以工资、利润、利息等形式流入此投资品的生产者手中，国民收入从而增加了100亿元，这100亿元就是投资增加所引起的国民收入的第一轮增加。随着得到这些资本的人开始第二轮投资、第三轮投资，经济就会以大于1的乘数增长。

“乘数效应”也叫“凯恩斯乘数”，事实上，在凯恩斯之前，就有人提出过乘数效应的思想和概念，但是凯恩斯进一步完善了这个理论。凯恩斯的乘数理论对西方国家从“大萧条”中走出来起到了重大的作用，甚至有人认为20世纪两个最伟大的公式就是爱因斯坦的相对论基本公式和凯恩斯乘数理论的基本公式。凯恩斯乘数理论对于宏观经济的重要作用在1929~1933年的世界经济危机后得到重视，一度成为美国大萧条后“经济拉动”的原动力。

乘数效应不是万有定律，要辩证看待

美国东部时间2001年9月11日早晨8：40，4架美国国内民航航班几乎被同时劫持，其中两架撞击了位于纽约曼哈顿的世界贸易中心，一架袭击了首都华盛顿美国国防部所在地五角大楼，而第四架被劫持飞机在宾夕法尼亚州坠毁。这次事件是继第二次世界大战期间珍珠港事件后，第二次对美国造成重大伤亡的袭击，是人类历史上迄今为止最严重的恐怖袭击事件。美国人民陷入了前所未有的恐慌之中。可是，这时候一些经济学家却跳出来发表了一番令人哭笑不得的言论，他们认为这次恐怖袭击对美国的宏观经济来说是大有好处的，甚至会为其带来契机。

他们的理由很简单，这次恐怖袭击令美国国会批准了400亿美元的紧急预算，这些钱会创造第一轮的需求和增收，大约一年内就会看到成效，并且，这一开支的增加将会继续创造下一轮的需求。这些经济学家们经过一番认真仔细的推算，认定在美国经济不景气的情况下，这400亿美元的增加开支，将会使得国民生产总值最终增加1000亿美元……所以说，在这个经济不景气的时刻，财政开支的增加对美国而言反而是一剂强心针。

看到这里，大家都会觉得奇怪，假如说这些经济学家的观点是正确的，即损失两栋大楼可以促进国民经济发展，那么，为什么美国人自己不动手多炸掉几栋，反而让恐怖分子钻了空子呢？

另外，还有一些经济学家根据乘数原理提出了与上述完全相反的结论。乘数原理既然可以放大好处，也可以放大坏处。损失的几栋大楼很值钱，里面的死伤人员也都是各行各业的精英人士，其价值是无法估量的，因此这一恐怖袭击将会造成美国经济的节节败退，并最终进入恶性循环，一发不可收拾。

最终的事实是怎样的呢？事实证明，美国经济在“9.11”事件之后，没有突飞猛进，也没有一败涂地。上述的两种结论似乎都是不正确的。那么，是乘数效应出错了吗？当然不是。问题在于社会经济生活中，“乘数效应”不止一宗，而是无数宗。不是说“乘数效应”不存在，而是说不能只盯着一宗“乘数效应”。要知道，无数宗“乘数效应”会互相抵消，互相排斥，其最终结果是怎样的谁也无法准确预料。这也就告诉我们，乘数效应是不能生搬硬套的，否则就会失之毫厘，谬以千里。

【定律链接】经营管理中也隐藏着乘数效应

在经营管理中，同样存在着乘数效应。乘数效应能发生在管理工作中。比如实施一个促进销售计划，管理者希望这个计划的效果可以成倍地增加。然而事实是，如果没有其他的策略配套实施，乘数效应便很难实现。比如，管理者采取了结果激励方法，或者过程激励方法，可能只是对某些具体的行为产生效果，而持续的或者自发的激励效果却不可能实现。

管理者自然希望每一个决策都能实现乘数效应，即一种措施产生多重效果，但乘数效应不是一劳永逸的，它还包括一系列的措施在里面，只有这些相应的配套措施发挥了功效，乘数效应才可能发生功效。所谓的配套措施，是使当初措施的效果进一步发挥的配套措施，比如管理中的激励措施，单纯的激励是不可能持续发挥作用的，必须要有相应的如企业文化等的配套措施才可以，只有做好这些配套措施，才可能发挥乘数效应。

拉动效应：经济在于“拉动”

不能高估政府投资的拉动效应

随着政府投资拉动的效应持续减弱，及对社会预期的刺激力度也逐级削减，转型将逐步成为最关键的社会焦点。与此相关的市场预期，将直接决定市场的格局走向。

1. 政府投资拉动效应减弱

从长期来看，无论是国内还是国外，宽松政策和大量政府财政投资对经济的拉动效应都将逐步减弱。

对于国外而言，由于财政空间的限制及宽松流动性的效应递减（比如欧洲央行释放资金购买债券，甚至仍不能抵挡商价和股市的节节下跌），政府投资的空间及影响力都不可能再起到明显作用。

对于国内而言，压缩和规范地方融资平台，都对直接针对市场的投资拉动预期起到打击作用。从最根本上说，这往往意味着管理层的经济政策思路发生了根本变化，即其已经开始出现基本认知到单一投资拉动模式的缺陷，并出现了较为明显的转向。

因此，无论从政府主观意愿上，还是政策的客观效果上来看，政府投资拉动效应逐步减弱是一个必然趋势。

2. 市场认同感减弱

第二个关键问题是，市场的认同感也在削弱，投资的不可持续性广受认同，这又反过来大大弱化和缩减了投资政策的效果。

对市场心理来说，随着投资拉动不可持续性的认同感日趋强烈，资金投放和资金放松未必能够获得市场的足够认同，反而可能会加大市场的担忧。最重要的是，这样会引发投资的带动效应减弱，主要是对社会消费和民间投资的拉动效果会越来越有限，市场的反应也会受到冲击和影响。

3. 转型是社会关注的焦点

实际上，目前市场更关注的不是现在的经济数据和经济发展现状，而是中国经济能否成功地迈入一条持续增长之路。机构和基金不认同的也并非仅仅是目前的经济数据有问题，而是对更长期的前景感到迷茫和不确定。

因此，在这种背景下经济体制的转型就必然越来越受到市场关注，唯有如此才能真正启动经济的发展。投资效应的衰减将导致市场对转型认知从朦胧到逐渐明晰，并最终确认这才是反转整个市场格局的关键。

高速铁路带动沿线新投资

湖北咸宁经济开发区，一个仅有 12 平方公里的地方，却有着 60 多个投资项目在红红火火地开展着。这是为什么呢？为什么这样一个小地方会有如此的魅力，吸引了那么多投资者的目光呢？原因很简单，用当地一位领导的话来说就是，“正是由于武广高铁，一大批广州客商都在咸宁投资，现在整个开发区 70% 以上都是外来投资者建设的”。

原来如此，可是高速铁路真的有如此大的影响力吗？事实上，在武广高铁尚未开通运营时，广州与武汉就已经开始研究并制定了促进产业转移的政策措施，首批项目 24 个，总投资 117.6 亿元。中铁第四勘察设计院总工程师王玉泽说，未来 3~5 年，通过高速铁路，武汉将建成一个辐射全国的大都市圈，以武汉为中心，5 小时内可到达的城市，几乎囊括了大半个中国。王总工程师夸大其词了吗？非也。

如今，我们放眼中国的南部，车马未动，粮草先行，粤港澳正向内陆腹地加紧产业转移，长株潭正加速融入珠三角经济圈，武汉城市圈的影响力也正沿江入海，一条“武广高铁经济带”已初具雏形。随着多条高速铁路客运专线开通运营，有了铁路来实现客货分线，货运能力必然会得到极大的释放。这将有效缓解铁路对煤炭、石油、粮食等重点物资运输的瓶颈制约，提高货主的请车满足率，有效提高全国铁路网的整体运输能力，也有利于以更节能环保的方式降低整个社会的物流成本。

此外，个人异地投资者也开始紧盯高铁风向标。的确如此，我们可以想象一下，当我们到达另一座城市的时间比横穿我们所在城市的时间还要短，且所耗费成本更低时，我们自然会考虑异地投资。

现在，是否有高速铁路通达，已经成为异地投资者投资的重要考量指标之一，一些高铁沿线城市的经济联系与文化合作逐渐被重新定位，其区域经济格局也逐渐被改写。

【定律链接】节会品牌的十大拉动效应

举办大型节会活动，打造强势节会品牌，也成了众多城市拉动经济发展一大重要举措。通过分析我们很快发现，成功的大型节会品牌，至少会对城市的经济发展产生以下十大拉动效应。

1. 开放拉动效应

经济全球化、社会信息化的浪潮汹涌澎湃，知识经济时代、注意力经济时代扑面而来，在此背景下，注意力成为知识经济时代稀缺的资源、信息化社会的无形资产和市场经济宝贵的资本。世界经济乃至世界城市的竞争，正在演变为争夺眼球、争夺注意力的竞争。大型节会活动的举办，必将引起全球的瞩目。达沃斯和博鳌就是鲜活的例证。如世界经济论坛年会会址达沃斯，本是瑞士穷乡僻壤的一个小镇，而现在早已成为全世界注意力的中心。每年的年会，世界各地无不关注这里。我国海南省琼海市的小岛博鳌，也因为亚洲论坛首届年会的举办而成名天下。

2. 形象拉动效应

在世界城市空心化的巨大压力下，城市向何处去，成为一大影响世界城市乃至全球经济社会发展的严峻挑战。研究和推进世界城市的进一步繁荣与发展，这是一项迫在眉睫的战略课题，同时也是一项光荣而艰巨的历史使命。世界城市要想建立起自己的对话与协商机制，发出宏大的声音，迈出威武雄壮的步伐，从而抓住经济全球化带来的机遇，促进世界城市战胜困难、持续发展，必须要有一个良好的载体。大型节会活动的成功举办，将吸引来大批政界名流、知名企业、商界巨子和学术精英。通过节会的举办，为城市之间提供了一个相互探讨、协调立场、促进合作的平台。

3. 会展拉动效应

会展经济已成为世界经济新的增长点，世界许多发达城市已步入后会展经济时代。会展业的发展水平已成为衡量世界城市发达程度的重要标志，会展业的竞争力已成为世界城市的核心竞争力。据权威专家分析，节会经济作为会展经济高度升级的产物，正在成为后会展业时代世界城市发展的新宠。如世界经济论坛第30届年会，举办大大小小的各类会议300多场，极大地拉动了会展经济的发展。

4. 旅游拉动效应

旅游业是当今世界第一大产业，大力发展旅游产业已是世界各国的共识。举目环顾世界名城无一不是旅游名城。强势节会品牌的打造，带来的永久效应便是旅游朝阳产业的蓬勃发展。大型节会活动特别是国际性活动的成功举办，在世界瞩目和关注之下，伴随世界各路精英聚会城市，前来城市旅游休闲的国内外游客必将成倍增长，城市旅游业将实现空前的繁荣，其增长速度和发展水平将远远超出其现有发展水平，一些具备条件的国际性城市不但将成为中国旅游的明珠，也将因此而成为世界旅游的明珠。

5. 投资拉动效应

大型节会活动的举办，既是大脑智慧的聚会，又是信息交流的聚会，还是财富资本的聚会。达沃斯、博鳌论坛充分证明，国际性论坛能产生巨大的投资拉动效应。特别是博鳌良好的发展前景和已经可以看到的投资回报，让投资商趋之若鹜。此外，许多城市都增加了大型节会活动的投资拉动效应，这必然会促使其获得更大、更好的发展。

6. 城建拉动效应

投资拉动效应的直接效果，就是城市开发建设进程的加快，开发建设的水准提高。陈锦华指出，配套设施好是支撑达沃斯成功的四大因素之一。博鳌也因为亚洲论坛的带动和促进，经过短短两三年时间的全面开发，如今的博鳌道路畅通、环境优美、配套设施齐全，已经成为世界知名的旅游区。大型节会活动的成功举办，国际性节会品牌的打造，其对城建的拉动效应也是不言而喻的。特别是基础条件较好的许多发达城市，作为我国城市建设的点睛之作，对我国城市乃至整个中国的经济建设都将产生非同一般的作用。我们将高兴地看到，不久的将来，许多城市将更加富有魅力。

7. 品牌拉动效应

经营城市，打造品牌，加快培育城市的核心竞争力，已经成为世界城市之间相互竞争和促进的战略举措。节会品牌的打造，通过城市之间的互相交流和学习，全新的经营城市理念和城市营销战略与策略将在世界城市之间广为传播。大型节会活动的所在地，是城市信息交流的焦点和中心，无疑是近水楼台先得月，受益最早、得益最多、触动最大、提升最快。特别是通过主流媒体的多次传播，举办地城市品牌形象也将传播最广，影响最为久远。总之，无论从城市品牌的经营、管理、提升还是传播，大型节会活动对城市品牌的整体提升都将实现历史性的跨越和质的飞跃。

8. 文化拉动效应

世界权威专家研究表明，从消费的角度分析，当今及未来是休闲经济、体验经济和娱乐经济时代。节会经济各大拉动效应的相关作用，将极大地促进和带动文化娱乐产业的发展。世界发达城市传媒巨子、文化名流先进的经营理念、营销手段、竞争策略、技术设备等，伴随城市节会活动的举办，都将汇聚举办城市。从而促进城市文化产业包括广播电视、新闻出版、文化产业等发展水平较高的诸多产业实现与国际水平的对接。由于上述因素的作用，成功的节会品牌将给城市的文化产业带来新的春天。

9. 综合拉动效应

强势节会品牌的打造，对会址所在地的拉动效应是全方位的、持续性的，相互作用、交替放大、整体提升。例如，对学术研究及教育事业的拉动，对通讯及信息产业的拉动，对航空及交通建设的拉动，对体制改革及制度创新的拉动，对市民素质及服务水平的拉动，对文化生活及精神需求的拉动等，难以枚举。

外部效应：政府为什么发补贴

政府补贴是为解决正外部性问题

政府作为经济的领头人，经常会实行一些经济政策，比如价格控制、关税、补贴等。一般的企业运行都希望得到政府的补贴。当然，并不是所有的行业都有幸能得到这种恩惠。

曾经有一家处于内蒙古与东北交界处的大型林场得到了国家数百万元的财政补贴。周边的很多企业都想不明白，许多人不禁问："现在国家不是重点发展高新技术产业吗，为什么还要扶持林场？"林场的负责人张某接受记者采访时意味深长地说："我们以前开发林场主要就是靠卖木材赚取利润，作为企业我们也不会过多考虑林场的存在对于周围的生态环境的影响。当然，林场的存在对于改善环境的作用大家都是有目共睹的。所以，国家对我们提供了补贴，我们又开辟了一块新的林场，种植了更多的树种。"

没有得到国家补贴之前的林场作为企业，只考虑到自己出售木材的利润所得，不会考虑林场的存在对周围环境的改善作用，所以林场的面积太小了，没有达到人们满意的水平。接受国家补贴后的林场扩大了面积，进一步优化了周围的环境，对于社会来说是一件好事。政府在这一过程中，利用补贴很好地解决了正外部性问题。

关于正外部性，有一个经典的例子：如果我们的邻居在自己家院子里开辟了一个小花园，这只是他的一种兴趣爱好。可花园里的花香改善了我们居住的空气，而且五颜六色的花儿令人赏心悦目。所以，对于路人和邻居来说，他的花园里的花数量太少了，再多些花会更受欢迎。

所以，正外部性一般是个人收益小于社会收益，所以个人提供的数量往往显得太少了。比方说，在一个老式的家属院里，一户人家为了自家方便，在家门口装设了一盏门灯，过往的路人都会受益，这就是一种正外部效应。虽说这些好处是由路人享有，而装设门灯的家庭只会考虑自身是否需要，如果他觉得装置门灯的收益小于自己支出的成本，他就不会安装；反之，他会安装。此时由于有很大的社会收益存在，从效率的观点来看，应该增加装置，但显然私人装置的意愿不会太强。

那么，对于这种正外部性就没有办法解决了吗？当然不是。如果对每位路人收取费用，显然是不可取的。因为路人不可能每天晚上散步时，口袋里放着一大堆零钱，每走过有门路灯的人家就投下 1 元买路钱。对于正外部性效应，还是应该政府出面加以解决。针对门灯事件，政府可以估计每一住户装置门灯所带来的社会收益有多大，然后支付费用给这些住户，此时住户装置门灯的个人收益与社会收益都包含在内，因此所有住户装置门灯的数量就可以达到全社会的最适数量。

正外部性不仅仅存在于我们的日常生活中，新技术研究也具有正外部性，因为它创造了其他人可以运用的知识。如果一个公司知道自己的创新技术会被其他公司利用，那么它就不会去创新，或者往往倾向于用很少的资源来从事研究，这当然不利于科技创新，所以，各国的专利法正是为了解决这一外部性设立的。专利制度使发明者可以在一定时期内排他性地使用自己的发明，其他公司依据法律没有使用该技术的权利。所以，知识产权得到了保护，促进了科技创新。

税收的外部效应问题至关重要

20 世纪 80 年代末 90 年代初以来，世界经济逐渐表现出一个关系世界经济全局长期发展的大趋势，即经济全球化。所谓的经济全球化，指的是世界经济活动超越国界，通过对外贸易、资本流动、技术转移、提供服务，相互依存、相互联系而形成的全球范围的有机经济整体。简单地说，也就是世界经济日益成为紧密联系的一个整体。经济全球化包括贸易的全球化、生产经营的全球化、金融的全球化和信息的全球化。它是当代世界经济的重要特征之一，也是世界经济发展的重要趋势，同时也是一种自发的市场行为。

对于各国而言，经济全球化意味着国内的许多政策或制度具有一定的超出本国范围内的影响力，由此将会引起其与传统政策或制度之间的冲突，因为这些政策或制度在很大程度上仍然反映出过去相对封闭的经济环境下提出该类政策或制度时的考虑，在税收方面表现得尤其明显。

事实上，许多国家的税收制度在国家间的贸易受到极大的控制或限制，甚至在几乎没有大量资本流动时，就已形成和发展了。那时，高额的关税和商品流动的自然障碍阻碍了贸易的发展，资本流动也受到了相对严格的限制。在当时的环境下，企业大都在其国内从事经营，大多数个人在其法定居住所在国从投资或经营中取得所得。因此，各国的税务当局可以对贸易额、企业利润、个人所得和消费征税，不会与其他国家的税务当局发生冲突。在上述状况下，"属地原则"的采用使政府有权对其地域范围内的全部所得和活动征税，不会引起冲突和麻烦。执行一国制定的税收政策可以不必考虑其对他国的影响，同样，该国政策制定者对他国的税收政策也不感兴趣。

总而言之，经济全球化使得一切都发生了变化。当今世界，许多国家政府的行为极大地受到其他国家政府行为的限制，经济全球化使税收产生的外部效应问题已变得至关重要。

【定律链接】从外部效应看"马未都收藏"

提到"马未都收藏"，想必大家都不陌生了。马未都被称为"京城四大玩家"之一，1992年出版了首部专著——《马说陶瓷》，被视为收藏者的启蒙读物；1997年出版了《明清笔筒》，2002年出版了《中国古代门窗》，都在收藏界引起强烈反响。马未都还多次应国内外著名高校邀请，做专题讲座。2008年，他做客央视《百家讲坛》，热播50余讲。随即，他出版的《马未都说收藏》系列热卖，成为大众的收藏指南。

在经济学中，当消费行为对旁观者产生有利影响时，称之为"消费的正外部效应"。那些产生了正外部效应的消费者，则是"消费正外部效应"的制造者。从对收藏领域的贡献而言，马未都可谓是最大的收藏"消费正外部效应"制造者。

阿罗定理：少数服从多数不一定是民主

从阿罗定理看民主投票不能得出唯一的结果

北京1992年开始申请主办2000年奥运会。申办奥运会的投票规则是逐步淘汰制，具有投票权的委员在参加申请的城市里进行投票，得票最少的城市便被淘汰。前两轮投票中北京一直领先，经过两轮投票，最后剩下三个城市：德国的柏林、澳大利亚的悉尼以及中国的北京。在第三轮投票中，北京获得最多的票，悉尼第二，柏林第三。

这一轮投票结束后，柏林被淘汰掉。如果只有这一次投票，北京就获胜了，但问题是还得再投一次票。当在北京与悉尼之间角逐时，北京肯定会再次获得胜利吗？

事实是，北京输了，悉尼获得了2000年奥运会的主办权。为什么会这样？原来支持柏林的投票人在柏林落选后大多数转而支持悉尼。

由此看来，民主投票不能得出唯一的结果，其选举结果取决于民主投票的程序安排以及每次确定的候选人的多少，即投票规则。不同的投票规则将得出不同的选举结果，这就是说，民主投票有内在的缺陷。我们将用著名经济学家阿罗提出的"不可能性定理"来说明，民主制度存在着缺陷。

当然，这里我们所说的存在缺陷并非是说民主选举是虚伪的和带欺骗性的，而是说民主选举有其局限性，我们不能因此全然否定民主选举，甚至将其视为不进行民主选举的借口。正如有一篇讨论民主与丑闻的文章中所说的，民主选举不是绝对好的，但反民主绝对是坏的。在民主社会里，罪恶被最大限度地暴露出来，并受到谴责，因此抑制了更多的罪恶；而在反民主的社会里，罪恶被最大限度地掩盖起来，于是往往导致更大的罪恶。所以，即便我们知道民主投票不一定得出唯一的结果，也要将其付诸实施，因为不这么做将得不到任何的结果。

“形式的民主”距离“实质的民主”有多远

在看到所有的人为寻找“最优的公共选择原则”奔忙而无所获的时候，斯坦福大学教授肯尼斯·阿罗进行了苦心研究，在 1951 年出版的《社会选择与个人价值》一书中提出了一个理想选举实验。

阿罗理想选举实验的第一步是，投票者不能受到特定的外力压迫、挟制，并有着正常智力和理性。毫无疑问，对投票者的这些要求一点都不过分。

阿罗理想选举实验的第二步是，将选举视为一种规则，它能够将个体表达的偏好次序综合成整个群体的偏好次序，同时满足“阿罗定理”的要求。所谓“阿罗定理”就是：

（1）所有投票人就备选方案所想到的任何一种次序关系都是实际可能的。也就是说，每个投票者都是自由的，他们完全可以依据自己的意愿独立地投出自己的选票，而不致因此遭遇种种迫害。

（2）对任意一对备选方案 A 或 B，如果对于任何投票人都是 A 优于 B，根据选举规则就应该确定 A 方案被选中；而且只有所有投票人都有 A 与 B 方案等价时，根据选举规则得到的最后结果才能取等号。这其实就是说：全体选民的一致愿望必须得到尊重。

但是一旦出现 A 与 B 方案等价的情况，就意味着可能投票出现了问题。比如两个方案 A、B 受两个投票人 C、D 的选择。对 C 来说，A 方案固然更好，但 B 方案也没什么重大损失；但是对 D 来说，却可能 A 方案就是生存，B 方案就是死亡，那么让 C 和 D 两个人各自一人一票当然就不是公正平等的。

（3）对任意一对备选方案 A 与 B，如果在某次投票的结果中 A 优于 B，那么在另一次投票中，如果在每位投票人排序中位置保持不变或提前，则根据同样的选举规则得到的最终结果也应包括 A 优于 B。这也就是说：如果所有选民对某位候选人的喜欢程度，相对于其他候选人来说没有排序的降低，那么该候选人在选举结果中的位置不会变化。

这是对选举公正性的一个基本保证。比如，当一位家庭主妇决定午餐应该买物美价廉的好猪肉还是质次价高的陈猪肉时，我们很清楚：她对好猪肉和陈猪肉的喜爱程度应该不可能发生什么变化——然而这一次她却买了陈猪肉。这一定说明在主妇对猪肉的这次“选举”中有什么不良因素的介入。当然，如果原因其实是市场上已经 100% 都是陈猪肉，那也就意味着“选举”已经不复存在，主妇已经被陈猪肉给“专制”了。这种情绪不在我们的讨论范围之内。

（4）如果在两次投票过程中，备选方案集合的子集中各元素的排序没有改变，那么在这两次选举的最终结果中，该子集内各元素的排列次序同样没有变化。

比如，那个买猪肉的主妇要为自己家的午餐主食做出选择，有 3 位“候选人”分别是 1 元钱 1 斤的好面粉、1 元钱 1 斤的霉面粉和 1 元钱 1 斤的生石灰。主妇的选择排序不说也罢，一清二楚。然而现在的情况却是：在生石灰出局之后，主妇居然选择了霉面粉。这一定意味着有这次“选举”之外的因素强力介入。比如主妇的单位领导是这家霉面粉厂家老板的姐夫之类。

阿罗定理中的第三点和第四点的结合也就意味着：候选人的选举成绩，只取决于选民对他们作出的独立和不受干预的评价。

（5）不存在这样的投票人，使得对于任意一对备选方案 A、B，只要该投票人在选举中确定 A 优于 B，选举规则就确定 A 优于 B。也就是说，任何投票者都不能够仅凭借个人的意愿，就可以决定选举的最后结果。

这五条法则无疑是一次公平合理的选举的最基本要求。

然而，阿罗发现：当至少有 3 名候选人和 2 位选民时，不存在满足阿罗定理的选举规则，即"阿罗不可能定理"。即便在选民都有着明确、不受外部干预和已知的偏好，以及不存在种种现实政治中负面因素的绝对理想状况下，也同样不可能通过一定的方法从个人偏好次序得出社会偏好次序，不可能通过一定的程序准确地表达社会全体成员的个人偏好或者达到合意的公共决策。

人们所追求和期待的那种符合阿罗定理五条要求的最起码的公平合理的选举居然是不可能存在的，这无疑是对票选制度的一记最根本的打击。随着候选人和选民的增加，"形式的民主"必将越来越远离"实质的民主"。

【定律链接】不可能定理 VS 投票悖论

阿罗的不可能定理源自孔多塞的"投票悖论"，早在 18 世纪法国思想家孔多塞就提出了著名的"投票悖论"：假设甲、乙、丙三人，面对 X、Y、Z 三个备选方案，有如下的偏好排序：

甲（X > Y > Z），即甲偏好 X 胜于 Y，又偏好 Y 胜于 Z。

乙（Y > Z > X），即乙偏好 Y 胜于 Z，又偏好 Z 胜于 X。

丙（Z > X > Y），即丙偏好 Z 胜于 X，又偏好 X 胜于 Y。

1. 若取 X、Y 对决，那么按照偏好次序排列如下：

甲（X > Y）

乙（Y > X）

丙（X > Y）

社会排序偏好为（X > Y）

2. 若取 X、Z 对决，那么按照偏好次序排列如下：

甲（X > Z）

乙（Z > X）

丙（Z > X）

社会排序偏好为（Z > X）

3. 若取 Y、Z 对决，那么按照偏好次序排列如下：

甲（Y > Z）

乙（Y > Z）

丙（Z > Y）

社会排序偏好为（Y > Z）

于是，得到 3 个社会偏好次序，即（X > Y）、（Y > Z）、（Z > X），其投票结果显示"社会偏好"有如下事实：社会偏好 X 胜于 Y、偏好 Y 胜于 Z、偏好 Z 胜于 X。从中我们很容易看出，这种所谓的"社会偏好次序"包含着内在的矛盾，即社会偏好 X 胜于 Z，但又认为 X 不如 Z！所以按照投票的大多数规则，不能得出合理的社会偏好次序。

阿罗不可能定理说明，依靠简单多数的投票原则，要在各种个人偏好中选择出一个共同一致的顺序是不可能的。这样，一个合理的公共产品决定只能来自于一个可以胜任的公共权力机关，要想借助于投票过程来达到协调一致的集体选择结果，一般是不可能的。

政府干预理论："挖坑"可以带动经济发展

政府就是那只"看得见的手"

凯恩斯在其著作《就业利息和货币通论》中，通过一则"挖坑"的故事引申出了政府干预理论：

乌托邦国处于一片混乱中，整个社会的经济完全瘫痪，工厂倒闭，工人失业，人们束手无策。这个时候，政府决定兴建公共工程，雇佣200人挖了很大的坑。雇200人挖坑时，需要发200个铁锹，于是生产铁锹的企业开工了，生产钢铁的企业也开始工作了；还得给工人发工资，这时食品消费行业也发展起来了。通过挖坑，带动了整个国民经济的消费。大坑终于挖好了，政府再雇200人把这个大坑填好，这样又需要200把铁锹……如此反复，萧条的市场终于一点点复苏了。经济恢复后，政府通过税收，偿还了挖坑时发行的债券，一切又恢复如常了。

众所周知，在凯恩斯之前的西方经济学界，人们普遍接受以亚当·斯密为代表的古典学派的观点，即在自由竞争的市场经济中，政府只扮演一个极其简单的被动角色——"守夜人"。凡是在市场经济机制作用下，依靠市场能够达到更高效率的事，都不应该让政府来做。国家机构仅仅执行一些必不可少的重要任务，如保护私人财产不被侵犯，从不直接插手经济运行。

然而，历史的事实证明，自由竞争的市场经济导致了严重的财富不均，经济周期性巨大震荡，社会矛盾尖锐。1929~1933年的全球性经济危机就是自由经济主义弊症爆发的结果。因此，以凯恩斯为代表的政府干预主义者浮出水面，他们提出，现代市场经济的一个突出特征，就是政府不再仅仅扮演"守夜人"的角色，而是要充当一只"看得见的手"，平衡以及调节经济运行中出现的重大结构性问题。这就是政府干预理论。

政府干预也不是万能的

政府干预经济的主要任务是：保持经济总量平衡，抑制通货膨胀，促进重大经济结构优化，实现经济稳定增长。调控的主要手段有价格、税收、信贷、汇率等。

从经济学角度讲，宏观调控就是宏观经济政策，也就是说政府在一定时候可以改善市场结果。当然，政府有时可以改善市场结果并不是说它总是能够调控市场。那什么时候能够调控，什么时候不能呢？这就需要人们利用宏观调控的经济学原理来判断什么样的经济政策在什么情况下能够促进经济的良性循环，形成有效公正的经济体系，而什么时候宏观调控又无法实现既定目标。

相对于亚当·斯密的自由主义，凯恩斯主义认为，凡是政府调节能比市场提供更好的服务的地方，凡是个人无法进行平等竞争的事务，都应该通过政府的干预来解决问题。凯恩斯强调政府的作用，即政府可以协调社会总供需的矛盾、制定国家经济发展战略、进行重大比例的协调和产业调整。它最基本的经济理论，是主张国家采用扩张性的经济政策，通过增加需求促进经济增长。

不过，在20世纪70年代，世界上一些发达资本主义国家陷入了“滞胀”的状态，无论政府如何挥舞那只“看得见的手”，经济总是停滞不前，而物价却在不断地上涨。这便是“政府失灵”的状况。

在现代市场经济的发展中，为了克服“市场失灵”和“政府失灵”，人们普遍寄希望于“两只手”的配合运用，以实现在社会主义市场经济条件下的政府职能的转变。我们应该正确看待政府干预的积极方面及其局限性。

对于我国而言，政府干预的主要作用就是，指明经济发展的目标、任务、重点；通过制定法规，规范经济活动参加者的行为；通过采取命令、指示、规定等行政措施，直接、迅速地调整和管理经济活动。其最终目的是为了补救“看不见的手”在调节微观经济运行中的失效。值得注意的是，如果政府的作用发挥不当，不遵循市场的规律，也会产生消极的后果，阻碍经济的发展。

【定律链接】政府怎样纠正市场失灵

政府应该如何实行干预才能纠正市场失灵呢？斯蒂格利茨认为，虽然教科书中所讲的那种完全竞争模型在现实生活中并不存在，但市场经济中的有限竞争仍然可以起到传递信息、推动技术发展进步的作用。所以，政府在直接参与的公共部门和服务中，应该积极抑制垄断，鼓励各方开展积极竞争。当然，要想做到这一点，政府的经济功能就要在保持集中化决策优点的同时，适当进行分散化，即把公共服务交给不同政府团体去经营，使人们可以在不同政府团体的竞争中比较它们之间的效率优劣。对于市场经济中普遍存在的资源配置无效率现象，斯蒂格利茨提出，政府的公共政策应主要定位于资源配置职能，通过发挥政府的再分配职能提高资源配置效率。具体做法是对所有商品实施最优纠正性税率，最优税率应以估算的所有商品的供给弹性和需求弹性（包括所有的交叉弹性）为基础。斯蒂格利茨也承认获取这些信息有困难，所以他又指出，政府应把注意力集中在较大、较严重的市场失灵上，如资本市场、保险市场等。

此外，还有一点是需要注意的，即政府干预的公正性并非必然的，其效率也不会很高，而且在某种程度上还具有垄断性的特征，所以，我们不应该寄希望于让政府干预成为替代市场的主导力量，否则只能导致“政府失灵”，用“失灵的政府”去干预“失灵的市场”必然是败上加败，使失灵的市场进一步失灵。但客观存在的市场失灵又需要政府的积极干预，“守夜人”似的“消极”政府同样无补于市场失灵，同样会造成政府失灵。因此，政府不干预或干预乏力与政府干预过度都是不可取的。现实需要的是政府在保证市场对资源配置起基础性作用的前提下，以自身的长处来弥补市场调节的不足，同时又借用市场调节的长处来克服自身的不足，并最终实现二者优化组合，从而更好地促进市场经济的进步与发展。

金融管制理论：管制是预防风险的重要途径

金融管制，还是金融自由

从20世纪70年代起，金融自由化和放松金融管制的浪潮一浪高过一浪，各国都在寻求一种减少政府干预的经济运行机制，期待管制或许可以减少，在有的行业和领域也可能会消失。但事实上，只要有政府的存在，就无法消除政府干预，政府是影响企业和市场的重要宏观环境变量。管制是政府发挥经济职能的重要形式，将会伴随政府的存在而存在。金融是现代经济的核心领域，金融管制或许会减少，但却不可能消失，也不应该消失，只会产生更多的替代形式或更新的管制方式。

金融管制有其存在的客观原因。金融市场中较强的信息不对称现象是金融管制存在的首要原因。如果交易者占有不对称的信息，市场机制就不能达到有效的资源配置。金融市场中信息不对称主要体现在金融机构与金融产品需求者之间的风险识别和规避上。金融管制可以较有效地解决金融经营中的信息不对称问题，避免金融运行的较大波动。

事实表明，金融市场难以实现完全自由竞争。作为金融创新主体的金融机构总是从自身微观的利益出发去考虑问题，这就决定了其在决策时不可能充分考虑到宏观利益所在，甚至为追求自身利润的最大化往往可能实施一些规避管制的违规冒险行为，同时为了防止加大经营成本，更容易忽视对操作程序的规范和监控，从而影响到其对风险的防范与控制能力。

金融管制是必不可少的调控手段

金融管制是政府管制的一种形式，是伴随着银行危机的局部和整体爆发而产生的一种以保证金融体系的稳定、安全及确保投资人利益的制度，是在金融市场失灵（如脆弱性、外部性、不对称信息及垄断等）的情况下由政府或社会提供的纠正市场失灵的金融管理制度。从这一层面上来看，金融管制至少具有帕累托改进性质，它可以提高金融效率，增进社会福利。但是，金融管制是否能够达到帕累托效率还取决于管制当局的信息能力和管制水平。如果信息是完全和对称的，并且管制能完全纠正金融体系的外部性，且自身又没有造成社会福利的损失，就实现了帕累托效率。关于完全信息和对称信息的假设，在现实经济社会中是不能成立的，正是这一原因形成了引发金融危机的重要因素——金融机构普遍的道德风险行为，造成金融管制的低效率和社会福利的损失。

通常，中国的金融管制主要从 5 方面入手。一是央行将着力于正确处理内需和外需的关系，进一步扩大国内需求，适当降低经济增长对外需、投资的依赖，加强财政、货币、贸易、产业、投资的宏观政策的相互协调配合，扩大消费内需，降低储蓄率，增加进口，开放市场来推动经济结构调整，促进国际收支趋于平衡。

二是改善货币政策传导机制和环境，增强货币政策的有效性，促进金融市场的发育和完善，催化金融企业和国有企业改革，进一步转换政府经营管理，完善间接调控机制，维护和促进金融体系稳健运行。

三是积极稳妥地推进利率市场化改革，建立健全由市场供求决定的、央行通过运用货币政策工具调控的利率形成机制，有效利用和顺应市场预期，增强货币政策透明度和可信度。

四是加强货币政策与其他经济政策间的协调配合，加强货币政策与金融管制的协调配合，根据各自分工，着眼于金融市场体系建设的长期发展，努力促进金融业全面协调可持续发展，加强货币政策与产业政策的协调，以国民经济发展规划为指导，引导金融机构认真贯彻落实国家产业政策的要求，进一步优化信贷结构，改进金融服务。

五是进一步提高金融服务能力，主动、大力拓展债券市场，鼓励债券产品创新，推动机构投资者发展，加大交易主体和中介组织的培育，加快债券市场基础制度建设，进一步推进金融市场的协调发展。

金融管制是宏观调控的重要组成部分。它与战略引导、财税调控一起构成宏观调控的主要手段，互相联系，互相配合，它们共同的目标是促进经济增长，增加就业，稳定物价，保持国际收支平衡。相对而言，金融调控侧重于国民经济的总量和近期目标，但是为宏观经济内在的规律所决定，其作用也必然影响到经济结构和长远目标。

挤出效应："挤进""挤出"由财政政策决定

挤出效应与利率紧密相关

对于挤出效应问题，西方经济学家有两种不同的意见：

第一种，反对国家干预的经济学家认为，挤出效应是无可否认的。因为公共支出的钱不论来自私人纳税或是私人借贷，如果货币供应量不变或增加很少，则由于公共支出的增加，会造成货币需求压力，迫使利率上升，从而会减少私人投资。因此，挤出效应不会使总需求发生变化。

第二种，主张国家干预的凯恩斯主义者则认为：

第一，公共支出的挤出效应必须根据具体情况具体分析。一般来说，只有达到充分就业后才会存在挤出效应。在有效需求不足的条件下，不存在萧条时期公共支出排挤私人投资的问题。

第二，影响私人投资的，除了利息率水平，还有预期利润率因素。如果增加公共支出能提高预期利润率，那么公共支出对私人投资不是"挤出"而是"挤入"。另外，即使公共支出影响利润率水平，但由于私人投资者对预期利润率变动的敏感程度大于对利息率变动的敏感程度，所以公共支出也不可能"挤出"相等的私人投资。因此，增加公共支出仍然能使总需求增加。

虽然上述两个观点各执一词，但是，不可否认的是，挤出效应是政府支出行为形成对私人部门的负外部性造成的，这种负外部性是通过利率变量来传导的。一般由于私人部门的投资对利率很敏感，因此，在利率提高的情况下，私人投资的机会成本将增加，导致私人部门的投资积极性降低，投资量减少。

何时"挤进"，何时"挤出"

财政政策的挤进效应一般随着市场发达程度的不同而不同。例如，同样数量的政府固定资产投资对经济的影响能力，在我国东部地区和西部地区会有很大差异，这与政府实际支出乘数的大小是有关系的。事实上，政府实际支出乘数的大小可以在一定程度上用来衡量财政政策的挤进效应。我们知道，假定一个地区的边际消费倾向为b，理论上政府支出乘数应为1（1–b）。那么，实际支出乘数的大小与哪些因素有关呢？显然，与该地区的边际消费倾向b有关系。一般我国东部地区边际消费倾向比较大，故支出乘数就大；而西部地区边际消费倾向小，或者说边际储蓄倾向较大，故支出乘数就比较小，这是一方面的原因。另一方面，我们可以从支出乘数的产生过程来看。政府投资引起居民（要素所有者）收入的增加，而居民收入增加又引起消费的增加，形成第一轮挤进效应；消费的增加又引起另一部分生产或销售者的收入的增加，进而又引起消费的第二轮增加，也就是形成了第二轮挤进效应；……这样一直到第n轮。理论上，n应该是趋向于无穷大的，但实际上，如果市场容量不够大，市场不发达，那么这个链条就不可能无限制地派生下去，于是总的挤进效应就远远达不到1（1–b）这样一个倍数关系所能反映的程度。故实际支出乘数就比较小，因而总的挤进效应是比较小的。

另外，财政政策的挤进效应还随着财政资金的来源不同而不同。一般说来，扩张性财政政策的资金来源有两个：一是税收，二是公债。按照李嘉图等价定理，政府的公债和税收这两种形式对经济的影响是相同的。可事实上，理论界对李嘉图等价定理是存有争议的。比如在经济萧条的时候，来源于公债的支出政策就比较有效，而来源于税收的支出政策可能会加剧经济的萧条，这说明资金来源在经济周期中的不同阶段对经济有着不同的影响力。再比如，二者对于经济效益的影响也不一样。众所周知，在一般情况下，税收会导致社会总体福利的净损失，而公债在经济萧条时，只要不对金融市场利率水平有太大的影响，一般是不会导致经济效益下降的。这是因为，在经济萧条时，私人投资（主要是直接投资）对利率变化反应不敏感，利率变化充其量只能影响到间接投资（证券投资）的规模，对私人直接投资的影响不大。所以，当经济萧条的时候，公债资金的挤进效应比较大，税收资金的挤进效应则相对比较小。

根据 IS–LM 模型（即“希克斯 – 汉森模型”，由英国现代著名的经济学家约翰·希克斯和美国凯恩斯学派的创始人汉森，在凯恩斯宏观经济理论基础上概括出的一个经济分析模式），影响挤出效应的因素有：支出乘数的大小、投资需求对利率的敏感程度、货币需求对产出水平的敏感程度以及货币需求对利率变动的敏感程度等。其中，支出乘数、货币需求对产出水平的敏感程度及投资需求时利率变动的敏感程度与挤出效应成正比，而货币需求对利率变动的敏感程度则与挤出效应成反比。在这四因素中，支出乘数主要取决于边际消费倾向，而边际消费倾向一般较稳定，货币需求对产出水平的敏感程度主要取决于支付习惯，也较稳定，因而，影响挤出效应的决定性因素是货币需求及投资需求对利率的敏感程度。

综上所述，我们可以看出，财政政策的挤进效应实际上反映了政府支出与民间投资和消费之间的良性互动、和谐与共生共荣的关系，而挤出效应则表现了政府支出对民间投资和消费在一定程度上的排斥。一般而言，财政政策的实际净效应取决于这两种相反方向的效应的对比。如果财政政策的挤出效应大于挤进效应，则说明现行的财政政策必须要加以适当调整；如果财政政策的挤进效应大于挤出效应，则表明当前的财政政策可以继续延续。

为使财政政策能够产生更多的挤进效应和更少的挤出效应，当前我国在调整财政支出政策时应当注意以下几个方面：

1. 财政政策必须能够适应宏观形势的变化

当私人投资对利率较为敏感时，或者从经济周期的角度看，当经济处于经济周期的复苏和高涨阶段时，政府应当适时调整财政支出的规模和方向，适当收缩建设性财政支出的范围。因为私人投资对利率的敏感性决定了政府支出的挤出效应比较大，挤进效应比较小，而此时建设性财政支出政策的效果并不理想，但需要注意的是，保证相当程度的公共财政支出的规模依然是十分必要的，因为公共财政支出可以改善经济发展的环境，当私人投资对利率不敏感或经济处于萧条和衰退阶段时，财政政策的挤出效应比较小，而挤进效应则相对比较大。因此，在我国通货紧缩和经济低迷已经退居为次要矛盾的地位时，财政政策的主要目标应当是防止经济过热和有可能出现的通货膨胀，此时，一般来说，从资金来源上看，来源于税收的财政支出政策比较好，而来源于公债的财政支出规模必须要适当加以限制。

2. 财政支出要同时兼顾“软”“硬”环境的改善

财政支出既要着眼于改善投资的“硬”环境，即传统的能源、原材料、通讯等基础设施建设，又要着眼于改善投资的“软”环境，也就是要加强人力资本投资环境的改造，大力兴办医疗、卫生等行业，这样可以吸引更多的私人直接投资，更好地发挥财政资金的挤进效应的作用。事实上，从以往的政策实践来看，我国东西部地区吸引民间投资的能力的差异不仅体现在基础设施等“硬件”设施上，更体现在人力资本素质等“软件”设施上，如果现阶段我国西部地区人力资本的瓶颈约束不能够得到有效缓解，那么，这些地区的物质资源的优势必然也难以发挥，政府的西部大开发的战略目标最终也难以彻底实现。为此，今后我国的政府财政支出，特别是西部地区的财政支出，应在教育、医疗和保障等方面有大的作为。财政政策促使人力资本素质的提高将促使人力资本获得合理定向流动的条件和可能，为我国今后的城市化、城镇化和农业产业化的发展创造有利条件。

3. 必须优化财政支出的区际分布

既然财政政策的挤进效应随着市场的发达程度的不同而不同，那么，为了保证财政资金的使用效率，政府应当一如既往地致力于相对发达的东部地区的投资环境的改善。通常，财政资金在东部较发达地区的产出效率（挤进效应）要显著高于西部欠发达地区，但同时我们又注意到，西部欠发达地区的财政政策更能体现政府政策的公平性，鉴于此，我国当前财政资金的使用在东西部地区、发达地区和欠发达地区、城市和农村地区要注意区别对待、各有侧重，同时要坚持确保重点的原则。

4. 全面正确地评价财政政策的效果

事实上，我们以上对财政政策的挤出效应和挤进效应的论述，只是从经济效益和经济增长快慢的角度来衡量政府宏观调控的效果，很显然，这种衡量是不全面、不公正的。因为市场经济具有片面追求经济效益的内在冲动，以至于产生市场失灵的现象，因此，政府的政策不能推波助澜，而应该在讲究效率的同时，更多地体现经济发展的公平性和平稳性。在当今人们越来越注重经济发展的质量和经济可持续发展的背景下，世界各国政府的宏观调控目标正朝着多元化方向迈进。因此，当前，我国也不宜仅仅用挤进效应或挤出效应的大小来衡量财政政策的得失，而应该服从大的经济发展战略目标的要求，结合其他方面的量化指标，如环境指标、公平指标等，来全面综合地审视和评价财政政策的效果，这是我们在今后的具体政策实践中必须要高度重视的。

第七章 决策中的学问

机会成本：鱼和熊掌不能兼得

有选择就有机会成本

在阳光明媚的午后，你好容易处理完公司的财务报告，想喝杯下午茶休息一下，你可能会考虑甜点选择，豆沙糕还是巧克力薄饼。

“豆沙糕还是巧克力薄饼”类似于“鱼与熊掌”，这种选择实际上就是一种机会成本的考虑。

如果你喜欢吃豆沙糕，也喜欢吃巧克力薄饼，在两者之间选择时，接受豆沙糕的机会成本是放弃巧克力薄饼。如果吃豆沙糕的收益是5，那么吃巧克力薄饼的收益是10。这样，吃豆沙糕的经济利润是负的，所以你会选择吃巧克力薄饼，而放弃豆沙糕。

值得注意的是，有些机会成本是可以用货币进行衡量的。比如，要在某块土地上发展养殖业，在建立养兔场还是养鸡场之间进行选择，由于二者只能选择其一，如果选择养兔就不能养鸡，那么养兔的机会成本就是放弃养鸡的收益。在这种情况下，人们可以根据对市场的预期大体计算出机会成本的数额，从而做出选择。但是有些机会成本是无法用货币来衡量的，它们涉及人们的情感、观念等。

机会成本广泛存在于生活当中。一个有着多种兴趣的人在上大学时，会面临选择专业的难题；辛苦了5天，到了双休日，是出去郊游还是在家看电视剧；面对同一时间的面试机会，选择了一家单位就不能去另一家单位……对于个人而言，机会成本往往是我们做出一项决策时所放弃的东西，而且常常比我们预想中的还多。

人生面临的选择何其多，人们无时无刻不在进行选择。比如是继续工作还是先去吃饭，是在这家商店买衣服还是在那家商店买衣服，是买红色的衣服还是黄色的衣服，心中有个秘密是告诉朋友还是不告诉朋友，如果告诉又告诉哪些朋友……这些选择在生活中很常见，不过似乎并不重大，所以大家轻松地做出了选择，也不会慎重考虑。

机会成本越高，选择越困难，因为在心底，我们不愿放弃任何有益的选择。但是，我们有时必须“二选一”，甚至是“三选一”，在这时，机会成本的考量将显得尤为重要。

赌博，赢不来幸福

皮皮一家的好日子在男主人失业后终止了。因为赶上金融危机，公司裁员，皮皮的男主人不幸名列其中。下岗在家赋闲的男主人成天唉声叹气，但厄运还没有结束，因为少了主要的经济来源，他们还不起贷款，不得已之下，男主人和女主人决定搬出这所房子，去找一个更小更便宜的住所。

问题随之而来，既然要节省开支，便无法养狗了，于是他们将皮皮一家三口赶了出来。皮皮一家没有了住处，只得到处流浪。皮皮在一夜之间成了无家可归的流浪狗。

那段日子，皮皮总是吃了上顿没下顿，过着没着没落的日子。一天，正当皮皮饿着肚皮睡觉的时候，爸爸忽然很兴奋地走过来，嘴里叼着一大块排骨，闻到肉香，皮皮一跃而起。它一边咬下一大块肉，一边问爸爸："这肉是从哪来的？"

"赌博赢来的。"爸爸的话让皮皮吃了一惊。

"村头有赛狗的，每天一场，谁赢了，谁就能赢得一大块排骨。"皮皮爸爸解释道。皮皮知道那样的赛狗，就是抽签决定两条狗，进入围场殴斗，决出胜负。

皮皮担忧地说："但是，爸爸，万一你被抽中和一条大狗比赛，你会输得很惨的。"

爸爸不以为然："放心，我已经找到规律了，只要我把自己的签放到最后，被抽中的对手总是弱小的狗。"

妈妈也表示了赞同："这倒是一个好办法，以后，我和皮皮就不用挨饿了。"

赌博中取得胜利的概率十分小，这就好像经济学中常说的机会成本一样。纯粹的赌博是不存在理性上的投资收益的，只不过是数学里的离散游戏而已，是概率论和经济博弈论的运用，每一次赌博的赢输概率都是一样的，这在概率论里称为"伯努利事件"。

赌博能赚到钱吗？看似非常简单的逻辑，许多人却常常栽在其中。典型的例子就是，赌徒在输钱后，总是想翻本。输掉的钱就是沉没成本，它不可能再收回来，新的"选择"是：是不是还要继续赌下一盘？再赌下一盘的收益风险是多少？这便是机会成本，我们作出一个选择后所丧失的，不作这个选择而可能获得的最大利益。

皮皮的爸爸将自己的签放到最底层，的确被抽中的几率不大，但不是完全没有可能的。皮皮的爸爸和弱势的狗殴斗，每天可以领取一块排骨，这份利润的确可观。但如果一旦被抽中与强悍的狗殴斗，那它势必会落败，一天一块排骨的收益也就没有了，而且还有可能丧命。皮皮爸爸的这种行为便可理解为机会成本。

经济学家们对此的理解便是皮皮的爸爸用自己的性命在做赌注，以赢取那一块排骨，这实际上是亏损的。果然，没过几天，皮皮担心的事就发生了。

那天和往常一样，爸爸又去赛狗，一直到晚上，它才一瘸一拐地回来了。皮皮一看就知道出事了，爸爸缓了好半天之后，才道出原委。原来那天它一去就被抽中，等它上台后，才发现对手又高又壮，是一条猎犬。

但已经上台了，皮皮爸爸只得硬着头皮打下去。很快，它被猎犬打得伤痕累累，在地上趴了好半天，才能挪着回来。

"爸爸，我早就说过，你会被大狗打得遍体鳞伤的。"皮皮看着爸爸一身的伤痕，心疼地说道。

爸爸也叹气道："我以为他们不会将两张连在一起的号码抽出来，没想到他们还真这样做了。"

皮皮看到爸爸痛苦的样子想，以后做选择一定要慎重，这种赌徒的心态是要不得的。

可以毫不夸张地说，目前比较流行的六合彩、牌九、大小、麻将、24 点、赌球、赌马等都不存在长期投资必然赢利的可能性，否则那些华尔街金融投资家早就进入了。因为这些赌博都不符合经济学的条件，所以妄图靠这种赌博来博取一夜暴富，或者挣点零花钱，是不可取的。很多好赌者，包括故事中皮皮的爸爸，就是走入了这个误区，最后才伤得那么重。

赌博只是将机会成本在主观意识上放到最大，对于这种总是把成功寄希望于小概率事件的赌徒而言，失败之后的痛楚是他们无=法承受的。

有时候，我们总是忽视对机会成本的计算，机会成本其实就是揭示了资源稀缺与选择多样化之间的关系。我们必须要做出选择，因为我们不能将所有资源都占到，所以，当我们只能选择一部分资源的时候，机会成本也便成了约束我们的概念。

【定律链接】用“机会成本”进行家庭理财

说得直白些，“机会成本”的思想，就是人们为了得到某种东西而放弃的东西的最大价值。在家庭理财的经济决策过程中，我们也应学会用机会成本来分析问题。

例如，今年你可能决定把家庭 10 万元的余钱投资到股市，并赚到了 2000 元的利润。你是否认为这次投资是正确的？答案是不一定。因为没有考虑到投资股票的机会成本。你本来可以把这 10 万元投资基金或者债券，甚至直接存到银行。投资股票的机会成本就是投资基金、债券或者银行赚到的利润。只有当你投资股票赚到的 2000 元利润大于其机会成本时，这一投资才是合算的。

我们在日常生活中，经常要面临各种决策，在决策过程中要面临各种选择，在做出选择的同时就必然要考虑选择的机会成本，并比较各种机会成本的大小。只有选择方案的收益大于其机会成本，这个选择方案才是正确的。因此，机会成本对每个人来说都是一个很重要的因素，因为只有充分考虑机会成本，我们所作的决策才会更加明智。

羊群效应：别被潮流牵着鼻子走

有种选择叫“跟风”

喝惯了绿茶、橙汁、果汁的人们如今有了新的选择，以“王老吉”“苗条淑女动心饮料”等为代表的一批功能性饮品纷纷开始上市。值得关注的是，这些饮料并不是由传统的食品、饮料企业推出的，生产它们的是——药企。

这些功能性饮料的显著特点是，它们除了饮料所共有的为人体补充水分的功能外，都有一些药用的功能，比如去火、瘦身。伴随着“尽情享受生活，怕上火，喝王老吉”这句时尚、动感的广告词，“王老吉”一路走红，大举进军全国市场。虽然“王老吉”最初流行于我国南方，北方人其实并没有喝凉茶的传统，但是王老吉药业巧妙地借助人人皆知的中医理念，成功地把“王老吉”打造成了预防上火的必备饮料。淡淡的药味，独特的清凉去火功能，令其从众多只能用来解渴的茶饮料、果汁饮料、碳酸饮料中脱颖而出。酷热的夏天，加上人们对川菜的喜爱，给了消费者预防上火的理由，当然也给了人们选择“王老吉”的理由。

然而这里药品专家提醒广大消费者：理性消费不跟风。医学专家指出，在王老吉凉茶的配料中，菊花、金银花、夏枯草以及甘草都属于中药的范畴，具有清热的功能，药性偏凉，不宜当作普通食品食用。专家表示，夏枯草的功用是清肝火、散郁结，用于肝火目赤肿痛，头晕目眩，耳鸣、烦热失眠等症，它和菊花、金银花配在一起使用时，应根据具体对象的身体状况对症使用。专家认为，凉茶这种饮料并非老少皆宜，脾胃虚寒者以及糖尿病患者都不宜饮用。脾胃虚寒的人饮用后会引起胃寒、胃部不适症状，而糖尿病患者饮用后则会导致血糖升高。可见，功能性饮料并不是适合所有人群。

这也提醒了我们在消费的同时不要盲目跟风，要做到理性消费。经济学上有一个名词叫“羊群效应”，是说在一个集体里人们往往会盲目从众，在集体的运动中会丧失独立的判断。

在一群羊前面横放一根木棍，第一只羊跳了过去，第二只、第三只也会跟着跳过去；这时，把那根棍子撤走，后面的羊，走到这里，仍然像前面的羊一样，向上跳一下，这就是所谓的“羊群效应”，也称“从众心理”。羊群是一个很散乱的组织，平时在一起也是盲目地左冲右撞，但一旦有一只头羊动起来，其他的羊也会不假思索地一哄而上，全然不顾前面可能有狼或者不远处有更好的草。

因此，“羊群效应”就是比喻人都有一种从众心理。从众心理很容易导致盲从，而盲从往往会使你陷入骗局或遭到失败。

其实，在现实生活中，类似的消费跟风的例子还真不少。比如每年大学必有的“散伙饭”。

所谓的“散伙饭”就是“离别饭”。三四年的同学、宿舍密友，转眼间就要各奔东西了，这个时候自然要聚一聚，喝酒、聊天，于是，“散伙饭”成了大学生表达彼此间依依惜别之情的方式。

然而，作为大学里最后记忆的“散伙饭”，却渐渐地变了味道。“散伙饭”不仅越吃越多，还越吃越高档，成了“奢侈饭”。

大学生毕业的时候吃“散伙饭”，显然已经成了一种惯例，届届相传。其实，“散伙饭”只是大学生的一种“跟风”现象。

看到以前的学长们在吃“散伙饭”，看到周围的同学在吃“散伙饭”，自己怎能不吃呢?

这种一味地跟风，只图一时宣泄情绪的行为，往往给许多学生的家庭带来了财务负担。对家庭而言，培养一个大学生已经花费了不少钱财，豪华的饭局更加重了家庭的负担。家庭富裕的也许并不会在意什么，然而家庭比较贫困的呢？为了不丢孩子的面子，再“穷”也要让孩子在大学的最后时刻风风光光地毕业。这不仅突出了同学间的贫富不均的现象，反而容易引起贫困生们的自卑心理。对于学生而言，绝大多数都是依赖父母，有钱就花，花完再要，大摆饭局只为跟风、攀比，满足彼此的虚荣心，十分不利于培养学生正确的理财观、消费观，助长了社会“杯酒交盏，排场十足”的铺张浪费之风。不仅如此，错误的消费观还会影响到大学生日后就业，他们所挣的工资可能连在校时的消费水平都不如，这也就相应地加大了他们就业的压力。

“羊群效应”告诉我们，许多时候，并不是谚语说的那样——“群众的眼睛是雪亮的”。在市场中的普通大众，往往容易丧失基本判断力，人们喜欢凑热闹、人云亦云。有时候，群众的目光还投向资讯媒体，希望从中得到判断的依据。但是，媒体人也是普通群众，不是你的眼睛，你不会辨别垃圾信息就会失去方向。所以，收集信息并敏锐地加以判断，是让人们减少盲从行为，更多地运用自己理性的最好方法。

赢在自己，做一匹特立独行的狼

老猎人圣地亚哥最喜欢听狼嚎的声音。在月明星稀的深夜，狼群发出一声声凄厉、哀婉的嚎叫，老人经常为此泪流满面。他认为那是来自天堂的声音，因为那种声音总能震撼人们的心灵，让人们感受到生命的存在。

老人说："我认识这个草原上所有的狼群，但并不是通过形体来区分它们，而是通过声音—狼群在夜晚的嚎叫。每个狼群都是一个优秀的合唱团，并且它们都有各自的特点以区别于其他的狼群。在许多人看来，狼群的嚎叫并没有区别，可是我的确听出了不同狼群的不同声音。"

狼群在白天或者捕猎时很少发出声音，它们喜欢在夜晚仰着头对着天空嚎叫。对于狼群的嚎叫，许多动物学家进行过研究，但不能确定这种嚎叫的意义。也许是对生命孤独的感慨，也许是通过嚎叫表明自身的存在，也许仅仅是在深情歌唱。

在一个狼群内部，每一匹狼都具有自己独特的声音，这声音与群体内其他成员的声音不同。狼群虽然有严格的等级制度，也是最注重整体的物种，但这丝毫不妨碍它们个性的发展和展示，即使是具有最大权力的阿尔法狼，也没有权力去要求其他的狼模仿自己的声音和行为，每一匹狼都掌握着自己的命运和保留着自己的独立个性。同样，就投资而言，我们每一个人的未来终归掌握在自己手里。你愿意去做一只待宰的羔羊，还是愿意做一匹特立独行的狼？

答案很明确，做一只待宰的羔羊肯定会被狼吃掉。可是，人们在实际的投资过程中，往往意识不到自己在不经意间已经加入了羊群。

我们要时刻保持警惕，时刻保持自己的个性，时刻保持自己的创造性，自己把握自己的未来。

下面，我们再来看一个特立独行者的例子：

20世纪50年代，斯图尔特只是华盛顿一家公司的小职员。一次，他看了一部表现非洲生活的电影，发现非洲人喜爱戴首饰，就萌发了做首饰生意的念头。于是他借了几千美元，独自闯荡非洲。

经过几年的努力，他的生意已经做到了使人眼红的地步，世界各地的商人纷纷赶到非洲抢做首饰生意。

面对众多的竞争者，斯图尔特并不留恋自己开创的事业，拱手相让，从首饰生意中走出来，另辟财路。

斯图尔特的成功就是靠"独立创意"这一制胜要诀，这是他善于观察、善于思考的结果。要想有独立的创意，就不要人云亦云，一定要培养自己独立思考的能力。

【定律链接】由从众的石油大亨看盲目投资心态

有一个非常幽默的故事：

一位石油大亨到天堂去参加会议，一进会议室，发现座无虚席，自己没有地方落座。于是，他灵机一动，大喊一声："地狱里发现石油了！"

这一喊不要紧，天堂里的石油大亨们纷纷向地狱跑去，很快，天堂里就只剩下那位石油大亨了。

这时，大亨心想，大家都跑了过去，莫非地狱里真的发现石油了？

于是，他也急匆匆地向地狱跑去。

通过这个故事我们发现，人们都有一种从众心理，这种盲从的现象就是“羊群效应”。

在实际的投资生活中，这种从众的“羊群效应”现象也比比皆是，但是，那些从众的“羊”，并没有像自己想象中的那样赚到利润，而是很容易地成为了被“宰割”的对象。

就拿中国目前的股市来说，很多散户被股市情绪控制，从而出现从众心理：好的时候都蜂拥而上，坏的时候都消极沮丧。其实，在股市投资中，往往是少数人的看法才是正确的。

例如，股市大亨们想从散户手中拿到廉价的筹码，一般喊一嗓子：“天堂在2500点以下！”结果，那些原先看好3000点的散户都会纷纷放弃原有位置，蜂拥到2500点去寻找自己的天堂。但是，通往2500点的路很快就被截断了，当他们不得不回来后，却发现自己原来的位置被大亨们占据了。两手空空的散户们仍然渴望进入天堂，这时，大亨们又喊话了：“上帝说，真正的天堂是在5000点上方。”有些散户忘了先前吃的亏，再一次相信这种忽悠，同时，由于从众心理，其他散户也会随之争先恐后涌向5000点，而大亨们早就半道下车了。真正倒霉的，就是那些没有主见、盲从的散户。

事实上，无论是投资股票、基金，还是自己投资开公司，心态是非常关键的。社会心理学家研究发现，持某种意见的人数多少是影响从众心理最重要的一个因素，很少有人能够在众口一词的情况下，还坚持自己的不同意见。

虽然我们每个人都认为自己有判断能力，但是，在很多时候，我们总是不自觉地随大流，因为我们每个人不可能对任何事情都了解得一清二楚，对于那些自己不太了解、没有把握的事情，一般就会采取随大流的做法。然而，这种做法带来的收益，往往与我们期望的大相径庭。

所以，在现实生活中，一方面，我们要保持自己心态的独立性，一旦认准了一只金蛋，就不要被别人的言论左右，假以时日让它孵化成金鸡；另一方面，我们要学会理智、不盲目，多做研究和分析，不要被众人跟风的表象迷惑，要学会透过现象看本质，以伯乐的眼光审时度势。

沉没成本：难以割舍已经失去的，只会失去更多

别在“失去”上徘徊

阿根廷著名高尔夫球运动员罗伯特·德·温森在面对失去时，表现得非常令人钦佩。一次，温森赢得了一场球赛，拿到奖金支票后，正准备驱车回俱乐部，就在这时，一个年轻女子走到他面前，悲痛地向温森表示，自己的孩子不幸得了重病，因为无钱医治正面临死亡。温森二话没说，在支票上签上自己的名字，将它送给了年轻女子，并祝福她的孩子早日康复。

一周后，温森的朋友告诉温森，那个向他要钱的女子是个骗子。温森听后惊奇道：“你敢肯定根本没有一个孩子病得快要死了这回事？”朋友做了肯定的回答。温森长长出了一口气，微笑道：“这真是我一个星期以来听到的最好的消息。”

温森的支票，对于他而言是已经付出的不可回收的成本，他以博大的胸襟坦然面对自己的“失”，这是一种对待沉没成本的正确态度。

如果你预订了一张电影票，已经付了票款而且不能退票，但是看了一半之后觉得很不好看，你该怎么办？

这时有两种选择：忍受着看完，或退场去做别的事情。

两种情况下你都已经付钱，所以不应该再考虑钱的事。当前要做的决定不是后悔买票了，而是决定是否继续看这部电影。因为票已经买了，后悔已经于事无补，所以应该以看免费电影的心态来决定是否再看下去。作为一个理性的人，选择把电影看完就意味着要继续受罪，而选择退场无疑是更为明智的做法。

沉没成本从理性的角度说是不应该影响我们决策的，因为不管你是不是继续看电影，你的钱已经花出去了。作为一个理性的决策者，你应该仅仅考虑将来要发生的成本（比如需要忍受的狂风暴雨）和收益（看电影所带来的满足和快乐）。

有一位先生，总是带着一条颜色很难看的领带。当他的朋友终于忍不住告诉他这条领带并不适合他时，他回答："哎，其实我也觉得这条领带不是很适合我，可是没办法，花了500多块钱买的，总不能就扔在抽屉里睡大觉吧？那不是白白浪费了？"

这种情况十分普遍，人们在做决策的时候，往往不能割舍沉没成本，不少人还将整个人生陷入沉没成本的泥潭里无法自拔：毫无音乐细胞的人坚持把钢琴学下去，因为耗资不菲的钢琴，并且已经花不少钱报了钢琴班；两个性格不合的情侣早就没有了爱情和甜蜜，勉强在一起只因为已经在一起这么久了，为对方已经付出了那么多，怎么也耗到结婚吧……

其实，我们应该承认现实，把已经无法改变的"错误"视为昨天经营人生的坏账损失和沉没成本，以全新的面貌面对今天，这才是一种健康的、快乐的、向前看的人生态度，以这样的态度面对人生才能轻装上阵，才会有新的成功、新的人生和幸福。

忘记沉没成本，向前看

皮皮和爸爸最近住在一户人家的花园里。那家人很热情，9岁的儿子很喜欢狗，除了皮皮和爸爸，花园里还有一只可爱的小狼狗，主人常给小狼狗洗澡，带它晒太阳，皮皮看得出，这条小狼狗与这家人的感情很好。

但有一天，皮皮听到了一阵惨叫，它发现小狼狗被隔壁的大狗给咬死了。皮皮大叫，主人和他9岁的儿子赶紧出门，看到这幕惨剧，主人的儿子十分伤心，他拿着棍子就去打那条大狗。

主人却一把把他抱住："既然我们的狼狗已经死了，就不要再伤害另外一条狗了。我相信，它也不是故意的。"

满脸泪痕的小孩被主人带进了屋，皮皮不满意了："这个男主人真是冷血，自己的宠物被咬死了，也不报仇，就这样算了，真没感情。"

皮皮爸爸说："反正都死了，就算把那条大狗杀死，这条小狼狗也是不可能复活的，这样的沉没成本何必让它再增加呢？"

皮皮摇头表示不明白。

皮皮爸爸接着启发他："好比一盆水被泼在地上，你再努力也不可能把它收回来，所以不如放弃，这就是已经成为定局的沉没成本。"

皮皮似懂非懂。

覆水难收比喻一切都已成为定局，不能更改。在经济学中，我们引入"沉没成本"的概念，代指已经付出且不可收回的成本。就好比小狼狗被大狗咬死已经成为定局，如果再打死大狗，也无法挽回，却还要支付那家主人的赔偿，所以，此刻就不能冲动。

当然，除了"冤枉钱"以外，沉没成本有时候只是商品价格的一部分。

这天，主人推着刚买不久的自行车去卖，下午他回来的时候，一脸不高兴。儿子上前问道："爸爸，你怎么了？"

"我才买的车，还是新的呢，结果到了市场上，他们每个人的开价都是那么低，我真是亏死了。"主人一肚子怨气。

"不要生气了，如果你不卖，过几天价格会更低的。"儿子安慰他。

爸爸对皮皮说："其实这也是一种沉没成本的表现。"

故事中，主人买了一辆自行车，骑了几天后低价在二手市场卖出，此时原价和他的卖出价间的差价就是沉没成本。在这种情况下，沉没成本随时间而改变，那辆自行车骑的时间越长，一般来说卖出的价会越低，这是不可避免的，当一项已经发生的投入无论如何也无法收回时，这种投入就变成了沉没成本。

每一次选择我们都要付出行动，每一次行动我们都要投入。不管我们前期所做的投入能不能收回，是否有价值，在做出下一个选择时，我们不可避免地会考虑到这些。最终，前期的投入就像坚固的铁链一样，把我们牢牢锁在原来的道路上，无法做出新的选择，而且投入越大，我们便被锁得越结实。可以说，沉没成本是路径依赖现象产生的一个主要原因。

总之，对于沉没成本不需要计较太多，就好像覆水难收，过去的就让他过去吧。这其实也是一种乐观主义精神，只要坚持下去，任何事情都会有回报的。朝前看，不回头，这样才正确。

【定律链接】换个角度想一想，"失去"也是好事情

既然沉没成本被视为"成本"的一种，那都是可能带来收益的，或许它的收益不是"种瓜得瓜种豆得豆"这样显而易见的，但绕个弯想想，当你遭遇某一种不幸的时候，或许恰恰避免了更大的不幸。

一次，印度的"圣雄"甘地乘坐火车出行，当他刚刚踏上车门时，火车正好启动，他的一只鞋子不慎掉到了车门外。就在这时，甘地麻利地脱下了另一只鞋子，朝第一只鞋子的方向扔去。有人奇怪地问他为什么？甘地道："如果一个穷人正好从铁路旁经过，他就可以拾到一双鞋，这或许对他是个收获。"

无论是甘地的鞋子还是前面温森的支票，对于他们而言都如同泼出去的水，但他们都以豁达的胸襟坦然面对自己的"失"，不仅丝毫不计较沉没成本给自己带来的损失，甚至看到了其背后的收益——给穷人留下了一双鞋。

任何事情的出现都只可能有两种结果，一种是好的，一种是坏的，各占50%的几率，万事万物都是如此。我们不妨也以这样的角度来看待沉没成本。

有一个故事说，两个旅行中的天使到一个非常贫穷的农家借宿。夫妇俩对他们非常热情，把仅有的一点食物拿出来款待客人，并且让出自己的床铺给天使睡。第二天一早，天使醒后发现农夫和他的妻子在哭泣，他们唯一的生活来源——一头奶牛死了。

这时，年轻一些的天使非常愤怒，质问老天使为什么对如此善良的家庭，却没有动用一点法力来阻止奶牛的死亡。

老天使说，不发生不幸的另一种可能为什么就一定就是幸运呢？为什么不可能是更大的不幸呢？——昨天晚上，死神来招唤农夫的妻子，我让奶牛代替了她。

“塞翁失马焉知非福”的典故众人皆知，骑马摔断了腿本是件坏事，却因此免于征战保全了性命，这就是沉没成本显而易见的收益。可见，所有的事情都不能片面地单看事情本身，“祸兮福之所倚，福兮祸之所伏”，不仅是耳熟能详的古训，更是很多人生活经历的真实感受。因此，当生活中发生不幸的沉没成本时，我们不妨将它也看作是一种特殊的投资，或许我们会从另一个方面有所收获。

最大笨蛋理论：你会成为那个最大的傻瓜吗

没有最笨，只有更笨

1908~1914 年间，经济学家凯恩斯拼命赚钱，他什么课都讲，经济学原理、货币理论、证券投资等。凯恩斯获得的评价是：“一架按小时出售经济学的机器。”

凯恩斯之所以如此玩命，是为了日后能自由并专心地从事学术研究以免受金钱的困扰。然而，仅靠讲课又能积攒几个钱呢?

终于，凯恩斯开始醒悟了。1919 年 8 月，凯恩斯借了几千英镑进行远期外汇投机。4 个月后，净赚 1 万多英镑，这相当于他讲 10 年课的收入。

投机生意赚钱容易，赔钱也容易。投机者往往有这样的经历：开始那一跳往往有惊无险，钱就这样莫名其妙进了自己的腰包，飘飘然之际又倏忽掉进了万丈深渊。又过了 3 个月，凯恩斯把赚到的钱和借来的本金亏了个精光。投机与赌博一样，人们往往有这样的心理：一定要把输掉的再赢回来。半年之后，凯恩斯又涉足棉花期货交易，狂赌一通大获成功，从此一发不可收拾，几乎把期货品种做了个遍。他还嫌不够刺激，又去炒股票。到 1937 年凯恩斯因病金盆洗手之际，他已经积攒了一生享用不完的巨额财富。与一般赌徒不同，他给后人留下了极富解释力的“赔经”——最大笨蛋理论。

什么是“最大笨蛋理论”呢？凯恩斯曾举例说：从 100 张照片中选择你认为最漂亮的脸蛋，选中有奖，当然最终是由最高票数来决定哪张脸蛋最漂亮。你应该怎样投票呢？正确的做法不是选自己真的认为最漂亮的那张脸蛋，而是猜多数人会选谁就投她一票，哪怕她丑得不堪入目。

凯恩斯的最大笨蛋理论，又叫博傻理论。你之所以完全不管某个东西的真实价值，即使它一文不值，你也愿意花高价买下，是因为你预期有一个更大的笨蛋，会花更高的价格，从你那儿把它买走。投机行为关键是判断有无比自己更大的笨蛋，只要自己不是最大的笨蛋，结果就是赢多赢少的问题。如果再也找不到愿出更高价格的更大笨蛋把它从你那儿买走，那你就是最大的笨蛋。

对中外历史上不断上演的投机狂潮，最有解释力的就是最大笨蛋理论。

1720 年的英国股票投机狂潮有这样一个插曲：一个无名氏创建了一家莫须有的公司，自始至终无人知道这是什么公司，但认购时近千名投资者争先恐后，结果把大门都挤倒了。没有多少人相信它真正获利丰厚，而是预期更大的笨蛋会出现，价格会上涨，自己会赚钱。颇有讽刺意味的是，牛顿也参与了这场投机，结果成了“最大的笨蛋”，他因此感叹：“我能计算出天体运行，但人们的疯狂实在难以估计。”

投资者的目的不是犯错，而是期待一个更大的笨蛋来替代自己，并且从中得到好处。没有人想当最大笨蛋，但是不懂如何投机的投资者，往往就成为了最大笨蛋。那么，如何才能避免做最大的笨蛋呢？其实，只要具备对别人心理的准确猜测和判断能力，在别人“看涨”之前投资，在别人“看跌”之前撤手，自己注定永远也不会成为那个最大的笨蛋。

别做最后一个笨蛋

最大笨蛋理论认为，股票市场上的一些投资者根本就不在乎股票的理论价格和内在价值，他们购入股票，只是因为他们相信将来会有更傻的人以更高的价格从他们手中接过“烫山芋”。支持“博傻理论”的基础是投资大众对未来判定的不一致和判定的不同步。对于任何部分或总体消息，总有人过于乐观估计，也总有人趋向悲观；有人过早采取行动，也有人行动迟缓，这些判定的差异导致整体行为出现差异，并激发市场自身的激励系统，导致博傻现象的出现。

最漂亮“博傻理论”所要揭示的就是投机行为背后的动机，投机行为的关键是判断“有没有比自己更大的笨蛋”。只要自己不是最大的笨蛋，那么自己就一定是赢家，只是赢多赢少的问题；如果没有一个愿意出更高价格的更大笨蛋来做你的“下家”，那么你就成了最大的笨蛋。可以这样说，任何一个投机者信奉的无非是“最大的笨蛋”理论。

其实，在期货与股票市场上，人们所遵循的也是这个策略。许多人在高价位买进股票，等行情上涨到有利可图时迅速卖出，这种操作策略通常被市场称之为傻瓜赢傻瓜，所以只在股市处于上升行情中适用。从理论上讲，博傻也有其合理的一面，即高价之上还有高价，低价之下还有低价，其游戏规则就像接力棒，只要不是接最后一棒都有利可图，做多者有利润可赚，做空者减少损失，只有接到最后一棒者倒霉。

再如，传销在中国曾经越炒越热，受到政府屡次打击依然不断地死灰复燃，参与传销的不仅仅是些毫无经济知识的普通人，还有许多知识分子，他们的唯一目的就是获利，再获利。一瓶兰花油成本不外乎 10 元，可以传成 1000 元甚至 10000 元，兰花油其实可以忽略不计，毫不犹豫买下它人会就是期待自己后面还有更大的笨蛋，这样一个笨蛋接一个笨蛋，到最后最大的一批笨蛋出现了，赢利的是早期的笨蛋们。

20 世纪 80 年代后期，日本房地产价格暴涨，1986~1989 年，日本的房价整整涨了 2 倍。这让日本人发现炒股票和炒房地产来钱更快，于是纷纷拿出积蓄进行投机。他们知道房子虽然不值那么多钱，但他们期待有更大的笨蛋出现，到了 1993 年，最大的笨蛋出现了，国土面积相当于美国加利福尼亚州的日本，其地价市值总额竟相当于整个美国地价总额的 4 倍。这些最大笨蛋只能跳楼来解脱了。

比如说，你不知道某个股票的真实价值，但为什么你会花高价去买一股呢，因为你预期当你抛出时会有人花更高的价钱来买它。

再如今天的房市和股市，如果做头傻那是成功的，做二傻也行，别成为最后的那个大傻子就行。博傻理论告诉人们最重要的一个道理是：在这个世界上，傻不可怕，可怕的是做最后一个傻子。

【定律链接】成功就是成为最小笨蛋

一位推销员从总公司被派到欧洲分公司，他到任的时候，带来了公司写给分公司总经理的一张字条：“此人才华出众，但是嗜赌如命，如你能令他戒赌，他会成为一名百里挑一的出色推销员。”

总经理看完字条，马上把这位推销员叫到自己的办公室：“听说你很喜欢赌，这次你想赌什么？”

推销员回答：“什么都赌，比如，我敢说你左边的屁股上有一颗胎痣。假如没有，我输你 500 美元。”

这位总经理一听叫道：“好。你把钱拿出来！”接着，他十分利索地脱掉裤子，让那位推销员仔细检查了一遍，证明并无胎痣，然后推销员把钱给了经理。

事后，他拨通了电话，洋洋得意地告诉 CEO 说：“你知道吗？那位推销员被我整治了一下。”“怎么回事？”于是总经理把事情的经过讲了一遍。

CEO 叹了口气回答说：“他出发到你那里之前，同我赌 1000 美元，说在见到你的 5 分钟之内，一定能让你把屁股给他看。”停了一会儿，又说：“不过，我和董事长打赌 5000 美元，说你会让这个推销员参观你的屁股。”

在这场环环相扣的博弈中，每个人都很聪明，但每个人又都是笨蛋，因为他们在把别人当做筹码的同时，又成为别人赌局中的一个筹码。

消费者剩余效应：在花钱中学会省钱

愿意支付 VS 实际支付

在南北朝时，有个叫吕僧珍的人，世代居住在广陵地区。他为人正直，很有智谋和胆略，受到人们的尊敬和爱戴。有一个名叫宋季雅的官员，被罢官后，由于仰慕吕僧珍的人品，特地买下吕僧珍宅子旁的一栋普通房子，与吕为邻。一天吕僧珍问宋季雅：“你花多少钱买这栋房子？”宋季雅回答：“1100 金。”吕僧珍听了大吃一惊：“怎么这么贵？”宋季雅笑着回答：“我用 100 金买房屋，用 1000 金买个好邻居。”

这就是后来人们常说的“千金买邻”的典故。“1100 金”的价钱买一栋普通的房子，一般人不会做出如此选择，但是宋季雅认为很值得，因为其中的“1000 金”是专门用来“买邻”的。

消费者在买东西时对所购买的物品有一种主观评价，这种主观评价表现为他愿意为这种物品所支付的最高价格，即需求价格。这种需求价格主要有两个决定因素：一是消费者满足程度的高低，即效用的大小；二是与其他同类物品所带来的效用和价格的比较。

在一场纪念猫王的小型拍卖会上，有一张绝版的猫王专辑在拍卖，小秦、小文、老李、阿俊 4 个猫王迷同时出现。他们每个人都想拥有这张专辑，但每个人愿意为此付出的价格都有限。小秦的支付意愿为 100 元，小文为 80 元，老李愿意出 70 元，阿俊只想出 50 元。

拍卖会开始了，拍卖者首先将最低价格定为 20 元，开始叫价。由于每个人都非常想要这张专辑，并且每个人愿意出的价格远远高于 20 元，于是价格很快上升。当价格达到 50 元时，阿俊不再参与竞拍。当专辑价格再次提升为 70 元时，老李退出了竞拍。最后，当小秦愿意出 81 元时，竞拍结束了，因为小文也不愿意出高于 80 元的价格购买这张专辑。

那么，小秦究竟从这张专辑中得到什么利益呢？实际上，小秦愿意为这张专辑支付 100 元，但他最终只为此支付了 81 元，比预期节省了 19 元。这 19 元就是小秦的消费者剩余。

消费者剩余是指消费者购买某种商品时，所愿支付的价格与实际支付的价格之间的差额。例如，对于一个正处于饥饿状态的人来说，他愿意花 8 元买一个馒头，而馒头的实际价格是 1 元，则他愿意支付一个馒头的最高价格和馒头的实际市场价格之间的差额是 7 元，这 7 元就是他获得的消费者剩余的量。

在西方经济学中，这一概念是马歇尔提出来的，他在《经济学原理》中为消费者剩余下了这样的定义："一个人对一物所付的价格，绝不会超过而且也很少达到他宁愿支付而不愿得不到此物的价格。因此，他从购买此物中所得到的满足，通常超过他因付出此物的代价而放弃的满足，这样，他就从这种购买中得到一种满足的剩余。他宁愿付出而不愿得到的此物的价格，超过他实际付出的价格的部分，就是这种剩余满足的经济衡量。这个部分可以称为消费者剩余。"

消费者剩余的真正根源其实就是成本。众所周知，人们想要获得任何东西都必须支付一定的成本，消费者剩余也不例外。消费者剩余的提供是需要成本的，想要获得消费者剩余，就必须支付这一成本。消费者在消费中作为剩余获得的免费收益并不是由消费者自己承担的，而是由消费者的前人和后人承担与提供的，消费者没有付出任何货币或者是努力而凭空得到了消费者剩余。前人为消费者承担的成本，主要体现在知识和科学技术上。在市场经济中，由知识和技术等要素所带来的以外部正效应形式存在的那一部分效用实际上并没有被价格机制衡量出来。也就是说，价格机制衡量出来的效用要低于它的实际效用，它们的差额就是由知识和技术等要素所带来的效用。人们花费货币买到的效用大于与他支付的货币所等价的效用，人们没有为此付费而得到了一部分效用，这部分效用就来源于知识和技术等，也意味着前人替我们承担了成本。

在市场经济中，很多商家为了让自己赚取更多的利润，会尽量让消费者剩余成为正数，于是采取薄利多销的销售策略，以此吸引更多的消费者前来购买商品。但是，我们会发现一种非常奇怪的现象，你在高档的精品屋里打折买来的东西，却与普通商场中不打折时的价格差不多，因为你被商家打折的手法诱惑了，你只获得的过多的消费者剩余是心理的满足，而付出的是自己的真金白银。

不上"一口价"的当，省不省先"砍"一下再说

很多商家为了降低成本使其利润最大化，常常会采取一些忽悠的手段来诱骗消费者购买自己的产品。

消费者想买实惠，销售者想赚实利；消费者想尽量砍低价钱，销售者则想方设法抬高价格且不让消费者看出来。于是，有些商家为了使消费者不好砍价，就与厂家联合起来在商品标签上大做文章，故意标上诸如"全国统一零售价""销售指导价"等字样，或者自行张贴"一口价""不还价"等店堂声明、告示，以此忽悠消费者。很多消费者信以为真，以为其所售的商品真就不能砍价，结果"一口价"买的却是"忽悠价"。

尤其在网上购物时，我们经常会遇到一口价商品，但不要认为标明一口价就不能议价了，这只是障眼法。一些不够精明的人往往被卖方的一口价忽悠住，以真正物品价值的几倍价钱买下商品，而自己还被蒙在鼓里。

不要上"一口价"的当，看商品谈价钱，能砍则砍，不能砍，可以尝试着要求卖家通过其他方式降低一些价格，例如免邮费、化零为整等。

一口价的陷阱不仅体现在虚假的报价上，一口价还经常打着特价商品的旗号来迷惑消费者，使之跌入陷阱。

年关将至，某品牌皮鞋店打出“店庆十周年，特价大酬宾”的宣传条幅，活动期间所有商品“一口价”甩卖，数量有限，先到先得。冲着该品牌及价位，许先生花了130元购买了一双男式休闲皮鞋，可穿了还不到一个礼拜，鞋底两边就裂开了嘴。于是，许先生带着这双皮鞋和购物发票到商家要求退货或更换。没想到，商家当场予以拒绝：特价商品无三包，既然是特价就说明商品本身质量有问题，要不也不会这么便宜就卖了。面对商家冠冕堂皇的解释，许先生想不出任何反驳的理由，因为他当时确实是冲着鞋的价位去的，看来如今只能自认倒霉了，他只好把鞋带回了家。

商家打着“一口价”的幌子，以所谓低价销售的手段，蒙骗消费者，逃避自己本来应当承担的退换和售后服务的责任，显然消费者又当了一次“冤大头”。或许有的时候一口价真的很低，但是当你以为自己真的捡了个便宜的时候，你可能完全忽略了商品的质量和售后服务问题。

“一口价”“全市最低价”，在这些诱人的广告宣传语下，消费者不要在无知中自认为占了大便宜，很有可能你已经跌进商家设下的陷阱了。所以，面对一口价，要么将“砍”进行到底，要么横眉冷对之。

【定律链接】“支付意愿”与“生产者剩余”

支付意愿是指消费者为购买某件物品而愿意支付的最高价格，它用来衡量买者对物品的评价是多少。一般来说，在购买商品时，每个买者都希望以低于自己支付意愿的价格买到商品，而拒绝以高于他支付意愿的价格购买该商品。

比如无论是买票乘飞机、火车还是轮船，不同的人所愿意支付的价格实际上是不一样的。有的人收入高一些，或对花钱看得比较松，就可以支付较高的价格。相反，收入低或对花钱看得比较紧的人，就只愿支付较低的价格。但是，如果你问他们愿意支付什么样的价格时，他们都必定说愿支付较低的价格，因为即使有钱人也会觉得在同样服务下以低价购买划算一些。所以，飞机或轮船公司针对这些具有不同支付意愿的乘客出售不同价位的票。

生产者剩余是指卖者出售一种物品或服务所得到的价格减去卖者的成本。假如现在有3家电脑供应商，IBM的成本是7800元，联想的成本是7500元，天想的成本是7000元，如果都按照8000元的价格出卖，那么他们出售1台电脑将分别获得200元、500元和1000元的生产者剩余。同时，如果这些企业采取新的技术和管理措施，使成本进一步下降，那他们可以获得更多的生产者剩余。

前景理论：“患得患失”是一种纠结

面对获得与失去时的心理纠结

有个著名的心理学实验：“假设你得了一种病，有十万分之一的可能性会突然死亡。现在有一种吃了以后可以把死亡的可能性降到0的药，你愿意花多少钱来买它呢？或者假定你身体很健康，医药公司想找一些人来测试新研制的一种药品，这种药用后会使你有十万分之一的概率突然死亡，那么医药公司起码要付多少钱你才愿意试用这种药呢？”

实验中，人们在第二种情况下索取的金额要远远高于第一种情况下愿意支付的金额。我们觉得这并不矛盾，因为正常人都会做出这样的选择，但是仔细想想，人们的这种决策实际上是相互矛盾的。第一种情况下是你在考虑花多少钱消除十万分之一的死亡率，买回自己的健康；第二种情况是你要求得到多少补偿才肯出卖自己的健康，换来十万分之一的死亡率。两者都是十万分之一的死亡率和金钱的权衡，是等价的，客观上讲，人们的回答也应该是没有区别的。

为什么两种情况会给人带来不同的感觉，做出不同的回答呢？对于绝大多数人来说，失去一件东西时的痛苦程度比得到同样一件东西所经历的高兴程度要大。对于一个理性人来说，对“得失”的态度反映了一种理性的悖论。由于人们倾向于对“失”表现出更大的敏感性，往往在做决定时会因为不能及时换位思考而做出错误的选择。

一家商店正在清仓大甩卖，其中一套餐具有8个菜碟、8个汤碗和8个点心碗，共24件，每件都完好无损。同时有一套餐具，共40件，其中有24件和前面那套的种类大小完全相同，也完好无损，除此之外，还有8个杯子和8个茶托，不过两个杯子和7个茶托已经破损了。第二套餐具比第一套多出了6个好的杯子和1个好的茶托，但人们愿意支付的钱反而少了。

一套餐具的件数再多，即使只有一件破损，人们就会认为整套餐具都是次品，理应价廉；件数少，但全部完好，就成为合格品，当然应当高价。

在生活中，人们由于有限理性而对“得失”的判断屡屡失误，成了“理性的傻瓜”。

工人体育场将上演一场由众多明星参加的演唱会，票价很高，需要800元，这是你梦寐以求的演唱会，机会不容错过，因此很早就买到了演唱会的门票。演唱会的晚上，你正兴冲冲地准备出门，却发现门票没了。要想参加这场音乐会，必须重新掏一次腰包，那么你会再买一次门票吗？假设另一种情况：同样是这场演唱会，票价也是800元。但是这次你没有提前买票，你打算到了工人体育场后再买。刚要从家里出发的时候，你发现买票的800元弄丢了。这个时候，你还会再花800元去买这场演唱会的门票吗？

与在第一种情况下选择再买演唱会门票的人相比，在第二种情况下选择仍旧购买演唱会门票的人绝对不会少。同样是损失了800元，为什么两种情况下会有截然不同的选择呢？其实对于一个理性人来说，他们的理性是有限的，在他们心里，对每一枚硬币并不是一视同仁的，而是视它们来自何方、去往何处而采取不同的态度。这其实是一种非理性的思考。

前景理论告诉我们，在面临获得与失去时，一定要以理性的视角去认识和分析风险，从而作出正确的选择。

把握好风险尺度，别错失良机

有一年，但维尔地区经济萧条，不少工厂和商店纷纷倒闭，被迫贱价抛售自己堆积如山的存货，价钱低到1美元可以买到100双袜子。

那时，约翰·甘布士还是一家纺织厂的小技师。他马上把自己积蓄的钱用于收购低价货物，人们见到他这股傻劲，都公然嘲笑他是个蠢材。

约翰·甘布士对别人的嘲笑漠然置之，依旧收购各工厂和商店抛售的货物，并租了很大的货仓来存货。

他妻子劝他说，不要买这些别人廉价抛售的东西，因为他们历年积蓄下来的钱数量有限，而且是准备用做子女学费的，如果此举血本无归，那么后果不堪设想。

对于妻子忧心忡忡的劝告，甘布士安慰她道："3个月以后，我们就可以靠这些廉价货物发大财了。"

过了10多天，那些工厂即使贱价抛售也找不到买主了，便把所有存货用车运走烧掉，以此稳定市场上的物价。

他妻子看到别人已经在焚烧货物，不由得焦急万分，抱怨起甘布士。对于妻子的抱怨，甘布士一言不发。

终于，美国政府采取了紧急行动，稳定了但维尔地区的物价，并且大力支持那里的厂商复业。

这时，但维尔地区因焚烧的货物过多，存货欠缺，物价一天天飞涨。约翰·甘布士马上把自己库存的大量货物抛售出去，一来赚了一大笔钱；二来使市场物价得以稳定，不致暴涨不断。

在他决定抛售货物时，他妻子又劝告他暂时不要把货物出售，因为物价还在一天一天飞涨。

他平静地说："是抛售的时候了，再拖延一段时间，就会追悔莫及。"

果然，甘布士的存货刚刚售完，物价便跌了下来。他的妻子对他的远见钦佩不已。

后来，甘布士用这笔赚来的钱开设了5家百货商店，成为全美举足轻重的商业巨子。

事实上，冒险具有一定的危险性，抓住机遇也是件很不容易的事情，并不是每个人想做就能做到的事情。正因为如此，冒险才显得那么重要，冒险也才有冒险的价值。但冒险的目的并不是为了找刺激，当你的机会来临，要及时脱身这种"危险游戏"。我们应有冒险精神，但是不要盲目冒险，才能真正抓住风险中的商机，圆自己的财富之梦。

【定律链接】把钱存入银行也有风险

10多年前，一对老夫妇退休，当时他们有近5万元的储蓄，心里觉得很踏实，可以养老了。10多年后的今天，他们在银行的5万元虽然有一定的利息收入，退休工资调整了几次，可现在他们很不踏实：以现在的物价水平来看，几万块钱还能提供什么样的保证呢？

如果他们不是把这笔钱存在银行，而是进行投资，比如在10多年前投资房地产，那么现在他们拥有的资产就非常可观了。

当然，每个人的具体情况都不相同，但我们应该有这样一个意识：把钱存入银行也是有风险的；有可能的话，可以多些考虑和选择。

如果你是工薪阶层，存入银行的钱多半是从工资里省下来的。简单和节省的生活自然是正确的，然而你还应该认识到，要达到经济自由的状态，我们就不能挣固定数字的钱，就必须不仅仅是从老板手中接过自己创造的"剩余价值"的一小部分，而是要赚取别人创造的"剩余价值"。

要想富，唯一的道路就是自己当老板！别误会，我们说的是把钱拿去投资，自己为自己干，不受别人的"剥削"，甚至还可以"剥削"别人，承担风险，也享受利润——所有投资者都可视为"老板"。

在你的投资组合中，你可以把资金分成两部分，一部分仍放在定存、活存以及国债中，这部分每年会有固定的利息收入，除了国债之外，本金并无亏损的风险，且兑现的速度快，可供不时之需。第二部分，如果你还有余钱，你不妨把它放在股票、黄金、共同基金，甚至高风险、高报酬的外币及期货投资上。

但不管做什么投资，你都必须有血本无归的心理准备，而且就算血本无归，也必须保证不会影响你的基本日常生活开支，否则就犯了投资过度、风险过高的兵家大忌。

如果你有房子、车子，也结了婚，有了孩子，那么，保险是你理财规划中不可或缺的一环。正所谓“不怕一万，只怕万一”，一旦你半生辛苦所买下的房子在一场大火中付之一炬，一切从头来的打击会令人难以招架。因此，火险、车险、寿险等保险规划，都是这一阶段必修的课程。

把钱存入银行是一种因循守旧的做法，除了让银行有本钱赚取利润外没有更多的好处，而且，需要记住的是，它并没有想象中那么安全。

棘轮效应：由俭入奢易，由奢入俭难

由俭入奢易，由奢入俭难

商朝时，纣王登位之初，天下人都认为在这位英明的国君治理下，商朝的江山坚如磐石。有一天，纣王命人用象牙做了一双筷子，十分高兴地使用这双象牙筷子就餐。他的叔叔箕子见了，劝他收藏起来，而纣王却满不在乎，满朝文武大臣也不以为意，认为这本来是一件很平常的小事。箕子为此忧心忡忡，有的大臣问他原因，箕子回答：“纣王用象牙做筷子，就不会用土制的瓦罐盛汤装饭，肯定要改用犀牛角做成的杯子和美玉制成的饭碗，有了象牙筷、犀牛杯和美玉碗，难道还会用它来吃粗茶淡饭和豆子煮的汤吗？大王的餐桌从此顿顿都要摆上美酒佳肴了。吃的是美酒佳肴，穿的自然要绫罗绸缎，住的就要求富丽堂皇，还要大兴土木筑起楼台亭阁以便取乐了。对于这样的后果我觉得不寒而栗。”仅仅5年时间，箕子的预言果然应验了，商纣王恣意骄奢，商朝灭亡了。

在这则故事中，箕子对纣王使用象牙筷子的评价，就反映了现代经济学消费效应——棘轮效应。

棘轮效应，又称制轮作用，是指人的消费习惯形成之后具有不可逆性，即易于向上调整，而难于向下调整，尤其是在短期内消费是不可逆的，其习惯效应较大。这种习惯效应使消费取决于相对收入，即相对于自己过去的高峰收入。实际上棘轮效应可以用宋代政治家和文学家司马光的一句名言概括：“由俭入奢易，由奢入俭难。”

在子女教育方面，因为深知消费的不可逆性，所以明智的家长注重防止棘轮效应。如今，一些成功的企业家虽然十分富有，仍对自己的子女要求严格，从来不给孩子过多的零用钱，甚至在寒暑假期间要求孩子外出打工。他们这么做的目的并非是为了让孩子多赚钱，而是为了教育他们要懂得每分钱都来之不易，懂得俭朴与自立。这一点在比尔·盖茨身上体现得十分明显。

微软公司的创始人比尔·盖茨是世界上赫赫有名的富豪，个人资产总额达460亿美元。但是他在媒体采访时却说，要把自己的巨额遗产返还给社会，用于慈善事业，只给3个女儿几百万美元。比尔·盖茨没有自己的私人司机，公务旅行不坐飞机头等舱而坐经济舱，衣着也不讲究什么名牌。更让人不可思议的是，他对打折商品感兴趣，不愿为泊车多花几美元。

有一次，比尔·盖茨和一位朋友同车前往希尔顿饭店开会，由于去晚了，以致找不到停车位。朋友建议把车停在饭店的贵客车位，盖茨不同意。他的朋友说“车费我来付”，盖茨还是不同意。原因很简单，贵客车位要多付12美元停车费，盖茨认为那是“超值收费”。

棘轮效应是出于人的一种本性，人生而有欲，“饥而欲食，寒而欲暖”，这是人与生俱来的欲望。人有了欲望就会千方百计地寻求满足。但是，消费要结合自身情况，不要养成奢侈的消费习惯。哪怕只是几元钱甚至几分钱，也要让其发挥出最大的效益，养成良好的消费习惯。

聚沙成塔，滴水成河——存钱是一种习惯

梁家芝是一个电视台的普通文字记者，她每月的月薪是35000元台币，扣掉各种开销，她一点点地积攒，在不到4年的时间存了70万元台币，圆了自己出国读硕士的梦想。

刚刚参加工作的梁家芝，遇到了大多数新人都会遇到的工作瓶颈，总是觉得无力突破。为了自己的前途，她觉得需要进一步学习和进修，可是又不想向父母或银行借钱，因此，她就萌生出了要靠储蓄积攒出这笔费用的想法。

每天，她的食宿都非常节省，也从来不买光鲜亮丽的名牌服饰。她觉得与其把钱花掉，还不如握在手中。只要一有零钱，她就积攒起来。于是，她账户上的钱越来越多，她也离自己的梦想越来越近。

有一天，当她的朋友跟她开玩笑说：“家芝，你存了多少钱了啊？是不是成了小富婆啦？”她才注意到，自己已经存够了出国留学的钱。

很多人都有留学的梦想，但是他们可能因为种种理由而凑不到钱，从而不得不放弃。看了梁家芝的故事，你还会觉得留学是件难事么？尽管是一点点地积累，一分分地节俭，可她还是存够了钱，圆了自己的梦想。

在开始存钱前，你也许会说：“我知道我应该为将来存些钱。但每个月末，我都余不下多少工资。那么我该怎样开始呢？”这里给你的建议是，每月初在你试图花钱以前，存一些钱到储蓄账户里。

存钱纯粹是习惯的问题。人经由习惯的法则，塑造了自己的个性。任何行为在重复做过多次之后，就会变成一种习惯，人的意志也只不过是从我们的日常习惯中成长出来的一种推动力量。

一种习惯一旦在脑中形成之后，就会自动驱使一个人采取行动。在存钱方面，你不必一开始就存很多钱，即使一周存100元或200元也比不存强，因为它是养成存钱习惯的方法之一。

其实要养成存钱的习惯，并不像想象中的那么难。每晚把所有你从饭店、超市和其他地方得来的零钱放入储蓄罐，几个星期后，你就会为你所有的可以存入储蓄账户的钱而感到惊讶。

养成储蓄的习惯，并不表示限制你的理财能力。正好相反，你在养成了这种习惯后，不仅把你所赚的钱有系统地保存下来，也增强了你的观察力、自信心、想象力、进取心及领导才能，真正增强你的理财能力。

【定律链接】新节俭主义

泼留希金是俄国文学家果戈理的名著《死魂灵》中的著名人物。他是个富有的地主，有上千个农奴，他的仓库里有堆积如山的麦子、麦粉，库房里也充斥着呢绒和麻布、羊皮、干鱼，以及各种蔬菜、果子。

可是他生活极端吝啬，过着像叫花子一样的生活。他穿得很破旧，吃得也很坏。当他在

路上走着的时候，看到一块旧鞋底、一片破布或一个铁钉都要拾回家。

他的住室，如果不是桌子上的一顶破旧睡帽作证，谁也不会相信这房子里住着活人。他的屋子里放着“一个装些红色液体，内浮三个苍蝇，上盖一张信纸的酒杯……一把发黄的牙刷，大约还在法国人攻入莫斯科之前，它的主人曾经刷过牙的”。

泼留希金对自己如此吝啬，对他人更是可想而知。女儿成婚，他只送一样礼物——诅咒；儿子从部队来信讨钱做衣服也碰了一鼻子灰，除了送他一些诅咒外，从此与儿子不再相见，而且连他的死活也毫不在意。

泼留希金已经不大明白自己有些什么了，然而他还不满足，每天仍在聚敛财富。他走过的路，就用不着打扫，甚至他还会去偷别人的东西……

泼留希金是俄国文学史上吝啬鬼的代表人物，在当今社会中，也出现了这样一群“吝啬鬼”：他们精打细算，本可以过更好的生活，却处处“斤斤计较”，绝不乱花一分钱。一些人不理解，将他们称为新时代的吝啬鬼或新时代的泼留希金。

不过，他们的“吝啬”不是泼留希金式的盲目守财，而是尽量减少不必要的开支。其实，他们秉承的是一种新的生活方式——新吝啬主义。

新吝啬主义又称为新节俭主义，一切以需要为目的购买，绝不盲目追逐品牌和附庸风雅。作为一种成熟的消费观念，其诞生是人们的消费观发展的必然结果。

在商品匮乏的年代，人们总认为“贵的就是好的”，“钱是衡量一切的标准”。但随着商品经济的不断繁荣，一部分人开始觉醒并有意识地寻找自己真正需要的东西，在这个过程中，消费观念不断与现实生活进行碰撞磨合，最终真正走向了成熟。

越来越多的人加入了新版“泼留希金”的阵营，和“月光族”相比，他们是一群真正精明、智慧、对自己负责的消费者。他们拥有稳定持久的消费能力，收放自如地支配着自己的收入，让有限的金钱最大限度地满足自己的各种需要，他们的存在和不断增多，将颠覆传统的消费理念，使人们不再过分重视商品所体现的外在价值甚至是身份的象征意义，而更加珍视自身的感受和满意度。

在新的形势下，新节俭主义更应该成为一种时尚。我们应尽量减少和避免在喧哗和浮躁中浪费时间和金钱，紧随新版“泼留希金”们的步伐，过一种简单本真的有品质生活。

配套效应：有一种“和谐”叫“配套”

为什么商品总是配套组合

18 世纪，欧洲掀起了一场轰轰烈烈的启蒙运动，法国人丹尼·狄德罗是这场运动的代表人物之一。他才华横溢，不但编撰了欧洲第一部《百科全书》，还在文学、艺术、哲学等诸多领域作出了卓越贡献，是当时赫赫有名的思想家。

有一天，一位朋友送给狄德罗一件质地精良、做工考究、图案高雅的酒红色长袍，狄德罗非常喜欢。于是，他马上将旧的长袍丢弃了，穿上了新长袍。可是不久之后，他就产生了烦恼。因为当他穿着华贵的长袍在书房里踱来踱去时，越发觉得那张自己用了好久的办公桌破旧不堪，而且风格也不对。于是，狄德罗叫来了仆人，让他去市场上买一张与新长袍相搭配的新办公桌。当办公桌买来之后，狄德罗又神气十足地在书房踱步了。可是他马上发现了新的问题：挂在书房墙上的花毯针脚粗得吓人，与新的办公桌不配套！

狄德罗马上打发仆人买来了新挂毯。可是，没过多久，他又发现椅子、雕像、书架、闹钟等摆设都显得与挂上新挂毯后的房间不协调，需要更换。慢慢的，旧物件都被换掉了，狄德罗得到了一个富丽堂皇的书房。

这时，这位哲人突然发现“自己居然被一件长袍胁迫了”，更换了那么多他原本无意更换的东西。于是，狄德罗十分后悔自己丢弃了旧长袍。他还把这种感觉写成了一篇文章，题目就叫《丢掉旧长袍之后的烦恼》。

200年之后，1988年，美国人格兰特·麦克莱肯读了这篇文章，感慨颇多。他认为这一个案具有典型意义，集中揭示了消费品之间的协调统一的文化现象，借用狄德罗的名义，将这一类现象概括为“狄德罗效应”，也称配套效应。

1998年，美国哈佛大学的一位女经济学家朱丽叶·施罗尔出版了《过度消费的美国人》，在这本畅销书中对这种新睡袍导致新书房的攀升消费模式进行了详细分析。此后，配套效应引起了越来越多人的关注，而且被运用到了社会生活的各个方面。

在人们的观念里，高雅的长袍是富贵的象征，应该与高档的家具、华贵的地毯、豪华的住宅相配套，否则就会使主人感到“很不舒服”。

配套效应在生活中可谓屡见不鲜。在服饰消费中，人们会重视帽子、围巾、上衣、裤子、袜子、鞋子、首饰、手表等物品之间在色彩、款式上的相互搭配；在装修时，人们会注重家具、灯具、厨具、地板、电器、艺术品和整体风格之间的和谐统一。这些都是为了实现“配套”，达到一种和谐。

生产厂家和商场可谓最善于利用这种配套效应了。配套效应的核心并不在于那件新长袍的风格样式，而在于它所象征的一种生活方式，后面的一切都是为了这种生活方式的完整而设计的。所以，厂家和商家往往会想方设法，利用这一效应来推销自己的商品。他们会告诉你这些商品是如何与你的气质相配，如何符合你的档次，等等。总之，它们都是你不能不拥有的“狄德罗商品”。比方说，劳力士手表和宝马汽车都宣称自己是成功和地位的标志，所以如果你拥有了一块劳力士手表，那么你就应该考虑以宝马代步，这样才不会失掉自己的“面子”。

很多人都有这样的经历：在外出购物时明明只想买一样东西，结果却买回了一大堆。出门时只想买一件衬衫，但买下衬衫之后，又觉得跟裤子不配套，于是又去买了一条新裤子。穿上裤子，又觉得皮鞋的式样不般配，又去买双皮鞋。回到家才发现，原本只想花几十块钱，最后却花了好几百。

又比方说，买了一套三室两厅的新住宅之后，自然要好好装修一番。首先是铺上大理石或木地板，再安装像样的吊灯；四壁豪华之后，自然还想配上一些高档家具。一旦住上了这样的高档住宅，出入时显然不能再穿旧衣烂衫，必定要穿“拿得出手”的衣服与鞋袜。如此这般下去，所有这一切，都是为了跟这套房子配套。

其实，我们应该警惕这种预料之外的开支。很多人还没有到月末，就发现这个月已经大大超支，原因是买了许多不在计划之中的“狄德罗商品”。

钱要花得是时候

配套效应给人们一种启示：对于那些非必需的东西尽量不要购买。因为如果你接受了一件，那么外界的和心理的压力会使你不断地接受更多非必需的东西。

当今市场经济社会里，金钱已成为最宝贵的资源之一，所以我们一定要在最需要的时候消费，一定要将金钱用在最该用的地方。

有一次，张娟和几个朋友到另一个朋友家去做客，那位朋友的母亲为她们做了许多美味菜肴，但是都没有给她们留下深刻的印象，只有最后一道汤菜给她们留下了非常美好的记忆，感觉味道异常鲜美。第二天张娟仍然想着那道汤的好味道，并且专门去请教。但是，她严格地按照朋友母亲传授的技艺和程序去操作，汤做好了之后，端上桌子品尝的时候，却感觉淡而无味。后来她不服输，又做了一次，这一次她汲取了前一次的经验，多放了一些盐，但是端上桌后，竟然没有一个人不说咸的。

她真是被搞得莫名其妙了，只好又去谦虚地请教，朋友母亲当时说的一席话令她茅塞顿开。

原来上汤的时间是非常有讲究的，如果汤是在最开始上来的，由于人们体内盐的浓度不高，这时候的汤就要适当咸一点，这样舌头的味蕾才能够充分地感觉到盐的味道；如果汤是在最后上来的，人们已经吃了很多菜，体内盐的浓度已经比较高，这时候即使汤中一点盐不放，人们仍然能感觉到盐的存在，感觉汤的味道很鲜美。

张娟呢？正好相反，第一次上汤的时候就记得要少放盐，但是却忽略了上汤的时间；第二次只想着要最后上汤，但是又将盐放得多了。

我们花钱最忌讳的就是掌握不好时机和数量。什么时候必须花钱，什么时候不该花钱；什么时候多花一点，什么时候少花一点。这就如我们喝汤的时候放盐一样，什么时候应该放盐，什么时候不能放盐，什么时候要多放盐，什么时候要少放盐都得讲究一番，因为这是非常关键的，搞不好一顿饭就毁在了这点“盐”上。

我们日常生活中，金钱的消费就像掌握好盐的多少一样，该花的时候一定要花，不该花的钱一分钱也不能花。钱花的如果是时候，往往会起到事半功倍的效果；钱花的如果不是时候，可能就是事倍功半的效果。

生活中花钱的地方实在是太多了，所以我们就要对日常的花销进行排队，分出轻重缓急，然后根据自己的财力进行合理安排，把好钢都用在刀刃上。这样我们的生活就会像一道异常味美的佳肴，让我们的金钱就像汤中的盐一样，适时地、适量地分散在生活这道美味中。

【定律链接】苏格拉底与配套效应

我们如何才能摆脱“配套效应”对我们的暗示性作用呢？让我们来看看大哲学家苏格拉底如何运用自己的智慧处理配套效应的吧。

某一天，苏格拉底的几位学生怂恿他去逛一逛当地热闹的市集。学生们七嘴八舌地劝说自己的老师：“那个集市里的东西真多，衣、食、住、行各方面的东西应有尽有，有很多好听的、好看的、好玩的和好吃的，有数不清的新鲜玩意儿。您如果去了，一定会满载而归。”他想了想，同意了学生的建议，决定去看一看。

第二天，苏格拉底一进课堂，学生们立刻围了上来，热情地请他讲一讲集市之行的收获。他看着大家，停顿了一下说：“逛了这个集市之后，我的确有一个很大的收获，就是发现，原来这个世界上有那么多我并不需要的东西。”

接着，苏格拉底语重心长地给自己的学生上了一课。他说了这样的话：“当我们为奢侈的生活而疲于奔波的时候，幸福的生活已经离我们越来越远了。幸福的生活往往很简单，比如最好的房间，就是必需的物品一个也不少，没用的物品一个也不多。做人要知足，做事要知不足，做学问要不知足。”

是啊，苏格拉底的那句话说得太对了——“必需的物品一个也不少，没用的物品一个也不多”。我们之所以经常陷入配套效应的旋涡，往往就是因为我们不仅将精力集中到那些我们必需的物品上，而且也将精力集中到了那些与之配套的没有用的物品上。

长尾理论：今天的“冷门”将是明天的“热门”

今日小需求，成就明日大产业

Rhapsody 是一个记录音乐商，他将每个月的统计数据记录下来，并绘成图，结果发现该公司和其他任何唱片店一样，都有相同的符合“幂指数”形式的需求曲线——一条由左上陡降至右下的倾斜曲线。左边的短头部分，表示人们对排行榜前列的曲目有巨大的需求；右边的长尾部分，表示的是不太流行的曲目；短头代表传统的大规模生产，长尾代表新兴的小批量定制。最有趣的事情是深入挖掘排名在 4 万名以后的歌曲，而这个数字正是普通唱片店的流动库存量（最终会被销售出去的唱片的数量）。

Rhapsody 同时发现，尽管沃尔玛的那些排名 4 万名以后的唱片的销量几乎为 0，但在网上，这部分需求源源不断。不仅位于排行榜前 10 万的每个曲目每个月都至少会被点播一次，而且前 20 万、30 万、40 万的曲子也是这样。只要 Rhapsody 在它的歌曲库中增加曲子，就会有听众点播这些新歌曲。尽管每个月只有少数几个人点播它们，而且还分布在世界上不同的国家，但因为在网络世界经营 40 万首曲子的成本，与经营 4 万首曲子的成本相差无几，所以把得自 4 万首曲子以外的利润加总起来，就会赢得一个世界。

这就是当前风靡全球的长尾理论。

长尾理论是由美国人克里斯·安德森提出的，他认为，由于成本和效率的因素，过去人们只能关注重要的人或重要的事，如果用正态分布曲线来描绘这些人或事，人们只能关注曲线的“头部”，而将处于曲线“尾部”、需要更多的精力和成本才能关注到的大多数人或事忽略。

简单地说，所谓长尾理论是指，当商品存储流通展示的场地、渠道足够宽广，商品生产成本急剧下降以至于数人就可以进行生产，并且商品的销售成本急剧降低时，几乎以前类似需求极低的产品，只要有人卖，就会有人买，我们只要抓住了这个长尾，便可以将自己的成功最大化。例如，某著名网站是世界上最大的网络广告商，它没有一个大客户，收入完全来自被其他广告商忽略的中小企业。

发挥“长尾”效益，站在少数人群里

如果你留意，便会发现：在销售产品时，厂商关注的是“VIP”客户，无暇顾及在人数上居于大多数的普通消费者。在网络时代，由于关注的成本大大降低，人们有可能以很低的成本关注正态分布曲线的“尾部”，关注“尾部”产生的总体效益甚至会超过“头部”。

安德森指出，网络时代是关注“长尾”、发挥“长尾”效益的时代。长尾理论描述了这样一个新的时代：一个小数乘以一个非常大的数字等于一个大数，许许多多小市场聚合在一起就成了一个大市场。

要使长尾理论更有效，应该尽量增大尾巴，也就是降低门槛，制造更多的小额消费者。

不同于传统商业的拿大单、传统互联网企业的会员费，互联网营销应该把注意力放在把蛋糕做大上，通过鼓励用户尝试，将众多可以忽略不计的零散流量，汇集成巨大的商业价值。

在对目标客户的选择上，阿里巴巴总裁马云独辟蹊径，事实证明，马云发现了真正的“宝藏”。

马云与中小网站有不解之缘，据说这与他自己的亲身经历有关。当年，竞争对手想要把淘宝网扼杀在“摇篮”中，于是同各大门户网站都签了排他性协议，导致几乎没有一个稍具规模的网站愿意展示有关淘宝网的广告。无奈之下，马云团队找到了中小网站，最终让多数的中小网站都挂上了淘宝网的广告。此后，淘宝网红了，成为中国首屈一指的C2C商业网站。马云因此对中小网站充满感激，试图挖掘更多与之合作的机会，结果让他找到了重要的商机。

在中国所有的网站中，中小网站在数量上所占比重远远超过大型门户网站，尽管前者单个的流量不如后者，但它的总体流量却相当庞大。而且，中小网站由于过去一直缺乏把自己的流量变现的能力，因此，其广告位的收费比较低，这恰好符合中小企业广告主的需求。过去，一个网络广告如果想要制造声势，只能投放在门户网站上，高昂的收费令中小企业很难承受。

以中小企业为目标客户的阿里巴巴获得了成功，这其实就是马云利用“长尾理论”所获得的成绩。在日常经济生活中，有一些颇有趣味的商业现象也可以用长尾理论来解释。如在网上书店亚马逊的销量中，畅销书的销量并没有占据所谓的80%，而非畅销书却由于数量上的积少成多，而占据了销量的一半以上。

但是，在实际经营过程中，“长尾理论”并不一定能取得良好的成效。因此，在运用长尾理论为自己服务时，不能抱太高的期望。

【定律链接】长尾理论的实践

关于长尾理论的实践应用，我们不妨通过两个案例来进行理解。

案例一：

有人在淘宝上开了一家卖服装的网店。店里上架了大约几十款女装，但他没有库存，他的存货都依靠上级代理商直接发给客户，每件衣服加15元就卖。结果他竟然依靠这种方法卖出了很多件。这个例子说明了在市场上运用长尾理论时，应该满足3个条件：

第一要有足够的供货商，第二是要有足够的人力，第三就是较低的市场售价。

网络带来的一个好处就是我们可以有无限长的货架（这也是长尾理论的一个重要基石）。利用这点，以及上面的3个并不算难做到的条件，完全可以在淘宝上出售数百种商品—这比一个中型超市的规模还大。

案例二：

上网的时候，我们如果搜索某一个事物，发现关键词结果都会指向一个网站。点进去一看，这个网站似乎无所不包，但奇怪的是，这个网站没有任何导航页面，有的只是内容的大集合。这个网站利用网络爬虫，把很多网络上的内容搜集到了他的网站上。于是，这个网站就等于提供了大多数的关键词，从而形成了一个关键词的长尾。后来这种做法催生了一种网站模式，这种网站利用网络爬虫程序（现在叫小偷程序），搜罗内容，吸引流量，赚取广告费。到后来，又出现了可以搜集某个特定网站内容的网站，比如搜罗CSDN或者百度知道，等等。

小数法则：以“小”见“大”需理性

小数法则的决策不理性

盲人摸象的故事可谓家喻户晓，四个盲人根据自己片面的理解就断定了大象的样子。现实生活中的“盲人”也不少。常常看到很多人热心地根据自己的经历来告诫别人：“所有男人都是信不过的！”“这个世界没有爱情”“真心付出永远没有回报”“这个世界没有值得爱的女人”“真爱只有一次”……这些言论未免过于极端，也正是小数法则的作用效果。

所谓小数法则，指人类行为本身并不总是理性的，在有些情况下，我们总是会不由自主地以自己的视角或已知的少数例子作为衡量标准，并以此来推测和下结论，导致思维出现系统性偏见，采取并不理性的行为。

例如，有的人投资一次股票就惨遭失败，于是便轻易地作出很绝对的定论——股票碰不得，股票都是有亏钱的。这样不仅会影响个人对事物的判断能力，而且这种在“小数法则”影响下所产生的想法会也给他们以后的人生投资带来困扰。如果不尝试着从一段失败的投资中总结经验并尽快走出来，那么他的投资梦想恐怕真的只能是梦想了。

因为每个人已知的领域有所不同，便会对同一事物持有不同的看法，造成决策和判断上的差别。在盲人摸象的过程中，每个人都以偏概全，根据自己所了解的一小部分来对整个大象的形象妄加评论，最终导致了“差之毫厘谬以千里”的结果。这就是“小数法则”。

其实，小数法则除了在生活中有体现之外，更广泛地运用还是在经济领域。比如，股民发现某支稳定的股票突然在一夜之间就暴涨了许多个点，也没有进行事实的确认或考察，就断定这家公司在进行改组，会有大的发展势头，便一下子买进了许多，几乎把自己在股市中的所有投资都放到了这家公司上。岂不知，几天之后，股价又大跌，原来是有人故意在股市上做手脚。结果，所有的钱都打了水漂。又如，普通的消费者极容易受舆论导向的影响，当听到有人说某种食品能抵抗某种传染病的时候，就会大批量地从超市中买回家囤积，即使价格大涨也毫不在乎，而且还会觉得很有成就感。但是不久之后才会发现，之前听说的都只是谣言。再如，厂家的生产产量是要根据市场需求来安排的。某生产商在1月的销售量是50万件，就推断全年的销售量会达到600万件。于是，就按照预算开始生产，但是到了年底，却发现，仓库里还积压了好多货。原来，1月是该产品的需求旺季，过了那几个月，就不会有那么高的销售量了。生产商根据1月预计全年的方法显然失算了。这些都是有失偏颇的，片面地根据某一现象而枉下决策，将会与事实出现很大的反差。

在概率论中，有一个与小数法则相对应的大数定律，通俗地说，就是统计的样本越大，最后统计出的数据越接近真实结果。例如，统计一个城镇的人民平均生活水平，抽查了5户，年平均收入是1万元，马上下结论说该城镇的生活水平很高，是不科学严谨的。因为可能那个城镇每户的年平均收入只有5000元钱，只是碰巧抽查的那几户是生活条件比较好的。

众所周知，“有的男人信不过”和“所有男人都信不过”是两个完全不同性质的结论；“这个世界不是每个女人都值得爱”和“这个世界没有值得爱的女人”也是完全不同的命题。

但为什么那么多人会犯如此低级的逻辑错误呢？原因在于大多数定律在一般人身上是失效的，他们运用的是小数法则，即根据自己的亲身经历或者知道的少数例子来推测及下结论。

例如，在一位长期合作的客户那里拿到一次质量不高的货物，就认为所有的货物都不可靠；在某个城市做生意赔本了，就认为那个城市不适合生意的扩展；看到同行业的其他企业都遇到生产销售的瓶颈，就认为自己的公司也会遇到同样的问题；作对了一次决定，就立即作其他决定，开始任由其他人发表意见，而不在乎其正确与否……这样的人是不受人尊敬和崇拜的，因为他们是弱者，让小数法则控制了他们的思想，甚至摧毁了他们的人生。所以，在生活中，要尽量摆脱小数法则对自己的影响，做一个生活的强者和明智的决策者。

不要因“小”失“大”

有的人会因为要攒足积分来兑换一些价值不高的小礼品，而去大量地购物消费；有的人会因为省几块钱，而打车去某个商店买东西，等等。这些不明智的事情，偏偏有的人在当时就是意识不到。赌博的人也大多有这种“小数法则”的心理，所以，在赌徒身上，经常会看到“越赌越输，越输越赌”的恶性循环。

一名赌徒在打赌硬币是正面朝上或是背面朝上时的情景。如果硬币正面朝上或朝下确实是随机的话，那么该名打赌者在任何一次压注时赢的概率都是0.5。假设这个人接连赌了5次，每次他都赌硬币正面朝上，而每次结果却都是背面朝上。现在他要赌第6次了，他该赌正面朝上还是背面朝上呢？或者说这时硬币正面朝上的概率大还是背面朝上的概率大呢？显然，投掷硬币时连续5次背面朝上是很不寻常的，这样的事件发生的概率非常低，赌徒注意到了这一点，所以，在下一次压注时，他加大了赌注，依然赌了正面向上，在硬币连续5次背面朝上后，他愈发相信硬币将正面向上了。结果很不幸，这位打赌者又一次输了。打赌者的错误就在于对概率规律的应用，一枚硬币应该有一半的时候正面朝上，但这个规律只有在次数非常多的时候才可能成立。对于很少的尝试次数而言，这些规律不适用。那名赌徒所忽略的是，每次硬币投掷都与之前的那些次没有任何关系，每次硬币投掷出现正反面的概率都是0.5。其实，赌徒对于第6次的尝试不会比前面的5次更有把握。正面朝上的概率依然没变。

其实，人生也像一场长久的赌局，每个人都必须在这赌场中认真地玩这个赌博的游戏，用自己的付出，博明天的获得。赌局中人的期望是能在最大程度上利用赌博的规则，作出最佳的决策，也就是通过规则引导自身所得的增加。但不是每个人都能在赌局中获得令自己满意的收获，输了怎么办？难道像大多数赌徒那样继续错下去吗？

当然不是，掷硬币这类的事件是有一定规律在支撑的，而规律是客观存在的，不以人的意志为转移。但是生活却和掷硬币有本质的区别，生活是可以由自己支配，自己掌控的。每个人在参与人生这场赌局的同时，也在自己掌控着这场赌局。得意的时候要谨慎，防止乐极生悲；失意的时候也不必沮丧，要相信柳暗花明。而且，无论是得意还是失意，都不会是长久保持的状态。所以，不要因为一件不顺心的事情就抱怨自己命运不济，也许好运就会在下一秒来临；也不要因为一时的幸运而认为自己就是幸运儿，也许周围就有可怕的陷阱。

第八章
创造财富的秘诀

内卷化效应：不断创新，避免原地踏步

为什么总是原地踏步

多年前，一位记者到陕北采访一个放羊的男孩，曾留下一段经典对话：

“为什么要放羊？”

“为了卖钱。”

“卖钱做什么？”

“娶媳妇。”

“娶媳妇做什么呢？”

“生孩子。”

“生孩子为什么？”

“放羊。”

这段对话对“内卷化”现象作了令人印象深刻的解释。多少年来，农民的生存状态没有发生什么改进，这在于他们压根儿没想到过改进。

“内卷化效应”概念被广泛应用到了政治、经济、社会、文化及其他学术研究中。“内卷化”其实并不深奥，观察我们的现实生活，“内卷化”现象比比皆是。比如在偏远农村，虽然已经改革开放30年，但当地的农民仍然过着“一亩地一头牛，老婆孩子热炕头”的农耕生活。再如，一些家族企业，措施和办法因循守旧，重要岗位总是安排亲人把守，管理哲学是“打仗亲兄弟，上阵父子兵”，用自己的人放心。于是，在企业内部，人情重于能力，关系重于业绩，外部的新鲜空气难以吹进来，真正优秀的人才也吸引不进来。几年过去了，厂房依旧，机器依旧，规模依旧，各方面都没有多大变化。

思想观念的故步自封，使得打破“内卷化模式”的第一道关卡就变得非常困难。整天忙碌的人们，虽然没有站在黄土地上守着羊群，但在思想上是否就比那个放羊的小孩高明呢？他们怨天尤人或者安于现状，对职业没有信念，对前途缺乏信心，工作结束就是生活，生活

过后接着工作，对“内卷化”听之任之，人生从此停滞不前。

我们身边随处可以看到陷入“内卷化”泥沼的人：老张当了一辈子干事，眼看着身边的人一个一个都升迁了，心里酸溜溜的难受；作家老李，20出头就以一个短篇获得了全国性大奖，但是20多年过去了，他不再有有影响的作品问世，而和他同时起步的同行已成了全国知名作家；老王，技工一做15年，同辈人已升任高工和主管，他却还是戴着一顶技工的帽子……

同样的环境和条件，有的人几年一个台阶，无论是专业能力还是岗位，都晋升得很快，而另一些人却原地不动，多少年过去了仍然还在原地踏步。为什么会出现这种现象？人为什么会陷入“内卷化”的泥沼？

分析个人的“内卷化”情况，根本出发点在于其精神。如果一个人认为这一生只能如此，那么他的命运基本上也就不会再有改变，生活自此充满自怨自艾；如果一个人相信自己能有一番作为，并付诸行动，那么他便可能大有斩获。

“内卷化”的结果是可怕的。大到一个社会，小到一个企业，微观到一个人，一旦陷入这种状态，就如同车入泥潭，原地踏步，裹足不前，无谓地耗费着有限的资源，浪费着宝贵的人生。它会让人在一个层面上无休止地内缠、内耗、内旋，既没有突破式地增长，也没有渐进式地积累，让人陷入到一种恶性循环之中。

生活陷入“内卷化”的普通人迫切需要改进观念，而那些成功人士也要更新理念，否则“内卷化”的后果往往更为严重。为什么有些人注定一辈子只能做一个小老板？并非他不想做大做强，而是思想观念停滞在小的层面。小老板需要精明，而大老板不仅需要精明，更需要气度。20世纪90年代，我国的民营企业纷纷进入多事之秋，很多著名企业一夜之间轰然崩塌，其中一个主要原因就是企业管理者的思想观念停在原地，面对国际化接轨、现代化生产的局势，这些企业的老板还在用小农思想进行管理。在市场中竞争如同逆水行舟，不进则退，倒闭是自然的事。

总而言之，一个企业或一个人要想摆脱“内卷化”状态，就要先确信自己是否还有上进的志气。如果有，再看看自己的实力是否强大。精益求精，发挥极限，这样才能最大限度地提升自己。只有充分地发挥自身力量，才能突破和创新，才能在未来的发展中呈现出一片勃勃生机。

不断创新，成功才会降临

不断创新，成功才会降临到你的身上；如果你一直守成不变，那你永远也不可能成功。

日本有一家技术公司，公司上层发现员工一个个委靡不振，面带菜色。经咨询多方专家后，他们采纳了一个简单而别致的治疗方法——在公司后院用圆滑光润的800个小石子铺成一条石子小道，每天上午和下午分别抽出15分钟时间，让员工脱掉鞋在石子小道上随意行走。起初，员工们觉得很好笑，更有许多人觉得在众人面前赤足很难为情，但时间一久，人们便发现了它的好处，原来这是极具医学原理的物理疗法，起到了一种按摩的作用。

一个年轻人看了这则故事，深受启发。他请专业人士指点，选取了一种略带弹性的塑胶垫，将其截成长方形，然后带着它回到老家。老家的小河滩上全是光洁漂亮的小石子。在石料厂，他这将选好的小石子一分为二，一粒粒疏密有致地粘在胶垫上。干透后，他先上去反复试验感觉，反复修改了好几次后，确定了样品，然后就在家乡开始批量生产这种具有按摩作用的脚垫。他一周之内就为能代销的商店上了货。将产品送进商店只完成了销售工作的一半，另一半则是要把这些产品介绍给顾客。随后的半个月内，他每天都派人去做免费推介员。商店的代销量稳定后，他又开拓了一项上门服务：为大型公司铺设石子小道，为幼儿园、小学在操场边铺设石子乐园，为家庭铺设室内石子过道、石子浴室地板、石子健身阳台等。一块本不起眼的地方，一经装饰便成了一块小小的乐园。

紧接着，他变换花样，如将单色塑胶垫换成七彩的塑胶垫，将普通石子换成珍贵的玉石，以满足不同人士的需要。

800 粒小石子就此铺就了一个人的赚钱之路。

不要担心自己没有创新能力，惠能和尚说"下下人有上上智。"创新能力与其他能力一样，是可以通过教育、训练而激发出来，并在实践中不断得到提高的，它是人类共有的可开发的财富，是取之不尽、用之不竭的"能源"，并非为哪个人、哪个民族、哪个国家所专有。

因此，人人都能创新。你现在需要做的就是不断激发自己的创新能力，多一些想法，多一些创造，那么成功迟早会来临。

比较优势原理：把优势发挥到极致

以长博短，充分发挥优势

饶春毕业于北京外国语大学英语专业，在一家外资公司任部门经理助理，月薪 3000 元。年轻靓丽的她，毕业两年里换了几份工作，但不外乎助理、秘书、文员、前台等。最近，她一咬牙又辞了职，报名参加茶艺师培训，决心做个茶艺师。很多朋友不理解，放着好好的白领不当，辞职去学什么茶艺？可饶春自有一番道理。"说是白领，可每天干的活不外乎跑腿、帮经理写英文 E-mail、打字、接待客人等，凡有个大学文凭的人都能干。跳槽呢，最多挪个窝继续做助理，学不到一技之长。我一晃就要奔 30 岁了，还不知道自己的核心竞争力在哪儿。"

生活忙忙碌碌，找不到出路，为何不选一种自己想要的生活呢？饶春准备学了茶艺之后，利用自己的英文特长，向外国友人介绍中国博大精深的茶文化，她要在茶艺世界里找到属于自己的天地。

"3000 块的薪水说高不高、说低不低，工作也没什么挑战性，每天原地踏步，知识一点点被'折旧'。与别的白领相比，我的英语水平不算高，但在茶艺行业里，这就是我的优势。"饶春说，"找到自己的优势，就特别容易获得发展，建立自己的核心竞争力。"

任何优势都是建立在比较基础上的，都是相对的，没有比较，优势就无从谈起。在国际贸易中有个重要的经济学理论——"比较优势理论"，这个理论的定义是，如果一个国家在本国生产一种产品的机会成本（用其他产品来衡量）低于在其他国家生产该产品的机会成本的话，则这个国家在生产该种产品上就拥有比较优势。

与比较优势相对应的一个概念是绝对优势。比如甲和乙两个人，甲比乙会理财，那么，甲在理财方面相对于乙有绝对优势；中国的彩电制造技术比印度强，中国在彩电制造上相对于印度有绝对优势。比较优势和绝对优势是否决定了人与人之间的分工关系或者国与国之间的贸易关系呢？我们进行如下分析：

甲比乙会理财，在这两个人中当然是甲来理财；中国比印度会生产彩电，当然是中国向印度出口彩电。但进一步推敲就会发现这个推论并不一定成立。甲比乙会理财，但甲比乙更会推销产品，在这个团队中谁来理财，谁来营销？答案是为了团队的总体利益，甲只能忍痛割爱，将账本留给乙。乙虽然不如甲会理财，但乙在推销产品上能力更差。将账本给乙，能够为甲腾出时间去搞推销。在这个团队中，甲的比较优势是营销，而乙的比较优势是理财。人与人之间的分工合作关系建立在比较优势之上，而不是绝对优势之上。

为什么会出现这样的结果？这种分配的前提是人的时间和精力是有限的。尽管甲各个方面都比乙强，但甲不可能一个人承担所有的任务。因为如果甲选择什么都自己做，受时间资源的限制，甲的收益会少于和乙合作所得的份额。同样道理，尽管中国在彩电生产上相对于印度有绝对优势，但在电脑生产上的绝对优势更大，那么中印贸易中会是中国向印度出口电脑，印度向中国出口彩电。两国的贸易关系是建立在比较优势而不是绝对优势的基础上的。

比较优势原理告诉我们，对一个各方面都强大的国家或个人而言，聪明的做法不是仰仗强势，处处逞能，而是将有限的时间、精力和资源用在自己最擅长的地方。反之，一个各方面都处于弱势的国家或个人也不必自怨自艾，抱怨自己的先天不足。要知道，“强者”的资源也是有限的，为了它自身的利益，“强者”必定留出地盘给“弱者”。比较优势原理的精髓就是我们中国人所说的“天生我材必有用”。

人力资源专家更注重个人的职业生涯发展和规划，更关心职业生涯发展的可持续性，这就不得不要求每个人从动态比较优势入手，合理分配个人的时间和精力，用以增加自身的职业生涯发展的“资产”。

如何获得这些资产？人力资源专家的建议是有计划地把收入中的一部分以自我投资的形式消费。具体讲就是把看似是支出的那一部分钱投入到对自己的各种形式的培训充电上。培训充电的内容应该首要考虑自己的专业和工作领域，因为这更容易使自己建立个人核心竞争力，从而在职场上拥有竞争优势。

每个人都有96%的能力尚未发挥

有人说，上帝最公平的地方就在于，他对谁都不公平，每个人都有特长，也有短处，而且它们总不同时出现。

法国文豪大仲马在成名前穷困潦倒。有一次，他到巴黎去拜访他父亲的一位朋友，请他帮忙找工作。

父亲的朋友问他：“你会做什么？”

“我没有什么本事，老伯。”

“数学精通吗？”

“不行。”

“你懂物理吗？或者历史？”

“我不知道，老伯。”

“会计呢？法律如何？”

大仲马满脸通红，第一次知道自己太不行了，说：“我真惭愧，现在我一定要努力弥补我的这些缺点。过一段时间，我一定会给老伯一个满意的答复。”

父亲的朋友对他说：“可是，你要生活啊！把你的住处写在这张纸上吧。”

大仲马无可奈何地写下了他的住址。他父亲的朋友叫着说：“你终究有一样长处，你的名字写得很好呀！”

大仲马在成名前，也曾认为自己一无是处。然而，他父亲的朋友，却发现了他的一个看起来并不算优点的优点——把名字写得很好。

把名字写得好，也许你对此不屑一顾：这算什么优点！然而，不管这个优点多么“小”，它毕竟是个优点。你也可以以此为基地，扩大你的优点范围。名字能写好，字也就能写好；字能写好，文章或许就能写好哦。

每个人都不会“一无是处”，哪怕你看起来资质平庸，一无所长，也一定有连自己也未曾发觉的比较优势——就像大仲马也从未意识自己的名字写得不错。人人都潜藏着独特的天赋，就像金矿一样埋藏在你看似平淡无奇的生命中。那些总是羡慕别人，认为自己一无是处的人，是挖掘不到自身的金矿的。将羡慕别人的眼光收回来，寻找自己的优势，很多时候，不是你没有优势，而是你不愿挖掘自己的优势。

著名的心理学家奥托指出，一个人所发挥出来的能力，只占他全部能力的4%。也就是说，每个人都还有96%的能力尚未发挥出来，持续不断地发现并发挥你的比较优势，终有一天，它会变成你的绝对优势，让你变成一个奇迹，被无数人羡慕。

1987年3月30日，第59届奥斯卡金像奖的颁奖仪式正在举行。在优美的乐曲声中，颁奖仪式的高潮终于到来了。

主持人宣布：玛莉·马特琳因在《上帝的孩子》中的出色表演，获得最佳女主角奖。全场立刻爆发出雷鸣般经久不息的掌声。

玛莉·马特琳在掌声和欢呼声中，快步走上领奖台。她激动不已，似乎有很多话要说，可人们没有看到她的嘴动，她把手举了起来，但不是挥手致意的姿势，眼尖的人已经看出她是在打手语，她的意思是：说心里话，我没有准备发言。此时此刻我要感谢电影艺术科学院，感谢全体剧组同事……

原来，这个奥斯卡金像奖最佳女主角奖获得者，竟是一个哑女。其实，玛莉·马特琳不仅是一个哑女，还是一个聋子。

玛莉·马特琳出生时是个正常的孩子，但出生18个月后，高烧夺去了她的听力和说话的能力。

但这位聋哑女从小就喜欢表演。8岁时她加入聋哑儿童剧院，9岁时就在《盎司魔术师》中扮演多萝西。这些表演，使玛莉认识到了自己生活的价值，她不断锻炼自己以提高演技。

1985年，19岁的玛莉参加了舞台剧《上帝的孩子》的演出。

女导演兰达·海恩丝决定将《上帝的孩子》拍成电影。为了寻找女主角的扮演者，她用半年时间在美国、英国、加拿大和瑞典寻找，但都没找到中意的。

有次导演偶尔观看了舞台剧《上帝的孩子》的录像，发现了玛莉高超的演技，决定立即起用玛莉担任影片的女主角。

玛莉扮演的萨拉，在全片中没有一句台词，全靠极富特色的眼神、表情和动作，揭示主人公矛盾复杂的内心世界——自卑和不屈、喜悦和沮丧、孤独和多情、消沉和奋斗。她勤奋、严谨、认真对待每一个镜头，用心去拍，表演得惟妙惟肖，让人拍案叫绝。

就这样，玛莉·马特琳实现了人生的飞翔，成为美国电影史上第一个聋哑影后。正如她自己所说的那样：我的成功，对每个人，不管是正常人，还是残疾人，都是一种激励。她用自己的勤奋执著将自己的比较优势变成了绝对优势，成为无数个青年自强不息、奋进不止的榜样。确实如此，上帝不会把每个人身上所有的门窗同时关死，他总会留下一线希望，一线生机，等待我们去发现。当我们用辛勤＋耐心＋等待去寻找的时候，我们也一定也会找到这一线来自天堂的光明。

【定律链接】晚一点起跑也能领先——次发优势

1949 年，英国德·哈维兰公司开发出了第一架喷气式飞机 Comet，该飞机时速可达 450 英里，是螺旋推进式飞机的两倍，而且飞起来既平稳又安静。1952 年，该机型进行了首次商业飞行。来自世界各地的订单纷至沓来，一时间其他飞机制造商黯然失色。

但好景不长，Comet 飞机开始频频出事。第一次空难发生在加尔各答，飞机在高空飞行时突然四分五裂，机上人员全体遇难。当时的解释是飞机遇到雷电袭击。但几个月后，在意大利上空相继出现了两起类似事故，引起航空界的高度警觉。经调查发现，Comet 飞机使用的金属材质和以前的螺旋推进式飞机一样，但由于飞行高度和速度的变化，金属的耐力和寿命大大减少。德·哈维兰为这 3 次空难付出了惨重代价。就在公司埋头重新设计飞机时，波音公司推出了 707 机型。当然，新设计吸取了 Comet 的教训，规避了这一设计缺陷。尽管波音曾落后德·哈维兰 5 年，但借助对手的这一失误，它迅速跃至行业前列。

在这个案例中，波音公司并没有因为后发而受制于人，相反，它充分利用了后发优势，避免了在产品设计上的一些失误，这样，照样可以后发制人，取得成功。

先发者可以依靠率先推出的产品占领市场，赢得先机，但同时也会面临较大的市场风险。因为市场往往是利益与风险并存的，在这个意义上，先发者就是后发者的铺路石和试验厂，相对地，那些后发者就少了探路和摸索的风险，它们的优势被称为次发优势。

次发优势基于市场的风险和不确定性，因为任何先行者都必须面临的问题是市场的不确定性。商业史大量的事实证明，市场预测的正确性非常低。例如，在电话刚刚发明的时候，有人曾预测它将成为发布广告的新媒介，结果却完全不是这么回事。网络在成为“改变人类工作、交流的方式”之前，也在政府、军队以及大学里默默无闻了 20 多年。有时候，一个很有价值的创意，如果未逢其时，也一样会成为先行者的陷阱。

另外，即使先发者在恰当的时机推出了恰当的产品，后来者还是有机可乘的。因为新开发的产品往往存在重大的设计缺陷，后来者可以乘机推出更好的产品，抢走市场份额。即使先发者没有明显失误，后来者也可以通过革新产品或营销方式取得胜利。好的市场营销 + 一般性技术远远比一般性营销 + 顶尖技术要吃得开。技术总是在变，人对产品的感受过程却基本相似，抓住主要技术潮流，用新方法出售老产品往往能事半功倍。例如，在 PC 市场中，戴尔一直受制于康柏。1994 年，戴尔将电脑撤出零售店，1996 年开始在网上直销。购买电脑的传统方式改变了，人们可以自由定制电脑，产品的质保和技术支持也由一家公司承担，出了问题再也不必东奔西走了。此举大大改变了戴尔和康柏的竞争格局，戴尔的市场份额迅速超过康柏，成为 PC 业的霸主。

蜕皮效应：勇于挑战，不断超越

要像蝴蝶一样美丽，就要经历“破茧”的痛苦

有个生活非常潦倒的销售员，每天都埋怨自己“怀才不遇”，认为是命运在捉弄他。圣诞节前夕，家家户户张灯结彩，充满佳节的热闹气氛。他坐在公园的一张椅子上，开始回顾往事。去年的今天，他孤单一人，以酗酒度过了他的圣诞节，没有新衣，也没有新鞋，更别谈新车、新房了。

"唉！今年我又要穿着这双旧鞋度过圣诞了！"说着他准备脱掉穿着的旧鞋。

这个时候，他看见一个年轻人拄着拐杖走过，他立即醒悟："我有鞋子穿是多么幸福！他连穿鞋的机会都没有啊！"

经过这次顿悟，这位推销员"蜕掉"了自己委靡不振的一层"皮"，从此脱胎换骨，发愤图强，力争上游。不久，他就因为销售成绩显著而多次得到加薪。最后，他又开办了自己的销售公司，并最终成为了一名百万富翁。

蛇只有经过一次次蜕皮才能够成长。同样，人也必须经历不断的自我否定，才能够进步。墨守成规、满足现状只会导致故步自封，最终难逃被淘汰的命运。积极的成功者永远是不安分的，因为他们永远不会停止前进的脚步，每时每刻都在追求更高、更强、更好的目标。

许多节肢动物和爬行动物在生长期间会定期蜕皮，脱掉旧的表皮，再慢慢长出新的表皮。通常，每蜕皮一次，这些动物就长大一些。等到蜕皮几次之后，这些动物就基本成熟，获得了完全依赖自己生活的能力，可以自己保护自己了。

蜕皮是一个痛苦的过程。把原有的皮蜕掉本身就是疼痛难忍的，在新皮长出来之前，往往还要面临着行动不便、无法捕食的危险，甚至无法抵御天敌的侵袭。因此，每一次蜕皮，都是一次生与死的考验。但是经过蜕皮的痛苦过程之后，换来的是新生，是更强壮、更成熟的生命。这就是"蜕皮效应"：满足现状，往往只会故步自封，只有超越自己，才能不断成长。

爱迪生研究电灯时，工作难度出乎意料的大，1600种材料被他制作成各种形状的灯丝，效果都不理想，要么寿命太短，要么成本太高，要么太脆弱，工人难以把它装进灯泡。全世界都在等待他的成果。半年后人们失去耐心了，纽约《先驱报》说："爱迪生的失败现在已经完全证实。这个感情冲动的家伙从去年秋天开始就研究电灯。他以为这是一个完全新颖的问题，他自信已经获得别人没有想到的用电发光的办法。可是，纽约的著名电学家们都相信，爱迪生的路走错了。"

爱迪生不为所动，继续自己的实验。英国皇家邮政部的电机师普利斯在公开演讲中质疑爱迪生，他认为把电流分到千家万户、还用电表来计量，是一种幻想。当时，人们还在用煤气灯照明，煤气公司竭力说服人们，爱迪生是个大骗子。就连很多正统的科学家都认为爱迪生在想入非非。有人说："不管爱迪生有多少电灯，只要有一只寿命超过20分钟，我情愿付100美元，有多少买多少。"有人说："这样的灯，即使弄出来，我们也用不起。"爱迪生毫不动摇，在进行这项研究一年之后，他终于造出了能够持续照明45小时的电灯，完成了对自己的超越。

即便反对声如潮，爱迪生还是不为所动，坚持自己的研究发明。经过不懈地坚持和努力，爱迪生不但促成了自己的蜕变，牢牢地树立了自己在世人心目中的伟大的发明家形象，而且促成了人类生活方式的一次大变迁。也正是因为他的这项发明，人类才真正进入了电气时代。

对自己或对工作不满的人，首先要把自己想象成理想中的自己，并且拥有极好的工作机会。再采取行动。如果耐心地进行这种自我改造，就能发挥个性中本就具有的强大的精神力，使自己和工作按照理想的样子发生改变，从而取得成功。

一条蛇如果不舍得蜕去原有的皮，那么它永远也长不大，只会被淘汰；一个庞大的企业，如果领导者不知改进，员工也墨守成规、不思进取，那么这个企业也必定会逐渐衰退；一个人即使目前工作很不错，眼前的事情都能应付得来，但如果不追求进步，终有一天会被自己的工作抛弃。

不要幻想着我们可以永远保持我们目前的状况。满足于现状的心态是我们成功路上最大的障碍。满足于现状会使人变得没有信心，认为创造、革新或者成功都与自己没有关系。如果你满足于现状，那么可能会把注意力放在一些微不足道的地方，不关心创新的机会，埋没了本可以发挥的才华。千万不要满足于现状，因为这样会使你的才能被自己的惰性埋没掉。

人的才华是没有极限的，唯一的限制来自我们自身！蜕掉旧的皮，这样才有长大的空间，这样才能获得新的生命力！只有先超越了自己，才能够不断进步，最终超越别人。对于成功来说，最大的障碍往往来自于自身。不要自我设限，要不断制定高的目标，我们才能每天都有所进步！

挑战极限，和“不可能”过招

在自然界中，有一种十分有趣的生物，叫做大黄蜂，曾经有许多生物学家、物理学家、社会行为学家联合起来研究它。

根据生物学的观点，所有会飞的生物必然是体态轻盈、翅膀十分宽大的，而大黄蜂这种生物，却正好跟这个理论相反。大黄蜂的身躯十分笨重，而翅膀却出奇地短小，依照生物学的理论来说，大黄蜂是绝对飞不起来的。物理学家的论调则是，大黄蜂的身体与翅膀的比例，根据流体力学的观点，同样是绝对没有飞行的可能的。简单来说，大黄蜂这种生物是根本不可能飞起来的。

可是，在大自然中，只要是正常的大黄蜂，却没有一只是不能飞的，甚至于它飞行的速度，并不比其他能飞的生物慢。这种现象，仿佛是大自然和科学家们开的一个很大的玩笑。最后，社会行为学家找到了这个问题的答案。很简单，那就是——大黄蜂根本不懂生物学与流体力学。每一只大黄蜂在它成熟之后，就很清楚地知道，它一定要飞起来去觅食，否则必定会活活饿死！这正是大黄蜂能够飞得那么好的奥秘。

由此可见，这世上没有绝对的“不可能”，只要敢于拼搏，一切皆有可能。

说到“不可能”这个词，我们来看一看著名成功学大师卡耐基年轻时用过的一个奇特的方法。

年轻的时候，卡耐基想成为一名作家。要达到这个目的，他知道自己必须精于遣词造句，字典将是他的工具。但由于他小的时候家里很穷，接受的教育并不完整，因此“善意的朋友”就告诉他，说他的雄心是“不可能”实现的。

年轻的卡耐基存钱买了一本最好的、最完全的、最漂亮的字典，他所需要的字都在这本字典里，而他对自己的要求是要完全了解和掌握这些字。他做了一件奇特的事，他找到“impossible”（不可能）这个词，用小剪刀把它剪下来，然后丢掉，于是他有了一本没有“不可能”的字典。以后他把整个事业建立在这个前提上，那就是对一个要成长，而且要超过别人的人来说，没有任何事情是不可能的。

当然，讲这个例子并不是建议你从你的字典中把“不可能”这个词剪掉，而是建议你要从你的脑海中把这个观念铲除掉。谈话中不提它，想法中排除它，态度中去掉它、抛弃它，不再为它提供理由，不再为它寻找借口。把这个字和这个观念永远抛开，而用“可能”来代替它。

翻一翻你的人生词典，里面还有“不可能”吗？可能很多时候，当我们鼓起雄心壮志准备大干一场时，有人会好心地告诉我们：“算了吧，你想的未免也太天真、太不可思议了，那是不可能的事情。”接着我们也开始怀疑自己：“我的想法是不是太不符合实际了？那是根本不可能达到的目标。”

假如回到500年前，有人对你说，你坐上一个银灰色的东西就可以飞上天，你拿出一个黑色的小盒子就能够跟远在千里之外的朋友说话，打开一个“方柜子”就能看到世界各地发生的事情……你同样会告诉他“不可能”。但是今天，飞机、手机、电视甚至宇宙飞船都已变成现实了。正如那句老话所说的，“没有做不到，只有想不到”，奇迹在任何时候都可能发生。

纵观历史上成就伟业的人，往往并非幸运之神的宠儿，而是那些将“不可能”和“我做不到”这样的字眼从他们的字典以及脑海中连根拔去的人。富尔顿仅有一只简单的桨轮，但他发明了蒸汽轮船；在一家药店的阁楼上，法拉第只有一堆破烂的瓶瓶罐罐，但他发现了电磁感应现象；在美国南方的一个地下室中，惠特尼只有几件工具，但他发明了锯齿轧花机；豪·伊莱亚斯只有简陋的针与梭，但他发明了缝纫机；贫穷的贝尔教授只有最简单的实验仪器，但他发明了电话。

美国著名钢铁大王安德鲁·卡内基在描述他心目中的优秀员工时说：“我们所急需的人才，不是那些有着多么高贵的血统或者多么高学历的人，而是那些有着钢铁般的坚定意志，勇于向工作中的‘不可能’挑战的人。”

人生如打牌，不要对还没有打的牌局说“不可能”，一切皆有可能，只有想不到，没有做不到，只要努力朝着赢牌的目标奔去，就很可能获得成功。

【定律链接】竭尽全力才能超越自我

大家是否思考过这样的问题：束缚我们的究竟是什么？阻碍我们成功的影响力到底是什么？如果没想过，现在想想也不迟。可能许多人要将答案归结于出身、家庭、金钱、社会关系，甚至命运。这些都有其道理，但在实际上，它们都不是根本，根本是我们没有超越自己。大家都知道，外力是靠内力起作用的，如果你从内心束缚了自己，外部条件再好也不能得到好的发挥。只有超越自己，让自己内心的路宽阔起来，我们才能获得意想不到的成功。

一位风度翩翩的青年海军军官大步走进宽敞的办公室，他是来见海曼·里科弗将军的。将军同他的谈话很特别，坐定之后，将军就让这位青年挑选任何他所希望讨论的话题。接着，他们讨论了时事、音乐、文学、海军战术、航海技术、电子学和射击学。谈话过程中，将军总是注视着对方的眼睛，不断问这问那，常常问得这位青年军官瞠目结舌。他很快明白了将军找他谈话的真正用意，他挑选的这些自以为懂得很多的问题，其实知道得很少。想到这里，他身上不由得冒出了冷汗。

结束谈话时，将军问他在海军学院学习成绩怎样。“先生，在820人的年级中，我名列第59。”年轻人不无自豪地说。“你竭尽全力了吗？”“没有。”年轻人坦率地答道，“我并不总是竭尽全力。”“为什么不竭尽全力呢？”将军瞪大眼睛，看了青年很久……

这位24岁的海军军官，就是后来成为美国总统的卡特。卡特终生不忘这次会见。“为什么不竭尽全力呢？”里科弗将军提出的这个问题强烈地震撼了他。此后他一直将“竭尽全力”作为自己的座右铭，鞭策自己顽强地学习和工作。

超越自己，就是要竭尽全力去做一件事情，并努力去拓展自己的思维。年轻人都有这样的经历：从上大学起或刚刚走上社会起，我们一个个宏伟的构想、美妙的计划（甚至包括学习计划）都在实施的过程中，像肥皂泡一样地破灭了。失望之余，不知你是否找过原因、总结过教训？其实，仔细审查后你一定会发现，你的那些计划、方案缺少的正是自己的竭尽全力，把自己加进去并成为主宰，这就是自我超越。

某成功人士曾说过："这个世界上没有什么不可能。"我们平时也经常听到"没有做不到，只有想不到"这句话。很多时候不是因为我们做不到，而是因为不敢想、不愿想。勇敢地去想、勇敢地去做，"不可能"的事也就变为可能了。

人们一般认为北纬17度以北是橡胶种植的禁区，这是被公认的学术观点。赵其国院士一开始对这个纬度控制论觉得好奇，进而感到可疑：纬度真能那么严格地控制橡胶的生长吗？赵其国在橡胶宜林地经过认真地调查研究后，恍然大悟，原来纬度控制论只是一个经验性的总结，只是一种形式，决定橡胶生长的因素应该是热量条件和土壤性质，而在北纬17度以北，仍旧可以找到适宜橡胶生长所需的热量和土壤。于是赵其国就对我国北纬17度以北地区引种橡胶的可行性进行调查研究，在此基础上提出了以热量条件和土壤性质为标准的热带作物利用等级的评价方案，为制定热带作物发展规划布局提供了可靠的科学依据。国家科委对"橡胶北移"的研究成果也予以充分肯定，授予他国家技术发明一等奖。

这里需要强调的最重要因素就是"勇敢"，大家都认为不可能成功的事情，你要想把它干成功，首先必须凭借巨大的勇气，有时要力排众议，甚至孤注一掷。这时你可能是痛苦的，但和成功后的喜悦相比，这又算得了什么呢？

"想"要超出眼下人们"做"的范围，但又不是脱离实际地空想。"做"要以想为基础，同时必须把想出来的创意变成一个完备的方案，真正地做成一件事。大胆地想象，严谨地执行，我们成为一个成功的、具有影响力的人就指日可待了。

尼伦伯格原则：谈判，"损人利己"不如"利人利己"

成功的谈判，双方都是胜利者

买卖双方针对一笔交易进行谈判时，通常我们会看到，双方都会竭尽全力维护自己的报价，通常谈判也最容易将焦点集中在价格上。例如，一位精明的卖主会把自己的产品讲得完美无缺，尽量抬高自己产品的身价；而另一位出手不凡的买主也会在鸡蛋里挑骨头，从不同的角度指出产品的不足之处，从而将价格至少压低到对方出价的一半。最后，双方都会讲出无数条理由来支持自己的报价，谈判在无奈的情况下陷入僵局。如果不是僵局，那么通常是一方作出了一定的让步，或双方经过漫长的拉锯战，各自都进行了让步，从而达成一个中间价。

客观来讲，谈判的每一方都在为自己的既定立场争辩，最终通过一系列的让步达成协议，谈判学上称之为"立场争辩式谈判"。这样的谈判方式在生活中很常见，在商场里与店主的讨价还价，商务谈判中的你来我往，甚至工作中的分工协调等，都经常用这种方式来进行。然而在这种双方博弈的过程中，往往会使谈判陷入一种误区。比如双方从一开始就摆出高傲的气势，开出很高的条件，这会将谈判变成一场充满火药味的战斗，从而往往使得最后谈判各方不欢而散，甚至破坏了今后进一步合作的机会。

谈判各方都是为了自己的利益而来的，没有人愿意答应对方损人利己的方案。要想取得谈判的成功，最好的方法是让各方都能尝到好处。"成功的谈判，双方都是胜利者"，这就是著名的"尼伯伦格原则"。另外，谈判各方所追寻的利益不一定完全相同，这也为谈判的成功带来了机会。即使存在利益冲突，聪明的谈判家也总会从中找出某些共同的利害关系，做出一个公平的“双赢”方案。

有这样一则寓言故事：

有个人在野地里转悠，碰到了一只狐狸，他便十分亲热地对它说：“可爱的狐狸，你身上的皮实在漂亮，不如把皮献给我。”他的话刚一说完，狐狸吓得转身窜进山里去了。

这个人又在路上遇到了一只羊，便立即对羊说：“我现在正打算做一桌上好的酒菜，请你为我献上你身上的肉。”他的话还没说完，羊飞也似的逃进树林里躲起来了。

这则故事说明，如果所谋求的东西直接危害对方的利益，对方是不可能答应的。经济学认为，人都有利己之心，都以获得自己的最大利益为根本目的。但与人谈判不能忽视一个基本前提，即利己不损人。

实际上，谈判与合作有着密切的联系，尤其在商务活动中，几乎各方都是抱着合作的目的来谈的，即使心怀鬼胎，也会打着合作的旗号。在唇枪舌剑中，精明的谈判方会时刻寻找机会，使得局势朝着有利于自己的方向发展，有时甚至不惜代价地给对方设置“陷阱”。

日常生活中又何尝不是如此。占了一次别人的便宜后，沾沾自喜，他的形象会大打折扣，别人也会对他小心提防。相反，在僵局中，一个人的一次慷慨退让的举动，会为他赢得更多的口碑以及未来的机会。绞尽脑汁地置对方于不利，何不设身处地地寻找个共赢方案，为今后共同获利的长期合作打下基础。

当然，我们很难确定对手是抱着共赢的态度来谈判的。“防人之心不可无”，在这种情形下，不要让自己的意图过于暴露，而给对方机会；也不要摇摆或放松自己的立场，而让对方有机可乘。这样，如果能警惕对方的“陷阱”，同时不忘为“共赢”创造条件，你就是“谈判桌”上真正的赢家了。

变对手为队友，实现谈判的至高境界

《孙子兵法》里说，百战百胜，并不是能耐，不战而屈人之兵才是最高境界。在谈判中，变对手为队友是一种难得的谋略。

李平是一家通讯公司的推销员，在与客户接触了一段时间之后，客户对他们的产品十分满意，但是在价格上却毫不让步，希望他能再降几万，否则的话，这桩生意就很难做成。客户很委婉地跟李平说：“我知道你们的通讯设备在水平、品质上都是一流的，这是我们公司内部都认同的，没有任何争议，所以老板吩咐我再与你们谈一次。可是这个价格确实比其他公司的贵了一倍以上，你让我们怎么决定呢？”

听完客户的话，李平急忙辩解：“王总，一分价格一分货，便宜的不一定是好货，产品质量摆在那里……”

还没等他说完，客户立即打断了他的话：“小李，这个我们知道，不然的话早就给其他公司下单了，也不会这么大老远地跑过来找你谈。”

看到对方话软，李平也立即找了个台阶下：“这样好吧，王总，到底什么价位您可以接受？您给我一个数吧，可要是差太多，那您就让我为难了。我们干销售的也不容易啊。”

“降 10 万这个要求不算过分吧？”

听了王总的话，李平从微笑到夸张地笑。王总先是有些诧异，接着心里也有些打鼓，毕竟他也想达成这个合作：“到底怎么样？成不成，给个话？”

李平不愧是销售界的老手，他定定地看着客户："您的要求绝对不过分，我要是您，肯定比您还要狠。您是甲方，您的要求就是我们做乙方的首要义务。不过，我也是靠销售吃饭的人，也就是说您决定着我们这些推销员的工资。您也知道，我们是没有决定权的。我给您请示一下经理，您看成吗？"

客户其实也有一些焦急："那什么时候可以得到答复？我们现在手里的单子也积压了好久，就等着设备呢？要不你现在就去把你们经理请出来，咱们一起吃个午饭，边吃边谈？"

听到这话，李平也很真诚地跟客户说："王总，其实我就老实跟您说吧，我比您还想做这个单，如果您给其他公司下单完成您的任务，我可就惨了。所以这个单我们一定要想办法定下来。待会儿吃饭的时候，您一定要对经理说好话，告诉他明年你们在深圳开分公司，这次定了，下次还会再合作，或者您也可以说你们的生意伙伴也有需求。这样说就算是帮帮我吧，成吗？"

一顿愉快的午餐之后，经理同意了7万元的让价，客户推荐了3个合作伙伴，双方各取所需，都得到了想要的，实现了令双方都满意的双赢。

在谈判中，最常见的情况就是，潜在客户在沟通一段时间之后，会在多家供应商之间进行权衡比较，这是谈判最关键的一个阶段。在这个阶段，客户会通过降低供应商价格来实现利益最大化的目的。在这个案例中，客户首先提出的就是要求供应商降价，小李开始时使用的是很常见的方法，竭力解释自己的产品比其他公司的好，这些都是基于顾客能得到的利益陈述的。但是，由于客户已经完全认可了这些利益，因此，让客户接受价格再次使用这些方法就无效了，所以客户打断了小李的陈述。

陈述遇到挫折后，小李迅速转换示弱又赞同客户观点的方式，得到了客户一定程度的同情。

总之，在整个过程中，小李有效地应用了示弱、赞同、争取理解、获得同情等谈判技巧，最终成功实现了签单的目的。

【定律链接】谈判收尾五大策略，其实双赢很简单

就像买衣服一样，我们把商贩的期待降到50元，最后以60元成交，这时他会觉得很高兴，这就是一个好的收尾。一般谈判的收尾，一定要记得"赢者不全赢，输者不全输"的定律，这样才会使合作继续保持，不至于成为一锤子买卖。

假如今天一个公司有旅游活动，有一批人要去山边，有一批人要去海边，假期只有3天，上山就不能下海，下海就不能上山，这是典型的资源分配问题。为了让同事们彼此联谊，不能兵分二路，因为这样不熟的人将永远不熟，达不到联谊的目的。另外，也为了公司的团结，老板规定旅游活动的地点不能用表决的，因为一表决就把同事们分成了两派，反而形成对立，所以一定要通过协商，让大家都一致同意才行。这题该怎么解？

第一种方法：增加资源法

如分大饼，大家都想多分点的时候，最直接的方法就是把饼做大一点。如果能把假期累积成一个星期，那么就可以一半时间去山边，一半时间去海边。

有人说："这可能吗？"我们的答案是："不试你怎么知道不可能？"任何谈判都一样，不要先想怎么分，而应先想怎么创造新的东西出来，让大家都可以多分一点。

第二种方法："交集法"

我们让到山边和海边的人，为山边、海边下个定义：山边的好处是什么？海边的好处又

是什么？想上山的人可能说：我要做森林浴、吃山珍野味，等等；想去海边的人说：我要玩水、吃海鲜，等等。

这时我们可以略加调整，问去海边的人："'海鲜'能不能改成'虾'？"如果他没有异议，那我们就可以找到同时有"森林浴、山珍野味、玩水、吃鱼虾"的地方——湖边。

第三种分法："切割法"

比如想上山的人本来想住小木屋，想去海边的人想住五星级大饭店。于是想上山的和想去海边的说："如果你们答应去山边，我们放弃小木屋，改住五星级大饭店，好不好？"住宿地点听你的，度假地点听我的，这就是切割。事实上"度假"一事可切的还不只是地点和住宿而已，它还可以切出交通、经费等细项。切得越细，可以交换的东西越多。

第四种分法："挂钩法"

如果想上山的人认为，去山边的目的就是住小木屋，如果去住五星级大饭店，还有什么意思，所以不能切割。如果不能切割，他就可能得把别的东西放在桌上一起谈："好啦，如果你们能答应我们去山边的话，过去我们两个单位不是争过一套 20 万的办公室软件到底该谁出钱吗？那就我们这边出好了，这样好不好？"办公室软件和度假本来风马牛不相及，但为了让谈判有进展而把它们放在一起，这就叫挂钩。

第五种解法：减少对方让步所付出的成本

如果最后是去海边的人获胜，那他们一定要花点时间去了解，为什么那批人一定要去山边？可能后来他们会发现，去山边的人除了"仁者乐山"之外，还因为山边便宜，海边太贵。这时去海边的就应该想想，原来想住五星级大饭店，现在可不可以改住三星级的，比较便宜？能减少对方让步的成本，也会让他感觉好些，比较能接受谈判结果。这就是收尾的功夫。

这五种谈判方法可以适用于任何场合，无论是商务谈判还是劳资谈判，只要熟用这些方法，都可以达成双赢的目的。

72 法则：找对时机，让资产翻倍

资产翻番需要多少时间

2005 年王先生 30 岁，在年初的时候他投入 10 万元为自己建立了一个退休养老账户，这个账户每年的投资回报率是 9%，那么他的养老账户的增值情况如下表。

年龄	30 岁	38 岁	46 岁	54 岁	62 岁
财户资产	10 万	20 万	40 万	80 万	160 万

为什么我们会得出这样一个结论呢？这样的账户资产是怎么计算出来的呢？从这个图表中，我们可以看出一个规律：每 8 年王先生的账户资产就会翻一番，而 9% 的投资回报率与账户资产翻番的年限乘积永远都是 72，也就是说，用 72 除以投资回报率之后的数据大概就是账户资产翻番的年限。这就是经济学中著名的"72 法则"。

通过运用"72 法则"，我们可以计算出王先生的账户每 8 年会翻一番：72/9 = 8 年。由此我们可以看出，在王先生 62 岁的时候，他的养老账户已经增值到 160 万元，比最初的投入增值 16 倍。如果王先生到 38 岁（晚 8 年）才建立自己的养老金账户，那么到 62 岁时，王先生的账户只有 80 万元，前后有 80 万元的差别！因此我们说：投资应该尽早，这样我们才可以在同样的年纪收获更多的财富。

所谓的“72 法则”就是以 1% 的复利来计息，经过 72 年以后，你的本金就会变成原来的一倍。这个公式具有很强的实用性，例如，利用 5% 年报酬率的投资工具，经过 14.4 年（72/5）本金就变成原来的一倍；利用 12% 的投资工具，则要 6 年左右（72/12），就能让本金翻番。

如果你手中有 100 万元，运用了报酬率 15% 的投资工具，你可以很快知道，经过约 4.8 年，你的 100 万元就会变成 200 万元。

虽然利用 72 法则不像查表计算那么精确，但已经十分接近了，因此当你手中缺少一份复利表时，记住简单的 72 法则，或许能够帮你不少忙。

72 法则同样还可以用来算贬值，例如现在通货膨胀率是 3%，那么 72/3=24，24 年后你现在的一元钱就只能买五毛钱的东西了。

从小就喜欢数学，长大之后充分利用自己这一优势而成为了一名投资者的崔益铉说：“‘72 法则’是很容易计算出复利的数学法则，采用复利收益率去投资，从某种观点上来看，投资成本在不久的将来会翻一倍。”

学会活用“72 法则”，对投资来说，是相当重要的一件事情。在这里，还有更重要的一点，那就是很多人在投资时，总是很注重投资目标时间和目标收益。为了达到目标时间获得目标收益的目的，他们会利用“72 法则”，算出自己应该投资复利率多少的投资品种，以便决定投资品种。

长期持有，复利增长的魅力

长期持有具有持续竞争优势的企业股票，将给投资者带来巨大的财富，其关键在于投资者未兑现的企业股票收益通过复利产生了巨大的长期增值。

巴菲特的每一项投资所要寻求的是最大的年复利税后报酬率，他认为借由复利的累进才是真正获得财富的秘诀。那么，为什么复利的累进可以帮助你变得富有呢?

假设你有 10 万美元，分别在 10 年、20 年和 30 年期间，以 5%、10%及 20%的比率，在不考虑税负循环复利累进的情况下，该笔钱循环复利所能累进的价值，仅仅是 10%的差异，对投资人的整体获益就会有惊人的影响。你的 10 万美元，以每年 10%的获利率经免税的复利累进计算，10 年后将会价值 259374 美元，若将获利率提高到 20%，那么 10 万美元在 10 年后将增加到总值为 619173 美元，20 年后，则变成 3833759 美元。持续 30 年，其价值会增长到 23737631 美元，是一个相当可观的获利。

很小的百分比差异在很长一段时间所造成的差异也是令人吃惊的。投资人的 10 万美元以 5%的免税年获利率计算，经过 30 年后，将值 432194 美元；但是若年获利率 10%，30 年后，10 万美元将值 1744940 美元；倘若年获利率再加 5%，即以 15%累进计算，30 年后，10 万美元将增加为 6621177 美元；若再从 15%升到 20%，你会发现，30 年后 10 万美元将会增加到 23737631 美元。

作为一般投资者，在长期投资中，没有任何因素比时间更具有影响力了。随着时间的延续，复利将发挥巨大的作用，为投资者实现巨额的税后收益。

复利的大小由时间的长短和回报率的高低两个因素决定。两个因素的不同使复利带来的价值增值也有很大不同：时间的长短将对最终的价值数量产生巨大的影响，时间越长，复利产生的价值增值越多；回报率对最终的价值数量有巨大的杠杆作用，回报率的微小差异将使长期价值产生巨大的差异。以 6%的年回报率计算，最初的 1 美元经过 30 年后将增值为 5.74

美元；以10%的年回报率计算，最初的1美元经过同样的30年后将增值为17.45美元。4%的微小回报率差异，却使最终价值差异高达3倍。

巴菲特对10%与20%的复利收益率造成的巨大收益差别进行了分析：1000美元的投资，收益率为10%，45年后将增值到72800美元；而同样的1000美元，在收益率为20%时，经过同样的45年将增值到3675252美元。从巴菲特1965年开始管理伯克希尔公司至今，40多年来，伯克希尔公司复利净资产收益率为22%，也就是说巴菲特把每1万美元都增值到了2593.85万美元。

因此，投资具有长期持续竞争优势的卓越企业，投资者所需要做的只是长期持有，耐心等待股价随着公司成长而上涨。投资者不必害怕大盘会跌，因为股市从中长期来看是大牛市；同时不管是在牛市中还是在熊市中，都有内在价值被市场低估的股票，这正是投资机会之所在。所以，我们要做的就是找出那些能够长期持有的价值型公司，不为眼前短期的波动所影响，长期持有，借助复利的威力，最终我们也会获得很高的收益。

【定律链接】基金短线赎回难享复利效应

林奇的麦哲伦基金从1800万美元的名不见经传的小基金成长为120亿美元的全球最大基金，13年的时间里基金收益高达29%年复利。从林奇投资的业绩，我们可以看出，基金长期投资能产生很大的复利效应。如果对基金像对股票一样做短线波段操作，很难享受复利带来的好处。

1. 基金不适合做波段

华尔街流传着这样一句话："要在市场中准确地踩点入市，比在空中接住一把正在落下的飞刀更难。"股市尚且如此，基金投资的波段操作难度就更是可想而知了。林奇也有这样一句名言："买基金跟减肥一样，决定最后结果的是耐力，而不是头脑。"考察一支基金和一个基金公司的优劣，一般至少需要3年时间。投资基金应获取长期稳定的收益，马上见效是不可能的。所以说，基金投资是不适合做波段的。

在基金投资上，投资者已经选择了让基金经理来帮你理财。当大盘涨到一定幅度，市场出现调整信号时，基金经理已经在做调仓、换股规避风险的操作了，而投资者在这时再自己做波段，是不是难上加难？牛市的特征是快跌慢涨，但总体趋势是向上的。牛市做波段操作，抛出点或买入点踩不准，不是踏空就是增加投资成本。所以，牛市应该做长线，不急着等钱用就放着。

"股指要调整了，还是赎回一些，等到股指见底了再买回来。"这种基金投资策略看似合理，但是投资者有预测股指走势的能力吗？股指下跌多少，才能判断出股指要调整了，而不是短期的波动？往往在股市已出现比较明显下跌的情况下，投资者才能判断出股指可能要进行调整，这时再去赎回，很可能卖了个低点。

2. 复利效应非常惊人

一位基金公司市场部负责人用客户的一个实例证明进行波段操作的投资策略是错误的。2006年年初，公司某基金净值突破1.2元后，大量投资者赎回基金，短线实现利润。但赎回并未阻挡净值快速上涨的步伐，也迫使投资者认识到，不投资的风险更大。在基金净值超过1.5元时，投资者才大量申购，中间已损失了0.3元的涨幅。该基金净值在2006年六七月间达到阶段性高点，接近1.9元，后来的回调又让短线操作的基金投资者心惊胆战，在基金净值再次反弹到2元附近过程中，大量资金撤离了该基金。但基金后来的表现必将让这些投资者后悔不已，在不到两个月的时间内，基金又涨了 50%。2006 年初到 2007 年 1 月 19 日，该基金净值已涨了两倍多，但如果进行以上的波段操作，收益率可能只有 60%左右。

也许有投资者认为，波段操作得到 60%的收益也能令他满意，但是股市不可能经常重演 2006 年的盛况，基金也很难复制一年净值翻倍的业绩。从表面上看，这样的操作在短期内也许的确能获得高于持续持有股票型基金的投资回报。问题在于，如果我们从更长的时间来看待波段买卖股票型基金，就可能得出完全不一样的结论。

3. 波段操作减少 697%收益

1965~2005 年的 41 年的时间里，“股神”巴菲特管理的基金资产年平均增长率为 21.5%。按照复利计算，如果最初有 1 万元投资，在持续 41 年获取 21.5%回报后，你拥有的 财富总额将达到 2935.13 万元。

若采取波段操作方法来投资股票型基金，即在 41 年里有 21 年持有股票型基金，其余 20 年持有现金。假设通过波段操作可以在持有股票型基金的年度中取得每年 30%的收益率，同时假设持有现金的年度收益率为 2%，那么，按复利计算，在 41 年之后最初 1 万元的投资只能变成 368.12 万元。显而易见，因为波段操作，原来可获得 2935.13 万元的财富增值变成了 368.12 万元，减少了 697%的收益。

一句话，投资基金是长期的行为，没有必要整天考虑赎回的事，时时关心涨跌。在基金市场上，天道不酬勤。

多米诺骨牌效应：莫让一次失败套走你所有的财富

投资起步，要想好自己的退路

投资创业几乎是每一位有志者的奋斗目标。刚起步时，我们很容易太过冲动，总是思考如何让事业持续到永远。

然而，相关的调查数据告诉我们：让事业永远沿着一个方向持续下去是个不折不扣的幻想。那么，如果能够预测经济衰退或危机什么时候到来，我们就能及时地撤退，从而避免多米诺骨牌效应的发生。

美国麦金利咨询公司调查显示，20 世纪 20~30 年代，全球 500 强企业的平均寿命是 65 年，到了 1960 年变成了 30 年，而到了 1990 年缩短至 15 年，估计到 2010 年，企业的平均寿命为 10 年。所以，没有做好撤退的准备就开始创业是一件非常冒险的事情。

虽然顺利地撤退对于确保整体的利润是非常重要的，但人们很少提起它，大概是因为现实中，人们更加关注成功，而避讳失败吧。

在这个充满竞争、高速发展的新时代，任何企业都无法长久性地抱有永远鼎盛的期待。所以，明智的创业投资者，从一开始就要研究中止事业时将面临的风险。在此基础上，轻装上阵。

具体来说，要尽可能地做到零库存，要坚持预先付款、现金回收的原则，不要有拖欠的货款；不要雇用正式员工，尽可能地使用临时兼职人员；必须严格坚守不签长期租约、不借钱的原则。

在创业的过程中，客户可能希望你能有库存，也可能提出延长付款期等各种要求。如果答应了客户的要求，就有可能让你的事业背负极大的风险。也有的经营者抱着没有风险就没有利益的想法，认为有增加库存的必要，可是如果所得利润不足以维持库存的话，企业的运转就会崩溃。

迄今为止，大家都认为坚持是良好的品质，而且，中途停止事业会使我们对顾客心怀歉意。可是，事实上即使是像证券公司这样的大企业倒闭后，也没有多少顾客会因此烦恼。

事实上，与其说中途停止事业要冒很大的风险，倒不如说，不预测中止时间、不采取相应对策才是最危险的。如果撤退的壁垒已经被升高了，想退都退不了，那你的事业也就走到终点。

投资要深谋远虑

从多米诺骨牌效应中，我们知道事物之间联系紧密，环环相扣。因此，我们在做事情时，就要全盘考虑。

秦昭襄王跟赵惠文王在渑池会谈后，为保障互不侵犯，将公子异人送到赵国做人质。异人到赵后，赵孝成王想杀掉他来报复秦国的进攻，平原君对赵王说："留着他，还可作为赵国撤退时的一个条件，杀他并没有好处。"

孝成王答应不杀，但从此减少了对公子异人的供给。后来商人吕不韦发现此人，就跟父亲说："种庄稼能得利多少？"

吕父说："一倍！"

吕不韦又问："经商呢？"

吕父说："十倍！"

吕不韦接着问道："要是打倒一个君主、另立一个君主，那利息该是多少呢？"

吕父笑道："那可没有止境了！"

听了父亲肯定的话，吕不韦开始用各种方式对公子异人进行贿赂。因此，公子异人十分感激吕不韦，跟他甚是亲近。一天，吕不韦请公子异人到家饮酒，特意让自己最得意的赵姬来侍奉。赵姬跟吕不韦同居已有了身孕，而在敬酒时故意挑逗公子异人，令公子异人神魂颠倒。

吕不韦为了实现夺国的目的，于是在酒桌上就把赵姬送给了公子异人。

吕不韦怕夜长梦多，对赵姬说："他既然上了钩，就得把他钓住，快点办婚事，将来你就是皇后了，那时可别忘了我！"

公子异人与赵姬婚后不久，生子名叫政。一天，吕不韦对他说："秦王年纪已高，安国君恐怕不久就要继位了，即位后就要立太子，您不早些回国，那二十几个公子，说不定谁就被立为太子，您就没指望了。"

公子异人说："我没这么高的奢望，父亲不喜欢我，才推我出来做人质，我怎还敢盼望做太子？只要能回秦国，就算幸运了！"

吕不韦道："不然！您及早回去侍奉华阳夫人，是能做太子的。您父亲很宠爱华阳夫人，而华阳夫人没儿子，您只要侍奉好华阳夫人，她收您做了儿子，安国君准能立您为太子。我拿出几千两黄金，到秦国去替您办这件事，您等待好消息吧！"

公子异人立刻跪拜说："将来我一定有厚报！"

吕不韦到秦国后，经过一番努力，华阳夫人欣然收公子异人为儿子，安国君命他迅速把公子带回秦国，并给他三千两黄金做费用。华阳夫人又补上一千两，嘱咐他快办此事。

吕不韦到赵国，把金子交给公子异人，告诉他办事的经过，公子异人一再向吕不韦表示绝不相负。

昭襄王四十九年，秦军包围赵都邯郸，吕不韦使用谎言和几千两黄金收买了赵将，护送公子异人一家三口顺利出了赵国都城。

到了秦国，公子异人讨得华阳夫人欢心改名子楚，住在华阳夫人宫里。

昭襄王死后，安国君即位为孝文王，子楚为太子；孝文王死后，子楚立为庄襄王，赵政为太子，封吕不韦为丞相。

吕不韦的成功说明：有远见，才敢大投入；敢大投入，才能有大收获。

所以，想干一番事业的人应该多些深谋远虑，做到节节相扣，步步为营，才能实现心中的愿望。

【定律链接】货币危机

20世纪20年代，随着“一战”的结束，世界经济进入衰退时期，欧洲各国的货币都摇摇欲坠，马克、卢布、法郎都经历了混乱的时期。德国和苏联的劳动人民因此陷入绝望的境地，在没有储备、没有外国支援的情况下，大部分人民为了填饱肚子不得不卖命地劳动，很多人被迫流亡，连有声望的贵族这时也变得非常贫穷。但在这个时期，法国却上演了一场货币捍卫战：

法郎危机也是伴随着第一次世界大战开始的。法国政府在“一战”中花掉了大量军费，这个数字是1913~1914年所有主要参战国军事费用的两倍。“一战”结束后，法国财政出现了62亿法郎的缺口，并且还有巨额贷款。1926年，法郎的汇率开始下滑，人们相信，法郎将会面临和德国马克一样的命运。当时的法国政府内阁束手无策，物价不停上涨，法郎持续贬值。这时，总理雷蒙·恩加莱开始掌权。他通过提高短期利率把短期借款转为长期借款，并提高税收和削减政府支出，同时他从纽约的摩根银行借来了一笔使法国银行的现汇得以补充的巨额贷款，他的一系列措施恢复了人们对法郎的信任，最终这些措施取得了成功。从此，法郎币值开始走稳，经济和政局也渐趋稳定。

这是一场成功的货币危机保卫战。货币危机的概念有狭义和广义之分。狭义的货币危机与特定的汇率制度（通常是固定汇率制）相对应，其含义是，实行固定汇率制的国家，在非常被动的情况下（如在恶化的情况下，或者在遭遇强大的投机攻击情况下），对本国的汇率制度进行调整，转而实行浮动汇率制，而由市场决定的汇率水平远远高于原先所刻意维护的水平（即官方汇率），这种汇率变动的影响难以控制、难以容忍，这一现象就是货币危机。广义的货币危机泛指汇率的变动幅度超出了一国可承受的范围，这一现象通常情况表现为本国货币的急剧贬值。

当代国际经济社会很少再看见一桩孤立的货币动荡事件。在全球化时代，由于国民经济与国际经济的联系越来越密切，一国货币危机常常会波及别国。

随着市场经济的发展与全球化的加速，经济增长的停滞已不再是导致货币危机的主要原因。经济学家的大量研究表明：定值过高的汇率、经常项目巨额赤字、出口下降和经济活动放缓等都是发生货币危机的先兆。就实际运行来看，货币危机通常由泡沫经济破灭、银行呆坏账增多、国际收支严重失衡、外债过于庞大、财政危机、政治动荡、对政府的不信任等引发。

1. 汇率政策不当

众多经济学家普遍认同这样一个结论：固定汇率制在国际资本大规模、快速流动的条件下是不可行的。固定汇率制名义上可以降低汇率波动的不确定性，但是自20世纪90年代以来，货币危机常常发生在那些实行固定汇率的国家。正因如此，近年来越来越多的国家放弃了曾经实施的固定汇率制，比如巴西、哥伦比亚、韩国、俄罗斯、泰国和土耳其等。然而，这些国家大多是由于金融危机的爆发而被迫放弃固定汇率的。汇率的调整往往伴随着自信心的丧失、金融系统的恶化、经济增长的放慢以及政局的动荡。也有一些国家从固定汇率制成功转轨到浮动汇率制，如波兰、以色列、智利和新加坡等。

2. 银行系统脆弱

在大部分新兴市场国家，包括东欧国家，货币危机的一个可靠先兆是银行危机。资本不足而又没有受到严格监管的银行向国外大肆借取贷款，再贷给国内的的问题项目，由于币种不相配（银行借的往往是美元，贷出去的通常是本币）和期限不相配（银行借的通常是短期资金，贷出的往往是历时数年的建设项目），因此累积的呆坏账越来越多。如东亚金融危机爆发前5~10年，马来西亚、印度尼西亚、菲律宾和泰国信贷市场的年增长率均在20%~30%，远远超过了工商业的增长速度，由此形成的经济泡沫越来越大，银行系统也就越发脆弱。

3. 外债负担沉重

泰国、阿根廷以及俄罗斯的货币危机，就与所欠外债规模巨大且结构不合理紧密相关。如俄罗斯1991~1997年共吸入外资237.5亿美元，但在外资总额中，直接投资只占30%左右，短期资本投资约70%。在货币危机爆发前的1997年10月，外资已掌握了股市交易的60%~70%，国债交易的30%~40%。1998年7月中旬以后，最终使俄财政部发布“8.17联合声明”，宣布“停止1999年底前到期国债的交易和偿付”，债市的实际崩溃，直接引发了卢布危机。

4. 财政赤字严重

在发生货币危机的国家中，或多或少都存在财政赤字问题，赤字越庞大，发生货币危机的可能性也就越大。财政危机直接引发债市崩溃，进而导致货币危机。

5. 政府信任危机

民众及投资者对政府的信任是货币稳定的前提，同时赢得民众及投资者的支持，是政府有效防范、应对金融危机的基础。墨西哥比索危机很大一部分归咎于其政治上的脆弱性，1994年总统候选人被暗杀和恰帕斯州的动乱，使墨西哥社会经济处于动荡之中。新政府上台后在经济政策上的犹豫不决，使外国投资者认为墨西哥可能不会认真对待其政府开支与国际收支问题，信任危机引发了金融危机。1998年5~6月间的俄罗斯金融危机的主要诱因也是国内“信任危机”。

6. 经济基础薄弱

强大的制造业、合理的产业结构是防止金融动荡的坚实基础。产业结构的严重缺陷是造成许多国家经济危机的原因之一。如阿根廷一直存在着严重的结构性问题，20世纪90年代虽实行了新自由主义改革，但产业结构调整滞后，农牧产品的出口占总出口的60%，而制造业出口只占10%左右。在国际市场初级产品价格走低及一些国家增加对阿根廷农产品壁垒之后，阿根廷丧失了竞争优势，出口受挫。

7. 危机跨国传播

由于贸易自由化、区域一体化，特别是资本跨国流动的便利化，一国发生货币风潮极易引起邻近国家的金融市场发生动荡，这在新兴市场尤为明显。泰国之于东亚，俄罗斯之于东欧，墨西哥、巴西之于拉美等反复印证了这一“多米诺骨牌效应”。

250 定律：每一位顾客都是上帝

时刻想着顾客，而不是想着竞争

企业经营者应该重点研究什么呢？

针对这个问题，共同经营一家企业的两兄弟发生了激烈的争论。哥哥认为应该研究竞争对手，了解竞争对手的一举一动，并制定相应的战略；弟弟则认为应该研究内部管理，不断提升内部管理水平，自己强大了，竞争对手就相对弱小了。

两兄弟的观点都有道理，谁也说服不了谁。在相持不下时，他们决定去请教他们的父亲。

父亲是一代商神，白手起家创立了兄弟俩现在经营的商业王国。“竞争对手当然要研究，知己知彼，百战不殆；内部管理也应该研究，提升管理是企业的一项基础工程。”父亲说，“但这都不是研究的重点，重点应该是消费者。”

“此话如何理解？”兄弟俩问。

“企业经营，如同一幕大戏，你们认为大戏的主角应该是谁呢？”父亲反问道。

“是竞争双方。”哥哥说。

“企业的经营者。”弟弟说。

“你们都错了。”父亲说，“真正的主角是消费者。无论是竞争的双方，还是企业的经营者，都是导演，而不是演员。导演应该关注的当然是主角——消费者。那种只关心竞争对手，和竞争对手打打杀杀的经营者，等于是把主角晾在一边，自己和竞争对手充当了主角。只关心自己内部管理的经营者，则是在自导自演独角戏，这出戏可能根本就没有人喜欢。”

在这个故事中，“父亲”的回答，解决了企业经营者“心里想着谁，关注谁，研究谁”的问题。

正是从这个角度出发，著名推销员和演讲家乔·吉拉德总结归纳出神奇的 250 定律。他创造了商品销售最高纪录，被载入《吉尼斯大全》，他曾经连续 15 年成为世界上售出汽车最多的人。他指出，每一位顾客身后大约有 250 名亲朋好友。那么，如果能心中时时刻刻想着现在的顾客，你将不仅仅和他们同行，不被他们冷落或抛弃，还可能使他们身后 250 名亲朋好友成为你的潜在顾客，与你同行。

真正的销售始于售后

乔·吉拉德的 250 定律对人们的营销观念有着革命性的影响。通过在工作中对 250 定律的亲身感受，乔·吉拉德认为：“推销活动真正的开始在成交之后，而不是之前。”

推销是一个连续的过程，成交既是本次推销活动的结束，又是下次推销活动的开始。将 250 定律反向思考，推销员在成交之后继续关心顾客，既能赢得老客户，又能通过老客户的口口相传，影响其身边亲近的人，从而吸引新客户，使生意越做越大，客户越来越多。

推销成功之后，乔·吉拉德立即将客户及其与购买汽车有关的一切信息，全部记在卡片上。第二天，他会给买过车子的客户寄出一张感谢卡。当时，很多推销员不会这样做，所以顾客对感谢卡感到十分新奇，对乔·吉拉德印象特别深刻。

乔·吉拉德说："顾客是我的衣食父母，我每年都要发出13000张明信片，表示我对他们最真切的感谢。"

乔·吉拉德的顾客每个月都会收到一封来信。这些信都是装在一个朴素的信封里，但信封的颜色和大小每次都不同，它们都是乔·吉拉德精心设计的。乔·吉拉德说："不要让信看起来像邮寄的宣传品，那样人们连拆都不愿拆就会直接扔进纸篓里。"

顾客拆开乔·吉拉德写来的信，可以看到一排醒目的字："您是最棒的，我相信您。""谢谢您对我的支持，是您成就了我的生命。"乔·吉拉德每个月都会为顾客发出一封相关的卡片，而顾客都喜欢这种卡片。

乔·吉拉德拥有每一个从他手中买过车的顾客的详细档案。当顾客生日那天，会收到这样的贺卡："亲爱的××，生日快乐！"假如是顾客的夫人过生日，同样也会收到乔·吉拉德的贺卡："比尔夫人，生日快乐。"

正是商品售出后仍与顾客保持联系，乔·吉拉德的生意越做越大。无独有偶，瑞典的卡隆门公司也采取了同样的方法。

瑞典的卡隆门公司本是经营家用电器的一家小公司，经过多年的苦心经营，生意仍不见起色。公司的管理层经过反复思考，最后决定用服务吸引顾客。

卡隆门在公司门口张贴公告：本公司出售的家用电器质量上乘，保证永久免费维修。当时，冰箱和彩电等家用电器在瑞典等西方国家是名贵商品，购置这些价格不菲的商品，人们总担心会有损坏或故障。卡隆门公司保证永久免费维修，消除了顾客的顾虑，所以消费者纷纷前来光顾。短短几年的时间，卡隆门公司迅速发展起来，成为著名的大企业。

卡隆门公司承诺对本公司出售的商品，都可免费维修。1984年11月，一个家庭主妇拿来一个电熨斗，这件商品是该公司1957年出售的，已有27年历史。这位妇女本来只是抱着试试看的心理，但没想到，对于这个出了毛病的旧熨斗，卡隆门公司的员工十分热情地给予了修复。熨斗修好后，卡隆门公司的员工有礼貌地对那位妇女说："太太，你的熨斗修好了，不用付钱。顺便告诉您，这种熨斗已十多年不生产和出售了，现在流行自动的蒸汽熨斗，希望太太下次关照。"几个月后，这位太太又来了，对卡隆门公司说："上次你们修好的熨斗至今尚可以用，你们的信誉真好，但它太老了，我想来你们公司再买一个新式的熨斗。"

正是通过这样的服务承诺，顾客渐渐对卡隆门公司产生了好感，卡隆门公司有了更多忠实的消费者。

可见，想要长久地保持住我们的营销链条，我们不仅不能得罪任何一个顾客，而且还要向顾客提供优质的售后服务。一方面，这是为顾客着想的体现；另一方面，还能让顾客感受到真诚，吸引更多顾客的青睐。

【定律链接】售后服务的关键是什么

相关人士指出，做好售后服务，关键是要超常做好企业分内的工作，提供超出消费者预期的服务。

例如，企业承诺接到维修电话24小时内上门服务，而实际上不超5小时就上门服务，不仅及时，而且服务还非常专业，这就是超过预期。这样，顾客自然会很满意。

同时，对于售后服务人员做的其他一些额外服务，如修理完产品帮顾客清理现场、顺手把垃圾带下楼，或应请求帮顾客修理一下其他有小毛病的相关产品等等，则会给顾客一个惊喜。在这个时候，顾客表现出来的满意是发自内心的，他会认为你没有任何功利性目的。

无论销售前，还是销售后，如果企业都能把“让顾客满意”作为自己永远的追求来对待，那员工就会从内心里热爱服务工作，把整个服务过程做得更好，更有效果，提供更加人性化的服务。

王永庆法则：富翁是省出来的

节省一元钱等于净赚一元钱

美国知名公司沃尔玛曾多次蝉联美国《财富》杂志公布的“世界财富排名500强龙虎榜”榜首，但在该公司内部，“节俭”是每个员工日常工作的一部分。如果你没有打印纸，想找秘书要，对方一定是轻描淡写地来一句：“地上盒子里有纸，裁一下就行了。”如果你再强调要打印纸，对方一定会回答：“我们从来没有专门用来打印的纸，用的都是废报告的背面。”

据报道，2001年沃尔玛中国年会，与会的来自全国各地的经理级以上代表所住的只不过是能够洗澡的普通招待所。沃尔玛的节俭不只是针对员工，企业老总也坚持率先垂范。沃尔玛的创始人山姆尽管是亿万富翁，但他节俭的习惯从未改变。他没购置过一所豪宅，经常开着自己的旧货车进出小镇，每次理发都只花当地理发的最低价5美元，外出时经常和别人同住一个房间。正是这种节约的态度，才使山姆有了今天的成功，使沃尔玛有了今天的地位。

在为汶川地震的捐款中，台塑集团慷慨捐赠1亿人民币，但台塑总裁王永庆却是出名的“小气鬼”——曾在多个场合多次强调“节省一元钱等于净赚一元钱”。这就是被业界奉为经典的“王永庆法则”。

传说香港著名企业家李嘉诚先生，一次从家中出来，正当秘书为其开车门弯腰欲上车的刹那，不小心从上衣口袋掉出一个硬币。不巧的是这个硬币正好滚落到了路边的井盖下面。于是李嘉诚先生让秘书通知专人前来揭开井盖，小心翼翼地在井下寻找该硬币。大约10分钟后，终于找到了硬币，于是李嘉诚先生“奖励”这位服务人员100元港币。有人不解，以为“落井”的这枚硬币有特殊身份，其实这就是一枚普通硬币。李嘉诚先生这样解析：一枚硬币也是财富，如果你忽视它，它“落井”了，你不去救它，那么慢慢地财神就会离你而去；100元港币则是李嘉诚先生对获得满意服务支付的报酬。所以说，有钱的人，不是“小气”而是深知金钱的价值。不能浪费每一分钱，但是该花的钱一定要花。

通过这些赫赫有名的富人的“小气”行为，我们似乎会有这样一种感觉——有钱的人都很“小气”。其实，如果从“思路决定财路”的角度来讲，我们与其说“有钱的人都很‘小气’”，不如换成说：“正是因为他们‘小气’，他们才会变得有钱。”

节约是一种美德，节约是一大财源

节约是中华民族的传统美德，也是当今世界最倡导的生活方式。大仲马说：“节约是穷人的财富，富人的智慧。”还有一句话说得好：“节约本身就是一个大财源。”如果你一天节约1元钱，然后存下来，假定年收益率是10%的话，等到你60岁时你就会拥有200万元；如果收益率是4%的话，18年内你的资产就能翻一番；假如收益率能提高到12%的话，6年时间，你手中的资金就会翻一番了。这就是一元钱的力量，不要小看每一分钱，它的背后都有一个巨大的财富机会。

著名的船商、银行家出身的斯图亚特，曾经有一句名言：“在经营中，每节约一分钱，就会使利润增加一分，节约与利润是成正比的。”直到他建立了庞大的商业王国，他的这种节约的习惯仍保留着。一位在他身边服务多年的高级职员曾经回忆说：“在我为他服务的日子里，他交给我的办事指示都用手写的条子传达。他用来写这些条子的白纸，都是纸质粗劣的信纸，而且会把信纸撕成宽窄适度的条子，这样的话，一张信纸大小的白纸可以写三四条‘最高指示’。”一张只用了 1/5 的白纸，不应把其余部分浪费，这就是他“能省则省”的原则。

“用了 30 年的地毯舍不得换；喝咖啡时奶油球还要用咖啡涮一涮以免浪费；一条毛巾用到破烂还舍不得丢；纸张不但要双面利用，正面四边留白也要利用；财务报表小数点后面的‘.00’，也被他认为浪费空间又浪费印表机墨水。”这些说的正是本法则的创造者—王永庆先生。每省一元钱就等于净赚一元钱，这样的观念已经深入他的骨髓。

这里说的节约，是针对浪费而言的，杜绝任何形式的浪费，一定要将每一分钱都用在刀刃上，最大限度地发挥各种资源的价值。所谓“省钱等于赚钱，花钱等于赚钱”，就是讲要合理利用每一分钱，该花的要花，不该花的一定不能花。金利来集团主席曾宪梓博士从企业创办伊始就奉行勤俭持家的原则，他自己从不进入高档会所，没有抽烟喝酒的习惯，每天步行到公司，但是他让客户住星级宾馆，让员工开奥迪宝马，他在品牌建设上一掷万金，遇到人才，不惜重金挖过来，他将“省钱等于赚钱，花钱等于赚钱”的理论发挥到了极致。在他的带领下，金利来迅速成为了全球知名的品牌。

在我们的日常生活中，也有很多节约的例子。比如用洗脸的水冲厕所，复印时用双面复印，房间里没人的时候一定要关灯，买东西不要只追求名牌，不需要的东西尽量不要买。节约是一种习惯，也是一种态度，更是一种原则。从小养成节约的好习惯，一生都会因此而受益。其实，节约一时容易，难的是坚持。穷苦的时候，你会懂得节约，那是生活所迫；可贵的是你钱多到花不完时却依然懂得节约，这时节约已经成为一种品德。真正懂得节约的人，是知道如何花钱的人，他们用的每一分钱都会创造出更高的价值。

雅格布斯定理：质量过硬，脚跟才站得稳

不在质上斤斤计较，难在量上绰绰有余

2010 年 10 月 21 日，第十届全国追求卓越大会在北京召开，本次大会本着“优中选优”的原则，将“全国质量奖”这一殊荣颁发给海信、江淮汽车等 12 家企业。这也是继 2001 年获得首届“全国质量奖”以来，海信成为 10 年来唯一 2 次获得该项国家质量最高荣誉的企业。

“全国质量奖”评审专家评价认为：海信坚持“技术、质量、诚信、责任”的核心价值观，积极追求研发深度，建立起产品优势，通过推行卓越绩效管理模式，实现了从产品质量、服务质量到经营质量的全面提升。而海信能够两获该奖，也折射出中国家电行业在质量上积累的良好口碑，随着这一权威奖项的设立和引导，海信等企业的标杆效应将直接带动行业从价格战和营销战向品质战、技术战的集体回归。

海信集团总裁于淑珉作为本次大会唯一的企业发言代表和来自全国的企业界代表分享了海信的质量工作经验，她提出质量犹如人品，质量诚信是最基本的企业诚信，只有用做食品应有的良心来保证产品的质量，才能在竞争中取胜。海信在质量管理中引入道德评价，严格

考核机制，紧抓设计源头的质量控制和质量成本管理，依靠系统严整的质量管理，海信电视的产品质量多年来始终保持着业内最高水平。

目前全球知名的质量奖还有美国波多里奇奖、日本戴明奖、欧洲质量奖三大世界级质量管理奖。这些在社会和商家看来都是无上荣誉的奖项，都体现了质量是消费者和商家共同的追求。“全国质量奖”的评选，让我们看到了海信等一批中国质量标杆企业良好的发展势头，它们坚持诚信经营，狠抓全面质量管理，追求卓越绩效，快速向世界一流企业靠拢，在全球舞台上彰显着中国品牌的力量。

消费者在购买时，为什么会倾向于购买品牌商品，甚至不惜以高出普通商品几倍的价格去购买品牌商品？很重要的一个原因是因为名牌商品在质量上有更大的保证。

一切为保证质量服务

在狼的组织里，永远都是身体最强健、速度最优秀、脑袋最灵光的狼做头领，那些病或残的个体会在不断的种群竞争中被淘汰。在后代的繁育上，只有领头的阿尔法狼和它的唯一配偶可以有繁衍后代的权力，其他的公狼和母狼都没有这样的权力。阿尔法狼是狼群中最优秀的狼，而它的配偶也是母狼中的佼佼者，它们交配所生育的后代，保证了狼群的质量。狼可以淘汰猎物中的老、弱、病、残，使其被迫进化为更优的种群，没有狼的存在，生态上将出现弱者淘汰强者的局面。狼族的这种对本种族和自然界的不断质量优化，是其在地球上几百万年的进化中得已延续和造就和谐生存环境的根本力量。

对于一个企业而言，企业整体质量、产品质量、服务质量就是企业延续和发展的重要力量，质量管理就是企业生存的管理。

1993 年 8 月，荷兰海内肯啤酒公司回收了它已投放到澳大利亚、瑞士、英国、中国香港等 8 个国家和地区市场上的一种玻璃瓶装啤酒。原因是该公司在这种啤酒生产过程中检测出了混有玻璃碎渣的产品，于是怀疑已经投放到国外市场的这种啤酒可能是漏检的“危险品”。在回收这种啤酒的同时，该公司还大力进行宣传，请上述市场的消费者不要买这的啤酒。

海内肯公司是世界第二大啤酒公司，其产品长期来雄踞国际市场，此番要回收已经投放到 8 个国家和地区的啤酒，可想而知，其经济损失是十分巨大的，而且也冒着极大的风险。有人说，此举没有必要，即使有残渣的啤酒漏检，其数量相对来说，也是微乎其微的，按通常的做法，对买到这种不合格啤酒的消费者（即使他饮用后受到伤害），给予适当的赔偿就可以了，没必要如此兴师动众，付出偌大的代价。

海内肯公司此番举动，不仅使消费者从今往后对其产品的质量绝对放心，而且赢得了顾客对其产品的绝对忠诚。等到新的海内肯啤酒重新在市场上出现时，消费者几乎是毫不犹豫的选择了他们的产品。

海内肯啤酒公司这一冒着极大市场风险的举动，反映了一个企业对消费者高度负责的质量信念。通过这一事件将这一经营理念传达给消费者后，引发了消费者对海内肯啤酒的忠诚，使海内肯公司占领了更大的市场，获取了更大的经济利益。

质量是维护顾客满意度和忠诚度的最好保证，要想赢得顾客的忠诚，就要加强产品质量方面的控制，并以高品质的优势去面对市场竞争的挑战。

产品的竞争，品牌的较量，首先是质量的竞争。质量对产品的效能具有直接影响，与顾客满意度密切相关。企业要想在竞争中生存，除了接受质量观念外别无选择；要想在竞争中取胜，除了不断提高产品质量别无出路。从长远看，无论在哪个市场上，唯一经久不衰的价值标准是质量本身。

重视质量赢得成功，相反，忽视质量管理，不把质量的最大化当成企业生存的第一理念，就会让企业付出沉重的代价，哪怕是世界著名的企业。

质量的标准是绝对优良，不存在最好，只存在更好，任何忽视质量创新，忽视质量追求的企业都无法生产出世界级的产品，最终也无法留住顾客。

布里特定律：要推而广之，先广而告之

酒香也怕巷子深

几十年前，京剧大师梅兰芳初次到上海演戏，戏院老板把上海一家最有名的报纸的头版整个买了下来，大做广告。第一天，整版上只印出3个字——梅兰芳。这马上引起了人们的兴趣与推测。第二天，报纸上还是这3个字。好奇者纷纷打电话给报馆，报馆答曰："明日见分晓。"因为广告所造成的神秘感，关注的人越来越多。直到最后一天，整版广告才在"梅兰芳"3字下面刊出一行小字：梅兰芳，京剧名旦，X日假座，CK剧院演出京剧《宇宙锋》《贵妃醉酒》《霸王别姬》。

此广告使市民被吊足了胃口，整个上海的好奇心都被激起来了，大家购票蜂拥而至，都想先睹为快。梅兰芳的沪上演出因此大获成功。

上面这个故事，是中国广告史上一个经典的案例。中国人有句老话，"酒香不怕巷子深"，认为如果酒酿得好，就是在很深的巷子里，也会有人闻香知味，前来品尝，不会因为巷子深而却步。它可以引申为只要东西或产品很好，哪怕不去做营销推广、广告宣传，人们（消费者）也会知道它，并自觉发挥个人积极性、主动性，历尽艰辛地去寻找它。在许多国人的心目中，好的产品无需过分地渲染和夸赞。在这种观念下，人们会忽视对商品的宣传。20世纪90年代以前，这种思维左右着企业界和企业家，他们认为只要自己生产出好的产品，消费者就会源源不断而来，这是典型的"产品时代"思维。然而，事实是好产品很重要，但却不是企业取得市场成功的充要条件，如果仅仅认为有了好的产品就不愁没人买，那等待企业的将是市场的冷淡反应。所以哪怕是像梅兰芳这样近代最具盛名的京剧艺术家的表演，也需要广告这个方式让广大的百姓知道。

当今的社会是一个信息高速传播的时代，以赚钱盈利为目的的商家，怎么会消极地等待一个偶然路过的人的发现呢？深巷中的酒，谁能闻得到？好酒也需要包装和宣传！在市场经济中求生存求发展的企业，特别是中小企业，如果还存在酒香不怕巷子深的观念，闭关自守的话，必将被淹没在残酷的市场竞争的洪流中。有人称广告是"促进生产的润滑剂"，是"竞争的帮手"，肯定了它在经济建设中的作用。

在市场经济条件下，商品的内在十分重要，但是外在的包装和宣传也同样重要。商品宣传的好坏和是否到位，决定了这件商品的知名度与接受度，因此也就与商品的销售情况密切相关。如今，商家要想扩大商品的销量，想要赚得丰厚的利润，就必须用各种办法扩大商品的知名度。广告，无疑在其中扮演了极其重要的角色。俗话说，货好还得宣传巧。一则好的广告，能吸引消费者的眼球，诱导消费者的兴趣和感情，刺激消费者的购买欲望，让消费者心甘情愿地掏腰包付款。

广而告之，才容易人人皆知

1988年夏天，在委内瑞拉经营的肯德基公司，苦于其炸鸡无人问津，在媒体上做了这样一则广告：即日起到肯德基用餐超过 50 美元时，只要再加付 10 美元，就可以得到一只市价为 25 美元的冰桶，且冰桶里会灌满 5 公升的可口可乐，另外还送 10 张（每张 5 公升）可口可乐“续桶券”。在夏季，顾客可凭券在肯德基用餐，若消费超过 15 美元，可免费在冰桶中加满 5 公升的可口可乐。此则广告显然采用了“施以小惠”的宣传技巧：它避而不谈向顾客推销炸鸡之事，只强调自己将优惠或免费赠送冰桶和可口可乐。如此的“天赐良机”，顾客能不动心吗?

果然，广告一传开，委内瑞拉人疯狂地涌入肯德基店，去抢购灌满可口可乐的冰桶（只是先得花 50 美元吃一顿）！不出三个星期，肯德基食品的销量大幅攀升。

广告作为商品经济的产物，在搞活经济的舞台上，扮演着越来越重要的角色。

可口可乐公司的前任老板伍德拉夫有句名言：“可口可乐 99.1% 是水、碳酸和糖浆，如若不进行广告宣传，谁去喝它呢？”可口可乐畅销全世界，打进了 135 个国家和地区的市场，被人们视为是美国精神的象征。可口可乐如此受人们喜欢，除其他原因外，广告的作用不可低估。可口可乐公司从 1886 年开始，就不惜巨资，充分利用广告手段来扩大产品销路。1886 年，可口可乐公司的营业额仅有 50 美元，广告费就花了 46 美元；1901 年其营业额为 12 万美元，广告费花了 10 万美元；如今它的广告费每年平均在 6 亿美元以上。我们细算可口可乐广告费占营业额的比例：1886 年为 92%，1901 年为 83%，可能正是这个惊人之举使 99.1% 都是水、碳酸和糖浆的饮料，卖了个世界第一名。

提高商品的知名度是企业竞争的重要内容之一，而广告则是提高商品知名度不可缺少的武器。精明的企业家，总是善于利用广告，提高企业和产品的“名声”，从而抬高“身价”，推动竞争，开拓市场。

广告在传递产品信息方面，是最迅速、最有效的手段之一。好的产品借助于现代化的广告，其所发挥的作用不知比人力要高多少倍。好的广告不仅能为企业带来经济效益，还有利于树立企业的社会形象。广告能使经济效益和社会效益很好地结合起来，二者相辅相成，互相促进，企业整体机能作用就能更好地得到发挥。

【定律链接】“联想”扬天电脑新品上市广告推广

扬天系列电脑是联想集团在 2005~2006 年针对中小企业推出的新产品。当时，诸多跨国 IT 巨头均已完成对中小企业市场的战略布局——IBM 有“腾跃计划”，SAP 有“灯塔计划”，HP 有“灵动商务”，这些都是针对中小企业的市场计划和产品方案。所以，“扬天”产品面对的竞争十分激烈。如何做出最有效果的广告来推广新产品，这是产品销售至关重要的一环。为此，联想策划了一系列宣传推广产品的广告方针：

2005 年 10~12 月，联想奥运促销推广系列广告启动。时值冬奥会前期，联想是奥运会指定计算技术设备 TOP 赞助商，作为联想整合传播的一部分，夺冠热门人物申雪、赵宏博、杨扬、李妮娜签约联想。扬天适时运用了奥运形象资源，快速提升了品牌知名度。

2006 年 4~5 月，扬天海外上市，配合公关活动，推出平面广告，进一步提升了品牌的知名度。紧接着，又推出了“双操作系统，彻底的安全保障”概念的广告战役，进一步让目标消费群对扬天的科技含量充满信任。

2006 年 6 月，世界杯前期，联想签约小罗纳尔多为其形象代言人，扬天的知名度再次提升。

经过这样一系列广告的宣传攻势，扬天销量同比增长42.14%，销售额同比增长28.43%，利润同比增长17.39%。这套广告也被业界认为是2006年度在中国市场上发生的、精彩纷呈的、实效突破的成功的广告。

阿尔巴德定理：抓住顾客需求，才能赚到钱

从“埋头搞技术”到“抬头看市场”

任何企业在进入一个新市场时，了解顾客的切实需求是关键的环节。只有充分了解顾客的需求特性心理等等因素，才能有针对性地制定产品价格、销售网络、服务体系等方面的策略。

企业要想在激烈的市场竞争中取得优势，就必须使自己的产品具有竞争力。而企业把握好顾客需求是其赢得市场、求得生存的关键因素，只有能最大限度地满足顾客需求的产品才能立于不败之地！

有人做过这样一个统计，《财富》评选的500强企业中，大约20年就有1/3从名单中消失了，尤其像微软、英特尔这类著名的高科技公司，20年前有的甚至没有成立。是什么导致一些企业大幅度的起落？为什么有些公司能够保持持续增长，而另一些企业却因四面楚歌悄然退出历史舞台了呢？其中一个很重要的原因就是没有合理地把握顾客需求，没有调整好竞争策略。

单纯地强调企业的自我强大，强调如何攻击对手，强调市场份额，已经不能使自身的竞争力有所提高。竞争格局的变化远远比战争格局的变化要丰富得多，胜利也不仅仅表现在利润指标上，或将对手压倒在自己的市场份额或销售量上。击败对手与创造利润并没有必然的联系，过分强调击败对手的结果只能把注意力集中到价格上，而忽视了价格的终端，也就是消费者。

因此，纵观近期企业战略思维发生的转变，一个很明显的事实是，一批高增长公司几乎都不再关心与对手的较量或击败对手，而是紧紧地把握住顾客需求和顾客心理。

立足需求，发现商机

随着商品经济日益成熟，市场大，能人多，谁的脑袋都不比别人笨，因而生意场上的各个领域、各个行业，都已经被人折腾了个底儿朝天，要想找一个未经开发的新行业，比大海捞针还难。因此，发现潜在商机就显得十分宝贵。

潜在的商机在哪里呢？其实，所谓的商机就是消费者的需求，只要有需求，就会有商机。如果把市场看成是由一些圆圈组成的话，那么，这些圆圈间必然存在一些“缝隙”，没有被完全包括和覆盖，这些缝隙，就是由消费者需求带来的商机。难怪经营大师总是告诫那些在市场上找不着“北”的淘金者：市场如布，不会“天衣无缝”，商家似针，总可以插入到别人难以发现的缝隙中。一道小小的市场缝隙，往往就是一片广阔的新天地，谁先寻隙而入，谁就会成为赢家。

每位经商者都希望自己的产品在市场上畅销，但是怎样才能做到呢？方法很简单，就是使它满足社会生活一部分的需要。世界上第一台自动书法机诞生的过程或许会给你以启迪。

一天，谷野来到一家百货公司给朋友邮购礼品。按惯例，他应该在礼品盒上写上几句恭

敬的语句，但谷野不擅长书法，只好请店员代笔。一位店员小声嘀咕说：“已经卖了100多份礼品了，要是每个都要我们代笔，可够麻烦的!”另一位店员附和着说：“是啊，如果有一台自动书法机就好了。”

说者无心，听者有意。谷野心头一动，这不是一个很有价值的市场需要吗？可是这个信息是否准确？谷野调查了十几家百货公司，了解到：日本的礼品市场年销售额达几千亿日元，每个人每年要送几十份礼品，每份礼品都要写上诸如“年贺”“御祝”“中元”等美好的祝语，而真正擅长书法的人却寥若晨星，许多商店只好请书法家代写，聘金贵得惊人。谷野估计了一下，如果包括每年成千上万张贺年片，那么对书法的需要将相当可观。不久第一台书法机诞生了，并在市场上一炮打响。

可以说，大千世界，尚未开发的市场无时不有、无处不在，各种各样的生财机会很多，关键看商家能否立足市场需求，练就一双敏锐的“市场眼”和观察市场、分析市场的能力。可以这样讲，如果经营者多动脑筋，多一点开拓市场的钻劲，何愁不能把握商机，驾驭市场呢?

多关心看似不起眼的零散信息，往往能带来商机。现代社会是信息社会，大家获取信息的渠道都差不多，精明之人就要广辟信息渠道，发掘获取最有价值的信息。零散信息便是获取商机的一种重要渠道，它指的是信息的内容尚未经专门机构加工整理就直接作用于人的感觉，如一句“闲话”、一丝“灵感”、一个“点子”等。这种零散信息产生于日常生活之中，流淌于百姓大众之间，不费一钱一物，因为其非正规、非主流的特性，决定了它不被多数人重视的结果，但实际上它可能产生的价值却不可小视。

【定律链接】顾客体验经济时代

“欢迎来到体验式经济时代！”

这是美国战略地平线LLP顾问公司的创始人帕恩二世和吉尔摩在《哈佛商业评论》中对体验经济时代的肯定。在《体验经济》这本书中，帕恩二世从经济学的角度把人类的历史分成物品经济时代、商品经济时代、服务经济时代和体验经济时代这样4个阶段。

与此4个阶段相对应的经济价值演变过程，分别表现为物品、商品、服务和体验4种形式。当一种经济形式发展到一定程度的时候，下一种经济形式便开始萌芽发展。随着服务业越来越迅速地扩张，“体验”也开始被越来越广泛地提起，如今它已经触及不同行业，尤其是与终端消费者有直接联系的领域。

现在的体验经济，被认为是继农业经济、工业经济和服务经济阶段之后的第4个人类的经济生活发展阶段，或称为服务经济的延伸。从工业到农业、计算机业、因特网、旅游业、商业、服务业、餐饮业、娱乐业（影视、主题公园）等等，各行业都在上演着体验或体验经济，尤其是娱乐业已成为现在世界上成长最快的体验经济领域。

由农业经济、工业经济和服务经济到体验经济的演进过程，就像母亲为小孩过生日、准备生日蛋糕的进化过程。在农业经济时代，母亲是拿自家农场的面粉、鸡蛋等材料，亲手做蛋糕，从头忙到尾，成本不到1美元。到了工业经济时代，母亲到商店里，花几美元买混合好的盒装粉回家，自己烘烤。进入服务经济时代，母亲是向西点店或超市订购做好的蛋糕，花费十几美元。到了今天，母亲不但不烘烤蛋糕，甚至不用费事自己办生日晚会，而是花100美元，将生日活动外包给一些公司，请他们为小孩筹办一个难忘的生日晚会。这就是体验经济的诞生。

第九章
管理学原理

二八法则：抓住起主宰作用的“关键”

无所不在的二八法则

理查德·科克在牛津大学读书时，学长告诉他千万不要上课，“要尽可能做得快，没有必要把一本书从头到尾全部读完，除非你是为了享受读书本身的乐趣。在你读书时，应该领悟这本书的精髓，这比读完整本书有价值得多”。这位学长想表达的意思实际上是：一本书80%的价值，在20%的页数中就已经阐明了，所以只要看完整部书的20%就可以了。

理查德·科克很喜欢这种学习方法，而且一直将其沿用下去。牛津并没有一个连续的评分系统，课程结束时的期末考试就足以裁定一个学生在学校的成绩。他发现，如果分析过去的考试试题，会发现把所学到与课程有关的知识的20%，甚至更少，准备充分，就有把握回答好试卷中80%的题目。这就是为什么专精于一小部分内容的学生，可以给主考人留下深刻的印象，而那些什么都知道一点，但没有一门精通的学生却考不出好成绩。这项心得让他不用披星戴月、终日辛苦地学习，但依然取得了很好的成绩。

理查德·科克到壳牌石油公司工作后，在可怕的炼油厂内服务。他很快就意识到，像他这种既年轻又没有什么经验的人，最好的工作也许是咨询业。所以，他去了费城，并且比较轻松地获取了Wharton工商管理的硕士学位，随后加盟了一家顶尖的美国咨询公司，第一个月，他领到的薪水是在壳牌石油公司的4倍。

就在这里，理查德·科克发现了许多运用二八法则的实例。咨询行业80%的成长，几乎全部来自专业人员不到20%的公司，而80%的快速升职也只有在小公司里才有——有没有才能根本不是主要的问题。

当理查德·科克离开第一家咨询公司，跳槽到第二家的时候，他惊奇地发现，新同事比以前公司的同事更有效率。

怎么会出现这样的现象呢？新同事并没有更卖力地工作，但他们充分利用了二八法则，他们明白，80%的利润是由20%的客户带来的，这条规律对大部分公司来说都是行之有效。这样一个规律意味着两个重大信息：关注大客户和长期客户。大客户所给的任务大，这表示你更有机会运用更年轻的咨询人员；长期客户的关系造就了依赖性，因为如果他们要换另外一家咨询公司，就会增加成本，而且长期客户通常不在意价钱问题。

对大部分的咨询公司而言，争取新客户是重点工作，但在他的新公司里，尽可能与现有的大客户维持长久关系才是明智之举。

不久后，理查德·科克确信，对于咨询师和他们的客户来说，努力和报酬之间也没有什么关系，即使有也是微不足道的。聪明人应该看重结果，而不是一味地努力；应该依照一些解释真理的见解做事，而不是像头老黄牛单纯地低头向前。相反，仅仅凭着脑子聪明和做事努力，不见得就能取得顶尖的成就。

二八法则无论是对企业家、商人还是电脑爱好者、技术工程师和其他任何人，意义都十分重大。这条法则能促进企业提高效率，增加收益；能帮助个人和企业以最短的时间获得更多的利润；能让每个人的生活更有效率、更快乐；它还是企业降低服务成本、提升服务质量的关键。

二八法则的运用

微软的创始人比尔·盖茨曾开玩笑似的说，谁要是挖走了微软最重要的约占 20%的几十名员工，微软可能就完了。这里，盖茨告诉了我们一个秘密：一个企业持续成长的前提，就是留住关键性人才，因为关键人才是一个企业最重要的战略资源，是企业价值的主要创造者。

留住你的关键人才，因为关键人才的流失有时对一个企业来讲是致命的。

因此，在任何时候，你都要和他们保持良好的沟通，这种沟通不仅是物质上的，更是心理上的，让他们觉得自己在公司具有举足轻重的地位。如果他们感觉到老板对自己的赏识，他心中会升华一种责任感，从而愿意与公司共进退。

一家西方知名公司的首席执行官刚刚实行了一项革命性的举措——部门经理每季度提交关于那些有影响力、需要加以肯定的职员的报告。这位首席执行官亲自与他们联系，感谢他们的贡献，并就公司如何提高效率向他们征求意见。通过这一举措，这位首席执行官不仅有效留住了关键性的人才，还得到了他们对公司的持续发展提供的大量建议。

另外，要仔细分析关键人才在什么情况下业绩最佳，在那段时间内，他们是如何工作的。因为即使是一个关键人才，他的业绩也不是每个季度、每个月都一样的。根据二八法则，找出他们创造了 80%的业绩的 20%的工作时间，来分析他们在那段时间内创造佳绩的原因。

你也许会问，对表现差的那 80%的销售员该怎么办?

其实这些问题你不必考虑，你要训练的是那些你打算长久留在身旁的人，若训练随时准备让他们走人的员工，才真是徒劳无功。

让关键人才来训练你打算留下来的人员，经过一个阶段之后，在受训人员中淘汰掉表现较差的一部分，只保留表现最好的 20%，把 80%的训练计划和精力放在他们身上，力争他们也成为公司的关键人才。这样，长江后浪推前浪，整个公司的业绩也就上升了。

一位著名的管理学者说：“成功的人若分析自己成功的原因，就会发现二八法则在自己成功的道路上发挥了巨大的作用。80%的成长、获利和发展，来自 20%的客人。公司至少应知道这 20%是谁，才可能清楚地看到未来成长的前景。”

1998 年，在梅格·惠特曼出任 eBay（易趣网）公司首席执行官 5 个星期之后，她主持了一次为期 2 天的会议，讨论收缩销售战线的问题，并再次检查用户数据。如果了解 eBay

公司每个卖家的交易量（当然这由 eBay 公司负责），你就可以很容易地列出双栏表格。第一栏按照递减顺序，也就是按照交易量从最大到最小的顺序将客户排列下来。第二栏进行交易量累计（例如第一栏中，第一名客户的交易量为 5 万美元，第二名客户的交易量为 4 万美元，那么，在第二栏中，对应第一名客户的交易量累计将会是 5 万美元，而对应第二名客户的交易量累计则为 9 万美元）。现在，看看第二栏，我们可以找到累计销售额占 eBay 公司总销售额 80%的客户，从中我们可以知道 eBay 公司销售的集中程度怎样。

经过 2 天的整理和排列，惠特曼和她的团队发现，eBay 公司 20%的用户，占据了公司总销售量的 80%。这个消息并非听听而已，它提醒大家，针对这 20%客户的决策对于 eBay 公司的发展和收益非常关键。当 eBay 公司的管理者追踪这 20%核心用户的身份时，他们发现这些人大都是收藏家。因此，惠特曼和她的团队决定不再像其他网站那样，通过在大众媒体上做广告去吸引客户，转而在收藏家更容易关注的玩偶收藏家、玛丽·贝丝的无檐小便帽世界等收藏专业媒体和收藏家交易展上加大宣传力度，这一决策成为 eBay 成功的关键。

将注意力集中在核心用户身上，促成了 eBay 公司大销售商计划的诞生。该计划旨在通过提升核心客户的表现，从而带动 eBay 公司自身有更好的表现。该计划向三类大销售商提供了特权和认可，他们分别是：铜牌用户，每月销售 2000 美元；银牌用户，每月销售 10000 美元；金牌用户，每月销售 25000 美元。只要大销售商获得了买家的好评，eBay 公司就会在这个销售商的名字旁边加注一个专用徽标，并给他们提供额外的客户支持。比如，金牌销售商可以拥有 24 小时客户支持的热线电话。

由此可见，在公司管理中，要运用二八法则来调整管理的策略，就要首先清楚掌握公司在哪些方面是赢利的，哪些方面是亏损的，只有对局势有了全面的了解，才能对症下药，制定出有利于公司发展的策略。如果脑袋里是一笔糊涂账，就无从谈起二八法则的运用，而那些琐碎、无用的事情将继续占据你的时间和精力。所以首要的任务是对公司做一次全面的分析，细心检查公司里的每个细微环节，理出那些能够带来利润的部分，从而制定出一套有利于公司成长的策略。

你要找出公司里什么部门业绩平平，什么部门创造了较高利润，又有哪些部门带来了严重的赤字。通过分析比较，你就会发现哪些因素在公司中起到举足轻重的作用，而另一些则在公司中的作用微不足道。

在企业经营中，少数的人创造了大多数的价值，获利 80%的项目只占企业全部项目的 20%。因此，你应该学会时刻注重那关键的少数，提醒自己把主要的时间和精力放在那关键的少数上，而不是用在获利较少的多数上，泛泛地做无用功。

【定律链接】慎用二八法则

实际上，运用二八法则有着严格的前提假设，离开这些假设来谈论该法则的普遍适用性，就会导出十分荒谬的结论。

第一，假设具备事前判断关键与非关键事物所需的各种信息，否则就无法有效区别关键少数与一般多数。管理复杂系统，如果无法事先确定哪些是少数关键因素，也就不可能提出操作对策。

第二，假设少数关键要素与多数一般要素这两者之间互相独立不相关。事实上，在管理系统中，关键少数与一般多数之间往往存在着双向互动的相关性。因此，用对有机系统进行肢解的方式来获取所谓的关键因素，而把其余的部分均归为所谓的一般因素，这种做法非常荒谬。

第三，假设所找到的关键事物或环节等是可调控的，即二八法则所涉及的关键因素是人类群体理性选择的结果，它是一种人类决策可改变、可利用的规律。如果找出的关键因素是管理者及企业力量所不能改变的，却硬要试图违背理性加以改变，就如同头撞南墙、鸡蛋碰石头，其结果将以失败而告终。从这个角度看，除非管理环境在其存在方式、发展趋势、运行模式、因果关系等方面的变化具有一定的可预见、可调控的特性，否则二八法则就只有解释性，而不具可行性，对管理者来说等于无效。

所以，关于二八法则，在使用中应该注意：

（1）要以符合一定的前提假设为先决条件。

（2）要将 80% 与 20% 看成是一个整体，也就是要在注重 20% 关键因素的同时，也关注 80% 非关键因素，在二者协调的情况下，提高整个系统的水平。

分粥规则：利己并不妨碍公平

分粥的难题

有一个很古老的故事：

有 7 个小矮人在一起共同生活，其中每个人都没有什么凶险祸害之心，但不免有自利的心理，他们每天要分食一锅粥，但没有称量用具。

大家发挥了聪明才智，试验了各种不同的方法，主要方法如下：

方法一：拟定一人负责分粥事宜。很快大家就发现这个人为自己分的粥最多，于是换了人，结果总是主持分粥的人碗里的粥最多。大家得出结论：权力导致腐败，绝对的权力导致绝对腐败。

方法二：大家轮流主持分粥，每人一天。虽然看起来平等了，但是每个人在一周中只有自己分粥那天吃得饱且有剩余，其余六天都饥饿难耐。结论：资源浪费。

方法三：选举一位品德尚属上乘的人。开始还能维持基本公平，但不久他就开始为自己和溜须拍马的人多分。结论：毕竟是人不是神。

方法四：选举一个分粥委员会和一个监督委员会，形成监督和制约。公平基本做到了，可是由于监督委员会经常提出多种议案，分粥委员会又据理力争，等粥分完，早就凉了。结论：类似的情况政府机构比比皆是。

方法五：每人轮流值日分粥，分粥的人最后一个领粥。结果，每次七只碗里的粥都一样多。

这就是分粥的难题。要让分粥工作既有效率又公平，确实不是一件容易的事情。所幸的是，7 个小矮人通过实践，最终实现了效率与公平的共赢。

所谓“分粥规则”，是政治哲学家罗尔斯在其著作《正义论》中提出的。在这个颇有趣味的小故事背后，揭示的是社会财富的分配问题。罗尔斯把社会财富比作一锅粥，这锅粥当然不是敞开的“大锅饭”，所以罗尔斯假设 7 个小矮人共同分粥——这 7 个小矮人，实际上代表的就是政治经济学体制下的广大人民；而以上小矮人进行的不同的实验，代表的自然就是不同的政治经济体制。

在没有精确计量手段的情况下，无论选择谁来分，都会有利己嫌疑。经过多方博弈后，解决的方法就是第五种——分粥者最后喝粥，等所有人把粥领走了，“分粥者”喝剩下的那份。因为让分粥者最后领粥，就给分粥者提出了一个最起码的要求——每碗粥都要分得很均匀，否则最少的那碗肯定是自己的。只有分得合理，自己才不至于吃亏。因此，“分粥者”即使只为自己着想，结果也是公正、公平的。

【定律链接】制度决定行为

通过分粥规则我们看到，同样是七个人，不同的分配制度，就会有不同的结果。所以一个单位如果有不好的工作习气，一定是机制问题，没有严格的制度奖勤罚懒。如何制定并执行系统的制度，是每个企业每一位管理者都需要思考的课题。具体可以从以下几个方面入手：

1. 构建制度、奖惩分明

古人说：“知易行难。”搞好制度建设是做好工作的前提，执行制度才是提高效率的关键。要想有效执行制度，首先要培养员工对制度的认同感。针对部门、员工岗位的要求，加强组织学习和培训，使每个员工都能清楚地知道自己应该做什么，不应该做什么，企业倡导什么，反对什么，什么是不正确的行为，什么是应该坚持的底线，这样才能确保执行不出现偏差。其次，在执行制度和管理的过程中，还要不断完善和优化各类制度，时刻坚持制度是职工必须遵循的行为准绳，树立制度的权威性和执行制度的刚性，充分强调职工对制度的无条件服从和百分百的执行。再次，在执行过程中，要敢于直面问题，准确、到位、公开地点评工作中的不足，批评不良倾向，提出整改措施。要把上级的要求，与本单位的具体情况、基层班组的工作特点、职工的思想实际等，有机结合起来加以贯彻落实，防止出现形式主义、应付上级的不良现象。

2. 领导垂范、率先执行

古人说：“身教重于言教。”领导的执行力是企业制度建设最有力的保证。企业的各级领导干部既是制度的制订者，也是制度的执行者。当前，一些企业中的某些各级干部还不同程度地存在软、懒、散等现象，具体讲，制度执行不下去就是新形势下“软”的表现，缺乏创新意识、工作没有激情就是“懒”的表现，中心工作不突出、工作指导不到位就是“散”的表现。企业执行力的提高，需要领导者有坚定的态度、坚强的决心、有力的措施，更需要领导者身体力行。提高企业执行力，要提高领导者自身的执行力，要坚持真抓实干，说到做到，言出必行；坚持公司制度面前人人平等，严格按章办事，不做企业特殊员工；要深入基层，了解企业，了解员工，掌握实情；要参与执行，关注细节，及时协调解决企业运营过程中存在的各类问题；要加强团结协作，推进民主管理，在重大问题决策上集思广益、群策群力，形成相互支持、协调、团结共事的局面。

3. 文化引领、广泛认同

制度建设是企业文化的重要表现之一。企业执行力文化的核心内容，是一种对制度负责、敬业的精神和服从、诚实的态度。要把“不讲任何借口”的制度准则，融合在企业文化里，印刻在员工心目中，使之成为企业每个员工的一种守则、一种信念和一种精神力量。我们知道，员工的观念改变态度才会变，态度改变执行才会变，执行改变企业才会变。因此，要充分运用“荣辱观”教育、“主人翁”教育、职业道德教育等活动，大力推进企业文化建设。开展经常性的企业精神教育，采取生动活泼、喜闻乐见的形式，灌输“执行制度不是对职工的约束，而是对职工的关爱”“执行制度就是尊重自己”“安全是最大的以人为本”等企业观念。教育广大员工，挑战制度和无视规定，就是无视自己生命、践踏生活，是对自己、对家人、对企业、对他人不负责任，其结果必然是失大于得，甚至失去健康和生命。除此之外，还要注重开展榜样教育，把那些体现企业文化、反映企业精神、代表企业形象的先进个人和群体树立起来，彰显他们的地位，作为企业全体员工共同学习的榜样。

犯人船理论：制度比人治更有效

没有规矩，不成方圆

18 世纪，英国政府为了开发新占领的殖民地——澳大利亚，决定将已经判刑的囚犯运往此地。从英国运送到澳大利亚的船运工作由私人船主承包，政府支付长途运输费用。据英国历史学家查理·巴特森写的《犯人船》记载，1790~1792 年，私人船主运送犯人到澳大利亚的 26 艘船共 4082 人，死亡 498 人，死亡率很高。其中有一艘名为海神号的船，424 个犯人中死了 158 人。英国政府不仅经济上损失巨大，而且在道义上受到社会强烈谴责。

对此，英国政府实施了一种新制度以解决问题。政府不再按上船时运送的囚犯人数支付船主费用，而是按下船时实际到达澳大利亚的囚犯人数付费。新制度立竿见影。据《犯人船》记载，1793 年，3 艘新制度下航行的船到达澳大利亚后，422 名罪犯只有 1 人死于途中。此后，英国政府对这些制度继续改进，如果罪犯健康良好还给船主发奖金。这样，运往澳大利亚罪犯的死亡率明显有所下降。

如果从我们熟悉的一般思维方式上寻找解决以上犯人死亡问题的方法，一般可以列举出两种，对船主进行道德说教，寄希望于私人船主良心发现，为囚犯创造更好的生活条件，或者政府进行干预，使用行政手段强迫私人船主改进运输方法。但以上两种做法都有实施难度，同时效果也许甚微。然而，新的制度却既可以顺应船主们牟利的需求，也使得犯人平安到达目的地。

这就是制度的作用。所谓制度，就是约束人们行为的各种规矩。“没有规矩，不成方圆”，制度在维护经济秩序方面起着重要作用。一个好的制度一方面可以避免人们在经济生活中的盲目性，形成统一的管理和流程，例如财务制度的建立，使得公司内部资金使用十分规范，人们只需按照相应的规定行事即可；另一方面，制度能规避机会主义行为。

制度的最大受益者是遵循制度的人

合理的制度确实可以对不规范的行为起到良好的约束与引导作用。阿里巴巴集团创办的支付宝，在电子商务一度遭受信用质疑的时刻横空出世，化繁为简，填补了中国金融业在电子商务领域的空白，让每一个消费者都可以放心地进行网上交易。支付宝取得成功的原因就在于取得了消费者的信任，而它之所以能够取得信任，就在于通过严格的制度，规范了网上交易的程序，买主和卖主的权益都得到了最大程度的保障。

可见，无论是公司的制度，还是国家的制度，跟我们每一个人都有紧密的关系。往往一个新制度的产生，会给社会带来不可估量的影响。虽然“犯人船理论”最初是源自于对犯人的约束，但最终，每一个守规矩的人，都是制度最大的受益者。

【定律链接】制度怎样才合理

在传统的智慧中，市场中的消费者是弱者，而与消费者相对的企业便是强者，为了保护弱者，政府便会出面对市场进行干预，制定出一系列的制度。

经济学的中心目标之一就是解释复杂的经济是如何运行的，这些问题涉及经济的协调机制。不同的经济社会有不同的协调机制，从而形成不同的经济体制。在这些经济体制中，其中一种协调机制是市场经济体制，它是在产权确定的条件下，由价格调节单个经济主体的决策；它像一个非常精巧的机构，通过价格和市场体系，无意识地协调着生产者及消费者的活动；它还是一部传达信息的机器，把千百万个经济主体的偏好和行为汇集在一起，很好地解决了生产什么、如何生产、为谁生产等基本的经济问题。

因此，我们说，在人类的经济生活中，在市场经济制度下，如何建立一种合理的制度，便是由效率最高的生产方式决定的。为谁生产，取决于生产要素的供给与需求，要素市场取决于工资、地租、利率和利润的多少。

公平理论：绝对公平是乌托邦

绝对的公平根本不存在

一个人不仅关心自己所得所失本身，而且还关心与别人所得所失的关系。他们是以相对付出和相对报酬全面衡量自己的得失，如果得失比例和他人相比大致相当时，就会心理平静，认为公平合理，从而心情舒畅；比别人高则令其兴奋，这是最有效的激励，但有时过高会带来心虚，不安全感激增；低于别人时同样会令其产生不安全感，心理不平静，甚至满腹怨气，工作不努力、消极怠工。因此分配合理性常是激发人在组织中工作动机的因素和动力。

早在 1965 年，美国心理学家约翰·斯塔希·亚当斯就已提出“公平理论”，员工的激励程度来源于对自己和参照对象的报酬和投入的比例的主观比较感觉。该理论认为，人能否受到激励，不但由他们得到了什么而定，还要由他们所得与别人所得是否公平而定。

下面，一起来看古印度《百喻经》里的一个“二子分财”的例子：

古印度有这样的习俗，父母死后要为子女留下财产，而子女之间要平分财产。有一位富商，晚年得了重病，知道自己快要死了，于是便告诉他的儿子们要平分财产。两个儿子遵照他的遗言，在他死后，提出各种平分财产的方案，可是无论哪个方案，兄弟二人都不能同时满意。

就在他们为平分遗产发愁的时候，有一个愚蠢的老人来他们家做客，见此状况，便对两兄弟说：“我教你们分财物的办法，一定能分得公平，就是把所有的东西都破开成两份。怎么分呢？衣裳从中间撕开，盘子、瓶子从中间敲开，盆子、缸子从中间打开，钱也锯开，这样一切都是一人一半。”兄弟二人听到这位愚人的建议，顿然醒悟，总算找到平分遗产的方法了。但当他们按这样的方法分完遗产，才发现所有的东西都不能用了……

绝对的公平是不存在的。如果完全都按照数量上的平等来分，就会出现这种形而上学的笑话。所以，效率和公平要兼顾。

公平与否的判定受到个人的知识、修养的影响，再加上社会文化的差异，以及评判公平的标准、绩效的评定的不同等，在不同的社会中，人们对公平的观念也是不同的。但是，面对不公平待遇时，为了消除不安，人们选择的反应行为却大致相同，或者通过自我解释达到自我安慰，主观上造成一种公平的假象；或者更换比较对象，以获得主观上的公平；或者采取一定行为，改变自己或他人的得失状况；或者发泄怨气，制造矛盾；或者选择暂时忍耐或逃避。

寻找公平与效率之间的完美平衡点

在经济学上，公平与效率是个永久的话题，很多人认为两者不可兼得，要么牺牲效率，获得相对的更加公平；要么牺牲公平，去追求更大的效率。事实就是这样，最公平的方案不一定就是最有效的。

两个孩子得到一个橙子，但是在分配的问题上，两人并不能统一。两个人吵来吵去，最终达成了一致意见，由一个孩子负责切橙子，而另一个孩子选橙子。最后，这两个孩子按照商定的办法各自取得了一半橙子，高高兴兴地拿回家去了。其中一个孩子把半个橙子拿到家，把橙子皮剥掉扔进了垃圾桶，把果肉放到果汁机里榨果汁喝；另一个孩子回到家把果肉挖掉扔进了垃圾桶，把橙子皮留下来磨碎了，混在面粉里烤蛋糕吃。

两个“聪明”的孩子想到了一个公平的方法来分橙子：如果切橙子的孩子不能将橙子尽量分成均等两半，那么另一个孩子肯定会先选择较大的那一块，所以这就迫使他要进行均匀的分配，否则吃亏的就是自己。这似乎是一个“完美”的公平方案，结果双方也都很满意。然而，他们各自得到的东西却未能物尽其用，这个公平的方案并没有让双方的资源利用效率达到最优。

如果将橙子果肉掏出，全部给需要榨果汁的小孩，把橙皮全部留给需要橙皮烤蛋糕的小孩，这样就避免了果肉和果皮的浪费，达到资源利用的最大化。但对两个小孩来说，这样的方案，他们会觉得不公平而拒绝接受。

许多公司为了避免员工的不公平心理对工作效率造成影响，都对员工工资采取保密措施，使员工相互不了解彼此的收支比率，从而无法进行比较。这种做法有些类似于“纸里包火”。其实，若想要规避不公平心理的负面效应，不但要公开大家的付出与所得，还需要建立合理的工作激励机制，以及公正的奖罚制度，并铁面无私地严格执行下去。

然而事实上，要提高效率，难免就会存在不平等。要实现平等，则往往要以牺牲效率为代价。世上没有绝对的公平，公平永远是相对的。所以对于我们个人来说，不要刻意去为点滴的不公而大动干戈，也不要为过于追求效率而无视施加于大家头上的不平等。一个优秀的团体，总能做到效率与公平的兼顾，并知道何时需要注重公平，何时需更注重效率。同样，一个聪明的人在处理事务时，也总会在公平与效率之间找到完美的平衡点。

【定律链接】结果公平和机会公平

公司的年终酒会上，一个漂亮的女孩被很多男生看上了。每个人都想邀请她跳舞，却又不好意思。有几个大胆的男生来邀请女孩跳舞，女孩犹豫了一下，选择了一个年轻帅气的男生。其他男生立马撇嘴，觉得这个女孩怎么可以只看男生外表不重内涵呢？真没品位。第二次女孩又和一位中年成熟男士跳舞，其他人又撇嘴，这个女孩怎么只看男生有钱没钱呢？真虚荣。第三次女孩选择了一个长相平平的男生跳舞，其他人还撇撇嘴，他长那么丑，还没有我帅呢！她怎么这么没有品位呢！

可见，这个女孩无论如何选择，都无法达到这些男士所认为的公平。在公平与效率之间，既不能只强调效率而忽视了公平，也不能因为公平而不要效率，应该寻求一个公平与效率的最佳契合点，实现效率，促进公平。但要实现效率与公平的完美结合，又谈何容易？各方要在合作的基础上达成一种均衡，必须考虑各方的利益。在大家实力相当的时候，必须使每个人得失相当。最难的是，每个人都觉得自己得到的是最少的，无论如何都是不公平的。

在诸如此类的生活场景中，之所以总会听见人们抱怨，就是因为公平难以实现。

经济学家把公平划分为结果公平和机会公平。结果公平是由人类社会的整体性所决定的，无论强者还是弱者，每个人都应享有基本的权利，即生存和发展的权利。结果公平更加注重人的差异性，它是通过社会再分配的方式，对于弱者给予补偿，个人所得税、奢侈品税的核心思想就是通过财富转移支配达到促进社会公平的结果。

鲇鱼效应：让外来“鲇鱼”助你越游越快

鲇鱼效应就是一种负激励

挪威人喜欢吃沙丁鱼，尤其是活鱼，市场上活沙丁鱼的价格要比死鱼高许多，所以渔民总是千方百计地想让沙丁鱼活着回到渔港。虽然经过种种努力，可绝大部分沙丁鱼还是在中途因窒息而死亡。但有一条渔船总能让大部分沙丁鱼活着。船长严格保守着秘密，直到船长去世，谜底才揭开，原来是船长在装满沙丁鱼的鱼槽里放进了一条鲇鱼。鲇鱼进入鱼槽后，由于环境陌生，便四处游动，沙丁鱼见了十分紧张，左冲右突，四处躲避，加速游动。这样一来，一条条沙丁鱼欢蹦乱跳地回到了渔港。

这就是著名的“鲇鱼效应”，即采取一种手段或措施，刺激一些企业活跃起来，投入市场中积极参与竞争，从而激活市场中的同行业企业。其实质是一种负激励，是激活员工队伍的奥秘。

比如，一个企业内部人员长期固定，就会缺乏活力与新鲜感，从而容易产生惰性，影响企业生产效率。对企业而言，将“鲇鱼”加进来，会制造一些紧张气氛。当员工们看见自己周围多了些“职业杀手”时，便会有种紧迫感，觉得自己应该要加快步伐，否则就会被挤掉。这样一来，企业就又能焕发出旺盛的活力了。

同样，如果一个人长期待在一种工作环境中反复从事着同样的工作，很容易滋生厌倦、疲惰等负面情绪，从而导致工作绩效明显降低，长此以往，就掉入了职业倦怠的旋涡之中。“鲇鱼”的加入，会使人产生竞争感，从而促进自己的职业能力成长和保持对工作的热情，这样也就容易获得职业发展的成功。

要知道，适度的压力有利于保持良好的状态，有助于挖掘人们的潜能，从而提高个人的工作效率。例如，运动员每临近比赛时，一定要将自己调整到能感觉到适度的压力，让自己兴奋的最佳竞技状态。相反，如果不紧张、没压力感，则不利于出成绩。可见，适度的压力对挖掘自身的内在潜力资源是有正面意义的。

有一位经验丰富的老船长，当他的货轮卸货后在浩瀚的大海上返航时，突然遭遇到了巨大的风暴。年轻的水手们惊慌失措，老船长果断地命令水手们立刻打开货舱，往里面灌水。“船长是不是疯了，往船舱里灌水只会增加船的压力，使船下沉，这不是自寻死路吗？”

船长望着这群稚嫩的水手们说：“百万吨的巨轮很少有被打翻的，被打翻的常常是船身轻的小船。船在负重的时候是最安全的，空船时则是最危险的。在船的承载能力范围之内，适当的负重可以抵挡暴风骤雨的侵袭。”

水手们按照船长的吩咐去做，随着货舱里的水位越升越高，随着船一寸一寸地下沉，依旧猛烈的狂风巨浪对船的威胁却一点一点地减少，货轮渐渐平稳下来。

这就是"压力效应"。那些得过且过、没有一点压力的人，就像是风暴中没有载货的船，人生的任何一场狂风巨浪都能将其覆灭。而那些时刻认识到"鲇鱼效应"的存在，在生活中适当存有压力，善于保持工作激情的人，是不会轻易被风浪击倒的，反而时刻走在追求成功的道路上。

适度的压力是必要的，但若压力过度的话，不仅不会消除厌倦慵懒的情绪，反而会激发无助、绝望等更为负面的情绪，从而使自己的状况恶化，这就好比将许多鲇鱼放入了沙丁鱼鱼槽中。鲇鱼是食鱼动物，正因为这种特性，加入一条鲇鱼会给沙丁鱼带来压力，从而发生"鲇鱼效应"；然而如果放入大量鲇鱼，这不但不能给沙丁鱼带来游动的动力，反而给它们带来灾难。

对于企业中的个人来说，"鲇鱼"要么是位奖罚分明、雷厉风行的领导，要么是位表现突出、实力强劲的同事，还有可能是位积极向上、富有活力的下属。这些"鲇鱼"的适当存在，都能让其他员工产生向前奋进的动力。久而久之，我们会慢慢发觉，我们也变成了周围人眼中的"鲇鱼"，大家都处在一个良性循环的竞争中。

在当今这个日新月异的社会中，原地不动就意味着退步。若不想落后于他人，那就给自己找条"鲇鱼"吧，保持着适度的压力，并将压力化为动力，我们就会越游越快。

引入"鲇鱼"员工

本田汽车公司的创始人本田宗一郎就曾面临这样一个问题：公司里东游西荡的员工太多，严重影响企业的效率，可是全把他们开除也不现实，一方面会受到工会方面的压力，另一方面企业也会蒙受损失。这让他左右为难。他的得力助手、副总裁宫泽就给他讲了沙丁鱼的故事。

本田听完故事，豁然开朗，连声称赞：这是个好办法。于是，本田马上着手进行人事方面的改革。经过周密的计划和努力，终于把松和公司的销售部副经理、年仅35岁的武太郎挖了过来。武太郎接任本田公司销售部经理后，首先制定了本田公司的营销法则，对原有市场进行分类研究，制订了开拓新市场的详细计划和明确的奖惩办法，并把销售部的组织结构进行了调整，使其符合现代市场的要求。上任一段时间后，武太郎凭着自己丰富的市场营销经验和过人的学识，以及惊人的毅力和工作热情，受到了销售部全体员工的好评，员工的工作热情被极大地调动起来，活力大为增强。公司的销售出现了转机，月销售额直线上升，公司在欧美及亚洲市场的知名度不断提高。

无疑，本田是"鲇鱼效应"的获益者。从那以后，本田公司每年都重点从外部"中途聘用"一些精干利索、思维敏捷的30岁左右的生力军，有时甚至聘请常务董事一级的"大鲇鱼"，这样一来，公司上下的"沙丁鱼"都有了触电式的警觉。

【定律链接】给自己找个对手

人类从古至今，总是生活在各种各样的竞争之中，一个人在职场生存和发展，就要有竞争意识，就要有一种比对手做得更好的意识。

如果没有竞争意识，就不会有奋斗和进取的动力，这样的人，终究逃不过平庸和被淘汰的命运。竞争是一种能力，只有在竞争中才能感觉到生命的存在，只有在竞争中才能感觉到自己活得充实而有意义，只有在竞争中才能真正实现自我。

加拿大有一位享有盛名的长跑教练，由于在很短的时间内培养出好几名长跑冠军，所以很多人都向他请教训练诀窍。谁也没有想到，成功的秘密并不在他，而是几只凶猛的狼。

因为这位教练给队员训练的是长跑，所以他一直要求队员们从家里出发时一定不要借助任何交通工具，必须自己一路跑来，作为每天训练的第一课。有一个队员每天都是最后一个到，而他的家并不是最远的，教练甚至想告诉他改行去干别的，不要在这里浪费时间了。

但是突然有一天，这个队员竟然比其他人早到了20分钟，教练知道他离家的时间，算了一下，他惊奇地发现，这个队员今天的速度几乎可以打破世界纪录。他见到这个队员的时候，这个队员正气喘吁吁地向他的队友们描述着今天的遭遇。原来，在离家不久经过一段5公里的野地时，他遇到了一匹野狼。那野狼在后面拼命地追他，他在前面拼命地跑，最后那匹野狼竟被他给甩掉了。

教练明白了，今天这个队员的超常发挥是因为一匹野狼，他有了一个可怕的敌人，这个敌人使他把自己所有的潜能都发挥了出来。

从此，这个教练聘请了一个驯兽师，并找来几匹狼，每当训练的时候，便把狼放开。没过多长时间，队员们的成绩都有了大幅度的提高。

敌人的力量会让一个人发挥出巨大的潜能，创造出惊人的成绩，尤其是当敌人强大到足以威胁你的生命时。敌人就在你的身后，只要你一刻不努力，生命就会有万分的惊险和危难。

不论什么方式的竞争，也不论竞争对手是谁，竞争的具体内容怎样，总之，竞争都是为了使自己在感觉和利益上压倒对方、超越对方，在这种压倒和超越对方的竞争中得到心理上的满足，生命才会变得更有意义。

X效率理论：总有一份难以言说的“X”在发挥效力

“X效率”让鲁国取胜

鲁庄公十年的春天，势力越来越强大的齐国为了争得霸主之位，向各诸侯国展开了进攻，希望让他们臣服。鲁国作为一个小国，最早便成了待宰羔羊，迫不得已的鲁庄公不得不作出迎战决定。曹刿得知这件事后请求和庄公一起出战。在长勺交战中，由于曹刿高超的指挥才能，齐军大败，鲁军乘胜追击，一举获胜，一时声名大噪。

曹刿之所以能指挥有方，打赢一场漂亮的仗，主要靠士气。“一鼓作气，再而衰，三而竭。”他们利用第一次击鼓能振作士兵的士气，第二次击鼓时士气减弱，到第三次击鼓时士气已经消失了的原理，在敌方鸣完三鼓后才让自己的士兵出击，此时士兵士气正旺，所以以少胜多，得以全胜。

鲁国胜利的决定因素是士兵的旺盛士气。假如齐国鸣完第一鼓后，鲁庄公不听曹刿的意见，立刻命令自己弱小的兵团去跟齐国庞大的军队交战，那无异于鸡蛋碰石头。可见，士气在战争中是至关重要的。对此，美国经济学家莱宾斯坦于1966年提出的“X效率理论”可以作出解释。

莱宾斯坦的X效率理论认为，可以计量的生产要素投入并不能完全决定产量。决定产量的除了生产要素的数量外还有一个托尔斯泰所说的未知因素，即X因素。就军队的情况而言，这个X因素是士气；就企业生产而言，则为内部成员的努力程度。由资源配置最优化引起的效率称为“资源配置效率”，而由这种X因素引起的效率就称为“X效率”，这两种效率同样都会使产量增加。

"X 效率"让一切成为可能

在传统微观经济学中，将企业作为基本决策单位，也就暗含着假定集体与组成集体的个人的行为是一致的。然而这种假设是难以成立的，在当代企业中，所有权与经营权是分离的。经营者从自己的利益出发，其行为在所有者看来可能会背离企业的经营目标。而且，人的利己与惰性也会导致企业内所有者与经营者、经营者与工人之间的不协调，从而出现个人行为与集体行为的差异。也正是由于这种不一致，才使得 X 因素有了发挥的空间。

在相同的宏观环境下，规模相当的两个企业在投入一样的情况下，组织清晰、权责明确且管理有效的那个企业，肯定会比结构混乱、管理不善的企业产出多得多，这种差额就是 X 效率所产生的。

由于信息的不完全性，企业成员与企业之间的契约也是不完全契约。就工资和奖金来说，如果我们无论干什么工作，干多少，只有一两千块钱的工资，那么人的积极性就会受挫，会出现"反正我干多少都是这么点工资，与其累着自己，还不如少干点"的心理，这种心理的滋生，就会使整个企业的 X 效率降低。相反，如果在某项业务上领导承诺，达到多少万的业绩可以给员工多少提成或多少奖励来刺激他们的积极性，那么作为个体的员工就会考虑自身利益最大化，从而积极投入工作，企业的效益也会增加。

可见，内部刺激不足，外部刺激减弱，甚至人际关系紧张，都会削弱个人的努力程度。如果这些因素影响了企业内部每个人的努力程度，企业就会出现 X 低效率的情况。在激烈的市场竞争中，每个企业若想做到"鹤立鸡群"，就必须使每个员工都创造出 X 效率；若想在人才济济的人事竞争中脱颖而出，就必须充分发挥自己身上所拥有的 X 因素，创造出更多的 X 效率。

对于个人来说，X 因素就是除自身实力外的其他影响你发挥能力的因素。比如，一个自信的人总是离成功很近，此时的"自信"便是那个 X 因素；沉着冷静，往往能让你比对手抓住更多的机会，此时的"沉着冷静"也是那个 X 因素；百折不挠，才能创造更多的惊喜，这种"百折不挠"的精神当然也是 X 因素。总之，一个人身上所有的良好素养，都会成为助你成功的 X 因素。

无论对于个人、企业，甚至是国家，X 效率的存在，使得一切皆有可能。实力虽不能决定一切，但仍然有着重要作用，如果你实力还不够强大，就更需要注意自己所拥有的那些 X 因素，合理地发挥出它们的效用，你同样也能创造出奇迹。

【定律链接】X 低效率产生的原因

X 低效率是怎么产生的呢？主要有以下几点原因：

（1）由于企业的文化氛围因素，使企业对成员的监督成本很大。

任何单位都有自己的文化氛围，小到一个家庭的和睦，大到一个学校或者一个民族的责任感和自豪感，这种文化氛围的潜移默化对组织的效率具有不明显但又重大的作用。

企业文化的核心有两个：一个是整合目标，即把个人目标整合到企业目标中；另一个是塑造共同的价值观，即让成员们有共同的价值取向和信念追求。价值观也是在变化的，例如服饰风尚的变化、人们对金钱的观点的变化等。

（2）由于人的因素，企业难以实现成本极小化。

例如，企业内部对边角废料的利用，如果没效率，则是 X 低效率。

（3）由于企业中人的因素，导致大量的本来可以利用的机会没被利用，造成 X 低效率。

例如，如果企业在职责分明的同时凝聚力强，员工能主动为企业争取机会、献计献策，则可以通过提高 X 效率来使产出逼近最大产出；如果企业人心涣散，劳资对立，大家都只管拿工资，都不关心企业发展，则必然带来 X 低效率。

（4）由于组织结构的问题，使企业难以充分调动每个人的积极性。

从企业规模的发展过程看，从家族式企业、合伙式企业向职能分明的组织结构的发展充分证明了，要调动员工的积极性，企业的组织结构一定要设置合理，约束适度，有集权有分权，不然不能充分发掘内部潜力，造成 X 低效率。

总而言之，由于人和人行为目标的不一致，从而使得成本增加、积极性弱化等，最终导致了 X 低效率。

艾奇布恩定理：不要把摊子铺得过大

规模经济才是经营的最好选择

经营管理企业，小有小的好处，大有大的难处。企业在做大的过程中，难免会出现管理瓶颈，艾奇布恩定理正是反映了这一问题。艾奇布恩定理是指，如果你遇见员工而不认得或忘了他的名字，那你的公司就太大了点。摊子一旦铺得过大，就很难把它照顾周全。

如果让经济学家来看待规模问题，他们会引入一个经济学上更通俗的名词：规模不经济。按我们一般的理解，企业当然都希望规模越大越好，然而，经济学却认为，规模并不是越大越好。

虽然规模的扩大能够在一定程度上节约成本，优化资源配置，使企业的长期费用呈下降趋势，但规模的盲目扩张却也面临着规模不经济的风险。

我国调味品行业中某知名民营企业老总是一个思维敏捷、做事干练的企业家，短短几年时间，公司就由一个小作坊发展到千余人的中型企业。面对大好形势，当地领导和专家都建议他抓住机会，扩大规模，取得规模优势。于是他经过近一年的投资拼搏，使企业规模几乎翻了一番，但公司的经济效益却有所下降。公司老板感到困惑：不是说规模经济吗？为什么到我这里就显示不出规模效益，反而出现规模不经济呢？

实际上，这不是一个人的困惑，许多人都面临同样的困惑。规模的扩大，可能让公司生产成本提升，如必须新增大量人工成本、增加营销管理费用来支撑更大的销售规模，由于需求走高使原材料供给出现紧张导致采购价格上涨，信息传递费用增加等，从而使企业走向规模不经济。

一个企业的生产规模可以在短时间扩大，但管理却是一个循序渐进的过程，不可能在短时间内有较大的飞跃。管理学家弗兰克·奈克有一句经典论述：“在处理和管理复杂事物中，企业家的能力显然是有极限的。”这种解释的一个前提条件是大企业必定比小企业复杂，企业规模的扩大，导致经营管理上的极限。也就是说，企业规模的扩大，必然伴随组织规模的扩大；组织规模的扩大，必然伴随企业人员的增加；人员的增加，又必须伴随管理层次的增加。此时，如果企业管理方式、管理手段没有跟上，仍然沿用过去的经验和方法，那么，企业管理的效率就会下降，给企业带来管理成本的上升，致使企业管理的总成本增加，产生规模不经济。

有很多企业，成本降不下来，效率上不去，一个重要的原因就在于没有实现适度规模。亚伦·艾奇布恩提出的“艾奇布恩定理”，就是为了提醒人们注意规模。显然，他衡量一个公司是否超过应有规模的标准，就是你是否能够记住每一名员工的名字。这或许更多的是一种西方式幽默，然而，艾奇布恩提出的定理却一直在提醒每一位成功的管理者：把自己的摊子照顾周全，否则，就不要铺得过大。

积微成巨才是王道

贪大是创业者的常见“病症”之一。贪大有两个含义：一是贪规模，也就是说，尽管是在起步阶段，也尽可能地将摊子铺大；二是贪大利，在很多创业者眼里，小利润从来都不被看上眼，认为只有捕捉到鲸鱼才是真正的出海。殊不知，以新创企业那么瘦小的身板，即使是捕捉到鲸鱼，也有可能被噎死。

阿里巴巴和淘宝网是中国最成功的电子商务网站。探究它们成功的秘诀，就在于创始人着眼于小利来设计企业的发展战略，抓住小利，而不是将企业的未来押在大利上。

在一次名人访谈节目中，博鳌亚洲论坛秘书长龙永图问了马云一个问题：你（阿里巴巴）现在供应商当中有多少是中小企业？马云的回答令龙永图有些吃惊：“我们现在整个阿里巴巴的企业电子商务有1800万家企业支持会员，几乎全是中小企业，当然沃尔玛也好，家乐福也好，海尔也好，甚至GE都在我们这儿采购，但是我对这些企业一点兴趣都没有。”龙永图笑着说：“难怪人家说你是狂人，口出狂言。”在场的人们显然都不太相信马云的大话。怎么可能会有对大客户不感兴趣的企业呢？马云不慌不忙地解释道：“我只对我关心的人感兴趣。我对中小型企业感兴趣，我就盯上中小型企业，顺便淘进来几个大企业，它不是我要的。就像你刚才讲，龙（龙永图）先生不购物，网上不购物，我一定没有吃惊。但有一样，我坚信一个道理，有的人喜欢在海里抓鲨鱼、抓鲸鱼，我就抓虾米。我相信是虾米驱动鲨鱼，大企业一定会被中小型企业驱动。所以我那时候就想企业在工业时代是凭规模、资本来取胜，而信息时代一定是靠灵活快速的反应。我唯一希望的就是用IT、用互联网、用电子商务去武装中小型企业，使它们迅速强大起来。”

从这段对话中，我们了解到马云把大企业比做“鲸鱼”，把小企业比做“虾米”，阿里巴巴只对虾米感兴趣，它的主要客户是小虾米而不是鲸鱼。马云之所以盯紧“小虾米”，眼里只有“小虾米”，其实是因为他对中国中小企业，以及阿里巴巴自身的成长经验的了解。

关于这一点，马云讲了一个故事：

2003年的冬天，他到沈阳去看市场，顺便见了两个客户。其中一个客户见了他就拉着他的手说：“我真想把你像佛一样供起来。”马云奇怪地问：“怎么了？”原来，那位客户的生意多亏了阿里巴巴。客户在2003年一共有60个客户，58个是从阿里巴巴来的。马云好奇地问他：“你是做什么生意的？”客户回答说：“我们企业很小，我们是做标牌生意的。”马云自小生长在私营中小企业发达的浙江，从最底层的市场一路摸爬滚打过来，深知中小企业的困境——被大企业压榨、控制。“例如市场上一支钢笔订购价是15美元，沃尔玛开出8美元，但是1000万美元的订单，供应商不得不做，但如果第二年沃尔玛取消订单，这个供应商就完了。而通过互联网，小供应商就可以在全球范围内寻找客户。”

马云要做的事就是提供这样一个平台，将全球的中小企业的进出口信息汇集起来。“中小企业好比沙滩上一颗颗石子，但通过互联网可以把一颗颗石子全粘起来，用混凝土粘起来的石子们威力无穷，可以与大石头抗衡。互联网经济的特色正是以小搏大、以快打慢。”“我要做数不清的中小企业的解救者。”另外，马云还考虑到，因为亚洲是最大的出口基地，阿里巴巴以出口为目标，帮助全国中小企业出口是阿里巴巴的方向，他相信中小企业的电子商务更有希望、更好做。

电子商务要为中国中小企业服务，这是阿里巴巴的战略。在马云的眼里，小虾米并不小，他们集中起来可以形成很强大的力量，他只注重虾米的世界。

小利照样能够赢得巨额利润。古人云：“不积跬步，无以至千里；不积小流，无以成江海。”在创业的过程中，很多梦想“一夜暴富”“一口吃成胖子”的人没有达到目的，而那些独辟蹊径、不嫌小钱的人，却赢得了成功。从企业发展的角度来考虑，利润的薄厚不是关键，关键在于企业能否长久赢利。因此，抱定“莫以利小而不为”的经营理念，一定能成为“积微成巨”的大赢家。

【定律链接】格兰特公司的没落——看重实力，不要看重规模

威廉·格兰特算得上美国商业史上的“少年英雄”，他白手起家创立的格兰特公司，由小本经营起步，发展成为美国屈指可数的大企业。

威廉·格兰特生于1876年，19岁时就显示出了自己过人的经营才华，当时他掌管波士顿公司的一家鞋店。

1906年，格兰特拿出自己的全部资金在林思市投资1万美元开设了第一家日用品零售店。两年后，他在美国其他城市开设了格兰特连锁店。到20世纪60年代，格兰特的年销售额近10亿美元，它跻身于美国知名大企业行列。

值得一提的是，格兰特公司定价策略的运用，是其成功的重要环节。在零售业竞争十分激烈的情况下，格兰特认真研究后，将其经营的日用品价格定位在25美分，高于“5美分店”和“10美分店”，但低于普通百货公司的价格，而格兰特公司的陈设格局又比廉价的“5美分店”和“10美分店”档次高。这一价格定位同时吸引了百货公司和廉价商店的顾客。

但是后来的盲目扩张却使格兰特公司最终走上了没落之路。格兰特公司不断发展连锁店，到1972年，公司新开办的商店数量就已经是1964年的2倍，但利润却没有随规模的扩大而增长。到1973年11月，格兰特公司的利润只有3.7%，该年格兰特全年营业额达18亿美元，但利润却只有可怜的8400万美元，创该公司历史最低。让人遗憾的是，它并没有放慢扩张的速度，1974年，格兰特公司的连锁店猛增到82500家，是10年前的1000多倍。与此同时，它的总债务节节攀升，在143家银行的债务达7亿美元，公司信誉急剧下降。1975年10月，格兰特公司不得不申请破产，使8万多员工丢了饭碗，成为美国历史上第二大破产公司，也是美国零售行业中最大的破产公司。

不难看出，有效的扩张可以造就一代企业枭雄，没有节制的扩张可能是一场浩劫的开始。过快的扩张速度，会使企业面临巨大的不确定性。

企业由于在发展的鼎盛时期盲目扩张导致失败的例子不胜枚举，如格兰特、飞龙集团等。企业的高层管理者为了避免盲目扩张给企业带来灾难，在决策时应该深思以下问题：

（1）企业何去何从。

（2）资金的储备能够支撑企业走多远。

（3）人力资源能否跟上。

（4）市场的容量有多大。

（5）竞争对手的竞争策略如何。

（6）与原材料供应商的合作如何。

（7）公司现在的盈利能力和生命力怎样。

（8）股东的承受能力。

（9）管理方面有无经验。

如果以上诸多因素都对企业有利的话，才能考虑扩大企业规模，否则，盲目的扩张只会给企业带来巨大的损失。

格乌司原理：在竞争中找准自己的“生态位”

生存就要做好“生态位”的定位

俄罗斯人格乌司将一种叫双小核草履虫和一种叫大草履虫的生物，分别放在两个相同浓度的细菌培养基中，几天后，这两种生物的种群数量都呈S形曲线增长。然后，他又把它们放入同一环境中培养，并控制一定的食物，16天后，双小核草履虫仍自由地活着，而大草履虫却已消失得无影无踪。经过观察，并未发现两种虫子互相攻击的现象，两种虫子也未分泌有害物质，只是双小核草履虫在与大草履虫竞争同一食物时增长比较快，导致大草履虫死亡。

接着，格乌司又做了相反的一种实验。他把大草履虫与另一种袋状草履虫放在同一环境中进行培养，结果两者都能存活下来，并且达到一个稳定的平衡水平。这两种虫子虽然竞争同一食物，但袋状草履虫占用的恰恰是不被大草履虫需要的那一部分食物。

这就是一种“生态位”现象。大自然中，存在者都有自己的“生态位”：亲缘关系接近的、具有同样生活习性的物种，不会在同一地方竞争同一生存空间。若同时在一个区域，则必有空间分割，即使弱者与强者共处于同一生存空间，弱者仍然能够很容易地生存下来。没有两种物种的生态位是完全相同的。物种在食物依赖上完全不同，有吃肉的就必有吃草的，吃肉吃草的分时供应；狮子白天显威，老虎傍晚横行，狼深夜觅食，等等。人们把格乌司的这种发现称为“格乌司原理”。

一个物种只有一个“生态位”，但这并不排斥其他物种的侵占。商业竞争也一样，企业的产品在刚开始进入某个特定市场时，往往没有竞争对手，形成竞争前“生态位”。但是，只要市场是开放的，很快就会有其他竞争者大举进入该市场，形成“生态位”的部分重叠。如果市场容量足够大，大家尚能暂且相安无事，但随着市场份额的相对缩小，竞争就会日趋激烈。这时，企业无论大小强弱，都要像狮子与羚羊一样训练快速奔跑，否则你就会被“吃”掉。

竞争能带来活力。对于个人，大家在你追我赶的激烈追逐中能共同获得迅速的进步；同样，企业的活力也往往来源于竞争的威胁。商家之间的竞争，不但会促使其改善服务与提高产品质量，往往还会使其做出调整管理结构的举措，从而保持长久的竞争力。消费者们往往会在竞争中享受到降价以及服务与产品质量提高的实惠；经营者也会因消费增长而获得更多的利润。竞争不但激发了企业的商业创新能力，还有效提升了企业的生存能力。

在竞争中，无论企业还是个人，强者与弱者的结合，才是对自己“生态位”的高度发挥。老虎是强者，但由于人们对其生存环境的开发，使得其数量越来越少；而被视为弱者的老鼠，虽然时刻都面临着被人类迫害的命运，但还是到处都有。因为老鼠的“生态位”没有发生根本的变化，使得它可以避开老鼠药和人们的棍棒而生存。

同样，衡量企业成功的标准是生存，而不是强大。事实证明，世界上的好企业都是百年不衰的企业。做企业不是“百米冲刺”，而是“马拉松赛跑”。能生存就是好企业，偏离自己的“生态位”去做强者的企业，那注定是“昙花一现”。

个人的“生态位”也是指人的生存与发展环境，这不但包含自然环境，还包括由文化、观念、道德、政策等组成的社会环境。每个人都必须找到适合自己的“生态位”，即根据自己的爱好、特长、经验、社会资源等，确定自己的位置。看清楚自己目前所处的“生态位”，再给自己一个合适的定位，这样方能“到中流击水，浪遏飞舟”！

定位决定市场成败

第一次世界大战以后，美国的年轻人习惯在嘴上叼着一支香烟以表示沮丧的情绪，同样也包括许多女青年。众所周知，香烟是男人的专利品。

开发女士香烟被莫利普·莫里斯公司认为是一个千载难逢的机会，他们决心从女士的腰包里大捞一笔。很快，人们在各种媒体上频频地看到这样的广告：娇丽的女郎叼着香烟吞云吐雾。有幸被叼在她们嘴上的，就是莫利普·莫里斯公司的杰作：万宝路香烟。

制作那些广告花了不少钱，公司里很多人为此感到不安，但经营层信心十足：“大家不要担心，不出一年，万宝路一定会打开市场，到时候我们就等着数钱吧！”

但事实上呢？1年，2年，10年，20年，万宝路的包装换了好几回，广告中的佳人也换得更加靓丽，但不知道为什么，经营者们心目中的热销场面始终未曾出现。大家都不明白其中的原因。是质量不过关吗？万宝路在制作过程中，从选料到加工，始终把好质量关，选取优质的烟草，精心处理，万宝路是不折不扣的高品位香烟啊，绝对不会辜负姑娘们的红唇。是价格太高吗？在美国国内的香烟市场上，万宝路的价格，对于大众烟民来说都是可以接受的。

20年后的一天，公司一位高层管理人员脑中极其偶然地闪过一个念头：“是不是我们的市场定位出现了问题呢？”他们当即请来广告策划专家，给万宝路把脉诊断。一番望闻问切后，专家也认为是定位出了问题，并当即指出，应该抛弃坚持了20年的广告定位，另起炉灶。一个宣传了20年的品牌要割舍，肯定是一件痛苦的事情，抛开感情不说，仅花掉的钞票就让人心痛不已。但为了走出20年的低谷，公司经营层终于同意了专家的意见。

一个全新而又大胆的创意诞生了：以富有阳刚之气的美国男子汉形象来代替原来的娇俏女郎。广告公司费了很大的周折，在西部一个偏僻的农场找到一个“最富男子汉气质”的牛仔，并让他出演万宝路广告的主角。新广告于1954年推出，立即引起了烟民的狂热躁动，他们争相购买万宝路，要么叼在嘴上，要么夹在指尖，模仿那个硬汉的风格。万宝路的销售额也直线上升，新广告推出后的第一年，销售额就增加了3倍，万宝路一举成为全美十大香烟品牌之一。

在经营中，定位决定市场成功。定位就是要让自己进入消费者的大脑，让消费者对你的产品有个清晰的了解。这一理念，多年来一直影响着美国乃至世界企业的市场营销战略。

企业在全面了解、分析目标消费者、供应商需求的信息，以及竞争者在目标市场上的位置后，再确定自己的产品在市场上的位置及如何接近顾客，这样才能使营销获得最大限度的成功。

总的来说，企业要做出正确有效的定位，往往需要遵循一定的步骤：

1. 确定定位层次

确定定位层次是定位的第一步，就是要明确所要定位的客体，这个客体是行业、公司、产品组合，还是特定的产品或服务。

2. 识别重要属性

定位的第二步是识别影响目标市场顾客购买决策的重要因素。这些因素就是所要定位的客体应该或者必须具备的属性，或者是目标市场顾客具有的某些重要的共同特征。

3. 绘制定位图

在识别出了重要属性之后，就要绘制定位图，并在定位图上标示出本企业和竞争者所处的位置。一般都使用二维图。如果存在一系列重要属性，则可以通过统计程序将之简化为能代表顾客选择偏好的最主要的二维变量。定位图选择的二维变量，既可以是客观属性，也可以是主观属性，还可以是将两者结合起来的。但无论是选择主观属性，还是客观属性，都必须是“重要属性”。

4. 评估定位选择

里斯和屈劳特曾提出三种定位选择。一是强化现有位置，避免正面打击冲突。二是寻找市场空隙，获取先占优势。三是竞争者重新定位，即当竞争者占据了它不该占有的市场位置时，让顾客认清对手“不实”或“虚假”的一面，从而使竞争对手为自己让出它现有的位置。

5. 执行定位

定位最终需要通过各种沟通手段如广告、员工的着装和行为举止以及服务的态度、质量等载体传递出去，并为顾客所认同。

【定律链接】市场定位准确是品牌成功的关键

奇瑞 QQ 是现代都市的一道亮丽的风景线，它之所以能迷倒这么多人，与它对市场的准确定位分不开。

奇瑞 QQ 的目标客户是收入并不高但有知识、有品位的年轻人，同时也兼顾有一定事业基础、心态年轻、追求时尚的中年人。一般大学毕业两三年的白领都是奇瑞 QQ 潜在的客户，人均月收入 2000 元即可轻松拥有这款轿车。

许多时尚男女都因为 QQ 的靓丽、高配置和优良的性价比而把这个可爱的小精灵领回家，从此与 QQ 结成快乐的伙伴。

为了吸引年轻人，奇瑞 QQ 除了轿车应有的配置外，还装载了独有的“I—say”数码听系统，成为“会说话的 QQ”，堪称目前小型车时尚配置之最。

据介绍，“I—say”数码听是奇瑞公司为用户专门开发的一款车载数码装备，集文本朗读、MP3 播放、U 盘存储等多种时尚数码功能于一身，让 QQ 与电脑和互联网紧密相连，完全迎合了离开网络就像鱼儿离开水的年轻一代的需求。

在产品名称方面，QQ 取自网络语言，意思为：“我找到你。”如此一来，就使得“QQ”突破了传统品牌名称非洋即古的窠臼，充满时代感的张力与亲和力，同时简洁明快，朗朗上口，富有冲击力。

在品牌个性方面，QQ 被赋予了“时尚、价值、自我”的特质，在消费群体的心理情感中注入品牌内涵。

企业通过品牌定位有效地建立品牌与竞争者的差异性，所以在消费者心中占据一个与众不同的位置。在产品越来越同质化的今天，要成功打造一个品牌，品牌定位已是举足轻重。

品牌的市场定位，就是要确定企业的品牌情感到底是要凝聚在谁的身上。对于大多数做产品的企业来说，这种品牌情感一定是落在需要你产品的那群消费者身上。如果说你的品牌情感不是建立在需要你产品的那群人身上，而是在另外的群体身上，那么你的品牌就没有价值了。

为此，你需要做到以下几点：

第一，找准自己的品牌所面向的人群，比如儿童、青年人等。

第二，着重向目标群体进行宣传。

第三，务必使自己的产品符合你所定位的那个群体的要求。

诚信法则：人无信不立

贩卖诚信等于贩卖自己

经济学非常注重诚信，“人无信不立，业无信不兴”。诚信的本义就是要诚实、诚恳、守信、有信，反对隐瞒欺诈，反对假冒伪劣，反对弄虚作假。诚信虽然归属于道德范畴，但同时也是市场经济得以运行的基石。晋商成功靠的就是“诚信”两个字。八国联军进北京后，晋商在北京的票号被毁，账本库存全无，但票号对持有存单的人全部照付，不惜血本保信用。古人云：“无诚则有失，无信则招祸。”如果厂商失去诚信，不仅坑害消费者，最终也会为自己招致祸端。那些践踏诚信的人也许能得利于一时，但终将作茧自缚，自食其果；那些制假售假者，或欺蒙诈骗者，则往往在得手一两次后，便会陷入绝境，导致人财两空。

诚信的巨大作用在几千年前就被我们的祖先提出了。在今天，诚信依旧发挥着巨大的作用。要知道，所有的商业声誉都建立在诚信的基础上，今天，由于信息传输更快、更难以捕捉，声誉也就更容易丧失，所以，诚信比以往任何时候都显得更为重要。

在市场经济的今天，“假”可谓是一个比较时髦的字眼。官员造假数字，商人造假产品，学校卖假文凭，诚信受到极大冲击。恢复诚信，重建信任关系，已成为市场经济成败的关键。市场经济归根结底是以诚信为基础的。西方有句谚语说，你能永远骗少数人，也能暂时骗所有人，但你不能永远骗所有人。

一对夫妻开了家烧酒店。丈夫是个老实人，为人真诚、热情，烧制的酒也好，人称“小茅台”。有道是“酒香不怕巷子深”，一传十，十传百，酒店生意兴隆，常常供不应求。为了扩大生产规模，丈夫决定外出购买设备。临行前，他把酒店的事都交给了妻子。几天后，丈夫归来，妻子说：“我知道了做生意的秘诀。这几天我赚的钱比过去一个月赚的还多。秘诀就是，我在酒里兑了水。”丈夫给了妻子一记重重的耳光，他知道妻子这种坑害顾客的行为将他们苦心经营的酒店的牌子砸了。“酒里兑水”的事情被顾客发现后，酒店的生意日渐冷清，最后不得不关门了。

如今，诚信被越来越多的人看重。诚信是为人之道，是立身处事之本，是人与人相互信任的基础。诚实守信作为职业道德，对于一个行业来说，其基本作用是树立良好的信誉，树立值得他人信赖的行业形象。它体现了社会承认一个行业在以往职业活动中的价值，从而影响到该行业在未来活动中的地位和作用。

假的真不了，真的假不了

在现代经济社会，即使一个企业拥有雄厚的资本实力和现代化的机器设备，有誉满全球的品牌优势，建立了很好的采购和销售网络，并且有一支高素质的员工队伍和高学历的管理者队伍，但如果它在财务报表、商品和服务上做假，欺骗投资者和客户，丢掉了信用资本，就没有银行愿意给他贷款，企业的股票、债券和商品就没有人买。合作者和客户没有了，所有物力资本和人力资本就都失去了它的意义，企业必然会陷入困境。

2008年的“三鹿奶粉”事件震惊全国，从层层剥开的真相来看，令人震惊的是一些企业商业道德的沦丧。

河北三鹿集团生产的婴幼儿奶粉价格低廉，是广大处于中低层经济水平家庭的育婴首选产品。但是，为了节约成本、牟取暴利，三鹿集团选择了添加大量廉价“大豆蛋白粉”的奶源，而这些所谓的“大豆蛋白粉”实为伪造蛋白质的化学原料三聚氰胺。实验表明，三聚氰胺会影响人体泌尿系统，可能导致泌尿系统结石。很多婴儿就是食用了含有三聚氰胺的奶粉而得了结石。据新华网报道，三鹿集团从2008年3月份开始就陆续接到一些食品安全的投诉，却置众多婴幼儿的生命健康于不顾，继续生产“毒奶粉”，直至同年9月份该事件被大规模曝光，才停止生产。据不完全统计，全国共有5.3万儿童因食用添加三聚氰胺的奶粉中毒，其中4人死亡，1200多人住院观察。

通览“三鹿奶粉”事件中企业的表现，他们有见利忘义的冲动，有明知故犯的侥幸，有心知肚明的“默契”，就是没有起码的道德良知。这种行为重创了奶制品行业，更重创了社会的诚信机制。

诚信是社会契约的前提，道德是商业文明的基石。作为人们共同的行为准则和规范，诚信是构成社会文明的重要因素，也是维系和谐人际关系、良好社会秩序的基本条件。如果诚信缺失、道德败坏、是非不分、荣辱颠倒，文明底线失守，再好的制度也无法生效，发展也会出问题。

任何经济行为如果忽视其道德价值，任由各利益主体只追求自己的利益最大化，而不惜损害他人的利益，不仅会引发质量危机、责任危机、信用危机，更有可能导致经济生活的全面混乱，祸害整个社会。

如今我们的经济体制有了根本性的转变，市场经济虽然存在竞争，但竞争必须公平。公平就要求人们相互尊重、以诚信为本，尔虞我诈不符合道德要求。市场经济价值取向要求人们具有开拓进取精神，要求人们必须通过正当的经济活动实现人生价值，每个企业都要以诚信作为前提。

【定律链接】诚信的品格往往比能力更重要

人无信则不立，这是千万年来永恒不变的做人之根本。古今中外的人无一不把守信看做是一名君子必备的品质。一个可以为了实现自己许下的诺言，不惜一切代价的人，一定可以获得成功。

戴维森成立了一家玩具公司，由于资金周转不灵，无奈之下，只得向一位好友借了50万美元，并答应2年后还清。一晃2年的时间过去了，戴维森因某些原因仍然无法在短时间内还清好友的借款。戴维森想尽所有办法，用尽各种方法，好不容易筹到了20万美元，可余下的30万美元他实在无能为力了。这可如何是好呢？眼见还钱日期日益接近，戴维森愁得头发都白了许多。他的太太看着十分心痛，便让他向朋友求情，宽限几天还钱的日子或是先开张空头支票，等有了钱再补上。谁知，戴维森非常生气地向太太吼道："这怎么可能！那我成什么了？！"

经过一夜的反复思考，戴维森决定把自己的别墅抵押给银行，希望银行能贷给他30万美元，可银行只同意贷给他27万美元。无奈之下，戴维森忍痛割爱，将别墅以30万美元的超低价出售给可以立即付现的买主，他们一家人则搬到了一处远郊的小平房里。戴维森终于在限期之内还清了好友的欠款。

不久，好友打电话给戴维森，说是周末想到他家聚聚，可没想到被平时非常好客的戴维森一口回绝了。好友很是不解，于是独自前往他家想看个究竟。当好友经过千辛万苦，终于找到戴维森的"新家"时，立刻惊呆了。当他得知戴维森竟是为了按期还自己的借款才如此时，感动不已。临走时，好友真诚地说："你这么讲信用，以后有事尽管找我。"

后来戴维森重新迈入了成功企业家的行列，此后他的事业一直一帆风顺。每当有人问起戴维森他的成功经验时，他都会深有感触地说："是诚信使我获得了财富，获得了成功。"

诚信是人格的体现，是人类社会平稳发展、人与人和平共处的基础，是人性中最珍贵的部分。一个人失去了诚信，就会失掉别人的信赖，也会因此而失掉成功的机遇。在一个人成功的道路上，诚信的品格往往比能力更重要。

古狄逊定理：聪明主管和笨主管的距离

聪明主管和笨主管的差别

有一天，一个男孩问迪斯尼的创办人沃尔特："你画米老鼠吗？"

"不，我不画。"沃尔特说。

"那么你负责想所有的笑话和点子吗？"

"也不。我不做这些。"

男孩很困惑，接着追问："那么，迪斯尼先生，你到底都做些什么啊？"

沃尔特笑了笑，回答说："有时我把自己当做一只小蜜蜂，从片厂一角飞到另一角，搜集花粉，给每个人打打气。我猜，这就是我的工作。"

童言童语之间，一个亲和的管理者形象不禁映入了我们眼帘。相反，美国著名管理学家哈默却为我们提供了这样一个实例：

哈默有一个客户：日常工作时，他除了要自己对外联络外，还要处理公司大大小小的事情，桌子上的公文一大堆，每天都忙得不可开交。

每次到加州出差，哈默都要约他早上6：30见面。他必然会提前3个小时起床，处理公司转来的传真，做完后，再将传真送回公司。哈默曾与他谈论，觉得他做得太多，而他的员工只做简单的工作，甚至不必动脑筋去思考，也不必承担任何的责任与风险。像他这种做法，好的人才不可能留下奉陪到底。而这位客户说，员工没有办法做得像他一样好，只好亲自上阵，忙得焦头烂额。

上面两个故事中，沃尔特和哈默客户的管理风格形成了鲜明对比。沃尔特是一个懂得激励员工，充分授权的领导者，而哈默的客户则是一个不愿信任员工，凡事都要亲历亲为的典型。二者的区别显而易见，而他们二人所处的生活状态自然也大相径庭，沃尔特工作得轻松自如，而哈默的客户却永远忙得团团转而疲惫不堪。

在现实生活中，我们会发现有不少管理者常常忙得焦头烂额，恨不得一天有48小时可用；或者常常觉得需要员工的帮助，但是又怕他们做不好，以致最后事情都往自己身上揽。虽然一个称职的管理者最好是一个“万事通”，但一个能力很强的人并不一定能管理好一家企业。管理的真谛不是要管理者自己来做事，而是要管理者管理别人做事。

这也正是“古狄逊定理”的精髓所在。这个由英国人古狄逊总结出的定理，明确地指出：“一个累坏了的主管，是一个最差劲的主管。”“古狄逊定理”得到管理界一致认同，成为经典管理定律。

懂得正确授权才是优秀的管理者

有些管理者把困难工作留给自己去做，是因为他们认为别人胜任不了这种工作，觉得自己亲自去做更有把握。即使如此，管理者要做的也不是自己亲自处理困难的工作，而是发现有能力的人去做这些事。

正如有人说，管理者不应是保姆，而应当是教练。教练式的管理者不是大事小事亲力亲为，而是给予下属最大的成长空间，发现并培养得力的下属。当然，要做一名成功的教练式领导，秘诀之一在于合理地授权，毕竟企业的发展壮大不能光靠一个或几个管理者，必须依靠广大员工的积极努力，借助他们的才能和智慧，群策群力才能逐步把企业推向前进。领导者将所属权力的一部分和与其相应的责任授予下属，摆脱能够由下属完成的日常任务，可以使自己专心处理重大决策问题，同时有助于培养下属的工作能力，提高士气。

正确的授权应该包括以下 4 个方面的内容：

（1）要看重员工的长处。任何人都有长处和短处，如果管理者能够着眼于员工的长处，那么他就可以对员工放心大胆地予以任用；如果只看到员工的短处，那么他就有可能由于担心员工的工作而加倍操心，这样，员工的工作积极性必然会降低。作为管理者，不妨在授权的时候让员工真切感受到他对员工的信任感。

（2）不仅交工作，还要授权力。领导者将工作目标确定以后，需要交付员工去执行，此时必须将相应的权力授给员工。一般来说，将工作委托给员工去干，这一点是不难办到的，因为这等于减少自己的麻烦；将权力授给员工，就不那么简单，因为这意味着自己手中的权力被削弱。身为管理者，应该把权力愉快地授给承担相应工作的员工。当然，所授的权力也不是没有边际的。

（3）不要交代琐碎的事情，只要把工作目标讲明白就可以。作为一个领导者，对待员工最忌讳的就是“婆婆嘴”。既然已经授权给下属去做，就不应该再指东指西，使下属无所适从。否则，下属的自主性不易发挥，责任感也随之减弱。

（4）对员工不应放任自流，要给予适当的指导。身为领导者，千万不要以为授权之后就万事大吉了。尽管将权力授予给员工，但责任仍在自己。作为一个领导者，将权力授出之后，还应该对员工进行必要的监督和指导。若是员工走偏了方向，就应该帮助修正；若是员工遇到了难以克服的困难，就应该给予指导和帮助。

做到了这些，员工就会死心塌地跟着领导者打拼，省去领导者很多麻烦。与自己万事亲力亲为相比，哪个更好呢？

【定律链接】事必躬亲或许是管理者最大的错

在生活中，我们常常看到许多公司领导者整天忙忙碌碌，事无巨细地发出详细的命令，员工们为了完成各种文件签字或者命令签署则需要排上长队。实际上，根据麦肯锡的调查，每个人在一天所做的事情中，至少有80%是并不重要的。为什么经理们宁可自己花费时间亲力亲为做一些并不重要的事情，而不授权给手下人做呢？这是因为他们不懂得授权的艺术。

授权就是将权力授予其他人，使其完成特定的任务，它将决策的权力从组织的一个层级移交至一个更低的层级。如果管理者想使工作落实得更有成效，就必须向下属授权。

诸葛亮在上后主的《自贬疏》中写道："街亭违命之阙，箕谷不戒之失，咎皆在臣授任无方。"诸葛亮忠心耿耿辅助阿斗，日理万机，事必躬亲，乃至"自校簿书"。其对手司马懿一次接见诸葛亮的使者，问诸葛亮身体好吗，休息得怎么样。使者对司马懿说，诸葛亮"夙兴夜寐，罚二十以上，皆来览焉，所敢食不至数升"。使者走后，司马懿对人说："孔明食少事烦，其能久乎！"果然不久，诸葛亮病逝军中，蜀军退师。诸葛亮为蜀汉"鞠躬尽瘁，死而后已"，但蜀汉仍最先灭亡，仔细分析可知，这与诸葛亮不善于授权不无关系。

西汉著名丞相陈平认为："……宰相者，上佐天子，理阴阳，顺四时，下遂万物之宜，外镇抚四夷诸侯，内亲附百姓，使卿大夫各得任其职也。"作为领导必须学会正确授权。诸葛亮为蜀汉丞相，工作勤勤恳恳，每日起早睡晚，各种事务都要亲自处理、亲自过问，以致积劳成疾，过早离开人世。

可见，倘若一个管理者"无权不揽，有事必废"，不愿授权，什么都干，那他会弄得自己的工作也做不好，因此，事必躬亲也就成了他最大的错。

从诸葛亮身上，我们可以将阻碍授权的因素归纳为：对下属不信任，害怕削弱自己的职权，害怕失去荣誉，过高估计自己的重要性，等等。但问题是：集权就能有效解决问题吗？

"条条大路通罗马"，只要问题能够有效解决，领导大可不必亲自处理烦琐事务，而应授权下属处理。也许在此过程中，下属能够想出更科学、更出色的解决办法。作为领导者的你，也可以不必整天把自己搞得精疲力竭、焦头烂额，而是可以把时间用来做那些更重要的工作，从而提高整体工作效率。

拜伦法则：塑造"罗文"，把信送给"加西亚"

把信送给加西亚

当美西战争爆发后，美国必须立即跟抗击西班牙的军队首领加西亚取得联系。加西亚在古巴丛林的山里——没有人知道确切的地点，所以无法带信给他。美国总统必须尽快获得他的合作，有人对总统说："有一个名叫罗文的人，有办法找到加西亚，也只有他才找得到。"

他们把罗文找来，交给他一封写给加西亚的信。罗文拿了信，把它装进一个油纸袋里，封好，吊在胸口。三个星期之后，他徒步走过一个危机四伏的国家，把那封信交给了加西亚。

有意思的细节是，美国总统把信交给罗文，而罗文接过信之后，总统并没有问罗文加西亚在什么地方，该怎样去找他。当时，罗文也不知道加西亚藏身的确切地点，但是在他接过这封信的时候，他就以一个军人的高度责任感接过了一个神圣的任务。他什么也没有说，想到的只是如何把信送给加西亚。

这就是在全世界广为流传的“把信送给加西亚”的故事。由此进行阐述和延展的著名畅销书《致加西亚的信》曾经是无数的公司、机关、系统管理者人手一册的“圣经”读本，激励千千万万的人以主动性完成职责，塑造自己团队的灵魂。把信送给加西亚的故事里，罗文之所以能够出色地完成任务，一方面是源于总统对他的充分信任，另一方面也是因为罗文自身超强的执行力、强烈的责任感和不怕困难的品质。

商场如战场，如果你也想在工作中如罗文一样博得领导的赏识，大展一番拳脚，自己首先要有如同罗文一般不顾一切“把信交给加西亚”的精神，才能够在使命落在自己的肩上时，顽强地扛起来。

任何一项工作的完成都离不开人与人之间的配合，管理者和下属之间的博弈也从未间断过。罗文的成功离不开总统对他的合理授权，而总统的成功也在于他很好地履行了授权者的职责。

在西方管理学中，“拜伦法则”就讲述了这样的道理。美国内陆银行总裁 D. 拜伦告诫管理者们：“授权他人后就完全忘掉这回事，绝不去干涉。”这不仅因为把权力交给下属，能够使权力重心更接近基层，更容易激发下属员工的工作热情，更是因为一个成功的领导者的职责是最大限度地利用其下属的能力，而非事必躬亲。这也是区分将才和帅才的重要标志之一。

所谓授权，在管理学中，是指将某项工作或任务交给下级，让其具体操作和计划，管理者则负责更高层面的战略部署工作。合理的授权，是一项非常有效的管理方法，不仅可以给下属留下发展自己的空间，又能使管理者抽出更多的时间去督导员工的工作，提高整个团队的工作效率。

然而，现实中时常发生的情况却是，比较自信的管理者在将自己旧日所从事的工作授权给他人时，总是会感到难以安心。即使明知接掌自己事业的人是如何精明干练的人才，心底总是有个声音在呐喊：“他不行，他不了解我的事业，也不明白我的方法。”殊不知，这是违背了“用人不疑，疑人不用”的法则。

人与人的相处，离不开信任与尊重。工作中如此，平常生活也是如此。当我们请别人帮助自己的时候，不要忘记“拜伦法则”的警示，切勿过多挑剔，或者干涉别人的具体实施过程，否则，以后谁还会那么热心地帮助我们呢？

一手权力，一手信任

“真正的管理就是少管理”，这句话道出了管理的精髓。一个成功的管理者不会因为授权而觉得动摇自己的位置，他会百分百信任自己的下属可以完美地完成自己交付的任务。

《资治通鉴》中有一位君主叫做魏文侯，他善于用人，在春秋战国时期很有名望。当时的中山国国君昏庸无道，魏文侯想乘机举兵讨伐。在征求了大臣们的意见之后，他决定起用平民乐羊为大将。乐羊是个能文能武的人才，但他有一个儿子在中山国当官。魏文侯召见了乐羊，详细地说出了自己的意图和疑虑，乐羊拍着胸脯表示，自己绝不会徇私情的，公事公办，并且果断表了态，一定拿下中山国。魏文侯很高兴地调遣 5 万人马给他，乐羊一路打到了中山国的国都。中山国国君果然拿乐羊的儿子乐舒做文章，要他到城楼上劝说乐羊退兵。身为父亲的乐羊坚持不肯退，反而要求中山国国君投降，那中山国国君便采用缓兵之计，让乐舒要求给他们一个月的时间考虑，乐羊同意了。三个月过去了，中山国还是不肯投降，只是一味地求乐羊再“宽限宽限”。这时，乐羊的下属开始怀疑乐羊是爱子心切。乐羊解释，他这样做是为了收买人心。“我们如果一味攻城，只会让中山国的人团结起来，同仇敌忾，对付我们，而如今中山国国君再三食言，就会大失民心。”等待消息的魏文侯对乐羊的做法也没有质疑，只是不断地送东西到前线犒赏军队，并告诉乐羊正在魏国给他盖房子，等着他回去住。又一个月之后，中山国国君还没有明确表态，乐羊便命令攻城。中山国国君再次拿乐舒威胁，乐羊不为所动，他的儿子因此被处死了。魏军很快就攻破了中山国国都，乐羊得胜班师。魏文侯亲自出城迎接，并大摆宴席，百官也都过来祝贺奉承，乐羊也面露骄色。宴会后，魏文侯还赠送了乐羊两个大箱子，很多人都以为君王要给乐羊什么金银财宝呢，乐羊也很是期待。但是回家打开一看，乐羊惊呆了——里面全是攻打中山国的时候，大臣们弹劾他的奏章，各种危言耸听的谗言、恶毒的诽谤，一封比一封恶毒。乐羊读得汗流浃背，恍然大悟：若不是魏文侯信任自己，恐怕自己早成了刀下鬼了，骄傲之情顿时烟消云散。第二天，魏文侯在朝中要赏赐他的时候，乐羊坚决不受。魏文侯宽慰他说：一个好的管理人，必须要善于用人，而要使用好一个人，必须做到信任一个人，否则有再好再多的人才也等于零。如果你怀疑这个人，就不要使用，而使用人才你就要放手让他去做，你做好保障工作就行了。攻打中山国，我知道只有你乐羊能够担当此重任，并且，在起用你之前，我就做了大量细致的考察，知道你是可以信任的，所以才会用你不疑，现在你果然不负所望，赏赐是应得的，你就不要推辞了，我封你为灵寿君，即刻上任去吧。

管理者必须尊重每一位员工，同时也应该信任他们，这样的态度并不单单是一种礼貌的要求，更重要的是基于这样一个理念——员工才是企业真正的主人。但是光信任是不够的，如果管理者在用人上犯了“天真”“幼稚”的错误，带来的损失如何弥补？所以还必须有能够降服下属的秘密武器。魏文侯留着两箱子弹劾奏章而没有烧掉，正是为了告诉乐羊，是谁给了他机会。

【定律链接】要授权，更要控权

没有人能有三头六臂，对于管理者来说，对下属进行适度的授权是必要的。但是充分授权，是尽量不去干扰下属的工作，而不是授权之后就什么都不管了。管理学大师德鲁克说：“授权不等于放任，必要时要能够时时监控。”没有监控的权力可能造成无法无天的可怕后果，授权后就不再过问的管理方式是危险的管理方式。

51岁的高尔文是摩托罗拉创办人的孙子，也是许多人公认的好人，他个性温和，为人宽厚。1997年，他接任摩托罗拉的首席执行官时，认为应该完全放手，让高层主管自由发挥，然而自2000年开始，摩托罗拉的市场占有率、股票市值、公司获利能力连连下跌。原是手机行业龙头的摩托罗拉，此时市场占有率却只剩下13%，劲敌诺基亚则囊括35%；其股票市值也缩水72%。2001年第一季度，摩托罗拉更创下15年来首次亏损的纪录。事实证明，由于高尔文放手太过，不善控权，因而没有掌握公司真正的经营状况。他一个月才和高层主管开一次会，在发给员工的电子邮件中，谈的尽是如何平衡工作和生活。他盲目地采取放手政策的结果是，组织没有活力，渐渐变成了一个庞大的官僚体系。摩托罗拉原有6个事业部，由各个部门自负盈亏。由于科技发展，每个产品的界限已分不清楚，于是摩托罗拉进行改组，将所有事业部汇集在一个大伞下。结果是，整个组织增加了层级，变成了一个大金字塔。一直到2001年年初，高尔文才意识到问题严重性——摩托罗拉的光辉前途可能就要断送在他的手上。他当机立断开除了首席营运官，进行组织重整，让6个事业部直接向他报告，每周和高层主管开会。高尔文下定决心改变自己“好人、放手”的作风，力挽狂澜，摩托罗拉也因此渐渐有所起色。

授权之后并不意味着就可以对任何事情都不闻不问了，一名卓有成效的领导者，不仅要做一个授权的高手，更应该做一个控权的高手。

美国肯德基国际公司的子公司遍布全球60多个国家，数量达9900多个，但是它对各子公司的监控从来没有间断过。有一次，上海肯德基有限公司很意外地收到了3份总公司寄来的鉴定书，对外滩快餐厅的工作质量分3次鉴定评分，分别为83、85、88分。公司中外方经理都为之瞠目结舌，这3个分数是怎么评定的？后来他们才得知，肯德基国际公司雇佣、培训了一批人，让他们佯装顾客潜入店内进行检查评分，从表面上看，这些“特殊顾客”和普通顾客一样，毫无差别。因为他们都来无影、去无踪，这就使快餐厅经理、雇员时时感到某种压力，丝毫不敢疏忽。

肯德基国际公司管理的高明之处在于，授权之后又派出了专人进行监督考核，从而了解各个子公司的实际经营状况，掌握整个企业体系的运转情况。当然，在监控管理人员的权力时，一定要尽量避免让受监控者感到难堪和尴尬，这就要求企业最好利用制度的形式进行监控，因为大家都知道在制度面前人人平等，所以这样更容易让人接受一些。

第十章 经营学法则

破窗效应：千里之堤，溃于蚁穴

从“小奸小恶”谈企业管理

环境具有强烈的暗示性和诱导性，不要轻易去打破任何一扇窗户，一旦一个缺口被打开，即使看上去微不足道，如果不及时制止，其恶劣影响就会滋生、蔓延，这就是所谓的破窗效应。

事实上，这一效应在企业管理中具有重要的借鉴意义。对待企业中随时可能发生的一些“小奸小恶”的态度，特别是对于触犯企业核心价值观念的一些“小奸小恶”的处理态度，是非常重要的。

美国有一家以极少炒员工著称的公司。

一天，资深熟手车工杰瑞为了赶在中午休息之前完成 2/3 的零件，在切割台上工作了一会儿之后，就把切割刀前的防护挡板卸下来放在一旁，没有防护挡板收取加工零件会更方便更快捷一点。大约过了一个多小时，杰瑞的举动被无意间走进车间巡视的主管逮了个正着。主管大发雷霆，除了监督杰瑞立即将防护板装上之外，还站在那里控制不住地大声训斥了半天，并声称要作废杰瑞一整天的工作量。到此，杰瑞以为结束了，没想到，第二天一上班，便有人通知杰瑞去见老板。在杰瑞受过好多次鼓励和表彰的总裁室里，杰瑞接到了要将他辞退的处罚通知。总裁说：“身为老员工，你应该比任何人都明白安全对于公司意味着什么。你今天少完成几个零件，少实现利润，公司可以换个人换个时间把它们补回来，可你一旦发生事故失去健康乃至生命，那是公司永远都补偿不起的……”

离开公司那天，杰瑞流泪了，工作的几年间，杰瑞有过风光，也有过不尽如人意的地方，但公司从没有人对他说不行。可这一次不同，杰瑞知道，他这次碰到的是公司灵魂的东西。

此外，“破窗理论”还有一种比较直观的体现。在日本，有一种被称作“红牌作战”的质量管理活动：第一，清理。清楚地区分要与不要的东西，找出需要改善的事物。第二，整顿。将不要的东西贴上“红牌”。“红牌作战”的目的是，借助这一活动，让工作场所整齐清洁，塑造舒适的工作环境，久而久之，大家都遵守规则，认真工作。许多人认为，这样做太简单，芝麻小事，没什么意义。但是，一个企业产品质量是否有保障的一个重要标志，就是生产现场是否整洁。

作为一位出色的管理者，我们应当认识到破窗理论在企业中的重要作用。

对员工中发生的“小奸小恶”行为，要给予充分的重视，加重处罚力度，严肃公司法纪，这样才能防止有人效仿这种行为，积重难返。特别是对违犯公司核心理念的行为要严肃查处，绝不姑息养奸。

要鼓励、奖励“补窗”行为。不以“破窗”为理由而同流合污，反以“补窗”为善举而亡羊补牢，这体现了员工高尚的道德情操和自觉的成本意识。公司要提倡这种善举，通过表扬、奖励措施使之发扬光大。

自己要以身作则，不做“破窗”的第一人。自觉遵守公司规章制度，按程序办事，不做“旁路”程序的事。因为工作程序的制定一般都反映了对员工的约束机制，考虑了成本效益因素。违反程序，其结果往往是造成无序，破坏约束机制，增加成本，有害于公司，也有害于自己。

养成工作遵守程序的习惯，并使其成为个人的道德水平的体现。同时，不以“别人不按程序，我为什么不能”为理由放纵自己，而是坚定立场，反对违反公司规定，浪费公司资源、社会资源的行为。

危机时代，要学会“预防性管理”

美国学者菲特普曾对财富500强的高层人士进行过一次调查，高达80%的被访者认为，现代企业不可避免地要面临危机，就如人不可避免地要面临死亡，14%的人则承认自己曾面临严重危机的考验。

一般说来，企业危机是指在企业内部矛盾、企业与社会环境的矛盾激化后，企业已不能按照原来的轨道继续运行下去的紧急状态，表现为失控、失范和无序。

如今，日益激烈的竞争，充满变数的非直线性发展的外部力量的变化，彻底打破了经验主义者理想的思维方式，如果仅仅依靠并沿袭往日成功的经验来经营企业，将会在不知不觉中铸成危机。局部的、组织的甚或个人的行为，均可能演化为企业的威胁。危机一旦降临，企业可能面临的主要后果有：利润降低；市场份额减少，失去市场甚至导致破产；商业信誉被破坏，形象、声誉严重受损等。

在实际工作中，有一种叫“预防性管理”的思想，认为要想避免管理中不想要的结果出现，就要在事情发生前，采取一些具体的行动。所以，当危机即将来到时，在还未出现“破窗”现象时，我们就要首先做好预防准备。以下两点可以作为我们的参考：

第一，树立危机意识。从主观上来看，没有人希望危机出现，俗话说“天有不测风云，人有旦夕祸福”。无论是天灾还是人祸，危机都有可能发生。尽管天灾无法避免，但如有应急措施，可将损失降到最低限度或限制在最小范围；而人祸是可以避免的，关键取决于企业管理者是否重视对人祸的预防，是否有较强的危机意识。所谓树立危机意识，就是在危机发生前，对危机的普遍性有足够的认识，面对危机临危不惧，积极主动地迎战危机，充分发挥人的主动性和创造性。

第二，做好危机的预控。危机预控是在对危机进行识别、分析和评价之后，在危机产生之前，运用科学有效的理论及方法，来防止危机损失的产生、增加收益的经济活动。企业可采取回避、分散、抑制、转嫁等有效措施的有机结合，通过互相配合、互相补充，达到预防和控制危机的目的，在自我发展的同时稳定整个社会的经济秩序。

中国有句古话，“人无远虑，必有近忧”，作为企业更当如此。既然有些“破窗”不可避免，企业就应时时绷紧“破窗”这根弦。只有未雨绸缪防范“破窗”，才能修补“破窗”

于旦夕之间。平时多一些"破窗"意识，多制定几套对付各种可能出现的"破窗"之策略，"破窗"来临时就会镇定从容得多，相对于没有"破窗"意识和未制定"破窗"策略的企业而言，本身就已经为自己赢得了时间差。

华盛顿合作定律：团队合作不是简单的人力相加

创建高绩效团队，让 1+1>2

法国心理学家黎格曼（Ringelman,1913）进行过一项实验，专门探讨团体行为对个人活动效率的影响。他要求工人尽力拉绳子，并测量拉力。参加者有时独自拉，有时以 3 人或 8 人为一组拉。结果是：个体平均拉力为 63 公斤；3 人团体总拉力为 160 公斤，人均为 53 公斤；8 人团体总拉力为 248 公斤，人均只有 31 公斤，只是单人拉时力量的一半。黎格曼把这种个体在团体中较不卖力的现象称为"社会懈怠"。

关于黎格曼的实验结果，很多人都非常好奇，为什么人多反而影响工作效果呢？这就是"华盛顿合作定律"在现实中的一种表现。

在人与人的合作中，假定每个人的能力都为 1，那么 10 个人的合作结果有时会比 10 大得多，有时甚至比 1 还要小。因为人不是静止的动物，更像是方向各异的能量，相互推动时自然事半功倍，相互抵触时则一事无成。

那么，我们如何才能创建高绩效团队，让 1+1>2 呢？

一家公司招聘职员，最后要从 3 位应聘人员中选出两个。他们给出的题目是这样的：

假如你们 3 个人一起去沙漠探险，在返回的半途中，车子抛锚了。这时，你们只能选择 4 样东西随身带着。你会选什么？这些东西分别是：镜子、刀、帐篷、水、火柴、绳子、指南针。而其中帐篷只能住两个人，水也只有一瓶矿泉水。

甲男选的是：刀、帐篷、水、火柴。

面试经理问他，为什么你第一个就要选刀？

甲男说："害人之心不可有，防人之心不可无。这帐篷只够两个人睡，水只有一瓶，万一有人为了争夺生存机会想害我呢？所以，我把刀拿到手，也就等于把所有主动权控制在了手中。"

乙女和丙男选的 4 样物品为：水、帐篷、火柴、绳子。

乙女解释说："水是必需品，虽然只够两个人喝，但可以省着点，相信也能够 3 个人一起坚持到最后；帐篷虽然只能容纳两个人睡，但是可以 3 个人轮换着来休息；火柴也是路上必不可少的；而绳子可以用来把 3 个人绑在一起，这样在风沙很大、目不见物的时候，就不会失散了。"丙男给出的解释与乙女相同。

最后，甲男被淘汰出局。

可以看出，甲被淘汰出局，是因为他没有良好的合作意识。当今社会，靠独自蛮干获得事业进步的工作大多已不复存在了；相反，现在想要有番成就，就必须寻求同事间的互相配合。团队的收益往往意味着个人事业的发展。只有去寻求同事间的协作，发挥彼此的长处，才有利于工作的完成，更有利于个人在职场上的驰骋。

同时，就任何一家企业而言，如果出了差错或面对艰巨的任务时，员工互相扯皮、敷衍了事，往往是因为责任分配不明确。为什么3个和尚没有水喝呢？原因就是没有明确的分工，如果一人各挑一天水，天天把水挑满，或者你打柴，他扫地，另一个去挑水，其结果可能会好很多。

对企业中人力资源的管理也一样，只要分工明确，互相扯皮、推卸责任的员工也就很少，就是有，也能使大家轻易地看出谁在敷衍了事，谁在互相推诿。只有让每个人都知道自己该做什么，才能遏制“华盛顿合作定律”现象的发生。

此外，我们还要明白，聚集智慧相等的人，不一定能使工作顺利进行，往往只有分工合作，才会取得辉煌的成果。在人员调配中，必须考虑员工之间的相互配合，如此才能发挥个人的聪明才智，这也是人事管理的金科玉律。一般所说的量才适用，就是把一个人安排在最合适的位置，使他能完全发挥自己的才能。然而，更进一层地分析，每个人都有长处和短处，在分工合作时，若要取长补短，就必须全面考虑双方的优点及缺点，然后再鼓励他们，齐心协力地把事情做好。

在经济日益全球化的今天，我们不可能把自己封闭起来，任何人都需要与他人进行合作才会有更好的发展。那么如何在合作中走出华盛顿合作定律的制约，取长补短，追求整体的高效率，则是大家共同的课题。

彼得原理：晋级升迁，不是爬不完的梯子

员工在合适的位置才能发挥优势

现实的管理中，我们总能发现这样的现象：一旦员工在低一级职位上干得很好，组织就会将其提升到较高一级的职位上来，一直到将员工提升到一个他所不能胜任的职位上之后，组织才会停止对他的晋升。结果本来可以在低一级职位施展才华的人，却不得不处在一个自己所不能胜任，但是级别较高的职位上，并且要在这个职位上一直耗到退休。这种状况就是彼得原理的典型体现，这对于员工和组织双方来说，都没有好处。

晋升，作为一种鼓励、奖励的手段非常普遍。然而，一些无意或“无能”的人，由于在工作中做出了成绩，被提到了高位；所面对的却可能是他们不能胜任的工作，就像爬上了一个架错墙的梯子顶端，其中滋味只有当事人知道。

下面是彼得博士的研究资料中的一个典型的案例。

杰克在汽车维修公司是一名热忱又聪明的学徒，不久他被聘为正式的机械师。

在这个职位上他表现杰出，不但能诊断汽车的疑难杂病，还能不厌其烦地加以修复，于是他又被提升为该维修厂的领班。

然而，在担任领班之后，他原先对机械的热爱和追求完美的性格反而成为他的缺点。因为不管维修厂的业务多么忙碌，他还是会承揽任何他觉得有趣的工作。

他总是说：“我们总得把事情做好嘛！”而他一旦工作起来，干不到完全满意绝不轻易罢手。他事事干预，极少坐在他的办公室。他常常亲自动手修理拆卸下来的引擎，而让原本从事那件工作的人呆站在一旁，并且他不会给其他工人指派新的任务。结果维修厂里总是堆着做不完的工作，总是一团糟，交货时间也经常延误。杰克完全不了解，一般顾客并不在乎车子是否修得尽善尽美，他们只希望能如期取回车子。杰克也不了解，大部分工人对薪资比对引擎

的兴趣还要浓厚。

因此，杰克对他的顾客和部属都不能应付得宜。从前他是一位能干的机械师，现在却成为不胜任的领班了。

像杰克这样被提拔，许多领导者都认为是天经地义的，是对员工工作表现的一种肯定。因为大多数公司一直把工资、奖金、头衔、提拔跟员工的表现和职业阶层挂钩，所处的阶层越高，工资就越高，额外津贴就越丰厚，头衔也越大。虽然这种出发点是好的，但结果却把每个员工都引领到十分尴尬的境地。

对于一个员工来说，他的表现是否优秀，往往是相对于他的职位而言。过高的晋升，只会让他从优秀走向不优秀，甚至是艰难。

明智的领导者，一定要懂得把下属安排到一个合适的位置，安排到一个能让他们发挥出优秀水平的位置，而不是通过一味的提拔奖励，让他们最终迷失甚至颓废在无尽的晋升阶梯中。

改革机制，避开彼得原理的陷阱

彼得原理告诉我们，在任何层级组织里，每一个人都将晋升到他不能胜任的阶层。换句话说，一个人，无论你有多大的聪明才智，也无论你如何努力进取，总会有一个你干不了的位置在等着你，并且你一定会达到那个位置。

例如，一个优秀的主治医生被提升为行政主任后无所作为，一位优秀的研究员被提升为研究院院长后无所事事，一位熟练的高级技工被提升为经理人员后束手无策……

这些彼得原理陷阱，主要是由企业的不恰当的激励机制和人员的晋升机制所产生的。那么，我们应该如何去避开这些陷阱呢？这就要求企业必须改革人员的晋升机制和激励机制。

1. 建立相互独立的行政岗位和技术职务岗位升迁机制

对于企业的行政人员和专业技术人员，可以按照所属岗位性质的不同，建立相应的相互独立的行政岗位和技术岗位的职务晋升机制，且相应的技术职务岗位对应相应的行政职务岗位，享有相应的薪酬和福利，等等。但是，行政职务岗位不能与相应的技术职务岗位互换。

实行双轨制，让企业的行政管理人员和技术人员分别走不同的职务晋升路线。这样，既可以满足对业绩突出人员的精神激励的要求，让不同类的员工各得其所，又能够提高企业的管理水平和科研实力。

2. 加强对各类岗位的工作岗位研究

建立相互独立的行政和技术职务岗位晋升机制只能防止行政人员和技术人员由于错位晋升而陷入彼得原理陷阱，要防止同类岗位内部出现彼得原理陷阱，还必须对不同级别的各个岗位进行工作岗位研究，明确各个岗位的责任，细化各个岗位对具体的诸如管理能力、业务水平、学历等不同能力的要求，并按不同能力所占的权重予以排队。简而言之，就是“按岗设人”。

3. 建立岗位培训机制

在这个现代化的社会，技术、管理发展日新月异，新的技术、管理知识每天都在不断更新，即使昨天你是个合格的技术人员、合格的管理者，如果不加强学习的话，今天，你就有可能落伍。

如今，企业的岗位培训已经变得越发重要。国内外的知名企业，都非常重视企业的岗位培训，且大都建有自己的专门岗位培训机构，如著名的摩托罗拉大学、惠普商学院，国内如海尔大学，等等。

4. 实行宽带薪酬体系

所谓宽带薪酬，就是在拉大同等级的员工的薪酬的同时，缩小不同等级员工之间的薪酬差异，实行薪酬扁平化，以及按劳取酬、按效益取酬制度，改变以前企业的那种按职称、按工作岗位拿工资的现状。如果某一个基层工作人员干得好，他可以拿到甚至是在职称或者是职务上高他几个等级的员工的薪酬；相反，如果某一个高层员工干得不好的话，他甚至有可能拿到全企业的最低工资。

设立薪酬体系的好处是显而易见的，它可以激励各个层次的员工全身心地投入到自己的本员工作中去，实现“在其位，谋其政”，要不然的话，可能自己月底的收入就会很可怜。

通过这一方式，可以在各个层次的工作岗位中留住有事业心的合格的人才。

【定律链接】神奇的彼得治疗法

如果你仔细审视世界，会发现很多东西都是成对出现的，如好与坏、左与右、对与错，等等。事实上，虽然彼得原理无处不在，但庆幸的是，彼得也给我们献出了他的彼得治疗法：

1. 彼得宽慰法

就层级组织学的观点而言，宽慰法是应用中立的法则，借以抑制到达不胜任阶层所导致的不良后果。彼得宽慰法的做法是以意念代替行动，即要从内心认同 1 盎司的意念值 1 磅的行动。

现在，让我们看看彼德宽慰法如何应用于更广的范围：不胜任的员工以高谈工作的神圣来取代努力争取晋升；不胜任的教育人员放弃正常教学，而一味赞扬教育的价值；不胜任的画家会促进所谓的艺术鉴赏；不胜任的太空人会撰写科幻小说；而性无能的男人则把精力花在创作情诗上。

所有这些彼德宽慰法的实行者也许没有多大贡献，但至少他们也没有造成任何伤害。同时，他们也不会干扰各行各业胜任者的正常活动。总之，彼德宽慰法可以防止职业性的瘫痪。

2. 彼得舒缓法

尽管人类还没全部到达整体生存不胜任的程度，但如前所述，确实有许多人已到达不能胜任的阶层，并迅速和这个与时俱进的世界拉开了距离。

一些舒缓的方法使他们能活得更快乐、更舒服一些。例如，员工可以用其他的工作取代本身职务上应做的工作，并将它做得十分圆满。这种替代技巧，使得员工置身于他所谓的“快乐大家庭”里。

3. 彼得预防法

根据层级组织学的观点，所谓预防是在晋升极限并发症出现前或层级组织退化尚未开始前，应先采取预防的措施。

我们不妨考虑应用“创造性的不胜任”来解决人类生存不胜任的大问题。在生命旅途中，我们用不着放弃晋升，但是我们可以审慎创造一些不相干的不胜任，从而防止我们获得某种不适宜的晋升。

4. 彼得药方

彼得药方的真正疗效就是人们积蓄许多的时间、创造力以及工作热忱，将其运用于有建设性的工作上。

例如，我们可以在大都市发展安全、舒适、高效率的快捷系统，我们可以开发不会污染空气的电能（例如发电厂可利用无烟燃烧器来燃烧垃圾并产生电能）。这样，我们便能促进人体健康、美化环境，并使美丽的风景区有更好的景观。我们也可以提高汽车的质量和安全性，并使高速公路、一般公路、街道等的景观更美，于是，人们在旅行时便能像以前一样安全、快乐。

为数量而追求数量无法使人类获得最大的满足，人们只有通过改善生活质量才能得到真正的满足。

帕金森定律：组织机构的死敌

组织机构也会患上帕金森症

众所周知，医学界有一种病叫帕金森，病人的主要症状表现为四肢颤动、肌肉僵直和身体运动的迟缓。其实，一个组织机构，如果领导不善，也会患上帕金森症，从而导致机构臃肿、人浮于事。

一个不称职的领导者，可能有 3 条出路：

一是申请退职，把位子让给能干的人；

二是让一位能干的人来协助自己工作；

三是聘用两个水平比自己更低的人当助手。

第一条路是万万走不得的，因为那样会丧失许多权力；第二条路也不能走，因为那个能干的人会成为自己的对手；看来只有第三条路可以走了。

于是，两个平庸的助手分担了他的工作，减轻了他的负担。由于助手的平庸，不会对他的权力构成威胁，所以这名领导者从此也就可以高枕无忧了。

两个助手既然无能，他们只能上行下效，再为自己找两个更加无能的助手。

如此类推，就形成了一个机构臃肿、人浮于事、相互扯皮、效率低下的领导体系。

这就是英国历史学家帕金森在其《官场病》(又名《帕金森定律》)中所提出的帕金森定律。

在《帕金森定律》一书中，帕金森还总结了组织机构的可怕顽症：

1. 工作越少，下属越多

有一则寓言，如需要一个人判断航空照片，长官往往命令一个二等兵去担任这份工作。两天后，他开始抱怨了，说照片是那么多，他需要两名助手协助；而且为了对助手有指挥权，他自己应该升为一等兵。他的长官非常体谅人，答应了他的要求。之后不久，他的下属依样学样也需要助手。于是，在 3 年内，他拥有了一个 85 人的小组，而且自己也步步高升，成为中校。然而，他自己从来就没有判断过一张航空照片，因为他忙于搞行政事务去了。

2. 姗姗来迟，匆匆离去

鸡尾酒会是现代任何会议所不能缺少的一个玩意儿。帕金森定律告诉你如何识辨酒会上的重要人物。这些人总是在他们认为对自己最有利的时间才姗姗入场。他们不愿意在人不多的时候入场，也不愿意在其他要人离开后入场。此外，在一个酒会上，要人们会不约而同地走到某一个部位集合，主要的目的是让大家看到自己也出席了。这个目的达到后，这些要人就会争先恐后地溜之大吉。

3. 三流上司，四流下属

在任何一个地方，我们都会发现这样的一种机构：高层人员感到无聊乏味，中层人员忙于勾心斗角，低层人员则觉得灰心丧气和没有动力。他们都懒得主动办事，所以毫无绩效可言。在仔细考虑这种可悲的情景后，他们在潜意识里抱着“永远保持第三流”的座右铭。

例如，“我们太过努力是错误的，我们不能与高层比；我们在基层做有意义的工作，配合国家的需要，我们应该问心无愧”。或者“我们不自吹是第一流的。有些人真是无聊，喜欢争强好胜，喜欢自夸他们的工作表现，好像他们是领导一样”。

这些看法说明了什么呢？他们在潜意识里只求低水准，甚至更低的水准也未尝不可。从第二流主管发给第三流职员的指示，只要求最低的目标。他们不要求较高的水准，因为一个有效的组织不是这种主管的能力所能控制的。如此一来，他们构建了一个三流上司、四流下属的组织。

解决帕金森定律症结：公平、公正、公开

不难看出，是权力的危机感产生了可怕的机构人员膨胀的帕金森现象。正如恩格斯所言：“自从阶级社会产生以来，人的恶劣的情欲、贪欲和权欲就成为历史发展的杠杆。”

人作为社会性和动物性的复合体，因利而为，是很正常的行为。假设他的既有利益受到威胁，那么本能会告诉他，一定不能丧失这个既得利益。一个既得权力的拥有者，假如存在着权力危机，便不会轻易让出自己的权力，也不会轻易地给自己树立一个对手。因此，他会选择两个不如自己的人作为助手，这种行为，无可厚非。

帕金森在书中举过这样一个例子：

假设有一个私营企业主，公司的产权全部属于企业主所有。随着企业规模的不断扩大，企业主在管理上感到力不从心了，他需要有人来协助他。于是企业主在各种媒体上刊登了征聘广告，应征的人络绎不绝。假设其中有一个非常优秀的人才，这个私营企业主会不会聘任他呢？

这个老板可能会想：公司的土地是我的，所有产权都是我的，这就意味着这个人来我这里是“无产阶级”，他纯粹是为我打工，干得好我可以继续留他，给他很高的待遇，干得不好我可以辞退他，无论他如何出色和卖力地工作，他都不可能坐我的位置，老板永远是我。

一番盘算以后，这个高智商、高素质、高能力的人才就被留下来，老板对之大胆使用，可以说是完全不受帕金森定律的影响。这是一个拥有绝对权力的人的做法。接着，这个企业继续发展，业务范围扩大了，新的问题层出不穷，当初的优秀人才现在也有些力不从心，也需要助手协助他。于是他也在各种媒体上刊登征聘广告，同样会有各种人才络绎不绝地涌来。

假设最后要在两个人中选择：一个是某名牌大学的公共管理专业刚刚毕业的研究生，写了很多的文章，理论功底极为深厚，实践经验却非常匮乏；另一个人则颇有实干家的手腕和魄力，拥有先进的管理观念和操作经验。老板拿不定主意，叫他选择，这时候他就盘算开了，最后，他多半会选择那个刚出校门的研究生——因为这让他感到安全。

由此可见，要想解决“帕金森定律”的症结，就必须要建造一个公平、公正、公开的用人机制，不受人为因素的干扰，不要将用人权放在一个被招聘者的直接上司手里。同时，实

现这一用人机制，需要遵循三条原则：一是公平竞争，任人唯贤；二是职适其能，人尽其才；三是合理流动，动态管理。

【定律链接】帕金森定律发生作用的条件

众所周知，所谓定律，都是对事物发展的客观规律的阐释，而规律总是在一定条件下起作用的。

那么，“帕金森定律”发生作用的条件有哪些呢?

第一，必须要有一个团体，这个团体必须有其内部运作的活动方式，其中管理占据一定的位置。这样的团体很多，大的包括各种行政部门，小的可能只有一个老板和一个雇员。

第二，寻找助手的领导者本身不具有权力的垄断性，对他而言，权力可能会因为做错某事或者其他的原因而轻易丧失。

第三，这位“领导者”对他的工作来说是不称职的，如果称职就不必寻找助手。

这三个条件缺一不可，缺少任何一项，就意味着“帕金森定律”会失灵。

可见，只有在一个权力非垄断的二流领导管理的团体中，“帕金森定律”才起作用。

在一个没有管理职能的团体——比如兴趣小组之类，就不存在“帕金森定律”描述的可怕顽症；一个拥有绝对权力的人，他不害怕别人攫取权力，也不会去找比他还平庸的人做助手；一个能够胜任自己工作的人，也没有必要找一个助手。

酒与污水定律：莫让“害群之马”影响团队发展

不容忽视的“害群之马”

一次管理培训课堂上，当着所有学员的面，讲师把一匙酒倒进一桶污水中。然后问大家：“这桶水如何？”大家异口同声地答道：“这是污水。”接着，讲师又把一匙污水倒进一桶酒中，问大家：“这桶水如何？”大家毫不犹豫地回答说：“这仍然是一桶污水。”

这就是著名的酒与污水定律。它告诉我们，一个正直能干的人进入一个混乱的部门可能会被吞没，而一个无德无才者能很快将一个高效的部门变成一盘散沙。组织系统往往是脆弱的，是建立在相互理解、妥协和容忍的基础上的，它很容易被侵害、被毒化。破坏者能力非凡的另一个重要原因在于，破坏总比建设容易。

在金融危机期间，一家香港公司为了节省资源，选定了一个时间安排所有工人到内地工厂上班。公司规定，每天早上8：30全体员工统一在罗湖关口集合，然后大家一起乘车去内地工厂。

起初，大家都很准时，按照规定时间集合、乘车、上班。但有一天，公司加入了一位新员工，他的时间观念很弱，几乎每天都不能按时到罗湖关口的集合地点，领导一问他，不是说过关人多，就是说下雨堵车，每次都有诸多借口。领导考虑他是新员工，每次都只是随口警告两句，并没有实质性的惩罚。大家都共睹了那个习惯迟到的员工并没有受到公司的什么惩罚，于是，有些平日从没有迟到过的工人也慢慢加入了迟到的行列。

结果，公司的业绩不断下滑，最终被淹没在疯狂的金融风暴里。

与之类似，几乎在任何组织里，都存在几个难以管理的人物，他们存在的目的似乎就是为了把事情搞糟。他们到处搬弄是非，传播流言，破坏组织内部的和谐。最糟糕的是，他们像果箱里的烂苹果，如果你不及时处理，它会迅速传染，把果箱里其他苹果也弄烂，“烂苹果”的可怕之处在于它那惊人的破坏力。

客观而言，企业就是个人的集合体，企业的整体效率取决于其内部每个人的行为，这就要求这个集合体内的每个人都能发挥最大效能，以保持团队的整体步调一致，动作协调。只有这样，才能顺利扬起企业的奋进之帆。

唐代李益有首《百马饮一泉》的诗，讲了一个小故事：有一百匹马都在泉边喝水，其中一匹马偏要跑到上游或泉水源头喝水，而且它不是在岸边喝，而是下到了水里搅和。于是，在下游的其他马只能喝浑浊的水。这样的马，也就是我们常说“害群之马”，与前面所讲的组织中的“污水”是一个道理。

正如一个能工巧匠花费时日精心制作的陶瓷器，一头驴子一秒钟就能把它毁坏掉。长此以往，即使拥有再多的能工巧匠，也不会有多少像样的工作成果。延伸到一个组织里，一旦存在这样一头具有破坏性的驴子，即使拥有再多的专家良才，也不会出多少非凡业绩。

所以，对于一个领导者来说，想要让团队得以生存，并不断良性发展下去，千万不可小觑或忽视那些蕴藏着无尽危害性的“害群之马”。

及时解雇，对付害群之马的不二之选

虽然我们都知道害群之马对一个组织的危害性极大，破坏组织内部的和谐，阻止企业的发展。然而，在现实中，组织往往又不可避免地出现一些害群之马。

既然如此，那我们该如何应对这些总是出现的害群之马呢？

大卫·阿姆斯壮是阿姆斯壮国际公司的副总裁，他讲述了发生在自己身边的一个小故事：

偶尔，我们会听到一个绝妙的形容或比喻让人心头一震。当我听到“恶性痴呆肿瘤”这个词的时候，我就有这种感觉。下面我来解释一下这一个词是怎么来的，代表什么意义。

当时我正在“讨厌鬼营”倾听某汽车公司一位女士谈论，为什么善待员工不仅是公司的义务，也是重要的生意经。

“我们必须关掉一间工厂，在关掉前60天我们通知了员工这项决定。”她说，“结果我们发现，最后1个月的生产率反而提高了。这说明如果公司善待员工，员工就会回馈。”

康乃狄克某杂货商的小史都先生自听众席上提出一个问题：“在公司经历快速成长的时候，怎样才能做到既善待员工又兼顾公司的经营作风呢？”

“你做不到。”这位女士回答，“你不可能一下子找来50个员工，把公司的作风教给他们，然后期望他们个个都会安分守己。没有人能做到这一点。50人当中，总会有四五个害群之马，而且这几个害群之马会带坏其他人。”

这时，苹果电脑的查克马上站起来表示：“我们称这种人为‘恶性痴呆肿瘤’。在苹果电脑，我们用‘恶性痴呆肿瘤’来形容害群之马。因为他们就像癌细胞一样会扩散。最好的解决办法就是把这些肿瘤割除，以免他们的不良行径贻害他人。”

要知道，对于组织中“恶性痴呆肿瘤”式的害群之马，必须及时切除，否则“肿瘤”一旦扩散，整个组织都会受到严重影响，甚至垮掉。

或许你认为，对任何公司和老板来说，开除或解雇员工，总是一件令人不快的事，因为这或多或少地反映了公司存在着某些缺陷或不足之处。但是，如果解雇的是一个存在一天就会对公司危害无穷的“捣乱分子”，就应该当机立断，否则一旦他阴谋得逞，公司将后患无穷，也只有这样，你才能彻底排除纵容下属、姑息养奸的可能。

黄帝时，大隗是一个很有治国才能的人，黄帝听说后就带领着方明、昌寓、张若等6人前去拜访。不料，7个人在途中迷了路，见旁边有一位牧马童子，就问他知不知道具茨山在哪里，牧童说：“知道。”又问他知不知道有一个叫大隗的人，牧童又说：“知道。”还把大隗的情况都告诉了他们。黄帝见这牧童年纪虽小却出语不凡，又问：“你懂得治理天下的道理吗？”牧童说：“治理天下跟我牧马的道理一样，唯去其害马者而已！”

黄帝出访归来，晚上梦见一人手执千钧之弩，驱赶上万只羊放牧。黄帝突然醒悟到那个牧童应该就是一位难得的人才，于是就回去找牧童，培养后授其官位，使之辅佐治国。

司马迁曾说：“黄帝举风后、力牧、常先、大鸿以治民。”其中的力牧，就是那位懂得去除害群之马的牧童。

可见，古往今来，任何一位称职的、杰出的领导，都懂得如何对付手下的害群之马，即及时解雇。

雷尼尔效应：用“心”留人，胜过用“薪”留人

温情，留住员工的强大力量

位于美国西雅图的华盛顿大学计划在校园的华盛顿湖畔修建一座体育馆，但引起了教授们的强烈反对。因为体育馆在那里一旦建成，恰好挡住了从教员工餐厅窗户可以欣赏到的美丽湖光。与当时美国的平均工资水平相比，华盛顿大学教授们的工资要低20%左右。而他们在没有流动障碍的前提下自愿接受这么低的工资，完全是出于留恋那里的湖光山色：西雅图位于太平洋沿岸，华盛顿湖等大小水域星罗棋布，晴天时可看到美洲最高的雪山之一——雷尼尔山峰。他们为了美好的景色而牺牲获得更高收入的机会，这被华盛顿大学经济系的教授们戏称为“雷尼尔效应”。

通过前面的例子我们发现，华盛顿大学教授的工资，80%是以货币形式支付，20%是由良好的自然环境补偿的。如果因为修建体育馆而破坏了这种景观，就意味着工资降低了20%，教授们很容易流向其他大学。可见，知道员工的真正需求，才能留住人才，这就是著名的雷尼尔效应。

当今，企业的竞争主要是人才的竞争。企业是否能够吸引和留住人才，成为一个企业成败的关键。美丽的西雅图风光可以留住华盛顿大学的教授们，同样的道理，企业也可以用温情来吸引和留住人才。

《亚洲华尔街日报》《远东经济评论》曾联手对亚洲10个国家和地区的355家公司进行了调研，涉及26种产品、9.2万名员工，最终评选出前20名最出色的雇主。根据这项调查，员工心目中的“好公司”与公司资产规模、股价高低并没有直接的联系，虽说入选的20家上榜公司各有各的绝招，但它们都具备一个共同特征——带着浓浓的人情味。

小何大学毕业后到一家大型企业工作。工作前3年，公司效益非常好，每个月小何总会

有一笔不菲的工资和奖金。在外人眼里，这一切已经很不错了，他也很知足。然而，由于他和一起共事的同事大都是大学刚毕业的年轻人，随着时间的推移，按部就班的工作节奏使他们变得懒散，总觉得工作缺少激情。所以，他们都想跳槽换个环境。

不料，就在他们决定跳槽的时候，公司由于在一个重大项目上的决策失误，损失惨重，多年来公司创造的辉煌一夜之间化为乌有，面临破产的困境。平时公司的经理带领他们创业，对这些年轻人也格外照顾。在公司处于困境的时候选择跳槽，他们很是过意不去，但是长期在公司待下去不会有太大的发展前途。权衡再三，他们还是决定离开，另谋高就。就这样，几个年轻人写好了辞职报告，准备去找经理谈话。

盛夏时节酷暑难耐，为了节约用电，公司老总把自己办公室空调的温度从23℃提高到24℃。为此，经理特意在门口贴了一张小纸条："关键时刻，让我们从点滴做起。尽管公司处于困境，但困难只是暂时的，如同乌云遮不住太阳。为了节省1度的电量，你们进入我的办公室时，可以随便减去一件衣服。"

在这个以严格的等级制度管人的公司，没有人可以在进入经理办公室之前随随便便脱去西装。尽管经理贴出了小纸条，可是没有人在进入他的办公室之前减衣服。时间长了，经理发现了这一点，立即从自己做起，自己先减去一件衣服，穿着随便些，让来汇报工作的员工放松心情，自然一些。那天他们走到经理办公室，看到小纸条，没敢脱衣服，但心微微地震动一下。走进办公室，他们发现经理穿着很随便，而且他们观察到经理室的空调温度比往常高了1℃。经理让他们脱去外套，有什么想法慢慢汇报。先前想好的理由顷刻间化为乌有，最后他们都红着脸退了出去。

此后，他们的心长久地被那1℃温暖着，尽管那1℃对一个员工上千的企业算不了什么，但是他们从那微不足道的1℃中看出了一种温暖、一种精神。几个月过去了，始终没有人提辞职的事情。后来那家公司走出了困境，企业的发展蒸蒸日上。有人说企业的成功与1℃有关。

很难相信，一个企业的兴衰与小小的1℃息息相关，但那是最温情的1℃。正是这微小的1℃孕育了一种强大的力量，唤醒了埋在人性深处的一种温情，将个体的命运与集体的命运紧紧地连在一起，形成一种温情的团队精神，战胜了看似很大的困难。

为人处世，一个人需要这样的1℃；营生立业，一个企业更需要这样的1℃。这种温情，正是企业得以留住员工的"西雅图风光"。

人性管理，收获人心

"雷尼尔效应"对企业吸引和留住人才具有重要的借鉴意义：只有展示出你的人情味，才能做到人心所向，才能真正地留住员工的心。换而言之，人情味乃是吸引和留住人才的重要原因。

当你能很人性化地对待员工时，他们获得的激励感受是物质奖励远远不能达到的。同时，你也会发现，越是在一个看似严峻复杂的时刻，一句最朴实的实话越可能带来出乎意料的好效果。

美国四大连锁店之一的华尔连锁店将其成功的秘诀概括成一句话，那就是："我们关怀我们的员工。"

在深圳一家企业里，精明能干的老板总会询问员工有无工作上的困难，为员工送上温暖、关怀的话语，休息时间叫来下午茶，和大家一起讨论《第五项修炼》《追求卓越》中的经典章节。逢周末，老板还会请大家参加一些健身、娱乐活动，尽量放松工作中紧张的情绪。

人是企业中最珍贵的资源，也是最不稳定的资源。当他们心情不好、对领导不满意、对同事不顺眼、对薪酬不满、对政策怀疑、对制度反感、生活上存在问题和困难时，就会意志消沉或心不在焉，直接影响到企业目标的实现。当你真心、真情地关怀员工，把爱心注入与员工的沟通中，你就会发现，员工会把劳动作为享受自己幸福生活的手段之一，把企业作为实现幸福生活的场所。

人情化管理其实也是公司激励员工的方式之一。说到激励，首先是要鼓励员工参与企业的管理。美国有个州的农业保险公司以善于留住人才而著称。他们用一个简单的方法来实现员工认同的“个性化奖励”。经理人员要求每个员工完成一份自己的“喜好列单”—列举他们喜欢做的事和喜欢的东西，比如最爱吃的冰淇淋、颜色、花、电影明星、饭店、度假区、业余爱好、娱乐等。当经理人员想要奖励有优秀表现的员工时，查阅一下他的“喜好列单”，就可以马上“度身定做”这个员工的奖励。

人不仅仅是“经济人”，还是“社会人”，人通过组织获得的力量必然大于人本身的力量，员工对组织的参与越深，就越能认同组织理念和文化，就越能体现员工在组织中的存在价值，从而达到个人目标服从组织目标的目的。

总之，企业的发展靠的是人才。对企业管理者而言，不要吝啬向员工展示你的真诚、关爱和私人交情。

【定律链接】以诚动人，赢得人才

克·雷诺是美国硅谷一家小型软件公司的老板，很有远见卓识。他在激烈的竞争中认识到，提高企业的后劲在于人才，企业无法估量的资本是人才，知识可以称为企业的无形财富。身处当今瞬息万变的信息时代，应用最新的科学才能创造更多的财富，因此对人才和知识的渴求显得尤为迫切。“对于中小企业来说，重要的职位必须争取最棒的人才。”雷诺深有体会地说，“重要职位所提供的既是难得的机会，也是够刺激的挑战。如果企业随便找人，就等于帮了竞争对手一个大忙。”

有一次，雷诺看中了一个人，想聘请他担任业务主管。不料一次又一次的人情攻势都无法奏效，甚至托了许多重要人物出面也起不到作用。对方不耐烦地说：“先生，全世界大概只有您妈妈还没有给我打电话了。”没想到第二天，雷诺真的让自己远在以色列的犹太母亲打了电话过来。老太太动情地说：“放心好了，我的雷诺可是一个好人，您一定会愿意同他共事的。”对方这一次果然没有招架住，“投诚”来到了雷诺的公司。

不久以后，雷诺又物色到一个可以担任他公司财务主任这个关键职位的人选。然而那个人在一家大公司任要职，待遇优厚，根本不把雷诺的小公司放在眼里。雷诺并没有泄气，在打听到对方的鞋子尺码后，买了一双“耐克”牌运动鞋摆在那个人的家门口，旁边所留的纸条上写着“just do it”（“放手去干”）这句著名的“耐克”广告语，对方终于被打动，跳槽过来了。

真诚是人格魅力的基础，没有真诚，就不会赢得友谊和真情。真诚的价值在于可以置换，当你为别人付出一份真诚时，你会收获别人的回报。聪明的领导者善于把真诚作为最大的武器，为自己赢得人才。

赫勒法则：有监督才有动力

动力来源于监督

人们常说，没有压力就没有动力。在现实生活中，也的确是如此。没有人管着你，你就什么也不想做，这都是人类的惰性在作怪。人生来都是喜欢享受的，没有生存的压力，没有别人的监督，就不会有人去拼命工作。其实，人类的发展史就是一部“惰化史”，人类为了活得更轻松自在，更省心省力，发明创造了一系列代替自己劳动的物品，也正是这些伟大的发明使人类社会一步步发展到了今天。人类社会的每一个重大发明，几乎都是在人类的惰性驱使下完成的。所以，我们不得不感谢我们的惰性。但是，这种惰性如果不加以有效地监督，就会泛滥成灾，到时社会就会瘫痪。

每一个当过学生的人几乎都有这样的感受，如果老师第二天不检查作业的话，你这一天就会不想写作业。我们也知道学习不是为了老师，但是如果老师不监督我们，我们就会想玩。这是孩子的天性，也是人类的通性。当然，这其中也不乏一些自控力特别好，或者天生就很勤劳的人。但是在企业中，为别人打工，钱拿的一样多，能少干些就是赚了。很多人都抱有以上的想法，认为给别人打工没必要那么尽力。也正是有这种想法的存在，才会使监工这种职业很早就出现在人类的历史上。有人监督，工作不得不卖力；有人监督，心中就有顾忌，自然工作就会认真对待。没有人检查自己的工作，你不自觉地就会懈怠；如果有人要检查自己的工作，你也会自然地紧张起来。人就是这样奇怪，没人管还不行。

世界两大快餐巨头麦当劳和肯德基都很懂得这个道理。麦当劳有名的“走动式管理”，既让管理人员下到基层体验了第一线的工作，又使员工的工作受到了监督，可谓是一石二鸟之举。管理人员到各店里现场指导员工解决问题，不仅能使管理者更加深入地了解这些员工，对员工的工作起到监督的作用，而且当管理者向员工请教、咨询问题时，还会使员工们有一种被重视和尊敬的感觉，这样更加能促使员工积极热情地工作。而肯德基的监督方法更绝。虽然肯德基的国际公司设在美国，但它雇佣、培训了一批专门的监督人员，让他们佯装成顾客，不定时地秘密对全球各个分店进行检查评分。这让肯德基的各个分店的经理和雇员，无时无刻不感觉到一种压力，对工作一点也不敢怠慢。通过这种方式，不仅使肯德基对它的各个分店的情况随时有所了解，而且也大大地促使肯德基的员工们提高了工作效率。

很多时候，公司的管理者总是抱怨公司决策落实起来难，其实这往往是由于公司没有一个有效的监督体系。如果领导把任务布置下去，并能及时对这些任务进行检查，而且对任务的完成程度进行评估，实行相应的奖惩制度，那么决策落实难的问题基本上就不会出现了。可是就怕有些领导把决策一宣布，就不管了，没有检查，没有奖惩，员工们也没有压力和动力，那么决策就只能是一句空话、一纸空文。所以，当公司的决策难以落实时，不要责怪员工的执行力差，而是要从自身找原因，想一想是不是自己的监督工作没有做到位。

有效监督是一种尊重

人们往往认为给对方足够的自由和空间，是对他的尊重；其实有效的监督，也是对人的一种尊重，是对他人劳动付出的一种尊重。干好与干坏都一样，谁还会有干劲呢？有监督，有评比，有奖惩，人们才会有进步的动力。人们的付出都想得到别人的认可，有效的监督就是对他人工作的一种肯定，把你当做一个有能力完成本职工作的人，才会对你有所要求，才会对你进行监督，这就是一种尊重。

海尔集团之所以能够取得今日的成就，与其高效的监督管理机制是密不可分的。在海尔集团工作的任何员工都要接受3种监督：一是自我约束和监督；二是互相监督，即小组或团队内成员互相约束和监督；三是专门监督，即集团内专门负责监督的业绩考核部门的监督。而集团内的领导干部除了受以上3重监督外，还得经受5项指标考核。这5项指标分别是：自清管理，创新意识及发现、解决问题的能力，市场的美誉度，个人的财务控制能力，所负责企业的经营状况。这5项指标被赋予不同的权重，最后得出评价分数。每个月海尔集团都会对干部进行考核评比，对表现出色的干部进行奖励，对工作出现差错的干部进行批评，即使工作没有失误但也没有起色的干部也被归入受批评的行列之中。而那些在车间里工作的员工，更是每天都要接受考评。在海尔的生产车间里通常都会有一个"S"形的大脚印，这正是为表现不好的员工准备的。每天下班时，车间里的班组长就会对一天的工作进行总结，而表现不好的员工就要当着大家的面站在那个"S"形的大脚印上反省。正是这种严格的监督机制，使海尔上下干部员工对工作都有了很高的主动性和积极性，工作效率也大大提高，人人都不想成为落后的人，都争当先进。同时，海尔还建立了一套有效的激励机制，与监督机制相辅相成。其实，有效的监督也是一种激励，而相应的奖惩，更能促进员工更好地工作。正是这种有效的监督，使海尔不断地走向成功，走向世界。

全美第一大DIY（自己动手做）店Home Depot公司的管理者，也非常懂得有效监督的好处。该公司也采用走动式管理的方法，领导者不定期到各店进行巡察，不仅对员工的工作进行监督和检查，而且还借机对相应的主管进行教育，以提高其管理能力。同时，该公司的创始人之一肯·蓝高，不仅提倡上级对下级的监督，而且还提倡下级对上级的监督。在一次巡察中，他就借机向员工和一部分主管宣传了这种思想，他希望这些员工和主管们可以学习向上管理，在完成上级交代的任务后，记得问你们的上级一个问题："我已经按您交代的做了，现在请告诉我，此举对我为顾客提供最佳服务有何帮助？"这样，才能使上级将工作重心放到员工的真正使命上。而员工的真正使命就是：把店里的商品卖给进门的顾客，为顾客提供满意的服务。这种上对下、下对上的有效监督，形成了员工、主管、领导三方的良性互动，从而提高了整个团队的工作效率和效益。

有效的监督，不是对员工能力的不信任，而是对员工劳动付出的一种尊重；有效的监督，不是公司对员工的苛刻和压迫，而是对员工工作的一种肯定和激励；有效的监督，不是让领导时刻盯着自己的员工，又累又苦地活着，而是要企业自身建立起一套完善的监督体制和奖惩制度。总之，有效的监督是企业发展必不可少的管理手段。

例外定律：该放手时放手，该授权时授权

过多控制必然低效，要学会适时授权

查尔斯是纽约一家电气分公司的经理。他每天都面对着成百份的文件，权力掌握在他的手里，每一个人都在等着他下达正式指令，他经常抱怨说自己要再多一双手就好了。他已明显感到自己疲于应付。

有一天，他终于醒悟过来了，他决定让属下自己拿主意。他给自己的秘书做了硬性规定，所有递交上来的报告必须筛选后再送交，不能超过10份。刚开始，秘书和所有的属下都不适应。他们已养成了奉命行事的习惯，而今却要自己对许多事拿主意，他们真的有点不知所措。但

这种情况没有持续多久，公司就开始有条不紊地运转起来，属下的决定是那样及时和准确无误，公司没有出现差错，而查尔斯也有了休息的时间。他现在才真正体会到自己是公司的经理。

查尔斯意识到授权在管理中的重要性，开始下放自己手中的大部分权力给各主管以及每一个员工，让他们有机会发挥自己的优势，有权力决定自己怎样做才能做得更好，不必千篇一律。授权的结果就是要让下属全都行动起来，充分利用自己手中的权力，完成自己的工作，使之更趋完美。

一名成功者是不会因为过分授权而动摇自己的位置的，相反，他会通过授权使自己的工作趋向于完美。

其实，授权与单纯的分派任务不同。分派任务只是让下属照你的吩咐去做，他是被动的；而授权则是把整个事情委托给他，同时交付足够的权力让他做必要的决定。这有助于增强他的荣誉感，使他有成就感。比如，你要某人去印一个小册子，你就不必再交代一些有关形式、封面、附图等方面的详细意见，而是让他自己去选择、决定，相信他会把工作做得很好，而且他会引以为荣。适当授权能够提高整个团队的工作效率。

当然，授权并非一蹴而就，不能以为说一句“这件事交给你”就完成了授权。授权一事需要授权者和被授权者双方密切地合作，彼此态度诚恳，相互沟通了解。在授权的时候，授权者必须有心理准备，明确授予下属完成任务所必需的权力和责任，使他完全理解自己的任务、权力和责任。做到这些后，就要让接任者按照他自己的方式处理事情，不要随意干涉，并且要随时给予支持、扶助。合理地授权并非对下属放任自流、撒手不管。授权者要保留监督的权利，在受权者出现不可原谅的错误时，及时取消他的受权资格。

合理地授权，有利于调动下属在工作中的积极性、主动性和创造性，激发下属的工作情绪，增长其才干，使上级领导的思想意图为群体成员所接受。善于授权的企业领导能够创造一种“领导气候”，使下属在此“气候”中自愿从事富有挑战意义的工作。授权可以发现人才、利用人才、锻炼人才，使企业的工作呈现一个朝气蓬勃、生龙活虎的局面。

掌握正确的授权方法

不同的授权方法会产生不同的效果，我们应当掌握正确的授权方法。授权的方法按照不同的维度，有不同的划分方法。按照授权受制约的程度，授权的方法有：充分授权、不充分授权、弹性授权、制约授权。

充分授权是指管理者在向其下属分派职责的同时，并不明确赋予下属这样或那样的具体权力，而是让下属在管理者权力许可的范围之内，自由、充分地发挥其主观能动性，自己拟订履行职责的行动方案。这种授权的方式虽然没有具体授权，但在事实上几乎等于将管理者自己的权力（针对特定的工作和任务的）部分下放给其下属。充分授权的最显著优点在于能使下属在履行职责的工作中实现自身价值，获得较大的满足，最大可能地调动下属的主观能动性和创造性。对于授权管理者而言则大大减少了许多不必要的工作量。充分授权是授权中的“高难度特技动作”，一般只在特定情况下使用，要求授权对象是具有很高素质和责任心的下属。

不充分授权是指管理者对其下属分派职责的同时，赋予其部分权限。根据所授下属权限的大小，不充分授权又可以分为以下几种具体情况：

（1）让下属了解情况后，由领导者作出最后的决策。

（2）让下属提出详细的行动方案，由领导者最后选择。

（3）让下属提出详细的行动计划，由领导者审批。

（4）让下属果断采取行动前及时报告领导者。

（5）让下属采取行动后，将行动的结果报告领导者。

不充分授权是现实生活中最普遍存在的授权形式，它的特点是较为灵活，可因人而异、因事制宜，采取不同的具体方式。但它同时要求上级和下级、管理者和被管理者之间必须事先明确所采取的具体授权形式。

弹性授权是综合充分授权和不充分授权两种形式而成的一种混合的授权方式。弹性授权是根据工作的内容将下属履行职责的过程划分为若干阶段。在不同的阶段采取不同的授权方式。弹性授权的精髓在于动态授权的原理。弹性授权具有较强的适应性，当工作条件、内容等发生了变化时，管理者可及时调整授权方式以利于工作的顺利进行。管理者在应用弹性授权时的技巧在于保持与下属的及时协调，加强双向的沟通。

制约授权是指管理者将职责和权力同时委托和分派给不同的几个下属，以形成下属之间相互制约地履行其职责的方式。如会计制度上的相互牵制原则。制约授权方式的应用要求管理者准确地判断和把握使用的场合。它一般只适用于那些性质重要、容易出现疏忽的工作之中。制约授权在应用中的另一个要点在于，警惕制约授权可能带来的负面效应，过分地制约授权会抑制下属的积极性，不利于提高处理工作的效率。制约授权作为较特殊的一种授权方法，一般要求与其他授权方法配合使用，取其利，去其弊。

乔治定理：杰出的团队离不开顺畅的沟通

毫无保留地发表意见，创造无限沟通

随着市场竞争的不断升级，有效的内部沟通已经成为企业成功的关键因素之一。根据国际权威机构的调查分析，企业绩效的提高 70% 来源于企业内部的沟通和反馈。引起思想共鸣的“沟通”是实现企业上下一条心的主要方法。通用电气公司前总裁韦尔奇说：“现代企业必须使公司更团结、更容易与人沟通，并鼓励员工同心协力为越来越挑剔的顾客服务，这样才能成为真正的赢家。”

通用电气公司的前身是美国爱迪生电气公司，创立于 1878 年。

经过 100 多年的努力，通用电气公司现已发展成世界最大的电气设备制造公司。但到了 1980 年，这个巨大的公司却陷入山穷水尽、难以维持的境地。

就在这危机关口，年轻的杰克·韦尔奇走马上任了，担任了这个“庞然大物”的董事长和总裁。

他上任后进行了一系列改革，其中最重要的一条就是，宣布通用电气公司是一家“没有界限的公司”，指出“毫无保留地发表意见”是通用电气企业文化的重要内容，并坚持开展一种叫“大家出主意”的活动。

在通用电气公司里，每年约有 2 万 ~2.5 万员工参加“大家出主意”活动，时间不定，活动要求主持者要善于引导大家坦率地陈述自己的意见，及时找到生产上的问题，改进管理，提高产品和工作质量。

结果证明，开展“出主意”活动，除了在经济上带来巨大收益之外，更重要的是使员工感受到自己的力量，精神面貌大变。

足见，沟通创造和谐，沟通赢得人心，它能够凝聚出一股士气和斗志，这种士气和斗志，就是支撑企业大厦的中坚和脊梁。有了这样的中坚和脊梁，必定人心所向，企业何愁不发展呢？

迪特尼·包威斯公司是一家拥有12000余名员工的大公司，它很早就认识到员工意见沟通的重要性，并且不断地加以实践。

该公司的“员工意见沟通”系统是建立在沟通基础之上的，它主要分为两个部分：一是每月举行的员工协调会议，二是每年举办的主管汇报和员工大会。

1. 员工协调会议

迪特尼·包威斯公司的员工协调会议是每月举行一次的公开讨论会。在会议中，管理人员和员工共聚一堂，商讨一些彼此关心的问题。在开会之前，员工可事先将建议或怨言反映给参加会议的员工代表，代表将在协调会议上把意见转达给管理部门，管理部门也可以利用这个机会，同时将公司政策和计划讲解给代表听，相互之间进行广泛的讨论。

2. 主管汇报和员工大会

迪特尼·包威斯公司要求公司各部门主管及时将其部门员工的意见或主管自己的意见、建议反映给公司的高层领导，公司会在全体员工大会上公布解决结果。

迪特尼每年在总部要先后举行10余次员工大会，在各部门要举行100多次员工大会。那么，迪特尼公司员工意见沟通系统的效果究竟如何呢？在20世纪80年代全球经济衰退时，迪特尼公司的生产率平均每年以10%以上的速度递增，公司员工的缺勤率低于3%，流动率低于12%，居同行业中最低。

我们知道，企业的活力来自员工的团结，而员工团结决定于他们之间关系的协调。因此，管理者欲提高员工工作效率，其着眼点不应单纯放在物质待遇的提高和工作条件的改善上，而应该将重点放在人际关系的沟通和协调上。

平等交流是有效沟通的保证

美国加利福尼亚州立大学对企业内部沟通进行研究后发现，来自领导层的信息只有20%~25%被下级知道并正确理解，从下到上反馈的信息则不超过10%，而平行交流的效率则可达到90%以上。进一步的研究发现，平行交流的效率之所以如此之高，是因为平行交流是一种以平等为基础的交流。为试验平等交流在企业内部实施的可行性，他们试着在整个企业内部建立一种平等沟通的机制。结果发现，在企业内建立平等的沟通渠道，可以大大增加领导者与下属之间的协调沟通能力，使他们在价值观、道德观、经营哲学等方面很快地达成一致；可以使上下级之间、各个部门之间的信息形成较为对称的流动，业务流、信息流、制度流也更为通畅，信息在执行过程中发生变形的情况也会大大减少。这样，他们得出了一个结论：平等交流是企业有效沟通的保证。

美国沃尔玛公司的创始人山姆是一位成功的企业家，他的经营理念是：沟通是管理的缩影。为了实现充分的沟通与信息共享，山姆会花数亿美元为公司配备一流的通信设备，他每周还要用几天的时间到各个地方的分店视察。在沃尔玛的员工，没有人不知道山姆的这种“嗜好”。同时，在任何时间各个分店的经理都可以准确地得知其他分店的各种数据。

同样，山姆也对所有员工提出了一些要求，即要求沃尔玛的所有员工积极为公司的发展提出新的构想。如果谁有好的建议，就会请他出席公司每周举行的讨论会，并发给相应的奖金。山姆认为：“这样做可以让每一个人都有机会去尝试，也许他们的建议没有什么用，但不会对公司造成伤害。”自从公司提出这项政策后，有许多员工的建议都被公司高层采纳。其中有一位员工甚至感慨地说：“如果我们想爬到经理的位置，我们必须要学会提出好的想法。”在沃尔玛的内部，几乎所有的员工都会知道：让沟通无处不在。

正是一种平等的沟通精神，造就了沃尔玛员工对公司的强烈认同感和主人翁精神。在同行业中，沃尔玛的工资不是最高的，但他的员工却以在沃尔玛工作为快乐，因为他们在沃尔玛的身份是合伙人。

平等的沟通渠道为沃尔玛带来了巨大的财富，同时给我们以无尽的启示：有平等才有交流，有平等才有忠诚，有平等才有效率，有平等才有竞争力。也正是了解到沟通的重要性，许多企业都十分注重应用平行沟通法则。

在松下电器公司，根据员工的业务技能，他们被分成 4 个等级，其中最低的一个等级为候补四级。一次，有一位候补员工向松下表达了自己的不满：“我已经在公司服务了好多年，也为公司做出了许多贡献，我自认为已经具备了三级员工的资格，但是一直到现在，我都没有得到提升，是不是我的努力还不够呢？如果真的是这样，我宁愿多接受一些指导。”

松下对这件事情非常重视，他责令人事部对这件事进行调查，结果发现，这位员工原本具备晋升的资格，只是由于工作人员的大意，而忘记给他办理晋升手续。

正是因为松下平易近人，许多最底层的员工都敢于直面这位总裁，并倾诉自己的一些想法。

如果一个管理者只会趾高气扬，执意显示自己的地位与身份，那么，他的管理肯定是失败的。松下的沟通艺术说明，公司是所有员工的经营体，只有让每一位员工都感到自己是公司中平等的一员，只有让他们将自己的建议与意见毫无保留地表达出来，企业的各个管理层之间、各个部门之间才能进行真正有效的沟通。所以，对于一个管理者来说，没有平等与信任，便没有沟通，没有沟通便没有管理。

【定律链接】如何做好面对面沟通

成功学大师拿破仑·希尔认为，高效的沟通者在与人面对面沟通时应当采取以下策略：

策略一：80% 的时间倾听，20% 的时间说话。

在沟通时，20% 的说话时间中，问问题的时间又占了 80%。因此问题越简单越好，是非型问题是最好的。说话以自在的态度和缓和的语调，更容易被他人接受。

策略二：沟通中不要指出对方的错误，即使对方是错误的。

如果不赞同对方的想法时，不妨还是仔细听他话中的真正意思。若要表达不同的意见时，切记不要说：“你这样说是没错，但我认为……”而最好说：“我很感激你的意见，我觉得这样非常好，同时，我有另一种看法，不知道你认为如何？”或“我赞同你的观点，同时……”要不断赞同对方的观点，然后再说“同时……”，而不说“可是……”“但是……”。

一个沟通高手都有方法进入别人的频道，让别人喜欢他，从而博得信任，表达的意见也易被别人采纳。

策略三：善于运用沟通三大要素。

一般人在与人面对面沟通时，常常强调讲话内容，却忽视了声音和肢体语言的重要性。其实，沟通便是要努力和对方达成一致性以及进入别人的频道，也就是你的声音和肢体语言要让对方感觉到你所讲和所想的十分一致，否则对方无法收到正确信息。

奥格威法则：善用强人，成就伟业

敢于用比自己强的人

一个好的领导者，要有专业的管理知识，要有良好的文化素养，但更要有广阔的胸襟和用人的智慧。敢于用比自己能力强的人，才能让自己的团队越来越强，事业越做越大。

西汉的开国皇帝刘邦，出身于市井混混，正如他自己所言：“运筹帷幄之中，决胜千里之外，吾不如子房。镇国家，抚百姓，给馈饷而不绝粮道，吾不如萧何。连百万之军，战必胜，攻必取，吾不如韩信。”但就是这样一个“不才之人”却打败了楚霸王项羽，统一了天下，开创了千秋霸业。他之所以能有如此成就，也如他所言“此三人者，皆人杰也，吾能用之，此吾所以取天下也”。刘邦的角色是个领导者，对他最大的要求就是要善于用人，把各种人才放在他们适合的位置上，更重要的是要懂得欣赏人才，不妒才，敢于用比自己能力强的人。从这方面来说，刘邦是个很好的领导者，他之所以能得天下，也正是由于他能驾驭能人为其所用；而他的对手项羽，虽有万夫不当之勇，地动山摇之慨，但终因心胸狭窄，容不得比自己强的人，而无颜见江东父老。

一个人能做一个好的领导，能干一番大的事业，不在于你自身的能力有多强，而在于你能否吸引和接受比自己强的人为自己工作。

在一次董事会上，奥格威在每位与会者的桌上都放了一个玩具娃娃，并让大家打开看看。董事们不明所以，纷纷带着疑惑打开了放在跟前的娃娃，结果发现里面是一个同类型的更小的娃娃，再打开一看，又是个同类型更小的娃娃，原来奥格威放在大家面前的是一个个的套娃。当他们打开最后一层的时候，发现了一张纸条，上面写着这样一句话：你要是永远都只任用比自己水平差的人，那么我们的公司就会沦为侏儒；你要是敢于启用比自己水平高的人，我们就会成长为巨人公司！原来，奥格威是在用这种方式来指导和教育自己的部下。前半句话与从大娃娃到中娃娃再到小娃娃的次序吻合，后半句话与从小娃娃到中娃娃再到大娃娃的次序吻合，这些聪明的董事一看就明白了。这件事给每位董事留下很深的印象，在以后的岁月里，他们都尽力任用有专长的人才。

这是个很有教育意义的故事，也是个充满智慧的说教，同时也是奥格威法则的由来。

所谓奥格威法则，其核心就是要知人善用。知人善用，有两层意思，一是要知道这个人的专长，然后把他放在合适的位置让他发光放亮，尽显专长；另一层意思是知道某人的某些能力比自己强，敢于让他担当重任，信任他，不妒才。

也就是说，作为一个领导者，最要紧的不是各种专业技能，而是胸怀！要善于选择人、任用人，来补齐自己的短处，形成一个团体。即便一个才智出众的人，也无法能胜任所有的事情，所以唯有知人善任的领导者，才可完成超过自己能力的伟大事业。在当今这个知识经济的时代，领导者更需要有敢于和善于使用比自己强的人的胆量和能力。只有这样，他的事业才会蒸蒸日上。

21世纪最重要的就是人才

现在什么最贵？人才！在竞争如此激烈的时代，一个公司要想立足于世界经济之林，靠的是什么？就是人才。有了人才，什么都会有；没了人才，什么都没了。

美国的钢铁大王卡耐基曾经说过："即使将我所有的工厂、设备、市场和资金全部夺去，但只要保留我的技术人员和组织人员，4年之后，我将仍然是'钢铁大王'。"这就说明了人才的重要性。卡耐基之所以能成为钢铁大王，与他知人善任、重视人才是分不开的。他本人对于冶金技术是一窍不通，但他总能找到精通冶金工业技术、擅长发明创造的人才为他服务。比如，世界知名的炼钢工程专家之一比利·琼斯，就终日在位于匹兹堡的卡耐基钢铁公司里埋头苦干。在卡耐基的墓碑上赫然地刻着："一位知道选用比他本人能力更强的人来为他工作的人安息在这里。"对于这样的评价，卡耐基可谓是实至名归。

北京某著名品牌电脑厂商的老总也曾说过："现在我们跟其他对手竞争，表面上看是比产品，实际上是在比同一岗位上人的素质。从渠道到销售，从高到低各个环节，就看我们各个职位上的那个人是否能胜过对手厂商各个职位上的人。我这个老总把销售理念分析得再清楚，讲得再明白，如果不能落实到我们在各地的销售人员的行动上，那能起多少作用呢？"这位老总说出了很多领导者的无奈和清醒。他们知道，当今时代最重要的就是人才，企业、公司拼的也是人才。没有人才，拿什么和人家竞争。什么事都是人做的，能力强的人往往能在最短的时间内很好地完成任务，而能力弱的人不仅要花更多的时间，而且说不定还完不成任务。所以，一个公司要想发展壮大，就必须要雇佣尽可能多的人才。

人才是一种动力，是企业、公司不断向前发展的动力。动力的马力有多大，企业、公司就会跑多快。像三国中的刘备就深知其理，他桃园三结义得到关羽、张飞，以义理感得赵云，三顾茅庐请出诸葛亮。他名下本无一寸土地，但是正因为有了这些将帅之才，而终于雄霸一方。而当时财大气粗、兵多将广的袁绍却因为不识人才的重要性，而最终不仅丢光了领地，连性命也输了去。这就是识才与不识才的区别。一个知人善任的领导，即使起初一无所有，只要他有了人才，就会很快创造出奇迹。

好的产品、好的硬件设施、雄厚的财力，自然是一个公司不可或缺的资源，但真正支撑这个公司的支柱还是人才。因为一个公司光有财、物，并不能带来任何新的变化，只有具有大批的优秀人才才会有发展的潜力，因此人才是一个公司最重要、最根本的资源。如果想要使公司充满生机活力，就必须选贤任能，雇请一流人才，敢于用比自己能力强的人。一流的人才才能造就一流的公司，懂得这个道理的领导，才会是个好领导。领导不一定什么都懂，但一定要懂得用人，有容得下人才的胸襟，这样他的事业才能做大做强。

苛希纳定律：用人之妙不在多，而在精

人多未必力量大

中国有句老话："柴多火焰高，人多力量大。"很多时候，我们做事情都讲人多，总是喜欢多人合作。当然，众人合作并不是不好。

但是，从管理学角度，在一个机构中，人员过多却不是什么好事。特别是管理人员过多的话，不仅浪费时间而且浪费成本。

在《隋书·杨尚希传》中有这么一段话："当今郡县，倍多于古。或地无百里，数县并置；

或户不满千，二郡分领；县寮以众，资费日多；吏卒又倍，租调岁减；精干良才，百分无二……所谓民少官多，十羊九牧。”我们的祖先，在很久以前就意识到这个问题了。管理人员过多，处理每件事情所要经过的手续就会变多，办事效率自然会降低；而且这些管理人员都不是义工，需要发给报酬，比一般的工作人员的报酬还要高，所以管理人员越多，机构要付出的工资成本也越多。从各方面来说，管理人员过多都不是一件好事。

在现实中，各公司、机关中管理人员过多的现象确实是不少的。这被总结成一个定律，讲的就是：如果实际管理人员比最佳人数多两倍，工作时间就要多两倍，工作成本就要多4倍；如果实际管理人员比最佳人数多3倍，工作时间就要多3倍，工作成本就要多6倍。这就是管理学中著名的苛希纳定律。

苛希纳定律虽然是针对管理层人员而言的，但它同样适用于对公司一般人员的管理。在公司里，绝不是人越多越好，人越多力量越大。3个和尚没水喝的故事，我们早已耳熟能详了。在一个公司中，只有每个部门都真正达到了人员的最佳数量，才能最大限度地减少无用的工作时间，降低工作成本，从而达到企业的利益最大化。

精简机构，方是出路

无论是追求经济效益的公司企业，还是追求社会效益的政府机关，工作效率都是至关重要的。没有工作效率，一切都是空谈。但如何才能提高工作效率呢？程序越简单越好，手续越少越好，最好是用最少的人在最短的时间做最多的事情，一方面节约时间成本，一方面节约报酬成本，两全其美。

ABB公司是一家全球有名的电气工程公司，年销售额为300亿美元，是以生产发电机、机车以及防公害设备为主的具有世界水准的重型机电设备企业。这个公司在管理学上也很出名，这是因为它的“五人规则”。连美国通用公司的总裁都说，通用汽车之所以在欧洲的事业能如此成功，也正是他改变了以往的做法，采取了类似ABB公司“五人规则”的精兵简政的策略。那这个“五人规则”讲的到底是什么呢？其实，它就是一种精简机构的策略，指营业额在10亿美元的企业配备5名管理人员即可。1988年瑞典的阿塞亚公司和瑞士的布朗·保彼公司合并时，ABB公司总裁帕西·巴奈彼科将总部原有的1000多人缩减到150人，而且他们几乎都是负责生产一线的管理人员。通常由总部担负的职能，如财务、人事、战略规划等都下放给基层，由分布在不同国家和地区的业务部门自行完成。这样一来，机构就精简了许多，需要的费用减少了，工作效率提高了。

正因为ABB公司最大限度地精简机构的原则，才使工作人员与客户及市场有最紧密的接触，才能时刻了解市场和客户需求，最快地做出决策以增加公司的销售额。这一原则的贯彻实施，使这个国际化的大公司更能适应世界的变化。

在小学低年级的算术入门书中有这样一道应用题：“两个人挖一条水沟要用两天时间；如果4个人合作，要用多少天完成？”一般小孩的答案都是1天。而管理大师杜拉克却告诉大家，在实际操作过程中，可能要“1天完成”，可能要“4天完成”，也可能“永远完不成”。人与人的合作不是人力的简单相加，而是要复杂和微妙得多。1加1有可能等于2，也有可能等于0。在人与人的合作中，假定每一个人的能力都为1，那么10个人的合作结果有时比10大得多，有时甚至比1还要小。如果人的力是向相同的方向使，那么可能会产生比总和还大的力，但如果是向不同的方向使力，那可能还不如一个人的力量大。这是物理学上很简单的现象，力的相互作用求合力的问题。多力相互推动时自然事半功倍，相互抵触时则一事无成。所以，力不是越多越好，而是向一处使的力越大越好。人不在多，在精。只有机构精简，人员精干，企业才能保持永久的活力，才能在激烈的竞争中立于不败之地。

南风法则：管理，温暖胜于严寒

将心比心，才能得人心

作为领导，一般都会有点架子和派头，似乎不教训人就不叫领导，不严肃就会失了威严，这是曾经广泛误导人们的管理观念。其实，在当今“以人为本”的社会里，这套早已行不通了。

正如孔子讲“仁”，以仁治天下，就是要怀柔，用爱去感化，用礼去规范。领导要以身作则，这样的管理模式，才会使人心向内，一心为上级卖命。因此，作为领导不能只是不苟言笑和批评下属，而是要切身体会到下属的难处，将心比心地对待他们，才会让他们真正地服你，听你的指挥。

法国作家拉封丹曾写过一则关于南风与北风的寓言，非常精妙。大家都知道北风的凛冽和刺骨，也知道南风的温暖和舒适。大家都害怕北风，而喜欢南风，但如果要比较一下这两种风哪个更厉害，估计多半的人会选择北风，因为它要可怕得多，但其实不然。

寓言中给了南风和北风比赛的机会，看它们谁能把行人身上的大衣脱掉。北风先吹，天寒地冻，冷气四溢，结果行人把大衣裹得更紧了。接下来，南风不紧不慢地徐徐吹动，顿时风和日丽，暖意流动，行人觉得有些热了，就解开纽扣，脱掉了大衣。最终，南风获得了比赛的胜利。

这就是“南风法则”的由来。体现出南风法则精髓的几个字就是：温暖胜于严寒，也可以说是关心胜于批评。说到底，南风法则就是要管理者在管理过程中，不仅仅要通过教训和批评的方式树立威严，更要以仁爱为主，尊重和关心下属，以下属为本，多点人情味，使下属真正感觉到领导者给予的温暖，从而去掉包袱，激发工作的积极性。管理者要以德服人，而不是以罚服人；用爱心去树立权威，而不是用斥责来让人恐惧。

孟子有云：“爱人者，人恒爱之；敬人者，人恒敬之。”因此在管理中，作为领导干部要真诚待人，将心比心。这样才会得到下属的爱戴和敬仰，管理才会行之有效。温情管理要比独裁管理适用得多。

关于温情管理，说得直白些，就是指领导要充分尊重、关心和信任员工，多为员工着想，急员工之所急，少点官架子，尽力解决员工工作、生活中的实际困难，让员工切实感受到领导对他们的关怀与关爱，从而让他们从内心深处想要以积极的工作回报这种关怀、关爱。

温情管理，对于企业有着重大的意义。它不仅使员工的工作积极性提高，使公司的氛围融洽，还能形成一种向心力和凝聚力，一种和谐的企业文化，一种无敌的企业精神，让这个企业的效益蒸蒸日上，还能使企业的寿命源远流长。

得人心者得天下

《孙子兵法》曰：“攻心为上，攻城为下。心战为上，兵战为下。”古往今来，许多事例已经证明了这一策略的高明。“得道者多助，失道者寡助”，如今商场竞争如此激烈，人心向背，早已是成败之关键。如果你想在商战中获得生机，做强做大你的企业，那就必须设法赢得人心。古话说“得人心者得天下”，正是这个道理。

张月是个能干的女人，没几年就做了连锁餐厅的店长。原本餐厅人心涣散，但经过她强有力的管理后，每个店员都变得中规中矩，大家都埋头做事，不多说话，餐厅显得很有秩序。

但不久后，餐厅的营业额却莫名其妙地飞转直下。张月急得是满嘴冒泡，却也是百思不得其解。为什么表面上看起来好端端的餐厅，效益却变差了。老总可不管这些，一个电话过来："尽快找出问题，把效益弄上去，我们公司可不允许这样的事发生！"张月更是心急如焚，一筹莫展。与助理的一次谈话，终于解开了这个谜团，原来一切都是她的"严苛"惹的祸。本来这餐厅的管理像一盘散沙，员工个个工作散漫，是张月用她的"铁腕"扭转了这一切，打造出了一个纪律严明的团队。但是，当员工们有了工作的积极性，也都胜任了自己的本员工作后，张月依然不改之前的"铁腕"作风，有事没事就找人"训话"，一点小错就大发雷霆，不问原因，不留情面，也不管是初犯还是再犯，说得店员无地自容，使得大家都"怕"她。只顾着别犯错就好，哪还想着好好工作这回事。每天过得战战兢兢的，哪还有什么工作的热情，店员之间也很少交流，服务僵硬，以致难以吸引顾客。找到原因后，张月立即改变了自己的管理方法：平时有事没事就找员工聊聊，了解员工内心的真正想法，对员工嘘寒问暖，对有困难的员工给予适当的帮助，还不时诚恳地向员工们讨教餐厅发展的合理化建议等。从"铁面无私"到"怀柔天下"，很快，张月的新管理方法见效了，员工们对工作有了热情，对顾客的服务也是将心比心，餐厅的效益自然也上去了。

作为管理者，千万不要把自己当主子看，把员工当仆人使。员工虽是下属，但也是有思想有血有肉的人，他们也需要关心和鼓励。现在的管理方法，很多都在谈激励，但一般说的都是物质激励。其实，真正能深入人心的，往往是情感的激励。"感人心者，莫过于情"，真心地对待下属是对他们最好的激励。

古人云："良禽择木而栖，良臣择主而侍。"作为管理者，要时常地扪心自问："员工为什么愿意跟着我拼命干？"他们除了求生存、求发展之外，还有就是觉得这个领导不错，他是真心待我们的。将心比心，以心换心，只有真心待人，才能赢得他人对你的真心。

日本企业的管理者，就深知其中道理。在日本，几乎所有的公司都很注重感情的投入，给予员工家庭般的情感抚慰。日本企业之所以能够高效运营，秘诀就在于他们的管理者使他们的企业不只是一个员工工作的地方，更是员工的大家庭。为自己家做事，哪有不尽心尽力的道理。

所以，作为管理者一定要真心对待员工，用心关心员工，这样才能赢得员工们为你拼命工作的真心。那么，你的企业自然就会越做越大，越做越强。

横山法则：触发个人内在的自发控制，才是最有效的管理

治人不如让其自治

有人说，管理就是管事管人。其实，真正的管理是让人管事，让人管人；而最有效的管理，或者说管理的最高境界是引导或激发员工自律、自治。

有句话说得好，最好的管理就是没有管理。这话听起来很玄，其实道理却很简单。所谓的没有管理，就是指不要强制，而是让下属自觉地自我管理。看起来，管理者没有进行外在的管理，而内在的感情约束却使员工自觉地遵守纪律，认真工作。强制他人做某件事，和让这个人自愿做这件事的效果肯定不一样。无论是完成的质量，还是对方的心情都是大有区别的，所以强制肯定不如让他们自制。如果你一直坚持事必躬亲，对谁都不信任，那你不仅活得很累，你的管理也没有效率可言。你不可能时刻盯着每一个员工，监督着他们好好工作，

如果放手让他们自己干，相信他们，尊重他们，那么他们也不会辜负这份信任和尊重的。

春秋时期，孙叔敖作为楚国的令尹在芍陂县一带修建了一条又宽又长的南北水渠，足以灌溉沿渠的万顷农田。可是当地的农民却不知这水渠的真正价值，只顾自己的眼前利益。一到天旱的时候，渠中少水，沿堤的农民就在渠水退去的堤岸边种植庄稼，有的甚至还把农作物种到了渠中央；而到雨水多的时候，渠水上涨，这些农民为了保护庄稼和渠田，又偷偷地在堤坝上挖开口子放水。就这样，一条费了多少人力物力辛辛苦苦挖成的水渠，结果被沿渠的农民给弄得遍体鳞伤、面目全非。不仅如此，因为不断地种、挖，这条水渠还经常因决口而发生水灾，好端端的一项水利工程就这样变成了当地的一大灾害。面对这样的情形，芍陂县的历任行政官员都束手无策。每当渠水暴涨成灾，就只好调动军队去修筑堤坝，堵塞漏洞，进行抢险救灾。到宋代，李若谷出任芍陂县知县时，这种情况依然没有改观。而这个知县却很有手段，他只是写了张告示贴在了县衙外，就再也没有人敢去偷挖水渠放水了。这是怎么回事呢？原来那告示上清楚地写着："今后凡是水渠决口，不再调动军队修堤，只抽调沿渠百姓，让他们自己把决口的堤坝修好。"谁也不想去修堤，于是他们就自觉地不去破坏堤坝了，而且还互相监督，防止其他人去挖堤。这就是得到了让他们自律的效果和好处。

在管理的过程中，我们常常忽视了这一点。一味地讲约束、压制之道，不仅达不到预想的目的，而且往往适得其反。

如果可以让员工们自发管理，就会大大地刺激他们的工作积极性，感觉他们不是在为别人工作，而是从内心深处想要好好工作。自治要比他治好得多，也有用得多。

聪明的企业家、老板，都是把任务交代下去，放手让下面人去做，完全尊重与信任自己的下属，满足员工的需要，激起员工对企业和自己工作的认同，激发他们去自发控制。

建立一套为大多数员工认可的企业目标、价值观念以及企业精神等文化系统，将企业目标与企业员工的追求联系起来，这样才能实现企业员工从"要我做"到"我要做"的思想转变。当一个企业的员工真正意识到自己的理想和公司的目标一致时，他们的行为就自然地回归到了公司的制度要求当中。

下放权力，收获效益

权力是个很神奇的东西，你越想死命抓住它，却越是得不到它；而当你不在乎它了，把权力都分给别人时，却能不经意间回到了你手中。这是舍得的道理，也是管理的智慧。

作为管理者，你不可能时刻控制监管着你的员工和属下，再严密的制度也有管不到的地方，靠监管永远达不到理想的管理效果。只能激发员工的积极性，让他们主动地自律，进行自我控制，这不仅让管理者省心省事，而且会产生很好的经济效益。

那么，怎样才能让员工自律自制呢？最重要的就是要尊重和信任员工，把权力适当地下放给员工，给员工一定的自决权，有了自决权才会有主动权，有了信任才会有动力，这样员工才会自发地工作，自觉地进行自我管理。

微软公司在这方面就做得非常好。作为软件开发行业的老大哥，微软却是个非常公平的公司，连盖茨也没有什么特权，一切以能力说话。可以说，微软的员工基本上都是自己管理自己，公司只是给你一个抽象的任务，而需要你去具体地完成，至于如何完成，那是你自己的事，公司主管绝不指手画脚。所以，很多做软件的人都说，微软是搞软件开发的天堂。对于这种极具创造力的行业，就应该这样放手让员工去做，给他们发挥的空间和决定的权力，这样才能最大限度地调动他们的工作积极性，使他们设计出令人满意的产品，给公司带来更大的经济效益。

上海保洁公司引来国际餐饮巨头百胜集团（旗下拥有肯德基、必胜客、东方既白，并已参股的小肥羊）携200余位高管到它的北京牡丹园店，进行参观和学习。他们学习什么，肯定是学习先进的管理经验。上海保洁公司，从管理层到普通员工，都拥有超过一般餐饮店员工所能行使的权力，200万元以下的开支，副总可以决定使用；100万元以下的开支，大区经理可以审批；而30万元以下的开支，各个分店的店长就可以做主。即使是普通的一线服务员都可以决定是否为顾客赠送果盘或者零食，而当顾客对于餐厅提出不满时，他们甚至可以直接决定为其打折或者免单。因为如此的信任放心和大胆授权，才使员工的工作激情高涨，工作主动性强，公司的经济效益与日俱增。

每个人的能力和精力都是有限的，用人不疑，疑人不用。既然请来为自己工作，就要充分地信任他们，相信他们有能力完成他们的工作，没有自己的监督他们会完成得更好。

人一般都有种逆反心理，就像小孩子一样，你越管他，他越是不听话。因为他也有自己的想法，不是任人摆布的棋子；他也有自己的尊严，不是被人关押的犯人；他也有自己的目标，不是一无所知的傻瓜。所以，放手让他们自己做，反而会发现他们会把一切都安排得很好。

在管理上，也是一样，给员工充分的自决权，才能让员工展现出最强的能力，发挥出最大的作用。所以，把权力下放是管理的高招，不仅落得清闲，还能收获更高的效益。

表率效应：以身作则，一呼百应

身教胜于言传，领导要以身作则

领导的职责就是管理下属，如何才能最有效地进行管理？首先，就是要取信于下属。如何才能达到这一目的？身教胜于言传，领导要以身作则。

在现实生活中，很多领导却是说得多做得少，这样很难令下属信服。成功的领导，99%在于自身的威信和魅力，1%在于权力行使，而这种威信与魅力，正是来自于领导自身的行为。自己做得无可挑剔，下属自然安心工作。正所谓“己欲立而立人，己欲达而达人”，自己愿意做的事，才能要求别人去做；自己做得到的事，才能要求别人也做到。说得再多，都不如你亲自做一回，这样不仅能增加你的亲和力，更能形成高度的凝聚力。用你的行为，这无声的语言来影响你的员工，说服你的员工。“照我做的做”，这种强有力的榜样作用，会比你天天讲话、训话要有效得多。

作为管理者，要想管好员工，就得勇于当下级学习的标杆，对自己严格要求、事事为先。领导往往是一个组织、机构的核心，领导做到位了，下属都会向领导看齐，这样管理起来就轻松多了。

古往今来，无论是领兵打仗的将帅，治理朝政的君王、领袖，还是管理政务的大臣、官员，经营商业的商贾、大亨，如果没有以身作则的品行和自我约束力，就很难干出一番事业。

举世闻名的巴顿将军，曾说过这样一句话：“战争中有这样一条真理：士兵什么也不是，将领却是一切。”他说这句话并不是在说普通士兵没用，而是在强调将领的作用很大。这句话背后的意思是：士兵的状态，取决于将领的状态；将领所展示出来的形象，就是士兵学习的标杆！如果将领能以身作则，就能在士兵中树立权威，那么就会形成一呼百应的场面，士气高涨，胜利在望。相反，如果将领不能以身作则，必然致使军心涣散，溃不成军，如何应战？因此，巴顿说将领就是一切。

这个道理不仅仅适用于军队，在其他任何一个组织中都适用。凡是能够带领团队取得成功的领导者，必定是以身作则的领导者。

日本著名企业家士光敏夫就是这样一位成功的领导者。

士光敏夫在1965年曾出任东芝的电器社长。当时的东芝人才济济，但由于组织庞大、层次过多、管理不善、职员松散，导致公司业绩不断下降。士光敏夫上任之后，立即提出了“一般职员要比以前多用3倍的脑筋，董事则要10倍，我本人则有过之而无不及”的口号来重建东芝。

士光敏夫的口头禅是：“以身作则最具说服力。”他坚持每天提早半小时上班，并空出上午7：30~8：30的1小时，欢迎职员与他一起动脑，共同来讨论公司的问题。

此外，士光敏夫每天巡视工厂，遍访了东芝设在日本的工厂和企业，与职员一起吃饭，闲话家常。清晨，他总比别人早到半个钟头，站在工厂门口，向工人问好，率先示范。职员受此气氛的感染，促进了相互的沟通，士气大振。

士光敏夫还借一次参观的机会，给东芝的董事上了一课。

有一天，东芝的一位董事参观一艘名叫“出光丸”的巨型油轮，由于士光敏夫已去看过9次，所以事先说好由他带路。那一天是假日，他们约好在某车站的门口会合。士光敏夫准时到达，董事乘公司的车随后匆匆忙忙赶到。董事说：“社长先生，抱歉让您久等了。我看我们就搭您的车前往参观吧！”董事以为士光敏夫也是乘公司专车来的。士光敏夫面无表情地说：“我并没有乘公司的轿车，我们去搭电车吧！”董事听完愣在那里半天，羞愧得无地自容。

士光敏夫为了杜绝浪费，使管理合理化，以身作则搭电车，给那位董事上了一课。

这件事立即传遍了整个公司，上下职员引以为鉴，渐渐消除了随意浪费公司物品的现象。由于士光敏夫的以身作则和点点滴滴的努力，东芝公司的情况逐渐好转并兴旺起来。

著名管理学家帕瑞克曾说过：“除非你能管理‘自我’（self），否则你不能管理任何人或任何东西。”正所谓：“正人先正己，管事先做人。”领导就是下级学习的榜样，规章制度不只是为下属定的，也是为领导定的，领导要先做到，才能以行服人。

作为一名领导，第一原则就是要以身作则，看看你做了什么，而不是说了什么。领导并不意味着特权，也不意味着享受，而是意味着比一般人承担更多的责任，面对更多的困难。尤其是当组织遭遇困境时，能够身先士卒，展现出一种领军风范。

与下属“同甘共苦”

作为一个团队的领导者，自然有条件获得比一般人员更好的生活条件。而从下属的角度来看，他们认为自己与上司在人格上是平等的，生活条件上有差异经常会让他们感到不平衡。即使没有不平衡感，生活条件的差异也拉大了上司和下属之间的距离。以上两个原因将直接导致团队凝聚力的减弱。

所以，善于掌控团队的领导者，必然善于和下属“同甘共苦”，虽然最终目的还是自己获得更大利益。

西汉时著名的“飞将军”李广“廉洁奉公”，从不贪财。他每次得到朝廷赏赐，都分给部下。李广一生做俸禄二千石这一级的官职有40余年，家中却没有多余的钱财，他也从不谈论置办家产的事。李广还与士卒共进饮食，每逢遇到饮食缺乏，或到断炊缺粮时，发现可饮用的水，士兵中只要有一个人还没有喝到，他就不会靠前先喝上一口；有了食物，若不是每个士兵都吃到了，他是连尝都不会尝的。他对士兵宽厚和蔼，不加苛扰，因此，士兵都爱戴他，乐于听他指挥，勇于杀敌。

东汉开国功臣祭遵官至征虏将军，一生“廉洁谨慎”，每当因战功得到朝廷赏赐时，他都全部分给士卒，而自己却“家无私财，身衣韦绔”，甚至连夫人都“裳不加缘”，异常勤俭节约。

在现在的一些企业里，我们常可以看到上司和员工们一块儿吃盒饭，一块儿加班，业绩好了也不吝惜薪水的现象。这些企业往往是上下一心，越做越强。而那些上司高高在上的公司企业，则经常会遭遇失败，这就是因为管理者不懂得“同甘共苦”以增强团队凝聚力。

吉尔伯特定律：人们喜欢为他们喜欢的人做事

士为知己者死

春秋战国时期，有多少勇士只为报答某人的知遇之恩，而肯为这人舍生赴死。再如诸葛亮，这么有智慧的一个人，为了不辜负刘备的“三顾茅庐”之情，即使刘禅是“扶不起的阿斗”，也依然为蜀国的强大鞠躬尽瘁。所以，无论是文人还是武士，只要你懂得欣赏他，他就不会辜负你的欣赏。现代企业管理也要借鉴古时御人之道。懂得欣赏和赞美自己的员工，让他们把你当做赏识他们的知己，他们就会不顾一切地为你卖命。

每个人都需要鼓励和赞美，都需要认可和欣赏。美国著名女企业家玛丽凯经理曾说过：“世界上有两件东西比金钱和性更为人们所需—认可与赞美。”金钱虽然可以激励你的员工去为你工作，但金钱不是万能的，而赞美却恰好可以弥补它的不足。其实，无论表面上看起来如何，每个人的内心深处都有比较强的自尊心和荣誉感，他们需要表扬和赞同。认可和赞同，是一种共鸣，会让人产生一种知己感，这样很容易让对方喜欢你。有些人对自己不是那么自信，特别是普通的员工，如果得到领导的赏识和认可，他们会由衷地为你好好地工作。

不时地关心和爱护自己的员工，让员工感觉到自己的价值和重要性。

战国时期，有“第一名将”之称的吴起，是个爱兵如子的将领。换句话说，正因为他爱兵如子，才使他成为第一名将。他对将士无微不至的关怀，使这些将士成为他的死士，除非战死沙场，不然绝不回头。一次，在他带兵出征的途中，一位士兵身上长了毒疮，疼痛难忍，苦不堪言，夜不能寐。吴起巡营时发现了这一现象，二话不说，蹲下来就为这位士兵吸吮毒疮里的脓血。这位士兵的母亲听说这事以后，在家号啕大哭。别人以为她是被吴将军的行为感动的，而她却哭诉道：“我的丈夫，就是因为吴将军为其吸吮伤口，他不到战死绝不回头。而今日吴将军又为我儿子吮血，我真不知我儿子要死在哪里啊！”吴起果真是位爱兵如子的大将，而士为知己死，也成全了他战无不胜的美名。

作为一名管理者，就应该时刻关心自己的员工，像关心自己的顾客一样。只有真心对待自己的员工，员工才会真心地对待顾客。你对员工的每一丝关爱，他们都会记在心里，用自己的工作成绩来回报你的关心；如果你对员工不闻不问，那么他们也会用相应的工作态度来回报你的苛刻和冷漠。真诚待人，才能得到真正地拥护。企业应该像一个家庭一样，充满爱，充满和谐。所以，领导要多关心自己的员工，懂得欣赏和认可自己的员工。

懂得欣赏和赞美下属

作为一个领导者，不能只是颐指气使，对下属吆五喝六，更要懂得欣赏和赞美下属。人人都渴望别人欣赏和赞美自己，俗话说：“好话不嫌多。”领导者不要吝啬自己的溢美之词，要多多鼓励和赞美自己的员工，这样他们才会心情愉快地为你卖力工作。

当你看到自己的下属工作出现问题时，你一定要想清楚，该选择哪种方式来对待他，对待他所犯的错误：鼓励还是批评？赞美还是打击？

从前，有一个伟大的妈妈。她从不批评自己的儿子，无论儿子的老师告诉她，儿子表现有多差，她依然是鼓励和赞美自己的儿子，结果这个儿子最后考上了清华。这就是鼓励和赞美的力量。

在儿子上幼儿园时，他的老师向她抱怨：“你的儿子有多动症，在板凳上连3分钟都坐不了，你最好带他去医院看一看。”她很伤心，但却对自己的儿子说：“老师表扬了你，说宝宝原来在板凳上坐不了1分钟，现在能坐3分钟。其他妈妈都非常羡慕我，因为全班只有宝宝进步了。”

当儿子上小学时，老师又在家长会上对她说：“这次数学考试，全班50名同学，你儿子排第40名，我们怀疑他的智商有点问题，您最好能带他去医院查一查。”她哭了，但却对儿子说：“老师对你充满信心，说你不是个笨孩子，只要你能细心点，肯定能超过你的同桌，这次你的同桌排在第23名。”

儿子上初中时，家长会上她静静地等待“挨批”。可到最后，老师也没有点儿子的名字。她有些不习惯，临别时去问老师，老师告诉她：“按你儿子现在的成绩，考重点高中有点危险。”她惊喜万分，对儿子说：“你们老师对你非常满意，说只要你努力，考重点高中肯定没问题。”

儿子上了重点高中，成绩平平，但她却对儿子说：“你们老师觉得你的潜力很大，只要运用得当，肯定能考上清华，妈妈也相信你一定能考上清华。”

儿子高中毕业，第一批大学录取通知书下达，儿子从学校回来，把一封印有清华大学招生办公室的特快专递交到她的手里，哽咽着对她说了这样一句话：“妈妈，我知道我不是个聪明的孩子。这个世界上只有你能欣赏我，所以我永远不会让你失望的。”

一连串的鼓励和赞美，就能创造出一个伟大的奇迹。如果你能像那位母亲欣赏自己的儿子一样欣赏自己的员工，像那位母亲鼓励和赞美自己的儿子那样鼓励和赞美自己的员工，那么你肯定会拥有世界上最强大的团队，最忠心最能干的员工。

人们喜欢为自己喜欢的人工作，因为他们懂得欣赏和赞美自己。一名员工在一个公司工作，能够时刻感受到价值，会让他工作热情倍增，工作效率大大提高。

作为管理者，就要时刻让自己的员工感受到自己的价值，自己的重要性和成就感。这就需要通过不断地认可、鼓励和赞美来完成。想要自己的员工成为全世界最好的员工，那么你就要把他们当做最好的员工来对待，认可、鼓励和赞美是你培养和拥有最好员工的法宝。

参与定律：参与是支持的前提

有参与才有支持

每个人都会支持他参与创造的事物。所以想让别人支持你的观点，就让他参与你的构思；想让别人支持你的行为，就让他参与你的行动；想让别人支持你的决策，就让他参与决策的讨论。这是最简单的道理，但却在现实中很少被实行。

现今的企业，大多还是少数几个高层说了算，无论是制定企业的发展方向还是员工的待遇福利，只要高层开个会讨论一下，这件事情就算定了，就开始在企业上下推行。这样就容易出现一些矛盾，比如有些员工对一些制度或决策表示不满，严重的会辞职不干，轻微的也会消极怠工。企业不只是几个人的企业，它的发展关系到在这企业工作的每个人的生活和命运，它是大家的企业，所以企业的每一位员工都应该有发言权和参与权。让每个员工都参与到企业决策的制定中去，会让整个企业上下一心，气氛融洽，战无不胜。

美国阿肯萨斯大学教授莫丽·瑞珀特曾做过一个实验，这个实验是在美国的一个物流公司总部及其分支机构中进行的。实验的内容是对该公司的所有全职员工进行调查，看员工参与度与企业发展的关系。结果证明：在制定战略决策时员工参与度高的那一组，对战略决策的认同度也高；而在制定战略决策时员工参与度低的那一组，对战略决策的认同度也低。这就充分说明了，管理者要想让员工朝着企业制定的目标全力奋进，就必须为员工提供明确的战略远景，让员工参与相应的决策制定，这样才会加强员工对战略决策的认同，上下朝着一个方向迈进。同时，当员工参与了企业的决策和管理后，会对企业也产生很高的认同感和满意度，会自觉地认为他是这企业的一员，有一种“主人翁”的感觉，这样就会干劲十足，企业也会获益颇多。

参与是支持的前提，有参与才有支持。不要怕别人会有不同意见，让大家参与到公司的决策和管理中来，会让公司更有活力和激情，会让公司更融洽与和睦，会让公司有更清晰的发展前景。

懂得让对方参与

想说服一个人，或想让某人支持你的决定，那么最好的方法就是让他也参与其中。人与人之间需要沟通和交流，这个世界不是“一言堂”，不是你拍板别人就必须听你的，要懂得让别人心甘情愿地跟随你，要懂得让对方参与到你的计划或决策中去，让他感觉到这不只是你一个人的意见和决定，是你们共同努力的结果。这样，你的计划就很容易成功。

有一位专门负责推销装帧图案的年轻人，就从自己的经历中悟出了这个道理。推销工作，在一般人的眼中就是靠一张嘴说得天花乱坠，“忽悠人”的。其实不然，推销其实是很具挑战和智慧的一种职业。这位年轻人起初到一家公司去推销装帧图案，每次都碰壁，可他从不灰心，一直坚持每星期去一次，有时甚至一星期去几次。但是这样跑了一年多，还是没能与这家公司达成交易，而且这家公司的主管每次拒绝他的理由都是一样的：“你的图案缺乏创新，我看还是不能用，对不起……”

一年多的努力，一点收获也没有，年轻人决定要放弃，但是他想在放弃之前，搞清楚自己失败的原因。于是，又一次他出现在那家公司主管的面前，可这次他没有一直介绍和推荐自己的产品，而是恳切地请求主管能给他提点一下，提出自己对这些图案的意见，以便年轻人所在的公司能够做出让主管满意的装帧图案。这位主管接受了年轻人的请求，把自己的一些想法告诉了年轻人。几天后，年轻人带着根据主管的意见修改完成的装帧图案，又去见那家公司的主管。结果，那家公司全部购买了这批装帧图案。

通过这件事情，年轻人明白了一个道理：就是不能强迫别人接受自己的想法，而是要让他们参与创造、设计装帧图案，这样他们就会主动来购买这些“他们的作品”。明白了这个道理后，年轻人的推销工作就如鱼得水，做得越来越顺利了。

其实，这是个很简单明了的道理，只是很多人还不懂得运用。在企业管理中，这个道理更是适用。让员工参与公司的管理与决策，让员工感觉到那些决策是自己的“作品”，那么员工就很容易接受和支持这些决策。而且，员工都是在第一线工作，比那些中层领导更清楚自己的工作和企业的问题。

再如丰田汽车公司，为了鼓励员工参与管理，在总厂及分厂设了130多处绿色的意见箱，并备有提建议的专用纸，每月开箱1~3次，建议被采纳后会对提建议的员工进行奖励。多年以来，丰田一直坚持这样的做法，对那些对企业非常有帮助的合理化建议，奖金更是高达数十万日元。就算建议未被采用，公司也会给予500日元的“精神奖”以鼓励大家多提建议。正是这种让员工普遍参与决策和管理的氛围，使丰田公司越来越强大，后来更是成为日本汽车制造业中规模最大、产量最高的公司，并挤进世界汽车工业的先进行列，一跃而成为世界第二大汽车生产商。

这就是参与的力量，懂得让对方参与到你的计划中来，你会收获意想不到的成功。

【定律链接】如何让员工参与管理与决策

有参与才有支持，让员工参与到公司的管理与决策中去，对企业的发展和成功都有很重要的意义。但是如何才能让员工有效地参与到公司的管理与决策中去呢?

首先，员工要资本参与。资本参与是一切参与的基础。让员工入股公司，这样员工与公司的利益关系就更加紧密了，公司也是他投资的，如果不想让自己的股票贬值，那么就得好好工作，让公司有更好的经济效益。这是一种物质激励，也是一种基本参与。只有员工参与了公司的股份，才能真正地与公司一条心，打心眼里想公司好，因为只有公司好，他才能好。所以，员工就会自觉地对公司的未来负责，认真地工作，积极地参与到公司的决策与管理中来，提出合理化建议，为公司能够更好地发展出谋划策。所以，资本参与是一切参与的基础，也是一切参与的开端。

其次，要让员工参与决策的制定。可以向通用和丰田学习“全员参与”的做法，也可以选出员工代表，让这些代表来参与决策过程。因为大型的公司员工很多，如果让每个人都参与决策，程序和过程都会很麻烦，还不如在每个部门或生产单位选出几名代表，这样员工的声音也反映到了上层，决策制定的过程也会更加简洁高效。现在国际上，很多公司都在推行这一制度，让员工能够更有效地参与到决策中去，是商业发展的必然。

再次，是易位参与。所谓易位参与，就是让员工与干部在特定的时间互换位置，互相体验一下各自的工作。这样，能促进员工与干部的互相了解，也能使员工更好地参与到公司的管理中去。当他在当干部的时候，他就是在行使对公司的管理权；当他参与管理时，就会换个角度来思考一些问题。互换位置能更好地发现公司管理上的弊端，以促进企业向更好的方向发展。

最后，是心灵的参与。企业的管理人员要多与普通员工进行沟通和交流，这样你会得到一些意想不到的收获。人的能力都是有限的，那些普通员工比管理人员更清楚自己的工作特性，所以多与他们交流，对公司的有效管理会有很大帮助，同时还能激发员工对公司的热爱和工作的热情。所以，多多让员工对公司进行心灵的参与，才是一个称职的管理者必要手段。

鲦鱼效应：火车跑得快，全靠车头带

领导责任重于泰山

鲦鱼是一种群居的鱼类，这是因为单个的鲦鱼没有太大的能力去攻击其他鱼类的缘故。通常它们有一个比较具有“智慧”及活动力强的首领，其他的鲦鱼便追随在它后面，亦步亦趋，形成一种极有趣味的“马首是瞻”的生活秩序。

德国动物行为学家霍斯特曾经做了个实验，他将一条鲦鱼的脑部割除，这条鱼竟然还能维持相当一段时间的生命。当这条鱼被放入水中时，它不再限制自己必须游回群体，它已经丧失了一条正常的鱼的抑制能力，相反，这条暂时精力十足的鱼可以任自己喜好而游向任何地方。令人惊异的是，其他的鲦鱼这时都会盲目地跟随它，使这条无脑的鱼成为鱼群的领导者。

鲦鱼因为体形弱小而逐渐形成了群居的习惯，并以群体中的强健者为自然首领。这是鲦鱼生存的基础，可以理解。可是，如果将鲦鱼首领脑后控制行为的部分割除之后，它失去了方向感，行为也发生了紊乱，找不到食物，也躲避不了天敌的袭击。这时，如果忠诚的鲦鱼们依然追随它，那么，迎接这个鲦鱼群体的命运只有一个——灭亡。

鲦鱼效应，看似简单，却说明了领导者对于组织命运的重要性。领导者是否优秀，不仅关系着个人成败，更关系着企业的发展和全体成员的命运。因此，作为领头人，本身就要明确自己所肩负的责任：要对组织的命运负责，更要对组织中成员的命运负责。

当鲦鱼中的自然首领行为紊乱后，整个鱼群的行动也会跟着紊乱。同样的道理，在一个企业或者组织中，如果领导者出现了问题，那么整个企业和组织也不可避免地要出现问题。这种经历相信每个人都曾体验过，上课的时候，如果某位老师因为心情不好而导致讲课的兴致不高，会间接影响到学生的听课效率。一个小的班级尚且如此，更何况是企业或者组织。因此，领导者是一个企业的主心骨，应该为企业的发展勇挑重担。

如果企业或者其中的某个部门出现了问题，领导者一定要勇于承担责任，千万不可推卸责任，置公司利益于不顾。那样不仅会使问题更加恶化，还会影响企业的后续发展。对于领导者个人而言，面临的则是信誉扫地、影响力大减的威胁，结果往往只能自讨苦吃。

任何问题，从产生到暴露，都需要一个或长或短的时间。所以，领导者对于问题的获知，就会有一定的滞后性。而且，有的时候，显现出来的问题只是冰山一角，在这背后，还有更多更为严重的问题亟待解决。但是，有的领导者喜欢推卸责任，当企业内部出现问题时，总认为责任不在自己身上，是员工个人的问题。不但不及时解决问题，反而一味推卸，一味指责。这样会严重伤害员工的积极性，长此以往，也会使整个团队失去凝聚力。

那么，成功的领导者该如何做呢？真正的领导者，在面对问题的时候，不是先问为什么，而是先想怎么办。把问题的责任先主动承揽过来，把注意力放到解决问题上，至于事情的原因为何，责任在谁，可以事后再进行反思。

在这方面，海尔集团的董事长张瑞敏可谓树立了榜样作用。现在，提起海尔家电，可谓家喻户晓，也深得消费者的好评。但是，在企业成立初期，消费者对海尔的认可度不高，销量持续上不去，生产的冰箱都在仓库里积压着，资金周转不开，生产面临着很大的威胁。这时，张瑞敏得知，在仓库积压的冰箱有 100 多台存在质量问题。当即召集全厂职工开会，在全厂员工面前，大谈质量与诚信对一个企业的重要性，最后，在众多员工的百般阻挠下，也依然拿铁锤将存在质量问题的冰箱全部砸毁。这一举动让所有的海尔人如梦初醒。随后，在海尔的公司里，就出现一个庄严的铁锤和一句话：质量是企业的生命。从此，在漫长的创业历程中，海尔人始终秉承着这个信念，拿质量说话，凭质量竞争，逐渐打开了国内外的广阔市场，在同行业中脱颖而出。

张瑞敏就是一位勇于承担责任的领导者，面对企业出现的问题，并没有任其发展下去，也没有指责生产部门的玩忽职守，而是当机立断拿出方案，将问题扼杀在摇篮里，然后，再谋发展之道。这样的领导者，才能带领成员闯出一片新天地，避免鲦鱼效应一损俱损的局面的出现。

愚钝的领导者，先推卸，再指责；明智的领导者，先解决，再反思。前者失去的是个人的威信和企业的利益，后者得到的是领导的威信和企业的良性发展。领导者的责任，重于泰山，不可小觑。

切勿盲目跟风，随波逐流

鲦鱼群体的灭亡，一方面是由于其首领的错误领导，找不到食物，躲避不了天敌；而另一方面，也与鲦鱼群体的盲目跟从有着极大的关系。如果它们能够及时发现首领的紊乱行为，并重新确定新的首领，那么它们就不会有惨遭灭亡的命运。

鲦鱼的经历也警示着企业的一些中低层管理者们，要时刻保持清醒的思维和头脑，不可盲目跟从上级领导。上级决策正确明智，当然要不遗余力地去执行。如果决策有失偏颇，而你还不假思索地跟随了领导们的错误决策，那么后果是很严重的，不仅不能出色地完成任务，更会影响自己的前途。

当看到鲦鱼群体的灭亡之后，或许有人会认为：难道鲦鱼真的错了吗？它们作为鱼群中的一员，不是自始自终都在做忠诚的追随者吗？难道管理团队中有这样的管理者不好吗？

忠诚固然没有错。一家公司之所以迅速成长，发展壮大，是因为拥有一群忠实并甘于奉献的管理人员。一支军队之所以能破敌制胜，是因为拥有忠实的战士在为之努力奋战，不离不弃。但是，切莫忘记，我们所认为的忠诚都应该以领导者的正确决策为前提。脱离了这个前提，那么“忠诚”就要另当别论了。试想，如果一家公司的领导人决定：要不惜一切代价地降低成本、获取利润，甚至可以将这种利润的获取建立在偷工减料、损害消费者利益的基础上，那么，作为下一级的管理者，还会去“忠诚地”执行他的命令吗？如果一支军队的将领抵挡不住敌方糖衣炮弹的诱惑，而率领整个军队投降，一位真正忠诚的战士仍然会生死相随吗？在这种情况下，只有那些敢于果断地站出来，指出领导者的错误决策的人，才是真正对公司、对军队忠诚的人。这种意义上的“忠诚”才值得尊重。反之，那只能说他们也是鲦鱼，只懂得盲目的“忠诚”，近似于无知。

那么，当一个企业出现了发展的瓶颈，只能在夹缝中求得生存的时候，中低层管理人员们应该何去何从呢？其实，这时，不妨综合运用一下鲦鱼效应。先观察领导们的反应。如果领导者拥有足够的智慧与魄力，能够为企业制定一个切实可行的解决方案，并将大家的力量都聚集到一起，将全体工作人员的积极性和信心都充分调动起来，那么，就说明这样的领导还是值得追随的，这样的企业还是有生命力的。虽然明明知道前面等待自己的是许多困难，但会笑着去面对。最终，在这个强有力的领导的带领下共同努力使企业走出困境。而如果情况恰恰相反，领导者不思进取，整天怨天尤人，消极地等待命运作出裁判，那么，中低层管理人员就没有必要跟着这样的领导一条路走到黑了，可以适时提出辞职的要求，另谋出路。

第十一章
两性关系的秘密

吸引力法则：指引丘比特之箭的神奇力量

人海茫茫，偏偏喜欢相似的“你”

电影《秘密》在全球的广泛关注下，造就了同名书籍《秘密》的诞生及热销。《秘密》一书出版没多久，便横扫美国、澳大利亚、加拿大、英国等多个国家的各大图书市场，如今，它在中国图书市场也是赫赫有名。《秘密》为何会如此吸引人呢？究竟是什么秘密在里面？答案就是，它揭示了神奇的“吸引力法则”！

如果有人问你：“为何选择现在的她 / 他作为你的另一半？”“你喜欢的人通常要具有哪些特征？是漂亮，是帅气，是聪明，还是有钱？”想必你很难说出具体的答案，但却能肯定地回答“大家在一起很合得来”。

这是为什么呢？心理学研究表明：我们通常喜欢的人，是那些也喜欢我们、跟我们合得来的人。也就是说，你的另一半不一定很漂亮，或很帅气，或很聪明，或者很有钱，但他一定是很喜欢你，你也很喜欢他，你们彼此合得来，也就是我们前面说的吸引力法则。

也许你会问，“我们为什么偏偏喜欢那些喜欢我们、跟我们合得来的人呢？”这是因为，喜欢你的人能使你体验到愉快的情绪。一想起他 / 她，就会想起和他 / 她交往时所拥有的快乐，一看到他 / 她，你自然就有了好心情。你们双方比较有默契，或者叫很有“灵犀”。而且，因为他喜欢你，对你自然持肯定、赏识的态度，从而使你受尊重的需要得到满足。正所谓：“什么是好人？——对我好的就是好人。”

看过电视剧《一帘幽梦》和《又见一帘幽梦》的朋友，想必都对紫菱与楚濂、费云帆之间的爱情纠葛印象极其深刻。那我们就以这个例子，看看爱情中的吸引力法则。

先说紫菱与楚濂。在紫菱不知道楚濂喜欢自己的时候，始终不敢暴露自己对楚濂的好感；当楚濂向她表白心意的时候，她的爱意自然如水倾泻。两人互相喜欢，互相吸引，以至于即便有绿萍横于其间时，仍旧彼此牵挂。不过，可惜的是，他们受到太多外界因素的影响，最终未能走进婚姻的殿堂，永结同心。

尽管与楚濂分开令紫菱痛苦不堪，但这也给了紫菱一个新的爱情发展机会——费云帆。

很多人好奇，紫菱那么爱楚濂，为何还会接受费云帆呢？其实，这还是要到吸引力法则上来找答案。在紫菱最痛苦的时候，费云帆用他无微不至的体贴、精心的呵护、超级的罗曼蒂克，深深地感染着紫菱，使紫菱不知不觉也陷入了对费云帆的喜欢之中。既然与楚濂不可能复合，嫁给如此喜欢自己的费云帆也许是最好的选择。紫菱的选择不仅符合常理，也很符合人的心理。在感情上，双方的喜欢一旦建立，久而久之，很容易巩固并发展。这也是为何绿萍与楚濂离婚后，紫菱仍选择留在费云帆的身边，因为，他们已经从喜欢升华到了彼此相爱。

心理学还认为，当人们发现一个人非常喜欢自己时，不管对方客观情况是怎样，是否具有让自己喜欢的特点，往往会无条件地喜欢上对方。人们大概是想象，既然对方喜欢自己，那他 / 她一定是在某些方面和自己相似，认可自己的为人和某些特点，那么，自己又有什么理由不同样喜欢对方呢？

要知道，实际生活中，几乎没有人是完全自信的，因此，大多数人都特别需要别人对自己的肯定。这样一来，那些喜欢我们的人，通过对我们的肯定、追求等，便为我们喜欢他们打下了良好的基础，最后步入双方互相喜欢的状态也算是水到渠成。

“关注”并“吸引”，将爱情进行到底

关于吸引力法则，它另一个层面上的含义就是：你关注什么，就会吸引什么，什么就会靠近你。所以，想获得真诚、永久的爱情，想将自己的爱情进行到底，一定要时刻对你的爱情抱有希望。

通常，实现这种积极的关注和希望，可以通过 6 个方面进行：

第一，明确你想要的爱情是什么。在你设想甜蜜的情侣关系或美满的夫妻关系之前，你应当知道这对你意味着什么。不要错误地定义你理想的对象是多么特别的人，而忽略了自己所渴望的生活的真实本质。进一步明确你想要的，是感受、情感还是体验？然后，画出那张“脸”。

第二，用你希望的被爱方式来爱自己，为自己说些自己喜欢的话，做些自己向往的美好的事情。要知道，当你善待自己的时候，别人往往会用同样的方式善待你。

第三，用你希望被爱的方式去爱别人。要想为你渴望的爱情关系打下一个坚实的基础，就要用你喜欢被爱的方式去爱别人。因为人与人之间是相互的，吸引也是相互的，你渴望得到爱，就要学会付出你的爱。这是获得美满爱情的另一个有效办法。

第四，如果你对当前的爱情不满意，审视一下自己，是不是经常空谈自己的伴侣？有可能你无意识地就将自己的伴侣限定了，总是想着他从前是什么样子，而没有为他可能改变的形象留有思维空间。如果是这样，快回到现实中来吧！

第五，敞开你心扉，放开你的思想。随时触摸你内在的想法，包括你的情感、内在的感受和直觉，并尊重它的指引，正如歌中所唱“跟着感觉走，让它带着我，心情就像风一样自由……”

第六，放弃没有意义的事物。为了迎接你美好的期望，如一段浪漫的爱情，天长地久的婚姻等等，你一定要抛开使你情绪低落的事物，把所有让你感觉不好的事物统统抛弃。这样，你才能“腾出空间”，让生活为你带来一些更好的事物。

事实上，人海茫茫，两个人真正走到一起，并能一直携手走到人生的尽头，除了保持彼此在生活、感情上的积极期望外，还要注意保持自身的吸引力，或者提升自身的吸引力。

任何时候，微笑都是保持吸引力的良方。无论在婚前，还是在婚后，你的微笑往往胜过千言万语，总会让对方心情愉悦。

还有，在对方需要的时候，你要学会倾听。无论他是烦闷，还是极其高兴，听听他的心里话，这样利于你们能有更深层次的共识。

此外，最好不要在对方面前提你的旧情人，因为那样很容易会伤到你现在的另一半。

互补定律：各有所长，互相吸引

充满“差异”的爱情吸引

走在大街上，我们常看到这样的景象：亭亭玉立的美女，总是挽着一个长相普通的男人；潇洒有型的帅哥，往往搂着一个其貌不扬的女人。为什么会有这样奇怪而又普遍的组合？是美的那方喜欢被丑的那方衬托的感觉，还是丑的那方喜欢做陪衬的感觉，或者是他们因为自己的另一半是个美人或帅哥而感到自豪，会更加珍惜？其实，这就是心理上互补定律的表现。

除了上面的现象，生活中还有很多基于互补关系缔结的婚姻。比如，一个支配型的男人娶了一个依赖型的女人做妻子，一个泼辣型女人嫁给一个沉默型男人等等。

其实，在爱情上，双方因差异而互补，因互补而结合，并不足为奇。因为，男女本身就是互补的。男人阳刚，可以给女人安全感；女人阴柔，能激起男人的保护欲。曾有一项针对25对结婚多年的夫妻进行的追踪调查研究表明：夫妻间需求的相互补充是婚姻关系得以维持长久的基础。

也许你会问，这不是和前面讲的相似定律相矛盾了吗？事实上，它们并不矛盾，因为差异并不一定都能形成互补，互补性的前提是，交往双方都得到满足，否则，双方相反的特性不但不能够产生互补，甚至还可能产生厌恶和排斥。例如，高雅和庸俗、庄重和轻浮、真诚和虚伪等等，这些就只能造成“道不同不相为谋”的局面。

马婷是个温文尔雅的女人，丈夫是个幽默开朗的男人。两人经人介绍认识后，相处了一年多，觉得彼此正好可以弥补对方性格上的空白，他们开心地步入了婚姻殿堂。

婚后，在激情燃烧之后，一些以前恋爱的时候不以为然的小问题出现了，并且成为他们之间的分歧。丈夫喜欢热闹，爱运动；马婷喜欢安静，爱写作。他们之间似乎少了一份共同的爱好，而且越来越觉得在一起时不知道该说些什么、做些什么。

这不由得让马婷经常难过，感到婚姻的失败，丈夫也觉察了她的不满。于是，他们决定坐下来好好沟通一下。最终，他们达成一致，要好好地过下去，因为彼此都深爱着对方。

他们开始尊重彼此的爱好。尽管刚开始因彼此的爱好和涉足领域不同，感觉没有什么话题，两人在一起除了吃饭，就是看电视，感觉很冷清。但渐渐地，他们开始一起散步，边走边聊各自感兴趣的东西和事情。

久而久之，马婷发现，自己以前十分讨厌体育运动，但现在丈夫常给她讲一些体育明星的趣事，也会让她捧腹不已；而丈夫，不时听马婷讲述自己新的创意和构思，也常常被那些情节吸引。

就这样，他们觉得彼此的生活越来越丰富了，彼此既能满足和享受自己的那份爱好，又能感知了解对方的另一片天地。

现实生活中，像马婷与丈夫这样，既独立又互补的婚姻较为常见，正如人们常说的：“该相似的地方相似，该互补的地方互补。”

通常，互补可分为两种情况。一种是：交往中的一方能满足另一方的某种需要，或者弥补某种短处，那么前者就会对后者产生吸引力。比如，依赖性特别强的人愿意和独立的人在一起生活等。另一种是：因为别人的某一特点满足了你的理想，而增加了你对他的喜欢程度。比如，一个看重学历的人，自己又没有拿高学历的机会，往往希望对方能拿到高学历等。

因为我们每个人都与生俱来地具有一些缺点，所以为了弥补自己的不足，我们在寻求生活伴侣的时候，往往注意寻找能弥补自己缺点的人，从而实现所谓的“强强联合”。

理性“互补”，让“不合”变“和谐”

如今，不少人把分手和离婚的理由归结为“性格不合”。其实，就像马婷夫妻一样，所谓的“性格不合”的分道扬镳完全可以巧妙地转化为配合默契的“互补式爱情（婚姻）”。

当所谓的“不合”出现后，双方彼此经过沟通和努力，发现了对方身上更多吸引自己的地方，并自愿地改变和提升自身某些习惯及行为，最终双方就可以因“互补”而感到爱情或婚姻的幸福，达到和谐。

在现实世界里，爱情和婚姻出现双方某些方面的不合，肯定是在所难免的。因为每个人的性格特征、爱好兴趣等都不尽相同，都有各自的独立性。那么，我们如何将彼此间不和谐的因素变成互补的关系呢？

第一，也是最重要的一点，我们要对自己的性格和对方的性格都有正确的认识，并能够尊重彼此的性格。性格是人对事物所表现的经常的、比较稳定的理智和情绪倾向，并无优劣之分。不同于品德，不同的性格各有不同的长处和短处。例如，外向的人开朗，但做事很容易急躁；内向的人沉稳，但做事往往没有魄力。

第二，在相处的日子里，彼此要懂得扬长避短，异质互补。夫妻也好，情侣也好，双方之间的经历、兴趣和脾气不同，即所谓的“异质”，这些是可以互补的。但是，人的性格就很难改变了，正所谓“江山易改，本性难移”，所以双方应该注意逐渐改善自己的不足之处，而不是千方百计地去改造对方。要学着互相尊重，互相帮助，这样，双方才会和谐、美满，实现“优势互补”。

第三，平时双方一定要多沟通，多交流。当你们之间出现争吵或分歧时，不要一味火爆地去想对方的不足，用各种言语去喋喋不休地指责对方，要看看自己是否也想到了对方的需求。像马婷夫妇那样，把各自的内心摆出来，使彼此之间更加了解，更加和谐。

很多人认为，谈恋爱时，彼此的优点是对方非常欣赏的，彼此的缺点是对方可以包容的；结婚久了，彼此的优点是对方不屑一顾的，彼此的缺点是对方无法包容的。其实，说到底，都是我们自己看待对方的角度变了，心态变了，于是，“互补”变成了“差异”“分歧”，爱情变成了痛苦地忍受。所以，我们要理智地控制自己的思想，多想想当初对方令你倾慕的优点，多回味这么多年对方为你付出的点点滴滴，唤醒自己那颗被爱充溢许久而麻木的心，这样才能开心地“执子之手，与子偕老”。

此外，中国还有句话，叫“距离产生美”。在审美过程中，只有当主体和对象之间保持一种恰如其分的心理距离时，对象对于主体才是美的。那么，我们又何必强行去改造对方，让对方与自己一致呢？给彼此留一点属于自己的空间和特色，让大家都变得美丽起来。

布里丹毛驴效应：真爱一个人，就不要优柔寡断

优柔寡断，爱将无法选择

法国哲学家布里丹养了一头小毛驴，每天向附近的农民买一堆草料来喂。一天，送草料的农民出于对布里丹的景仰，额外多送了一堆草料，放在旁边。结果，毛驴站在两堆数量、质量和与它的距离完全相等的干草之间，左看看，右瞅瞅，始终也无法决定究竟选择哪一堆好。就这样，这头可怜的毛驴犹犹豫豫、来来回回，最终在无所适从中活活地饿死了。后来，人们把这种效应称为布里丹毛驴效应。

其实，“优柔寡断”不只是布里丹养的那头小毛驴犯的错误，在人类当中也常常出现。我们总是认为优柔寡断是女人最大的通病，尤其是当她们身处爱情的迷城的时候。然而，现实生活中，在抉择伴侣的时候，不光是女人，男人也一样，总是东想西想，不知所措，害怕一时做错决定，选错了人，造成自己终生遗憾。

小王今年33岁，外表文质彬彬，事业小成，有房有车。在这个同龄人基本都已结婚的阶段，心急的父母催他一次又一次地相亲，他自己也很听话，一个半月内结识了5个女人。

本以为选择的范围越大，对自己越有利。谁料，在这5个女人当中，有两个女人令小王始终摇摆不定。一个叫小丽，27岁，身高168厘米，是个不折不扣的大美女，工作、家庭以及其他方面都不错，就是脾气性格有点火爆。一个叫晓梦，25岁，小鸟依人型，家庭背景很好，父母都是高干，外表清纯可爱，但非常娇气。

因为两人各有优势，也各有缺点，而且他对两个人都有几分爱意，实在不知道该如何选择。这种徘徊和犹豫拖拖拉拉地持续了一年，小王与两个女人也朦朦胧胧地交往了一年，但始终不敢肯定自己该与谁厮守一生。

结果，前不久，小丽告诉小王：“我们只适合做普通朋友，因为你的优柔寡断根本不适合我。”无独有偶，没几天，晓梦也给了小王一个明确的交代：“在感情上，我更喜欢勇敢的男人，我们还是做好朋友吧。”

小王的优柔寡断，使他对小丽、晓梦两个女人的爱意最终都未能升级到一生一世的厮守之情。

诺贝尔文学奖得主萧伯纳曾说过：“此时此刻在地球上，约有2万个人适合当你的人生伴侣，就看你先遇到哪一个，如果在第二个理想伴侣出现之前，你已经跟前一个人发展出相知相惜、互相信赖的深层关系，那后者就会变成你的好朋友。但是若你跟前一个人没有培养出深层关系，感情就容易动摇、变心，直到你与这些理想伴侣候选人的其中一位拥有稳固的深情，才是幸福的开始，漂泊的结束。”

也就是说，爱上一个人或许不需要靠努力，只要彼此有“缘分”、有感觉，就可以产生了爱意；但是，想“持续地爱一个人”，就要靠长期的“努力”了。

我们许多人总是为“缘分”所迷惑、苦恼，而忘记了要拥有天长地久的爱情，首先要在茫茫人海中选择一个愿意与自己天长地久的伴侣。因此，不要去追问到底谁才是你的Mr.Right，谁才是你的真命公主，而是要问在眼前可选的范围内，你要选择哪一个，该选择

哪一个。在爱情上，若没有做出选择的勇气和能力，就算 Mr.Right 或真命公主出现在你身边，幸福依然会与你擦肩而过。总是活在优柔寡断之中，迟迟不肯做出选择，爱连开始的机会都没有，怎么可能天长地久呢？

事实上，人们往往不易察觉感情中的一个陷阱，就是“越挑眼越花”，新鲜的“缘分”虽然表面上看起来是那么动人可爱，但长此以往，留给自己的除了回忆还是回忆，除了遗憾还是遗憾。千万不要因为贪图频繁的“缘分”而迷失了自己，一次次地错放了幸福温暖的手。

那么，如果此刻你还没有确定与自己厮守一生的伴侣，就不要再优柔寡断了，敞开你的心扉，拿出你的勇气，做出你的选择吧！

弱水三千，只取一瓢饮

电视连续剧《倚天屠龙记》，想必大家都非常熟悉了，尤其是里面的张无忌，在数个爱着自己的女人间犹豫徘徊，似乎希望能选择所有的女人的情节，更是让人记忆深刻。

不过，当谢逊在山顶问张无忌最在意谁之后，张无忌思量许久得到了答案：“弱水三千，只取一瓢饮。”那时，他才真正清楚地发现，自己心里最在乎、最不能失去的是赵敏。

如果不是谢逊的那一问，如果没有出现刑场的那一次无能为力，张无忌可能会糊里糊涂地徘徊一辈子，继续伤害那两个为爱痴狂的无辜女子。

在感情上，人难免会有些自私。正如周芷若某晚在少林寺质问张无忌到底最爱谁时，他说出了一个大多数男人都会幻想的答案：如果小昭、蛛儿、周芷若和赵敏，4 个女人都在，那该多好啊！

然而，现实里，爱情往往就是一道单选题，你不能拥有所有曾让你动心的人，必须做一种割舍，做一种比较，留下最不能失去的那一个，其余的就只好割舍，当做生命中的一次偶遇，一次美好的邂逅。

这就是爱情中的布里丹毛驴效应。如果不止一个人出现在你的爱情世界，你妄图把他们统统选择，那么，这种贪婪注定你哪一个都不会得到，反而只会令自己伤神费力，筋疲力尽。

所以，在最后的关头，在义父谢逊的刻意提点下，张无忌总算明白“弱水三千，只取一瓢饮”的爱情真谛，没有再糊涂下去，选择了一个希望厮守一生的爱人。

如今，有些人认为，这个世界在变，爱情也在变。在我们身边，总是时不时地出现爱我们的人和我们爱的人，但这两种人却往往不重合。当我们可以自由地追逐爱情、选择情人时，爱情也就变得越来越不稳定。

一生只爱一个人不过是人们天真信仰的爱情神话。可是，扪心自问，如果我们始终徘徊于那“三千弱水”，总希望把所有的感情选择都纳为己有，鱼和熊掌要兼得，现实吗？无论是你爱的，还是爱你的，有哪个人会愿意与别人分享自己一生的幸福？

从某种程度上讲，婚姻作为一种社会形态，将我们的爱情以家庭的形式固定下来，是人们内心对激情、对真爱渴望的一种体现。即使我们不能保证自己一生只爱一个人，但当诸多选择出现时，我们一次只能爱一个人，选择一个人步入婚姻的殿堂。

同时，无论从道德角度，还是从良知角度，我们在爱着一个人的时候，就要对这份爱负责，为这份爱守节。

这就如同《红楼梦》第九十一回中，黛玉与宝玉那段非常经典的爱情对白。黛玉问：“宝姐姐和你好你怎么样？宝姐姐不和你好你怎么样？宝姐姐前儿和你好，如今不和你好你怎么样？今儿和你好，后来不和你好你怎么样？你和她好她偏不和你好你怎么样？你不和她好她偏要和你好你怎么样？”宝玉呆了半晌，忽然大笑道：“任凭弱水三千，我只取一瓢饮……”

视觉定律：女人远看才美，男人近看才识

女人要远看，男人要近看

女人是水做的，“可远观而不可亵玩焉”，远远地看着，像画一样；每天对着，就缺乏了新鲜感。这就是距离的力量，有距离才能产生美。俗话说：“看景不如听景。”从来没有真正近距离的接触，只是远远地听别人描述那优美的景色，你的想象会比那描述更美上10倍；一旦你去了，真正近距离地欣赏了那听到的美景，你会发现根本不是你想的那样，与你以前看过的风景比起来也没有特别之处。其实，不是那些地方不美，是你想象的景色过于美，美到并非人间所有，理想与现实的落差，让你失望了。美女也是一样，从来没有近距离地接触过，只敢远远地看着，她在你心中会越来越美。当有一天，她成为了你的朋友或女友，你天天那么近地看着她，你会发现她与别的女人也没有多大差别，长得也不是那么的漂亮。所以，老人们常说：“长得好看的人越看越一般。”说的就是这个道理。

男人是要近看的，不与他深入接触，你永远也看不到他真正的思想光辉。不要轻信男人的那些花言巧语和夸夸其谈，要真正地与其进行内心交流，才能看出他是否真的有内涵。

十全十美的白马王子在现实生活是不存在的，但真正的好男人这个世界上并不少，少的只是发现。什么样的才算是好男人？千人千面万人万解。但无论是什么样的男人，都只有真正地接触后才能识其真面目。思想是一个男人最强的隐蔽力量，是做人的智慧与谋略。男人有思想，才能积极主动地创造成功的机会，寻找生活中的快乐，从而打造丰富多彩的人生。女人要看懂一个男人，就不得不深入到他的思想中，不然就无法见识他的全部魅力。

男人不是因为他生来是一个男性，就称得上一个男人了。一个男人有时候只有在一个女人的身边，才可能完整地展示出属于男人的阳刚。有些男人善于卖弄，华而不实，如果你仅被他的外在表现迷惑，那就离危险不远了。男人可以不漂亮，但不能没有思想，没有品质，没有责任心。

女人要远看，是从美学角度来说的；男人要近看，是从现实角度来考虑的。人总是会把自己最美好的一面呈现在大家面前，但有些男人不懂得表现，他们总是把自己最美的思想藏得很深，这就需要独具慧眼的女性去挖掘宝藏了。女人是美的化身，但人无完人，每个女人身上多少都有些坏毛病，不要拿你理想中的女神来要求她们，这样你会发现每个女人都是美的。

欣赏男人往往需要时间去发掘，男人对家庭、对社会影响很大，所以造成的危害也大，只有深入了男人的思想，才能看到他的全部。善于卖弄的男人最初或许会令女人着迷，但是他们无法给予女人持久的爱情。

远近得当，才能生活融洽

有距离，才有美感。很多婚姻的触礁，原因就在于妻子和丈夫走得太近；恋爱中出现问题，很多也因为双方整天粘在一起。太近的距离，让双方的缺点暴露无遗，少了那种朦胧的美感。

男人爱女人，很多是因为女人的美貌，但过日子不是只靠脸就行的。只有美丽的内在，才能真正长久地抓住一个男人的心。

女人如书，容貌是书的封面，气质是书的内容。仅有漂亮的外貌却缺乏内涵气质的女人，这样的书尽管封面装帧很漂亮，但并不具有可“读”性；相反，既有美的外貌又有美的气质

的女人才是既可观赏又耐品读的珍品书。所以，把你用来美容打扮的时间，分一半用来装饰内在，岂不是更好？这样无论远看近看，你都是美丽的女人。

当然，这是针对女人自身修养来说的。另外，男士们还要与妻子保持一定的距离，不要让双方离得太近，也不要对妻子的缺点过于苛刻，她本来就不是“天外飞仙”，你不能用你以前幻想的那个完美形象来要求自己的妻子，这样不公平。给双方一点空间，懂得欣赏妻子的优点，这样才会让生活更融洽。

对于男人来说，好男人是不能用统一标准来划分的。同样的特性放在这个男人身上是优点，放在那个男人身上可能就是缺点了。世事的不确定与变化，使人们的性格千奇百怪，世界也变得多姿多彩。也许一个男人会因为少了聪慧多变而成就了他的敦厚质朴，也许一个男人会因为心地善良而事业无成。

男人如书，从外观上讲，书有厚薄之分，有装帧堂皇与简约之别，男人也有魁梧与矮小、俊朗与猥琐之别；从内容上说，书分高雅和平庸、厚重与浅薄，男人更有内涵深厚与空有一副外表之分。男人如书，有的可以终生为伴，相濡以沫；有的只能默默祝祷，遥遥相望；有的则唯愿此生不与之谋面。读书是需要时间的，好书多读才能懂。

因此，男女双方要学会欣赏与被欣赏，要懂得保持最适当的距离来欣赏和被欣赏。俗话说，金无足赤，人无完人。完美只是相对的，唯有缺憾才是绝对的。欣赏他人的时候，要懂得找到最佳的距离；被欣赏时，也要尽量保持最佳距离，该远则远，该近则近。

《圣经》中上帝对男人和女人说：“你们要共进早餐，但不要在同一碗中分享；你们要共享欢乐，但不要在同一杯中啜饮。像一把琴上的两根弦，你们是分开的也是分不开的；像一座神殿的两根柱子，你们是独立的也是不能独立的。”

这段话形象地说明了婚姻关系中的两个人的韧性关系，拉得开，但又扯不断。谁也不能过度地束缚对方，也不能彼此互不关心，有爱，但是都在适度的范围之内，这才是和谐的婚姻。可是很多人似乎并不能体会到婚姻的真谛，在他们眼里，对方身上有很多缺点，他们常常试图通过各种途径让对方改掉坏习惯，可是习惯是日积月累形成的，当然不会轻易改掉，于是夫妻之间的矛盾就产生了。

夫妻之间产生争执的主要原因，是他们把婚姻当成一把雕刻刀，时时刻刻都想按照自己的要求用这把刀去雕塑对方。为了达到这个理想，在婚姻生活中，当然就希望甚至迫使对方摒除以往的习惯和言行，以符合自己心中的理想形象。但是有谁愿意被雕塑成一个失去自我的人呢？于是，“个性不合”“志向不同”就成了雕刻刀下的“成品”，离婚就成了唯一的出路。

要知道，婚姻不是一个人的付出，只有两个人同心协力，才能维护好一个温暖的家。可是并不是所有的人都能注意到对方的付出，甚至有的人会把对方的付出看做是理所当然的。如果对方稍微有什么地方做得不好，就加以指责，这样的做法无疑会伤害了对方的心，会让他觉得一切的努力都付之东流了。

爱一个人，就应该让他感觉到幸福，而不是要给他原本疲惫的心灵增加新的创伤。所以，在夫妻生活中，一定要相互扶持，相互欣赏，相互鼓励。虽然因为个性的不同，两个人没有办法完全融为一体，但是一定要让对方感受到你的存在，让他体会到你对他的欣赏和爱护。在他犯错的时候，给予善意的提醒，而非指责，有时候一个善意的眼神也会让对方觉得很温暖；在他犯傻的时候，给予适当的爱抚，告诉他“你真可爱”，一句看似不经意的话语，却可以激起爱的涟漪，让对方感受到你的体贴。

每个人都会有缺点，但是相爱的人，却能在对方的缺点中找寻闪光点，在对方的不足中寻找到内心的满足。欣赏的眼光，总是能让爱情变得更甜，让婚姻变得更美。

麦穗理论：不求最好的他（她），但求最适合的他（她）

走进麦田，面对选择却又难以选择

《诗经》有云：“死生契阔，与子成说；执子之手，与子偕老。”千百年来，斗转星移，沧海桑田，多少海誓山盟老去，这句情话却依然焕发着让人怦然心动的生命力。我们总是渴望完美的爱情，所以习惯于在一道道通向幸福的门前选择一次又一次的犹豫与彷徨。因为不能回头，于是我们的心中充满了矛盾，很怕自己错过的就是最好的，又总觉得后面的路还很长，应该还会有更好的。就这样，原本属于我们的爱情最终化做了别人的婚姻。

在心理学中，这种现象就是“麦穗理论”的反映。这一理论，来源于这样一个故事：

伟大的思想家、哲学家柏拉图问老师苏格拉底：什么是爱情？苏格拉底就让他先到麦田里去摘一棵全麦田里最大最金黄的麦穗来，只能摘一次，并且只可向前走，不能回头。

柏拉图于是按照老师说的去做了，结果他两手空空走出了麦田。老师问他为什么没摘？他说：“因为只能摘一次，又不能走回头路，其间即使见到最大最金黄的，因为不知前面是否有更好的，所以没有摘。走到前面时，又发觉总不及之前见到的好，原来最大最金黄的麦穗早已错过了，于是我什么也没摘。”

老师说：“这就是爱情。”

之后又有一天，柏拉图问他的老师苏格拉底：什么是婚姻？苏格拉底就叫他先到树林里，砍下一棵全树林最大最茂盛的树，同样只能砍一次，同样只可以向前走，不能回头。

柏拉图于是照着老师说的话做。这次，他带了一棵普普通通，不是很茂盛，亦不算太差的树回来。老师问他：“怎么带这棵普普通通的树回来？”他说：“有了上一次的经验，当我走了大半路程还两手空空时，看到这棵树也不太差，便砍下来，免得最后又什么也带不出来。”

老师说：“这就是婚姻！”

在数不清的麦穗中寻找最大的麦穗几乎是不可能的，所谓“最大的”往往也是在错过之后才能知道。在无数次的擦肩而过之后，我们的心可能已经疲惫，于是在简单地比较之后，匆忙地做出了选择，而这个选择其实未必真的是最好的。命运就是这么地爱捉弄人。

其实，柏拉图的困惑也是我们的烦恼，完美的爱情和婚姻是很难得到的，对于大多数人来说，童话般的爱情只是奢望。当我们想使用一件东西的时候，翻遍了家里的每个抽屉都找不到；在我们不需要它的时候，它却不经意地出现在我们的面前。造物主有捉弄人的本性，爱情也是如此。当我们把对爱情的期望一条一条写在纸上，然后热切地盼望爱情出现的时候，爱情总是绕身而过，不是和这个人志趣不投，就是和那个人激不起爱情的火花。找到心目中最理想的恋人是可遇不可求的事情，因而很多人是勉强走到一起的。

其实，生活从来没有最优解，也没有最满意解，只有相对满意解。选择伴侣，对你我来说都是一件神圣而又谨慎的事情，婚姻也可以说是我们的第二次生命。俗话说得好：“男怕入错行，女怕嫁错郎。”每个人都想找到自己的白马王子或者白雪公主，但是生活总是存在偏差，就如同你在麦地里摘了麦穗出来后，总会发现会有比手中大的麦穗一样，和我们共度一生的那个人，很可能不是我们最爱的那个，但是，也不是我们最讨厌的那个。

找一个自己喜欢并适合自己的人共度一生是一件非常幸福的事情，但这样的几率很小。如果用我们的一生去等待，我们也许会找到最适合自己的那个人，但是谁又能有勇气用一生去等待呢？既然不能，我们就要珍惜手里的麦穗，正像一句广告词说的那样：我选择，我喜欢！

穿越麦田，在心灵的交融中找到心的归宿

人生就正如穿越麦田，只走一次，不能回头，要找到属于自己最好的麦穗，必须要有莫大的勇气并付出相当的努力。要想拥有最完美的婚姻，就不能盲目草率地做决定，但是犹豫不决，又只会错过一次次机会。只有在恋爱征程中，积累阅历，磨炼感情，了解自己真正需要什么，这样才能找到真正适合自己的人生伴侣。

也许上天故意让我们在遇到生命中的天使之前，遇到几个有缘无分的人，在我们多次的彷徨之后，才能学会珍惜这份迟来的礼物。一次又一次地与缘分擦肩，一切的冲动、激情、浪漫都慢慢消失，而有一个人始终占据着你心里最重要的位置，你对他的关心及牵挂丝毫未减。那便是爱了。

爱一个人并不需要太多的理由，也许他不是最优秀的，也许她不是最漂亮的，但他 / 她一定是最适合你的，因为他 / 她最懂你的心。爱情是两颗心的交融，是情与情的交流，是爱与爱的沟通。爱情是在寻找一个心灵的归宿，无论是男人还是女人，在自己还是懵懂、情窦初开的时候，就在自己的心灵深处悄悄勾勒出自己的"另一半"，而它就像影子一样紧紧地依附在自己的灵魂上，要伴随着自己走完一生，根深蒂固。爱情固有的魅力和感召力是外在条件所无法去左右的，当一个人在你心里扎了根，便再也消失不了了。

我们在寻找伴侣的时候，不要把心目中的"麦穗"想象得太过完美，择偶目标要切合实际，绝不能一挑再挑，非要找到最好的不可。当然，也不要过分注重外在条件，如相貌、金钱、地位、学历等。爱情是纯洁的，纯洁得容不下一点杂质。我们常常为了寻找理想中的爱情，自以为是地设置了许多标准。找寻的过程是漫长的，或与相貌结伴，或与财富同行，他们以为用这些可以培养爱情。可当时间渐渐流逝的时候，他们发现爱情一点点地消失，曾经幻想的美景化作一片云，被时间的清风吹散。时间能够吹去爱情的杂质，却吹不走爱情的本质，心灵的伴侣才是一生的伴侣。

俗话说：金钱可以买来女人却买不来爱情，就在于爱情它不是商品，自然就不能用钱来进行交易。相貌、财富、心情……都会随着时间的流逝而改变自己原来的状态，唯有爱情，纯洁的本质是不会改变的。在西方的婚礼上，神父对每一对新人都会问同样的一个问题：不管生老病死，你都愿意一生照顾她……我想这就是爱情的意义。当你遭受挫折，当你一无所有，当你白发苍苍的时候，看着陪在你身边不离不弃的人，你就知道了什么是爱情。

爱情一旦错过，就不会重新来过。当丘比特之箭射中我们的时候，我们一定要紧紧抓住箭的另一端——我们的爱人。遇到合适的人，彼此可以融洽地生活，简单也好，复杂也罢，就别再犹豫，牢牢地抓住他 / 她，在相依相守中获得真正的爱情。

虚入效应：爱就要勇敢地"乘虚而入"

爱她（他），要在她（他）最需要你的时候出现

"乘虚而入"，原是军事上常用的战术。两军作战，趁敌人没有防备的时候进攻或进攻敌人防备较弱的地区，这样胜算就比较大。在感情上，当他人失恋或失意时，表达对他人的

关心，往往会收到意想不到的效果。

芳，是一个美丽而清高的女子，喜欢她的男子不计其数，但她都不正眼看一眼。她想要的是事业的成功，社会的名望。她的美貌给她带来了很多机会，也让她遭受了许多非难。女上司不喜欢她，女同事们更是把她当做眼中钉。女上司无缘由的训斥，女同事无休止的捉弄，再加上繁重的工作，让芳彻底崩溃，病倒了。强是芳的同事，暗恋芳已久。得知芳病了后，强每天早晚在医院陪芳照顾芳，给芳讲笑话逗她乐，给她讲故事鼓励她，让芳重新恢复了对生活和工作的信心。芳病好后，和强一起出现在公司众人的面前，这让公司里的人惊讶不已。大家都想不通，如此普通的强怎么打动了芳的心？其实，道理很简单，强就是用了“乘虚而入”这一招，在芳最需要人关心的时候关心了她。

爱情需要感觉，一见钟情很美妙；爱情需要默契，心有灵犀很惬意。爱情需要手段，只要能带给你爱的人幸福而不是伤害，乘虚而入也没什么不好。爱情需要竞争，胜利的果实让人回味无穷，但竞争不是不择手段，胜利无需处心积虑，只要能恰当地把握时机，你就能摘到你想要的苹果。

在文学作品和影视作品中，有很多“乘虚而入”最后得逞的角色，但描述和表现这样的角色时总是带着讽刺和鄙视，人们在看这类人时，也觉得他们太过有心机，甚至很卑鄙。而在现实生活中，这个招数在追求心爱的人时，却屡试不爽。为什么人们鄙视它，又不断运用它呢？因为爱情是可望而不可求的，你能遇到你爱的人的机会更是微乎其微，如果不想方设法把他（她）抓住，那么很可能你这辈子都再也遇不到让你动心的人了。谁会冒这个险呢？谁都知道“乘虚而入”这招最管用，在他（她）最需要人关心的时候出现在他（她）面前，关心他（她）鼓励他（她），何愁他（她）不感动？而当我们创作或颀赏文学、影视作品时，那是我们评判他人的时候，道德正义都不允许我们喜欢这种人。

其实，乘虚而入没有什么不好，只要你清楚那个人是你爱的，你可以给他（她）幸福。有些人只是为了满足自己一时的私欲，乘人之危，加害于人，这真是太可恨。像《水浒传》中的高俅的义子高衙内就是这样一个可恨的人，他无意中看上了林冲的妻子，就想霸占他人之妻，几次三番想置林冲于死地，好达成霸占林冲妻子的目的。这样的人，才是真正应该受到鄙视的人。

懂得付出，爱终究会有回报

爱一个人就要懂得付出，这种付出不是指天天粘着你爱的人，而是时时关心、默默对他（她）好，而不给他（她）的生活造成困扰。当他（她）遇到困难，出现危难时，立即挺身而出，为他（她）解决一切麻烦。保护他（她），爱护他（她），而不求任何回报，这就是真爱。越是甘心付出、不求回报的人，往往越能得到上天的垂怜。

园是一个光芒四射的女孩，她活泼可爱，面容姣好，举止大方，能歌善舞，身边总是围着一群男生，争着为她献殷勤，而磊却总是默默地躲在一边，看着园。如果园不小心滑了一跤，在其他男生还没反应过来的时候，磊已经一个箭步冲到园的跟前扶住了她，然后又什么也不说地走了。园第二天要参加歌唱比赛，前一天她的桌柜里肯定会出现一盒金嗓子。园想报考GRE，磊就把自己考试的心得悄悄放在园的桌柜里。在一次舞蹈比赛中，园正忘情地跳着，却不小心踩到了一颗本不应该出现在舞台上的玻璃珠，脚下一滑，重重地摔在台上。接下来的事，她就不知道了。是磊，飞快地奔到台上，抱起园就往附近的医院跑。到了医院，医生及时地把园送到急诊室进行治疗，而磊也因为过度疲劳而晕倒了。幸运的是，园只是扭伤了脚，没有脑震荡，没有后遗症。磊醒后，就一直陪在园的病床边。园睁开眼，第一个看到的就是磊，什么都明白了，泪顺着她的脸颊流下来。他们走在了一起。

其实，爱情无需太多计谋，只要你愿意为你爱的人全心付出，那么她最终会投进你的怀抱，即使两人没有走到一起你也没有遗憾。在这个快餐式的社会里，一切都喜欢快节奏，像磊这样只知道付出而不讲回报的人，越来越少了。人们都害怕受伤害，喜欢计较得失，男男女女都在打着自己的小算盘，“算计”着自己的伴侣。何必呢？这样双方都会受伤。

乘虚而入是个很好的爱情计谋，但是只有你关注这个人，你才懂得什么时候是“虚”。其实乘虚而入，也可说是“乘需而入”，只要你全心的付出，时刻关注，总会有让你“乘虚而入”的机会的。虽有良好计谋，依然鼓励全心付出去赢得真爱。

但是作为女孩，也要懂得保护自己，不要让坏人乘虚而入，一失足成千古恨。人在遇到感情危机时，别人的点滴关爱都有可能让你把他当做终生寄托。在电影《无人驾驶》中，无论是林心如扮演的王丹，还是陈建斌扮演的王遥，都把自己的未来交给了在他们感情最脆弱的时候向他们伸出关爱之手的人，结果他们都被骗了。显然，坏人更懂得运用“乘虚而入”的计谋。所以，在你最失意的时候，要记得找你最亲最近的人，而不要随便相信陌生人，要知道缘分会“乘虚而入”，而病毒更容易“乘虚而入”。

相信真爱，努力付出，抛弃计谋，坦诚相待，才会真的快乐。

第十二章
家庭教育定律

期望定律：寄予什么样的期望，培养什么样的孩子

从皮格马利翁说开去

身为父母，当孩子考试成绩不好时，你是否气愤地责骂过他“笨蛋”“傻瓜”？当孩子不听话淘气时，你是否生气地训斥过他“没出息”“没素质”？当孩子没有达到你为他制定的目标时，你是否很失望地唠叨“你什么时候能给我们争口气呢”？如果这些你都做过，那你可要检讨了。其实，每个孩子都可能是天才，关键在于你对他寄予何等的期望。

谈到期望这个话题，我们不得不先从王子皮格马利翁说开去。

古希腊有一位年轻的王子，叫皮格马利翁，他很喜欢雕塑。有一次，他用一块洁白无瑕的象牙雕刻了一个美丽的少女。王子对雕塑爱不释手，每天都以怜爱的目光深切地注视着象牙美女，甚至茶不思饭不想，坐在“她”面前，呼唤着“她”，梦想着她能够成为真正的少女。最后，王子的诚心感动了天神，天神使这位象牙少女拥有了真正的生命，和王子生活在一起。

这里讲的仅仅是个神话，却说明了一个现象：我们的热切期望，会使被我们期望的人达到我们的要求。美国著名心理学家罗森塔尔和雅各布森称这一现象为“皮格马利翁效应”，并在教育实践中进行了验证。

1968 年的某一天，美国著名心理学家罗森塔尔和雅各布森来到一所小学，说是要进行一个试验。他们从 1~6 年级中各选 3 个班，在这 18 个班的学生中进行了一次煞有介事的“未来发展趋势测验”。测验结束之后，他们给每个班级的教师发了一份学生名单，并且告诉教师，根据测验的结果，名单上列出的学生是班上最优异、最有发展可能的学生。出乎很多教师的意料，名单中的孩子有些确实很优秀，但有些孩子平时表现平平，甚至水平较差。对此，罗森塔尔解释说：“请注意，我讲的是他们的发展，而非现在的情况。”鉴于罗森塔尔是这方面的专家，教师们从内心接受了这份名单。尔后，罗森塔尔又反复叮嘱教师不要把名单外传，只准教师自己知道，声称不这样的话就会影响实验结果的可靠性。8 个月后，罗森塔尔和雅各布森又来到这所学校，并对 18 个班的学生进行了复试，奇迹出现了：他们提供的名

单上的学生的成绩都有了显著进步，而且情感、性格更为开朗，求知欲望强，敢于发表意见，与教师关系融洽，而且更乐于与别人打交道。

这就是罗森塔尔和雅各布森进行的一次期望心理实验，其实他们提供的名单是随意挑选的，罗森塔尔根本不了解那些学生，而且也没有考虑学生的知识水平和智力水平，他撒了一个“权威性的谎言”。

不过，这个谎言成真了，为什么呢？这是因为罗森塔尔是著名的心理学家，在人们的心目中有很高的权威，人们对他的话深信不疑。因此，教师们认为名单上的学生很有发展的潜能，因而寄予了他们更大的期望。虽然教师们始终保守着这张名单的秘密，但在上课时，他们还是忍不住给予这些学生充分的关注，通过眼神、笑容、音调等各种途径向他们传达“你很优秀”的信息。这些学生也感受到了这种期望，他们潜移默化地受到影响，变得更加自信、自爱、自尊、自强，变得更加幸福和快乐，奋发向上的激流在他们的血管中奔涌，结果真的取得了很好的成绩，成了优秀的学生。

可见，期望是人类的一种普遍的心理现象，在教育过程中，“期望定律”常常可以发挥强大而神奇的威力。

向孩子传递积极的期望

通过罗森塔尔的实验，我们明白了，期望在孩子的成长过程中，起着巨大的作用。中国有句俗话：“说你行，你就行；说你不行，你就不行。”要想使孩子发展得更好，就应该给他传递积极的期望。

相信，很多家长都希望自己的孩子能像爱迪生那样聪明。可是，要知道，爱迪生之所以能成才，在很大程度上也是靠家长鼓励的。

爱迪生小时候仅仅上了3个月小学就被开除了，因为学校认为他“智力低下”。但爱迪生的母亲对自己的孩子很有信心，她对爱迪生说：“你比别人聪明，这一点我是坚信不疑的，所以你要坚持好好读书。”

爱迪生得到了母亲的鼓励，在母亲的教导下，学到了比一般孩子在学校里多得多的知识，经过不懈努力，终于成为伟大的发明家。

因此，可以毫不夸张地说，我们今天所享受的电灯、电影、录音机等都受惠于爱迪生的发明，归根结底归功于爱迪生母亲的期望效应。

正如积极的期望可以很好地激励孩子一样，消极的期望也可以重重地打击孩子。有人曾对少年犯罪儿童做了专门的研究，结果发现，许多孩子成为少年犯的原因之一，就在于不良期望的影响。许多孩子因为在小时候偶尔犯过错误而被贴上了“不良少年”的标签，这种消极的期望引导着孩子们，使他们越来越相信自己就是“不良少年”，最终走向犯罪的深渊。由此可见，在教师和家长对孩子的教育中，消极的心理期望对孩子的成长影响多么大。

有些家长因孩子的学习状况不尽如人意，费了一番工夫不见效果，就对孩子的学习产生了失望情绪，随之而来的是训斥、埋怨甚至讽刺、打骂。家长由于不能满足期望而对孩子施以心灵或身体的虐待是很不理智的，非但改变不了孩子的现状，弄不好，还会产生更消极的影响。所以，正确的做法应该是，不论孩子的学习出现什么样的挫折，家长永远要对孩子说：“只要你认为自己确实尽力了，我们就接受任何结果。”同时，家长还要对孩子说：“我们相信，你能行，你还有潜力，还能取得更好的成绩！”

人民教育家陶行知曾提醒教师：“在你的教鞭下有瓦特，在你的冷眼里有牛顿，在你的讥笑中有爱迪生。”所以，在家庭教育过程中，身为父母，我们不妨让孩子经常从父母的教育态度中感受到父母的心理预期，得到父母的尊重，他们就会保持一种积极向上的力量；反之，如果我们过低地估计了孩子的能力，放弃对他们的期望，断定孩子这也不行，那也不好，将来不会有出息，那可真要耽误孩子终生了。换言之，只有你期望孩子成为一个什么样的人，孩子才可能成为一个什么样的人。

【定律链接】如何寄予孩子适度的期望

下面，向大家介绍一下如何寄予孩子适度的期望。

首先，对孩子的期望宜在他努力可及的范围内。譬如，孩子的智商为 110，你可以给他智商 120~130 的作业，让他接受挑战，建立他对自己的信心；倘若只给他智商 90 的作业，他可能会对学习失去兴趣。

其次，不要因为孩子失败或做错事，而随便给他加上不雅或有损他自尊心的“标签”，这样可能会对他造成一辈子的伤害。

再次，赞扬和奖励虽可鼓励孩子，但应让孩子的行为慢慢提高层次，达到自律的自发行为，即使没有大人的奖励，依然能为自己的目标而努力。

最后，高难度的事情，要视孩子的能力，最好分成几个阶段。同时，每完成一个阶段，可以给他一些鼓励。

此外，不要让过高的期望给孩子造成太大的心理压力，从而陷入焦虑与挫折，甚至泯灭他原有的潜能。

自尊定律：孩子也有自尊心

对待孩子，批评与惩罚要科学

关于教育孩子的问题，很多家长都感到头痛，不知如何把握批评与惩罚的“度”，不知采用什么样的方法才能达到教育的真正目的。那么，我们先来看看美国前总统里根的经历。

12 岁那年，年少的里根在家附近踢足球，可是，一不小心打碎了邻居家的一块玻璃。邻居对里根说，我这块玻璃是花 12.5 美元买的，你把它打破了要赔偿。那是在 1923 年，12.5 美元可以买 125 只鸡。

里根没办法，只好回家找爸爸。爸爸平和地对里根说，玻璃是你打碎的，那你就得赔，没有钱，我借给你，一年后还。里根照办了。

在接下来的一年里，里根通过擦皮鞋、送报纸打工挣钱，终于挣了 12.5 美元，还给了父亲。

后来，里根成了美国总统，在回忆录里讲述了这个故事，他说，这次惩罚让他懂得了什么是责任，懂得了每个人都应该为自己的过失负责。

里根的父亲没有谩骂，也没有喋喋不休地指责，反而实现了自己教育孩子的目的。

当孩子犯错的时候，我们不要不依不饶地训斥孩子，应该让孩子自己谈一谈错在哪里。平静地听孩子说，给孩子表达自己想法的机会。要知道，孩子叙述的过程，其实也是一个很好的反省过程。

当然了，这并不等于家长只能做听众，必要时也可以对孩子进行惩罚，正所谓“没有惩罚就没有完整的教育，没有惩罚的教育就是脆弱的教育、不负责任的教育”。但是，惩罚要讲究科学，要让孩子知道自己犯了错误，并因此而感到愧疚。像里根的父亲那样，让孩子学会自己承担责任，让孩子通过努力改正错误，弥补过失。

实际教育过程中，很多父母都有类似的体会：当我们被频频告诫要尊重孩子，给孩子民主和自由的时候，我们正陷入一种困境，即当孩子做出一些恼人的事情或者有无理要求时，例如，央求父母买这买那、不能按时完成作业、过度迷恋上网及游戏等，我们该怎么办呢？为什么劝阻是那么无力？为什么我们的语重心长在孩子面前是那样的苍白？

其实，教育就是帮助孩子改正缺点。如果父母不能对孩子的不当行为进行约束，不忍心对孩子说一声“不”，这样的教育就是放弃责任的教育。

例如，有的孩子常常打断大人的谈话，提高嗓门、拽着别人的衣服插话，以吸引别人的注意。如果你在家里常迁就他的这种行为，他自然不会想到，在外面应该有另一套行为规则。因此，我们在教育孩子的时候，应该保证家庭和社会的行为规则一致，拒绝孩子私下的犯规行为实际上是在帮助他掌握统一的“游戏规则”，提高他的社会适应能力。

还有，要像里根的父亲那样，培养孩子的责任意识。

自己的事情自己负责，我们希望孩子能这么做。有些孩子上学忘记带课本，在学校受到老师的批评，回家就对父母哭闹，责怪父母把他的东西乱放，他找不到了，或早上起来晚了，忘记带了……为什么不及时给他送到学校？其实，父母应该拒绝孩子这种推卸责任的要求，让他试着承受对自己不负责带来的不悦感。

需要注意的是，在所有这些教育的过程中，父母应像里根的父亲一样平和、理智。科学地批评和惩罚，不但不会伤害孩子的自尊心，反而会提升父母在孩子心中的威信，同时也使孩子懂得更多生活和做人的道理，对他们的成长大有裨益。

【定律链接】向孩子说“不”的原则

身为家长，我们在对孩子说“不”的时候，可遵守以下原则：

（1）当孩子在进行我们不喜欢的行为时，除了给孩子语言上的告诫以外，还要引导孩子去做一些有意义的事情。

（2）约束来自于规矩。我们要把孩子培养成对自己行为负责的人，就要给孩子订立一些适合孩子年龄特点及性格特点的规矩。父母可以与孩子一起制定各种规矩，如吃饭、看电视、写作业、买东西等方面的规矩。

（3）冷静地对待孩子的某些言行，例如，当孩子无理取闹时，你要用平静的口气表达你的心情以及对孩子的要求，使孩子从你的态度中了解到，无理纠缠是没有用的。

（4）当孩子提出一些无理要求或者出现一些不合适的行为时，如果你认为不可以，就要明确地拒绝孩子。同时，告诉孩子你拒绝他的理由。

（5）对孩子说了“不”，就要坚持到底。你可以给他一些警告，也可以对他的哭闹置之不理，还可以让他在某个地方冷静一会儿，千万不要动摇你的立场。

超限效应：再美妙的赞扬，久了也会腻

别让过度表扬“甜”倒孩子

当前，不少家长在“望子成龙、盼女为凤”的观念支配下，总是希望通过不竭的鼓励，让孩子天天向上。于是，各种表扬、奖励充斥着孩子的生活。殊不知，这种教育方式也会导致“超限效应”。一番苦心，换来的往往是孩子的无动于衷，甚至造成反感。

某班有个“学生”平时听惯了批评，他对批评根本不当一回事。但是，新学期换了个班主任，这个班主任一开始就对这个“学生”的某些“闪光点”进行了表扬。起初这个学生很受感动，但是过了一段时间，这个学生发现，老师对自己的表扬越来越多，而且还有许多是有意拔高的。他认为这是老师在哄骗自己，名义上是表扬，实际上就是让其注意这些方面，不让其再捣蛋，这分明是老师看不起自己，不信任自己。于是，后来他一听到表扬就反胃，就大为恼火。

俗话说：“好菜连吃三天惹人厌，好戏连演三天惹人烦。”世界万事万物都要有一个合理的尺度，超出这个尺度，事物就会朝相反的方向发展。正如古希腊哲学家德谟克利特所言：“当过度的时候，最适宜的东西也会变成最不适宜的东西。”

教育孩子也是同样的道理，家长都知道对孩子批评多了不好，容易让孩子丧失自信心，于是就拿起了表扬的“武器”。要知道，孩子一直生活在赞扬声中，时间长了，再美妙的赞扬也会腻味。到时，表扬不但不会激起孩子上进的欲望，一方面会让他找不到度量自己的标尺，看不到前进道路上的泥泞；另一方面，还会让他产生反感，觉得自己活在谎言当中，于是出现各种叛逆行为。

身为父母，我们总是会担心孩子自卑、经不起挫折、一旦摔倒就爬不起来，总是希望他能在任何时候都自信、优秀，于是就想通过“反复表扬”“持续鼓励”的方式来帮孩子树立自信心，使他一直保持积极的状态、良好的情绪，向好的方向努力。

这种急切的期待和心理是完全可以理解的，但是，我们认为“只要不断表扬、鼓励孩子就能达到效果”的想法是错误的。从心理学的角度讲，同样的刺激在持续一段时间后，对刺激对象的作用会逐渐减弱，这种现象一旦出现，不仅不会出现父母期望的效果，有时反而会引起孩子更大的逆反心理。

当然，这种“超限效应”有时还表现在我们对孩子的要求过高，给孩子的压力过大等情况中。例如，2000年发生的徐力杀母事件，就是一个“超限效应”产生的悲剧。

徐力的母亲省吃俭用，把家里的所有事情都包揽下来，只是为了孩子好好读书，将来能有出息。她要求孩子每次考试都要排在班级前10名，包括事发当天，她还不忘时时刻刻提醒徐力。然而，徐力自己却认为根本无法达到母亲的要求，甚至感到绝望。

最后，徐力终于对整日唠叨不断的母亲产生了强大的逆反心理。也正是这种心理，导致他拿起榔头砸死了养育自己多年的母亲。

客观上讲，徐力的母亲确实是一位非常尽责的好母亲，但是，这一悲剧的发生，难道完全是徐力的错吗？

所以，我们在教育孩子的过程中，一定要牢记“越限效应”带给我们的启示：物极必反，欲速则不达，爱孩子、表扬孩子、给孩子压力，并不是越多越好，而是要讲究个“度”。

合理表扬，也是一门艺术

许多家长都好奇，表扬既看不见，又摸不到，怎么去把握它呢？

表扬孩子要把握好时机。例如，孩子遇到困难和失败时，最容易泄气，情绪低落，同时也最害怕遭到嘲讽。若偏偏在这个时候对孩子又挖苦又冷嘲热讽，甚至骂出“笨蛋”“傻瓜”之类有伤孩子自尊的话，会使孩子对自己越来越没有信心，上进心一滑再滑。但此时我们若能多给孩子一些鼓励和表扬，并热心地帮助他一起寻求解决困难的办法，收到的效果就完全不同了。要知道，表扬只有在最需要的时候才能发挥最大的作用，才能为孩子打开一扇“别有洞天”的窗户。

中国绘画讲究“疏可走马，密不透风”。“疏可走马”指的就是“留白”，有了空白，才能产生美感。表扬也同此理。心理学原理告诉我们：适当的“留白”，更易激起孩子想象的浪花、好奇的涟漪。家长和教师在平时与孩子的交谈中，要“点到为止”，适时地留点空白，让他们自己去思考、去体味，这样，孩子就会敞开心扉，和你交心，与你为友。否则，过于唠叨，孩子会很反感。俗话说：“酒里水多了，味道就淡了。”过多的重复表扬，到后来不但不再产生正面的教育效果，反而会引起孩子的厌烦甚至抵触情绪，“播下的是龙种，收获的却是跳蚤”。

再有，很多家长都不知如何把握表扬的度。第一，要符合实际，不要言过其实地表扬，要注意分寸，不无限夸大。第二，不吝啬表扬，但也不轻易表扬，如果是孩子本应完成的事情，不要因为孩子希望被关注就随意表扬。事实上，过多廉价的表扬不仅不能对孩子产生积极的作用，反而会让他养成浅尝辄止和随意应付的习惯。不付出努力、唾手可得的赞赏又怎么会珍惜呢？

与此同理，我们表扬孩子也要讲究方式与方法。例如，当孩子数学成绩有所提高的时候，我们可以说“你的思维能力提高很大”；当孩子语文成绩有所提高的时候，我们可以说“你的语言理解能力和表达水平越来越好了”；当孩子在与人相处或做事方面有所进步时，我们可以说“你真的长大了”等。

在孩子漫漫的成长之路上，他们不仅需要我们的批评教育，更需要我们合理的表扬与鼓励。身为家长，我们一定要把握好这门艺术，让它在孩子身上发挥出最佳的效果。

【定律链接】听斯托夫人讲述“必须相信自己的孩子”

对于孩子，父母总是持一种怀疑的态度，好像孩子天生就有一种撒谎的本能，为掩盖自己的错误，总是欺骗家长。这种态度真的是太恶劣了。想一想，你事先已经把孩子假设成一个不诚实的人了，他还能变成一个做事光明磊落的人吗？不仅如此，更严重的是，这样还会让孩子对父母失望，产生叛逆情绪，这样一来，要想对孩子实施好的教育就非常困难了。

有一天，我的好友伊丽贝莎告诉我，她在11岁的儿子房间里发现了一支烟斗，所以很担心儿子染上恶习。她向我叙述了那天的情况：

“这是什么？”伊丽贝莎拿着那支烟斗走到儿子面前问道，口气非常严厉，似乎并不需要听儿子解释就准备开始进行更深的盘问和训斥。

“这是一支烟斗。”

“从哪儿来的？”

“捡的。”

“在哪儿捡的？”伊丽贝莎用怀疑的眼神看着儿子。

“就在门外的路上，今天早上我一出门就发现了它。”儿子似乎有些胆怯了。

这时，伊丽贝莎用极不信任的口吻说：“你别跟我耍小聪明，老实告诉我，这究竟是怎么回事？是不是跟那些坏孩子学会抽烟了？”

“没有，我才不抽烟呢。”

“真的吗？你以为我会相信？”伊丽贝莎说道。

这时，儿子终于忍不住生气了，大声嚷道：“信不信由你，反正我已经说了没有！”

说完，儿子就走进了自己的房间，把门“砰”的一声狠狠地关上了。对于这样的反应，伊丽贝莎感到非常恼火，她认为自己完全是为了儿子好，可儿子却不领情。

在我看来，出现这样的结果，是由于伊丽贝莎的说话方式和语气让儿子觉得很不舒服。事实上，这些话并没有表现出她对儿子的关心，只表现出了她的愤怒和对儿子的不信任，儿子觉得刺伤了他的自尊心。

我对伊丽贝莎谈了我的看法，并建议她站在儿子的角度来考虑这件事。于是，她反思了自己的态度，意识到是自己先入为主的观念和怀疑的态度使儿子的自尊心受到了伤害。于是，她决定找儿子好好谈一谈。第二天，儿子放学一回来，伊丽贝莎就对儿子说："我们谈一谈，好吗？"

"谈什么？"儿子似乎很冷淡。

伊丽贝莎很有准备，仍然保持着镇定："我想，昨天妈妈因为怀疑你学会了抽烟而向你发火，你一定认为我根本不关心你，专门挑你的毛病，对吗？"

这句话正好说到了孩子的伤心处，儿子顿时委屈地哭了起来，抽泣着说："是的，你那样的态度，让我觉得我只是你的一个负担，我觉得你并不关心我，只有我的朋友才真正关心我。"

"你这么说也有你的道理，当时，我的态度确实不好，我充满了恐惧和愤怒，我仿佛看到了你和一群坏孩子搅在了一起，甚至还学会了抽烟，所以一时失去了理智。在这样的情况下，你当然感觉不出任何的爱。"

这时，儿子的情绪逐渐缓和了下来。

伊丽贝莎继续说："昨天，妈妈不该没弄清情况就向你发那么大的火，我真的很抱歉。"

"没什么，妈妈，那只烟斗确实是我在外面捡的，我觉得你应该相信我。"

"好吧，儿子，我相信你，我只是担心你会做出什么伤害自己的事来，这担心有时候会让我反应过度，你给我一个机会好吗？让我们重新开始交谈，一起来解决这些问题。"

谈话的结果让伊丽贝莎非常高兴，因为建立在信任与爱的基础上的气氛完全改变了她和儿子之间的关系。她让儿子明白了，母亲的询问是出于对他的关心，而不是故意要侵犯他的权利；而她也认识到，应该信任自己的孩子。我想，母子之间有了这种相互信任的态度，对孩子的教育才能有一个良好的开端。

父母在与孩子相处的过程中，出于对孩子的深切希望，常常会让他们对孩子的态度过于激烈、过于偏颇，这种态度会让孩子产生一种冷冰冰的感觉。在父母发火的那一瞬间，孩子会觉得父母充满了敌意，甚至感觉不到一点温情。孩子的这种感觉会将他们推向抵触的边缘，使他们觉得父母对自己不信任、不关心。这样，父母与孩子之间的矛盾在不自觉中就被激化了。

我认为，父母应该以一颗宽容的心来对待孩子，这样才能使孩子感觉到父母的信任，只有当孩子认为父母是信任他的时候，才会完全向父母敞开心扉。只有这样，父母与孩子才有可能进行良好的交流与沟通。一旦父母与孩子之间相互信任，能进行很好地沟通，即使孩子真的有了什么不良习惯，经过父母的提醒和指导，孩子也可以很容易地改正。

总之，要想把孩子培养成一个优秀的人，必须首先给孩子足够的信任，这是教育的前提条件。成年人之间也只有在相互信任的情况下，才能建立友谊和良好的合作关系，更何况是孩子呢？在这里，我要建议广大的父母们，我们一定要相信孩子的能力，相信孩子的才华，相信孩子的品德，只有给孩子信任，才能帮助他们走好漫漫人生的第一步。

热炉法则：惩罚是孩子进步的阶梯

玉不琢不成器，让孩子在接受惩罚中进步

我们在教育孩子的过程中，明明知道“玉不琢不成器”，但一看到孩子委屈地哭，叛逆地闹，往往就“心慈手软”了。殊不知，这样对孩子的发展非常不利。我们不妨看看下面这个故事：

从前，一位石匠看好一块石头。他问石头：“我把你雕琢成一尊佛像，你愿意吗？”石头开心地答道：“那太好了，多谢师父！”

于是，石匠开始大刀阔斧地打凿。但没过多久，石头感觉太痛苦了，任凭师父如何劝说，石头不断重复着同样的话：“师父，别砸了，别砸了，痛死我啦，我不想当佛像了！”

石匠看石头实在痛苦，不忍心再下手了，终于放弃了它。

不料，在一旁的铺路石看在眼里，胆怯地问石匠：“师父，能把我打造成佛像吗？”

石匠看了一下说：“这个过程是很痛苦的，你能忍受吗？”铺路石坚定地点了点头。

几个月漫长而艰辛的打磨终于结束了，原来的铺路石成了一尊精美庄严的佛像。

数千年后，佛像仍然被来客顶礼膜拜，而原本可以有这样待遇的那块石头，却只做了一块铺路石，受到千年的践踏，甚至是他人的唾弃。它后悔了千年：“当初要是能忍一时之痛，接受师父的打磨，现在我也就成了万人景仰的佛像！”

与之类似，在孩子的成长过程中，如果犯了错误，就需要我们做家长的来对其进行“打磨”，也就是所谓的“惩罚”。行为心理学家认为，惩罚是人类行为的一个基本准则，人的错误行为因为惩罚后果的存在导致将来出现的可能性减少。

大家都知道，国有国法，家有家规，违反这些规则时，就要受到相应的惩罚。其实，这也是热炉法则所告诉我们的，即当人用手去碰烧热的火炉时，就会受到“烫伤”的惩罚。

这一法则就是通过“热炉”形象地阐述惩处原则：

1. 警告性原则

热炉火红，不用手去摸也知道炉子的温度很高，是会灼伤人的。这启示我们，规则是火红的热炉，我们要正视它的存在，要加强学习和教育，否则即使你不懂，触犯了也会受到惩处。

2. 及时性原则

当你碰到火红的热炉时，立即就会被灼伤。这启示我们，惩处必须在错误行为发生后立即进行，绝不能拖泥带水，绝不能有时间差，以便达到及时改正错误行为的目的。

3. 一致性原则

只要你一碰到火红的热炉，就会被火灼伤。这启示我们，“说”和“做”是一致的，规则“说”到，就要“做”到，也就是说，只要触犯规则，就一定要按规则进行惩处。

4. 公平性原则

不管男女老少，谁碰到火红的热炉，都会被灼伤。这启示我们，对于规则，不论是领导还是群众，只要触犯，都要受到惩处，在规则面前人人平等。

客观上来讲，适度地、巧妙而艺术地运用惩罚，对孩子来说是一种唤醒，一种鞭策，一种激励，也是一种压力之后的进步。

惩罚孩子一定要有原则

惩罚是给孩子纠正错误，让其不断成长的不可或缺的重要手段。那么，是不是随意进行惩罚都会有效呢？当然不是。其实，惩处必须有“度”，只有把握好这个度，才能起到恰到好处的作用。

下面，我们一起来看看如何运用热炉法则，让家庭教育中的惩处不再产生负效应。

（1）经常对孩子进行规则意识的教育，劝诫孩子要遵守规则，否则会受到惩处——警告性原则。

比如，超市里的物品琳琅满目，孩子进去以后往往是看到好吃的想买，看到好玩的也想买。你和孩子定的规则是：没有特殊情况，每次进超市他最多只能选择买一样东西，否则便任何东西都不可以买。要将规则对孩子讲清楚，而且每次去超市前都要提醒他。

刚开始孩子可能会不太适应，常缠着你要把想买的东西都买下，但只要你坚决拒绝，一律按规则办事，受过一次惩罚（一样东西都没买）后，孩子便很自觉地执行“只买一样”的规则了。

（2）一旦孩子犯了错误，我们应对其错误行为进行及时纠正，不能拖延，以便达到及时改正错误行为的目的——及时性原则。

例如，一次孩子在超市中看中了猫咪凉鞋和“爱心”冰激凌，而他两样都想要，又明知只能买一样，可他哪样都舍不得放弃，当然，他会硬缠着你把两样都买下。或许，当你看到孩子脚上的破凉鞋时，你会觉得是应该买双新的；外面下着雨，冰激凌可以不买。但是这时，你要依据你们定下的规则，当场回绝孩子的要求——两样都不买，把两样东西放回货架。“立竿见影”的惩处可以使孩子认识到违反规则的严重性，自那以后，他便不会再违反规则了。

（3）只要违反规则，一定会受到惩处——一致性原则。

你和孩子可以共同商定：自己的东西自己收拾，玩具玩完后必须自己收起来，否则便没收该玩具 2 周。假如一次孩子玩完积木后，积木撒了一地，再三提醒也不收拾，你便可以收起积木，束之高阁。只要孩子 2 周没玩到他心爱的积木，以后便会逐渐改掉玩完玩具不收拾的坏毛病。

（4）家庭成员在规则面前人人平等，无论是爸爸、妈妈，还是孩子，只要违反规则都要受到惩处——公平性原则。

父母是孩子的表率，要孩子执行的规则自己首先要模范地执行，这才能体现人人平等的原则，家庭教育才能有效果。假如，某一次你违反了规则而被孩子指出来的话，你应该接受指正或接受处罚，以便让孩子认为这是一个公平的规则。

只有当我们能正确把握好这 4 点时，才能更好地教育孩子，引导孩子正确地生活、成长。

【定律链接】惩罚孩子后，来段片尾曲

一般来说，孩子受到严厉处罚后，多半会精神压抑、情绪紧张，有的还伴有不同程度的对立情绪。那么，父母就应根据孩子的各种心理状态，区别情况，对“症”下药，做好“善后工作”。

通常，说理是不可少的片尾曲。我们在惩罚孩子后要通过说理、剖析的方式使他明白为什么会受罚，知道犯错误的原因，讲清楚如果继续犯错将有什么后果。因为惩罚只是一种劣性条件刺激，其效能是短时的，不能持久，所以受罚的孩子改正了错误并不等于他已明白事理，

也不能保证他下次不会再犯。

如果孩子表现出惊恐，我们可以试着肯定他的某些优点，分析产生过失的主客观原因，鼓励他改正缺点；或者做一些能使孩子高兴起来的事情，借以转移其注意力。如果孩子产生对立情绪，我们可以一方面严肃指出其错误，分析其危害；另一方面尽可能亲近他，使他感受到父母的温暖。如果孩子感到委屈，那我们就要细心问明缘由，实事求是地指出错误所在和错误程度。

蔡加尼克效应：调动孩子渴求度，让孩子念念不忘

弄清记忆规律，避开教育心理误区

生活中，我们常常遇到这样的情景：

球赛枯燥乏味，球迷还是看到终场；电影无聊透顶，观众还是等到闭幕才悉数离场；手中的书如同鸡肋，我们仍然期待下一刻会有惊喜……

很多电视剧的忠实“粉丝”对节目中插播的广告甚为反感，但是，又不得不硬着头皮看完。因为广告插进来时剧情正发展到紧要处，实在不舍得换台，生怕错过了关键部分，于是只能忍着，一条、两条……直到看完第 N 条后长叹一口气：“还没完呀？”

不得不承认，这广告的插播时间选得着实精妙。其实说穿了，就是广告商摸透了观众的心理，让你欲罢不能。

很多事情就是这样，不完成似乎就心有不甘。想想，记忆中最深刻的感情，是不是没有结局的那一桩？印象中最漂亮的衣服，是不是没有买下的那一件？最近心头飘着的，是不是那些等你完成的任务？

在工作中我们常常遇到这样的情况：

我们经常会在备忘录上记下重要的会议，但是到最后还是忘记了。因为我们以为记下来了就万事大吉，紧张的神经松弛下来，最后连备忘录都忘了看。在打电话之前，我们能清楚地记得想要拨打的电话号码，打完之后却总也想不起来刚才拨过的号码。

其实，这都是一种被称为“蔡加尼克效应”的心理现象在起作用。

1927 年，心理学家蔡加尼克做了一系列有关记忆的实验。

他给参加实验的每个人布置了 15~22 个难易程度不同的任务，比如写一首自己喜欢的诗词，将一些不同颜色和形状的珠子按一定模式用线串起来，完成拼板，演算数学题等等。完成这些任务所需的时间是大致相等的，其中一半的任务能顺利地完成，而另一半任务在进行的中途会被打断，要求被试停下来去做其他的事情。在实验结束的时候，要求他们每个人回忆所做过的事情。结果十分有趣，在被回忆起来的任务中，有 68% 是被中止而未完成的任务，而已完成的任务只占 32%。这种对未完成工作的记忆优于对已完成工作的记忆的现象，被称为“蔡加尼克效应”。

之所以会出现这样的现象，是由于我们在做一件事情的时候，会在心里产生一个张力系统，这个系统往往使我们处于紧张的心理状态之中。当工作没有完成就被中断的时候，这种紧张状态仍然会维持一段时间，使得这个未完成的任务一直压在心头；而一旦这个任务完成了，那么这种紧张的状态就会得以松弛，原来做了的事情就容易被忘记。

蔡加尼克效应说明，当心理任务被迫中断时，人们就会对未完成的任务念念不忘，从而产生较高的渴求度，这就是人们常说的：越是得不到的东西，越觉得宝贵；而轻易就能得到的，就会弃之如敝屣。

对于一个人，尤其是孩子，不能让他的愿望过早地得到满足，得到了可能就不会再珍惜了。所以，在教育孩子的过程中，不能一股脑儿地将知识灌输给孩子，而应该分阶段地给孩子讲解，让他们有意犹未尽的感觉。其实这也符合人们的记忆规律，人的大脑总是记住一些需要加工的内容，将之放在工作记忆中，就像是电脑的内存一样，而对于已经完成或将要完成的内容大脑则会有意地去遗忘。

巧妙运用蔡加尼克效应，让孩子对知识如饥似渴

"玉不琢，不成器；人不学，不知道。"孩子是一张白纸，需要家长用知识的画笔去描绘。但是，在教授知识的过程中，必须讲究方式方法，否则会让孩子对知识产生厌烦心理，失去学习兴趣。在教导孩子的过程中，有些家长喜欢连续不断地讲授知识，虽然这种精神让人敬佩，这种心情也可以理解，但其效果却常令人不敢恭维：讲到哪里，孩子就忘到哪里。

为什么会产生这种吃力不讨好的现象呢？主要是因为家长忽视了孩子的心理发展水平。此外，还有另外一个微妙的因素，那就是许多家长不知道"蔡加尼克效应"的作用。家长如果谙熟这种效应的特性，就不会滔滔不绝地讲个不停，让孩子产生厌烦情绪了。因此，我们可以把这种微妙的心理机制应用到教育孩子上来，让孩子开心地学习。

按照蔡加尼克效应，家长在教育孩子的过程中，无论是教授知识还是讲述做人的道理，在讲到关键处不妨稍作停顿或者让孩子谈一下看法，这样孩子就会对知识或道理产生浓厚的兴趣，从而对这个关键点产生深刻的记忆。事实上，突出关键点的方法很多，可以重复强化，可以详细阐述等，而最有效的方法就是戛然而止不再讲解，这使孩子的求知欲受到阻碍，反而会让孩子产生迫不及待的求知心理。他的求知欲已经被激发，这时候的教育效果就会比较理想了。

为什么这种半途而止的讲解要比滔滔不绝地讲解更利于教育孩子呢？原因在于后者所引起的张力系统业已松弛，而前者所引起的张力系统则仍在继续。可见，蔡加尼克效应在教育孩子时有重要意义，家长应积极加以开发与应用。同样，教师在讲课时若能够运用蔡加尼克效应，也会提高讲课效率。

所以，蔡加尼克效应提醒家长应该注重挫折教育，必要的时候给孩子一点打击，对孩子的成长有百利而无一害。

【定律链接】教育孩子做事不半途而废，我们需要注意什么

我们应怎样教育孩子做事不半途而废呢？以下几点家长们应注意：

（1）注意孩子意志力的培养。对于意志力差的孩子，应注意激励培养他，使其具有要把一件事做完的想法。

（2）做好表率。我们首先要做事完完整整，不半途而废，并注意让孩子模仿，同时经常提醒孩子注意父母做事是怎样坚持到底的。

（3）在关键时刻给予孩子指导和提示。这不是代替而是帮助孩子想办法，以防孩子碰到解决不了的问题时灰心丧气。可采用鼓励与批评相结合的方法，并监督孩子独立地做完某件事。这样长期坚持下去，孩子的能力提高了，习惯养成了，做事也不再半途而废了。

心理疲劳定理：孩子有时也会“心累”

小心，孩子的心会疲劳

香薇是某重点中学的学生，上高一、高二时，她的成绩还不错。自从进入高三后，她总是抱怨学习负担过重、压力过大，心太“累”，各种测验、模拟考试不断，她开始对考试产生紧张、恐惧、抵触心理，似乎“忍无可忍”，她的学习热情一落千丈，不愿做作业，一提作业就发怵，一看书就犯困，不愿翻书本。她开始想方设法逃避考试，后来干脆连课也不去上了，早晨赖在床上不起，摸都不愿摸一下书本。面对父母的责备，她一会儿声言肯定能考上一个不错的大学，一会儿又说不想考了。

当父母问她为什么不想学习、讨厌考试时，她从不在自己身上找原因，总是找一些客观的理由：坐在最后一排，听不见老师讲课；老师留的作业是一天 24 小时也做不完的；周围同学太吵了；基础不好等。父母心里很不舒服，却又不知道如何是好。

其实，香薇的情况属于典型的对考试、学习的抵触而产生的心理疲劳。

科学家曾试图了解人脑能够持续工作多长时间才会感到疲惫，研究的结果令人吃惊：人的大脑持续工作 8~12 个小时之后，工作还像开始时一样迅速和有效率。

既然如此，那么我们为什么会疲惫呢？心理学家认为，我们所感到的疲劳，很大程度上是由精神和情感因素引起的，比如烦闷、懊恼、不受欣赏、无用的感觉，太过匆忙、焦急、忧虑等情绪。

那些情绪上处于良好状态，没有什么压力感的人，很少感到疲劳。当有人问沃伦·巴菲特他的成功之道时，他回答：“我和你没有什么差别。如果你一定要找一个差别，那可能就是我每天有机会做我最爱的工作。如果你要我给你忠告，这就是我能给你的最好忠告了。”比尔·盖茨也曾说过：“每天清晨当我醒来的时候，都会为技术进步给人类生活带来的发展和改进而激动不已！”他们的话向我们揭示了一点：一个人做喜欢的事，不容易疲劳。

但是对于一般的人来说，长时间做某一件喜欢的事情，也会感到一些厌倦。比如有的孩子喜欢学语文，就把所有时间都用在上面，这种做法显然会导致厌倦疲惫。如果把几个科目换来换去，脑子就不容易厌倦而麻木，头脑始终能保持比较活跃的状态。

是否受到鼓励也是影响心理疲劳的重要原因。很多孩子得不到父母的鼓励、老师的赞赏，这样长久下去，孩子便会在情绪上浪费大量能量，从而感到非常疲劳。

越是品学兼优的孩子，越容易心理压抑

一页书看了 N 遍还要看，一个背熟的单词生怕自己忘了再写 100 遍……这种典型的强迫症状出现在许多三好学生身上。这些品学兼优的学生中有不少是心理障碍的患者，他们往往过度压抑自己、缺乏自信、心情苦闷、紧张焦虑等。

有一项调查结果乍看上去好像有点奇怪：在老师眼中存在小毛病的学生，心理健康状况基本都是良好；而一些品学兼优的好学生，心理健康状况却不容乐观。为什么品学兼优的学生更容易出现心理问题呢？好学生的心理健康状况与老师的印象有较大差别，成为一个比较普遍的现象。人们习惯上认为的好学生是各方面表现都很优异的学生，但这只是表象，现代教育观念已经对这种看法提出质疑。

有一个全校公认的三好学生，在班级任学习委员，成绩总是前 3 名，工作任劳任怨，所有任课老师对她评价都很高，但她的内心世界与外在表现有着巨大的“裂缝”。她对自己的老师倾诉，自己是班干部，在工作中有许多不能容忍的事情也得装着愉快地接受，心里积攒的烦恼太多，又无处发泄，所以只能压在心里，强迫自己做得更好。

研究发现，品学兼优的学生，头上顶着耀眼的光环，在学习和生活中承受着更大的压力，但他们往往缺少宣泄的机会和环境，心里有了“疙瘩”，不敢对长辈和同伴倾诉，时间一长，心理上就容易出问题。

每个人在情绪遇到障碍的时候都要寻求合适的方式进行宣泄以缓解压力，保持心态平衡。在教与学的过程中，老师往往只关注好学生的学习状态，而忽略他们的心理健康状态。因此，老师在教育中应该为好学生提供宣泄的时机，帮助他们维护心理健康。

近年来，教育工作者和中学教师对“差生”和“问题学生”的心理特点进行了比较深入的研究，一线教师进行了有针对性的教育，收到了良好效果。但是，人们对好学生的心理健康状况关注却太少。我们想一想，中学生处于青春期发育的重要阶段，好学生也会因为不适应而产生心理障碍，因此，家庭、学校和社会在关注好学生学习成绩的同时，更应该关心他们的心理健康。

【定律链接】让心理恢复“元气”，最重要的是“减压”

帮孩子摆脱“心理疲劳”状态最重要的方法是“减压”。具体来讲，可以通过 6 种途径来进行：

途径一：降低对孩子的期望值。

父母不要对孩子抱有太高的期望值，而是要用不断取得的小成绩激励孩子，使孩子在愉快的情境中消除身心疲劳。

途径二：教导孩子暂时回避不开心的事。

孩子遇到不开心的事可以开导他暂时放到一边，选择喜欢的事情来做，比如听音乐、看电影、玩游戏等。

途径三：引导孩子将不良情绪升华为一种力量。

引导孩子把压抑和焦虑等不良情绪升华为一种力量，指导孩子告诉自己“我一定能战胜困难，一定不会输掉”，然后从心理困境中振作起来。

途径四：为孩子的每个进步喝彩。

不妨设个“记功簿”，将孩子的每一次小小的进步记上去。您给他记的“功绩”越多，他越会感到愉悦和自信，长期下去，“心理疲劳”的现象便消失了。

途径五：教育孩子换位思考。

对无法逃避的现实让孩子从不同角度去考虑，或者换个位置思考问题，这样可能会有不同的收获。

途径六：引导孩子释放压力。

当孩子感受到巨大的压力时，可以让他试着喊、跳、跑，或者选择适合自己的方式宣泄内心的烦闷，以获取心理平衡。

跨栏定理：不经历风雨，怎能见彩虹

挫折越多，成长越快

40岁得子的一对农民夫妇对儿子非常宠爱，儿子要风得风，要雨得雨，从小便爱发脾气，做事也毛毛糙糙。

儿子上学了，从来也不知道爱惜衣服，回家时不是弄脏了衣服，便是把书包忘在田里，回家后就只知道哭鼻子。母亲即使每天跟在他身后，也没有办法。

一天，父亲拿着铁锹，在儿子回家的必经路上挖了很多坑，又在坑上搭起一座座独木桥。孩子回家时，走到桥边，不知所措。田野里没有人，只有风从树林中吹过，孩子想哭，却不知道哭给谁听。没有后路，孩子只好小心翼翼地走上桥，他胆战心惊地走过一座座独木桥后，学会了认真对待小桥。

回家后，孩子得意洋洋地告诉父母今天的经历。母亲不理解。父亲解释说："他走在平坦的大路上，当然不会注意脚下，现在路途艰险，他自然会集中精神走好路了。"

这是个聪明的父亲，他明白孩子如果从小能经历很多的挫折，那么他长大后，就不会轻易被困难打倒。

阿费烈德先生是一位著名的外科医生，他发现了一个奇怪的现象：病人患病的器官并不像人们想象的那样糟，相反在与疾病的抗争过程中，这些器官为了抵御病变，功能反而不断增强。他在给一些美术学院的学生治病的过程中，又发现了一个奇怪的现象，这些搞艺术的学生的视力其实大不如人，有的甚至还是色盲。后来，他把自己思维的触角延伸到更为广泛的社会层面，发现这类现象很普遍。于是，他提出了心理学上的一条定理——跨栏定理，即：挫折越多，人的成长就越快。日本本田机车创始人本田宗一郎说过："世上的人都知道我的成功，其实都不知道我有99%是失败的，开始搞本田机车，就是搞摩托车，差点做不下去。今天我成功了，那些人只看到我1%的成功，却没有看到我99%的失败。"

其实生活中大大小小的逆境，都可以磨炼孩子的意志和毅力。但是在孩子经历挫折的过程中，父母要引导孩子用正确的态度应对挫折，使之长久地保持"我一定能把困难搞定"的热情和信心，坚定地朝着自己的目标前进，实现生命的价值，享受成功的喜悦。

多给孩子一些鼓励

鼓励可以说是每一个人的自然需求。谁能总是受着批评、指责、埋怨仍保持喜气洋洋、斗志昂扬呢？孩子幼小的心灵更需要鼓励，鼓励能使孩子信心高涨，更加努力。

一个小男孩因为长得又矮又瘦被老师排除在合唱团外，而且，他永远穿着一件又灰又旧且不合身的衣服。

小男孩躲在公园里伤心地流泪。他想：我为什么不能去唱歌呢？难道我真的唱得很难听？

想着想着，小男孩就低声地唱了起来，他唱了一支又一支，直到唱累了为止。

"唱得真好！"这时，一个声音响起来，"谢谢你，小朋友，你让我度过了一个愉快的下午。"

小男孩惊呆了！

说话的是个满头白发的老人，他说完后就走了。

小男孩第二天再去时，那老人还坐在原来的位置上，满脸慈祥地看着他微笑。

于是小男孩唱起来，老人聚精会神地听着，一副陶醉其中的表情。最后他大声喝彩，说："谢谢你，小朋友，你唱得太棒了！"说完，他仍独自走了。

这样过去了许多年，小男孩成了本城有名的歌手，但他忘不了公园靠椅上那个慈祥的老人，于是他特意回公园找老人，但那儿只有一张小小的孤独的靠椅。后来他才知道，老人早就死了。

"他是个聋子，都聋了20年了。"一个知情人告诉他。

每一次鼓励都是给孩子多创造一次机遇，孩子需要鼓励，需要信心，就如植物需要浇水一样，离开鼓励，孩子就不能进步。威廉·詹姆斯也曾经说："人性中最深切的禀质，是被人赏识的渴望。"事实也的确如此。在现实生活中，没有一个孩子会在批评中产生学习的兴趣，没有一对情侣会在相互的指责中增加彼此的爱意，也没有一对朋友会在嘲笑中增进彼此的友谊。

因此，学会由衷地鼓励自己的孩子是十分重要的，不要给孩子施加压力，而要营造一个轻松的成长氛围。越是在自卑或不如意的时候，孩子越需要鼓励和欣赏，过火的指责和粗心的淡忘，都容易给孩子造成心理上的负面影响。

人人都需要鼓励！鼓励是一杯心灵的安慰剂，鼓励是源源不断的力量源泉，鼓励是对孩子真挚的爱，鼓励还是一种执著的肯定。孩子们在鼓励的支撑下，会一点点地做到最好。

在探讨"鼓励"这个教育方法的最后，我们不妨一起来读读下面这个感人的故事，来品味作家笔下流淌的文字，及发生在亲子间的情感。

夏季的一个傍晚，天色很好，我出去散步。在一片空地上，我看见一个10岁左右的小男孩和一位妇女。那孩子正用一只做得很粗糙的弹弓打一只立在地上、离他有七八米远的玻璃瓶。

那孩子有时能把弹丸打偏一米，而且忽高忽低。我便站在他身后不远，看他打那瓶子，因为我还没有见过打弹弓这么差的孩子。那位妇女坐在草地上，从一堆石子中捡起一颗，轻轻递到孩子手中，安详地微笑着。那孩子便把石子放在皮套里，打出去，然后再接过一颗。从那妇女的眼神中可以看出，她是那孩子的母亲。

那孩子很认真，屏住气，瞄很久，才打出一弹。但我站在旁边都可以看出他这一弹一定打不中，可是他还在不停地打。

我走上前去，对那母亲说："让我教他怎样打好吗？"

男孩停住了，但还是看着瓶子的方向。

他母亲对我笑了一笑。"谢谢，不用！"她朝着孩子的方向望了一下，轻轻地说，"他看不见。"

我怔住了。

半晌，我喃喃地说："噢……对不起！但为什么？"

"别的孩子都这么玩儿。"

"呃……"我说，"可是他……怎么能打中呢？"

"我告诉他，总会打中的。"母亲平静地说，"关键是他做了没有。"

我沉默了。

过了很久，那男孩的频率逐渐慢了下来，他已经累了。

他母亲并没有说什么，还是很安详地捡着石子儿，微笑着，只是递的节奏也慢了下来。

我慢慢发现，这孩子打得很有规律。他打一弹，向一边移点，打一弹，再转点，然后再慢慢移回来。

他只知道大致的方向啊！

夜风轻轻袭来，蛐蛐在草丛中轻唱起来，天幕上已有了疏朗的星星。那由皮条发出的“噼啦”声和石子崩在地上的“砰砰”声仍在单调地重复着。对于那孩子来说，黑夜和白天并没有什么区别。

又过了很久，夜色笼罩下来，我已看不清那瓶子的轮廓了。

“看来今天他打不中了。”我想。犹豫了一下，对他们说再见，便转身向回走去。

走出不远，身后传来一声清脆的瓶子的碎裂声……

“谢谢，不用”“他看不见”“我告诉他，总会打中的”……母亲的这几句话，谁听了能不为之感动呢？在我们感动之余，更让我们深切地体会到了鼓励在孩子心中的重要——“走出不远，身后传来一声清脆的瓶子的碎裂声……”

多么伟大的一位母亲，其执着地鼓励孩子的精神为我们每个人做出了榜样。既然我们都有“望子成龙、望女成凤”的愿望，那么，在孩子与这个愿望之间，请奉上我们作为父母最真诚的鼓励吧！

【定律链接】老鹰重生

一只刚练硬翅膀的小鹰兴奋地飞到了悬崖顶上，在那里，它看到了一个鹰巢。鹰巢前，有只已经很老的鹰正在费力地拔着自己的指甲，弄得两只爪子血淋淋的。

“天哪，老鹰前辈，你这是怎么了？是受伤了吗？”小鹰急忙上前问道。

老鹰停了下来：“没有，我在重生。”

“重生？”小鹰的眼睛里闪过一丝迷惑。

“是啊，孩子，你可能还不知道吧，在鸟类中，我们鹰可谓是长寿之王。据说，年龄最大的鹰前辈可以活到70岁。可是要想活那么久，40岁时，我们必须作出一个十分艰难却又极为重要的决定。”

“什么决定？你快说。”小鹰急切地问道。

“是等死，还是更新自己。”老鹰沉沉地回答道，“40岁时，我们的爪子就已经老化了，无法再有效地抓住猎物；而我们的喙也会变得又长又弯，几乎碰到胸膛，不再像以前那么尖锐；还有翅膀，也会因为羽毛太浓太厚而变得非常沉重，再不能支撑我们自由地飞翔。这时候，我们只能在等死和更新自己中选择一样。”

“那你现在选择的，就是后者了？”小鹰略有疑惑地问道。

“是的，我选择了更新自己，虽然这个过程非常痛苦，而且要历经150天漫长的操练。”老鹰很坚定地答道。

“150天？要那么久？”小鹰吃惊地问道。

“是啊，我们首先要很努力地飞到山顶，在悬崖上筑巢，以便保证自己的安全。然后便要停留在巢附近，不得飞翔。接下来要做的首先是用喙击打岩石，以让它们完全脱落，而后再静静地等候长出新的喙来。第二步是用新长出的喙把老化的指甲一根一根地拔出来。第三步是等新的指甲长出来后，再把羽毛一根一根地拔掉。等到这些工作全都做完时，你就必须等待羽毛生长了——大概5个月之后，我们便又可以恢复原来勇猛无比的样子，继续翱翔于蓝天了。”老鹰说道。

动机适度定律：给角色压力一个出口

“减压”比“拼命学习”更重要

一位老师谈起她上学那会儿的事：

我上初中的时候，我们当地流行从初中考中专中的师范，这在当时是一条“鲤鱼跳龙门”的捷径。当时的竞争非常激烈，很多人都挤这条“独木桥”。

我的一个同学是复读生，她这已经是第5次复读了，前几次都是以几分之差与师范学校失之交臂。她虽然非常努力，但学习却总是不见成效。这使她对自己的整个知识基础产生了怀疑，总是一幅压力重重的样子。

一次期中考试，我考了全年级第十，已经是应届生中的第一名。初三上学期的期末考试，我竟然拿了个全年级第一。当时我也挺纳闷，平时班里很多同学对知识的掌握水平比我强，我也没有超常发挥，为什么远远地把别人抛在后面了？后来我突然明白，肯定是很多优秀的学生被这两次考试吓住了！尤其是很多复读生，他们比应届生多上1年，甚至是6年学，他们头脑中的知识本该记得很牢，可是他们自己或家长对他们施加的压力太大，使他们不能很好地发挥自己的水平！“减压”绝对是成功的秘诀。我与那位女生分享了我的发现。

明白这个道理后，在以后的日子里，我睡得好，吃得香，尽情地玩，轻松地学，最后终于考上了我心仪的重点高中。而我的那个女同学，今年也发生了质的改变，她考试的分数远远地超出了中专线几十分。我明白这其中的真正原因是：减压！

事实就是这样，如果人的动机过强，就容易变得紧张，思维局促，甚至在极端的情况下，大脑会一片空白，这样的情况，当然不利于发挥水平了。只有在动机适度，人比较放松的情况下，人的能力才会得到充分的发挥。

所谓的“动机”指的是人渴望完成任务的程度。心理学家认为人的各种活动多存在一个最佳的动机水平，动机不足或者过分强烈，都不是一种好现象。比如，一个整日混日子，没有什么理想的学生，很难有学习的兴趣；而一个对学习抱有太大的期待，过分追求学习功利性，学习动机过强的学生，势必会为自己制造巨大的压力，最终影响到学习效率，而学习效率的下降，反过来又会增加他的压力。

动机过强和过弱都不好，那么什么样的动机水平才是最适度的呢？美国心理学家耶克斯和多德森认为，中等程度的动机激励水平最有利于效果的提高。

培养合理的心理动机，提高孩子生活质量

爱因斯坦曾说过：“情感和愿望是人类一切努力和创造背后的动力。”由此，在教育孩子的过程中，我们要让其学会“为自己而玩”。

一群孩子在一位老人家门前的一大片草地上嬉闹着，像一群小鸟一样，叽叽喳喳地喊个不停。几天之后，老人实在难以忍受了，他决定采取行动。

于是，他出来给了每个孩子25美分，对他们说：“你们让这儿变得很热闹，我觉得自己年轻了不少，这点钱表示谢意。”

孩子们很高兴，第二天仍然来了，一如既往地嬉闹。老人再出来，给了每个孩子15美分。他解释说，自己没有收入，只能少给一些。15美分也还可以吧，孩子仍然兴高采烈地走了。

第三天，老人只给了每个孩子5美分。

孩子们勃然大怒："一天才5美分，知不知道我们多辛苦！"他们向老人发誓，他们再也不会为他玩了！

转过身，老人露出了笑容，心里无限放松。

人的动机可分为两种：内部动机和外部动机。如果按照内部动机去行动，我们就是自己的主人。但是一旦我们被外部动机驱使，就会为外部因素所左右，从而成为它的奴隶，正如寓言中的孩子们一样。

当孩子被学习中的外部因素干扰，不想继续努力时，我们应引导他们多想想，自己在"为谁而玩"？

下面，我们再来看一个和时间赛跑的孩子的故事。

安德烈的祖母过世了，读小学的安德烈心里非常难过，因为祖母生前最疼爱他，因此他每天在学校操场上一圈又一圈地跑着，跑得累倒在地上，扑在草坪上痛哭。

那哀痛的日子断断续续地维持了很久，爸爸妈妈也不知道如何安慰他。他们知道与其骗儿子说祖母睡着了（可那总有一天要醒来），还不如说实话：祖母永远不会回来了。

"什么是永远不会回来呢？"安德烈问着。

"所有时间里的事物，都永远不会回来，昨天一旦过去，它就永远变成昨天，你不能再回到昨天。爸爸以前也和你一样小，现在也不能回到你这么小的童年了；有一天你会长大，你会像祖母一样老；有一天你度过了你的时间，就永远不能回来了。"爸爸说。

以后，安德烈每天放学回家，在家里的庭院里面看着太阳慢慢地沉到地平线以下，就知道一天真的过完了，虽然明天还会有新的太阳，但永远不会有今天的太阳了。

时间过得飞快，在安德烈幼小的心里不只是着急，还有悲伤。有一天，他放学回家，看到太阳快落山了，就下决心说："我要比太阳更快地回家。"他狂奔回去，站在庭院前喘气的时候，看到太阳还露着半边脸，就高兴地跳跃起来，那一天他觉得自己跑赢了太阳。以后他就时常做那样的游戏，有时和太阳赛跑，有时和风比快，有时一个暑假才能完成的作业，他10天就做完了。那时他三年级，常常把五年级的作业拿来做。

每一次比赛胜过时间，安德烈就快乐得不知道怎么形容。

在他渐渐长大的日子里，和时间赛跑让他受益无穷，虽然他知道人永远跑不过时间，但是人可以比自己原有的时间跑快一步，如果跑得快，有时可以快好几步。那几步看起来也许很小，但是用途却很大。

这也是一个关于内部动机的故事，安德烈由祖母的死亡认识到了时间的流逝只能给自己带来悲伤，基于这一想法，他开始与时间赛跑。事实就是这样，只要你心中有渴望，你不仅会战胜时间，而且还会战胜自己。

总之，合格的父母，应懂得如何在生活中培养孩子合理的心理动机，从而提高孩子的生活质量。

【定律链接】培养孩子的好习惯，实现其"自我监督"

给孩子太大的压力，会使他精神紧张，甚至与父母的期望背道而驰。当学校老师为孩子施加压力，让父母监督孩子学习时，父母最好不要让老师牵着鼻子走，而要做到“不管”和“不说”。孩子们已经够累了，就让他们在这种“不管”“不说”中学会自我监督、自我放松吧！

很多家长会问：“让孩子自觉，哪儿那么容易啊？”对此，专业人士指出，培养孩子自我监督，关键在于培养孩子的好习惯。一个好的习惯可以让孩子终生受用，孩子一旦养成这种好习惯，长大后便会一直坚持下去。

作为父母，应从以下 4 方面对孩子加以培养：

1. 培养孩子独立思考的习惯

很多家长对孩子特别关注，照顾得更是细致入微，恨不得每次孩子遇到问题时，都能自己挂帅上阵，亲自指挥其“作战”，有时还会“并肩作战”。殊不知，在教育孩子的过程中，重要的不是教会孩子一道题怎样解决，而是要告诉他们解决问题的方法，培养孩子独立思考的能力至关重要。

2. 培养孩子思维活跃的好习惯

我们不要以大人的眼光来看待孩子的提问，要善于培养孩子勤思考的优点，对他们的提问进行恰当的鼓励与表扬，并能及时更正孩子的错误想法。对孩子接触的事物家长要多讲，多启发诱导，千万不要对孩子的提问不理不睬，这样会使孩子有问题也不敢问。

3. 培养孩子专心致志的好习惯

孩子入学之后，我们应懂得严格要求并经常提醒孩子们：在上课时，一定要用心听讲，聚精会神，不要做小动作，更不要说话影响别人听课等。回到家时，我们要给孩子创造一个适合孩子学习的环境，让孩子养成放学及时做作业，按规定时间完成作业之后再做其他事情的好习惯。

4. 培养孩子认真细致的好习惯

在孩子成长过程中，我们要从小就培养孩子认真细致的好习惯，具体可以通过提高孩子责任感来进行，如从一年级开始，就应要求孩子养成检查的习惯。

詹森效应：教会孩子用平常心对待得失

小考“战果累累”，大考“一败涂地”

詹森是一名运动员，他平时训练有素，实力雄厚，每次测试成绩都很好，但是他一到了赛场上就连连失利，根本发挥不出平时的水平。心理学家把这种平时表现良好，但由于缺乏应有的心理素质而导致竞技场上失败的现象为詹森效应。詹森效应是人的一种浅层的心理疾病，就是将现有的困境无限放大的心理异常现象。

詹森效应在学生群体中比较常见。有些名列前茅的学生在大考中屡屡失利，细细想来，“实力雄厚”与“赛场失误”之间的唯一解释只能是心理素质问题，但最本质的是得失心过重和自信心不足。有些人平时“战绩累累”，卓然出众，久而久之，他们会形成一种心理定势：只能成功不能失败。再加之赛场的特殊性，周围人群对他的深切厚望，使他背负上沉重的心理包袱，患得患失。被如此强烈的心理得失困扰，最终很难发挥出自己的真实水平。

某报曾经接到一位学生家长发来的“求救”邮件：我的孩子即将参加高考。想想3年前孩子中考时的情况，我不由得忧心忡忡。3年前，我的孩子在班级乃至学校都是佼佼者，但这个孩子比较内向，心理素质较差，平时成绩很好，一到大考成绩就一落千丈，中考成绩“超低水平”发挥，只勉强考上了普通中学。孩子没办法面对这个现实，整天把自己关在房间里，消沉了许久。现在，3年过去了，我的孩子在这所普通中学表现很好，年年都获得“三好生”称号。如果正常发挥，孩子上本科甚至重点都没问题，但如果改变不了心理素质差的毛病，成绩难以预料。我们真担心，在高考那种更紧张的气氛中，孩子能否承受得住。真希望你们能帮我想想办法！

还有一名学生，连续两年参加高考，均因在考场上过度紧张而落榜，而按平时的考试成绩，他是完全可以进重点院校的。第一次高考，考数学时，有一道题他平时没见过，因此紧张起来，心跳加快，呼吸急促，神情慌乱，双眼模糊，看不清试卷，结果以3分之差落榜。经过一年的刻苦学习，他又走进了高考的考场。但一进考场，他又被笼罩在一种无形的紧张气氛中，明明会答的题目，甚至平时熟悉的题目都变得陌生起来，结果又以7分之差落榜……

上述两名考生显然陷入了“詹森效应”的怪圈，以至于小考“战果累累”，大考“一败涂地”。作为家长，我们有必要在这方面对孩子加以关注。

自我调节，消融紧张

心理学家认为，紧张是一种有效的反应方式，是应付外界刺激和困难的一种准备，有了这种准备，便可产生应付刺激的力量，因此紧张并不全是坏事。然而，持续的紧张状态则能严重扰乱机体内部的平衡，会给身心健康带来无法估量的损害，所以我们要教会孩子，如何通过自我调节，克服这种心理。

如何克服紧张心理，具体可以尝试以下几种方法：

1. 暂时避开

当事情不顺利时，让孩子暂时避开一下，去看看电影或一本书，或做做游戏，或去随便走走，改变环境，能使其感到松弛。强迫孩子“保持原来的情况，忍受下去”，无非是在惩罚孩子。当孩子的情绪趋于平静，而且和其他相关的人均处于良好的状态，可以解决问题时，再让孩子回来，着手解决问题，往往就会收到良好的效果了。

2. 每天晚上做一次反省

让孩子学着这样思考：“我感觉有多累？如果我觉得累，那不是因为劳心的缘故，而是我工作的方法不对。”丹尼尔·乔塞林说过：“我不以自己疲累的程度去衡量工作绩效，而用不累的程度去衡量。”他说：“一到晚上觉得特别累或容易发脾气，我就知道当天工作的质量不佳。”如果全世界的人都懂得这个道理，那么，因过度紧张所引起的高血压死亡率就会在一夜之间下降，我们的精神病院和疗养院也不会人满为患了。

3. 谦让

如果你的孩子经常与人争吵，就要考虑他是否过分主观或固执。要知道，这类争吵将会对周围人的行为带来不良的影响。孩子可以坚持自己正确的东西，静静地去做，但给自己留有余地仍是必要的，因为他自己也可能是错误的。即使是绝对正确的，他也可按照自己的方式稍作谦让。这样做了以后，他通常会发觉别人也会这样做的。

4. 尽量在舒适的情况下学习

记住，身体的紧张会导致肩痛和精神疲劳。人生有压力是不可避免的，谁还没有个烦琐难熬的事儿呢？既然明白了这一点，就要学会让孩子自我“减压”，举重若轻，化解紧张。同时，还可以用抑制下来的精力去做一些有意义的事情。

5. 把烦恼说出来

当有什么事烦扰孩子的时候，应该引导其说出来，不要存在心里。让孩子试着把烦恼向父亲或母亲、老师、学校辅导员等倾诉，他心里往往就会舒服很多。

【定律链接】帮孩子走出“詹森怪圈”

孩子陷入“詹森怪圈”最主要的原因是对考试期望值过高，而又缺乏自信，只想成功，又怕失败，患得患失，压力过大，结果造成大脑皮层兴奋与抑制过程失衡，自主神经功能紊乱，各种症状随之而生。其实只要对症下药即可帮孩子改善这种状况。

放松＋淡化考试结果＋精力集中＋积极情绪＋肯定的心理暗示，可以解决自信心不足和消除患得患失症状。

1. 放松

英国心理专家指出，对孩子们来说，“虚度光阴”也是一种休息和能量储备的过程，大人对孩子的过多安排会扼杀孩子的独立性和创造力。专家呼吁，应该允许孩子在一定程度上“虚度光阴”，从而使孩子放松身心。例如，让孩子玩一些他们喜欢玩的游戏，带他们去游乐园等等。

2. 淡化考试结果

我们要多关注孩子的学习过程，适当地淡化结果，因为考试毕竟有偶然因素在里面，只要孩子有一个努力学习的过程，我们就可以适当地淡化结果。

3. 精力集中

培养孩子精力集中，一方面，家长应以身作则。我们可从小就每天定时给孩子读书，陪孩子画画，跟孩子一起听录音故事，甚至做孩子的玩伴，与他做一些智力游戏，言传身教地训练他安静专心地做一件事，那么你的孩子也会认真、专注地做事。另一方面，我们不要轻易打扰孩子。如孩子玩游戏时全身投入，正是在培养聚精会神的习惯，此时我们切不可任意打扰、干涉和打断。

4. 积极情绪

积极的情绪能促进孩子的身心健康发展。著名心理学家法迪斯说：“在孩子学会语言之前，他们是从感情的氛围来下结论的：这个世界是一个忧虑、愤怒的地方，还是一个安全、愉快的地方？”所以，我们平时就要给孩子一种温暖的感觉，哪怕是无意中流露的一句关怀的、鼓励的、赞赏的话，也会使孩子从中受到莫大的鼓舞，感到无限的快乐。

5. 肯定的心理暗示

在智力方面，我们要通过暗示使孩子相信自己是聪明的、有创造力的。在心理素质方面，我们要通过暗示使孩子相信自己是坚强的、自信的、勇敢的、有社会适应能力的。在健康方面，我们要通过暗示使孩子相信自己是健康的，并且会越来越健康，同时使孩子树立“健康光荣”的新观念。

总之，家长的平常心 + 适当的期待，才是治疗“詹森病”的良药。

情绪判断优先原则：“打是亲，骂是爱”是最大的谎言

先处理情绪，后处理事情

这周末，梦涵全家进行大扫除，小轩、可可都来帮忙。不过梦涵今天的心思可没在劳动上，她边干活边想着去划船的事。

不料，一个不小心，便闯了祸，爸爸最喜欢的大花瓶被她打碎了。梦涵一下子愣在了那里。她想：“这下闯大祸了，爸爸一定会骂我的！”爸爸一向比较严厉，想起爸爸接下来要拉长的脸，梦涵手忙脚乱地逃离了“现场”。

眨眼到了吃晚饭的时间，爸爸妈妈见梦涵还是没有回来，便分头去找。妈妈在小花园里发现了梦涵，她正和小伙伴们玩得不亦乐乎。

“梦涵，回家吃饭了！”妈妈柔声叫她，但梦涵不敢回家。

“今天是淘气的小轩打碎花瓶的。妈妈，咱们今天能不能晚点回家呢？”梦涵央求妈妈。

妈妈早看出了她的心思，便告诉她：“今天打扫卫生，你是咱家做得最好的，你爸还一直对你赞不绝口呢！此外，你爸爸最近一直嫌那个花瓶大，摆到哪都占地方，早就想扔了，这下好了，家里显得不那么挤了！不过呢，以后劳动的时候要注意啊！”梦涵听了妈妈的话，羞愧地低下了头，她想：我以后可不会犯这样的错误了！当她回到家时，爸爸并没有训斥她，而是说：“梦涵，把碎片打扫干净吧，否则扎到脚就不好了。”梦涵飞快地去拿扫帚和簸箕。从此她无论是劳动还是学习都变得细心了。

梦涵妈妈的处理方式可以说是明智的，她没有因为孩子闯祸而愤怒，也没有让孩子承受闯祸后的“恐惧”，而是用一种温和的方式，让孩子记住“前车之鉴”。

而现实中很多父母却做了一个“穿西装的野人”，每每发现孩子的错误，不分青红皂白，便冲着孩子大喊大叫。事实上，这种方式收效甚微，因为人们的判断遵循“情绪判断优先定律”，孩子只能记住当时的“恐惧”，而忘了对错误的判断与反省。

所谓的“情绪判断优先定律”，即指情绪会优先于理性，影响人们的判断，无论是好情绪还是坏情绪都会首先影响到人的行为。例如，现在消费者对生产企业“王婆卖瓜——自卖自夸”式的广告已经深恶痛绝，更喜欢那些人情味十足的广告。如清华清茶广告词：“老公，烟戒不了，洗洗肺吧！”短短一句话，像一枚“情衣炮弹”，迅速使得消费者“投降”。在这过程中，消费者首先是感动和情感共鸣，继而就会引发他们潜在的消费需求，为商家带来了滚滚财源。

同样道理，父母在与孩子交往过程中要学会“先处理情绪，后处理事情”。比如在孩子处于不愉快状态时，他就会将所有外界信息“拒之门外”，这时父母无论说什么，他都很难接受。但是，如果父母先体谅孩子的感情，宽容和安慰孩子，先处理好他的情绪，使他处于良好的情绪状态下，那么问题就会轻而易举地解决。

爱和要求合二为一，教育才有意义

有的家长太溺爱孩子，孩子长大了自私任性，甚至殴打家长；有的家长对孩子要求太严格，对孩子造成了巨大的心理压力，这样的孩子同样问题多。爱和要求都没有错，但必须要把爱和要求合二为一，孩子健康发展了，教育才有意义。

一位妈妈向别人哭诉，她说孩子打她！“我那么疼他，他居然打我，没良心啊！想想看！从小到大，他要什么我给他什么，他想去干嘛我都顺着他！最后，却落了个这样的下场！我做错什么了？不就是碰倒了他的一个花瓶吗，就对我拳打脚踢！平时他朝我吵吵嚷嚷，我以为他是闹着玩，就由着他，现在竟然打起我来了！这哪是我的儿子啊？他怎么能这样对我！”

孩子为什么会这样？其实要问家长自己。家长太溺爱孩子，孩子便很容易变得以自我为中心，只要稍不如意，很可能就把怒气发泄到家长身上。溺爱让孩子的脑袋里没有建立起一个“谦让和尊重”的意识，因为父母的宠爱让他觉得他就是这个世界的王！那么，他还有什么事情做不出来的？

诸多事实均已证明，家长的严格要求给孩子施加了过分的压力，最后，孩子很可能因为压力过大，精神上出现一系列的问题。据中国疾病控制中心精神卫生中心调查，目前在中国（不包括港澳台）大学生中，16%~25% 的人有心理障碍，以焦虑不安、恐怖、神经衰弱、强迫症状和抑郁情绪为主。

上述的两种方式都是不正确的，无论是爱还是要求，都不能在各自的方向上越走越远，只有将两者结合起来，才是正确的教育，这时，教育也才有意义。

做父母的不应该盲目地爱，要“严”中有“爱”，“爱”中有“严”，这样才能培养出有良好品行的优秀人才。

【定律链接】暴力教育不可取

很多家长在孩子犯了错之后，会辱骂他或打他，这是极其不明智的行为。当孩子闯了祸之后，他心里其实很痛苦，很内疚，在他这种糟糕的心态下，家长的大骂只会让他感到反感，他会觉得家人并不爱他，爱的是那些已经损失的钱和物。在这种境况下，他根本就无心改正错误。

暴力教育从来就不会让孩子变得顺从，也不会让他变得聪明和懂事，只会使他走向堕落和消沉，甚至还会给孩子和家庭带来不可估量的恶果。

存在这种极端的家庭教育方式（暴力教育），主要原因是父母对孩子期望值太高。在现实和愿望差距较大时，他们无所适从，由此选择了比较极端的方式，酿成悲剧。另外，随着社会发展，家长面临的社会竞争压力也日益增加，家长将一些无法发泄的不良情绪发泄到孩子身上，把孩子看成“出气筒”，也导致了各类极端教育方式的出现。

所以，与其暴力教育，不如先用温和的方式和孩子对话，让他觉得父母是了解他的，让他产生内疚感，以后自觉地不会再犯同样或类似的错误了。

角色效应：孩子，应扮演他自己的角色

什么样的角色，什么样的孩子

世界首富比尔·盖茨在西雅图上小学四年级的时候，被人推荐到图书馆帮忙。图书馆管理员给他讲解图书的分类法，告诉他要做的工作就是：把归还图书馆的放错了位置的书放回原处。盖茨听完后问："工作的时候，是像侦探一样么？"管理员说："那当然。"然后，小盖茨就在书架的迷宫中穿来插去。

"小侦探"这个角色让他兴奋不已，每当从一堆书里发现要找的目标时，他都会发出一阵胜利的欢呼。他干得越来越熟练，不久便请求担任正式图书管理员。好景不长，几个星期后，盖茨搬家了，也转学了。但是没过多久，盖茨又回来了，因为新学校的图书馆不让学生干，盖茨的父母为满足儿子做"小侦探"的愿望，又把他转回来上学了，由父亲开车接送他。盖茨自己也坚定地说："如果爸爸不带我，我也会走着来上学的。"

可见，"小侦探"这个"社会角色"激发了小比尔·盖茨多么浓厚的兴趣。正是这种角色扮演，使他长大之后，将枯燥的工作变成了有趣的游戏，而且做得有滋有味。

心理学家曾做过一个有趣的实验：邀请一些不懂礼貌的孩子去参加一个不平常的晚餐。在晚餐中，他们竟然一反常态，在文雅气氛的熏陶下，意识到自己是有教养的"来宾"角色，并按这种社会角色来约束自己，很快变得有礼貌了。

这个实验表明，如果赋予孩子适当的角色，而且当他对角色有所领会和理解时，孩子就容易按照角色的规范来要求自己，从而在个性心理或行为上发生一些变化。这种现象被称为"角色效应"。

角色效应的形成首先开始于社会和他人对角色的期待，现在教育中普遍存在一种偏差，老师往往用"好学生学习好""坏学生成绩差"来评断孩子，这使得他们出现了角色概念的偏差，对自己扮演的社会角色不能够正确认知和评价。他们会觉得自己学习差就一无是处，会厌烦自己的"角色"，而那些"好学生"则可能因此而沾沾自喜，自我膨胀。在这种错误认知的基础上，他们开始了各自不同的行为，"坏学生"开始真正厌学，开始自暴自弃；好学生则只注重学习而忽略了自身全面发展。这种最初的错误期待导致了孩子认知行为的恶性循环。

案例中的小盖茨，受到的则是一种积极的"角色效应"的影响，他在扮演侦探这种"社会角色"时，从心理上产生一种自我期望，再加上父母对这种角色的"认可"，使他不仅喜欢自己扮演的角色，而且体会到角色给他带来的乐趣。这种积极的认知和期待成为激励他行为的内在动力，甚至影响到他成长的每个阶段。

理解孩子，填平无法沟通的"代沟"

最近程女士明显感觉到，随着儿子一天天长大，他们之间经常话说不到一块儿，两人之间的兴趣、爱好、观点也不太一样，甚至有时他们之间会因某些事情而发生剧烈冲突……所有的这一切，都预示着她与儿子之间已经有了一道不可逾越的代沟了。如何跨越代沟，化解母子之间的冲突，实现两人的有效沟通，成了程女士亟须解决的一大难题。

代沟其实是一种很正常的社会现象，是不可避免的事实，同时又是一个生物学现象。究其原因，就是父母没有真正理解孩子的角色，而误将自己的思想“顺理成章”地加到孩子身上。

充分理解两代人的差异是一个历史和生物过程，我们就能正确地处理代沟问题。具体方法有如下几种：

1. 关心孩子的内心世界

父母与孩子之间的代沟很明显的表现是双方谈不到一块儿。与跟老年人谈话相比，跟孩子们谈话似乎更需要一种类似天赋的才能，你必须会说孩子们的话，懂得孩子们的内心世界，甚至还要保持与孩子们一样的天真，尊重孩子们的想法和观点。

在和孩子们交谈之前，你必须主动而自然地与孩子们接近。要真正与孩子们很好地相处，你还必须了解孩子们心理、生理上的特点，懂得他们喜欢什么，不喜欢什么。

2. 尊重与理解

父母与孩子，作为两个不同的个体，最基本的就是平等，这样才能沟通，所以父母应放下自己的架子，把孩子当成一个大人，当成一个朋友，而不是把他们当成永远长不大、永远不懂事的小不点儿。父母应做到和孩子平等地讨论问题，让孩子有发言的机会，尊重孩子的想法，营造比较民主的家庭气氛，以缓和大人与孩子的紧张关系。

在日常生活中，父母可试着抽时间与孩子聊聊天，耐心地倾听孩子的讲述，听取他的意见和建议，理解他的情绪，给他自主决策的机会。这样，孩子也就容易敞开自己的心扉，对父母讲自己的心里话。渐渐地，那条横在父母与子女之间的代沟便会日益缩小。

3. 理智关爱

每个做父母的都希望自己的“儿子成龙，女儿成凤”，他们给孩子倾注了全身心的爱，事无巨细都替孩子着想，恨不得一切包办代替。

可是，做父母的不知道，有时太多的爱对子女来说是一种负担，它会压得孩子透不过气来，而孩子为了甩掉这份爱，就可能对父母无缘无故地发脾气，或尽量躲避父母所给予的爱。而且，这种毫无节制的爱，也是对孩子成长空间的一种限制，将明显地扼杀孩子独立个性的发展。一句话，爱也会使孩子窒息。

因此，“爱”是需要讲究方法的。要做到理智地爱，最关键的是要理解孩子的角色，尊重孩子，给孩子独立的空间，在关爱中引导孩子成长。这样也有助于缩小与孩子之间的距离。

【定律链接】让孩子在社会角色扮演中学做人

根据角色效应，父母可以有针对性地给孩子安排一定的游戏角色，让孩子扮演，从而让他学会某些知识或者规范。

例如，让孩子扮演“卫生员”角色，负责检查家里的卫生，以此来培养孩子的卫生习惯；在扮演“警察”的角色中，学会坚强、机智和解决问题的能力；在扮演“科学家”的角色中，学会钻研并发现学习的乐趣。还可以制定一些规则，比如让孩子在游戏中获得相应的“工资”，以及糕点、水果、饮料、文具等奖励。

这样一来，我们在通过引导孩子角色扮演的同时，让他们从另一角度审视“小我”，与自己对话、与心灵对话，在主动经历、自我操作中更深刻、更彻底地进行思想洗礼。同时，孩子们还可以用自己挣来的“工资”来享受消费的过程，从而锻炼了孩子选择与判断的能力。

此外，通过一些需要合作的角色，还可以培养孩子们学会合作、分享与懂得爱、信任和责任的重要，并且逐渐理解并遵守社会行为规则，培养和提高他们的社会能力，让孩子们在努力付出的过程中快乐地收获自信。

德西效应：可以用奖励，但不可滥用奖励

奇妙的德西效应

一位老人在一个小乡村里休养，但附近却住着一些十分顽皮的孩子，他们天天互相追逐打闹，喧哗的吵闹声使老人无法好好休息，在屡禁不止的情况下，老人想出了一个办法——他把孩子们都叫到一起，告诉他们谁叫的声音越大，谁得到的奖励就越多，他每次都根据孩子们吵闹的情况给予不同的奖励。到孩子们已经习惯于获取奖励的时候，老人开始逐渐减少所给的奖励，最后无论孩子们怎么吵，老人一分钱也不给。结果，孩子们认为受到的待遇越来越不公正，认为“不给钱了谁还给你叫”，再也不到老人所住的房子附近大声吵闹了。

在这个小故事中，老人的方法其实很简单，就是将孩子们的内部动机变成了外部动机。而他操纵着外部因素，所以也就操纵了孩子们的行为。

或许，人们会认为这个老人很有智慧，实际上，他运用的是一个很常见的心理学现象：德西效应。

心理学家爱德华·德西曾进行过一次著名的实验，他随机抽调一些学生去单独解一些有趣的智力难题。

在实验的第一阶段，抽调的全部学生在解题时都没有奖励；进入第二阶段，所有实验组的学生每完成一个难题后，就得到1美元的奖励，而无奖励组的学生仍像原来那样解题；第三阶段，在每个学生自由休息时间，研究人员观察学生是否仍在做题，以此作为判断学生对解题兴趣的指标。

结果发现，无奖励组的学生比奖励组的学生花更多的休息时间去解题。这说明：奖励组对解题的兴趣衰减得快，而无奖励组在进入第三阶段后，仍对解题保持了较大的兴趣。

实验证明：当一个人进行一项愉快的活动时，给他提供奖励结果反而会减少这项活动对他内在的吸引力。这就是所谓得“德西效应”。那么，为什么会有这种效应产生呢？可以从人的动机两重性来考虑：

一方面，人有内部动机，如果按照内部动机去做事情，我们就是自己的主人。比如，一个人如果意识到学习或者工作的重要性，就会对这种行为产生兴趣，从而自愿地从事这方面的事情，而且，持续的时间也会久一些。

另一方面，人又有外部动机。如果驱使我们的是外部动机，我们就会被外部因素所左右，成为它的奴隶。比如，小学生并不喜欢弹钢琴，家长为了鼓励他继续学习，就会拿物质奖励作为刺激，在这种情况下，小学生就成为了物质奖励的奴隶。

其实，内在动机和外在动机在适当的情况下是可以进行转化的。当学生尚没有形成自发内在学习动机时，教师从外界给以激励刺激，以推动学生的学习活动，这种奖励是必要和有效的。但是，如果学习活动本身已经使学生感到很有兴趣，此时再给学生奖励不仅显得多此一举，还有可能适得其反。一味奖励会使学生把奖励看成学习的目的，导致学习目标的转移，而只专注于当前的名次和奖赏物。因此，在教育孩子的过程中，我们要特别注意正确使用奖励的方法而不滥用奖励，从而避免“德西效应”。

避免孩子学习中的德西效应

在新课程改革的形势下，大力提倡“兴趣是最好的老师”，同时，很多家长也了解到“学习过程是学生积极主动自主构建的过程”。于是，在家庭教育中，家长为了调动孩子的学习兴趣，一改往日传统的教育方式，采用了丰富多彩的教学形式和教学手段，确实收到了较好的学习效果。

在这其中不乏会有一些家长喜欢采取物质刺激的形式。比如，考试达到90分就有笔记本、圆珠笔、糖果等等。于是，孩子的学习热情空前热烈，每天都精神抖擞。这里，家长们对孩子的这种用心良苦着实让人理解。为了能让孩子有学习的兴趣，众多家长们无怨无悔地掏了自己原本就不丰厚的腰包。这种物质的刺激也确实换来了孩子学习兴趣的高涨。

但当我们冷静之后，就不难发现物质奖励的种种弊端。

第一，孩子兴趣持续时间不长。在学习过程中，培养孩子的积极性和主动性，仅靠物质的刺激远远不够。虽然“重赏之下，必有勇夫”，但家长在教育中以物质奖励所激发出来的学习兴趣只能是暂时的，无法保持长久。

第二，孩子思想不集中。当家长把奖励的物品给孩子后，孩子的注意力会转移到奖品上去。这就使孩子不能很好地集中注意力，思维深度不够，学习效果不佳。

第三，孩子心理不平衡。家长给孩子实施物质奖励，但不会每次都让孩子拿到奖品。因此，当某一次得不到来自父母的奖励，孩子马上就会有不满的情绪。得到奖品的时候自然是开心了，没得到的时候呢，马上像泄了气的皮球，无精打采了。更有甚者还表现出极度的不满，怨父母对自己说话不算话。造成孩子情绪的不快、心理的偏激。甚至有的孩子还对此产生逆反心理，从此以后再也不认真学习了，无论父母拿什么作奖励都无济于事。

第四，过于注重物质所得影响人生观。在家庭教育中家长频繁使用物质奖励会导致孩子把学习看成是带有物质所得的一种活动，会改变孩子的学习态度，认为学习的目标就是为了获得奖励。长此以往，孩子会过于看重物质的获取。学习、做事都带上了物质索取的色彩，成为一个过于功利的人，最终会影响其正确人生观的确立。

对于家长而言，如果单纯地依靠物质奖励去激发孩子学习的热情和主动性，那是培养不出人才的。只有让孩子发自内心地喜欢上某一领域的事物，并正确引导他们朝着兴趣的方向靠拢，才是教育的正确方向。

第十三章
消费与价格的规律

钻石与水悖论：商品价值与稀缺有关

物以“稀”为贵

向你提出一个有趣的问题，也是经济学家几个世纪来争论不休的问题：水和钻石相比，谁的价值更高一些呢？

毫无疑问，一杯水和一颗钻石同时摆在你面前，我们当然会说水的作用更大，但是你会选择水吗？恐怕多数人会选择钻石，因为他们觉得钻石比水的价值更大。这是为什么呢？

为什么水对人类的作用这么大，可它的价值却如此低？钻石除了能让人炫耀财富外，几乎没什么用途，为何价值却如此大呢？这就是困扰经济学家几百年之久的著名的“钻石与水悖论”，也就是价值悖论。

我们都知道，物以“稀”为贵，越是稀缺的东西，其价值越是不菲。亚当·斯密在一次演讲中提到：“仅仅想一下，水是如此充足便宜以至于提一下就能得到，再想一想钻石的稀有……它是那么珍贵。”当供给条件变化时，产品的价值也会变化，斯密提到，一个曾在阿拉伯沙漠里迷路的富裕商人会以很高的价格来评价水；如果工业能成倍地生产出大量的钻石，钻石的价格将大幅度下跌。

经济学家约翰·劳用数量与需求的关系来解释这个悖论，他认为虽然水对人类的作用很大，但世界上水的数量远远超过人们对它的需求，而钻石却恰恰相反，数量远远小于人们对它的需求，所以钻石的价值高，而水的价值小。

西方边际学派用“边际效用”说明价值悖论。相对于人的需求来说，水的总量是取之不竭的，而人们对喝水的需要是有一定限度的，随着肚子逐渐鼓胀起来，水就变成可喝可不喝的了，即此时水的价值很小；而相对于人的需求来讲，钻石的数量少得可怜，十分难得，自然钻石的边际效用很大，按照边际效应决定商品价值的观点，钻石的价值很大。

我们生活的地球上，生产资源有限，而人们对商品和服务的需求却是无限的。我们的金钱、时间等有限的资源，便是经济学中所指的“稀缺资源”。稀缺并不是说数量很少，而是指不可以免费得到，必须要有所付出才可以获得，而得到的多与寡，取决于你付出代价的多少。

当你想考取一所名牌大学时，当你想要追求一个可爱美女或“钻石王老五”时，当你想买一个 LV 限量包时，都会面临稀缺的烦恼。那么，亿万富翁就无须面对稀缺的烦恼了吗？当然不是，对比尔·盖茨这样的人来讲，或许他想要在更短的时间内做更多的慈善事业，或许他想要拿出更多的时间陪陪家人，享受更多的家庭温暖，对于他们来说，时间总是稀缺的。所以，稀缺是每个人都必须面临的问题。

对某些稀缺的产品来说，其价格往往会高到令人瞠目结舌的地步。以手机号为例，在 2009 年新版的吉尼斯世界纪录显示，2006 年 5 月 23 日，卡塔尔电信运营商拍出了全球最昂贵的手机号码——6666666，最终成交价格为 1000 万卡塔尔里亚尔，根据当时汇率水平计算约合 275 万美元。吉尼斯世界纪录此前记载的最昂贵的手机号码是中国四川航空以 48 万美元拍得的 88888888 手机号。

个性号码是有限的，有限的资源不可能使每个人得到满足。因此，在资源稀缺的前提下，对于这些吉祥号码，就必须以高价才能获得。

其实资源的稀缺性，有些是天生的，如金子、钻石等；有些是衍生的，如耕地，随着人口的增多，人均耕地越来越少，因为稀缺更显其价值。经济学中的稀缺性原理可以解释生活中许多不可思议的现象。

所以，不管是看似便宜的水（其实据统计，地球淡水含量也在逐年迅速减少），还是“钻石恒久远，一颗永流传”的钻石，其真实的价值都是根据稀缺度来决定的。如果我们不珍惜水资源，到“最后一滴水将是我们的眼泪”时，水的价值将远远高于千万颗钻石的价值。

我们购买的，其实是商品的使用价值

惠施是名家的代表人物，有一次和庄子对话：“魏王送给我一粒大葫芦种子，我把它种了下去，没想到收获的葫芦太大了，竟然可以在里面存放五石粮食。我想用它来存水，可是它的皮太脆，没有力量承受；我想把它剖开当瓢用，可是它太大，没有水缸能够容纳它。它太大了，大到了无所适用的地步，所以我一生气，就把它给砸碎了。”

庄子回答说：“以我的看法，不是瓢大无用，而是你不懂得如何使用。过去宋国有一个人，善于配制不裂手的药，正因为有这种技能，所以他家世世代代都在从事漂洗纱絮的工作。有一位南方的客人听说这件事后想花百万金子买他家的药方，一家人聚在一起商量了起来。大家都说：‘我们家世世代代做漂洗纱絮的生意，一年下来顶多不过挣几万金子。现在只是出卖不裂手的药方就能得到百万金子，这么好的事情哪有不做的道理呢？’于是便把药方卖给了人家。那位客人将这个方子献给了吴国的国王。后来，吴国与越国进行水战，用这个方子制药，涂在手上防冻裂，而越国将士的手却个个皮裂指肿，难以使用兵器，被吴军打得大败而逃，最后只好向吴国献地乞降。同一种药方，作为一种不裂手的技术，并没有发生变化，可是有人用它漂洗纱絮，有人却能用它拓展疆域，这是在使用方法上的区别呀。现在先生有一个可放五石粮食的葫芦，为什么不把它剖开做成小舟漂浮于江湖之上，而却在那里为其没有用处而犯愁呢？”

《逍遥游》中讲的这个“大瓢无用”的故事，就是有关大瓢的使用价值的。

所谓使用价值，指能满足人们某种需要的物品的效用，如粮食能充饥，衣服能御寒。使用价值是商品的基本属性之一，是价值的物质承担者，是形成社会财富的物质内容。空气、草原等自然物，以及不是为了交换的劳动产品，没有价值，但有使用价值。

任何物品要成为商品都必须具有可供人类使用的价值；反之，毫无使用价值的物品是不会成为商品的。

通常情况下，同一事物蕴涵着多种使用价值；同一使用价值又可由多种事物表现出来，同一事物对于不同使用主体可表现出不同的使用价值，同一事物对于同一使用主体在不同的使用时间或在不同的环境条件下可表现出不同的使用价值。

使用价值反映了事物对于人类生存和发展所产生的积极作用。大千世界里各种事物以千姿百态的使用价值为人们所喜爱，所器重，构成了人们丰富多彩的物质生活和精神生活内容，人们的一切活动都离不开这些事物的使用价值。

使用价值是明显不同于交换价值的：首先，使用价值是商品的自然属性，反映的是人与自然的关系，交换价值是商品的社会属性，反映的是商品生产者之间的社会关系；其次，使用价值是永恒的范畴，交换价值只有在商品上才能得到体现；再次，使用价值的存在不以交换价值的存在为前提，而具有交换价值的物品必定具有使用价值；最后，商品生产者生产商品是为了获取交换价值，商品消费者是为了获取使用价值，只有通过交换才能解决二者的矛盾。

【定律链接】认识“交换价值”与“价值量”

交换价值：指的是当一种产品在进行交换时，能换取到其他产品的价值。交换价值在马克思的经济学说中，是物品借着一种明确的经济关系才能够产生出的价值，也就是说，经济关系乃是交换价值的背景。交换价值只有一个产品在进行交换时，特别是产品被作为商品在经济关系中出售及购买时，才具有意义。

价值量：商品的价值量不是由各个商品生产者所耗费的个别劳动时间决定的，而是由社会必要劳动时间决定的。在其他条件不变的情况下，商品的价值量越大，价格越高；商品的价值量越小，价格越低。若其他因素不变，单位商品的价值量与生产该商品的社会劳动生产率成反比。

凡勃伦效应：只买贵的，不买对的

不买最好，只买最贵

美国人罗伯特·西奥迪尼写的《影响力》一书中有这样一个故事：

在美国亚利桑那州的一处旅游胜地，新开了一家售卖印第安饰品的珠宝店。由于正值旅游旺季，珠宝店里总是顾客盈门，各种价格高昂的银饰、宝石首饰都卖得很好。唯独一批光泽莹润、价格低廉的绿松石总是无人问津。为了尽快脱手，老板试了很多方法，例如把绿松石摆在最显眼的地方，让店员进行强力推销等。然而，所有这一切都徒劳无功。在一次到外地进货之前，无计可施的老板决定亏本处理掉这批绿松石。在出行前她给店员留下一张纸条：“所有绿松石珠宝，价格乘二分之一。”等她进货归来，那批绿松石全部售罄。店员兴奋地告诉她，自从提价以后，那批绿松石成了店里的招牌货。“提价？”老板瞪大了眼睛。原来，粗心的店员把纸条中的“乘二分之一”看成了“乘二”。

降低绿松石的价格并不能将绿松石卖出，大幅度提价后，反而很快卖掉了，这个故事形象地反映了经济学中的“凡勃伦效应”。

凡勃伦效应由美国经济学家凡勃伦提出，它是指消费者对一种商品需求的程度因其标价较高而不是较低而增加，反映的是人们进行挥霍性消费的心理愿望。

为什么总有人只买贵的，不选对的？这是因为：其一，他们的购买行为具备“消费的象征”，即借助消费表达和传递某种意义和信息，包括消费者的地位、身份、个性、品位、情趣和认同，消费过程不仅是满足人的基本需要，也是社会表现和社会交流的过程；其二，是“象征的消费”，即消费者不仅消费商品本身，而且消费这些商品所象征的某种社会文化意义，包括消费时的心情、美感、氛围、气派和情调。

随着社会经济的发展，人们的消费观念也在悄然发生着变化，由追求数量和质量过渡到追求品位格调。如某财富新贵建造的办公楼极尽豪华，某城市商人团购劳斯莱斯数量又创新高……不管是玩名牌还是购房、买车，人们层出不穷的奢侈消费花样，为的都是得到心理上的满足感。他们购买的不是商品的价值，而是一种伴随商品的身份优越感。

商家愁的就是没人愿意花钱。消费者的这种凡勃伦心理，自然正中商家的下怀。商家当然会设法满足这些人的心理，将商品价格定得更高，使商品附带上“名贵”和“超凡脱俗”的形象，从而加强消费者对商品的好感。

很多人通过价格及品牌来表现自己的优越。如果价格下跌，炫耀性的成分就降低了，这种物品的需求量就有可能减少。比如一部价值20万的手机，现在要1万元卖给他，他也许根本都不会瞧一眼；一顿20万元的年夜饭，如果请他免费品尝，大概也会被拒绝。因为这些物品只剩下实际使用效用，不再有炫耀性的效用。

在我们的生活中，款式、材质差不多的一件衣服，在普通的店卖100元，进入大商场的柜台，就要卖到几百甚至上千元，一样有人愿意买。上万元的纪念表、上百万元的顶级钢琴等这些近乎“天价”的商品，近年来也在市场上日益走俏。

掌握财富的人如何使用财富是他们自己的事，与别人并无太多关系。越来越多的人不关注事物的本质，而是盲目追求表面的花哨噱头，使得整个社会都陷入浮躁之中。一些普通的白领甚至一般工薪族，为买一件衣服愿意节衣缩食付出几个月薪水为代价，这也就难怪商家愿意把商品越卖越贵了。

有句广告词说，“只选对的，不选贵的”，可以说是对凡勃伦心理最好的注解。但是，贵是没有上限的，而我们应该做的，是选择自己需要的。

巧妙炒作，利用“凡勃伦效应”成功营销

日常生活中，我们总能看到一件在普通小店卖几十元的衣服，进入大商场的专柜，就卖到几百元，仍然有很多人愿意买；上万元的皮包、眼镜架、手表等，在人们大呼天价的同时也能“走俏”。其实这就是运用“凡勃伦效应”，迎合顾客的奢侈消费心理。

因此，我们可以利用“凡勃伦效应”来探索新的经营策略。例如通过提升商品的包装档次，提高定价，给人一种“名贵”的感觉；或者借媒体宣传，将自己的形象转化为商品或服务上的声誉，使商品附带上一种高层次的形象，给人以“超凡脱俗”的印象，这些都能加强消费者对商品的好感，从而激起顾客的购买欲望，提高商品的市场销售额。

我们先来看一个故事：

师父为了启发徒弟，给他一块石头，叫他去地摊上卖。师父说：“不要真的卖掉它，你只是试着卖掉它。注意观察，多问一些人，然后告诉我在市场它能值多少银子。”

徒弟看着这块虽然花纹很美，但很普通的石头，心中充满了迷惑，但他还是按照师父的话去做了。市场上有一些人看了石头想：它可以当一个很好的小摆设。于是便出了价，想要买那块石头，但只不过才给了几个铜板，徒弟没有卖。回来后，他对师父说：“它最多只能卖几个铜板。”师父说：“现在你再去黄金市场看看，问问那儿的人，但是仍不要卖掉它，问问价就可以了。”

徒弟就又去了黄金市场，他从黄金市场回来时兴奋地对师父说："那里的人出了1000两银子。"师父又说："现在你再去珠宝市场，看它能卖多少钱。"

于是，徒弟又去了珠宝市场。他简直不敢相信，有些珠宝商愿意出5万两银子来买这块石头。这时徒弟仍没有卖，于是那群买家开始抬价——他们出到10万两、20万两、30万两。徒弟说："这样的价钱我还是不能卖，我只是问问价。"他心里却想："这些人疯了！我觉得地摊上的价格已经足够了。"

回来后，师父对他解释说："现在你明白了吧，人就是要有自信，要敢于高估自己。"

在上面的故事中，虽然师父告诉徒弟的是做人的道理，但是从卖石头这个角度看，我们会发现，这种让人难以理解的现象背后其实就是凡勃伦效应在起作用。

从凡勃伦效应中，我们可以领悟一条营销规则，即价格越高的商品，越能受到消费者的青睐。其实这是一种正常的经济现象，因为随着人们消费能力的提高，单纯追求数量和质量的时代已经过去，人们更加注重商品的品位和格调。因此，经营者可以瞄准消费者的这一心态，推动高档消费品和奢侈品市场的发展，从中获得利润。当然，好质量是前提。

【定律链接】警惕"凡勃伦效应"的陷阱

根据凡勃伦效应，大家都懂得了消费者消费的目的，不仅仅是为了获得直接的物质满足与享受，更大程度上是为了获得一种心理上的满足。这种炫耀性消费，深受有钱人的欢迎。因此，很多企业就利用这种消费心理，一切以吸引消费者的眼球为基准，不惜代价，甚至拼命砸钱。

一顿饭5万元，听起来不可思议，但不少企业却乐此不疲。"赞助5万元便可与前来中国的世界级电影明星、现任美国加州州长的阿诺·施瓦辛格同桌进餐"的消息吸引了许多企业前来竞争。

从管理学的角度讲，这种"事件营销"的策略确实有其赢利点，参与企业或许能利用"与施瓦辛格共宴"等热点事件的新闻效应，获得一定的商业利益，但不少企业却过分夸大了炒作这类事件的效能，从而落入了"凡勃伦效应"的陷阱。

确实，消费者购买商品的目的除了直接的物质满足与享受，还要获得心理上的满足，但不少人却忽视了一个前提：为吸引眼球所支付的成本不能太高；也忽视了一种潜在危险：即使眼球集中到自己身上了，消费者也未必买账。

以乐于支付5万元与施瓦辛格共餐的企业为例，其中一个常识性错误就是这些企业与施瓦辛格并没有"利益磨合点"。它们只是完全寄期望于媒体的轰动效应，但这一效应不过是昙花一现，带给企业的收效也是微乎其微的。

许多曾经风光无限的企业，无一不精于策划并长于炒作，但最后往往是轰然倒塌。因此，一个善于营销的企业管理者，一个具有可持续发展经营思想的企业领袖，是将精力与费用投入到内部组织优化上与自身品牌的建设上，而非投入到单纯的商业炒作上。

价格战理论：价格竞争是一把双刃剑

价格战，刺向竞争两方的双刃剑

价格战是指生产者为了达到倾销商品、占领市场的目的，而采用的降价销售的策略。价格战在我们的生活中并不鲜见。

2009年2月中旬，格力、海尔、美的、三菱4家大的空调厂商陆续同国美签订了采购单总金额高达100亿元的采购合同。仅海尔一家便与国美签下了16亿元的采购订单，向后者提供50万台畅销特价机型。同时，四大厂商的产品也成功地挤垮了其他空调厂商，成为市场上极具销售规模的“四大金刚”。

除了空调大战，人们还会看到打得热火朝天的冰箱大战、彩电大战、微波炉大战等等，似乎每种产品都能擦出一点战争的火花。当今社会，市场经济发达，生产规模扩大，市面上逐渐出现了产品过剩的局面，也就是——“商品丰富，货源充沛”。这一消息，对消费者来说，等于在挑选产品时有了更多的机会；对于经营者来说，则是在提醒他们不得不在产品的品种、服务、价格等方面展开激烈竞争。降价，打价格战，成为很多品牌产品占据市场的最佳选择。

格兰仕“价格屠夫”的形象深入人心，同时也饱受业界诟病，尤其是其对微波炉市场的占有过程充满“血腥”。

据透露，格兰仕在近30年的发展过程中，一直是以低价策略争夺微波炉市场份额，“价格屠刀”不仅清除了一大批竞争对手，占领了国内外市场确立了业内老大的地位，还直接导致行业利润大幅收缩，微波炉市场竞争趋于白热化。目前，经过数轮价格“洗牌”后，国内微波炉市场已由早先的10来个品牌，逐渐被格兰仕带领下的美的、松下、LG、海尔等大品牌的模式取代，而格兰仕微波炉的寡头地位也进一步得到确立。

降价竞争是一柄“双刃剑”。在正常情况下，合理的、适度的降价竞争，有利于鼓励先进，淘汰落后，促使企业加强管理，降低成本费用，采用先进技术，提高劳动者素质和技术水平等，并给消费者带来长期的实惠。同时，降价后的价格水平仍然高于平均成本水平，使行业内的先进企业有利可图。

但是，降价竞争如果运用不当，出现过度降价、恶性降价竞争则会带来不良的后果。过度降价或恶性降价的一个基本特点是不顾成本，使行业内的价格水平低于平均成本，行业内大多数企业都无利可图，甚至严重亏损，这无异于饮鸩止渴的自杀行为。常常是低价这柄“双刃剑”一剑劈倒了对手，抢来了一时的客流，短期内产生了明显的促销效果，但是，另一边却也伤及了自身。

不想竞争，联盟真的靠得住吗

在拉封丹的寓言《鼠盟》里，有一只自称“既不怕公猫也不怕母猫，既不怕牙咬也不怕爪挠”的鼠爷，在它的带领下，老鼠们签订协议，组成了对抗老猫联盟，去救一只小耗子。结果，面对老猫，“首鼠两端不敢再大吵大闹，个个望风而逃，躲进洞里把命保，谁要不知趣，当心老猫”。鼠盟就这样瓦解了，协议变成了一纸空文。

寓言故事中，鼠盟难以形成的原因是猫的强大无比；市场竞争中，价格同盟难以实现的原因是市场供求力量强大无比，不可抗拒。在市场经济中，决定价格的最基本因素是供求关系，供小于求，价格上升；供大于求，价格下降，这是什么力量也抗拒不了的。在不完全竞争的市场（垄断竞争、寡头、垄断）中，企业只能通过控制供给来影响价格，想把自己硬性决定的价格强加给市场是行不通的。在汽车、民航这类寡头市场上，每个企业所考虑的只能是自己的短期利益，而不是整个行业的长期利益，因此，当整个行业供大于求时，不要寄希望于每个企业减少产量来维持一定的价格。

国内企业各种各样的“联盟”声不绝于耳，并且屡战屡败，而后又屡败屡战，很多企业乐此不疲。企业搞联盟是想在市场的海洋中寻求一个救生圈，而结果则不然，每次联盟均告失败的事实说明：这种被不少企业看做制胜“法宝”的价格联盟是靠不住的。

我国如今的经济好像进入了“联盟时代”，在种种共同利益的驱动下，一些企业动不动就打起“联盟”大旗，或是抬价压价，或是限产保价，或是联合起来一致对外。仔细分析，这些企业联盟形式大致分为两种模式，一是企业之间自愿建立的松散联盟，二是主管部门主导、企业参加的联盟。

价格联盟的明显特征是：它是两个或两个以上的经营者自愿采取的联合行动，是处于同一经营层次或环节上的竞争者之间的联合行动，联合行动是通过合同、协议或其他方式进行的，协议的内容是固定价格或限定价格，其共同目的是通过限制竞争获取高额利润。

由于行业协会制定的价格是行业自律价格，其实没有强制效力，行业协会也不可能对“违反”自律价格的商家进行处罚，因此这个自律价格其实只是一个空架子，没有什么实际意义。在利益面前，这种基于行业压力及商家道德的“盟誓”究竟有着多少约束力可想而知。

早在18世纪初，亚当·斯密就说过这样一句话：“同业中的人即使为了娱乐和消遣也很少聚在一起，但他们的对话不是策划出一个对付公众的阴谋，便是炮制出一个抬高价格的计划。”事实也一再证明，这种非寡头垄断同盟缺乏有效的约束机制，具有相当的不确定性。

价格联盟被称为“卡特尔”，任何价格卡特尔一经形成必然走向它的反面。联盟一经形成，价格便富有极大的弹性，只要其中的某一个成员降低价格，必将从中获利。为追逐利益，联盟成员之间的价格争斗不可避免，这就必然导致卡特尔机制的瓦解。

即使价格联盟在短期内取得一定收效，缓解了联盟企业的燃眉之急，但其潜在和长期的危害却不可忽视。首先，它制约了企业竞争。自由竞争是市场经济的基本属性，离开了竞争，市场就成为死水一潭。由于不同企业经营成本不同，执行相同的价格，就会形成大家平均瓜分市场份额的局面，无形中保护了落后，鼓励不思进取，严重挫伤了企业发展的积极性。其次，损害了消费者的知情权和选择权，伤害了消费者的利益，并且不利于培养消费者成熟的消费理念。俗话说，没有成熟的消费者就不会有成熟的市场，因此，最终结果还是累及整个行业的长期发展。

【定律链接】价格战中的小知识

不正当竞争：不正当竞争行为是指经营者违反《反不正当竞争法》的规定，损害其他经营者的合法权益，扰乱社会经济秩序的行为。不正当竞争行为的主体是经营者。

根据《反不正当竞争法》的规定：“本法所称的经营者，是指从事商品经营或者营利性服务的法人，其他经济组织和个人。”不正当竞争行为损害的客体是其他经营者的合法权益，以及正常的社会经济秩序。例如，价格战就是一种不正当竞争的行为。

价格领先制：在激烈的市场竞争后，市场上产生了一个超级寡头，但它又不能消灭其他竞争者，这时就会采用价格领先制的定价方式。价格领先制是一家寡头率先定价，其他寡头跟从。这家可以率先定价的超级寡头称为价格领袖，这种领袖不是自封的，也不是政府指定的，是在价格竞争中产生的。

预防式定价：是为了防止潜在进入者进入，是一种未雨绸缪的定价方式。预防式定价是对付潜在进入者的，因此，价格定为多高就取决于潜在进入者在进入时遇到的进入门槛的高低。如果某个行业根本无法进入，比如企业垄断了某个行业的资源，就可以不采用预防式定价；如果某个行业根本没有进入门槛，任何企业都可以自由进入，预防式定价就要低一些。进入门槛的高低决定了预防式定价的高低，两者同方向变动。

供需定律：游走于短缺与过剩之间

从供需关系，看穿价值高低

鲁迅先生在《藤野先生》一文中有这样的句子："大概是物以稀为贵吧。北京的白菜运往浙江，便用红头绳系住菜根，倒挂在水果店头，尊为'胶菜'；福建野生的芦荟，一到北京就请进温室，且美其名曰'龙舌兰'。"实际上，供需不平衡导致了这些商品的尊贵，因此，白菜在浙江能卖出好价钱，而芦荟在北京能卖出好价钱。

一般来说，供需平衡时，市场价格就是正常价格；当供大于求时，市场价格低于正常价格；当供不应求时，市场价格高于正常价格。"洛阳纸贵"的故事说明了供不应求，从而导致纸的市场价格成倍增长的现象。

《晋书·文苑·左思传》中记载，西晋太康年间出了位很有名的文学家——左思。在左思小时候，他父亲一直看不起他，常常对外人说后悔生了这个儿子。等到左思成年，他父亲还对朋友们说："左思虽然成年了，可是他掌握的知识和道理，还不如我小时候呢。"左思不甘心受到这种鄙视，发愤学习。

经过长期准备，他写出了一部《三都赋》，依据事实和历史的发展，把三国时魏都邺城、蜀都成都、吴都南京写入赋中。当时人们都认为其水平超过了汉朝班固写的《两都赋》和张衡写的《二京赋》。一时间，在京城洛阳广为流传，人们啧啧称赞，竞相传抄，一下子使纸昂贵了几倍。原来每刀千文的纸一下子涨到两千文、三千文，后来甚至倾销一空，不少人只好到外地买纸，抄写这篇千古名赋。

为什么会"洛阳纸贵"？因为在京都洛阳，人们竞相传抄《三都赋》，以致纸的需求越来越大，纸的供给跟不上需求，这样一来纸的价格才会不断上涨。

在通常情况下，需求与价格的关系成反比，即价格越高，需求量越小；价格下降，需求量上升。例如，如果每盒冰激凌的价格上升了 5 毛钱，你可能就会少买冰激凌。价格与需求量之间的这种关系对经济中大部分物品都是适用的。这种关系如此普遍，以至于经济学家称之为需求规律：在其他条件相同时，一种物品价格上升，该物品需求量必会减少。

在现实生活中如大学生就业难的问题实际上也是需求定律的体现。我们经常听到"大学生太多了""人才太多了"之类的话，试问一下，中国的人才真的供大于求而人才过剩了吗？

如果就相对人才的供给与需求的关系而言，人才确实出现了过剩。比如，现在不少大学毕业生找不到工作或找不到合适的工作，在人才市场上数百大学生争一个岗位早已经不是新闻了；不少本科生做专科生的工作，研究生做本科生的工作；不少机关干部和科技人员分流下岗或人浮于事等等。这些现象都说明：我们的人才的确处于"过剩"的状态，更准确地说，处于相对过剩的状态。

人才也是一种商品，是一种特殊的商品，是受市场供求规律支配的。所以，当人才供大于求的时候，自然会造成人才过剩的结果。但这种人才过剩是相对的，因为并不是每一个机关、企业或农村都拥有了管理、法律、营销以及懂得电脑、信息、科技等的人才，而是在就业市场有限、对人才的需求有限的情况下，出现的一种人才的相对过剩。

人才相对过剩必然导致过度竞争，即人才商品的"价格战"。作为刚刚走进人才市场的高校毕业生，他们面前有这样几个选择：或者降低自己的价格，接受较低的工资；或者待价而沽，继续维持一个较高的价位；或者高不成低不就，依然处于"自愿失业"状态；或者继续深造，重新返回学校，暂时离开劳动市场。已经参加了工作的人，他们的选择不是很多：或者安于现状，或者"跳槽"。

实际上，无论是短缺还是过剩，其实都是需求定律在背后起作用，认识了需求规律，便能看穿所谓价值高低的实质。

市场供需关系稳定，物价才会趋向理性

供求与价格互为因果的竞争波动，是市场运行机制的核心和价值实现的承载形式。短期、局部供求关系的波动，会引发价格的反向波动，弹性的存在将供求关系导向新的均衡价格基础上的平衡。在这个意义上，供求（趋于平衡的态势）直接决定价格。

如果市场均衡尚不足以达到长期和全局产需平衡，就会进一步引发产需结构的调整，只要不存在资源、政策等约束，至少由于生产规模的变化，该产品的社会劳动生产率水平也将发生改变，资源配置（要素投入）的部门和地区结构、部门平均成本、社会价值都将随之改变，成为形成产品价格的新的价值基础。当供给大于、等于或小于需求时，市场价格的要求，将分别决定于优等、中等或劣等生产条件下由相对高的、中等的或低的劳动生产率水平所形成的相对低的、中等的或高的成本基础。所以，在供求波动中形成的价格，必然受劳动生产率水平和成本基础制约。这一事实恰恰说明，供求关系决定价格，其实质正是价值基础作用的表现形式。

我们生活在当今社会，市场经济与我们息息相关，这就要求我们必须懂得尊重市场规律，按供求规律这一基本原则办事。基本原则要求避免某些经济政策方面的举措，如国家补贴、建立国家强制性垄断、普遍冻结物价、进口禁令等。原则首先不是消极的或被动的，更确切地说，必须有积极的经济和法律政策，来达到发展完全市场制度，以实现基本原则的目的。

【定律链接】与供需定律相矛盾的萨依定律

萨依定律，也称作萨依市场定律，是一种自 19 世纪初流行至今的经济思想。萨依定律主要说明，在资本主义的经济社会一般不会发生任何生产过剩的危机，更不可能出现就业不足。定律得名自 19 世纪的法国经济学家——让·巴蒂斯特·萨依。虽然当今经济学教科书已将其内容删去，然而还有不少微观或宏观经济理论还是依据萨依定律做出结论的。

萨伊定律的核心思想是"供给创造其自身的需求"，这一结论隐含的假定是，循环流程可以自动地处于充分就业的均衡状态。它包含三个要点：

第一，产品生产本身能创造自己的需求；

第二，由于市场经济的自我调节作用，不可能产生遍及国民经济所有部门的普遍性生产过剩，而只能在国民经济的个别部门出现供求失衡的现象，而且即使这也是暂时的；

第三，货币仅仅是流通的媒介，商品的买和卖不会脱节。

萨伊定律之所以被人们批评，主要因为它犯了一个最基本的错误，它漠视有效需求，因此与供需定律产生了极大的矛盾。

偏好理论：不同的偏好，不同的选择

为什么白鸡蛋要贵一些

日常生活中我们可能有这样的经验，市场上的白壳鸡蛋往往比红壳鸡蛋要贵几毛钱，这是为什么呢？

先听听商家给我们的解释吧。白鸡蛋经常被冠以土鸡蛋、柴鸡蛋的名称，大致意思是农家散养的鸡下的蛋。农家鸡是在自然的环境下生长的，饲料以草籽、虫子、五谷杂粮等为主，绿色天然，鸡蛋的营养价值自然会更丰富一些。红鸡蛋是人工饲养条件下的鸡生的蛋，工业生产条件下的鸡以人工饲料为食物，出于增产的目的会人为地在饲料中添加一些激素，当然鸡蛋的营养价值会大打折扣。事实上消费者也是这么认为的，白鸡蛋卖得贵一些也理所当然。

这里，白鸡蛋的价格高显然是由生产白鸡蛋的成本（比红鸡蛋高）和消费者的购买欲望共同影响形成的。

事实是怎样的呢？国内外专家对此做了研究，发现白鸡蛋和红鸡蛋的营养价值差距不大。两种蛋的营养成分比较如下：

白鸡蛋的蛋白质比红鸡蛋高 0.75% 左右；

白鸡蛋的维生素 A、维生素 B_1、维生素 B_2 都略高于红鸡蛋；

红鸡蛋的脂肪比白鸡蛋高 1.4% 左右；

红鸡蛋的胆固醇比白鸡蛋高 0.8% 左右。

除此之外，其他的营养成分几乎相等。白鸡蛋和红鸡蛋蛋壳颜色不同主要是鸡的品种不一样。可见，说白鸡蛋价格高是因为成本高属子虚乌有的，消费者的购买欲才是影响鸡蛋价格的主要因素。

所谓消费者的购买欲，即消费者的偏好。偏好是指消费者按照自己的意愿对可供选择的商品组合进行的排列，它是潜藏在人们内心的一种情感和倾向，是非直观的，引起偏好的感性因素多于理性因素。

习惯是消费偏好的一种常见类型，是由于消费者行为方式的定型化，经常消费某种商品或经常采取某种消费方式，就会使消费者心理产生一种定向的结果。所以，尽管人们已知道两种蛋相差无几，但在习惯的作用下仍会对白鸡蛋有所偏爱。

在市场经济的条件下，价格是由供求关系决定的。“供”指供给，是生产者的行为；“求”指需求，是消费者的行为。价格把生产者和消费者联系在了一起。

消费者的需求即消费者的欲望，人们为什么要消费一件物品呢，所有的回答可以归结为一点：它能给人们提供满足。这种满足被称为效用。早期的经济学家认为，必须找到一种方法来计量效用，就像长度可以用米、时间可以用秒来计量一样。这种努力失败之后，他们甚至宣称，选中效用是一个不幸。后来，人们发现，事情并没有这么糟糕：当一个人选择苹果而不是橘子时，我们只需要知道苹果带给他的效用比橘子高就足够了，至于高多少实际上是无关紧要的。

为了满足人对蛋的消费这种效用，有诸多可供选择的对象，如红鸡蛋、白鸡蛋，甚至鹌鹑蛋。人们会在自己偏好的作用下对各自的效用排个序，显然白鸡蛋会排在第一位，人们认为白鸡蛋的效用是最大的，尽管这并没有科学的根据。但就消费的最终目的是满足欲这一点来说已经足够了！

我们知道，物品价格的变动是沿着它的需求曲线上下变动的。由于人们对白鸡蛋的特殊偏好导致了对白鸡蛋的需求上升最终反映在价格上——即比红鸡蛋贵几毛钱。

然而，一方面，消费者要尽量满足自己的愿望和需要；另一方面，他又受到购买力的约束，消费者的购买力取决于他的收入水平以及市场的物价水平。如果白鸡蛋定价过于昂贵，人们则会减少对白鸡蛋的消费，从而增加对它的替代品红鸡蛋的消费，毕竟两种蛋相差没多少。所以即使商家会把白鸡蛋价格定得贵一些，但和红鸡蛋比起来总不会贵太多。

萝卜白菜，各有所爱

偏好表明一个人喜欢什么，不喜欢什么。所有人都是有偏好的，萝卜白菜各有所爱，穿衣戴帽各好一套，说的就是这个道理。偏好是主观的，也是相对的概念，一般来说，偏好无所谓好坏。

偏好实际上是一种非理性的表现形式，每个人的偏好不相同，这就会引起每个人行为选择的不同。

有个人在自家地里挖出一尊绝美的大理石雕像。一位艺术品收藏家高价买下了这尊雕像。卖主拿着大把的钱感叹：这钱会带来多少荣华富贵，居然有人用这么多钱换一块在地下埋了几千年、无人要的石头！收藏家端详着雕像想：多么巧夺天工的艺术品，居然有人拿它换几个臭钱！他们都对自己交换来的东西感到非常满意。

每个人的偏好不同，因此对同一种物品的评价往往不同，这种评价直接影响该物品的使用价值。卖主认为钱的价值大于雕像，买主认为雕像的价值大于钱，这和个人的偏好不无关系。

那么，偏好究竟跟什么相关呢？有人认为和收入相关，比如我们买服装时，富人从不去地摊，而是去大型商场；也有人认为和前期偏好有关，比如我们考研时会买某品牌辅导书，因为大学考英语四级、六级时一直选择这个品牌；也有人认为偏好和地理有关，如四川人偏好吃辣，江苏人偏好吃甜；也有人认为偏好跟熟悉程度有关，比如在同类商品中选择自己所需要的，一般会选择做过广告的；还有人认为偏好与周围人的偏好有关，你周围的人都买某件东西时，你一般也会买这件东西。

通常情况下，人们认为个体的偏好大多受感性因素的影响，这些感性因素因人而异，有明显的差别，也就印证了那句“萝卜青菜，各有所爱”。但从整个社会的角度来看，偏好的形成还需要依赖多种因素，如文化因素、经济因素、社会因素等的共同作用。

经济学认为，每个人根据自己的偏好，形成在一定约束条件下能够反映自身愿望的需求，在此基础上作出自己行为的决策，就能获得效用的最大化。实际上，偏好是每个人自己的心理感受，如果有人一定要用自己的偏好影响他人，往往会吃力不讨好。

偏好在生活中是非常重要的。每个人都会在限定的条件下最大化自己的偏好，即根据自己偏好使其利益最大化。于是，在别人看来，理性的人未必实现利益最大化，其实对于个人而言，他已经迎合了自己的偏好，实现了自身的利益最大化。因此，我们应该尊重每个人的偏好，要“投其所好”。

【定律链接】消费者的品牌偏好

营销学家霍尔及布朗于1990年的研究论述中指出，消费者在采取购买行动之前，心中就已有了既定的品牌及偏好，只有极少数的消费者会临时起意产生冲动性购买。整体而言，就算消费者的购买是无计划性的、无预期性的，仍将受到心中既有的品牌与偏好的影响。

事实上，品牌与品牌之间的战争，说穿了就是一场由营销传播与促销所构建成的消费者心理战，每个品牌都竭尽所能地想击败对手，获取消费者最高的品牌偏好与忠诚度。每位广告主都一样，不断地提高自己品牌的声音，只为了引起消费者的高度注意与兴趣。这意味着什么呢？营销人在策划与促销产品时，应特别留意消费者内心世界里的"喜欢"或"不喜欢"是如何形成的，才能为品牌赢得正面的、强力的偏好度。

有问卷调查显示：半数消费者存在饮料品牌偏好。在激烈的市场竞争下，口碑好、信誉度高的饮品较受消费者的青睐，销量更好些。通过消费者类型与年龄的相关性分析，我们看到，在18~24岁这个年轻人群中，很少有人对饮料的品牌是无所谓的，然而他们又并非对某个品牌完全忠诚，很多人会因为口味、包装和价格等因素而不去考虑品牌效应。但25~30岁的人群，他们有一定的品牌观念，同时比较稳定的消费习惯把对品牌的喜好固定下来。

消费者行为在很大程度上受商品中蕴涵的象征意义的影响。品牌对于消费者选择、企业营销策略制定而言具有多方面的意义，品牌的作用在于提供一种无形利益，这种无形利益不仅仅建立在质量、服务、技术等实体基础上，更着重于一种地位、品位、趣味上的认同和给予。

替代效应："稀缺"才能"稀罕"

东方不亮西方亮

2009年岁末一场大范围降雪使得各地的青菜价格猛涨了不少。细心的人会发现，青菜价格是涨了，但买的人也少了。随着鲜菜价格的大涨，精打细算的消费者们开始盯上了价格一向稳定的腌制蔬菜。"菜价涨得凶，只有腌菜价格没动。一年到头都可以吃到新鲜蔬菜，偶尔换换口味也不错。"很多消费者都这样想。于是，腌制的萝卜、雪菜、苋菜、霉干菜等，都卖得不错，风头明显超过了平时颇受青睐的新鲜蔬菜。不过，随着天气转好，鲜菜价格恢复平稳，鲜菜的销量也随之上升了，腌菜又重新回归"冷门"了。

这就是替代效应在发挥作用。在市场买水果，一看到橙子降价了，而橘子的价格没有变化，在降价的橙子面前，橘子好像变贵了，这样你往往会多买橙子而不买橘子。对于两种物品，如果一种物品价格的上升引起另一种物品需求的增加，则这两种物品被称为替代品。

替代效应在生活中非常普遍。我们日常的生活用品，大多是可以相互替代的。萝卜贵了多吃白菜，大米贵了多吃面条。一般来说，越是难以替代的物品，价格越是高昂。比如，产品的技术含量越高价格就越高，因为高技术的产品只有高技术才能完成，替代性较低，而馒头谁都会做，所以价格极低。再如艺术品价格高昂，就是因为艺术品是一种个性化极强的物品，找不到替代品，王羲之的《兰亭序》价值连城，就是因为它只有一幅。

2007年3月2日，信产部发布了中国联通公司申请停止30省（自治区、直辖市）寻呼业务的公示。该文件显示，中国联通向信产部申请停止经营全网（除上海市）198／199、126/127、128/129无线寻呼服务，已经基本完成北京、天津、河北等30省（自治区、直辖市）范围内在网用户的清理和转网等善后处理工作。联通在全国范围内停止寻呼业务，预示着BP机将正式告别历史舞台，成为一个时代的背影。BP机刚出现时，价格贵得惊人，一部要几千元，而当时人们的工资一般才几百元。谁要是有一部这样的机子，是很叫人羡慕的。中国寻呼业在20世纪90年代曾经辉煌一时，全国用户发展的增长幅度曾高达150%，用户规模一度逼近1个亿。但是繁华易逝，自1999年年底开始，随着手机的迅速普及，寻呼业被打入漫长的冬天。

尽管寻呼企业也曾尝试转向股票、警务等专业化服务，但依然无法扭转颓势。2002年时，联通还高调接收了另一家著名的寻呼企业——润讯通讯的用户，仅广东就接纳了50万户之多。但是，兼并与重组不能改变寻呼企业每况愈下的经营状况，寻呼业务再也没有寻到翻身之机。所有努力都无法阻挡寻呼业走向没落的脚步。

寻呼机为何只发展了短短的十几年，就从辉煌走向衰落？从经济学角度解释，替代效应发挥了巨大的作用。人们有了更方便实用的手机，谁还会选择BP机？BP机完全被手机替代了。

总之，替代效应在我们的日常生活中无处不在，正如中国那句俗话，“东方不亮西方亮”。

垄断

垄断的意思是“唯一的卖主”，它指的是经济中一种特殊的情况，即一家厂商控制了某种产品的市场。比如说，一个城市中只有一家自来水公司，而且它又能够阻止其他竞争对手进入它的势力范围，这就叫做完全垄断。

既然整个行业独此一家，别无分号，显然这个垄断企业便可以成为价格的决定者，而不再为价格所左右。可以肯定的是，完全垄断市场上的商品价格将大大高于完全竞争市场上的商品价格，垄断企业因此可以获得超过正常利润的垄断利润，由于其他企业无法加入该行业进行竞争，所以这种垄断利润将长期存在。

要打破垄断绝非轻而易举。通常，完全垄断市场有三座护卫“碉堡”，其一是垄断企业具有规模经济优势，也就是在生产技术水平不变的情况下，垄断企业之所以能打败其他企业，靠的是生产规模大，产量高，从而总平均成本较低的优势。其二是垄断企业控制某种资源。美国可口可乐公司就是长期控制了制造该饮料的配料而独霸世界的，南非的德比公司也是因为控制了世界约85%的钻石供应而形成垄断的。其三是垄断企业有法律庇护。例如，许多国家政府对铁路、邮政、供电、供水等公用事业都实行完全垄断，对某些产品的商标、专利权等也会在一定时期内给予法律保护，从而使之形成完全垄断。

通常认为，完全垄断对经济是不利的，因为它会使资源无法自由流通，引起资源浪费，而且消费者也由于商品定价过高而得不到实惠。“孤家寡人”的存在也不利于创造性的发挥，有可能阻碍技术进步。可是话又说回来，这些垄断企业拥有雄厚的资金和人力，正是开发高科技新产品必不可少的条件。另外，由政府垄断的某些公用事业，虽免不了因官僚主义而效率低下，但不以追求垄断利润为目的，对全社会还是有好处的。

【定律链接】打造“无可替代”，成就非凡人生

在我们的工作中，替代效应也在发挥作用。那些有技术、有才能的人在企业里是香饽饽，老板见了又是加薪，又是笑脸，为什么？因为这个世界上有技术、有才能的人并不是很多，找一个能替代的人更是不容易。而对于普通员工，企业很容易从劳务市场上找到替代的人，你不愿意干，想干的人多的是。如果别人的薪金比自己高，不要吃惊和不平，要使自己具有

不可替代性，待遇自然会提上来。

很多人慨叹，说自己刚进公司时，老板对自己很器重，当把才华全都献给公司的时候，自己的末日也就来了，这是替代效应在起作用。市场是无情的，面对员工的停步不前，如果老板不让新员工替代才能用尽的老员工，市场就会让别的企业替代这个企业。在错综复杂的市场中，如果你总能做到思维超前，自然不会被别人替代。

现实生活中，一个人始终做到“无可替代”非常难，因为社会在发展，任何人或者事物都面临着可能被替代的后果。所以，不要总认为自己是独一无二的，我们的社会在创新，企业在创新，我们自己也要时刻为自己充电。只有努力学习和更新自己，让自己在一定时间内一定空间内具有不可替代性，自然就会成就自己的不凡人生。

价值规律：价值支配着价格的波动

是什么在支配价格的变动

郑州一家名叫保罗国际的理发店，它创造了一项惊人的纪录，两个顾客理发，收费 1.2 万元，平均一个人就是 6000 元。在市场经济条件下，“理发”作为一项有偿性服务，其定价必须遵循价值规律的基本原则，即价格不能过分偏离价值。“1.2 万元”的天价理发无疑偏离了“理发”这项服务的基本价值，这明显是商家的消费欺诈行为。由此，“天价理发”已经不是单纯的商品或服务定价过高，而是涉嫌犯罪了。

价值规律告诉我们，商品价值是价格的本质，价格只是商品价值的货币表现，价格围绕价值上下波动，也就是说，价格高于或低于商品价值都是价值规律的表现形式。实际上，商品的价格与价值相一致是偶然的，不一致却是经常发生的。这是因为，商品的价格虽然以价值为基础，但还受到多种因素的影响，使其发生变动。但是，价格不能过分偏离商品的基本价值。市场经济条件下，绝大多数商品实行市场调节价。因此，一些生产经营者认为自己可以随意确定自己商品的价格，实际上，他们的定价必须遵循价值规律和相关法律。

价值规律在我们的生活中有着很重要的作用，主要表现在以下 3 方面：

（1）调节作用。价值规律调节生产资料和劳动力在各生产部门的分配。这是因为价值规律要求商品交换实行等价交换的原则，而等价交换又是通过价格和供求双向制约实现的。所以，供不应求时，就会使价格上涨，从而使生产扩大；供过于求时，会使价格下跌，从而使生产缩减。这里价值规律就像一根无形的指挥棒，指挥着生产资料和劳动力的流向。当一种商品供大于求时，价值规律就指挥生产资料和劳动力从生产这种商品的部门流出；反之，则指挥着生产资料和劳动力流入生产这种商品的部门。当然，价值规律的自发作用，也会造成社会劳动的巨大浪费，因而需要国家宏观调控。

（2）刺激作用。由于价值规律要求商品按照社会必要劳动时间所决定的价值来交换，谁首先改进技术设备，劳动生产率比较高，生产商品的个别劳动时间少于社会必要劳动时间，谁就获利较多。因而，同部门同行业中必然要有竞争，这种情况会刺激商品生产者改进生产工具，提高劳动生产率，加强经营管理，降低消耗，以降低个别劳动时间。

（3）筛子作用。在商品经济中，由于竞争，商品生产者想方设法缩短个别劳动时间，提高劳动生产率，优胜劣汰，这是不以人的意志为转移的。

尊重价值规律，利用价值规律

国家根据社会必要劳动时间的变化和社会供求关系的变化，以及其他方面的因素，有计划、有步骤地来调整价格，避免价格的自由涨落。从一个长时期来看，价格是在不断变化的，但在一定时间内，价格是稳定的。

价值规律同其他客观规律一样，在人们还没有认识它并自觉利用它之前，只能作为一种异己的力量来强制人们服从它，受它支配。当人们认识它以后，逐渐掌握其运动规律，人们就可以驾驭它，使它服从人们的支配和控制。

恩格斯在谈到未来社会运用经济规律时说："人们自己的社会行动的规律，这些直到现在都如同异己的、统治着人们的自然规律一样而与人们相对立的规律，那时就将被人们熟练地运用起来，因而将顺从他们的统治。"这就是社会主义社会运用价值规律的特点。也就是说，在我们不认识价值规律和不能掌握价值规律以前，我们感觉无法驯服，它的破坏作用会大于对社会有益的作用，我们对让它发挥作用有疑虑。当我们认识了它以后，就可以顺应它的作用，为社会谋福利。对此，就好像水和电一样，只有让它发挥作用我们才能认识它、掌握它，做到避其害趋其利。

例如，由于英语、计算机有实用价值，很多企业都需要，而传统文化在很多企业很少用上，甚至根本用不上，所以这些专业的人员的待遇与英语、计算机专业的待遇比起来显得相当可怜，也正因如此，英语、计算机市场火热而中国传统文化市场委靡。那么，我们该如何拯救传统文化市场呢？《国家"十一五"时期文化发展规划纲要》提出，将在有条件的小学开设书法、绘画、传统工艺等课程，在中学语文课程中适当增加传统经典范文、诗词的比重，要求高校各专业必须开设大学语文课程。这一举措对传统文化市场的促进作用，用价值规律来解释再合适不过了。

从经济学角度看，需求决定生产。根据价值规律显示，供过于求，中国传统文化人才必然贬值，然而一旦实施"在有条件的小学开设书法、绘画、传统工艺等课程，在中学语文课程中适当增加传统经典范文、诗词的比重，要求高校各专业必须开设大学语文课程"的举措，不就等于给传统文化学习者提供更多的就业机会吗？如此一来，还会担心传统文化市场不繁荣吗？

不只是调节传统文化市场，投资同样需要尊重价值规律。在资本市场，浮现于市场表面的是国家资本力量、机构资本力量、居民资本力量及国际资本力量四方的博弈。其中，政策力量最大，但政策出台不是无规律的，而是以自然规律和社会规律运行变化的情况择机推出的。中国农业生产周期大约是 5 年半，物价变化的周期基本上与农业生产周期对称。物价变化周期基本上规定了中国货币价格周期，货币价格周期恰好是包括资本市场在内的一定价格变化的中轴。由于特殊的货币调控与管理体制，流动性的宽松与紧缩，也可以视同货币价格变化的另外替代指标。当流动性实质上进行收紧的时候，我们可以视同货币价格事实上上升，作为利率倒数的资本价格因此就形成了向下的趋势。如果投资者想以价值规律为导向，充分利用不同行业的价值发展变化的规律，做好投资战略及其投资策略，就得充分掌握人民币价格结构及其内在价值变化趋势，这样才能在通货膨胀形成之际，充分把握产业结构优化与升级、消费结构扩容与升级的机会，做好投资组合。因此，精明的投资者应根据价值规律，培养长期投资而不是短期炒作的习惯。

综上所述，在市场经济的今天，我们应关注价值规律，尊重价值规律，并在经济实践中合理地利用价值规律。

【定律链接】绚丽的冰块——雪印公司的成功

上世纪六七十年代，冰淇淋在日本市场上竞争激烈。然而，短短的几年内，名不见经传的雪印公司就打败了森永等大公司，占领了日本冰淇淋市场绝大多数份额，成为世界著名的乳业公司。为战胜强大的竞争对手，起初，雪印公司决定通过提高乳脂含量这个增加成本的办法来与大公司竞争。但产品进入市场后，消费者并不买账，因为一些消费者吃了这种高乳脂的冰淇淋后，出现了口干的感觉。为了解决这一问题，雪印公司投入实验，最后找到一个解决的办法：在冰淇淋中加入冰块。但消费者又认为在冰淇淋中加入冰块，是借机提高冰块的售价。面对生产决策的又一次失败，雪印公司没有陷入绝望，而是始终保持冰一样的理智，进行冷静地分析、研究。最后，他们认为消费者觉得冰块售价高，无非是因为冰块太普通了，而如果改变冰块的形状和颜色，则必然会改变消费者的看法。于是雪印公司把冰块制成各种各样的形状，然后又加上各种绚丽的色彩。产品一上市，就因为它的新奇、美丽和镇暑功能受到消费者的欢迎。

经济学告诉我们，商品生产者进行产品结构调整时，必须调查和研究市场，价值规律要求厂家生产适销对路的产品。雪印公司深谙价值规律，坚持以市场为导向，不断研究消费者的需求，并以此作为开发新产品的动力，进行产品创新，从而赢得了市场。

首位效应：“首位”具有决定权

“首位”的强大影响力

安踏，这个晋江鞋业的传奇，这个国内首屈一指的运动品牌，是什么让这家公司在短短十几年里那么成功，取得如此辉煌的成就？主要是因为安踏在营销手段中成功地运用了“首位效应”，取得了最大的先机。

讲述安踏的成功，似乎谁也绕不开孔令辉代言安踏这个事件。

职业经理人叶双全，向安踏总裁丁志忠详细地介绍耐克等国外品牌明星代言的做法，并带来朴实有效的品牌营销理念。这种做法虽然在国外已经是很平常的手段，但是国内尚属空白，更为关键的是安踏极具开创性地采用了“体育明星＋央视”的营销手段。

1998年体育界人士王奇征向安踏总裁丁志忠推荐孔令辉，随后双方很快就敲定了由孔令辉代言安踏。从1999年起每年80万超值签下孔令辉之后，丁志忠当时想去央视做广告，结果得到股东的一片反对声。因为当时安踏一年的利润不过400万，向CCTV5支付的广告费就需要300万，半年里的广告预算已经占到利润5/6。结果丁志忠还是坚持了自己想法，做出了这个极具风险的决定。

结果孔令辉在2000年悉尼奥运会上发挥极其出色，他战胜老对手、瑞典乒乓球名将瓦尔德内尔，完成了自己的“大满贯”，他在那一届奥运会上成就了自己体育生涯的最精彩的一刻。许多观众至今对孔令辉激动地亲吻国旗的画面印象深刻，而安踏也因此迎来了第一次起飞。

孔令辉的一举成功深刻影响到安踏的家族管理体系。中国杰出乒乓球运动员，央视里的体育明星，伴随其奥运会冠军的光环与强势媒体的广告投放，一个品牌制造成功！

现在来看，安踏当年的决定，就利用了十分强大的“首位效应”。那是行业内第一次聘请体育巨星代言，自然容易获得关注。

首位效应应用很广。比如律师在不与庭审思路冲突的前提下，把最关键的证人或最关键的事实叙述放在开头或结尾来进，就是因为首位效应会让法官可能对开头和结尾的陈述记忆深刻。再如对单词表开始部分的单词的记忆效果优于中间部分，回忆率高。

再比如，当今的房价上涨成为社会、民生、经济等许多方面的热点，首都北京的房价飙升尤其明显。有人说，北京的房产市场其实是在满足着来自全国的需求量。这样说可能一点都不过分，需求量几乎是任何一个商品交易市场得以繁盛的筹码。然而，极大程度上支撑着房价的原因，其实就是因为北京具有极其强大的首位效应。北京房价的附加值太多，它带来的除了房子之外，还有最优秀的医疗机构、教育机构、大型商业等其他附加项。

北京的"首位"效应，随着外省人士购买力的上升，开始呈现出升级趋势。据伟业顾问的统计，外地客户在京购房的户型面积呈下降趋势，1999 年外地客户在北京购房的户型面积平均为 206 平方米 / 套，平均比北京本地购房客户购房面积大 46 平方米 / 套；2004 年外地客户购房的平均户型面积已经降至 123 平方米 / 套，与北京本地客户持平。这表明不仅仅是有钱人，而是稍有购买力的外省人士都在涌向北京，这就是北京首位效应的强大吸引力。

企业之间的经营差距比较明显，尤其每个城市名列前茅的房地产经纪企业，如上海的上房置换、广州的满堂红等在当地市场均拥有最高的市场占有率和品牌知名度，与其他房地产经纪企业拉开了较大的距离。有研究表明，房地产经纪企业在一个城市拥有的市场占有率和品牌知名度具有良性的相互促进作用，这在一定程度上说明百强企业争夺城市市场第一名具有很高的市场价值，这就是首位效应明显的表现。

抢占先机，制造首位效应

阿里巴巴之所以能成为国际各著名媒体关注的焦点，最为关键的是"垄断机会"，而这种垄断带来的主要优势之一，就是"首位效应"。

作为一个民营企业的阿里巴巴，缺乏国家资源的支撑，垄断不了市场与资源，但马云以独特的思维方式，发现机会，抓住机会，用最快的速度，率先把机会转化为财富，成为第一个吃螃蟹的人。1995 年，马云为帮一家企业追债来到美国，在美国第一次邂逅了互联网，回国后他借了 5 万元，迅速行动，创办了"中国黄页"网站。尽管网站创办后，几次上当受骗，但他始终坚信中国互联网时代即将到来。1997 年，马云带领团队来到京城，参加开发国家外贸部的官方站点和网上中国商品交易市场，经一年半，网上中国商品交易市场的净利润达到了 287 万元，他初步尝到了互联网的甜头。1999 年初，他又重返杭州，联合多位合作伙伴，以 50 万元人民币创建了阿里巴巴网站。2001 年，阿里巴巴推出"中国供应商"服务，向全球推荐中国优秀的出口企业和商品；推出"阿里巴巴推荐采购商"服务，与沃尔玛、通用电器等联盟，共同在网上进行跨国采购；借助互联网力量，向国际买家展示中国企业和为中国企业提供买家。凭着这样超凡的思维、这样惊人的速度，他完全引领了中国电子商务的市场。随着阿里巴巴突飞猛进的发展，其知名度和影响力不断扩大，不仅垄断了机会，甚至垄断了市场。

如今，当国人觉察电子商务网站的威力的时候，阿里巴巴已经成为海内外有名的品牌企业。"阿里巴巴"，因为垄断机会，成就了超速发展；因为超速发展，成为了世界公众媒体聚焦的中心；因为国际聚焦，从而抢占了更多的"首位效应"。

在经济领域中，商家在对商品进行营销时，应该特别重视"首位效应"。比如，制造社会热门话题。在大中城市许多人都知道“光棍节”，但在某些地区了解这个节日的人还不多。某地的咖啡厅抓住了这个有利商机，抢先一步，先发制人，举办了一系列紧密联系“光棍节”的活动，在当地造成一定的轰动效应，一时间“光棍节”和举办这些活动的咖啡店成为公众的焦点话题。大众对新出现在他们视野中的“光棍节”很感兴趣，并且在首次了解“光棍节”的消费者心目中，可以留下“某咖啡店让我知道光棍节”的印象和记忆，产生良好的社会效应和品牌传播价值。

【定律链接】网络链接中的“首位效应”和“末尾效应”

网络链接位置的影响，首先体现在信息卷入程度对位置的影响。所谓信息卷入程度，指人们在动机等因素的影响下产生的对信息的关注程度。当用两条相互矛盾的劝服性信息对受众进行测试时，有专家做实验发现，动机强烈的人受位置上处于第一条的信息的影响程度，明显要高于其受第二条信息的影响，这就是“首位效应”；但是，随着受众动机强度的下降，首位效应的影响也下降，甚至会出现“末位效应”。在对互联网信息链接的选择上，就会出现相似的情况。如果网页上的信息内容跟受众的相关程度高，首位效应会比较明显；信息内容的相关程度低，末位效应则会表现得更明显，如相同页面中一些对会议的报道，就显得没有那么明显的首位效应；在相关程度一般的情况下，首位效应和末位效应均会出现。

其次，链接位置与点击行为的关系也明显体现了“首位效应”和“末尾效应”。对于显示在同一屏幕上的一组信息来说，首位效应和末位效应的作用十分显著。获得首位效应可能性最高的，一般是第一条信息，以此类推，接下来的信息获得首位效应的可能性就会相应减低。但是，到最后一条信息时，点击率大多能出现一个比较大的反弹，其点击可能性要远高于倒数第二条，甚至会高于倒数第三、四条信息。例如，澳大利亚有专家曾通过实验来对此进行分析，在满屏信息量为 6 条的情况下，发现人们对第一条信息的点击频率最高，为 10.5%，点击率最低的是倒数第二条信息，为 7.3%，但是最后一条信息的点击率则反弹至 8.3%，超过倒数第三和第四的点击率。

我们都知道，链接是互联网最有代表性的一种传播方式，是互联网信息的领导，人们要通过点击链接才能看到特定的内容。因此链接的位置对浏览者的阅读倾向有非常重要的影响。所以，“首位效应”和“末尾效应”对网络媒体显得尤为重要。

吉芬反论：越是涨价，越是需求

天下究竟有没有“吉芬商品”

“吉芬商品”是经济学中的一个名词，它是指在其他因素不变的情况下，某种商品的价格如果上升，消费者对其需求量反而增加。

一些学者认为天下不存在“吉芬商品”，但也有不少人士认为存在“吉芬商品”或者“吉芬现象”。不过，后者大多在承认其存在的同时，也认为其并不违背需求定律。

那么，“吉芬商品”到底存不存在呢？这一直是经济学上没有解决的难题。如 2001 年华夏出版社出版的中译本《经济学的困惑与悖论》，就有专文讨论这个问题，但依然没有定论。在当前国内外的经济学教科书上，“吉芬商品”都是作为需求定律的例外存在的。

2001 年以来，中国经济学界就需求定律（或需求法则）展开了一场争论，参战学者之多，讨论时间之长，影响范围之广，较为罕见。至今，这场争端并无结果。这些问题对于广大读者和经济学界人士而言，还是一头雾水。张五常等先生坚持认为，需求曲线必定向下，现实世界不存在“吉芬商品”；黄有光、汪丁丁等先生则认为存在向上倾斜的需求曲线，存在“吉芬商品”。

在西方传统经济学中，“吉芬商品”代表了一种特殊的经济现象，它揭示了与经济常态截然相反的价格变动规律。我们通过日常的观察，可以很容易了解到：当一种商品需求量上升时，价格必然随之下降，即商品价格和需求量是反方向变动的，这就是凯恩斯供求曲线所描述的经济规律。

19 世纪的爱尔兰灾荒时期，英国经济学家罗伯特·吉芬观察到当土豆价格上涨时，人们消费了更多的土豆。这一特殊的现象可用土豆价格变化时所发生的收入效应的程度来解释。土豆不仅仅是劣等品，而且在灾荒年代其消费占用了爱尔兰人收入的很大比例，因而土豆价格的上升大大减少了他们的实际收入，爱尔兰人被迫压缩其他奢侈食品的消费，以购买更多的土豆。马歇尔 1895 年在他的名著《经济学原理》第三版中提出了著名的吉芬反论（GiffenParadox），指出了一种贫穷物品的价格下降，这下降的本身使该物品的需求量增加，但价格下降引起的实质收入增加，会使贫穷物品的需求量下降。二者相加，一正一负，需求量可能还会上升。然而，在逻辑上这一正一负也可能产生需求量下降的效果。这也就是说“吉芬商品”违背了我们所熟知的需求规律。事实上，不仅是土豆，所有需求和价格同方向变动的劣等品都可以归结为“吉芬商品”。

需求现象与吉芬反论

经济学家马歇尔在进行一个讨论“需求定律”的讲座时，一位名叫吉芬的爵士向他提出如下的一个反论例子：他说面包是一种主要的食物，如果面包的价格大幅下降，消费者的购买力增加，反而多吃了肉类，少吃了面包，面包之价下降，但需求量却减少了。这一例子中的面包被称为“吉芬物品”，仿佛它推翻了“需求定律”。

我们来看下面这个小故事：

老师带一群小学生旅游登山，每人发给 10 元人民币，要求各人自己购买 2 瓶饮料用于山上解渴。现山下小卖部只有 2 种饮料：一是矿泉水 4 元一瓶，一是可乐 7 元一瓶，学生的购买行为既要满足两瓶饮料，又要符合不超出 10 元钱的“价值取向”，当然只能购买两瓶矿泉水。假如矿泉水现在降价到 3 元一瓶，可乐仍是 7 元一瓶，那有的学生就会矿泉水和可乐各买一瓶，于是矿泉水降价，需求量反而会减少。这里的矿泉水就成了“吉芬物品”。

但不能以为这就推翻了“需求定律”，因为“需求定律”在市场竞争的条件下才能发挥作用，而案例中的条件完全束缚了竞争，使得“需求定律”无用武之地。所谓“吉芬物品”实际上是满足人们基本生存需求的最低档次的物品，“吉芬物品”降价，导致消费者的购买力增加；消费者的购买力增加，导致“吉芬物品”的边际效用大幅下降，也就是低档商品价格的替代效应不足以抵消人们需求水平的变化，需求效应大于替代效应，使得降价了的“吉芬物品”的市价还是大于它的实际平均价值，所以减少了需求量。

在一般情况下，商品的价值变动必然影响其价格，但商品价格的波动并不影响到它的价值，也就是不会影响到该商品对于人们的边际效用。比如感冒药品的价格波动一般不会影响到该药品的疗效及其在人们心中的地位。可是，在特定的条件下出现的“吉芬物品”，其价格的升降，使得其价值发生变化，因而使整条需求曲线发生变动。

我们都知道买东西并不是越便宜越好，最重要的是性能价格比。花 10 块钱买一个甜的西瓜，比起花 5 块钱买一个不甜的西瓜更“合算”。这种选择，大家都能很快决定。但是，如果遇到如下情况呢？同样是买西瓜，我们作为消费者对挑选比较甜的瓜并不内行，而瓜贩则十分清楚哪些瓜甜哪些不甜。面对商家打出的“自选每斤 2 元，包甜每斤 3 元”的营销策略，我们是否又能做出正确的选择呢？相信有部分消费者宁愿付高价买包甜的西瓜。

【定律链接】城市住房的“吉芬商品现象”

2004 年以来，中国房价一路飙升，然而在房价上升的背后却隐藏着更深层次的问题及矛盾。自 2004 年以来，在房价不断上涨的同时，商品房需求量及交易量也不断上涨，即房价越涨，需求量也越大。对于人们打着雨伞挤在一起排队等待楼盘销售放号的不正常现象，已经有人质疑其合理性，或认为那是开发商采取的请“托”策略，但是大量出现这类现象的根源又是什么？

城市住房的确表现出了“吉芬商品”的众多特性。首先，特质商品的特殊性。比如，土豆在饥荒发生时成为人们生存需求的根本之物，具有不可替代的作用，成为人们追求的一种“必然”；经济繁荣时期的城市住房作为大件商品，是人们吃饱穿暖之后的另一种“必然”追求，二者的表现没有根本差别。

同时，人们受追高、从众、恐慌心理的制约。饥荒时人们预期土豆价格还会再涨，于是对土豆存在着饥渴性的追求，一系列的连锁反应构成了“吉芬商品现象”；而经济繁荣时期，无论房价怎样上涨，人们在唯恐房价更高的心理支配下，一味追求住房的“拥有”，致使住房需求与“吉芬商品现象”相似。

这种看似明显违背经济学原理及市场需求规律的现象，其实正是经济学原理中的“吉芬现象”。

蛛网理论：跳不出的旋涡

难以跳出的旋涡

一些经济学家用蛛网理论解释生猪和玉米的价格与产量的关系及其波动，提出了著名的“生猪—玉米循环”模型。

这个模型指出：因为玉米是生猪的主要饲料，生猪的价格会影响到玉米的价格；当玉米价格发生变动后，又会影响下一年玉米产量；玉米产量变动后，又会影响玉米价格；玉米价格的变动，进而影响生猪的价格；生猪的价格变动又影响生猪的产量等等，直至趋向一个长期的均衡，即玉米和生猪的价格和产量相对稳定。

蛛网理论提出的目的，即从弹性的角度考察价格波动对下一周期产量的影响。

蛛网理论是某些商品的价格与产量变动相互影响，引起规律性的循环变动的理论。1930 年由美国的舒尔茨、荷兰的丁伯根和意大利的里奇各自独立提出。由于价格和产量的连续变动用图形表示犹如蛛网，1934 年英国的卡尔多将这种理论命名为蛛网理论。

蛛网理论是一种动态均衡分析理论。古典经济学理论认为，如果供给量和价格的均衡被打破，经过竞争，均衡状态会自动恢复。蛛网理论却证明，按照古典经济学静态下完全竞争的假设，均衡一旦被打破，经济系统并不一定自动恢复均衡。这种根据的假设是：

（1）完全竞争，每个生产者都认为当前的市场价格会继续下去，自己改变生产计划不会影响市场。

（2）价格由供给量决定，供给量由上期的市场价格决定。

（3）生产的商品不是耐用商品。

这些假设表明，蛛网理论主要用于分析农产品。

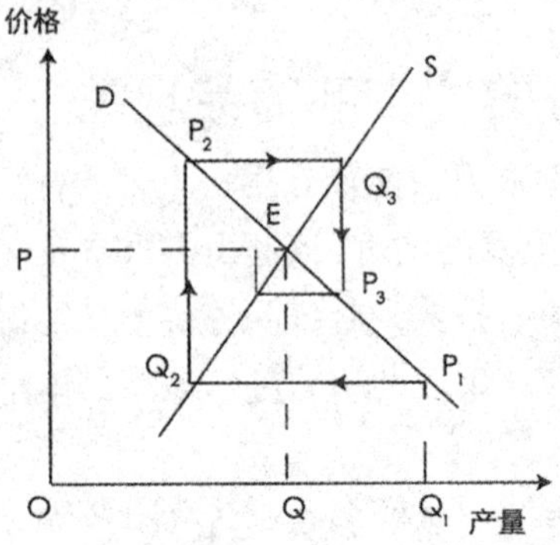

如下图所示，P、Q、D、S分别是价格、产量、需求函数和供给函数，t为时间。根据上述模型，第一时期的价格 P_1 由供给量 Q_1 来决定，生产者按这个价格来决定他们在第二时期的产量 Q_2。Q_2 又决定了第二时期的价格 P_2。第三时期的产量 Q_3，由第二时期的价格 P_2 来决定，以此类推。由于需求弹性、供给弹性不同，价格和供给量的变化可分三种情况：

（1）当供给弹性小于需求弹性（即价格变动对供给量的影响小于对需求量的影响）时，价格和产量的波动将逐渐减弱，经济状态趋于均衡。

（2）当供给弹性大于需求弹性（即价格对供给量的影响大于对需求量的影响）时，波动逐步加剧，越来越远离均衡点，无法恢复均衡。

（3）当供给弹性等于需求弹性时，波动将一直循环下去，即不会远离均衡点，也不会恢复均衡。

从“蛛网”中走出去

根据蛛网理论，当供求决定价格，价格引导生产的时候，市场便会出现一种周期性波动。

某网络媒体曾报道一则消息：

2004年冬天，大白菜取得了丰收。当时，河北固安的白菜收购价低到了1分钱一斤，许多白菜烂在地里没人管，甚至出现了用白菜喂羊、喂鹅的现象。那时，北京新发地大白菜的批发价是7分钱一斤，最低是4分钱一斤，创下了六七年以来的最低价。这样一来，许多农民都不敢种白菜了，产量的减少使得2005年的白菜价格一路飞涨。看到这种现象，农民在2006年又大量种植白菜，结果，再次发生了白菜价格走低的情景。

可见，当某一产品在第一期的市场销售中供小于求时，价格就会上涨，于是人们在第二期就会增加其生产；第二期产品产量的增加便会导致其价格下降；到了第三期，产品产量又会减少，从而再次引起了价格上涨，如此反复。

究其原因，这种现象是由于农业生产的周期性所导致的。由于农产品的储存时间通常都很短，使农民在进行市场交易的时候处于劣势。很多人认为，农民急着卖出去产品，不然就会坏掉，所以对交易的要求比较迫切，收购商正是利用这种心理来压低价格。如果此时是处于供给量相对过剩的情况下，那么农民实现交易的要求便会更加迫切，价格也就会被压得更低。

再回到前面那个大白菜销售的例子，尽管2006年的价格远低于2005年，可是居民的消费需求并未随着白菜价格的下降而增加。价格下跌幅度大，需求又不能以相应的比例增加，这就使农民们难以通过“薄利多销”来增加或维持收入状况。出现这种现象，说明市场在调节经济的方面存在着自发性与滞后性的内在缺陷。

专业人士指出，蛛网型波动给出我们这样一个启示：不能让农民单独面向市场。那么，又应如何帮助农民从“蛛网”中走出去的呢？对此，我们不妨从西方农民的一些经历中寻找答案。

曾经，在美国种植柑橘的农民，因柑橘的生产具有周期性，且需要一定的保存费用，所以每当柑橘歉收时就会非常高兴，但真正柑橘丰收时他们却烦恼了。

为了摆脱这种困境，他们终日冥思苦想，寻找出路。最后，有人提出组建一个农民与市场之间的中介组织，即新奇士协会。这个协会与以前的农业生产合作社不同，它是由农民自己组建的销售组织。

协会成立后，果农将柑橘卖给协会，并由协会去面对市场。协会由于控制了供给，在市场上也就有了发言权。当供大于求时，协会可以控制供给与价格，来减少农民损失。同时，它也为农民提供了许多有用的信息及实用的技术。不仅如此，协会还做了许多农民自己无法做到的事情。例如，组织产品出口，注册柑橘的“新奇士”商标，对产品进行储藏、加工、宣传及调节供给等等。

这些做法稳定了供给，平衡了市场力量，从而使柑橘的价格有了保障。如此一来，农民种植柑橘的积极性自然得到了提高。同时，良好的销售业绩也保障了农民的收入和利益。

所以，要想让农民走出这种蛛网理论的局限，应当在农民和市场之间建立一个有效的中介组织。在欧洲，这类组织也叫合作社或者别的名称。我国的市场化程度和社会经济制度与欧美国家不同，这种中介组织所采用的形式和发挥的作用不会完全一样，但也会有些共同的特征。

第一，这种中介组织是农民自愿组织的。

第一，这种中介组织不是政府的下属，或由政府间接掌控的二级机构。

第三，这种中介组织是非营利的，利益最大化不是它的目标。当然，为了支付必要的开支，它有时在经营中收取少量的费用。

【定律链接】生猪市场的“蛛网理论”

2008 年上半年生猪价格的快速上涨与下半年的快速下跌形成了鲜明的对比。2008 年 4 月份生猪价格达到历史顶峰 17.16 元 / 公斤，之后的 7 个月生猪价格一路下跌，11 月初生猪出栏价格为 11.80 元 / 公斤，比 4 月份下跌了 45.4%，下跌速度之快实属历史罕见。

在这样的市场变化中，“蛛网”现象非常明显：当饲料价格低、生猪价格高时，各地农民一哄而上，希望赚取更多利润；而当饲料价格高，猪肉价格低时，各地农民争先抛售，甚至淘汰母猪，使生猪生产周期波动大而且频繁，生猪生产不能在短期内得到恢复，给生猪养殖户造成严重的经济损失。

收入效应：别让降价成为你购买的理由

消费中的收入效应

某商品价格下降，使消费者购买水平提高，实际收入水平相应提高，会使消费者增加对这种商品的需求量，从而达到更高的效用水平。这就是消费中的收入效应。具体来说就是当你在购买一种商品时，如果该种商品的价格下降了，对于你来说，你的名义货币收入是固定不变的，但是价格下降后，你的实际购买力增强了，你就可以买更多该种商品。这种实际货币收入的提高，会改变消费者对商品的购买量，从而达到更高的效用水平，这就是收入效应。

按照一般的消费理论，引起消费变化的主要因素分“替代效应”和“收入效应”，长期以来，我国刺激消费走出低迷状况的措施大都聚焦于“替代效应”，即出台政策令消费变得“更便宜”，而储蓄“更贵”（如降低利率、征加利息税等），这些措施的目的是要引导储蓄向当期消费转化。

相对于“替代效应”，“收入效应”应是消费增长的长期可持续动力源泉。不过就一个国家增加居民收入而言，并不是意味着是要过多地干预企业与职员的工资。世行对此的建议显得很具实际可行性，中国目前仍有大量劳动力在从事生产率较低的农业，而农业的劳动生产率仅为其他经济部门的1/6左右。这部分农业劳动力有一半为剩余劳动力，若将其重新配置到其他行业中，特别是劳动密集型的服务业，就业类型的转变可能给这些劳动力的收入带来质的变化，这可能是未来增加居民收入在GDP中占比的最重要途径。

不过，在农村劳动力向城市劳动力转移的过程中，收入差距因素正在转变为一股阻碍的力量：并不是越穷的地方，劳动力转移率会越高。因为农民在原住地的低收入不仅意味着转移出来的机会成本低，有转移激励，还意味着他们很难提高就业境遇的初期投入（比如交通费用、饮食费用，以及城市中的居住费用等）。

商品再降价，消费也要理智

通常，商品一旦降价，消费者的购买欲和购买力都会有所增加。然而，作为一名明智的消费者，我们不应该只看到“商品降价”，而是要考虑手里的钱该不该花，花在必需的、高品质的东西上是一种节约，也是一种智慧。

那么，我们如何才能做到理智消费呢？

1. 消费之前先问6个W

消费专家总结出家庭消费的6W，或许对你合理消费有所帮助。

（1）What（买什么）。从生存需求来看，柴米油盐等都是每家每户的基本生活必需品，属于非买不可的东西；从享受需求来看，美味可口的高档食品，做工考究的精美服饰可根据自己的经济状况妥善安排，并非非买不可；从发展需求来看，音响是否高级进口，彩电是否超平面大屏幕，虽是生活中所需的，但也并非“必需”的。

（2）Why（为什么要买）。任何一个家庭添置东西之前，尤其是购买那些价格较高，属于发展性需求的物品时，总是会郑重地权衡一下是否必须购置，是否符合家庭成员的共同需求，是否为家庭的经济收入和财力状况所允许。

（3）When（什么时间去买）。购物时如果你能巧妙地利用时间差，同样会使你获益匪浅。

如在换季大减价的时候购买时装，就有可能以较低的价格买到较称心的衣服。

（4）Where（在什么地方买）。一般情况下，土特产品在产地购买，不仅价格低廉，而且也货真质好；进口货、舶来品在沿海地区购买，往往比内地花费更少。即使在同一地方的几家商店内，也有一个“货比三家不吃亏”的原则。

（5）How（以什么方式去买）。市场经济条件下，商家为了清仓脱货，促进资金流转，往往会使出浑身解数，开展“有奖销售”“分期付款”“以旧换新”“还本销售”等促销活动。这时，你要保持冷静的头脑，进行慎重选择。

（6）Who（什么人去买）。买生活必需品、副食品及服装和床上用品等，做妻子的往往比丈夫精明；而购买家电、家具等耐用消费品似乎做丈夫的比妻子内行些。

掌握了这“6W”，便能把自己的家庭生活安排得较为舒适、美好。当你和家人漫步在街上，面对商场、超市里琳琅满目的商品，光怪陆离的广告，花样百出的促销方式，你便会显得轻松从容，心中有数了。

2. 拒绝免费的午餐

俗话说“买的不如卖的精”，皆因卖的有“底”，买的无“数”。为了各自的利益，“卖的”与“买的”永远是一对矛盾体。众所周知，如今在利益的驱使下，消费市场早已不是一片净土，消费者一不小心，也许就会陷入商家精心设计好的陷阱。

在一个免费为顾客电脑画像的摊位前，顾客小谭被“免费”二字吸引，就坐下尝试了一下，等电脑上出现了自己清晰的影像后，画像者问：“你要相片吗？”小谭随口答道：“要。”相片出来后，画像者便来收钱，小谭指着免费宣传牌质问为何要钱？人家振振有词地说：“电脑画像的确是免费的，不要相片就不收钱，但你要了相片就得交钱。”

免费的午餐，不管是不是骗局，都不要去试，否则，一旦上当你连哭的地方都没有。

3. 逛超市要保持清醒

现代人工作日益繁忙，能照顾到家人的日常生活所需的超市便成为大众购物极为方便的消费场所，不过，如何在琳琅满目的商品中选择物美价廉又不伤钱包的必需品，可就要认真思考一番了！

其实，大的商场都会通过研究消费者的心理和行为来指导经营策略。这些经营策略大到超市地点的分布、经营的风格、品牌所面对的目标消费人群，小到超市里的色调、播放的音乐以及货架的摆放。作为消费者的你，了解了一些商家常用的策略之后，就可以在消费中争取主动地位，避免浪费。

因此，在逛超市之前，最好列一个购物单，严格按照购物单上所列条目来购物，那就能管住你口袋中的钱了。

超市常常举办一些满多少金额就可以抽奖的促销活动。商家刺激的是购物热情，买家在诱惑之下应保持平常心。买该买的东西，抽个奖、拿个小赠品，当然皆大欢喜，但千万不要为了抽奖而盲目购物，否则最后奖没有抽到，还花冤枉钱买了一堆不需要的商品，就得不偿失了。

超市的确是我们生活中的好伙伴，我们也能在超市的环境中得到休闲和乐趣，但你一定要以经济实惠、省钱合理为主要消费原则。

【定律链接】人民币升值是好事，还是坏事

人民币升值实际上指的是人民币兑换外币的比率增加。这里我们要先明白汇率的概念，汇率指的是以一种货币表示另一种货币的价格。根据这个道理，倘若人民币对美元的汇率是1 ：8时，1美元可以换8元的人民币；当汇率上升为1 ：7时，1美元只能换7元的人民币。这样人民币相对于美元来说，就是升值了。如果这时你拿人民币购买美国的东西，就比以前要花的钱少了。因为，人民币更“值钱”了。

2008年，福建的蓝老板决定为自己购买一辆进口的新车——一款留意很久的凯迪拉克SRX。在做这笔生意时，蓝老板可谓是打紧了小算盘，他说：“我浏览了不少国外专业网站，美国那边经销商的报价为37140美元，如果按以前的汇率8.3换算，要308262元人民币；但我买时的汇率是7.35，只花了272979元人民币，节省了35000多元。”

刚刚拿到新车的蓝老板对新座驾非常满意。他准备等到人民币再次升值后，为家里再添置一辆新车。

利用这个例子，就能弄清人民币升值的含义。同时，我们从中看到，人民币升值极大地提高了国内人民的国际购买能力。对于像蓝老板这样的消费者来说，外国的商品现在都等于是在打七、八折的价钱卖给我们，让百姓十分受惠。

同样的，对于进口商来说，他们进口商品也将会比以前更加便利，进口商品和进口原料便宜了，国内的一些加工产品也会变得更低价。于是，人们的购买力增加，从而拉动内需，促进了消费。此外，若有人想出国留学，人民币升值也是个非常不错的契机。根据新浪网留学咨询材料的相关统计：“2008年，赴美留学成本平均约为12万元人民币/年，其价格和赴澳大利亚或新加坡等国已经相差无几，对国内消费者的吸引力逐渐增强。”而以赴美留学4年修完学士学位为例，2008年留学美国的平均成本要比2006年初便宜10万元左右。

可见，人民币升值引起的这些效应都同日常生活息息相关，让老百姓有了切实的感受。但在高兴之余，大众似乎都忘记了去辩证地思考，难道人民币升值带来的都是好处吗？

2008年的搜狐财经报道：江苏省盛泽镇——原为中国四大丝绸之都之一，拥有数万台套国内外领先的生产设备，全镇每年生产各种纺织品60亿米。但因人民币升值，将近几百家企业停产，根据纺织协会的有关人员介绍，目前停产的中小企业约占全国中小企业数量的1/3。人民币升值，造成当地企业的利润空间被极大地压缩。

按照中国纺织工业协会的统计，仅2007年一年，全国纺织企业蒙受的经济损失就在1500亿元以上，远远超过企业获得的利润，51%的企业步入亏损边缘，纺织企业的形势堪忧。

概括地讲，人民币升值可以产生如下几方面的正面效应：

（1）有利于推进汇率制度乃至金融体系的改革。

（2）有利于解决对外贸易的不平衡问题。由于实行单一的盯住美元的汇率制度，使中国产品始终保持着“廉价”的优势，在一定程度上可缓解国际收支不平衡的矛盾。

（3）有利于降低进口商品价格和以进口原材料为主的出口企业的生产成本。

（4）有利于降低中国公民出境旅游的成本。

（5）有利于促使国内企业努力提高产品的竞争能力。我们的企业长期以低价占领国际市场，让外国进口商渔翁得利。人民币升值后如提价，可能失去市场；不提价，可能增加亏损，

因此只能提高生产率和科技含量，降低成本，提高质量，增强竞争力。

（6）有利于减少国外资金对国内的购房需求，减少房地产泡沫。

同时，人民币升值还可以产生如下几方面的负面效应：

（1）将在一定时期内降低企业的赢利空间，使竞争力和在国际市场的份额下降，导致出口减少。

（2)将加剧某些国内领域的竞争。一些出口产品的生产厂家会加入国内市场竞争的行列，使国内市场竞争更加惨烈。

（3）将造成某些领域的生产相对过剩。如食品、服装、文化用品等出口商品有40%~60%转移到国内市场，必然造成产品在一定时期内供过于求。

（4）将加剧就业压力，特别是会导致许多农民工失去工作。

（5）将增加外商在华投资的成本，利用外资可能会呈现逐渐下降局面。

（6）将增加海外游客在大陆旅游的花费，可能使他们转往其他国家或地区旅游。

总之，人民币升值带来的效果，不能仅仅用利或弊一方面来概括，利与弊是相辅相成，都不可能被回避的。

折扣效应：低折扣背后，藏着高门槛

究竟谁诱惑了你

情人节之际，章先生到花店买玫瑰（平时玫瑰2元一朵，情人节标价20元一朵）。

章先生想：花虽贵，但不能不买，而且，买少了面子上挂不住，买多了又费银子。

正在犹豫，店家走了过来，问：“先生，买花啊？”

章先生：“嗯。……这，……咳咳，这玫瑰能不能便宜点？”

店家笑道：“送女朋友吧？追女孩子怎么能怕花钱呢？若是因为这一大束花，换来了你的幸福，那可是太划得来了！”

章先生犹豫不决……

店家接着说：“要不这样吧，您在我这里办张会员卡，我给您五折优惠。”

章先生说：“啊？有这个必要吗？”

店家惊讶地说：“怎么没有啊，谁家红白喜事不送花？以后用得着的地方多着呢！”

章先生想想也对，就办了张卡，买了束花。

生活中，我们常常会遇到这样的事，明知打折是商家给我们挖的坑，然而我们还是照跳不误。是商家得了便宜还卖乖的表演——“我已经赔了，看在老乡的分上就权当我给你捎一个了”——让我们心软了，还是我们天生就是上当的主?

商家的软磨硬泡之所以能频频奏效，恰恰是利用了我们是理性经济人的特点，即追求实现自己的利益最大化。

在商场里，经营者以种类繁多的商品吸引消费者，再用昂贵的价格获取利润，而为了能获得更多的交易机会，他们会适当地给予消费者折扣。因为存在这些折扣，消费者多少会感到心里舒服些，既然买东西都会被宰，被少宰一点，总是好一些。渐渐地，人们也就接受了这样的销售模式。这就是所谓的折扣效应。

所谓折扣效应，是指卖方按原价给予买方一定百分比的退让，即在价格上给予适当的优惠，从而诱使消费者再次消费。

把顾客的腰包掏空，是这个追逐利润时代的主流思想。人们都想赚钱，都想变着法地从周围的人身上“掏钱”。打折，就是这样的一个从别人口袋里“掏钱”的方法。无数的商场店家，无不用折扣券、会员卡来吸引消费者，且屡试不爽。尽管消费者捂紧钱包，也很难逃过狡猾的商家设下的一个个圈套。滑稽的是，有时候消费者不仅不对此感到厌恶，还对此非常钟情。

美国P&G公司曾经实行过“折扣券”制度，对积攒、保存、出示“折扣券”的顾客（往往都是收入较低的顾客）采用比较优惠的价格。1996年，该公司以区分消费者需求弹性成本太高之名要取消此种制度。结果，经常来光顾的顾客火了，一纸诉状将它告到了纽约州司法部，最后，P & G公司被强制要求继续执行“折扣券”制度。

折扣效应让消费者对产品的价格更加敏感，也蒙蔽了消费者，它让人们光看到自己在某一次消费中少花了多少，而没有看到已经为之付出的和将来还要为之付出的代价。有人在消费某些奢侈品的打折优惠时，感到非常满意，却没想到，商家这招用的是“放长线，钓大鱼”，不看眼前蝇头小利，注重的是长期利益。

这一技巧性的方法，被广泛地应用到商业竞争中，可是，人们却无法用法律来对其进行规制和定性。折扣效应一直存在，大至房屋建筑，小至家居杂物，无论在哪里，我们都会听到这样的声音——“本店可办会员卡（送优惠券），购物满100享受八五折！省钱！实惠！您还等什么！”不知道那些“折价生意”背后，到底是谁笑了？

打折的背后——利润上涨

如今的市场促销手段中，最吸引人眼球的莫过于“打折”这两个字了。一逢节假日，商场的促销手段便纷至沓来，令人眼花缭乱。消费者平日工作忙，只有在这个时候才有时间出来采购。精明的商人自然不会错过这个赚钱的好机会，你会发现只要是你要买的东西全在打折。有的人经受不住打折的诱惑，一看见这两个字便想掏钱抢购。

打折的手段花样繁多，最直接的就是在商品价格栏上贴上“五折优惠”的标签，此外还有“满200元立减100元”“买一送一”“满200送100”等促销口号，外加“跳楼价”“放血大甩卖”等惨烈的字眼，目的只有一个，让消费者一看里面全是实惠，赶紧到我这来买。

时间长了，“打折”的新鲜感退去了，人们不禁会心有疑问：难道市场真到了“无处不打折，鲜见原价格”的地步了吗？

有的商场几乎天天打折，打折广告接二连三，打折花样不断翻新。有时全场打折，有时部分商品打折，有时分楼层打折，有时按专柜打折，逢年过节打折，喜庆活动打折，某类产品专项打折，仿佛看不到不打折的时候，商家把利润全给了消费者，难道他们不过了吗？

天底下没有免费的午餐，商家也不会做赔本的买卖，商家对利润的敏感犹如苍蝇嗜血的本性。每一个打折的背后都有一笔精明的小算盘。

“打折”只不过是商家用来招揽顾客的幌子，其背后仍是利润的赚取。由于商品定价投放是商家的自由，所以商家往往将商品的价格提升一点，然后再推出打折的广告。如此一来，不仅能吸引更多的顾客，而且会赚到更多的利润，不会赔本。

进一步来分析，商家的成本由固定成本和变动成本两部分组成。固定成本是相对于变动成本来说的，指总额在一定时期和一定的业务量范围内，不受业务量增减变动的影响，并能保持不变的成本，例如厂房建筑、机械设备、卖场租金等都是属于固定成本范围。变动成本则与固定成本相反，是指成本的总发生额随着生产或业务量的变动而呈线性变动的成本，例如工人的工资等。这两者构成了生产商品所需的总成本，而每件商品平均摊到的总成本就是平均总成本。

在市场经济条件下，产品成本是衡量生产消耗的补偿尺度，企业必须以产品销售收入抵补产品生产过程中的各项支出，才能确定赢利。所以，只要商品的出售价格高过了平均总成本，商家就能获利。商家就是通过精心计算，使打折之后的价格仍然能够高过平均总成本，另一方面，销量的增加，甚至可以使他们获得比平时更高的利润。

从商家的角度来说，产品怎样定价、怎样投放是商家的自由，折扣只是商家的一种促销手段，并没有侵犯消费者的切身利益。所以，我们并不能影响商家的这种行为，只能在愈演愈烈的打折背后保持清醒，做一个理性的消费者。

此外，商家若没有让利的诚意，折扣不能给消费者以真实惠，一味地隐瞒消费者，从长远来说会有损商家的声誉。商家若想获得长远的顾客，就应该实行明折明扣，使产品的价格透明化、公开化，使消费者能够明明白白地获得让利。

【定律链接】增强对“打折”的抵抗力

很多人在商场购完物结账时从不看小票，等走在回家的路上时才犯嘀咕——怎么花了这么多钱，我买的很多商品都打折的啊……等拿出小票细看时，才发现很多商品的价格并非是自己原来在货架上看到的价格，并非是所谓的特价商品。这到底是怎么回事呢？

“打折”商品却按“原价”收费，到底是自己眼花了还是商家灌你“迷魂汤”了？现在就借你一双“火眼金睛”，让你看清商家玩的那些“躲猫猫”的把戏。

1.“特价”商品照样按原价结算

明明是“特价”商品怎么能还按原价结算，这不是故意欺诈吗？如果你发现得早，赶在结算之前，收银员会以“工作人员贴错标码”了、“货物放错货架”了或“你看错了”等为由来敷衍你；但是如果你发现得晚，过于相信电脑的零失误率，也不太留意结算时的电脑小票，等你反应过来下次去商场理论时，商家往往会以“特价活动已经结束，现已恢复原价，只是标价牌还没及时更换”为由拒绝返还差价。

2. 故意以“打折”商品诱惑消费者，实则仍是原价，甚至比原价还高

节假日、换季时各大商场的打折、优惠、购物抽奖的广告扑面而来，吹得你头晕目眩，吹得你直掏腰包捡“实惠”。“买 100 送 60”“买 300 减 100”、一折区、二折区、三折区……不少服装店贴满了各种醒目的“黄条”，告诉你他们在“挥泪大甩卖”，只剩“最后三天清仓”了，错过时机你就再也捡不着这样的“实惠”了。他们惯用的伎俩就是在商品上贴上“原价 4000 元现价 1000 元”之类的标签来达到促销的目的。一个服装行业的朋友就曾经自吐苦水地说：“没办法啊，现在大家都搞这样的噱头，消费者就喜欢看这样的字眼，我们这样写也是为了生意好啊，哪有不赚钱的生意……”是啊，哪有不赚钱的生意——这才是商家打折真正的目的所在——打折 = 利润，减价实为涨价。

3. 将原价商品故意标为“特价”出售

为吸引消费者注意，商家将一些原价商品故意标为“特价”商品售卖，并以“特价商品概不退换”来制造假象让消费者相信这是最省钱的“白菜价”了，你要不赶快抢这块“肥肉”，很快就被别人捷足先登了。等你花了这“白菜价”的钱后，你才发现其实这“白菜价”水分

太多，但是商品一旦出售，“概不退换”，消费者是捡便宜还是吃亏了，难得糊涂一次吧！

4. 在“打折”区域中摆放原价商品来混淆视线

很多超市经常在醒目位置设置“特价”区域，堆放一些特价商品，同时也将一些原价商品放入其中。消费者一般不会仔细查看每件商品的标签，等到结算时才发现所购买的“特价”商品其实是原价商品。但看看排了这么长时间的队等待结账，也只好自咽苦水地买下，谁让自己不仔细看清楚呢！

有些商家就是摸透了消费者这些心理，借“打折”“减价”之名，行“欺诈”之实，这对消费者非常有“迷惑性”。当我们兴高采烈地消费时，却不知不觉地投资了零售业、服装业……不知不觉地沦为一个“商品奴”。花了钱，我们是可喜呢，还是可悲呢？！

选择性供给效应：“最低消费”未必消费最低

有争议的最低消费

中央电视台曾针对北京市政府禁止饭馆向顾客强行摊销“最低消费”的事情录制了一期电视节目。在节目里提到，生活中，许多餐厅酒店、娱乐场所等地方都能看到“顾客最低消费 ×× 元”的标示，由于不是一家两家，而是有一批这样的商家，结果这样的规定就被戏称为是餐饮娱乐业的“潜规则”。

在外企工作的林先生对朋友抱怨说:“都说消费者是上帝,但上帝消费多少还要饭店来定,太可笑了。”此类的抱怨已经不是第一例了。在老百姓眼里，餐饮娱乐服务本身是消费者的选择性消费，强加限制，是不是有点过分了？大家只是碍于没有相关法律规定，不能说饭店里有“最低消费”的规定是违法的，但心里早就对商家的此类做法非常反感了。很多人都对此深感不解，希望有关的专家能给个说法。

面对“最低消费”，人们该持怎样的观点？部分法学专家认为，最低消费侵害了消费者的合法权益，违背了消费者的意愿，因此应当撤销。但如果从经济学角度来看，最低消费具有一定的合理性首先，撤销“最低消费”，于法无据，没有哪项法律规定应当对其进行撤销。其次，在消费者消费的过程中，最低消费如果是被明确告知的，那么，消费者有充分的选择余地，决定是否消费。当他选择消费的时候，就应当视其为是理性的消费者，是承认这种消费的，则可以推断出这种“最低消费”是合理的。如果消费者不接受这种“最低消费”，消费者有权拒绝。尤其是在有些饭店里，有包间最低消费多少一说，这是商家提供的特殊服务，因为包间的配置也是需要一定成本的，只要商家的要求不过分，最低消费就合情理。

餐饮业应当算是充分性竞争行业，经营者有选择何种经营方式的权利。倘若商家出高额费用提供幽雅环境，设施齐备，一流的饭菜和服务，却得不到相应回报，那么经营就会亏损。打个夸张点的比方就是，到一家五星级的大酒店里消费，只有消费者花了上千元，饭店才可能有利润入账，如果大家都只消费几十元钱，恐怕饭店早就关门了！这时候，你再看饭店要求客户必须消费满 1000 元，是不是就合理了？退一步说，消费者完全可以不到这里消费，自由选择的权利还是有的。随着部分消费者的放弃，就会筛选出一部分消费能力高的顾客。也可以说，商家是在通过这一途径对消费者进行选择性供给。在商家提供服务的过程中，选择双方是平等的，而商家一般都对进入的顾客有一个基本的消费额预期，不到这个预期值的顾客，不是他们的目标顾客。所以，利用“最低消费”来做个衡量，也是正常的。

这两个观点各说各有理，难以分出胜负。但在现实中，消费者一般都倾向于保护自己的权利，认为不应当有“最低消费”。目前迟迟没有相关法律规定出台，所以，工商部门也没有办法采取相应的措施。因此只能再次提醒消费者，在消费前，一定要慎重选择，要清楚该店是否实行“最低消费”，最低消费是多少，以及自己是否要选择这种最低消费。

消费要精明

日常生活中的很多费用是不必要的，有些花销看似不起眼，但长年累月积攒下来，却不是小数目。因此，面对日常生活中的消费，我们要学会精明到一点一滴，这有助我们养成良好的理财习惯，也充分体现了我们的消费智慧。

许多人每天早出晚归努力工作，甚至牺牲休息时间加班加点，结果到了月底，仍然觉得收入和支出刚刚扯平，有时还不够用，这是怎么回事呢？另一些和自己收入同等的却月月有结余，这又是怎么回事呢？差别只在于你是不是能有效地运用每一笔资金，是不是将每一笔消费都翔实地记录下来了。通过有效运用和详细记录两种方法，你不但不会把钱浪费掉，反而会因此更了解自己的消费习惯，如此一来，要想存一笔钱，成为人人羡慕的小富翁，就不是难事了。

那么，我们具体该如何将消费精明到一点一滴上呢？下面的几大主要消费方面可以为你提供非常重要的参考。

1. 餐饮费

如果想和朋友聊天，尽量把他们约到家里来，这样可以节省一笔饮料费开销。除此之外，还可以自己下厨，体验自己做饭的快乐，因为到餐厅吃吃喝喝十分费钱。

2. 交通费

交通费其实最容易控制，如果路远的话，每天只要提早出门，多搭公共汽车，少打车，即可轻轻松松省下一笔庞大而不必要的开销。

3. 交际费

交际费是生活中最想节省却往往节省不下来的那笔开销，其实最理想的方案就是尽量在家里解决聚餐和吃饭问题，这要比外面的饭店省钱很多，而且还很卫生。至于实在省不掉的开销，比如结婚礼金等等，就记一笔人情账，人家送多少适量还多少，就当做是定期储蓄了。

4. 服装费

聪明的女士都知道，宁可挑一两件质地好，又不容易过时的服装，也不要选购“仅在这个季节流行”的服装。

5. 娱乐费

为了有效节约，很多娱乐活动都可以在非繁忙时间段进行，比如早场电影票价就比一般的电影票价要便宜一半左右。

6. 美容费

如果想省钱，可以自己动手做保养，如清洁、按摩以及祛除青春痘、粉刺等，比到专业美容店，每月可省下几十元至几百元不等的费用。

7. 其他杂费

常见的杂费包括水费、电费、电话费等等。节约杂费的诀窍在于“用一些巧思”。比如冰箱中食物不要放得太满，可防止电量的损耗；照明用节能灯；使用煤气烧开水，小火比大火要省煤气等等。

价格歧视效应：价格“因人而异”

同人不同价的缘由——价格歧视

孟尝君是战国后期有名的政治家，被称为战国四公子之一，门下有三千食客，他为这些食客无偿地提供衣食住行。有一位叫冯谖的人因穷困潦倒，无以维持生计，便托人请求孟尝君，表示愿意在他的门下寄居为食客。孟尝君问他有什么爱好，他回答说没有什么爱好。又问他有什么才能，他回答说没有什么才能。孟尝君听后笑了笑，但还是接受了他。佣人看到孟尝君看不起冯谖，就供给冯谖粗劣的饭菜。

按照孟尝君的待客惯例，门客按能力分为三等：上客吃饭有鱼，外出乘车；中客吃饭有鱼，外出无车；下客饭菜粗劣，外出自便。过了一段时间，冯谖倚着柱子弹着自己的剑，唱道：“长铗归来乎！食无鱼。”要求改善生活待遇。左右的人把这事告诉了孟尝君，孟尝君就改善了他的伙食。

又过了一段时间，冯谖弹着他的剑，唱道：“长铗归来乎！出无车。”左右的人都取笑他，并把这件事告诉给孟尝君，孟尝君给他配备了马车。

这使冯谖深受感动，后来他为孟尝君政治地位的稳定作出了重要贡献。

孟尝君将他的食客分为三等，上等和下等食客的待遇是截然不同的，事实上这些食客是受到了歧视。消费经济学中也存在歧视，即价格歧视。

越剧《何文秀》中有个段子是这样的，算命先生说：“大户人家叫算命，命金要收五两银；中等人家叫算命，待茶待饭待点心；贫穷人家叫算命，不要银子半毫分，倘若家中有小儿，先生还要送礼金，倒贴铜钱二十四文，送与小儿买糕饼。”这段唱词中，算命先生的一副好心肠令大家感动不已。

当然，算命先生的话即使被大户人家听到了，大户人家还是可能找他算命，只要算命先生能提供与价值相符的服务。算命先生对不同人家的不同定价策略，似乎并不影响他的“生意”。他的定价策略其实是很明显的“价格歧视”。

价格歧视，实质上是一种价格差异，通常指商品或服务的提供者在向不同的接受者提供相同等级、相同质量的商品或服务时，在接受者之间实行不同的销售价格或收费标准。经营者没有正当理由地将同一种商品或服务，对条件相同的若干买主实行不同的售价，则构成价格歧视行为。

实行价格歧视的目的是为了获得较多的利润。如果以较高的价格能把商品卖出去，生产者就可以多赚一些钱，因此生产者会尽量把商品价格定得高些。但如果把商品价格定得太高了，又会赶走许多支付能力较低的消费者，从而导致生产者利润的减少。这时，生产者会采取一种两全其美的方法，既以较高的商品价格赚得富人的钱，又以较低的价格把穷人的钱也赚过来，这就是生产者所要达到的目的，也是“价格歧视”产生的根本动因。

生活中无处不在的“价格歧视”

价格歧视看上去好像很神秘，其实它无时无刻不在我们身边。在生活中，实行价格歧视的事例比比皆是。大学生放假回家，只要手持学生证，就可以买到半价票；在北京坐公交车，刷卡便可以打四折；有的舞厅为了使舞客在跳舞时成双配对，甚至只让男士买票，女士可以免费……

一般电影院会对学生和老人打对折，这样支付能力低的学生和老人也可以去看电影，电影院既不会失去这部分客户，又能对其他客户收取较高费用。这就是一种价格歧视，即你要为同样的商品支付不同的价格。

最能体现价格歧视的例子当属机票的价格。相邻的两个座位价格可能相差一倍——这就是航空公司的价格歧视，它通过对人群进行甄别，然后对不同群体收取不同的费用来实现自己的利润最大化。一般如果你提前两周或一个月去预订机票，价格会比即买即走要低得多。因为提前订票的大都是经常看报寻找优惠活动的人，把这些人甄别出来，就可以用低廉的价格来吸引他们。但是对那些说走就要走的忙人，价格不是最重要的因素，时间才是最宝贵的。这样的客户群体，收费当然要高啦。

对消费者来说，商家实行“价格歧视”的前提是市场分割。如果生产者不能分割市场，就只能实行一个价格。如果生产者能够分割市场，区别顾客，而且分割的不同市场具有明显不同的支付能力，这样企业就可以对不同的群体实行不同的商品价格，尽最大的可能实现企业较高的商业利润。

如果没有价格歧视，每个消费者都平等，实际上会造成对高“需求者”（需求弹性小、支付意愿强的消费者）的歧视。厂商向每一位顾客收取其刚好愿意支付的价格的做法叫做“完全价格歧视”。完全价格歧视表面上看好像不公平，其实未必。这是因为，在整个价格歧视中，不同的有效需求者都能得到有效的供给，因而从需求与供给相等的意义上说，没有任何人遭到歧视。对高“需求者”歧视不行，对价格敏感、需求弹性大的普通百姓而言，如果不被“歧视”，那就更不答应了。所以说，价格歧视本身也是一种市场公平的体现。

【定律链接】什么是“二级价格歧视”与“影子价格”

二级价格歧视也称作非线性定价。垄断厂商按不同的价格出售不同单位的产品，但是购买相同数量产品的每个人都支付相同的价格。一个垄断的卖方还可以根据买方购买量的不同，收取不同的价格。比如，电信公司根据客户每月上网时间的不同，收取不同的价格，对于使用量小的客户，收取较高的价格；对于使用量大的客户，收取较低的价格。因此，不是不同的人之间，而是不同的产量之间存在价格歧视。

影子价格是投资项目经济评价的重要参数。它是指社会处于某种最优状态下，能够反映社会劳动消耗、资源稀缺程度和最终产品需求状况的价格。影子价格是社会对货物真实价值的度量，只有在完善的市场条件下才会出现。但这种完善的市场条件是不存在的，因此现成的影子价格也是不存在的，只有通过对现行价格进行调整，才能求得它的近似值。

买单诡计论：理性消费，才是明智消费

天天打折的商场为何对生活必需品不打折

各大商场的打折正如火如荼。周日李艾出去购物，除了给自己买了许多衣物外，还破天荒地给老公买了一件羊毛衫和一双皮鞋。

当李艾抱着大包小包冲进家门的时候，老公正在看电视。她兴高采烈地对老公说：“我给你买了羊毛衫和皮鞋，快过来看看。”“今天商场又打折吧？”老公冷眼旁观，丝毫没有兴奋的神色。“是的，都很便宜。”李艾边说边把老公的皮鞋从鞋盒子里拿了出来。“我一听说你居然还给我买了东西，就知道商场这次打折打得有多厉害了。”老公冷静地说道。

常常去商场购物的你，是否注意过，在打折的物品中，哪一些商品的打折频率比较高呢？

其实不难发现，名牌服饰和家具等以高收入白领阶层为目标的商品占了打折品的大部分，而生活中必不可少的日用消费品却很少打折，即使有，打折券上也常常有四个字——限量销售。为什么呢？

因为生活必需品是不得不买的商品，在商场中没有降价的必要。人们要买便宜的生活必需品，会去小区旁边的超市，很少有人会去商场。

实际上，超市所走的打折路线和商场是一致的，目的都是将消费者吸引过来，不同的是，超市是通过对某些商品的打折促销来吸引消费者，再通过销售其他较昂贵的商品以确保超市的销量。

全球500强榜首企业沃尔玛公司，是美国最大的私人雇主和世界上最大的连锁零售企业。1996年，沃尔玛进入中国，以“天天平价”为宗旨，“为顾客节省每一分钱”。不出几年，沃尔玛就登上了中国零售超市的榜首。至2008年，沃尔玛已经在中国的89个城市开设了143家商场，每周光临沃尔玛在华超市的顾客超过500万人次。

正如经济学家称，商家对利润的敏感犹如苍蝇嗜血的本性，沃尔玛当然也不例外。沃尔玛的商品总是轮番打折，今天食品大促销，明天生活用品搞活动。其实，它的所谓“天天平价”主要是针对那些顾客比较熟悉的商品、价格感知比较敏感的食品、日常消费品，在顾客心中树立“平价”形象，以部分商品的低价招徕更多顾客，也进一步推动正价商品的消费。

不管超市还是商场，生活必需品无论价格如何上涨或下降，其需求都不会有大幅的变化，所以它们属于价格非弹性商品；相反，奢侈品如果价格很高，其需求就会大幅下降，一旦折扣信息传出，需求就会大大增加。所以，很多商场通过这样的折扣来吸引消费者眼球，让消费者充分享受打折带来的利益与满足感，从而购买平时想都不敢想的物品。又因为这类商品的价格弹性很大，所以，商场可以达到自己的销售额，消费者也可以买到中意的商品。

提防“赠品”陷阱，别为了“糖衣炮弹”吃一嘴沙

如今，商家为了促销，经常会附送一些赠品来吸引消费者。例如，买冰箱赠微波炉，买彩电送VCD、饮水机，买杂志赠沐浴露，去游乐场还会得到一张再次光临的赠票……消费者真的这么幸运吗？如果是陷阱，到底在哪里呢？

不错，你的问题问到了点子上。商家又没要你的钱，免费送给你的还不好吗？每个人都有贪小便宜的心理，几乎没有人会拒绝“免费”的东西，商家正是利用人们的这种心理来牟取暴利的。

有关调查显示，冲着商家有赠品去消费的顾客占了绝大多数。但实际上，这些赠品并不是白送的，商家早就把赠品的折合价一块算到成品里让消费者掏过腰包了，也就是消费者花钱自己买了赠品。回头再看看这些赠品，完全没有什么实际价值。

不少亲身体验了赠品陷阱的人都曾有过类似的不愉快经历：

“我前不久买了一个电磁炉，商家还赠送了一个汤锅，回家我就用赠送的汤锅做汤。没想到，刚把锅放上电磁炉上，锅就吱吱冒起烟来。”

“我买过一个紫砂锅，商家赠送了一个锅铲，结果不到一个月就断掉了。”

“有一次，我在超市看到捆绑在一起的牛奶正在打特价，也没有留意日期，等回家后才发现再有四五天就过保质期了。”

……

当然，也有些是货真价实的赠品，但你以为你真的占到便宜了吗？

李先生想买台笔记本电脑，为了买得实惠，他货比三家，终于在一家商场“锁定目标”。这台笔记本电脑的价格是17500元，广告宣传正在搞活动，会赠送很多赠品，两个电池、两个电源、一个小音箱。李先生觉得价格适中，还可以得到实用的配件，一举两得，爽快地买下了。但是，他不知道的是“羊毛出在羊身上”，其实这些赠品本来就是包括在产品里的，是产品的附件，赠品的价格早就被商家加到家电产品上了。

买的永远没有卖的精，看似免费的赠品，其实后面有很大利润、很多陷阱。商家怎么可能不赚钱呢？越是提供赠品的，你越要睁大自己的眼睛看有没有掉进商家的温柔陷阱里，更要避免因为贪图赠品而“捡了芝麻，丢了西瓜”。

朱小姐在某商场花460元买了一台抽油烟机，当时正值该商品促销，朱小姐得到一桶色拉油，可抽油烟机仅使用两个多月便出现故障。于是，朱小姐不得不回商场找工作人员要求退货或者维修。但商场的回应却非常令人费解，商场要朱小姐交回曾经赠送的色拉油，否则不给退货或者售后服务。朱小姐表示色拉油已被她用了，商场负责人就让她拿出50元钱作为赔偿赠品的钱，才给她退换或者维修。

商家这样的欺诈行为，实在让人汗颜，找消协投诉让他们得到应有的惩罚，才能让消费者平息怒火。但是，市场之大，有些行为总是屡禁不止，消费者要想避免陷入陷阱，就不要贪图小便宜，想着天下掉馅饼的事情。

要知道，商家精明过了头，顾客只能当“冤大头”！

【定律链接】提高消费性价比

祖父领着孙女去饭店吃饭，要点一碗炸酱面，问面和酱各多少钱。饭店服务生说一碗面100元，酱免费。祖父毫不犹豫地给孙女点了一碗酱。酱吃完后，故事还没完，祖父得知饭店免收加工费，又从随身带的麻袋里掏出一只鸡和一些蔬菜，让店里给做成菜。

这是中央电视台2009年春节晚会上的一个小品，很多观众看后都被逗得哈哈大笑。这是会心的笑，拥有传统消费心理，口袋里的银子还没有多到一掷千金程度的人，几乎都会有这种想法。

艺术来源于现实生活，这个小品在生活当中有很多原型。比如，去麦当劳就餐，经常会看到这样的场景：有的人只吃汉堡不喝可乐，有的人喝可乐但不加冰，还有很多人几乎不吃配餐。这到底是怎么一回事呢？

关于麦当劳、肯德基等洋快餐的赢利模式，已被无数专家热炒过许多遍。我们在这里讨论的是，对价格比较敏感的普通顾客而言，如何才能在性价比更高地在洋快餐店内就餐。

首先，麦当劳的汉堡，不管是板烧鸡腿堡、麦辣鸡腿汉堡、巨无霸或其他形式的汉堡，跟其他小超市、面包屋，甚至街头的“中式汉堡”比起来，要美味很多，而且价格相对固定，可替代效应比较低，加之其是主餐，所以，在它们身上省钱的念头可就此打住。

其次，看配餐，麦辣鸡翅、麦乐鸡、薯条和玉米。一般而言，麦辣鸡翅和麦乐鸡属可替代食物，而薯条和玉米也属于可替代食物。如果你选择了麦辣鸡翅，就可以放弃麦乐鸡；如果你不喜欢薯条的油腻，可用清淡的玉米代替，但前提条件是填饱肚皮。跟价格比较起来，玉米相对而言性价比不高，因为市场上相同价格可以买来几倍的玉米。

在超市，同样价格可以购买很大的一瓶可乐，而在麦当劳里，只能买到一小杯。如果报纸上的社会评论所说属实，麦当劳很大一部分赢利来自可乐。如果我们知道每杯可乐的成本很低，那我们就不会再去消费。这也就不难理解为什么很多人去麦当劳去只吃汉堡不喝可乐，或者带瓶矿泉水吃汉堡。

仔细分析，在麦当劳的餐单上，可乐的替代效应也很小。任你买哪一种饮料，都会让自己掉入麦当劳的定价陷阱中——那就是将不多的利润放在汉堡中，而将大部分的利润放在可乐等饮料中，因为可乐和汉堡属于“互补品”，可乐和薯条也属于“互补品”，汉堡或薯条销售量的增加必然会带动可乐的销售量。将主要利润成本放在可乐身上，也是麦当劳的定价高明之处。

将主要利润放在貌似非主要产品的身上是商家的高明处，再机灵的消费者也不会带着一杯水、一包糖和苏打蹿进店里，让服务员给他免费加工一杯可乐。

奢侈品效应：享受有差别的生活

有一种享受叫奢侈

法国皇帝拿破仑三世是一个奢靡的人，同时也是一个喜欢炫耀自己的人。他常常大摆宴席，宴请天下宾客。每次宴会，他总是特意显示出皇帝的尊贵。餐桌上的用具几乎全是用银制成的，唯有他自己用的那一个碗是铝制品。有人可能有疑问了，为什么贵为法国皇帝，却不用高贵而亮丽的银碗，而用色泽要暗得多的铝碗呢？原来，在差不多200年前的拿破仑时代，冶炼和使用金银已经有很长的历史，宫廷中的银器比比皆是。可是，在那个时候，人们才刚刚懂得从铝矾土中炼出铝来，冶炼铝的技术还非常落后，炼铝十分困难。所以，当时铝是非常稀罕的东西，不要说平民百姓用不起，就是大臣贵族也用不起。拿破仑让客人们用银餐具，而自己用铝碗，就是为了显示自己的高贵。

这事如果发生在现代社会，一定十分可笑，因为在今天，铝不仅比银便宜得多，而且光泽和性能都远远比不上银。铝之所以变得便宜，是因为后来人们发明了电解铝的技术，可以大量生产铝。但对于拿破仑时代的人来说，铝碗无疑是奢侈品。

奢侈品在国际上被定义为“一种超出人们生存与发展需要范围的，具有独特、稀缺、珍奇等特点的消费品”，又称为非生活必需品。奢侈品在经济学上，指的是价值 / 品质的关系比值最高的产品。从另外一个角度上看，奢侈品又是指无形价值 / 有形价值的关系比值最高的产品。从经济意义上看，奢侈品消费实质是一种高档消费行为，本身并无褒贬之分。

对于人的消费而言，维持和延续人体基本生存的生活资料属于必需的消费品，如满足人体新陈代谢所需的食物、满足人们保暖的住房等。在不同的经济发展阶段上，生存资料标准与范围也不相同，随着消费水平的不断提高，必需消费品的种类不断增加、质量不断提高，就出现了满足人的高级享受需要的消费品，也就是奢侈消费品。在经济发展的不同阶段，奢侈消费品的内涵也不尽相同，某件商品在经济发展水平低的阶段是奢侈消费品，随着经济发展就有可能转化为必需消费品。

人类追求奢侈品的 4 个主要动机：

1. 富贵的象征

奢侈品是贵族阶层的物品，它是贵族形象的代表。如今，虽然社会民主了，但人们的“富贵观”并未改变。劳斯莱斯汽车就被视为贵族车的象征。

2. 看上去就好

奢侈品的高级性应当是看得见的，正因为其奢华“显而易见”，它才能为主人带来荣耀。所以说，奢侈品必须提供可见价值——让人看上去就感到好。那些购买奢侈品的人完全不是在追求实用价值，而是在追求“最好”的感觉。

3. 个性化

正是因为奢侈品的个性化，才为人们的购买提供了理由；也正因为奢侈品的个性化，才更显示出其尊贵的价值。

4. 距离感

在市场定位上，奢侈品是为少数“富贵人”服务的。因此，要维护目标顾客的优越感，就应当使大众与他们产生距离感。奢侈品要不断地设置消费壁垒，拒大众消费者于千里之外。

省吃俭用买来奢侈品能提升“地位”

购买奢侈品需要足够的经济实力，然而，生活中有很多人，经济实力并不雄厚，终日省吃俭用，然后用节省下来的钱去购买奢侈品，以为这样就可以提升自己的“地位”。其实，这就是人们的虚荣心在作怪。

爱慕虚荣是人类最普遍的弱点之一，每个人身上都有爱慕虚荣的毛病。虚荣心是指一个人借用外在的、表面的或他人的荣光来弥补自己内在的、实质的不足，以赢得别人和社会的注意与尊重，是一种很复杂的心理现象。法国哲学家柏格森曾经这样说过：“虚荣心很难说是一种恶行，然而一切恶行都围绕虚荣心而生，都不过是满足虚荣心的手段。”

虚荣心强的人喜欢在别人面前炫耀自己昔日的荣耀经历或今日的辉煌业绩，他们或夸夸其谈，肆意吹嘘，或哗众取宠，故弄玄虚，自己办不到的事偏说能办到，自己不懂的事偏要装懂，一切为了提高自己。虚荣心强的人喜欢炫耀有名望有地位的亲朋好友，妄图借助他人的荣光来弥补自己的不足，而对于那些无名无分、地位“卑微”的亲朋则避而不谈。

下面这些情形在你身上发生过吗？

（1）你喜欢谈论有名气的亲戚朋友或以与名人交往为荣；

（2）你热衷于时髦服装，对西方的流行货万分倾倒，对名牌津津乐道；

（3）你喜欢和别人谈论电影、名著和艺术，但其实你知道的并不多，你只是为了得到别人的赞许；

（4）你喜欢表现自己，尤其想在大庭广众面前露一手，以为这会引起大家对你的重视；

（5）你每月只有3000元的收入，不过你最近还是买了一个10000元左右的LV包；

（6）你的爱人让你觉得与你很不般配，于是你不愿意带着爱人参加集体活动，你怕别人怀疑你的品味；

（7）你经常停留在商店橱窗前，悄悄欣赏自己的身影，欣赏自己照片已成为生活的一部分；

（8）你在与同事朋友的谈论中，常常强词夺理、文过饰非；

（9）你头脑一热请朋友吃饭，花费不少，于是你感到后悔；

（10）你因为朋友的衣物或手表比你名贵一些，你感到很有压力，甚至不愿与这位朋友一起吃饭。

如果上述情形有很多在你身上发生过，那么你就要注意了，因为你可能会为了吸引别人的注意，得到别人的称赞，而渐渐失去了自己。当别人用羡慕的眼光看着你的时候，你会感到更加开心；每当你的行头又有了新花样的时候，你会第一时间跑到别人面前展示；也许你并不富裕，但是你却通过省吃俭用购买那些“提升”地位的奢侈品；你还不时展示你几乎没有的才华，只为了博得别人的赞许……

虚荣心让你生活在表演之中，你渐渐失去了你自己，你活得就像个小丑。

虚荣心给人们带来的麻烦和苦恼也是有目共睹的，所以，我们一定不要成为虚荣的奴隶。那么如何摆脱虚荣呢？

第一，要客观评价自己，对自己的优缺点、优劣势有一个真实的评价，不要自己欺骗自己，要敢于正视自己的不足，建立对自己的信心。

第二，正确地对待名誉，不要热衷于虚名。不要为名声、形象所累。因为名声、形象实际上都是抽象的、虚幻的、人为的，受每个人的价值观念影响。只要你自己有相应的进取、发展、成熟的思维和行为，就完全可以按照自己的心理需求行事，不必过多考虑他人会说什么，有什么看法。

第三，力戒说谎，避免以说谎来表现虚荣。

第四，敢于自我暴露。不但要向他人表现自己的优点、优势，也要暴露自己的弱点、劣势，在人际交往、各种活动中流露自然的自我，自己是什么样的就表现出什么样，有什么想法就说出来，做真实的自己。